非标准机械设计项目
实例详解

车洪麒　张素辉　编著

机械工业出版社

本书共介绍了7例非标准机械的设计过程，涉及机床、液压机、工程机械及自动控制机构等多种产品。书中的实例均系作者参与过的实际项目，每个项目均按照详细的设计过程进行了编写，包括设计项目简介、设计前期的准备工作、设计的主导思想、设计方案的确定、主要技术参数的确定、部件划分与总体布局设计、部件设计、总图绘制等，具有很强的借鉴意义，相信会对广大读者有所帮助。

本书适合从事非标准机械设计的工程技术人员阅读，也可供机械设计制造相关专业师生参考。

图书在版编目（CIP）数据

非标准机械设计项目实例详解/车洪麒，张素辉编著 . —北京：机械工业出版社，2021.3（2023.9 重印）
ISBN 978-7-111-68046-8

Ⅰ. ①非… Ⅱ. ①车… ②张… Ⅲ. ①机械设计 Ⅳ. ①TH122

中国版本图书馆 CIP 数据核字（2021）第 070329 号

机械工业出版社（北京市百万庄大街 22 号 邮政编码 100037）
策划编辑：李万宇 责任编辑：李万宇 雷云辉
责任校对：王明欣 封面设计：马精明
责任印制：单爱军
北京虎彩文化传播有限公司印刷
2023 年 9 月第 1 版第 2 次印刷
184mm×260mm·25.25 印张·19 插页·747 千字
标准书号：ISBN 978-7-111-68046-8
定价：128.00 元

电话服务

客服电话：010 – 88361066
　　　　　010 – 88379833
　　　　　010 – 68326294

封底无防伪标均为盗版

网络服务

机　工　官　网：www.cmpbook.com
机　工　官　博：weibo.com/cmp1952
金　书　网：www.golden – book.com
机工教育服务网：www.cmpedu.com

前　言

　　这本书是我几十年工作的主要结晶，是 2011 年出版的《非标准机械设计实例详解》一书的续集。我是一名老工程师，一生从事过门类不同的多种机械产品的设计工作。在设计过程中，对于每一个设计项目都留下了较为详尽的设计笔记。退休之后，在整理这些设计笔记时，我萌生了将它们整理成书的想法。我想，这样的书，对从事机械设计的同行，特别是年轻的同行，以及对机械设计专业的大学生们也许会有所帮助。

　　书中介绍的设计实例均经过实际考验。在成书的过程中，我根据机械工业发展的新成就，对原来的设计又进行了改进和提高，有的则是进行了重新设计。

　　从事科技工作不能墨守成规，而应大胆创新，所以我在设计工作中总是努力追求创新，尽最大努力使自己的设计更先进、更完美。

　　书中各实例的电气系统均由张素辉先生设计，相关内容也由他编写。作者在编写过程中参阅了许多相关文献，在此向这些文献的作者表示感谢。在机械工业出版社编辑的大力支持下本书才得以出版，在此，我也要向他们致以衷心的感谢。

　　由于作者水平有限，书中错误和疏漏之处在所难免，希望读者批评指正。

车洪麒

目　　录

第1例　铣床主轴锥孔高精度专用磨床设计

1.1　概述

铣床主轴是铣床的重要零件，其自身的加工精度对机床的加工精度有着重要的影响。故而，在铣床的几何精度标准中，有关主轴的标准，都占有很大的比例。例如升降台式万能铣床的几何精度检验标准，检验项目共计15项，其中有关主轴的项目就有6项。

为了保证机床的加工精度，在机床设计中，对主轴这一零件的加工精度，必然要提出更高的要求。特别是为航空航天工业所制造的加工中心之类的产品，对主轴的加工精度往往有更高的要求。于是，铣床主轴的高精度加工，便成了一项重要课题。

其中，铣床主轴锥孔的精加工也成了重要的攻关项目。但是，此项精加工却不是通用机床所能胜任的。因为铣床主轴的长度尺寸较大，约为700～800mm左右，而且锥孔的锥度也比较大，为7:24，所以无论是内圆磨床或万能外圆磨床都无法加工。

于是，一家铣床厂便自行设计制造了一台"高精度铣床主轴锥孔专用磨床"，解决了这一难题。现将该专用机床的设计、制造（实为改造）的概况，介绍如下。

1.2　铣床主轴锥孔高精度专用磨床的技术条件

专用机床的设计宗旨，就是要满足工件加工的某些工艺要求，实现图样规定的相关技术条件。该厂是国家的重点企业，产品范围包括了通用铣床的多种产品，如立铣、卧铣、万能铣、龙门铣及铣床加工中心等。工艺部门要求，此专用磨床应可用于完成上述各种铣床主轴锥孔的精密加工。图1-1所示是其中一种铣床主轴的简图。

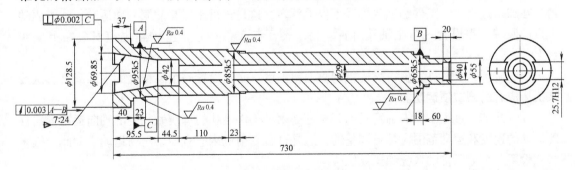

图1-1　铣床主轴简图

其技术条件如下：

1）工件锥孔的锥度及尺寸：

50 号 7:24 锥孔、大端直径：ϕ69.85mm，标准长度：101.8mm。

40 号 7:24 锥孔，大端直径：ϕ44.45mm，标准长度：65.4mm。

2）工件的外形长度：600~800mm。

3）工件的最大外径：ϕ130mm。

4）工件定心轴颈的尺寸：ϕ55~ϕ100mm。

5）工件的最大质量：30kg。

6）工件锥孔的加工精度及表面粗糙度：

① 锥孔对主轴定心轴颈的斜向圆跳动公差：0.003mm。

② 锥孔轴线对轴肩支承端面的垂直度公差：0.002mm。

③ 锥孔的锥度，用锥度塞规涂色检验，接触面积不小于80%。

④ 锥孔表面粗糙度：Ra0.4μm。

1.3　工件的工艺分析及专用机床应具有的机械运动的确定

机床的用途，就是对机械零件进行机械加工。所以机床的设计，往往是从工件的工艺分析开始。专用机床的设计，首先要做的工作也应是对加工对象的工艺过程进行仔细分析，从而确定机床应具有的机械运动，确定应有的部件组成及其主要尺寸。

其次，要根据工件的几何形状、尺寸大小、质量、材料的性质、技术要求、生产效率等条件，确定工件的装夹方法，确定机床应有的机械运动，并确定应有的部件组成，以及部件的部局和主要尺寸；初步确定机床的动力消耗，确定机床的自动化程度，以及操作者的站位。

以上是关于专用机床总体设计过程的概括描述。具体到这台机床的设计，根据图1-1，工件属轴类零件，长度尺寸较大，加工部位是轴端的锥孔。根据上述条件可以确定加工时工件的轴线应水平放置，即机床应设计成"卧式"。由图可知，A、B轴颈是锥孔加工精度的检验基准。所以加工时也应以此二轴颈作为定位基准。即加工时应在这两处分别设置一个中心架，用来支承工件。为了安装这两个中心架，还应设置一个工作台，称为"上工作台"。

根据锥孔加工精度和表面粗糙度的要求，加工类别应选择磨削，而且是高精度磨削。由此可以确定，此专用机床应按高精度锥孔磨床来设计。

在加工过程中，工件必须绕轴线不停地回转，这是该机床应有的第一项运动。为了驱动工件的回转，需设置一个主轴箱部件。为了便于与工件连接，主轴箱也应安装在上工作台上。

为了实现锥孔的高精度、高等级的表面粗糙度，必须设置一个高精度的内圆磨具。这是该机床应有的第二项运动。

在锥孔加工过程中，内圆磨具的砂轮还必须沿工件锥孔的母线做往复的轴向运动，而且此运动的速度和运动范围应是可调整的。这是这台专用机床应有的第三项运动。为此，机床必须设置一个液压传动系统和操纵机构。

为了控制锥孔的加工直径，内圆磨具还必须做横向（砂轮轴的径向）运动，这是该机床应有的第四项运动。为了控制此项运动的精确度，机床应设置精确的进给机构。

以上，根据工件的技术条件和工艺分析，一步步地确定了专用机床的结构特征、加工类别、部件组成及应具有的机械运动。初步完成了机床的总体设计。

1.4　专用机床设计方案的确定

通过前文对工件进行的工艺分析可知，工件加工的工艺特征与一般的内圆磨削是相同的。唯一的区别是：工件的长度尺寸过大，普通内圆磨床无法装夹。

于是产生了一个思路：如果解决了工件的装夹问题，普通内圆磨床亦可对此工件进行加工。根据这一思路，确定铣床主轴锥孔高精度专用磨床的设计方案如下：

1）选择规格适宜的内圆磨床，作为专用磨床的主体，经过适当改造，使之成为一台高精度的专用磨床。

2）这台被选用的内圆磨床，其床身、主轴箱、液压系统、电气控制系统、操作机构、进给机构、滑鞍部件等，仍保持原设计，不需改进。即这台内圆磨床的全部零部件仍要继续使用，无一丢弃。

3）需另行设计制造两件中心架部件，用于支承工件。

4）需另行设计制造一件上工作台部件，用于安装中心架和主轴箱等部件。

5）上工作台的右端，通过主轴箱底座（属内圆磨床原有件）安装在内圆磨床的床身上。左端则安装在另行设计制造的立柱上。

6）在水平投影面上，上工作台的轴线与内圆磨床床身的轴线相交，交角为 8.297° （$\tan 8.297° = \frac{1}{2} \times \frac{7}{24}$）。并且，此交角可进行微量调整，从而可保证加工出的锥孔锥度符合技术条件。

7）由于新设置了上工作台这一部件，工件的轴线提高了一个等于上工作台厚度的高度。所以，内圆磨具的轴线也必须相应提高一个同等的高度，为此应再增加一个零件——滑鞍座。滑鞍座安装在滑鞍的下面，它只是提高滑鞍及内圆磨具的高度，并不改变它们在水平投影面上的位置。

8）按技术条件，工件锥孔的表面粗糙度为 $Ra0.4\mu m$。这是很高的要求，是普通内圆磨床所达不到的。为了实现这一要求，需要对普通内圆磨床进行如下改造：

① 改进床身导轨润滑的设计，减小其摩擦力，实现工作台低速运动（15 ~ 50mm/min）时不"爬行"（即无停顿现象）。内圆磨床工作台的运动速度，最低一般为 200mm/min，不符合要求。

② 改进内圆磨具的设计，提高其运转精度和刚度。

9）设计专用夹具——工件转动的传动机构，改进主轴箱主轴与工件的连接方式，使之只传递转矩而不对工件施加径向力和轴向力。

10）设计工件定心顶尖座，提高工件的定心精度。

上述将通用机床改造成为专用机床的设计方案，有如下优点：

① 经济，即制造成本低。专用机床的需要数量一般都很少，一般只生产一台，如果采用全新的设计则费用会很高，可能达到通用机床的数倍。

② 快捷，可缩短制造周期。因为绝大部分零件不需重新制造。

③ 成功率高。因为通用机床的技术是成熟的，以此为主体，则专用机床的主要部分不会出现问题，从而为设计的成功奠定了基础。

正是由于有上述的优点，以通用机床为主体来设计改造专用机床，已为很多企业尤其是中小企业所采用。

1.5　改造所用内圆磨床的选型

改造专用磨床所需的内圆磨床的选型，是机床总体设计工作中的重要工作。选型的依据是工件的外形尺寸和加工部位的尺寸，及对机床性能的要求。工件的加工尺寸为两种规格，即 50 号 7:24 锥孔，大径 $D = \phi 69.85\text{mm}$，小径 $d = \phi 39.6\text{mm}$，锥面长度 $L = 101.8\text{mm}$，外径最大尺寸：$\phi 130\text{mm}$；40 号 7:24 锥孔，大径 $D = \phi 44.45\text{mm}$，小径 $d = \phi 28\text{mm}$，锥面长度 $L = 65.4\text{mm}$，外径最大尺寸：$\phi 110\text{mm}$。对照内圆磨床的技术参数，并根据厂内现有设备情况，选定内圆磨床的型号为 M220。其主要技术参数如下：

1）可加工内孔直径：$\phi 30 \sim \phi 200\text{mm}$。
2）最大磨孔长度：125mm。
3）内圆磨具为两件，参数如下：

大号：砂轮直径：$\phi 38\text{mm}$。
　　　可加工最小孔径：$\phi 40\text{mm}$。
　　　砂轮轴转速：10000r/min。
　　　砂轮轴接杆直径：$\phi 24\text{mm}$。
　　　套筒外径：$\phi 100\text{mm}$。

小号：砂轮直径：$\phi 26\text{mm}$。
　　　可加工最小孔径：$\phi 27\text{mm}$。
　　　砂轮轴转速：12500r/min。
　　　砂轮轴接杆直径：$\phi 18\text{mm}$。
　　　套筒外径：$\phi 100\text{mm}$。

4）内圆磨具电动机功率：4.5kW。
5）工件转速：120 ~ 350r/min。
6）主轴箱主轴卡盘安装直径：90mm。
7）床身导轨距离：230mm。
8）床身导轨宽度：55mm。
9）工作台最大行程：600mm。
10）工作台运动速度：0.4 ~ 8mm/min。
11）主轴中心离地面高度：1100mm。

由上述技术参数可知，该机床可加工的工件的参数与铣床主轴锥孔的参数是吻合的，特别是它的内圆磨具有大、小两件，恰好适合加工大小两种工件。

1.6　专用磨床的总体布局

在专用磨床设计的过程中，在完成了总体设计和方案设计之后，机床的部件组成已经确定，接下来的工作就是进行机床的总体布局设计。即按合理、简单、经济的原则将各部件布置在正确的位置上。并且根据方便观察、方便操作、保障人身安全的要求来确定操作者的站位——操作者工作时的主要位置。

　　由于专用磨床是以普通内圆磨床为基础改造而成，所以其总体布局就应以所选用的内圆磨床的总体布局为基础来设计。于是，总体布局的设计工作，主要就是对新增零部件的位置的确定，然后初步确定专用机床的外形尺寸。

　　铣床主轴锥孔高精度专用磨床的总体布局，如图 1-2 所示。由图可知，机床的外形尺寸与原来的内圆磨床相比较，有了较大的变化：机床的长度增加了约 50%，高度增加 80mm。在俯视图上，工作台的中心线与床身的中心线有 8.297°的交角，这个交角可保证加工出的工件锥孔的锥度为 7:24。操作者的站位在 A 处，由俯视图可以看到，站在这个位置能观察到工件锥孔的加工情况。而且这个位置距操纵箱和进给手轮都比较近，便于操作。

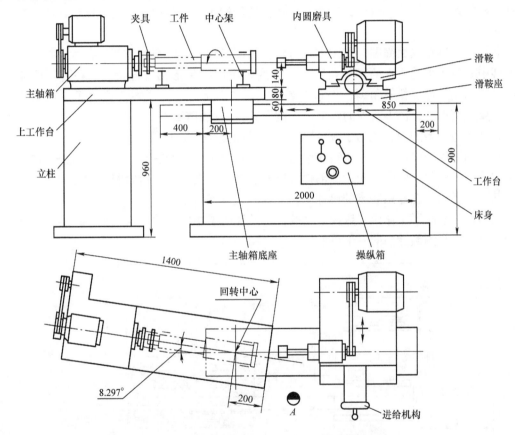

图 1-2　铣床主轴锥孔高精度专用磨床总体布局

1.7　改装的准备工作——对选用的内圆磨床进行重点测绘

　　在一般情况下，机床厂销售产品是不提供产品图样的，提供给用户的技术资料只是使用说明书。如果要对机床进行改造，则必须对与改造相关的零部件进行重点测绘。如果要绘制改造后的机床总图，则还要测绘原机床的总图。但是，这种测绘不是要仿制原设计，所以不必十分精细。只需对与改造有关的部位进行简单的测绘，记下与改造相关的尺寸与装配关系即可，但是不得有差错。

　　而且，测绘之前还要拟订一份测绘计划，以防止有所疏漏。

本机床的测绘计划如下:

1) 测绘内圆磨床简略总图,标明机床的外形尺寸、部件组成及总体布局。

2) 测绘主轴箱底面的主要尺寸,示明其定位与紧固的方法,以及紧固件的参数。同时还要测绘主轴中心高及外伸的尺寸。

3) 测绘主轴箱底座的主要尺寸及其与床身的连接。

4) 测绘床身导轨的结构及主要尺寸,为改进设计准备资料。

5) 测绘内圆磨具,绘制较详细的装配图,为改进设计准备资料。

测绘的机床外观总图,如图1-3所示。通过总图的测绘,同时还应了解机床原有的部件设计,机械运动的组成,机床的性能,操作方法等知识,这些都是专用机床设计中必须掌握的资料。

测绘的主轴箱底面简图,如图1-4所示。由图可知,当内圆磨床磨锥孔时,是以定位轴为回转中心将主轴箱主轴的轴线扭转一个角度,然后用T形槽螺栓紧固。在专用磨床的设计中,主轴箱不需要扭转角度,将它安装在上工作台上,它的紧固仍然由T形槽螺栓来实现。需要说明的是,图1-4中的两个定位键及其紧固螺钉GB/T 70 – M5×12,是原设计所没有的,是改造中增加的,是为了减少图样的数量而提前绘上去了。

在专用磨床的设计中,主轴箱底座将用来支承上工作台的右端,所以也应进行测绘。测绘图如图1-5所示。由图可知,主轴箱底座安装在床身上,用螺栓紧固,用锥销定位,工作台在其下方运动。在专用磨床的设计中,上述的设计保持不变。

图1-5还绘出了工作台及床身的横截面图并注明了主要尺寸,这也是专用磨床设计中所需的资料,也是测绘计划的一部分。

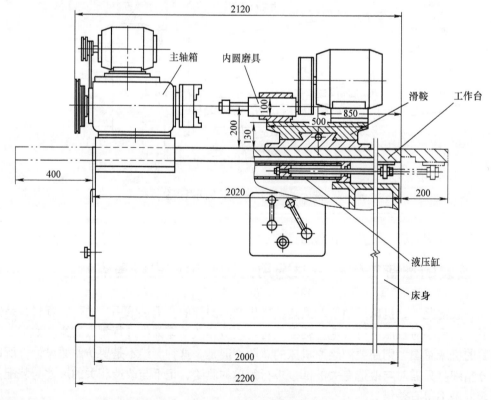

图1-3　M220型内圆磨床测绘外观总图

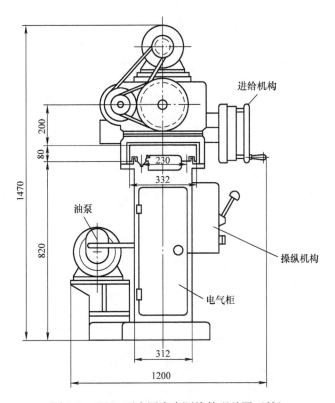

图 1-3 M220 型内圆磨床测绘外观总图（续）

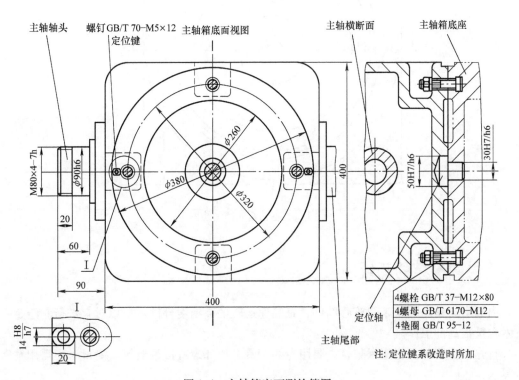

图 1-4 主轴箱底面测绘简图

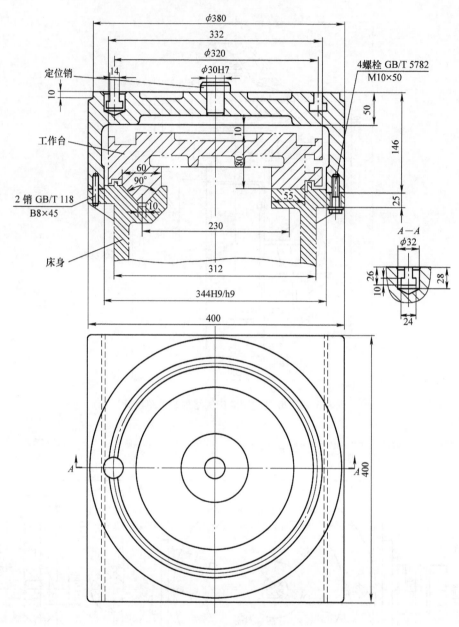

图 1-5　主轴箱底座测绘图

1.8　内圆磨具的测绘

　　内圆磨具是内圆磨床的核心部件，是高速运转的高精度部件。所以对它进行测绘是一项技术含量很高的工作。

　　首先，拆装时不能随意敲打，要用专用工具，比如螺旋拨轴器等。测量时还需用精密的量具。

　　拆卸前要先测量磨具的运转精度，项目如下：

　　1）接长杆的径向圆跳动，检测位置：大号磨具为 150mm 处，小号磨具为 115mm 处。

2）主轴锥孔的径向圆跳动：大端小端各测一点。

3）主轴的轴向窜动。

4）主轴的刚度：在接长杆外端施加 3kgf（1kgf = 9.80665N）负荷，检测其挠度，并观测取消负荷后是否恢复到原数值。

对轴承的拆卸要注意如下要点：

1）在轴承上标记编号，记下其安装位置，防止再次装配时颠倒位置，降低磨具的运转精度。

2）千万不能把轴承拆散了。内圆磨具所使用的轴承多为角接触球轴承，其锁口很低，容易拆散。如果拆散了，钢球散落后重新装配，则很难使每个钢球都回到原来的位置，钢球直径的微量差异，必将降低轴承的运转精度。

3）轴承间的内外隔套也要进行标记，防止安装时前后颠倒。如果颠倒了就会降低轴承的承载性能，因为那时两个轴承将不能均匀受力。

这台内圆磨床的内圆磨具有两台，其套筒的外径都是 100mm，但主轴直径不同，由此区分大小。其中大号磨具转速为 10000r/min，小号磨具转速为 12500r/min。

内圆磨具的测绘简图如图 1-6 所示。图 1-6 中的零件明细见表 1-1。

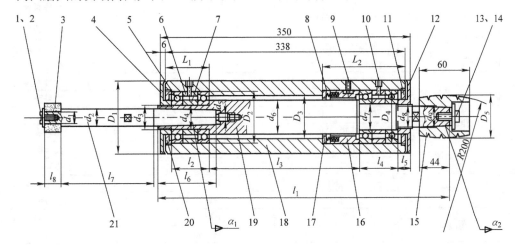

（单位：mm）

代号	D_1	D_2	D_3	D_4	D_5	d_1	d_2	d_3	d_4	d_5	d_6	d_7	d_8
大号磨具	$\phi100h10$	$\phi72J6$	$\phi65$	$\phi72H6$	$\phi60h10$	$\phi15$	$\phi24.1$	M33×1.5	$\phi35h5$	M12-7g	$\phi42h9$	$\phi35h5$	M33×1.5-LH
小号磨具	$\phi100h10$	$\phi62J6$	$\phi56$	$\phi62H6$	$\phi48h10$	$\phi12$	$\phi18$	M28×1.5	$\phi30h5$	M10-7g	$\phi36h9$	$\phi30h5$	M28×1.5-LH

代号	d_9	L_1	L_2	l_1	l_2	l_3	l_4	l_5	l_6	l_7	l_8	α_1	α_2
大号磨具	$\phi30h9$	60	120	410	50	213	50	21	79	155	25	莫氏3号	1:7
小号磨具	$\phi25h9$	58	118	410	48	217	48	21	64	120	20	莫氏2号	1:7

图 1-6　内圆磨具测绘简图

表 1-1　内圆磨具零件明细　　　　（单位：mm）

代号	名　称	型号规格	材　料	数量	备　注
1	开槽盘头螺钉	GB/T 67　M5×15		1	大号磨具用
		GB/T 67　M4×12		1	小号磨具用
2	大垫圈	GB/T 96　5		1	大号磨具用
		GB/T 96　4		1	小号磨具用

（续）

代号	名　　称	型号规格	材　　料	数量	备　　注
3	砂轮	$\phi 38 \times \phi 15 \times 25$			大号磨具用
		$\phi 26 \times \phi 10 \times 20$			小号磨具用
4	前端盖	螺孔　M33 × 1.5	45 钢	1	大号磨具用
		螺孔　M28 × 1.5	45 钢	1	小号磨具用
5	角接触球轴承	7207C　35 × 72 × 17		4	大号磨具用
		7206C　30 × 62 × 16		4	小号磨具用
6	外隔套	$D = \phi 72$	Q235A	2	大号磨具用
		$D = \phi 62$	Q235A	2	小号磨具用
7	内隔套	$d = 35$	Q235A	2	大号磨具用
		$d = 30$	Q235A	2	小号磨具用
8	弹簧		C 级碳素弹簧钢丝，$\phi 1$	6	大号磨具用
			C 级碳素弹簧钢丝，$\phi 0.8$	6	小号磨具用
9	开槽长圆柱端紧定螺钉	GB/T 75　M6 × 17		1	大号磨具用
		GB/T 75　M6 × 22		1	小号磨具用
10	开槽平端紧定螺钉	GB/T 73　M6 × 10		各 2	大号磨具用
					小号磨具用
11	后内螺盖	外螺纹　M75 × 1.5	35 钢	1	大号磨具用
		外螺纹　M64 × 1.5	35 钢	1	小号磨具用
12	后端盖	螺孔　M33 × 1.5 - LH	45 钢	1	大号磨具用
		螺孔　M28 × 1.5 - LH	45 钢	1	小号磨具用
13	内六角圆柱头螺钉	GB/T 70　M8 × 20		1	大号磨具用
		GB/T 70　M6 × 20		1	小号磨具用
14	大垫圈	GB/T 96　8		1	大号磨具用
		GB/T 96　6		1	小号磨具用
15	带轮	$\phi 60$	HT150	1	大号磨具用
		$\phi 48$	HT150	1	小号磨具用
16	预紧套	$D = 72$	HT150	1	大号磨具用
		$D = 62$	HT150	1	小号磨具用
17	挡圈	$D = 72$	Q235A	1	大号磨具用
		$D = 62$	Q235A	1	小号磨具用
18	套筒	$d = 72$	HT200	1	大号磨具用
		$d = 62$	HT200	1	小号磨具用
19	主轴	锥孔　莫氏 3 号	40Cr	1	大号磨具用
		锥孔　莫氏 2 号	40Cr	1	小号磨具用
20	前内螺盖	外螺纹　M75 × 1.5	35 钢	1	大号磨具用
		外螺纹　M64 × 1.5	35 钢	1	小号磨具用
21	接长杆	锥柄　莫氏 3 号	45 钢	若干	大号磨具用
		锥柄　莫氏 2 号	45 钢	若干	小号磨具用

由图可知，所用的轴承为角接触球轴承，其接触角为 15°，精度等级为 D 级。轴承的组合形式为"同向—背对背"，即两个前轴承和两个后轴承都是同向排列，而前后两处的轴承又构成背对背排列。主轴的轴向定位由前轴承确定，后轴承的轴向是浮动的。

弹簧 8 经预紧套 16 将后轴承的外环推向后端，从而将轴承推紧，既消除了轴承的游隙，又对轴承施加了预紧负荷。当外隔套 6 和内隔套 7 的宽度是正确的时候，四个轴承所承受的负荷是均匀的。当主轴在运转中因温升而产生轴向热膨胀时，外环在弹簧 8 的推力作用下向后浮动，从而使轴承仍处在预紧状态下运转。故而可保证主轴的运转精度不因温升而降低。

在轴承的润滑方面，由于主轴的转速很高，不能采用润滑脂，只能用稀油润滑。润滑油经螺钉 10 所在的螺孔注入，前后轴承分别注油。

主轴的旋转由带驱动，转矩经带轮输入。带轮 15 中间凸起，呈腰鼓形，可防止带跑偏。

以上所述，就是对内圆磨具设计要点的分析。此设计是内圆磨具的典型设计，国产内圆磨床大多采用这种设计。

1.9　内圆磨具的改进设计

要把一台普通内圆磨床改造成高精度的专用磨床，必须对内圆磨具进行改进。前文在对内圆磨具的分析中，似乎肯定了其设计的合理性。但是再经仔细分析，此设计还是存在一些不足之处有待改进。

此项改进要达到以下两个目的：

1）提高主轴的刚度。

2）提高主轴的运转精度。

改进措施分别叙述如下。

1.9.1　改进主轴的设计及主轴强度、刚度的计算

1. 改进主轴的结构设计

内圆磨床，为了加工不同长度的内孔，其内圆磨具都要配备不同长度的接长杆。接长杆与主轴的连接，一般均采用锥面连接。可分为内锥面与外锥面两种。这里采用的是内锥面连接：在主轴前端设有莫氏 3 号或莫氏 2 号锥孔。这种设计有如下的不足之处：

1）主轴由于有了锥孔，从而使前轴承处的壁厚很薄，因而降低了主轴的刚度和强度。但是，如果想增大主轴的轴颈也不可能。因为主轴的转速很高，轴承的尺寸受转速的限制，不能加大，所以也就限制了主轴轴颈的尺寸。

2）同理，接长杆的直径也不能取得过大，否则主轴的强度不能保证。所以接长杆的刚度往往不足。

3）接长杆的锥柄与主轴锥孔的接触面积一般在 70% 以下，所以又降低了接长杆的刚度和运转精度。

4）当主轴由于高速运转而产生较大的温升后，主轴与接长杆之间会产生一定的温差，从而降低了锥面的接触面积，进而再次降低了接长杆的刚度和运转精度。

针对上述问题，改进主轴的结构设计，就应该取消接长杆，设计带杆的主轴。由于专用磨床只加工两种规格的锥孔，而内圆磨具又有大小两件，正好可分别加工两种工件。

改进后的主轴设计如图 1-7 所示。比较图 1-6 和图 1-7 可知，改进前后的唯一区别就是改进后主轴与接长杆成为一体。

所以，设计时的主要工作就是确定杆部的合理直径。这里主要要考虑两个因素：既要加大直径以便提高刚度；又要照顾到砂轮的使用寿命，使直径不要过大。因为内孔磨削和外圆磨削不同，砂轮的直径受工件孔径的限制，只能在很窄的范围内选择。已知：大号磨具的砂轮外径为 $\phi38mm$，小号磨具的砂轮外径为 $\phi26mm$。初步确定的杆部直径分别为 $\phi28mm$ 和 $\phi22mm$。

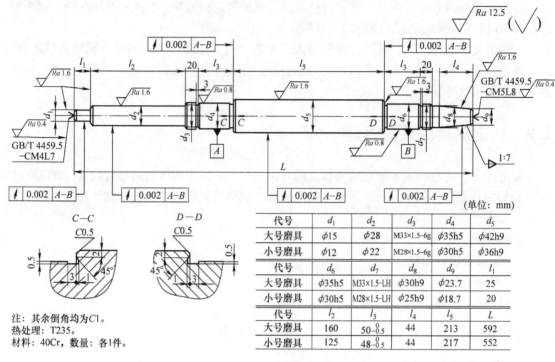

图 1-7　内圆磨具主轴

代号	d_1	d_2	d_3	d_4	d_5
大号磨具	$\phi15$	$\phi28$	M33×1.5-6g	$\phi35h5$	$\phi42h9$
小号磨具	$\phi12$	$\phi22$	M28×1.5-6g	$\phi30h5$	$\phi36h9$
代号	d_6	d_7	d_8	d_9	l_1
大号磨具	$\phi35h5$	M33×1.5-LH	$\phi30h9$	$\phi23.7$	25
小号磨具	$\phi30h5$	M28×1.5-LH	$\phi25h9$	$\phi18.7$	20
代号	l_2	l_3	l_4	l_5	L
大号磨具	160	$50^{0}_{-0.5}$	44	213	592
小号磨具	125	$48^{0}_{-0.5}$	44	217	552

注：其余倒角均为$C1$。
热处理：T235。
材料：40Cr，数量：各1件。

2. 磨削力的计算

为了校核主轴外伸杆部的直径是否合理，应进行磨削力的计算。进行磨削加工切削力的计算，在生产过程中是比较少见的。因为与其他加工相比，磨削力是很小的。但是在磨具设计中，这又是必要的，它可以为设计提供初始数据。

内孔磨削的切削力，与一般金属切削一样由三个分力组成，如图 1-8 所示。其

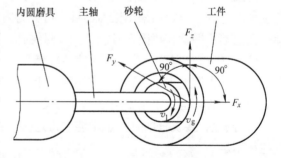

图 1-8　磨削切削力分布图

中 F_z 是主切削力，是磨削过程中的主要负载，消耗动力最大。工件的材料为40Cr，淬火后热处理达到 T235，属中等硬度。磨削时的主切削力 F_z 按下式计算

$$F_z = 25 \times 9.8\,\frac{v_g}{v_1}t^{0.53}S^{0.53}$$

式中　F_z——磨削时的主切削力（N）；

v_g——工件转动的线速度（m/min），根据工件的孔径确定，工件为 50 号 7:24 锥孔时，平均直径 $\phi56$mm，取 $v_g = 22$m/min，工件为 40 号 7:24 锥孔时，平均直径 $\phi36$mm，取 $v_g = 18$m/min；

v_1——砂轮转动的线速度（m/s），按下式 $v_1 = \dfrac{\pi Dn}{1000 \times 60}$ 计算，式中 D 为砂轮直径，大号磨具 $D = 38$mm，小号磨具 $D = 26$mm。n 为砂轮转速，大号磨具 $n = 10000$r/min，小号磨具 $n = 12500$r/min。分别计算如下：大号磨具 $v_1 =$

$\dfrac{\pi \times 38 \times 10000}{1000 \times 60}$ m/s $= 19.89$ m/s，小号磨具 $v_1 = \dfrac{\pi \times 26 \times 12500}{1000 \times 60}$ m/s $= 17.01$ m/s；

t——横向进给量（工作台一次往复行程）（mm），大号磨具 $t = 0.01$ mm，小号磨具 $t = 0.0075$ mm；

S——纵向进给量（mm），$S = (0.5 \sim 0.8)B$，B 为砂轮宽度，取 $S = 0.5B$，大号磨具 $S = 0.5 \times 25$ mm $= 12.5$ mm，小号磨具 $S = 0.5 \times 20$ mm $= 10$ mm。

将各值分别代入公式：

大号磨具粗磨时的主切削力

$$F_z = 25 \times 9.8 \times \frac{22}{19.89} \times 0.01^{0.53} \times 12.5^{0.53} \text{N} = 90.02\text{N}$$

小号磨具粗磨时的主切削力

$$F_z = 25 \times 9.8 \times \frac{18}{17.01} \times 0.0075^{0.53} \times 10^{0.53} \text{N} = 65.69\text{N}$$

由图 1-8 可知，在磨削时也存在横向进刀切削力 F_y。F_y 与砂轮的轴线处于同一水平面内，与横进刀的方向一致，与 F_z 垂直。磨削加工，砂轮的每一粒砂粒都相当一个刀齿，而砂粒与切削面构成的角度基本都是负前角。所以 F_y 值必然大于 F_z，一般 $F_y = (1.5 \sim 2.2) F_z$。取其平均值，即 $F_y = 1.85 F_z$，则得到下列数据：

大号磨具粗磨时，$F_y = 1.85 \times 90.02$ N $= 166.54$ N。

小号磨具粗磨时，$F_y = 1.85 \times 65.69$ N $= 121.53$ N。

3. 磨具主轴强度校核

主切削力 F_z 使磨具主轴承受扭矩，横进刀切削力 F_y 则使主轴承受弯矩。按此校核图 1-7 主轴外伸轴颈 d_2 的强度。其危险截面在 d_2 与 d_3 的交接处。承受弯扭合成负荷的轴，其轴径计算公式如下

$$d = 21.68 \times \sqrt[3]{\frac{\sqrt{M^2 + (\psi T)^2}}{[\sigma]}}$$

式中 d——轴的直径（mm）；

M——轴在计算截面所承受的弯矩（N·m），大号磨具 $M = 166.54 \times \left(160 + \dfrac{25}{2}\right)$ N·mm $= 28.73$ N·m，小号磨具 $M = 121.53 \times \left(125 + \dfrac{20}{2}\right)$ N·mm $= 16.41$ N·m；

ψ——校正系数，轴单向旋转，负荷按脉动循环变化时 $\psi = 0.6$；

T——轴在计算截面所承受的扭矩（N·m），大号磨具 $T = 90.02 \times \dfrac{38}{2}$ N·m $= 1.71$ N·m，小号磨具 $T = 65.69 \times \dfrac{26}{2}$ N·m $= 0.85$ N·m；

$[\sigma]$——材料的许用弯曲应力（MPa），磨具主轴材料为 40Cr，$[\sigma] = 70$ MPa。

分别代入公式求得：

大号磨具主轴 d_2 处的最小轴径

$$d = 21.68 \times \sqrt[3]{\frac{\sqrt{28.73^2 + (0.6 \times 1.71)^2}}{70}} \text{mm} = 16.12\text{mm}$$

小号磨具主轴 d_2 处的最小轴径

$$d = 21.68 \times \sqrt[3]{\frac{\sqrt{16.41^2 + (0.6 \times 0.85)^2}}{70}}\,\text{mm} = 13.37\text{mm}$$

在图 1-7 中初步确定大号磨具 $d_2 = \phi28\text{mm}$，小号磨具 $d_2 = \phi22\text{mm}$。对照计算数据，初定的轴径尺寸强度是足够的。

4. 磨具主轴刚度校核

为了保证良好的加工性能，对金属切削机床主轴的刚度往往会提出严格的要求。即在静刚度试验中，检测在静载荷的作用下主轴的挠度或偏转角。

金属切削机床主轴的允许挠度一般为

$$[Y_{\max}] = 0.0002l \quad (l\ \text{为跨距})$$

所以，在设计时还要校核主轴的弯曲刚度。但是，校核内圆磨具主轴的弯曲刚度可不是一项简单的工作，这里有两个难点：①此主轴的前后轴承，均为两个并列的角接触球轴承，于是，同一个轴上有四个轴承来支承，其支反力不能用静力平衡条件来确定，所以主轴成了"静不定梁"，不能按简支梁来计算刚度；②主轴为阶梯轴，在全长上有数个台阶，所以刚度计算要比等直径轴复杂得多。

首先解决静不定梁的问题。有一份资料[一]，其中有一节专门论述"在一个支点上安装两个同型号的向心推力轴承的计算"。这恰好就是我们要解决的问题，我们且按此计算。

计算步骤如下：

1) 计算 $\dfrac{A}{F_r}\cot\alpha$ 之值。

式中　A——磨削时主轴承受的轴向载荷，磨削加工横向进给量很小，故 A 值很小；

　　　F_r——磨削时主轴承受的径向力，设 $\dfrac{A}{F_r} = \dfrac{1}{10}$；

　　　α——轴承的接触角（°），所用的轴承 $\alpha = 15°$。

代入公式

$$\frac{1}{10}\cot15° = \frac{1}{10} \times 3.73 = 0.37$$

2) 根据以上计算值由图 1-9 查得 $\dfrac{b_1}{b}$ 的数值。$\dfrac{b_1}{b} = 0.138$。式中 b 为两个轴承载荷作用中心 e 和 f 之间的距离（见图 1-10 和 1-11），b_1 为轴承支座中心到径向载荷 F_r 之间的距离。由式

$$\frac{b_1}{b} = 0.138$$

得

$$b_1 = 0.138b$$

由图 1-10 可知，大号磨具 $b = 33\text{mm}$，则得

$$b_1 = 0.138 \times 33\text{mm} = 4.55\text{mm}$$

由图 1-11 可知，小号磨具 $b = 32\text{mm}$，则得

$$b_1 = 0.138 \times 32\text{mm} = 4.42\text{mm}$$

㊀ 北京钢铁学院、清华大学等八所院校：《机械零件》下册，人民教育出版社，1980。

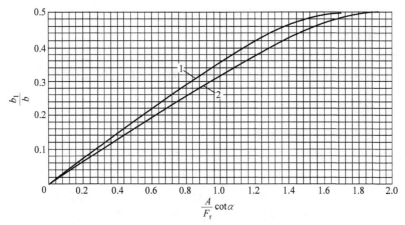

图 1-9　确定成对安装向心推力轴承径向载荷位置的曲线

1—向心推力球轴承　2—圆锥滚子轴承

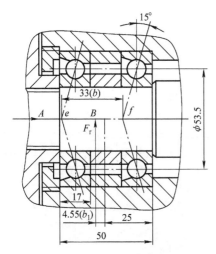

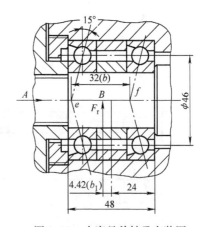

图 1-10　大磨具前轴承安装图　　　　　图 1-11　小磨具前轴承安装图

　　轴承支座中心在两轴承距离的等分截面上，由轴承的安装图可以确定。所以当 b_1 尺寸确定后，两轴承的径向载荷 F_r 的位置就确定了。而且，径向载荷的位置就是轴承支点的位置，并且，轴承支点由两点简化成了一点。

　　阶梯轴的挠度计算有多种方法，如图解法、能量法、当量直径法等。这里采用的是能量法。用能量法计算阶梯轴的挠度或偏转角，可按如下步骤进行：

　　1）绘出轴的外形简图，标出各台阶的尺寸。

　　2）绘出受力图，注明轴承受的外力和约束反力，以及各力之间的距离。

　　3）绘出弯矩图 M。

　　4）绘出分段图，以每个阶梯为一段，标出各段的长度。

　　5）在需求挠度（或转角）处，施加一个单位的载荷 F_i（如 1N），但需与轴的变形方向一致，并绘出由 F_i 引起的弯矩图 M'。

　　6）按下式计算截面的挠度

$$Y(\theta) = \sum \int_0^{l_i} \frac{MM'}{EI} \mathrm{d}l$$

式中 $Y(\theta)$——轴的挠度（mm）或偏转角（rad）；

$\quad\quad M$——轴所受弯矩（N·mm）；

$\quad\quad M'$——单位载荷引起的弯矩（N·mm）；

$\quad\quad E$——材料的弹性模量（MPa），材料为40Cr，$E = 206 \times 10^3$ MPa；

$\quad\quad I$——各轴段截面的惯性矩（mm⁴），$I = \frac{\pi}{64}d^4$；

$\quad\quad l$——各轴段的长度（mm）。

首先按上述步骤，计算大号磨具主轴外伸轴颈的挠度。

根据图1-6、图1-7绘出主轴的结构简图如图1-12a所示。在图1-7中，d_3轴颈为M33×1.5螺纹轴，其小径与d_2接近，为简化计算，将其简化到d_2的长度中。

在受力图中（见图1-12b）两支座的距离（272.10）是根据图1-10中F_r的位置确定的。支反力的计算如下：

由 $\sum M_C = 0$ 得

$$F_B = \frac{166.54 \times (212.95 + 272.10)}{272.10}\text{N} = 296.87\text{N}$$

由 $\sum M_B = 0$ 得

$$F_C = \frac{166.54 \times 212.95}{272.10}\text{N} = 130.34\text{N}$$

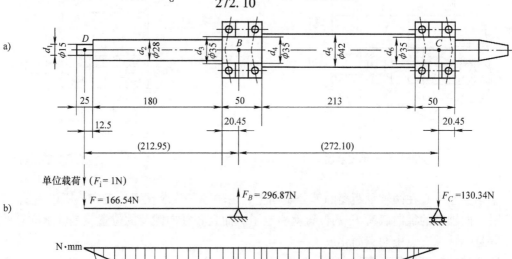

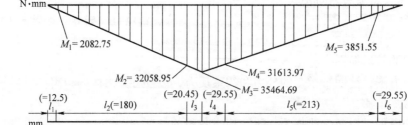

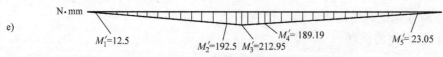

图1-12 大磨具主轴弯矩挠度计算图

a) 结构简图 b) 受力图 c) 弯矩图 d) 分段图 e) 单位载荷弯矩图

按前述挠度的计算公式，对照图 1-12 中的数据，分段计算各段的挠度，计算外伸轴端 D 点的挠度见表 1-2。

表 1-2　大号内圆磨具主轴挠度计算

轴段	$\int_0^{l_i} \dfrac{MM'}{EI}\mathrm{d}l$	结果/mm
1	$\dfrac{l_1}{0.147Ed_1^4}M_1M'_1 = \dfrac{12.5}{0.147 \times 206 \times 10^3 \times 15^4} \times 2082.75 \times 12.5$	2.12×10^{-4}
2	$\dfrac{l_2}{0.294Ed_2^4}[M_2(2M'_2 + M'_1) + M_1(2M'_1 + M'_2)]$ $= \dfrac{180}{0.294 \times 206 \times 10^3 \times 28^4} \times [32058.95 \times (2 \times 192.5 + 12.5) + 2082.75 \times (2 \times 12.5 + 192.5)]$	0.064
3	$\dfrac{l_3}{0.294Ed_3^4}[M_3(2M'_3 + M'_2) + M_2(2M'_2 + M'_3)]$ $= \dfrac{20.45}{0.294 \times 206 \times 10^3 \times 35^4} \times [35464.69 \times (2 \times 212.95 + 192.5) + 32058.95 \times (2 \times 192.5 + 212.95)]$	9.25×10^{-3}
4	$\dfrac{l_4}{0.294Ed_4^4}[M_4(2M'_4 + M'_3) + M_3(2M'_3 + M'_4)]$ $= \dfrac{29.55}{0.294 \times 206 \times 10^3 \times 35^4} \times [31613.97 \times (2 \times 189.19 + 212.95) + 35464.69 \times (2 \times 212.95 + 189.19)]$	0.013
5	$\dfrac{l_5}{0.294Ed_5^4}[M_5(2M'_5 + M'_4) + M_4(2M'_4 + M'_5)]$ $= \dfrac{213}{0.294 \times 206 \times 10^3 \times 42^4} \times [3851.55 \times (2 \times 23.05 + 189.19) + 31613.97 \times (2 \times 189.19 + 23.05)]$	0.015
6	$M_6 = 0 \quad M'_6 = 0$	0
累计	D 点挠度 $Y_D = \sum_{i=1}^{6} \int_0^{l_i} \dfrac{MM'}{EI}\mathrm{d}l$	0.101

用同样的方法，计算小号磨具主轴外伸轴颈的挠度。计算图如图 1-13 所示。

在受力图 1-13b 中，两支点的距离 273.8mm 是根据图 1-11 中 F_r 的位置确定的。支反力的计算如下：

由 $\sum M_C = 0$ 得

$$F_B = \frac{125 \times (174.58 + 273.84)}{273.84}\mathrm{N} = 204.69\mathrm{N}$$

由 $\sum M_B = 0$ 得

$$F_C = \frac{125 \times 174.58}{273.84}\mathrm{N} = 79.69\mathrm{N}$$

小号磨具主轴外伸轴端 D 点的挠度计算见表 1-3。

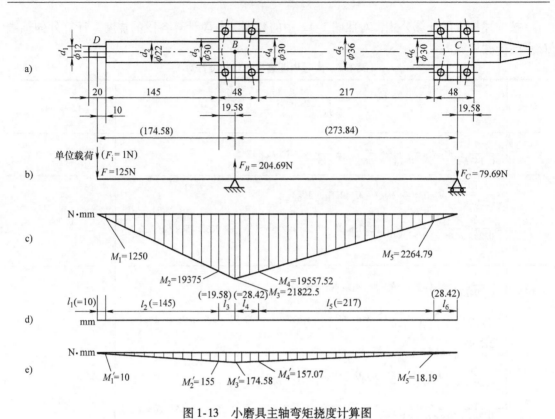

图 1-13　小磨具主轴弯矩挠度计算图

a) 结构简图　b) 受力图　c) 弯矩图　d) 分段图　e) 单位载荷弯矩图

表 1-3　小号内圆磨具主轴挠度计算

轴段	$\int_0^{l_i} \dfrac{MM'}{EI}\mathrm{d}l$	结果/mm
1	$\dfrac{l_1}{0.147Ed_1^4}M_1M'_1 = \dfrac{10}{0.147\times206\times10^3\times12^4}\times1250\times10$	1.99×10^{-4}
2	$\dfrac{l_2}{0.294Ed_2^4}[M_2(2M'_2+M'_1)+M_1(2M'_1+M'_2)]$ $=\dfrac{145}{0.294\times206\times10^3\times22^4}\times[19375\times(2\times155+10)+1250\times(2\times10+155)]$	0.066
3	$\dfrac{l_3}{0.294Ed_3^4}[M_3(2M'_3+M'_2)+M_2(2M'_2+M'_3)]$ $=\dfrac{19.58}{0.294\times206\times10^3\times30^4}\times[21822.5\times(2\times174.58+155)+19375\times(2\times155+174.58)]$	8.14×10^{-3}
4	$\dfrac{l_4}{0.294Ed_4^4}[M_4(2M'_4+M'_3)+M_3(2M'_3+M'_4)]$ $=\dfrac{28.42}{0.294\times206\times10^3\times30^4}\times[19557.52\times(2\times157.07+174.58)+21822.5\times(2\times174.58+157.07)]$	0.012
5	$\dfrac{l_5}{0.294Ed_5^4}[M_5(2M'_5+M'_4)+M_4(2M'_4+M'_5)]$ $=\dfrac{217}{0.294\times206\times10^3\times36^4}\times[2264.79\times(2\times18.19+157.07)+19557.52\times(2\times157.07+18.19)]$	0.015
6	$M_6=0$　$M'_6=0$	0
累计	D 点挠度 $Y_D=\sum\limits_{i=1}^{6}\int_0^{l_i}\dfrac{MM'}{EI}\mathrm{d}l$	0.101

前文已经介绍，金属切削机床主轴的允许挠度一般为 $[Y_{max}] = 0.0002l$（跨距）。大号磨具 $l = 272.2\text{mm}$，小号磨具 $l = 273.8\text{mm}$，分别代入公式：

大磨具

$$[Y_{max}] = 0.0002 \times 272.2\text{mm} = 0.05\text{mm}$$

小磨具

$$[Y_{max}] = 0.0002 \times 273.8\text{mm} = 0.05\text{mm}$$

在粗磨时，大磨具与小磨具主轴外伸端的挠度计算值均为 0.1mm，为允许值的两倍。

如何解决这个问题？根据前述挠度计算公式：$Y = \sum\limits_{i=1}^{6} \int_{0}^{l_i} \dfrac{MM'}{EI}\mathrm{d}l$，挠度与 l 成正比，与 E、I 成反比。l 为每个轴段的长度，所以为了减小挠度应减小各轴段的长度。由计算表可知，第 2 轴段产生的挠度最大，占总挠度的 60% 以上，故应减小其长度。但是因工件的加工长度较大，而且加工时切削液的输送管还要占用一定的空间，所以 l_2 的长度不宜再减小。式中 E 为材料的弹性模量，各种钢材的弹性模量相差不大，所以不能以更换材料来提高 E 值。式中 I 为截面惯性矩，$I = \dfrac{\pi}{64}d^4$，所以增大轴径可以大幅度提高轴的刚度，设计中多用这个方法来提高零件刚度。但是在这里，轴径 d_2 受砂轮直径的限制，没有多少增大的余地。

总之，主轴的刚度不足，而且难以解决。但是，这是粗磨时的问题，因为计算时作为依据的切削用量是粗磨的参数，也就是说粗磨时磨具主轴安装砂轮的外伸杆部，有可能产生 0.1mm 的挠度，其斜率约为 $\dfrac{0.1}{200}$。此斜率作用到 20mm 宽的砂轮上为 0.01mm。即磨削开始时，砂轮外圆的母线只有后端与工件接触，而前端则有 0.01mm 的间隙。当砂轮的后端磨损 0.01mm 后，砂轮外圆的母线在全长上与工件接触。这种情况在内圆磨削中是常见的。

在精磨时，切削用量与粗磨时有很大的区别。无论是工件的运转速度，还是纵向进给量和横向进给量，都远小于粗磨时的参数，往往是其 1/3 ~ 1/2。所以精磨时的切削力也远小于粗磨时的切削力，精磨时主轴的挠度也就符合了允许值 $[Y_{max}]$ 的要求。

1.9.2　对主轴轴承组合设计的分析及轴承预紧力的校核

由图 1-6 可知，这台机床的内圆磨具，支承主轴的是角接触球轴承，轴承组合的形式为"同向—背对背"，轴承预紧的方法是弹簧压紧。

这种设计，前文已经介绍是国产内圆磨具的典型设计。所以很有必要对这种设计做一些分析计算。

1. 轴承的工作温升对轴承游隙的影响

内圆磨具主轴的转速都是很高的，一般为 10000 ~ 20000r/min，所以温升很高，其套筒外表面的工作温度在夏季可达 50℃。但是主轴的工作温度，比套筒还要高，因为主轴散热条件不如套筒。两者的温差，最高可达 20℃。此温差是否会增大轴承的游隙？是否会影响主轴的运转精度？这是需要通过热膨胀量的计算来确定的。

在图 1-6 中，前轴承的轴向安装尺寸为 l_2，在温升前主轴和套筒的这个尺寸是相同的。但是当主轴和套筒有了较大的温差时，这个尺寸就有差别了，下面计算这个差别。

$$\Delta l = \Delta t l \alpha$$

式中　Δl——零件的热膨胀量（mm）；

Δt——零件的温升（℃），主轴的温升 $\Delta t_1 = 40℃$，套筒的温升 $\Delta t_2 = 20℃$；

l——温升前零件的安装尺寸（mm），以大号磨具为例，$l = 50mm$；

α——材料的热膨胀系数（1/℃），主轴材料为 40Cr，$\alpha = 11.2 \times 10^{-6}/℃$；套筒材料
为 HT200，$\alpha = (8.7 \sim 11.1) \times 10^{-6}/℃$，取 $\alpha = 9.9 \times 10^{-6}/℃$。

分别代入公式：

主轴的热膨胀量：$\Delta l_1 = 40 \times 50 \times 11.2 \times 10^{-6}mm = 0.0224mm$。

套筒的热膨胀量：$\Delta l_2 = 20 \times 50 \times 9.9 \times 10^{-6}mm = 0.0099mm$。

两者热膨胀量之差：$\Delta l_1 - \Delta l_2 = 0.0224mm - 0.0099mm = 0.0125mm$。

由以上计算可知，温升后前轴承内圈的轴向位移比外圈多 0.0125mm。那么此数据，对
轴承的径向游隙又会产生多大的影响呢？这个问题可通过以下的计算来解答。计算简图如图
1-14 所示。

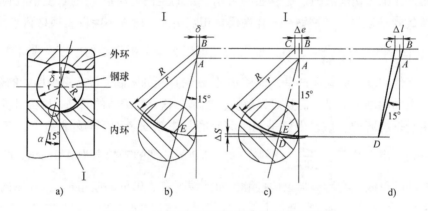

图 1-14　轴承温升对径向游隙的影响计算图

a）轴向截面图　b）温升前接触区微观放大图　c）温升后接触区微观放大图　d）几何图形

以轴承 7207C 为例计算。查轴承手册可知其参数如下：

r——钢球半径，$r = 5.556mm$。

R——内圈滚道弧面半径，$R = 5.77824mm$。

α——接触角，$\alpha = 15°$。

由图 1-14a 可知，钢球的球心与内圈滚道弧面圆心并不在同一个垂直面内，两者的距离
为 δ。对 7207C 轴承来说，$\delta = 0.058mm$。

图 1-14b 所示为温升前接触区微观放大图。在工作负荷和预紧负荷的作用下，钢球和滚
道都会产生微量的接触变形，但是此变形过于微小，视图无法表示。由图 1-14b 可知，钢球
与滚道在 E 点相切，A 点为钢球球心，B 点为滚道弧面的圆心，两者的中心距 AB 可按下式
计算

$$AB = R - r = 5.77824mm - 5.556mm = 0.22224mm$$

图 1-14c 所示为温升后接触区微观放大图。由图可以看到内圈滚道的弧面圆心由 B 点移
到了 C 点，B、C 两点的距离等于内圈与外圈轴向热膨胀量之差。

故得

$$BC = \Delta l_1 - \Delta l_2 = 0.0125mm$$

由图 1-14c 还可以看到，在接触区，钢球与内圈滚道之间产生了径向间隙 ED。ED 值的

计算过程如下。

图 1-14d 所示为计算 *ED* 值的几何图形。根据正弦定理可得下式

$$\frac{CD}{\sin \angle CBD} = \frac{BC}{\sin \angle BDC}$$

式中　　$CD = R = 5.77824\text{mm}$；$BC = 0.0125\text{mm}$。

$$\angle CBD = 90° - 15° = 75°$$

各值代入方程

$$\frac{5.77824}{\sin 75°} = \frac{0.0125}{\sin \angle BDC}$$

得

$$\sin \angle BDC = \frac{0.0125 \times \sin 75°}{5.77824} = 2.08958 \times 10^{-3}$$

由此得

$$\angle BDC = 0.119724°$$

$$\angle BCD = 180° - \angle CBD - \angle BDC = 180° - 75° - 0.119724° = 104.880276°$$

又，根据正弦定理可得

$$\frac{BD}{\sin \angle BCD} = \frac{CD}{\sin \angle CBD}$$

得

$$BD = \frac{CD\sin \angle BCD}{\sin \angle CBD} = \frac{5.77824 \times \sin 104.880276°}{\sin 75°}\text{mm} = 5.7815\text{mm}$$

由图 1-14c 得

$$ED = BD - AE - AB = 5.7815\text{mm} - 5.556\text{mm} - 0.22224\text{mm} = 0.00326\text{mm}$$

根据以上的计算结果，可以得出如下的初步结论：内圆磨具在运转中产生较大的温升之后，由于主轴与套筒的散热条件不同，两者会产生较大的温差。如果在一个支点上安装两个同型号的角接触球轴承，则轴承的内圈和外圈会产生不相等的轴向膨胀量。对于 7207C 型轴承，如果温差为 20℃，轴向膨胀量之差为 0.012mm，由此前轴承可产生 0.00326mm 的径向游隙。

此游隙是否会影响轴承的运转精度，还取决于轴承的径向热膨胀的情况。轴承的径向热膨胀量由两部分组成：①内圈与外圈的热膨胀量之差。当内圈与外圈的温差为 10℃ 时，此差值为 $4.14 \times 10^{-4}\text{mm}$；②钢球的热膨胀量。当轴承的温升为 20℃ 时，此数值为 $2.49 \times 10^{-3}\text{mm}$。此二值之和为 0.0029mm。此数值与轴向热膨胀量产生的径向游隙几乎是相等的。即由它弥补了轴向热膨胀量产生的径向游隙。所以轴承可以保持原有的运转精度。

2. 内圆磨具预紧力的校核

内圆磨具为了消除轴承游隙，更重要的是为了提高主轴的刚度，防止在高速运转时产生振动，都要对轴承施加适当的预加负荷，称为轴承的预紧处理。其实质就是对轴承施加适当的轴向力，使滚动体和内外圈的滚道，在接触区产生初始弹性变形。

施加预加负荷的方法有多种，这台磨床的内圆磨具采用的是弹簧预紧。即将内圈轴向固定，用数件小弹簧，通过预紧套对外圈预加轴向负荷（见图 1-6）。这种方法能使外圈承受的轴向力均匀分布，而且当轴承磨损时或产生轴向热膨胀量时，自动补偿，使预加负荷保持不变。

通过测绘可知，原设计的预紧弹簧参数见表1-4。

表1-4　原设计轴承预紧弹簧参数

弹簧参数	钢丝直径	弹簧中径	弹簧长度	工作推力	数量	工作总推力
大号内圆磨具	$\phi1mm$	$\phi8mm$	32mm	42N	6	252N
小号内圆磨具	$\phi0.8mm$	$\phi6mm$	32mm	29.5N	6	177N

表中所列弹簧的工作总推力，就是组合轴承所承受的预加负荷。此数据是否合理，应加以校核。

关于轴承的预加负荷的合理数值，20世纪有资料介绍过苏联机床研究所推荐过的一个计算公式，现在早已不再被提及。近几年也有资料介绍新的公式。那么应如何掌握这个问题呢？笔者的浅见是，对于机床主轴这类高精度的机构，预加负荷当然要施加，但预紧的数值不宜采用统一的公式来确定，应根据机构设计的具体情况分别确定。

对于内圆磨具来说，工作时切削力不大，无振动，但转速很高，所以应采用比较小的预加负荷。由于所用的轴承是角接触球轴承，钢球与滚道的接触区有一个倾斜的角度，高速运转时，钢球在离心力的作用下有偏离正常轨道的趋势。所以预加负荷的数值，必须大于由钢球离心力所产生的轴向分力。也就是说，应按钢球运转时的离心力来校核弹簧的预紧力。

为此需要进行钢球运动参数及离心力的计算。

1）钢球球心（或保持架）绕轴承轴线的转速按下式计算

$$n_o = n_B \frac{D_o - d_m\cos\alpha}{2D_o}$$

式中　n_o——钢球球心（或保持架）绕轴承轴线的转速（r/min）；

　　　n_B——轴承内圈转速（r/min），7207C 轴承，$n_{B1} = 10000\text{r/min}$，7206C 轴承，$n_{B2} = 12500\text{r/min}$；

　　　D_o——钢球球心绕轴承的旋转直径（mm），7207C 轴承，$D_{o1} = 53.5\text{mm} = 0.0535\text{m}$，7206C 轴承，$D_{o2} = 46\text{mm} = 0.046\text{m}$；

　　　d_m——钢球直径（mm），7207C 轴承，$d_{m1} = 7/16\text{in} = 11.1125\text{mm}$，7206C 轴承，$d_{m2} = 3/8\text{in} = 9.525\text{mm}$；

　　　α——轴承接触角（°），$\alpha = 15°$。

各值分别代入公式：

7207C 轴承钢球绕轴承轴线的转速

$$n_{o1} = 10000 \times \frac{53.5 - 11.1125 \times \cos15°}{2 \times 53.5}\text{r/min} = 3996.84\text{r/min}$$

7206C 轴承钢球绕轴承轴线的转速

$$n_{o2} = 12500 \times \frac{46 - 9.525 \times \cos15°}{2 \times 46}\text{r/min} = 4999.94\text{r/min}$$

2）钢球球心运动的圆周速度计算，按下式计算

$$v = \frac{\pi D_o n_o}{60}$$

式中 D_o 与 n_o 已知，将各值分别代入公式：

7207C 轴承钢球的圆周速度

$$v_1 = \frac{\pi \times 0.0535 \times 3996.84}{60}\text{m/s} = 11.196\text{m/s}$$

7206C 轴承钢球的圆周速度

$$v_2 = \frac{\pi \times 0.046 \times 4999.94}{60} m/s = 12.043 m/s$$

3）钢球圆周运动离心力计算，按下式计算

$$F = \frac{2mv^2}{D_o}$$

式中　F——钢球圆周运动离心力（N）；

　　　v——钢球的圆周速度（m/s）；

　　　m——钢球的质量（kg），$m = \dfrac{G（钢球重力）}{g（重力加速度）}$，7207C 轴承钢球重力，$G_1 = 55.3 \times$

10^{-3}N，质量 $m_1 = \dfrac{55.3 \times 10^{-3}}{9.81} kg = 5.64 \times 10^{-3} kg$；7206C 轴承钢球重力 $G_2 =$

34.8×10^{-3}N，质量 $m_2 = \dfrac{34.8 \times 10^{-3}}{9.81} kg = 3.55 \times 10^{-3} kg$。

各值分别代入公式：

7207C 轴承一个钢球的离心力

$$F_1 = \frac{2 \times 5.64 \times 10^{-3} \times 11.196^2}{0.0535} N = 26.43 N$$

7206C 轴承一个钢球的离心力

$$F_2 = \frac{2 \times 3.55 \times 10^{-3} \times 12.043^2}{0.046} N = 22.39 N$$

4）轴承运转时，钢球的总离心力及其轴向分力计算。

7207C 轴承运转时，每件轴承的钢球的总离心力为

$$\sum F_1 = Z（钢球数量）F_1 = 12 \times 26.43 N = 317.16 N$$

7206C 轴承运转时，每件轴承的钢球的总离心力为

$$\sum F_2 = ZF_2 = 12 \times 22.39 N = 268.68 N$$

钢球的离心力 F 作用到轴承外圈之后，可分解为法向分力 F_N 和轴向分力 F_A（见图 1-15），轴向分力 F_A 可使外圈产生轴向位移。由图 1-6 可知，此轴向分力由弹簧 8 来平衡。磨具共有四件轴承，它们的钢球的离心力所产生的轴向分力，全部依靠弹簧来平衡。

下面计算此轴向分力，按下式计算

$$\sum F_A = \sum F \tan 15° \times 4$$

4 件 7207C 轴承，钢球离心力的轴向分力

$$\sum F_{A1} = 317.16 \times \tan 15° \times 4 N = 339.93 N$$

4 件 7206C 轴承，钢球离心力的轴向分力

$$\sum F_{A2} = 268.68 \times \tan 15° \times 4 N = 287.97 N$$

对照表 1-4 中工作总推力的数值可知，表中的数值只是以上计算值的 60% ~ 70%。即弹簧的压力，不能与钢球运转时离

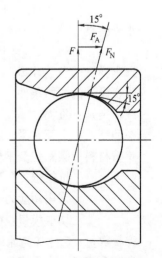

图 1-15　离心力的轴向分力

心力的轴向分力相平衡。所以工作时轴承外圈可能产生轴位移，钢球在有间隙的状态下运转。这是原设计的重要不足之处。

但是，这台机床在加工普通工件时，却未见任何不正常之处，是何道理？查轴承手册可知，7207C 和 7206C 两种轴承，其径向的原始游隙为 12 ~ 26μm。此游隙不大，而且当轴承产生了温升之后，轴承的径向热膨胀量（前文已计算了此数值）可能将此游隙弥补。但是这类磨具主轴刚度不足，不能加工表面粗糙度 $Ra0.8μm$ 以上的工件。

3. 预紧弹簧的重新设计

为了解决上述问题，应重新设计预紧弹簧。但是为了使弹簧能安装在原设计的预紧套内，应尽量保持其外形尺寸不变。

在角接触球轴承的组合设计中，确定轴承的轴向预紧力应考虑的因素，主要是轴承所承受的径向和轴向载荷。在内圆磨削中，轴向载荷很小，可以忽略不计，而只考虑径向载荷。轴承所承受的径向载荷，就是前文在"磨具主轴刚度校核"一节中所计算的支反力（见图 1-10 和图 1-11），其中前轴承的支反力 F_B 远大于后轴承的支反力 F_C，故应采用 F_B 的数据。大号磨具 $F_B = 296.87N$，小号磨具 $F_B = 204.69N$。

轴承组合的轴向预紧力，可按下式计算

$$A_F = nR\tan\alpha + A + F_A$$

式中　A_F——轴承组合的轴向预紧力（N）；

　　　n——安全系数，$n = 1.1 ~ 1.5$，取 $n = 1.2$；

　　　R——组合轴承的径向载荷（N），大号磨具 $R = 296.87N$，小号磨具 $R = 204.69N$；

　　　α——轴承接触角（°），$\alpha = 15°$；

　　　A——组合轴承的轴向载荷（N），$A = 0$；

　　　F_A——组合轴承的钢球离心力的轴向分力（N），大号磨具 $F_A = 339.93N$，小号磨具 $F_A = 287.97N$。

将各值分别代入公式：

大号磨具

$$A_{F1} = 1.2 \times 296.87 \times \tan15°N + 339.93N = 435.39N$$

小号磨具

$$A_{F2} = 1.2 \times 204.69 \times \tan15°N + 287.97N = 353.79N$$

预紧弹簧的参数计算：

弹簧设计的初始条件：

载荷类别：Ⅲ类。

端型型式：端部并紧、磨平，支承圈为 1 圈。

弹簧材料：碳素弹簧钢丝，C 级；

　　　　　抗拉强度：1960 ~ 2300MPa，取平均值：$R_m = 2130MPa$；

　　　　　许用切应力：$[\tau]_Ⅲ = 0.5 \times 2130MPa = 1065MPa$；

　　　　　切变模量：$G = 8 \times 10^4N/mm^2$。

弹簧数量：6 件（与原设计相同，以便安装）。

安装孔直径：大号磨具 $\phi10.5mm$，小号磨具 $\phi8mm$。

自由高度：32mm（与原设计相同）。

最大工作负荷高度：17mm（与原设计相同）。

最大工作负荷：大号磨具 $F_\text{n} = \dfrac{436}{6}\text{N} = 72.67\text{N}$，小号磨具 $F_\text{n} = \dfrac{354}{6}\text{N} = 59\text{N}$。

（1）大号磨具预紧弹簧参数计算

1）初定钢丝直径

$$d = \phi 1.2\text{mm}$$

2）初定弹簧中径

$$D = \phi 8\text{mm}$$

3）旋绕比

$$C = \frac{D}{d} = \frac{8}{1.2} = 6.67$$

4）曲度系数

$$K = \frac{4C - 1}{4C - 4} + \frac{0.615}{C} = \frac{4 \times 6.67 - 1}{4 \times 6.67 - 4} + \frac{0.615}{6.67} = 1.22$$

5）校验最大工作负荷

$$F_\text{n} = \frac{\pi d^3}{8KD}[\tau]_\text{Ⅲ} = \frac{\pi \times 1.2^3}{8 \times 1.22 \times 8} \times 1065\text{N} = 74.05\text{N}$$

略大于规定数据，可行。故 $d = \phi 1.2\text{mm}$ 和 $D = \phi 8\text{mm}$ 可以确认。

6）极限工作负荷

$$F_\text{j} = \frac{\pi d^3}{8KD}\tau_\text{j}, \quad \tau_\text{j}（极限切应力）= 1.12[\tau]_\text{Ⅲ} = 1.12 \times 1065\text{MPa} = 1192.8\text{MPa}$$

得

$$F_\text{j} = \frac{\pi \times 1.2^3}{8 \times 1.22 \times 8} \times 1192.8\text{N} = 82.93\text{N}$$

7）最小工作负荷

$$F_1 = \frac{1}{3}F_\text{j} = \frac{82.93}{3}\text{N} = 27.64\text{N}$$

8）节距

$$t = \frac{D}{3} \sim \frac{D}{2} = \frac{8}{3} \sim \frac{8}{2}\text{mm} = 2.67 \sim 4\text{mm}, \quad 取\ t = 3.6\text{mm}$$

9）单圈刚度

$$F_{\text{d}'} = \frac{Gd^4}{8D^3} = \frac{8 \times 10^4 \times 1.2^4}{8 \times 8^3}\text{N/mm} = 40.5\text{N/mm}$$

10）初定自由高度

$$根据初始条件，H_0 = 32\text{mm}$$

11）有效圈数

$$n = \frac{H_0 - 1.5d}{t} = \frac{32 - 1.5 \times 1.2}{3.6} = 8.38, \quad 取\ n = 8.5$$

12）校验自由高度

$$H_0 = nt + 1.5d = 8.5 \times 3.6\text{mm} + 1.5 \times 1.2\text{mm} = 32.4\text{mm}$$

与初始条件相比大 0.4mm，可行。所以 t 与 n 之值可以确认。

13）弹簧刚度

$$F' = \frac{F_{d'}}{n} = \frac{40.5}{8.5}\text{N/mm} = 4.76\text{N/mm}$$

14）最大工作负荷下的变形

$$f_n = \frac{F_n}{F'} = \frac{72.67}{4.76}\text{mm} = 15.27\text{mm}$$

15）最大工作负荷下的高度

$$H_n = H_0 - f_n = 32.4\text{mm} - 15.27\text{mm} = 17.13\text{mm}$$

此数据比要求的尺寸大0.13mm（见图1-16），最大工作负荷因此而增大的值可忽略不计。

16）极限工作负荷下的变形

$$f_j = \frac{F_j}{F'} = \frac{82.93}{4.76}\text{mm} = 17.42\text{mm}$$

17）极限工作负荷下的高度

$$H_j = H_0 - f_j = 32.4\text{mm} - 17.42\text{mm} = 14.98\text{mm}$$

18）最小工作负荷下的变形

$$f_1 = \frac{F_1}{F'} = \frac{27.64}{4.76}\text{mm} = 5.81\text{mm}$$

19）最小工作负荷下的高度

$$H_1 = H_0 - f_1 = 32.4\text{mm} - 5.81\text{mm} = 26.59\text{mm}$$

20）弹簧圈数

$$n_1 = n + 2 = 8.5 + 2 = 10.5$$

21）展开长度

$$l = \sqrt{(\pi D)^2 + t^2} \times n_1$$
$$= \sqrt{(\pi \times 8)^2 + 3.6^2} \times 10.5\text{mm}$$
$$= 266.59\text{mm}$$

22）弹簧工作图如图1-17所示。

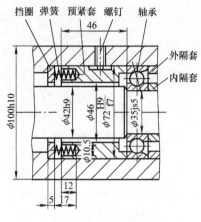

图1-16　大号磨具轴向预紧机构

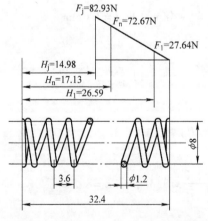

图1-17　弹簧

技术条件：

1. 总圈数：n_1=10.5；
2. 有效圈数：n=8.5；
3. 旋向：右旋；
4. 展开长度：266.59mm；
5. 热处理及硬度：淬火、回火，45～50HRC；
6. 表面处理：发蓝；
7. 材料：碳素弹簧钢丝C级；
8. 数量：6。

（2）小号磨具预紧弹簧参数计算

1）初定钢丝直径

$$d = 1\text{mm}$$

2）初定弹簧中径

$$D = 5.6\text{mm}$$

3）旋绕比

$$C = \frac{5.6}{1} = 5.6$$

4）曲度系数

$$K = 1.27 \text{（查表）}$$

5）校核最大工作负荷

$$F_n = \frac{\pi \times 1^3 \times 1065}{8 \times 1.27 \times 5.6}\text{N} = 58.81\text{N} \approx 59\text{N}$$

比初始条件规定的数值小 0.19N，可行。故 d 和 D 的数值可以确认。

6）极限工作负荷

$$F_j = \frac{\pi \times 1^3 \times 1192.8}{8 \times 1.27 \times 5.6}\text{N} = 65.86\text{N}$$

7）最小工作负荷

$$F_1 = \frac{1}{3} \times 65.86\text{N} = 21.95\text{N}$$

8）节距

$$\text{初定 } t = 2.1\text{mm}$$

9）单圈刚度

$$F_{d'} = \frac{8 \times 10^4 \times 1^4}{8 \times 5.6^3}\text{N/mm} = 56.94\text{N/mm}$$

10）初定自由高度

$$\text{根据初始条件，} H_0 = 32\text{mm}$$

11）有效圈数

$$n = \frac{32 - 1.5 \times 1}{2.1} = 14.52, \text{ 取 } n = 14.5$$

12）校核自由高度

$$H_0 = 14.5 \times 2.1\text{mm} + 1.5 \times 1\text{mm} = 31.95\text{mm}$$

等于初始条件，所以 t 与 n 的值可以确认。

13）弹簧刚度

$$F' = \frac{56.94}{14.5}\text{N/mm} = 3.93\text{N/mm}$$

14）最大工作负荷下的变形

$$f_n = \frac{59}{3.93}\text{mm} = 15.01\text{mm}$$

15）最大工作负荷下的高度

$$H_n = 31.95\text{mm} - 15.01\text{mm} = 16.94\text{mm}$$

此数据符合初始条件（见图 1-18）。

16）极限工作负荷下的变形

$$f_j = \frac{65.86}{3.93}\text{mm} = 16.76\text{mm}$$

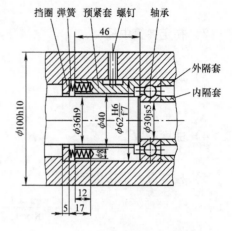

图 1-18　小号磨具轴向预紧机构

17）极限工作负荷下的高度

$H_j = 31.95\text{mm} - 16.76\text{mm} = 15.19\text{mm}$

18）最小工作负荷下的变形

$$f_1 = \frac{21.95}{3.93}\text{mm} = 5.59\text{mm}$$

19）最小工作负荷下的高度

$H_1 = 31.95\text{mm} - 5.59\text{mm} = 26.36\text{mm}$

20）弹簧圈数 $n_1 = 14.5 + 2 = 16.5$

21）展开长度

$l = \sqrt{(5.6 \times \pi)^2 + 2.1^2} \times 16.5\text{mm} = 292.34\text{mm}$

22）弹簧工作图如图 1-19 所示。

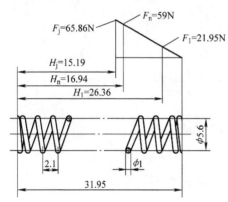

图 1-19　弹簧

技术条件:

1. 总圈数: $n_1 = 16.5$;

2. 有效圈数: $n = 14.5$;

3. 旋向: 右旋;

4. 展开长度: 292.34mm;

5. 热处理及硬度: 淬火、回火, 45～50HRC;

6. 表面处理: 发蓝;

7. 材料: 碳素弹簧钢丝C级;

8. 数量: 6。

4. 组合轴承预加负荷的推荐数据

对于机床主轴这类精密机构的组合轴承，就进行预紧处理——这可能是个有争议的问题。关键的问题是：应如何确定预加负荷的合理数值。这个数据的确定主要的是要考虑两个因素：①轴承的工作负荷，因为预加负荷在工作中将与工作负荷相平衡；②轴承的工作温升，因为施加预加负荷会影响到工作温升。

对于这个问题，《滚动轴承手册》[○] 推荐的数据应该是权威的资料，见表 1-5，下面进行介绍。

表 1-5　角接触球轴承预过盈的轴向力

$dn_{\max}$	$(0.5 \sim 1.5) \times 10^5$	$(1.5 \sim 2.5) \times 10^5$	$(2.5 \sim 3.5) \times 10^5$
A_0	1500～1750	1000～1250	500～750

注：d—轴承内径（mm）；$n_{\max}$—轴承的最大转速（r/min）；A_0—每对轴承预过盈的轴向力（N）。

由表 1-5 中的数据可以看到，表中的数值只是一个概略的数值。它没有列出具体的计算公式，而且 $dn_{\max}$ 值重叠之处，A_0 值也不完全相同。但是表中的数据告诉我们，应按照 d 和 n 这两个参数来确定预加负荷的数值。d 是轴承内径，它代表了工作负荷这个因素，因为设

○　Р. д. 别捷尔曼、Б. В. 茨伯金:《滚动轴承手册》, 陈焱译, 机械工业出版社, 1959。

计时轴承的内径是根据工作负荷来确定的。n 是轴承的转速，它代表了工作温升这个因素，因为轴承的工作温升主要取决于工作转速。而且它为我们指出了确定 A_0 值的要点：dn 值越高，A_0 值应该越小。所以表中所列的概略数据，还是有重要的参考价值的。如果我们确定的 A_0 值与表中的数据相近，则机器运转可能就不会出现大的问题。

还需说明一点，轴承的 dn 值又称"速度系数"，是表示轴承性能的一项重要指标。角接触轴承当采用滴油润滑时，dn 的允许值为 $4 \times 10^5 \mathrm{mm \cdot r/min}$。此数据也是极限值，当实际的 dn 值越接近此极限值时，所采用的预加负荷应当越小。

1.9.3　另一种轴承配置形式的内圆磨具的设计

角接触球轴承的配置形式，还有另外两种，就是"背对背"和"面对面"。在内圆磨具的设计中，背对背—背对背的配置形式也有所应用。这种配置形式，由于主轴的刚性好，所以在内圆磨具的改进设计中，也按此配置设计了内圆磨具，如图 1-20 所示，其零件明细见表 1-6。

表 1-6　轴承配置为"背对背—背对背"时的内圆磨具零件明细　　（单位：mm）

代号	名　称	型号规格	材　料	数量	备　注
1	开槽盘头螺钉	GB/T 67　M5 × 15		1	大号磨具用
		GB/T 67　M4 × 12		1	小号磨具用
2	大垫圈	GB/T 96　5		1	大号磨具用
		GB/T 96　4		1	小号磨具用
3	砂轮	$\phi 38 \times 15 \times 25$		1	大号磨具用
		$\phi 26 \times 12 \times 20$			小号磨具用
4	主轴		40Cr	1	大号磨具用
			40Cr	1	小号磨具用
5	前端盖	螺孔　M33 × 1.5	45 钢	1	大号磨具用
		螺孔　M28 × 1.5	45 钢	1	小号磨具用
6	前内螺盖	外螺纹　M75 × 1.5	35 钢	1	大号磨具用
		外螺纹　M64 × 1.5	35 钢	1	小号磨具用
7	角接触球轴承	7207C　35 × 72 × 17		4	大号磨具用
		7206C　30 × 62 × 16		4	小号磨具用
8	开槽平端紧定螺钉	GB/T 73　M6 × 16		2	大号磨具用
		GB/T 73　M6 × 16		2	小号磨具用
9	外隔套	$D = \phi 72$	Q235A	2	大号磨具用
		$D = \phi 62$	Q235A	2	小号磨具用
10	套筒		HT200	1	大号磨具用
			HT200	1	小号磨具用
11	内隔套		Q235A	2	大号磨具用
			Q235A	2	小号磨具用
12	后内螺盖	外螺纹　M75 × 1.5	35 钢	1	大号磨具用
		外螺纹　M64 × 1.5	35 钢	1	小号磨具用

（续）

代号	名　称	型号规格	材　料	数量	备　注
13	后端盖	螺孔　M33×1.5-LH	45钢	1	大号磨具用
		螺孔　M28×1.5-LH	45钢	1	小号磨具用
14	带轮	外径　φ60	HT150	1	大号磨具用
		外径　φ48	HT150	1	小号磨具用
15	内六角圆柱头螺钉	GB/T 70　M8×20		1	大号磨具用
		GB/T 70　M6×20		1	小号磨具用
16	大垫圈	GB/T 96　8		1	大号磨具用
		GB/T 96　6		1	小号磨具用

由图 1-20 可知，这种设计的特点是：主轴的轴向定位由前轴承确定，后轴承轴向是浮动的。轴承的预加负荷由内隔套和外隔套的宽度差形成。

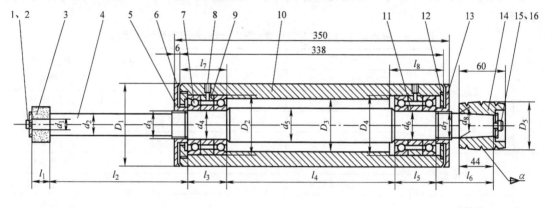

（单位：mm）

代号	d_1	d_2	d_3	d_4	d_5	d_6	d_7	d_8	D_1	D_2	D_3
大号磨具	φ15	φ28	M33×1.5-6g	φ35h5	φ42h9	φ35h5	M33×1.5-LH	φ30h9	φ100h10	φ72J6	φ65
小号磨具	φ12	φ22	M28×1.5-6g	φ30h5	φ36h9	φ30h5	M28×1.5-LH	φ25h9	φ100h10	φ62J6	φ56

代号	D_4	D_5	l_1	l_2	l_3	l_4	l_5	l_6	l_7	l_8	α
大号磨具	φ72H6	φ60h10	25	180	50	213	50	74	60	65	1:7
小号磨具	φ62H6	φ48h10	20	145	48	217	48	74	58	63	1:7

图 1-20　轴承配置为"背对背—背对背"的内圆磨具设计

"背对背—背对背"配置的组合轴承，有如下优点：

1）承受径向载荷后，力的作用线沿接触角向两侧扩展，加大了支承宽度，提高了轴的刚度，缩短了外伸轴段的长度。图 1-21 所示是大号磨具背对背配置支反力位置的计算图，将此图与图 1-10 相比较，可知支反力的位置向外移动了 2mm。经计算可知，主轴外伸段的挠度可减小 0.02mm。

2）轴承的内圈由前端盖或后端盖紧固，是刚性连接。钢球的离心力不会使外圈产生轴向位移，不会影响到轴承的正常运转。

3）当轴承运转中产生温升之后，由于轴承内圈的轴向热膨胀量大于外圈的轴向热膨胀量，轴承的预紧力会减小，使轴承不会因温升而抱死。

4）机构简单，可降低成本。

但是，这种设计也有如下缺点：

1）轴承磨损后游隙增大，不能自动补偿，会降低主轴的刚度和运转精度，必须定期维修。

2）轴承预加负荷的数值由内、外隔套的宽度差来确定。此宽度差每件轴承各不相同，必须对每一对轴承分别进行测量、配磨、配研磨、试装配。生产厂家不能组织批量生产，所以生产效率不高。这是这种设计重大的缺点，也因此它难以普遍被采用。

3）对于用户的维修，要求有较高的技术水准，以便进行测量、计算、配作。这是普通机械厂难以达到的。背对背角接触球轴承，如果不能正确地施加预紧力，则其运转精度和刚度将不能得到保证。

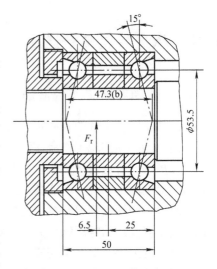

图 1-21 支反力位置计算图

前文已经介绍了背对背配置的组合轴承，其预紧力由内外隔套的宽度差来控制。那么应如何准确地确定这个宽度差呢？可用图 1-22 所示的检测装置来进行测量。该装置由上心轴、下心轴及安装套组成，但是施加轴向力，需要一台能显示作用力数值的液压机。这套装置加工时应注意：轴承与安装套及心轴的配合，应等于轴承与磨具主轴和套筒的配合。

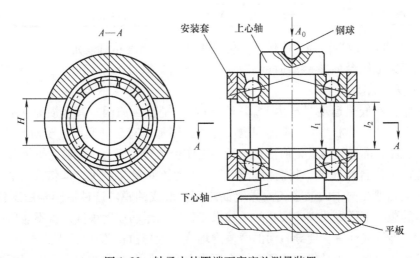

图 1-22 轴承内外圈端面宽度差测量装置

测量时，液压机的压力通过钢球垂直地作用在轴承上，作用力应等于确定的预加负荷的轴向力 A_0。用杠杆千分表从两侧的缺口 H 处测量轴承内圈与外圈的宽度差，上、下两面的宽度差之和，就等于内隔套与外隔套的宽度差。

图 1-20 所示内圆磨具所确定的预加负荷的轴向力 A_0，是参考表 1-5 的数值确定的。大号磨具的 dn 值为 $3.5 \times 10^5 \mathrm{mm \cdot r/min}$，按表中的 A_0 值可确定为 500N，设计者确定的 A_0 值为 250N。小号磨具的 dn 值为 3.75×10^5，确定的 A_0 值为 200N。为什么都小于表中数值？因为内圆磨具的工作负荷很小。由计算可知，其基本动负荷只为额定动负荷的 10%。

1.10　床身导轨由普通压力润滑改为静压导轨

1.10.1　普通磨床工作台低速运动时"爬行"现象的机理分析

　　磨削加工时，工件的表面粗糙度与磨床工作台的运动速度有关。如果工件的表面质量要求比较高，则必须实现工作台在低速运动时不"爬行"，即工作台的低速运动是等速的，无停顿，无窜动。普通磨床工作台的最低运动速度一般为 100mm/min 左右，这个速度对高等级表面粗糙度磨削来说，不能满足工艺要求，特别是不能满足修整砂轮时，对工作台低速运动的要求。因为用金刚刀修整砂轮的过程，就相当于车床用尖刀车外螺纹的过程，工作台运动速度快则修整后的螺距就越大，砂轮的表面就越发粗糙。金刚刀修整砂轮也是一种切削过程，金刚刀的刀尖是钻石研磨成的多棱锥体，顶角为 70°~80°。刀尖必须十分锋利，修整砂轮时的切削角是负前角，如果不锋利，切削就变成了挤压，砂粒的断裂表面就很不规则，加工的工件表面就必然很粗糙。所以，工件的表面质量要求越高，修整砂轮时则要求金刚刀越锋利，同时要求修整砂轮时工作台的运动速度越低。磨削的工件表面粗糙度与修整砂轮时工作台速度的对应关系，可以表 1-7 中的数据为参考。

表 1-7　磨削的工件表面粗糙度与修整砂轮时工作台速度的对应关系

工件的表面粗糙度	$Ra1.6 \sim Ra0.8\mu m$	$Ra0.4 \sim Ra0.1\mu m$	$Ra0.5 \sim Ra0.025\mu m$	$Ra0.012\mu m$
修整砂轮时工作台速度	100mm/min	50~15mm/min	15~10mm/min	10~6mm/min

　　这台专用磨床的改造，为了确保加工锥孔的表面粗糙度达到规定的 $Ra0.4\mu m$ 以上，必须解决普通磨床工作台低速运动时的"爬行"问题。拟订的指标是：工作台的速度降至 15mm/min 时无"爬行"。

　　磨床工作台在低速运动时产生"爬行"现象，是什么原因？其实质是工作台运动时，导轨的摩擦力与液压缸推动力的平衡问题。普通磨床都设有自动润滑系统对导轨进行润滑。其供油孔设在床身的导轨面上，而油槽则设在工作台的导轨面上，一般为锯齿形。但是油压很低，不能把工作台浮起来。其润滑依靠的是"动压润滑"原理，即依靠工作台运动时，由导轨面的运动把油槽中的油带到两导轨面之间，形成油膜。这种油膜是由工作台快速运动，在油槽的边缘上形成油楔才实现的。如果工作台的运动速度很低，就不能形成油楔，则导轨面上就不能形成油膜，使导轨面的摩擦力增大，液压缸的推力不足以推动工作台运动，工作台便产生了停顿。于是促使液压系统的压力上升，使活塞两端的压力差逐渐增大。由于是低速运动，节流阀的开口很小，此压力差的增大就需要一定的时间，于是工作台的停顿也会有一定的时间。当压力差增大到大于导轨面的摩擦力时，工作台则又开始运动。但随着工作台的运动，液压系统的压力又开始下降，活塞两端的压力差也下降，于是工作台又开始停顿，直至压力差再次上升到大于导轨面的摩擦力时为止。以上的分析就是普通磨床在低速运动时产生"爬行"现象的原理。

　　根据以上分析，解决磨床工作台低速运动的"爬行"问题，必须减小导轨面的摩擦力。为此可以采用静压导轨，这是一个非常有效的措施。据笔者所见，一台采用静压导轨的龙门铣床，在未安装传动机构时，其 1600mm × 5000mm 的工作台，在浮起之后可用 φ0.5mm 的钢丝牵引其运动。

1.10.2　静压导轨的工作原理

　　静压导轨，是在相互摩擦的两个导轨面中的一个导轨面上（一般是运动部件）沿导轨的纵向，加工出数个深度为 4~6mm、面积适当的油腔（见图1-23），在油腔中通过各自的节流器输入一定压力的润滑油。当各油腔的压力之和大于运动部件的重力时，将其浮起，在两导轨面间形成厚度为 h 的油膜，当 h 大于导轨面的不平度时，两导轨之间的摩擦就成为液体摩擦。

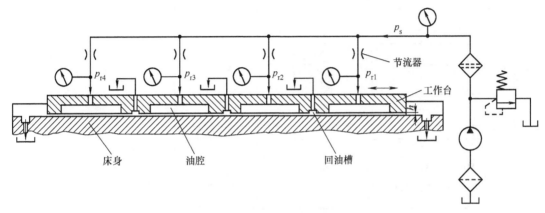

图 1-23　开式静压导轨工作原理图

　　静压导轨，分为开式与闭式两种。开式静压导轨，只在一个方向的导轨面上加工油腔；而闭式静压导轨，则在对应的两个导轨面上都要加工油腔。图1-23所示为开式静压导轨的工作原理图。此静压导轨由供油系统、节流器、油腔、回油槽等结构组成。由供油系统供给的油液，从导轨面的间隙 h 流出后，经回油槽流回油池。当外载荷作用于运动部件时，间隙 h 会有所减小，使回油阻力增大，从而使油腔压力上升，于是油腔压力与运动部件的重力和外载荷又形成了新的平衡，使导轨面仍保持液体摩擦状态，这就是开式静压导轨的工作原理。

1.10.3　静压导轨油腔的结构设计

　　对于静压导轨，一般将油腔设计在移动部件——工作台的导轨面上。这是因为移动部件的负荷往往是不均匀的，为此可将工作台各油腔的压力调整为不同的数值来解决。但是，由此也带来了管路连接不便的问题。因为各油腔的油管要随工作台的往复运动而运动，而且管路又很多，既不美观又易出故障。为了避免这一问题，这台专用磨床把油腔设计在了床身的导轨上。为了解决工作台运动时油腔工作负荷的变化，选用了"单边薄膜节流器"。这种节流器可随工作负荷的变化自动调节节流器的流量，从而可使导轨间隙不发生较大的变化。

　　确定将油腔加工在床身导轨上，那么油腔应如何布置呢？加工油腔的区域应该是多大范围呢？这些问题都要根据工作台导轨和床身导轨的长度及运动范围来确定。由测绘床身和工作台的图样可知：工作台导轨长度为 2020mm，床身导轨长度为 1810mm。由图1-3可知，工作台的最大行程右方为 200mm，左方为 400mm。由计算可知，当工作台处于右端极限位置时，床身导轨的左端将有 95mm 长度外露；当工作台处于左端极限位置时，床身导轨右端将有 295mm 长度外露。外露部分是不能开油腔的，而且油腔区域的两端还要各留出 10mm 长度封油，所以油腔区域的最大长度应按下式计算

$$L = 1810\text{mm} - (95 + 295 + 2 \times 10)\text{mm} = 1400\text{mm}$$

根据以上计算结果布置的油腔位置如图 1-24 所示。图中将平导轨和 V 形导轨的两个导轨面各分成四个油腔。油腔的结构形式是参考表 1-8 的资料确定的。平导轨的宽度为55mm，可开工字形油腔；V 形导轨面宽 35mm，只能开一字形油腔。在两个相邻的油腔之间，都开有回油槽，其尺寸如图 1-24C—C 视图所示。

表 1-8　油腔结构形式及尺寸　　　　　　（单位：mm）

名称	结构形式	B	$\dfrac{l}{b}$	s	a	t_1
一字形油腔	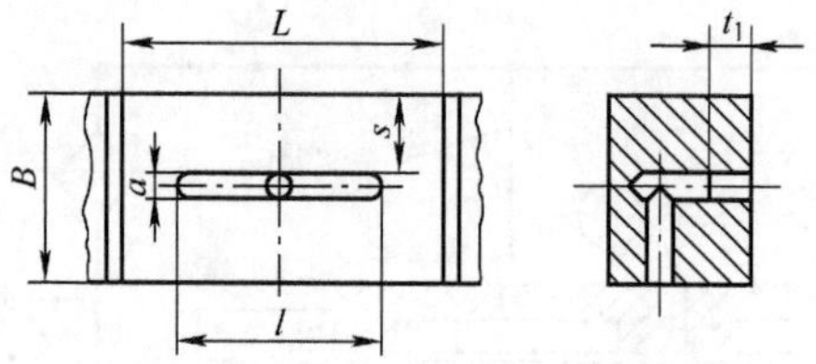	40 ~ 50	—	—	8	4
工字形油腔		60 ~ 70	>4	15	8	4
		80 ~ 100	>4	20	10	5
		110 ~ 140	>4	30	12	6
王字形油腔		150 ~ 190	—	30	12	6
		≥200	—	40	15	6
口字形油腔		80 ~ 100	<4	20	10	5
		110 ~ 140	<4	30	12	6

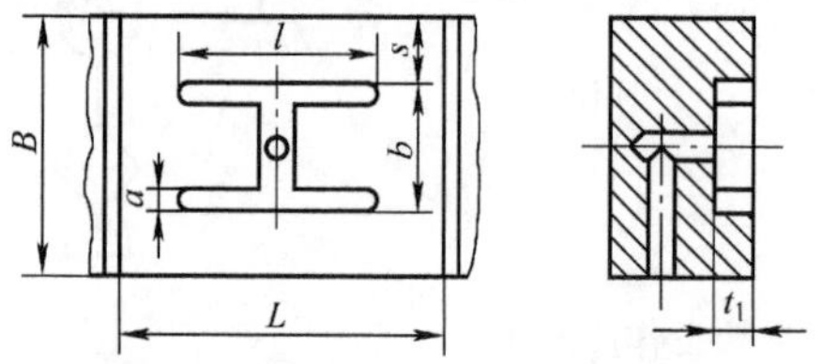

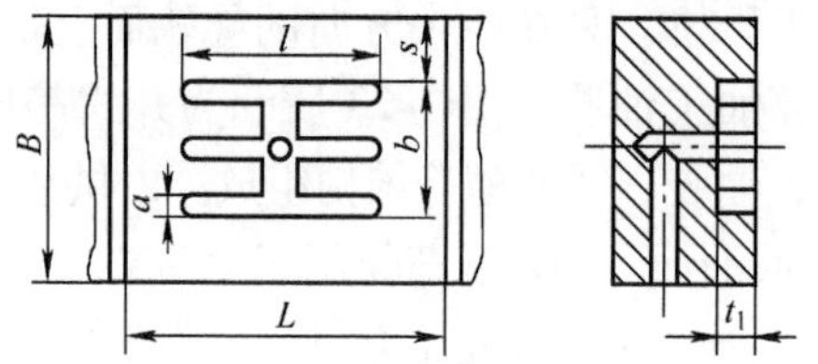

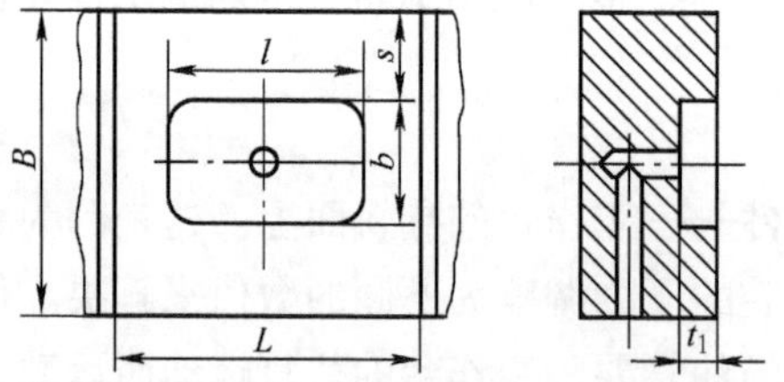

可参考以下规则，依据静压导轨确定油腔的参数，也可适当地变通。

1）对于直线运动的导轨，油腔应开在移动部件的导轨面上；对于回转运动的导轨，油腔应开在固定件上。

2）为了使导轨能保持良好的运动精度，平导轨的油腔不得少于两个，V 形导轨的油腔不得少于四个（两个导轨面）。如果移动部件导轨较长，或质量分布不均匀，应适当增多油腔的数量。

3）不开油腔的部件（如床身）应开回油槽，使油腔溢出的油流回油池。

4）油腔的形式和尺寸可参考表 1-8，根据导轨的宽度选择。

5）节流边（即封油边）的宽度，一般取 $s \geq 10$mm，或按 $BL = 2bl$ 选取。

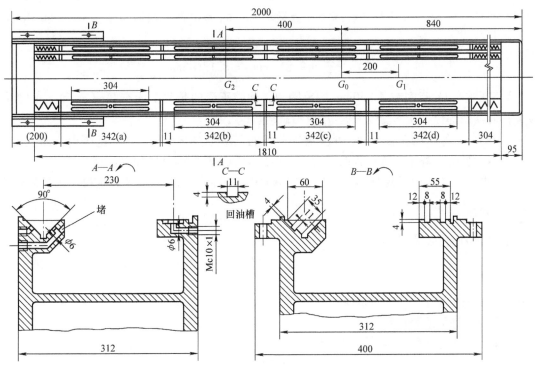

注：除工作台之外，滑鞍等部件重心的位置在主视图中为如下各点：
1. 常态停车位置时为G_0点；
2. 工作台处于右极限位置时为G_1点；
3. 工作台处于左极限位置时为G_2点。

图 1-24　床身导轨油腔尺寸图

6）导轨间隙 h 由计算并通过实际测试确定。间隙越小，则油膜的刚度就越高，且运动就越平稳。但是，对导轨面的几何精度和表面粗糙度要求也就越高。对于中小型机床，取 $h_{min} = 0.02 \sim 0.04mm$；对于重型机床，取 $h_{min} = 0.04 \sim 0.06mm$。

这台专用磨床油腔的参数，就是参考以上规则确定的。

1.10.4　静压导轨供油系统的供油压力与流量的计算

1. 计算各油腔压力及系统的供油压力

由于在这台专用磨床工作台的中部安装着滑鞍、内圆磨具及电动机等部件，所以床身导轨承受的是幅度变化较大的交变载荷。构成此载荷的各部件的质量见表 1-9。

表 1-9　床身导轨载荷质量

部件名称	工作台	滑鞍及进给机构	内圆磨具	电动机	滑鞍座
质量/kg	315	300	30	55	30

表中所列各部件的质量，就构成了床身导轨各油腔的载荷。此载荷的作用力，可粗略地分析如下：

1）工作台的质量，以均布载荷作用在床身导轨的各油腔上。载荷的数值为

$$q_1 = \frac{315}{2020} \times 9.8N/mm = 1.53N/mm$$

2）其余各部件的总质量为 415kg，形成均布载荷，作用在以重心 G_0 点（见图 1-24）

为中心的左右各250mm范围内。当工作台运动时，G_0点的两个极限位置为G_1点和G_2点。此均布载荷为

$$q_2 = \frac{415}{500} \times 9.8\text{N/mm} = 8.13\text{N/mm}$$

3）在重心G_0点左右各250mm的范围内，油腔承受的是两个均布载荷q_1和q_2的叠加载荷；而其余部位，所承受的只是q_1单独载荷。

4）随着工作台的左右运动，承受叠加载荷的区域也左右移动。在此范围内，油腔压力会发生很大变化。静压系统设计时，每个油腔压力的变动范围都应加以计算。

5）由于平导轨和V形导轨以工作台的纵向中心线相对称，所以平导轨和V形导轨各承受$\frac{1}{2}$的载荷。

油腔压力按下式计算

$$p_{\text{r}} = \frac{W}{FC_{\text{F}}}$$

式中　p_{r}——油腔压力（N/mm²）；

　　　W——每个油腔承受的载荷（N）；

　　　F——油腔面积（mm²），$F = BL$；

　　　C_{F}——承载面积系数，$C_{\text{F}} = \dfrac{(B+b)(L+l)}{4BL}$。

（1）平导轨油腔压力计算（见图1-24）

1）平导轨油腔a压力计算。

当工作台移动到左极限位置时，此油腔的右端有32mm承受叠加载荷。同时工作台外伸400mm，并且另有200mm的长度不在油腔的范围之内，这些部位的质量都要由此油腔支承。所以由工作台的质量形成的载荷为

$$W_1 = \frac{q_1}{2} \times (400 + 200 + 342) = \frac{1}{2} \times 1.53 \times 942\text{N} = 720\text{N}$$

由滑鞍等部件的质量形成的载荷为

$$W_2 = \frac{q_2}{2} \times 32 = \frac{1}{2} \times 8.13 \times 32\text{N} = 130\text{N}$$

以上两项载荷构成了油腔的最大载荷

$$W_{\text{平a max}} = W_1 + W_2 = 720\text{N} + 130\text{N} = 850\text{N}$$

所以当工作台移动到左极限位置时，此油腔的压力达到了最大值。

承载面积系数

$$C_{\text{F平a}} = \frac{(55+31) \times (342+304)}{4 \times 342 \times 55} = 0.7384$$

油腔最大压力

$$p_{\text{r平a max}} = \frac{850}{55 \times 342 \times 0.7384}\text{N/mm}^2 = 0.061\text{N/mm}^2$$

当工作台移动到右极限位置时，此油腔只承受由工作台的质量形成的均布载荷

$$W_1 = \frac{q_1}{2} \times (342 + 10) = \frac{1}{2} \times 1.53 \times 352\text{N} = 269.3\text{N}$$

这是此油腔的最小载荷，即 $W_{\text{平a min}} = 269.3\text{N}$。

所以在此位置，油腔的压力为最小值

$$p_{\text{r平a min}} = \frac{269.3}{55 \times 342 \times 0.7384}\text{N/mm}^2 = 0.019\text{N/mm}^2$$

2）平导轨油腔 b 压力计算。

当工作台移动到左极限位置时，油腔在全长上承受叠加载荷，这是此油腔承受的最大载荷。所以在此位置，油腔的压力为最大值。

$$W_1 = \frac{q_1}{2} \times (342 + 10) = \frac{1}{2} \times 1.53 \times 352\text{N} = 269.3\text{N}$$

$$W_2 = \frac{q_2}{2} \times (342 + 10) = \frac{1}{2} \times 8.13 \times 352\text{N} = 1430.9\text{N}$$

$$W_{\text{平b max}} = W_1 + W_2 = 269.3\text{N} + 1430.9\text{N} = 1700.2\text{N}$$

承载面积系数与 $C_{\text{F平a}}$ 相同，即 $C_{\text{F平b}} = 0.7384$

油腔的压力

$$p_{\text{r平b max}} = \frac{1700.2}{55 \times 342 \times 0.7384}\text{N/mm}^2 = 0.122\text{N/mm}^2$$

当工作台移动到右极限位置时，此油腔只承受由工作台的质量形成的均布载荷

$$W_1 = \frac{q_1}{2} \times (342 + 10) = \frac{1}{2} \times 1.53 \times 352\text{N} = 269.3\text{N}$$

这是此油腔的最小工作载荷：$W_{\text{平b min}} = 269.3\text{N}$。

所以此位置，油腔的压力为最小值

$$p_{\text{r平b min}} = \frac{269.3}{55 \times 342 \times 0.7384}\text{N/mm}^2 = 0.019\text{N/mm}^2$$

3）平导轨油腔 c 压力计算。

在工作台的往复运动中，重心 G_0 总是在此油腔所在的区域穿行。所以此油腔经常在全长上承受叠加载荷，使油腔的载荷和压力达到最大值。由于此油腔的面积和承受的最大载荷与平导轨油腔 b 相同，所以油腔的最大压力值也应相同，即

$$p_{\text{r平c max}} = p_{\text{r平b max}} = 0.122\text{N/mm}^2$$

当工作台移动到左极限位置时，只在油腔的左端有 104mm 长承受叠加载荷。此时油腔的载荷为最小值，油腔的压力也为最小值。

$$W_1 = \frac{q_1}{2} \times (342 + 10) = \frac{1}{2} \times 1.53 \times 352\text{N} = 269.3\text{N}$$

$$W_2 = \frac{q_2}{2} \times 104 = \frac{1}{2} \times 8.13 \times 104\text{N} = 422.8\text{N}$$

$$W_{\text{平c min}} = 269.3\text{N} + 422.8\text{N} = 692.1\text{N}$$

$$p_{\text{r平c min}} = \frac{692.1}{55 \times 342 \times 0.7384}\text{N/mm}^2 = 0.05\text{N/mm}^2$$

4）平导轨油腔 d 压力计算。

当工作台移动到右极限位置时，工作台外伸 200mm，并且另有 399mm 的长度不在油腔范围内。此时油腔承受叠加载荷的长度为 353mm。

$$W_1 = \frac{q_1}{2} \times (200 + 399 + 342) = \frac{1}{2} \times 1.53 \times 941\text{N} = 720\text{N}$$

$$W_2 = \frac{q_2}{2} \times 353 = \frac{1}{2} \times 8.13 \times 353\mathrm{N} = 1434.9\mathrm{N}$$

承载面积系数与 $C_{\mathrm{F平a}}$ 相同，即 $C_{\mathrm{F平d}} = 0.7384$。

$$W_{\mathrm{平d\ max}} = W_1 + W_2 = 720\mathrm{N} + 1434.9\mathrm{N} = 2154.9\mathrm{N}$$

$$p_{\mathrm{r平d\ max}} = \frac{2154.9}{55 \times 342 \times 0.7384}\mathrm{N/mm}^2 = 0.155\mathrm{N/mm}^2$$

当工作台移动到左极限位置时，油腔只承受由工作台的质量形成的均布载荷。

$$W_1 = \frac{q_1}{2} \times (342 + 10 + 304 + 95 + 10) = \frac{1}{2} \times 1.53 \times 761\mathrm{N} = 582\mathrm{N}$$

这是此油腔承受的最小载荷。此时油腔的压力为最小值。

$$p_{\mathrm{r平d\ min}} = \frac{582}{55 \times 342 \times 0.7384}\mathrm{N/mm}^2 = 0.042\mathrm{N/mm}^2$$

（2）V 形导轨油腔压力计算（见图 1-24）　由图 A - A 可知，V 形导轨的两个导轨面的夹角为 90°，两导轨面上的油腔尺寸对称相等。对称油腔的载荷是相等的（切削力的影响忽略不计），油腔的压力也应相等。

前文已说明，平导轨和 V 形导轨各承受总载荷的 $\frac{1}{2}$，所以两导轨面上油腔承受的载荷的合力，应等于同部位平导轨油腔的载荷。故 V 形导轨油腔的载荷应计算如下

$$W_{\mathrm{V}} = W_{\mathrm{平}} \cos 45°$$

由于 V 形导轨各油腔的尺寸是相同的，所以其承载面积系数也应相同。按下式计算

$$C_{\mathrm{FV}} = \frac{(35 + 11) \times (342 + 304)}{4 \times 342 \times 35} = 0.6206$$

1）V 形导轨油腔 a 压力计算。

油腔的最大载荷

$$W_{\mathrm{Va\ max}} = W_{\mathrm{平a\ max}} \cos 45° = 850 \times \cos 45°\mathrm{N} = 601\mathrm{N}$$

油腔的最大压力

$$p_{\mathrm{rVa\ max}} = \frac{601}{35 \times 342 \times 0.6206}\mathrm{N/mm}^2 = 0.081\mathrm{N/mm}^2$$

油腔的最小载荷

$$W_{\mathrm{Va\ min}} = W_{\mathrm{平a\ min}} \cos 45° = 269.3 \times \cos 45°\mathrm{N} = 190.4\mathrm{N}$$

油腔的最小压力

$$p_{\mathrm{rVa\ min}} = \frac{190.4}{35 \times 342 \times 0.6206}\mathrm{N/mm}^2 = 0.026\mathrm{N/mm}^2$$

2）V 形导轨油腔 b 压力计算。

油腔的最大载荷

$$W_{\mathrm{Vb\ max}} = W_{\mathrm{平b\ max}} \cos 45° = 1700.2 \times \cos 45°\mathrm{N} = 1202.2\mathrm{N}$$

油腔的最大压力

$$p_{\mathrm{rVb\ max}} = \frac{1202.2}{35 \times 342 \times 0.6206}\mathrm{N/mm} = 0.162\mathrm{N/mm}$$

油腔的最小载荷

$$W_{\mathrm{Vb\ min}} = W_{\mathrm{平b\ min}} \cos 45° = 269.3 \times \cos 45°\mathrm{N} = 190.4\mathrm{N}$$

油腔的最小压力

$$p_{\text{rVb min}} = \frac{190.4}{35 \times 342 \times 0.6206}\text{N/mm}^2 = 0.026\text{N/mm}^2$$

3）V形导轨油腔 c 压力计算。

油腔的最大载荷

$$W_{\text{Vc max}} = W_{\text{平-b max}}\cos45° = 1700.2 \times \cos45°\text{N} = 1202.2\text{N}$$

油腔的最大压力

$$p_{\text{rVc max}} = \frac{1202.2}{35 \times 342 \times 0.6206}\text{N/mm}^2 = 0.162\text{N/mm}^2$$

油腔的最小载荷

$$W_{\text{Vc min}} = W_{\text{平-c min}}\cos45° = 692.1 \times \cos45°\text{N} = 489.4\text{N}$$

油腔的最小压力

$$p_{\text{rVc min}} = \frac{489.4}{35 \times 342 \times 0.6206}\text{N/mm}^2 = 0.066\text{N/mm}^2$$

4）V形导轨油腔 d 压力计算。

油腔的最大载荷

$$W_{\text{Vd max}} = W_{\text{平-d max}}\cos45° = 2154.9 \times \cos45°\text{N} = 1523.7\text{N}$$

油腔的最大压力

$$p_{\text{rVd max}} = \frac{1523.7}{35 \times 342 \times 0.6206}\text{N/mm}^2 = 0.205\text{N/mm}^2$$

油腔的最小载荷

$$W_{\text{Vd min}} = W_{\text{平-d min}}\cos45° = 582 \times \cos45°\text{N} = 411.5\text{N}$$

油腔的最小压力

$$p_{\text{rVd min}} = \frac{411.5}{35 \times 342 \times 0.6206}\text{N/mm}^2 = 0.055\text{N/mm}^2$$

（3）静压系统供油压力计算

按下式计算

$$p_{\text{s}} = \beta p_{\text{r max}}$$

式中　p_{s}——静压系统供油压力（N/mm²）；

　　　β——节流比，一般取 $\beta = 1.5 \sim 4$，当载荷均匀、油腔压力差别较小时，取大值；反之取小值。本系统载荷不均，油腔压力差别较大，故取小值，取 $\beta = 1.5$；

　　　$p_{\text{r max}}$——上述计算的油腔压力，取最大值，取 $p_{\text{r max}} = 0.205\text{N/mm}^2$。

代入公式

$$p_{\text{s}} = 1.5 \times 0.205\text{N/mm}^2 = 0.3075\text{N/mm}^2$$

圆整后取 $p_{\text{s}} = 0.31\text{N/mm}^2$。

2. 计算各油腔流量及静压系统总流量

（1）计算各油腔的流量（见图1-23）　各油腔的流量按下式计算

$$Q_{\text{n}} = \frac{60h^3 p_{\text{r}}}{3\mu}\left(\frac{l}{B-b} + \frac{b}{L-l}\right)$$

式中　Q_{n}——各油腔的流量（mm³/min）；

　　　h——导轨间隙（mm），即工作台浮起的高度，对于中小型机床取 $h_{\text{min}} = 0.02 \sim$

0.04mm，对于重型机床取 $h_{min} = 0.04 \sim 0.06$mm，这台机床取 $h = 0.03$mm。V 形导轨 $h = 0.03 \times \cos 45° $mm $= 0.021$mm；

　　p_r——油腔压力（N/mm²），取各油腔压力的最大值；

　　μ——润滑油的动力黏度（N·s/mm²）。所用润滑油由机床液压系统供应，为 20 号导轨液压油，$\mu = 19.7 \times 10^{-8}$kgf·s/cm² $= 1.93 \times 10^{-8}$N·s/mm²；

　　B——油腔宽度（mm），平导轨 $B = 55$mm，V 形导轨 $B = 35$mm；

　　L——油腔长度（mm），$L = 342$mm；

　　b——油腔承载面宽度（mm），平导轨 $b = 31$mm，V 形导轨 $b = 11$mm；

　　l——油腔承载面长度（mm），$l = 304$mm。

1）平导轨油腔 a 流量计算。

已知 $p_{r\text{平a max}} = 0.061$N/mm²

$$Q_{\text{h平a}} = \frac{20 \times 0.03^3}{1.93 \times 10^{-8}} p_{r\text{平a max}} \times \left(\frac{304}{55 - 31} + \frac{31}{342 - 304} \right)$$

$$= 27979.3 p_{r\text{平a max}} \times 13.48 \text{mm}^3/\text{min} = 27979.3 \times 0.061 \times 13.48 \text{mm}^3/\text{min}$$

$$= 23006.8 \text{mm}^3/\text{min}$$

2）平导轨油腔 b 流量计算。

已知 $p_{r\text{平b max}} = 0.122$N/mm²

$$Q_{\text{h平b}} = 27979.3 \times 0.122 \times 13.48 \text{mm}^3/\text{min} = 46013.6 \text{mm}^3/\text{min}$$

3）平导轨油腔 c 流量计算。

已知 $p_{r\text{平c max}} = 0.122$N/mm²，与平导轨油腔 b 的 $p_{r\text{平b max}}$ 相同，故 $Q_{\text{h平c}} = Q_{\text{h平b}} = 46013.6$mm³/min。

4）平导轨油腔 d 流量计算。

已知 $p_{r\text{平d max}} = 0.155$N/mm²

$$Q_{\text{h平d}} = 27979.3 \times 0.155 \times 13.48 \text{mm}^3/\text{min} = 58459.9 \text{mm}^3/\text{min}$$

5）V 形导轨油腔 a 流量计算。

已知 $p_{r\text{Va max}} = 0.081$N/mm²

$$Q_{\text{hVa}} = \frac{20 \times 0.021^3}{1.93 \times 10^{-8}} p_{r\text{Va max}} \times \left(\frac{304}{35 - 11} + \frac{11}{342 - 304} \right)$$

$$= 9596.9 p_{r\text{Va max}} \times 12.956 = 124337.4 \times 0.081 \text{mm}^3/\text{min}$$

$$= 10071.3 \text{mm}^3/\text{min}$$

6）V 形导轨油腔 b 流量计算。

已知 $p_{r\text{Vb max}} = 0.162$N/mm²

$$Q_{\text{hVb}} = 124337.4 \times 0.162 \text{mm}^3/\text{min} = 20142.7 \text{mm}^3/\text{min}$$

7）V 形导轨油腔 c 流量计算。

已知 $p_{r\text{Vc max}} = 0.162$N/mm²

$$Q_{\text{hVc}} = Q_{\text{hVb}} = 20142.7 \text{mm}^3/\text{min}$$

8）V 形导轨油腔 d 流量计算。

已知 $p_{r\text{Vd max}} = 0.205$N/mm²

$$Q_{\text{hVd}} = 124337.4 \times 0.205 \text{mm}^3/\text{min} = 25489.2 \text{mm}^3/\text{min}$$

（2）静压系统供油总流量计算　静压系统供油的总流量，是平导轨 4 个油腔和 V 形导轨 8 个油腔流量之和。

$$\sum Q_h = 23006.8 \text{mm}^3/\text{min} + 2 \times 46013.6 \text{mm}^3/\text{min} + 58459.9 \text{mm}^3/\text{min} + 2 \times (10071.3 + 2 \times 20142.7 +$$
$$25489.2) \text{mm}^3/\text{min} = 325187.7 \text{mm}^3/\text{min} = 0.3252 \text{L}/\text{min}$$

1.10.5　静压导轨供油系统原理图设计

静压导轨供油系统的供油源应来自机床的液压传动系统，但是由于静压系统的压力很低、流量很小，所以首先要进行节流和减压。由于导轨间隙很小，油液必须干净，所以应设置精过滤器进行过滤。为了防止突然停电，或其他原因导致液压源突然停止供油时发生油液倒流，静压供油系统应设置单向阀，从而在发生上述情况时，可使导轨间在短时间内保持一层油膜。静压导轨的工作原理规定了每个油腔的压力，都要分别由各自的节流器来控制。为了便于观察，每个节流器都要配置一个压力表。

按上述设计理念设计的静压导轨供油系统原理图，如图 1-25 所示。图中各代号所代表的元件见表 1-10。

表 1-10　静压导轨供油系统元件

代号	名 称	型 号	规 格	数量	备 注
p	液压源			1	按机床液压系统
1	流量控制阀	FG-01-4-※-11	流量调整范围 0.02~4L/min	1	板式
2	减压阀	DR8-0.3/315Y	通径：φ8mm	1	带单向阀
3	压力表	Y60	0~1MPa	1	φ60，接头螺纹 M14×1.5
4	单向阀			1	减压阀附带件
5	低压线隙式过滤器	XU-A25×20S	过滤精度 20μm 额定流量 25L/min 额定压力 1MPa，通径 φ15	1	
6	单面薄膜节流器	自制	薄膜厚度 初始间隙，由计算确定	2	用于 V 形导轨油腔 d
7	单面薄膜节流器	自制	薄膜厚度 初始间隙，由计算确定	2	用于 V 形导轨油腔 c
8	单面薄膜节流器	自制	薄膜厚度 初始间隙，由计算确定	2	用于 V 形导轨油腔 b
9	压力表	Y40	0~0.4MPa	12	φ40，接头螺纹 M10×1
10	单面薄膜节流器	自制	薄膜厚度 初始间隙，由计算确定	2	用于 V 形导轨油腔 a
11	单面薄膜节流器	自制	薄膜厚度 初始间隙，由计算确定	1	用于平导轨油腔 a
12	单面薄膜节流器	自制	薄膜厚度 初始间隙，由计算确定	1	用于平导轨油腔 b
13	单面薄膜节流器	自制	薄膜厚度 初始间隙，由计算确定	1	用于平导轨油腔 c
14	单面薄膜节流器	自制	薄膜厚度 初始间隙，由计算确定	1	用于平导轨油腔 d

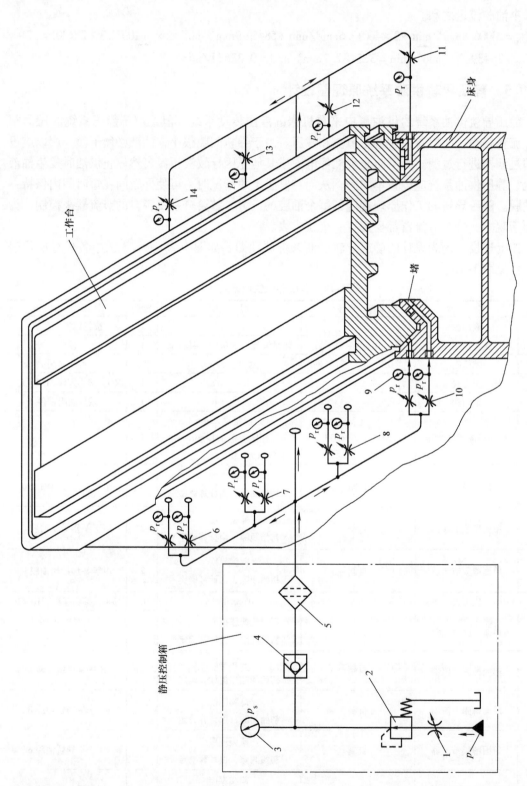

图 1-25 静压导轨供油系统原理图

由图可知，供油系统没有设计成由独立的液压泵供油，而是采用由机床原有的液压传动系统供油，其理由如下：

1）机床的液压传动系统属于低压传动，适合静压系统供油要求。

2）静压系统所需的供油流量很小，对机床的液压传动不会造成任何影响。

3）静压导轨油腔溢出的油，流经机床原设计的压力润滑回油路线返回液压传动的油池，从而构成了静压系统用油的循环路线。这是非常合理的，也是很经济的。

图中元件的选型，还有以下两点需要说明：

1）表中所列减压阀属于高压系列元件，本不该选用。但是低压系列的减压阀，其调压范围最低为 0.7MPa，不符合本系统的要求（0.3MPa），而所选的元件却刚好能达到这一要求。

2）静压导轨的间隙设计为 0.03mm，所选过滤器的精度应达到 10μm 为宜。但是低压过滤器的最高精度是 20μm，也只好采用。

1.11　可调单面薄膜节流器的设计

1.11.1　节流器的分类与选型

静压导轨由油腔、供油系统、节流器三部分组成。节流器是其中的关键部件，经过它的控制，才能使工作台浮起一个设定的高度。

节流器分为固定节流器和可变节流器两大类。固定节流器又可分为毛细管式和小孔式两种。这种节流器的阻尼是固定的，不随外载荷的变化而变化。而可变节流器的阻尼可随外载荷的变化而变化，因而油膜可获得很好的刚度。可变节流器，又可分为滑阀式与薄膜式两种，薄膜式节流器，又可分为双面式与单面式两种。

当载荷发生突变时，使用固定节流器油膜的厚度虽有变化但无波动，不会产生超位移现象；而使用可变节流器刚度虽好，但有波动，要经过一个过渡过程才可平衡下来。滑阀式的波动较大，超位移量也较大；薄膜式的波动较小，超位移量也较小。

这台机床导轨油腔的载荷，在工作台运动时会有很大的变化，但不是突变，而是随工作台的运动逐渐变化，所以要求油膜有较大的刚度。

根据上述要求，这台机床的静压导轨选择了薄膜节流器。由于导轨是开式静压导轨，所以只能选用单面薄膜节流器。

1.11.2　单面薄膜节流器的工作原理

单面薄膜节流器的结构简图如图 1-26 所示。节流器由上阀体、下阀体、薄膜、弹簧、调节螺钉等组成。在下阀体上设有进油孔 d_c 和出油孔 d。进油孔所在的圆柱形凸台称为圆台。圆台的端面和薄膜的表面之间留有间隙，初始间隙 δ_0（即薄膜处于平直状态时的间隙）很小，一般 $\delta_0 = 0.04 \sim 0.1$mm。

由供油系统输入的压力为 p_s 的润滑油，经 d_c 孔再经圆台与薄膜的间隙 δ_0，流入下阀体的空腔。由于间隙的阻尼作用，使油液产生压降，油液的压力由 p_s 降为 p_r。设初始压力为 p_{r0}，在此压力的作用下，薄膜会向上方凸起，产生 δ_2 的变形。拧动调节螺钉，使弹簧压力

$p = \frac{1}{4}\pi d_c 2^2 p_{r0}$，则薄膜又恢复到平直状态。油
液经出油孔 d，再经油管进入导轨的某一个油
腔，使油腔的压力也上升为 p_{r0}。每一个节流器
都各对应一个油腔，当每个油腔的压力都等于
前文所计算的 p_r 值时，工作台就会浮起来，在
导轨面间形成一层油膜。当每个油膜的流量都
等于前文所计算的 Q_h 值时，油膜的厚度就等
于原设定的数值（0.03mm）。在这个过程中，
调节弹簧的压力起了非常大的作用。因为设计
中所计算的数据和机床的实际情况不可能完全
一致，会有一定的误差，此误差可由调节弹簧
的压力来弥补。这是单面薄膜节流器的一个重
要的优点。

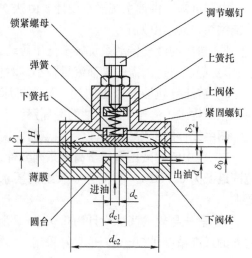

图 1-26　单面薄膜节流器结构简图

当工作台运动时，油腔的载荷会发生变化，有的变大有的变小。当载荷增大时会使导轨
间隙 h 减小，从而使回油阻力增大。这种变化反馈到节流器内，会使节流器的压力 p_r 增大，
使薄膜向上凸起，从而增大了圆台与薄膜的间隙，使阻尼减小，进而使节流器的压力 p_r 再
次增大。于是导轨油腔的压力也随之增大，与增大的载荷平衡，使油膜的厚度恢复到接近原
来的尺寸。

与上述情况相反，当油腔的载荷减小时，会使导轨间隙 h 增大，使回油阻力减小，从而
使节流器内压力 p_r 减小，使薄膜向下凸起，使圆台与薄膜的间隙减小，阻尼增大，从而使
节流器内的压力 p_r 再次减小，进而使导轨油腔的压力减小，与减小的载荷平衡，使油膜的
厚度恢复到接近原来的尺寸。

上述由载荷变化引起节流器压力的波动，其时间是短促的，导轨油膜厚度的变化是微小
的和可忽略的。

以上所述，就是单面薄膜节流器的工作原理。

1.11.3　单面薄膜节流器的参数计算

机床上的静压机构，包括静压轴承和静压导轨，由于技术条件各不相同，对节流器的要求
也是千差万别。不可能有定型产品能满足各种要求。需要时，往往要由用户自行设计制造。

这台专用机床所需的单面薄膜节流器，由于各油腔的要求不同，需分别设计，其技术参
数也需分别计算。

1. 薄膜节流器设计时确定的受力状态

前文已说明，这台专用机床静压导轨油腔的载荷，在工作台运动时会发生很大的变化。
其原因是：由滑鞍等部件的质量所形成的均布载荷 q_2，只作用在以重心 G_0 为中心的 500mm
范围内（见图 1-24），当工作台运动时，q_2 的动作范围在不断变化，由此就形成了油腔及节
流器压力的波动。在节流器设计时，针对上述情况，为了规范设计，明确如下规则：

1）以油腔最大压力和最小压力的平均值作为当量压力，即 $\frac{1}{2}(p_{r\,max} + p_{r\,min}) = p_r$。在
此压力下，节流器内液压的作用力与弹簧的压力处于平衡状态，薄膜保持平直状态，节流器

的间隙（即薄膜与凸台端面的间隙）为 δ_0，称为初始间隙。

2）随着工作台的运动，油腔的载荷逐渐增大，油腔的压力也不断增大，薄膜逐渐向上凸起，当压力达到最大值 $p_{r\,max}$ 时，薄膜的变形量也达到最大值 δ_{max}。

3）当载荷逐渐减小时，油腔的压力也不断减小，薄膜逐渐向下方凸起。当油腔的压力为最小值 $p_{r\,min}$ 时，薄膜向下方凸起的变形量也为最大值 δ_{max}。

2. 节流器设计中应用的参数计算公式

1）计算节流器的初始间隙

$$\delta_0 = \sqrt[3]{\frac{Q_{J0}\mu\ln\dfrac{d_{c1}}{d_c}}{10\pi\,(p_s - p_{r0})}}^{\ominus}$$

式中　δ_0——节流器初始间隙（mm），即薄膜处于平直状态时的间隙；

Q_{J0}——节流器的流量（mm^3/min），取最大值，即前文所计算的各节流器的流量；

μ——润滑油的动力黏度（$N\cdot s/mm^2$），20 号导轨液压油 $\mu = 1.93\times10^{-8}N\cdot s/mm^2$；

d_{c1}——节流器圆台直径（mm）；

d_c——节流器进油孔直径（mm）；

p_s——静压系统供油压力（N/mm^2），$p_s = 0.31N/mm^2$；

p_{r0}——节流器初始压力（N/mm^2），$p_{r0} = \dfrac{1}{2}\,(p_{r\,max} + p_{r\,min})$。

2）计算薄膜刚度系数

$$K_J = \frac{3}{\beta}\,(1 - \frac{1}{\beta})^{\ominus}$$

式中　K_J——薄膜刚度系数；

β——节流比，$\beta = \dfrac{p_s\,（静压系统供油压力）}{p_r\,（油腔压力最大值）}$。

3）计算薄膜变形系数（单面薄膜节流器）

$$m = \frac{\delta_0}{p_s K_J}$$

4）计算薄膜厚度

$$t = \sqrt[3]{\frac{3\,(1 - \nu^2)\,\left(\dfrac{d_{c2}^2}{4} - \dfrac{d_c^2}{4}\right)^2}{16Em}}$$

式中　t——薄膜厚度（mm）；

d_{c2}——节流器内腔直径（mm）；

E——薄膜材料弹性模量（N/mm^2），材料为 65Mn，$E = 206\times10^3 N/mm^2$；

m——薄膜变形系数（mm^3/N）；

ν——材料泊松比，65Mn 材料的泊松比 $\nu = 0.28$。

5）校验薄膜最大变形量

⊖　上海机床厂"七·二一"工人大学：《磨床设计制造》，上海人民出版社，1972。

⊜　由此开始，各公式均引自成大先、王德夫、姜勇、李长顺、韩学铨：《机械设计手册（第三版第 2 卷）》，化学工业出版社，1993。

$$\delta_{\max} = mp_{r\,\max}$$

式中　$\delta_{\max}$——薄膜最大变形量（mm）；

　　$p_{r\,\max}$——油腔最大压力（N/mm²）。

3. 平导轨油腔用薄膜节流器参数计算

各油腔所需的节流器，虽然技术参数有所不同，但并非完全不同，有部分参数是可以取相同数值的。

1）各节流器的外形尺寸可取相同数值。从所见的资料得知，薄膜节流器上下阀体的外形尺寸都是 60mm×60mm×30mm。

2）下列三个参数可取相同数值：

① 进油孔直径 $d_c = 4$mm。

② 圆台直径 $d_{c1} = 12$mm。

③ 下阀体和上阀体的内腔直径 $d_{c2} = 32$mm。

节流器主要参数计算：

1）平导轨油腔 a 用节流器参数计算。

① 计算节流器的初始间隙 δ_0。

已知 $Q_{J0} = Q_{h平a} = 23006.8$mm³/min

$$p_{r0} = \frac{1}{2} \times (0.061 + 0.019)\ \text{N/mm}^2 = 0.04\text{N/mm}^2$$

各值代入公式

$$\delta_0 = \sqrt[3]{\frac{23006.8 \times 1.93 \times 10^{-8} \times \ln\frac{12}{4}}{10\pi \times (0.31 - 0.04)}}\text{mm} = 0.0386\text{mm}$$

取 $\delta_0 = 0.04$mm（$\delta_0 \geqslant 0.0386$mm，圆整至 0.01mm）。

② 计算薄膜刚度系数 K_J。

已知 $p_{r平a\,\max} = 0.061$N/mm²

$$\beta = \frac{0.31}{0.061}$$

代入公式

$$K_J = 3 \times \frac{0.061}{0.31} \times \left(1 - \frac{0.061}{0.31}\right) = 0.4742$$

③ 计算薄膜变形系数 m。

$$m = \frac{0.04}{0.31 \times 0.4742}\text{mm}^3/\text{N} = 0.2721\text{mm}^3/\text{N}$$

④ 计算薄膜厚度 t。

$$t = \sqrt[3]{\frac{3 \times (1 - 0.28^2) \times \left(\frac{32^2}{4} - \frac{4^2}{4}\right)^2}{16 \times 206 \times 10^3 \times 0.2721}}\text{mm} = 0.58\text{mm}$$

取 $t = 0.58$mm。

⑤ 校验薄膜最大变形量 $\delta_{\max}$。

$$\delta_{\max} = 0.2721 \times 0.061\text{mm} = 0.0166\text{mm} < 0.04\text{mm}(\delta_0)$$

即薄膜最大变形量小于节流器的初始间隙，故设计可行。

2）平导轨油腔 b 用节流器参数计算。

① 计算节流器初始间隙 δ_0。

已知 $Q_{J0} = Q_{h平b} = 46013.6\,mm^3/min$

$$p_{r0} = \frac{1}{2} \times (0.122 + 0.019)\,N/mm^2 = 0.0705\,N/mm^2$$

各值代入公式

$$\delta_0 = \sqrt[3]{\frac{46013.6 \times 1.93 \times 10^{-8} \times \ln\frac{12}{4}}{10\pi \times (0.31 - 0.0705)}}\,mm = 0.0506\,mm$$

取 $\delta_0 = 0.05\,mm$。

② 计算薄膜刚度系数 K_J。

已知 $p_{r平b\,max} = 0.122\,N/mm^2$

$$\beta = \frac{0.31}{0.122}$$

代入公式

$$K_J = 3 \times \frac{0.122}{0.31} \times \left(1 - \frac{0.122}{0.31}\right) = 0.716$$

③ 计算薄膜变形系数 m。

$$m = \frac{0.05}{0.31 \times 0.716}\,mm^3/N = 0.2253\,mm^3/N$$

④ 计算薄膜厚度 t。

$$t = \sqrt[3]{\frac{3 \times (1 - 0.28^2) \times \left(\frac{32^2}{4} - \frac{4^2}{4}\right)^2}{16 \times 206 \times 10^3 \times 0.2253}}\,mm = 0.6184\,mm$$

取 $t = 0.62\,mm$。

⑤ 校验薄膜最大变形量 δ_{max}。

$$\delta_{max} = 0.2253 \times 0.122\,mm = 0.0275\,mm < 0.05\,mm$$

即薄膜最大变形量小于节流器的初始间隙，设计可行。

3）平导轨油腔 c 用节流器参数计算。

计算节流器初始间隙 δ_0：

已知 $Q_{J0} = Q_{h平c} = 46013.6\,mm^3/min$

$$p_{r0} = \frac{1}{2} \times (0.122 + 0.05)\,N/mm^2 = 0.086\,N/mm^2$$

各值代入公式

$$\delta_0 = \sqrt[3]{\frac{46013.6 \times 1.93 \times 10^{-8} \times \ln\frac{12}{4}}{10\pi \times (0.31 - 0.086)}}\,mm = 0.0518\,mm$$

取 $\delta_0 = 0.05\,mm$。

由于参数 δ_0、$p_{r\,max}$、p_s、d_c、d_{c1}、d_{c2}、Q_{J0} 在平导轨油腔 b 和 c 的节流器上相同，所以此两个节流器所要计算的其他参数也必然相同。即平导轨油腔 b 和 c 应该用相同的节流器。

4）平导轨油腔 d 用节流器参数计算。

① 计算节流初始间隙 δ_0。

已知 $Q_{J0} = Q_{h平d} = 58459.9\,\text{mm}^3/\text{min}$

$$p_{r0} = \frac{1}{2} \times (0.155 + 0.042)\,\text{N/mm}^2 = 0.0985\,\text{N/mm}^2$$

各值代入公式

$$\delta_0 = \sqrt[3]{\frac{58459.9 \times 1.93 \times 10^{-8} \times \ln\frac{12}{4}}{10\pi \times (0.31 - 0.0985)}}\,\text{mm} = 0.0571\,\text{mm}$$

取 $\delta_0 = 0.06\,\text{mm}$。

② 计算薄膜刚度系数。

已知 $p_{r平d\,max} = 0.155\,\text{N/mm}^2$

$$\beta = \frac{0.31}{0.155}$$

代入公式

$$K_T = 3 \times \frac{0.155}{0.31} \times \left(1 - \frac{0.155}{0.31}\right) = 0.75$$

③ 计算薄膜变形系数 m。

$$m = \frac{0.06}{0.31 \times 0.75}\,\text{mm}^3/\text{N} = 0.2581\,\text{mm}^3/\text{N}$$

④ 计算薄膜厚度 t。

$$t = \sqrt[3]{\frac{3 \times (1 - 0.28^2) \times \left(\frac{32^2}{4} - \frac{4^2}{4}\right)^2}{16 \times 206 \times 10^3 \times 0.2581}}\,\text{mm} = 0.591\,\text{mm}$$

取 $t = 0.59\,\text{mm}$。

⑤ 校验薄膜最大变形量 δ_{max}。

$$\delta_{max} = 0.2581 \times 0.155\,\text{mm} = 0.04\,\text{mm} < 0.06\,\text{mm}$$

即薄膜最大变形量小于节流器初始间隙，设计可行。

4. V 形导轨油腔用薄膜节流器参数计算

由前文 1.10.4 节关于油腔的压力与流量的计算可知，V 形导轨各油腔的流量比同位置平导轨油腔的流量小很多，不足其 $\frac{1}{2}$，但两者的压力相差并不大。为了减小 V 形导轨节流器的流量，必须增大节流器对油流的阻尼。可采取两种方法：一种方法是减小节流间隙 δ_0，但是此间隙不得小于 0.04mm，否则控制不稳定；另一种方法是减小进油孔直径 d_c，并加大圆台直径 d_{c1}。此项设计采取的方法是后者。

经计算与试验，V 形导轨油腔节流器参数计算的要点如下：

1）进油孔直径 d_c 减小至 2mm。

2）圆台直径 d_{c1} 增大至 16mm。

3）节流器阀体内腔直径 d_{c2} 不变，仍为 32mm。

4）节流器外形尺寸不变，与平导轨油腔节流器保持一致。

计算各油腔节流器参数：

（1）V 形导轨油腔 a 用节流器参数计算

1）计算节流器的初始间隙 δ_0。

已知 $Q_{J0} = Q_{hVa} = 10071.3\,\mathrm{mm^3/min}$

$$p_{r0} = \frac{1}{2} \times (0.081 + 0.026)\,\mathrm{N/mm^2} = 0.054\,\mathrm{N/mm^2}$$

各值代入公式

$$\delta_0 = \sqrt[3]{\frac{10071.3 \times 1.93 \times 10^{-8} \times \ln\frac{16}{2}}{10\pi \times (0.31 - 0.054)}}\,\mathrm{mm} = 0.037\,\mathrm{mm}$$

取 $\delta_0 = 0.04\,\mathrm{mm}$。

2）计算薄膜刚度系数 K_J。

已知 $p_{rVa\,max} = 0.081\,\mathrm{N/mm^2}$

$$\beta = \frac{0.31}{0.081}$$

代入公式

$$K_J = 3 \times \frac{0.081}{0.31} \times \left(1 - \frac{0.081}{0.31}\right) = 0.5791$$

3）计算薄膜变形系数 m。

$$m = \frac{0.04}{0.31 \times 0.5791}\,\mathrm{mm^3/N} = 0.2228\,\mathrm{mm^3/N}$$

4）计算薄膜厚度 t。

$$t = \sqrt[3]{\frac{3 \times (1 - 0.28^2) \times \left(\frac{32^2}{4} - \frac{2^2}{4}\right)^2}{16 \times 206 \times 10^3 \times 0.2228}}\,\mathrm{mm} = 0.63\,\mathrm{mm}$$

5）校验薄膜最大变形量 δ_{max}。

$$\delta_{max} = 0.2228 \times 0.081\,\mathrm{mm} = 0.018\,\mathrm{mm} < 0.04\,\mathrm{mm}$$

即薄膜最大变形量，小于节流器的初始间隙，设计可行。

（2）V 形导轨油腔 b 用节流器参数计算

1）计算节流器的初始间隙 δ_0。

已知 $Q_{J0} = Q_{hVb} = 20142.7\,\mathrm{mm^3/min}$

$$p_{r0} = \frac{1}{2} \times (0.162 + 0.026)\,\mathrm{N/mm^2} = 0.094\,\mathrm{N/mm^2}$$

各值代入公式

$$\delta_0 = \sqrt[3]{\frac{20142.7 \times 1.93 \times 10^{-8} \times \ln\frac{16}{2}}{10\pi \times (0.31 - 0.094)}}\,\mathrm{mm} = 0.0492\,\mathrm{mm}$$

取 $\delta_0 = 0.05\,\mathrm{mm}$。

2）计算薄膜刚度系数 K_J。

已知 $p_{rVb\,max} = 0.162\,\mathrm{N/mm^2}$

$$\beta = \frac{0.31}{0.162}$$

代入公式

$$K_J = 3 \times \frac{0.162}{0.31} \times \left(1 - \frac{0.162}{0.31}\right) = 0.7485$$

3）计算薄膜变形系数 m。

$$m = \frac{0.05}{0.31 \times 0.7485} \text{mm}^3/\text{N} = 0.2155 \text{mm}^3/\text{N}$$

4）计算薄膜厚度 t。

$$t = \sqrt[3]{\frac{3 \times (1 - 0.28^2) \times \left(\frac{32^2}{4} - \frac{2^2}{4}\right)^2}{16 \times 206 \times 10^3 \times 0.2155}} \text{mm} = 0.633 \text{mm}$$

取 $t = 0.63$ mm。

5）校验薄膜最大变形量 δ_{max}。

$$\delta_{max} = 0.2155 \times 0.162 \text{mm} = 0.035 \text{mm} < 0.05 \text{mm}$$

即薄膜最大变形量小于节流器的初始间隙，故设计可行。

（3）V 形导轨油腔 c 用节流器参数计算

计算节流器的初始间隙 δ_0：

已知 $Q_{J0} = Q_{hVc} = 20142.7 \text{mm}^3/\text{min}$

$$p_{r0} = \frac{1}{2} \times (0.162 + 0.066) \text{N}/\text{mm}^2 = 0.114 \text{N}/\text{mm}^2$$

各值代入公式

$$\delta_0 = \sqrt[3]{\frac{20142.7 \times 1.93 \times 10^{-8} \times \ln\frac{16}{2}}{10\pi \times (0.31 - 0.114)}} \text{mm} = 0.051 \text{mm}$$

取 $\delta_0 = 0.05$ mm。

由于参数 δ_0、$p_{r\,max}$、p_s、d_c、d_{c1}、d_{c2}、Q_{J0} 在 V 形导轨油腔 b 和 c 的节流器上相同，所以此两个节流器要计算的其他参数也必然相同。即 V 形导轨油腔 b 和 c 应该用相同的节流器。

（4）V 形导轨油腔 d 用节流器参数计算

1）计算节流器初始间隙 δ_0。

已知 $Q_{J0} = Q_{hVd} = 25489.2 \text{mm}^3/\text{min}$

$$p_{r0} = \frac{1}{2} \times (0.205 + 0.055) \text{N}/\text{mm}^2 = 0.13 \text{N}/\text{mm}^2$$

各值代入公式

$$\delta_0 = \sqrt[3]{\frac{25489.2 \times 1.93 \times 10^{-8} \times \ln\frac{16}{2}}{10\pi \times (0.31 - 0.13)}} \text{mm} = 0.057 \text{mm}$$

取 $\delta_0 = 0.06$ mm。

2）计算薄膜刚度系数 K_J。

已知 $p_{rVd\,max} = 0.205 \text{N}/\text{mm}^2$

$$\beta = \frac{0.31}{0.205}$$

代入公式

$$K_J = 3 \times \frac{0.205}{0.31} \times \left(1 - \frac{0.205}{0.31}\right) = 0.672$$

3）计算薄膜变形系数 m。

$$m = \frac{0.06}{0.31 \times 0.672} \mathrm{mm^3/N} = 0.288 \mathrm{mm^3/N}$$

4）计算薄膜厚度 t。

$$t = \sqrt[3]{\frac{3 \times (1 - 0.28^2) \times \left(\frac{32^2}{4} - \frac{2^2}{4}\right)^2}{16 \times 206 \times 10^3 \times 0.288}} \mathrm{mm} = 0.5743 \mathrm{mm}$$

取 $t = 0.57 \mathrm{mm}$。

5）校验薄膜最大变形量 $\delta_{\max}$。

$$\delta_{\max} = 0.288 \times 0.205 \mathrm{mm} = 0.059 \mathrm{mm} < 0.06 \mathrm{mm}$$

即薄膜的最大变形量小于节流器的初始间隙，设计可行。

1.11.4　可调单面薄膜节流器的结构设计

1. 节流器装配图设计

双面薄膜节流器应用比较广泛，可用于静压轴承和闭式静压导轨的控制。但是，开式静压导轨则只能用单面薄膜节流器来控制。双面薄膜节流器已有典型设计，参考其设计，可以进行单面薄膜节流器的设计。这台专用机床所用的单面薄膜节流器，就是这样设计的。

可调单面薄膜节流器的装配图如图 1-27 所示，零件明细见表 1-11。

此设计与双面薄膜节流器的设计也有所不同，说明如下：

1）油腔的控制压力 p_r 是可调整的。向上方旋出调节螺钉，减小弹簧 5 的压力，薄膜 10 会向上凸起，使薄膜与圆台的间隙 δ_0 加大，油流的阻尼减小，从而使油腔压力 p_r 增大。如果向下方旋进调节螺钉，增大弹簧 5 的压力，薄膜 10 会向下凸起使间隙 δ_0 减小，油流的阻尼增大，从而使油腔压力 p_r 减小。这是单面薄膜节流器的一个重要优点。

2）单面薄膜节流器上安装压力表，既方便观察，且又节省了安装空间，也很美观。

3）下阀体油腔，采用 O 形圈密封，既简单又可靠。

表 1-11　可调单面薄膜节流器零件明细　　　　　　　　（单位：mm）

代号	名　　称	型号规格	材　料	数量	备　注
1	调节螺钉		不锈钢	12	用 GB/T 5783　M6×38 改制
2	锁紧螺母	GB/T 6172　M6	不锈钢	12	
3	上阀体		45 钢	12	有图自制
4	上簧托		45 钢	12	有图自制
5	弹簧		碳素弹簧钢丝	12	有图自制
6	钢球	$\phi 8$	轴承钢	12	外购
7	下簧托		45 钢	12	有图自制
8	下阀体		45 钢	12	有图自制
9	O 形密封圈	GB/T 3452.1	40×1.8	12	外购
10	薄膜		65Mn 板，$\delta = 1$	12	有图自制
11	压力表	Y40　0~0.5MPa	表径 $\phi 40$	12	联接螺纹在表背面
12	内六角圆柱头螺钉	GB/T 70　M6×15	不锈钢	48	不含安装用螺钉

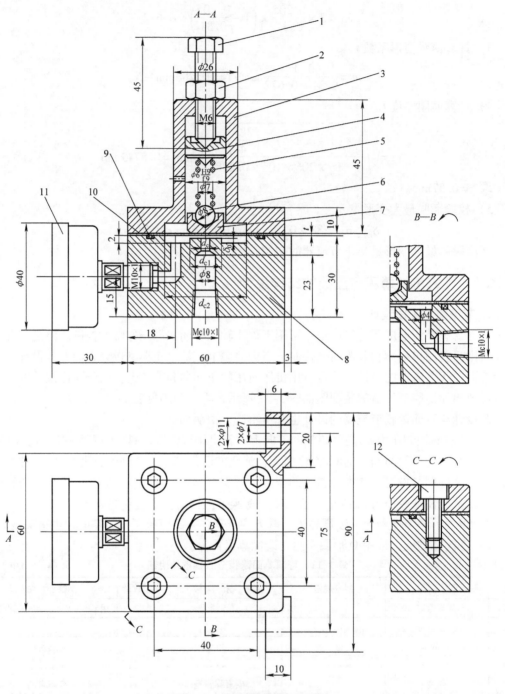

图 1-27　可调单面薄膜节流器

4）用上、下簧托定位弹簧，可使弹簧的作用力作用在薄膜的中心处。

5）进出油孔的螺纹改为米制螺纹，适用低压管接头。

6）增加了安装螺钉孔，便于安装。

7）外形尺寸及 d_c、d_{c1}、d_{c2} 尺寸，油孔尺寸，油腔深度等尺寸均系按双面薄膜节流器的设计确定的。

2. 节流器零件图设计

零件图如 1-28 ~ 图 1-32 所示。

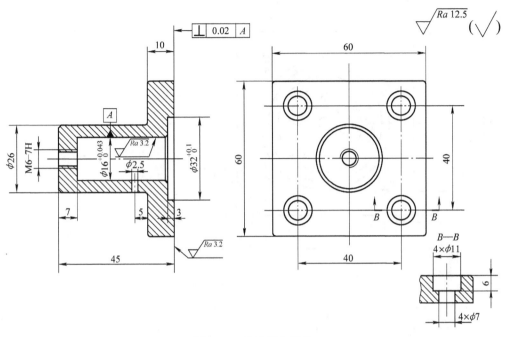

图 1-28　节流器上阀体

注：倒角均为 $1 \times 45°$；　　材料：45 钢；　热处理：调质 T235；

棱边倒钝 $0.5 \times 45°$；　　数量：10；　　表面处理：发蓝。

1.11.5　节流器弹簧设计

　　单面薄膜节流器弹簧的工作特性与其他圆柱形螺旋压缩弹簧是不同的，其工作变形是十分微小的，其变形量取决于薄膜的变形。薄膜的最大变形量前文已经计算，其中最大值为 0.059mm。弹簧工作变形也是如此。这么微小的工作变形，对于钢丝卷绕的螺旋弹簧来说，是微不足道的，由此引起的弹簧工作负荷的变化，可以忽略不计。也就是说，由弹簧施加在薄膜上的作用力，可以认为是恒定不变的力。

　　基于以上分析可以确认，单面薄膜节流器在油腔压力控制中的反馈作用完全是油薄膜形成的，与弹簧无关。但是，弹簧在确定节流器初始压力 p_{r0} 时，却起着关键的作用。如果弹簧的压力大，则实际的 p_{r0} 就大；反之则小。

　　所以弹簧设计时，如何确定弹簧的工作负荷是很重要的。既然此负荷是恒定的，就应把此负荷定为最大工作负荷。于是，最小工作负荷和极限工作负荷就都不存在了。前文在 1.11.2 节中已经明确，当弹簧的压力 $p = \frac{1}{4}\pi d_{c2}^2 p_{r0}$ 时，薄膜处于平直状态。所以弹簧的最大工作负荷就按上式确定。即

$$p_n = \frac{1}{4}\pi d_{c2}^2 p_{r0}$$

式中　p_n——弹簧的最大工作负荷（N）；

　　　d_{c2}——节流器内腔直径（mm），$d_{c2} = 32$mm；

　　　p_{r0}——节流器的初始压力（N/mm²），$p_{r0} = \frac{1}{2}(p_{r\,max} + p_{r\,min})$，前文已计算。

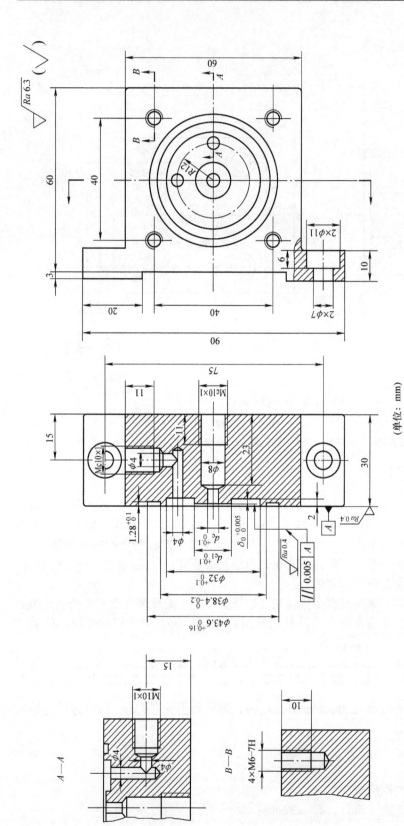

节流器名称	平-a	平-b	平-c	平-d	V-a	V-b	V-c	V-d
δ_0	0.04	0.05	0.05	0.06	0.04	0.05	0.05	0.06
d_c	$\phi 4$	$\phi 4$	$\phi 4$	$\phi 4$	$\phi 2$	$\phi 2$	$\phi 2$	$\phi 2$
d_{c1}	$\phi 12$	$\phi 12$	$\phi 12$	$\phi 12$	$\phi 16$	$\phi 16$	$\phi 16$	$\phi 16$
数量	1	1	2	1	2	2	2	2

(单位：mm)

图 1-29　节流器下阀体

注：名称"平-a"即平导轨油腔a用节流器，其余类推。

注：材料：45 钢；数量：12；热处理：调质 T235；表面处理：发蓝；倒角均为 1×45°，棱边倒钝 0.5×45°。

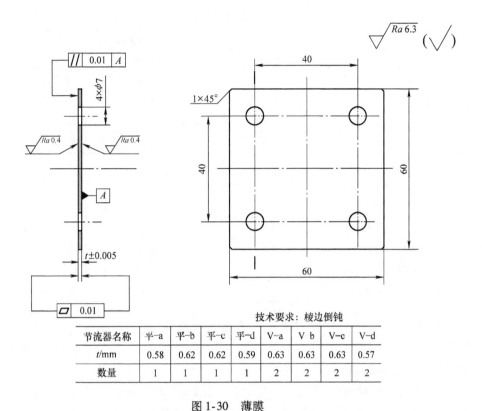

$\sqrt{Ra\,6.3}$ $(\sqrt{})$

技术要求：棱边倒钝

节流器名称	平-a	平-b	平-c	平-d	V-a	V b	V-c	V-d
t/mm	0.58	0.62	0.62	0.59	0.63	0.63	0.63	0.57
数量	1	1	1	1	2	2	2	2

图 1-30　薄膜

注：材料：65Mn；数量：12；热处理及硬度：淬火回火 42~45HRC；表面处理：发蓝。

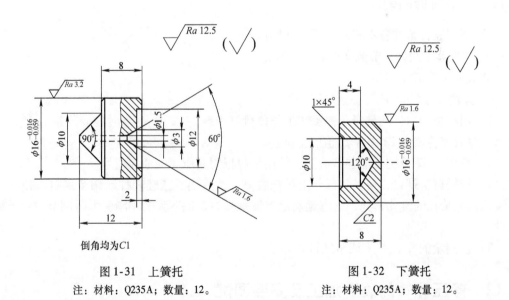

倒角均为 C1

图 1-31　上簧托

注：材料：Q235A；数量：12。

图 1-32　下簧托

注：材料：Q235A；数量：12。

弹簧的最大工作负荷确定后，其余参数可按弹簧的常规计算公式计算。最小工作负荷和极限工作负荷，由于不存在就不必计算了。

按上述方法计算的各节流器的弹簧参数，列于表 1-12 中。

表1-12　节流器弹簧参数表

代号	参数	节流器代号							
		平 – a	平 – b	平 – c	平 – d	V – a	V – b	V – c	V – d
p_n	最大工作负荷/N	32.2	56.7	69.2	79.2	42.6	75.2	91.7	104.6
d	钢丝直径/mm	0.9	1.1	1.1	1.2	1	1.2	1.3	1.3
C	旋绕比	7.78	6.36	6.36	5.83	7	5.83	5.38	5.38
K	曲度系数	1.19	1.24	1.24	1.26	1.21	1.26	1.29	1.29
P'_d	单圈刚度/(N/mm)	19.1	42.7	42.7	60.5	29.2	60.5	83.3	83.3
t	节距/mm	3.4	3.4	3.4	3.4	3.4	3.4	3.4	3.4
n	有效圈数	6	6	6	6	6	6	6	6
n_1	总圈数	8	8	8	8	8	8	8	8
H_0	自由高度/mm	21.8	22	22	22.2	21.9	22.2	22.3	22.3
P'	弹簧刚度/(N/mm)	3.18	7.11	7.11	10.08	4.87	10.08	13.88	13.88
f_n	最大工作负荷下的变形/mm	10.1		9.7	7.9	8.7	7.5	6.6	7.5
H_n	最大工作负荷下的高度/mm	11.7	14	12.3	14.3	13.2	14.7	15.7	14.8
l	展开长度/mm	178	178	178	178	178	178	178	178

弹簧已确定的参数如下：

① 弹簧中径 $D = \phi 7 mm$；②自由高度 $H_0 = (22 \pm 0.5)$ mm；③两端并紧磨平，支承圈为1圈，$H_0 = nt + 1.5d$；④负荷类别：Ⅲ类；⑤材料：碳素弹簧钢丝 C 级。

1.11.6　节流器的装配

1）下列三种零件各不相同，不能互换：

① 节流器下阀体：节流间隙 δ_0 不相同。

② 薄膜：厚度 t 不相同。

③ 弹簧：p_n、d、P'等参数均不相同。

2）用小型测力计测量每个弹簧在工作负荷等于表1-12中 p_n 值时的变形量 f_n 值，并作记录，然后校验表1-12中各 f_n 值的正确性。

3）按图1-27分别装配各节流器，并用标牌标明其所属的油腔代号。

4）拧松调节螺钉，使其尖部与上簧托脱离；然后用手指轻轻拧动调节螺钉，使其尖部慢慢顶入上簧托的锥孔，凭手的感觉确定弹簧是受力，记下弹簧刚刚受力时调节螺钉外露的长度。

5）按测量的 f_n 值拧入调节螺钉，并锁紧。

1.12　静压导轨的改造加工及安装调试

1.12.1　对床身导轨及工作台导轨的改造及加工

1）填平导轨上原有的油槽、油孔。

磨床的床身导轨都采用自动润滑。一般的设计是在工作台的导轨面上加工锯齿形油槽，在床身的导轨上，在中部加工很短的一字形油槽，槽中设有进油孔。这些油槽、油孔必须填平堵死，填补的材料由胶粘剂加铁粉调制而成。

使用多年的旧机床，其油槽内必然积存油垢。在填补前必须清理干净，使油槽露出新茬。否则填补不牢，静压导轨的改造将面临失败。

2）在床身导轨面上画油腔加工线，按图 1-24 画线。

3）采用龙门铣床加工各油腔。

4）按图 1-24、图 1-25、图 1-33 加工进油孔，攻 Mc10 × 1 螺纹。V 形导轨进油孔装堵（见图1-33）。

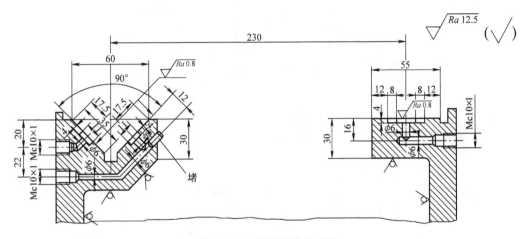

图 1-33　油腔进油孔尺寸图

5）按图 1-34、图 1-35 画节流器安装螺孔位置线，并钻孔、攻螺纹。

6）用导轨磨床磨成工作台导轨，各导轨面磨平即可。技术条件如下：

① 平导轨与 V 形导轨在垂直面内的直线度：1m 长度内≤0.01mm，导轨的全长≤0.015mm。

② 平导轨与 V 形导轨在水平面内的直线度：1m 长度内≤0.01mm，导轨的全长≤0.015mm。

③ 平导轨与 V 形导轨之间的平行度：1m 长度内≤0.02，导轨的全长≤0.03。

④ V 形导轨 45°半角偏差：用水平仪测量，1m 长度内≤10″，导轨的全长≤16″（水平仪精度：0.02/1000mm，气泡移动 1 格为 4″）。

⑤ 表面粗糙度：Ra0.8μm。

7）用导轨磨床配磨床身导轨。按工作台导轨配磨，技术条件同上；并且用涂色法检验两者的接触面积，应大于或等于 75%。特别注意：在油腔的封油边处，不得有大于 0.01mm 的间隙。

1.12.2　清理及清洗导轨面及液压系统

1）清理床身导轨、工作台导轨。

2）导轨各加工面棱边倒钝、尖角倒钝。

3）清洗油腔及进油孔。

4）清洗液压系统及油池，清洗过滤器。

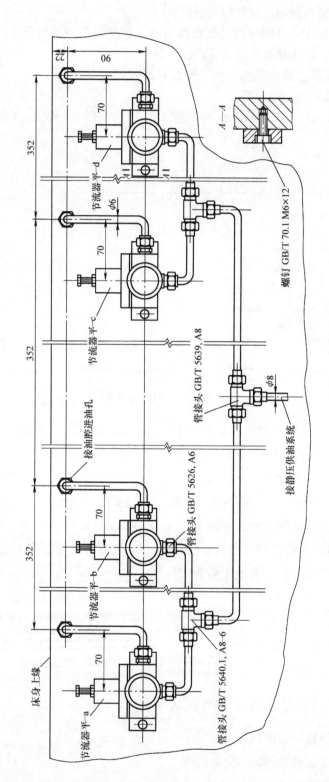

图 1-34　平导轨油腔节流器及管路安装图

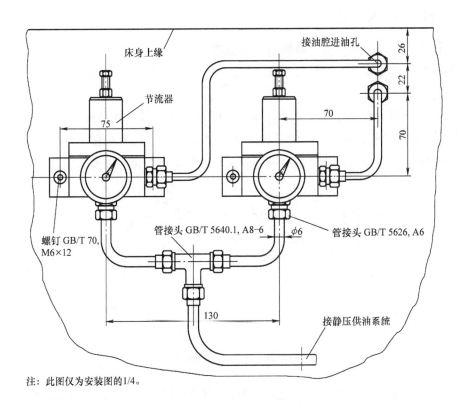

注：此图仅为安装图的1/4。

图 1-35　V 形导轨油腔节流器及管路安装图

1.12.3　原有部件安装

按下列顺序安装：

1）安装各油腔的节流器及进油管。

2）安装静压供油系统。

3）油池注 20 号导轨液压油。

4）静压供油系统通油试验：关闭流量控制阀 1（见图 1-25），起动液压泵。微微开启流量控制阀，调节减压阀降低供油压力。观察各油腔进油情况，检查是否有堵塞现象。

5）安装工作台，连接活塞杆。注意：由于导轨的磨削加工，活塞杆的中心线与支架的活塞杆安装孔可能错位。如果偏差大于安装间隙，则应修整支架。

6）安装滑鞍座。

7）安装滑鞍及进给机构，注意保证滑鞍导轨相对于工作台运动方向的垂直度，偏差≤0.05/100mm。

8）安装内圆磨具。注意：保证磨具主轴中心线与工作台运动方向平行，上母线与侧母线差≤0.03/100mm。

9）安装内圆磨具电动机，注意保证两个传动带轮轴线的平行度≤0.05/100mm，并保证其轮缘凸起弧面中心错位≤2mm。

1.12.4　静压导轨的调试

1）工作台应停在中间位置，即两端均超出床身 10mm。

2）每个节流器弹簧的工作负荷，都应等于表 1-12 中的 p_n 值。这一要求，在每个节流器装配时就已实现。

3）在工作台的上方，对应床身导轨各油腔的中央处放置一块 $\phi 30 \times 5mm$ 的测量块规，其两端面需磨平。在床身的相应位置设置表座，使百分表的触头触在块规的中心上（见图 1-36），平导轨和 V 形导轨各 4 处。在液压系统尚未供油时，记录各表的读数。

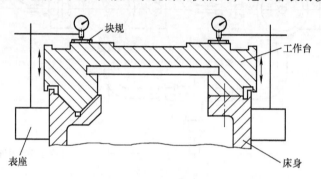

图 1-36　工作台浮起测量

4）起动液压泵，打开静压供油系统流量控制阀 1（见图 1-25），调节减压阀 2，使静压系统的供油压力降至 $p_s = 0.31 N/mm^2$，由压力表 3 读出。

5）检查供油系统各元件及节流器、管接头，查看是否有漏油现象。

6）检查各节流器压力表的读数，并与表 1-13 中的数据进行对比，看是否一致。不论是否一致，都暂且不加调整。

表 1-13　工作台在中间位置时各油腔的压力

油腔代号	平 – a	平 – b	平 – c	平 – d	V – a	V – b	V – c	V – d
油腔压力/（N/mm^2）	0.03	0.02	0.12	0.09	0.04	0.026	0.16	0.12

7）检查各测量点百分表读数，确认工作台是否浮起，浮起的高度是多少，与设定值（0.03mm）是否一致。

针对不同的检查结果，可以进行如下处置：

① 工作台已浮起，浮起的高度各测量点均为 0.03mm，则节流器保持原状，不加调整。

② 工作台已浮起，浮起的高度均为 0.02mm，也不加调整。因为中小机床浮起 0.02mm 也属合理范围。

③ 如果浮起的高度大于 0.03mm，可适当旋入调节螺钉，加大弹簧对薄膜的压力，减小节流间隙 δ_0，增大阻尼，使油腔压力下降，从而减小浮起高度。

④ 如果浮起的高度小于 0.02mm，则可适当旋出调节螺钉，减小弹簧压力，使节流间隙 δ_0 增大，使油腔压力上升，从而增大浮起高度。

⑤ 如果以上调整仍不见效，工作台一直不能浮起，油腔压力低于设定值不能上升，则

从以下几个方面找原因：

　　a）供油压力不足，可适当调整减压阀，提高 p_s 值。

　　b）检查管路是否漏油。

　　c）导轨精度低，接触面积小，油腔泄漏严重。

　　d）节流器初始间隙 δ_0 过小。

　　e）薄膜偏厚。

　　⑥ 如果浮起高度过大，调节弹簧压力无效，则主要原因可能就是初始间隙 δ_0 过大。可拆开节流器加以修整。

　　8）以上的检查与调整，在工作台处于左右两极限位置时也要进行。在正常的情况下，在工作台处于中间位置调试合格后，在其他位置也不会有太大的变化。

　　9）上述检查合格后，还要检查导轨油腔排出油液的回流情况。查看是否全部流回到油池，是否有中途泄漏。特别注意，在导轨的中部，如果回流不畅，可能造成积油越过上缘流到地面造成污染。解决方法如下：

　　在工作台能浮起的前提下，适当降低浮起高度，降低供油量，即降低油腔压力。

　　10）以上检查合格后，还应检查工作台的低速运行情况。测试其不"爬行"的最低运行速度是多少，是否符合 ≤15mm/min 的要求。

1.13　新增部件设计

　　根据前文已经确定的设计方案及总体布局图（见图 1-2），专用机床还需新增加如下一些部件：上工作台部件、中心架部件、立柱部件、工件转动的传动机构、顶尖座部件等。这些部件的设计分述如下。

1.13.1　上工作台部件设计

　　上工作台部件的设计是按照已经拟订的设计方案进行的，其简图如图 1-37 所示。设计要点如下：

　　1）上工作台部件的功能是通过中心架来支承工件，并安装驱动工件转动的主轴箱。工件是轴类零件，长度为 600～800mm，最大外径为 $\phi128.5$mm，最大质量为 30kg。主轴箱底面的尺寸为 400mm×40mm。按照上述条件设计的上工作台，其外形尺寸为长 1400mm、宽 460mm、高 80mm。

　　2）上工作台的右端安装在原机床的主轴箱底座上，由底座中央的 $\phi30$H7 定心，使上工作台的中心线与工作台的运动方向构成 8.297° 的夹角，从而可完成工件 7:24 锥孔的加工。在主轴箱底座上，环绕 $\phi30$H7 孔有一环状 T 形槽，其中心距为 320mm（见图 1-5）。原设计是用来紧固主轴箱的，改装后则用于紧固上工作台的右半部。图 1-37F—F 视图中的 $\phi20$ - $\phi14$ 阶梯孔就是紧固螺钉的安装孔。

　　3）上工作台的左端安装在立柱上（见图 1-2），在图 1-37 中，局部放大视图 I 中的长圆孔是其安装时的紧固螺钉孔。

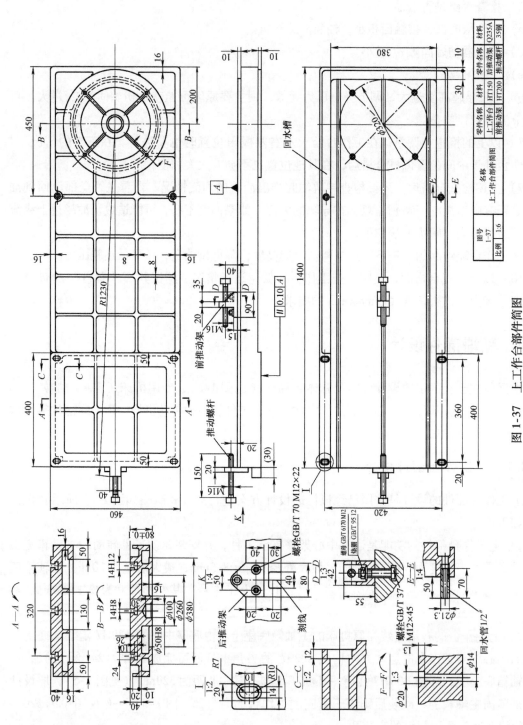

图 1-37　上工作台部件简图

注：紧固螺钉未画，均为 GB/T 70，M12×90。

4）虽然安装时已经使上工作台的中心线与工作台的运动方向，构成了加工锥孔所需要的夹角。但是由于工件装夹误差等因素的影响，仍然有可能使加工的锥度不符合技术条件。为解决此问题，加工时对此夹角往往还要进行微量的调整。上工作台的设计，已经考虑了这一要求：上工作台左端的紧固螺钉孔是长圆孔，留有 10mm 的调整量。右端的紧固螺母是 T 形槽螺母，可在环形的 T 形槽中任意定位。主轴箱底座的 ϕ30H8 孔就是调整时的回转中心。调整时将各紧固螺钉松开，转动安装在立柱上的调整螺钉，螺钉的端部顶在上工作台左端 30mm × 40mm 的凸台上，可使上工作台绕回转中心做微量的转动。在凸台的端面留有刻线（见图 1-37K 向视图），可显示调整的位移量。

5）工件的长度为 600 ~ 800mm。不同的工件装夹时，前端中心架的位置基本不变，后端中心架的位置将需前后移动。同样，主轴箱的位置也需前后移动。为了保证主轴箱和中心架在前后移动时，工件的中心线均处在同一垂直面内，上工作台设有一条贯通全长的中央定位 T 形槽，槽宽为 14H8（见俯视图及 B—B 视图）。

6）为了便于主轴箱前后移动，在上工作台上设置了前后推动架，后推动架安装在左端面上（见 K 向视图），前推动架安装在中央 T 形槽上，位置可前后调整（见 D—D 视图）。

7）上工作台两侧的 T 形槽，用于紧固中心架和主轴箱。

8）为了保证主轴箱在前后移动时，其主轴的中心线始终处在同一垂直面内，在其底面上新增了两个定位键，键宽 14h7（见图 1-4），定位键在中央 T 形槽内移动，可保证主轴箱移动时的定位精度。

9）工件磨削时需用切削液，为便于切削液的回流，在上工作台上设有回水槽和回水孔。回水孔中装有 1/2″回水管（见 E—E 视图），安装时此管应用橡胶软管与冷却水箱相连。

1.13.2　立柱部件设计

立柱部件的功能有两项，一是支承上工作台左半部的载荷，其中包括主轴箱部件的质量，一件中心架的质量，及半个工件和传动机构的质量，总负荷约 400kg；二是对工件加工的锥度进行精确调整。

支承 400kg 的质量，对于立柱这类零件来说是微不足道的。所以设计时对于立柱的壁厚和筋板的尺寸按常规确定即可。灰铸铁材质的立柱、床身、工作台等零件的壁厚，小型机床一般可取 10 ~ 15mm，中型机床可取 14 ~ 22mm，大型机床可取 18 ~ 26mm。加强筋的厚度可取上列数据的 1/2 ~ 2/3。

按上述常规数据设计的立柱部件简图，如图 1-38 所示。

图中主视图所示的 4 × M12 - 7H 螺孔，用于紧固上工作台。Ⅱ放大视图中的 GB/T 83 - M14 × 50 螺钉，用于微调工件锥孔的加工精度。调整时先松开上工作台左右两处各 4 件的紧固螺钉，再通过转动Ⅱ视图中的调整螺钉，推动上工作台绕定心孔微量转动，从而使工件的轴线与工作台运动方向的夹角产生微小的变化，进而使加工的工件锥度产生微小的变化。其位移量可从刻度盘（见 K 向视图）上读出。调整后仍需紧固上工作台的各紧固螺钉。

立柱的安装，通过 B—B 视图中的 4 × ϕ18 孔，用地脚螺栓紧固。

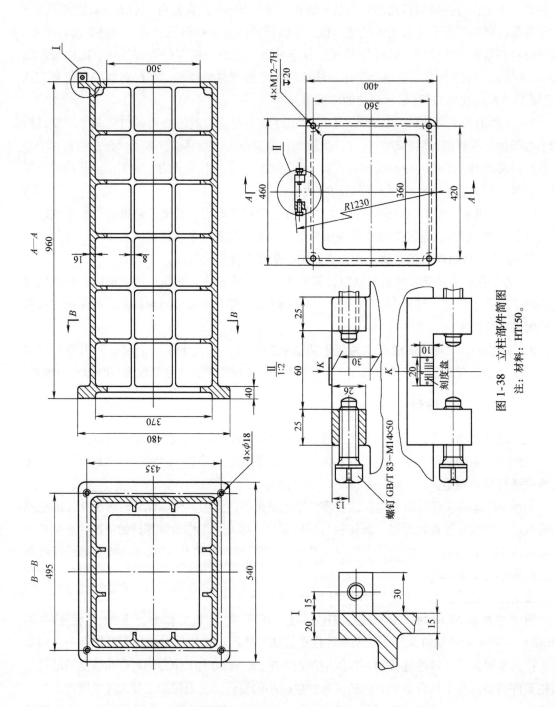

图1-38　立柱部件简图

注：材料：HT150。

1.13.3　中心架部件设计

中心架部件是一个非常重要的部件。因为工件由它来支承及定心，并按它确定的轴线回转加工。所以它对工件锥孔的加工精度有着重要的影响。

中心架部件装配图如图 1-39 所示，其零件明细见表 1-14。

表 1-14　中心架部件零件明细

代号	名称	材料	部件数量	总数量	备注
1	中心架上体	HT200	1	2	
2	中心架下体	HT200	1	2	
3	调节螺母	HT200	3	6	
4	调节螺杆	45 钢	3	6	热处理：调质 T235
5	端盖	HT200	3	6	
6	支承套	45 钢	3	6	热处理：调质 T235
7	小轴	40Cr	3	6	热处理：调质 T235
8	螺盖	35 钢	3	6	热处理：调质 T235
9	滚轮	45 钢	3	6	热处理：淬火 C42
10	紧定螺钉	45 钢	3	6	热处理：调质 T235
11	销轴	45 钢	2	4	热处理：调质 T235
12	半圆压板	45 钢	6	12	热处理：调质 T235

此中心架共有两件，同时使用。前中心架支承在工件前端的基准面 A 处（见图 1-1），后中心架支承在工件后端的基准面 B 处。

由图 1-39 可知，中心架由导向键 GB/T 1097 – B14 × 40 定位，可在上工作台上沿中央定位 T 形槽前后移动，并保证工件的中心线始终处在同一垂直面内。

中心架的上体与下体，由销轴 11 及活节螺栓 GB/T 798 – M12 × 45 联接。装卸工件时需松开螺母 GB/T 6170 – M12，将螺栓转到水平位置，则上体可绕销轴向上翻转，让出上方的空间。这种设计，制造上的难点是销轴 11 安装孔的加工。一定要保证锁轴孔 $\phi 12H7$ 对上下体联接槽 24H9/h8 的垂直度，否则上体的翻转将难以灵活。

这个中心架设计的特点是：中心架对工件的支承由滑动摩擦改为滚动摩擦。工件支承在滚轮 9 上，工件转动时滚轮也在支承面上滚动。这种设计的优点有两个：一是可避免工件支承面的磨损。工件的支承面都是工件的安装基准面，是主轴轴承的安装位置，如果发生磨损或破坏了表面粗糙度，就会影响主轴的运转精度。为了解决这个问题，中心架的支承件往往采用硬度较低的材料，如酚醛层压棒、黄铜等制造。但是这样做会造成支承件的磨损，从而降低工件的定心精度和加工精度。二是可降低工件转动时所消耗的转矩，有利于保证工件的旋转精度，从而可提高其加工精度。

但是这种设计也有两个难点：一是滚轮外径的径向圆跳动公差要求很高。因为此项公差直接影响工件的加工精度。为了保证此项精度，所用的轴承是超精密级（C 级）轴承，同时要求滚轮的加工要保证内、外径的同轴度误差不超过 0.001mm。二是装配后要保证滚轮的轴线与工件的轴线平行。因为如果不平行，滚轮转动时会产生轴向分力，会影响工件的轴向定位精度。所以在装配图上列出此两项技术条件。

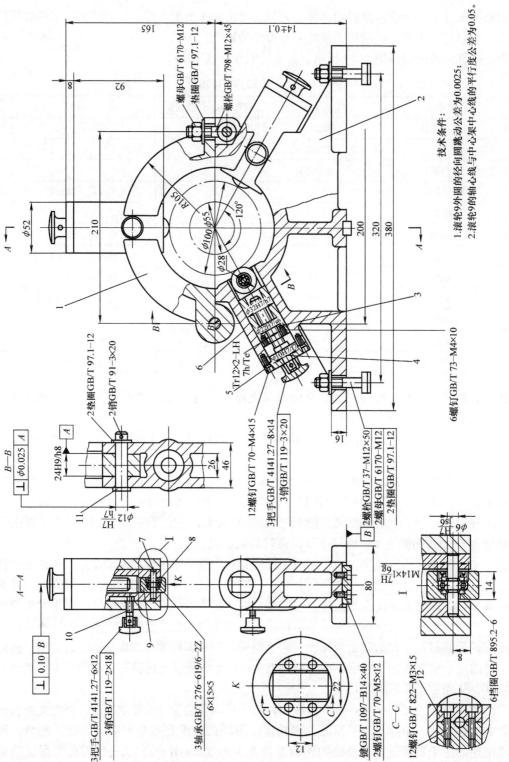

图 1-39　中心架装配图

1.13.4　工件转动的传动机构设计

一般的轴类零件在磨削内孔时，其装夹方法往往是前端用中心架支承，尾端用单动卡盘夹紧，再按基准面找正即可。铣床主轴锥孔的加工，也曾用过这种工艺，但加工精度总不理想。其原因是工件回转的中心线，很难调整到与主轴箱主轴的中心线完全重合，如果两者采用刚性连接，工件的回转中心线将是不稳定的。而且主轴箱主轴的运转精度如果不是很高，其误差对工件的加工精度也将有所影响。

正是考虑到上述原因，专用磨床的工艺设计就确定了如下的要点：①工件与主轴箱主轴的连接不采用刚性连接，主轴箱只传递转矩；②工件的定心由两个中心架来实现。

按此思路设计的工件转动传动机构如图 1-40 所示，其零件明细表见表 1-15。

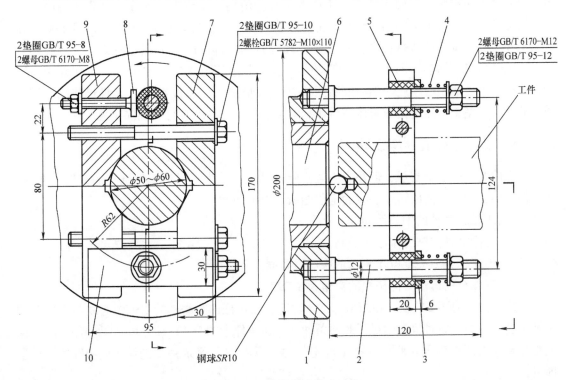

图 1-40　工件转动传动机构

表 1-15　工件转动传动机构零件明细　　　　　　　　　　（单位：mm）

代号	名称	规格主要参数	材料	数量
1	拨盘	$\phi200$	HT150	1
2	螺柱	M12　调质 T235，发蓝	45 钢	2
3	大垫圈	发蓝	Q235A	2
4	弹簧	钢丝直径 $\phi2.5$，中径 $\phi16$　最大工作负荷 20kg	碳索弹簧钢丝	2
5	橡胶环	$d=\phi11$，$D=\phi22$	丁腈橡胶	2
6	锥堵	发蓝	Q235A	1

（续）

代号	名称	规格主要参数	材料	数量
7	通孔夹板	$\phi 11$　调质 T235，发蓝	45 钢	1
8	调节螺钉	M8　调质 T235，发蓝	45 钢	2
9	螺孔夹板	M10　调质 T235，发蓝	45 钢	1
10	压板	发蓝	Q235A	2

　　传动机构的装夹方法如下：工件由两中心架支承定位（工件的定位调试，后文专题介绍）后，在主轴箱主轴孔中装入锥堵 6。利用上工作台的后推动架（见图 1-37）推动主轴箱向前移动，使锥堵的端面逐渐接近工件的尾部。用润滑脂将钢球粘在工件尾端的中心孔中，当锥堵的端面与钢球刚刚接触时，将主轴箱紧固。在拨盘 1 上安装螺柱 2，用夹板 7、9 夹紧工件尾部，调节调节螺钉 8 的位置，使两螺钉的头部同时与装在螺柱 2 上的橡胶环接触，注意受力必须均匀。因为工件承受的转矩是由橡胶环经调节螺钉输入的，如果受力不均，将影响工件的定心精度。然后安装压板 10、大垫圈 3 和弹簧 4 及 M12 螺母垫圈。调节弹簧的压力，使工件经过钢球紧压在锥堵上，从而保证工件有良好的轴向定位。

1.13.5　工件定心顶尖座设计

　　工件用两个中心架支承，但是中心架不能自动定心。为了保证工件锥孔的高精度要求，必须保证加工时，工件回转中心线的定位能满足以下条件：

　　1）与主轴箱主轴的中心线同轴。

　　2）与内圆磨具主轴的中心线等高。

　　3）与上工作台中央定位 T 形槽的中心线在同一垂直面内。

　　4）与工作台的运动方向构成的夹角为 8.297°。

　　上述条件中的第 2）项，在新增部件装配时，要保证内圆磨具的主轴中心线与主轴箱的主轴中心线等高，届时也就满足了此项条件。上述条件中的第 4）项，可在工件加工时，由上工作台的微调来实现。所以，在工件定位时，只考虑上述条件中的第 1）项和第 3）项即可。

　　工件定心顶尖座，就是按上述条件中的第 1）项和第 3）项要求来设计的。工件外圆上的定心轴颈，即前后轴承的安装位置 A 和 B（见图 1-1），加工时是以两端配堵的中心孔来定心的，加工后此堵保持不动。所以加工锥孔时，也应以此二中心孔为定位基准。中心架定心的方法是：在主轴箱主轴孔中装入顶尖，将工件尾端的中心孔顶在此顶尖上。工件前端的中心孔则顶在顶尖座的顶尖上。同时要求两个中心架所在的位置正是其工作位置，即与工件的定心轴颈 A 与 B 对应的位置。然后分别调整中心架的三个滚轮，使它们能以均匀的力量支承在定心轴颈上。

　　工件定心顶尖座的作用就是如上所述的，在工件定心时支承工件的前端，从而确定工件的回转中心线。工件定心之后，顶尖座还是要移开的，以便让出加工的空间。

　　工件定心顶尖座的装配图如图 1-41 所示，其零件明细见表 1-16。

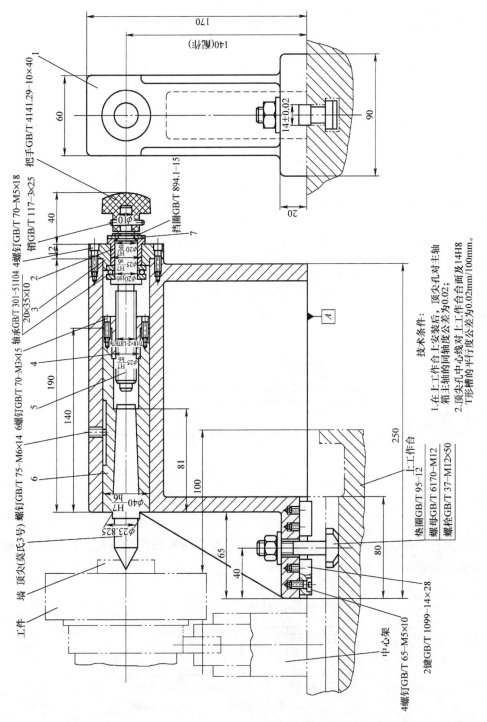

图 1-41 工件定心顶尖座装配图

表 1-16　工件定心顶尖座零件明细

代号	名称	材料	备注	数量
1	顶尖座本体	HT200		1
2	轴衬	铜基粉末冶金		1
3	后盖	HT200		1
4	螺母	HT200		1
5	螺杆	45 钢	热处理：调质 T235	1
6	套筒	45 钢	热处理：淬火 C42	1
7	调整垫	45 钢	热处理：淬火 C42	1

图中规定的技术条件是保证定心精度的基础，必须满足。检验顶尖孔对主轴箱主轴同轴度的方法，如图 1-42 所示。检验时，千分表的触头顶在检验心轴的上母线和侧母线上，表座以上工作台的上面和中央 T 形槽为检验基准面，沿检验心轴全长移动，千分表的读数差即为误差值。

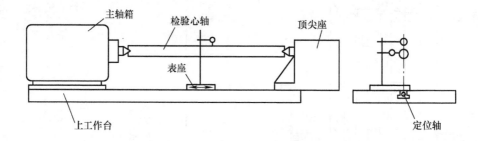

图 1-42　顶尖孔对主轴箱主轴同轴度的检验

检验顶尖孔中心线对上工作台面及 14H8 中央 T 形槽平行度的方法，如图 1-43 所示。锥度心轴装于顶尖孔中，测量方法同上。

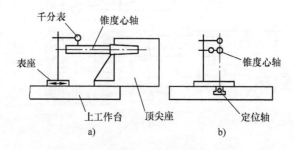

图 1-43　顶尖座锥孔精度的检验图

由图 1-41 可知，工件定位时顶尖座的底面并非全长都装在上工作台的台面上，其接触面长度只有 80mm。这是因为上工作台不能加长悬伸长度。由图可知，工件定位后其端面至上工作台的右边缘仅为 100mm。如果加长上工作台的长度，在磨削工件时，内圆磨具的主轴悬伸长度必须相应加长，这将降低主轴的刚度，从而影响加工精度。

顶尖座的支承面虽然仅为 80mm，但顶尖座只用于工件定位，而且工件的质量不大，仅为 30kg，重力的作用位置又恰好在支承面内，所以此设计应该是可行的。

螺杆 5 的螺纹 Tr18×2 – LH 7H/7e 为左旋螺纹。一般机床尾座的螺纹多为左旋，这里也延续了这一惯例。

1.14　绘制专用磨床总装配图

专用磨床的设计工作，从研究工件的技术条件开始，经历了工艺分析、拟订设计方案、总体布局设计、原有部件改进设计、新增部件设计等一系列步骤，到了设计工作的最后才进行总装配图的绘制。似乎不尽合理。

但是，这也是机床改装设计中常用的方法之一。因为在部件设计之前已经完成了拟订设计方案和总体布局设计两项工作，可以用来指导部件设计工作。

同时，这样做也有以下的好处：

1）可以使设计工作迅速展开，加快了工作进度。总装配图是十分严谨的、全面的图样，要表示一些部件在关键部位的结构和尺寸。其设计工作有时要与部件设计交叉进行，如果一定要坚持先搞总装配图设计，然后再搞部件设计，往往会拖延设计工作的进度。

2）在部件设计完成之后再绘制总装配图，也是一次虚拟的总装配工作，通过绘图可以校验各部件的尺寸链是否正确，可以发现各部件设计中的不协调、不一致和相互干涉之处，及时加以改正。

所绘制的专用磨床总装配图如图 1-44 所示。图中示出了机床的外形尺寸、部件组成，以及各部件的安装位置、装配关系，也示出了各部件的定位方法和紧固方法，以及紧固件的型号、规格和数量。重要的是，总装配图还示明了机床所具有的各项运动及部件的运动范围（要说明，此图是简图）。

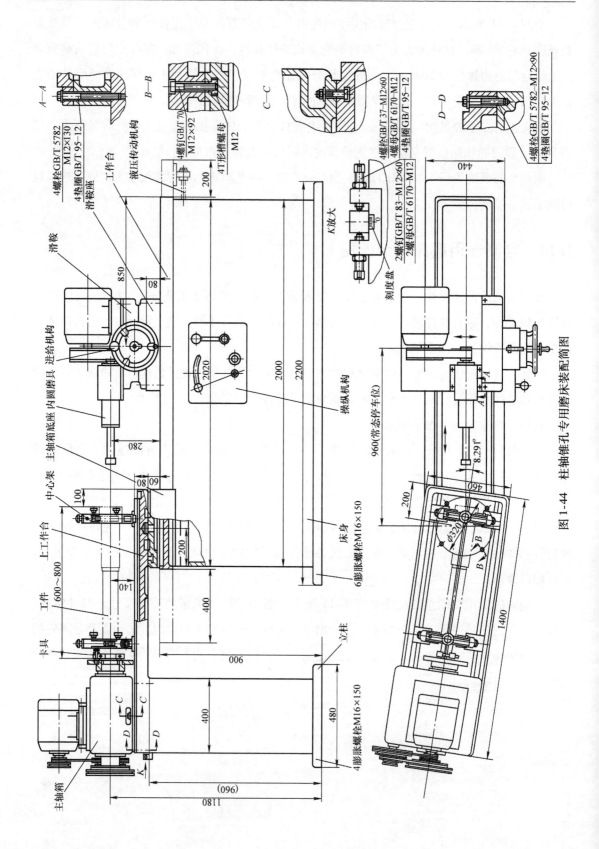

图 1-44 柱轴锥孔专用磨床装配简图

1.15　新增部件的安装调试

1.15.1　立柱部件的安装

1）按图 1-44 的俯视图在地面上画出立柱的位置线及地脚螺栓位置线。

2）钻地脚螺栓孔（M16×150 钢膨胀螺栓），在地脚位置放置垫铁。

3）立柱上位，用水平仪测量立柱顶面纵向与横向水平偏差应≤0.04/1000mm。

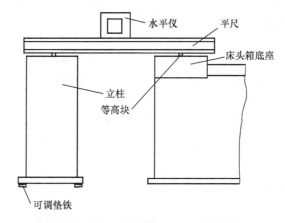

图 1-45　立柱安装精度检测

4）测量立柱与主轴箱底座的等高性偏差。按图 1-45 测量，应≤0.04/1000mm。

5）测量立柱的定位精度。按图 1-46 测量，在主轴箱底座上的 ϕ30H7 孔中，装半圆心轴（见 A—A 视图）紧贴心轴的中心线放置 1500mm 平尺，使平尺的测量面与工作台的运动方向平行（用千分表测量），然后由 ϕ30H7 孔的中心开始，沿平尺的测量面截取 1217.13mm 长，得 x 点，由 x 点用 90°角尺画垂线，截取垂线长 177.5mm 得 y 点，检查 y 点与立柱上刻度盘的 0 线是否重合。由 y 点至 ϕ30H7 孔中心连线，检查立柱顶面的中心线是否与此线重合。以上两项检查如不合格，应重新调整立柱的位置。误差由目测确定。

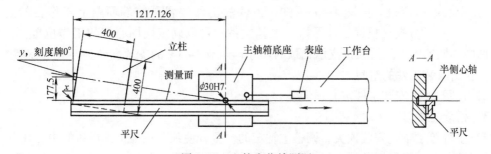

图 1-46　立柱定位检测图

以上三项精度（立柱顶面的水平度、立柱顶面与主轴箱底座的等高度、立柱的定位精度）互相影响，必须反复交叉检查、调整才能同时合格。

6）紧固地脚螺栓。紧固后还需复验以上三项精度，如果不合格还要重新调整。

1.15.2　上工作台部件的安装

1）在主轴箱底座的 ϕ30H7 孔中装入定位心轴，在环形 T 形槽中装 T 形槽螺母（M12）4 件，与中心线呈 45°（见图 1-44）。

2）上工作台上位，其右部以底面的 ϕ50H7 孔定心，安装在定位心轴上。其左部以刻线定位，安装在立柱的顶面，使刻线与立柱部件的刻度盘 0 线对正（见图 1-44K 向视图）。

3）右部用螺钉 GB/T 70 – M12 × 92 紧固（见图 1-44B—B 视图），左部用螺栓 GB/T 5782 – M12 × 90 紧固（见图 1-44D—D 视图）。

1.15.3　主轴箱部件的安装

主轴箱安装在上工作台的左部（见图 1-44），以其底部的两件定位键 14 × 20（见图 1-4）在上工作台的中央 T 形槽中定位，用 4 件 T 形槽螺栓 GB/T 37 – M12 × 60 紧固（见图 1-44C – C 视图）。

主轴箱安装后，还要检测其主轴中心线对内圆磨具主轴中心线的等高性，误差 ≤0.050mm。用高度游标卡尺测量。如果超差可修整滑鞍座的高度，加工时此件留有 0.1mm 的修配量。

1.15.4　安装中心架部件

中心架部件共 2 件，支承在工件的前后安装基准面（轴承安装部位）上。

中心架由导向键 GB/T 1097 – B14 × 40 在上工作台的中央 T 形槽中定位。由螺栓 GB/T 37 – M12 × 50 在上工作台两侧的 T 形槽上紧固。安装时注意中心架的方向，紧固旋钮朝向前方。

1.16　工件的装夹定心

工件的装夹定心，也是加工出合格产品的重要环节，在机床的设计中对此也应进行仔细考虑，在机床的使用说明书中，对工件的装夹与定心的方法也应加以说明。

1）中心架的定位。由图 1-41 可知，工件的工作位置是前端面距上工作台的右边缘 100mm 处，按此数据，根据工件图样和工艺文件，可以确定两中心架的工作位置。在此位置将两中心架紧固。然后根据支承轴颈的尺寸，调节中心架的支承直径。再将中心架上体翻转开，让出吊装工件的空间。

2）按图 1-41 安装工件定心顶尖座。

3）吊装工件。

4）主轴箱主轴孔安装顶尖，调整主轴箱的位置，使顶尖顶上工件后堵的中心孔。

5）调节顶尖座套筒的伸出量，顶上工件前堵的中心孔。调整顶尖的顶紧力，既要顶紧又不过大。工件这样定心，即以两端配堵的中心孔作为工件的定心基准，与外径的 A、B 安装基准面加工时是一致的。

6）在工件的两定心轴颈 A、B 处定位千分表（垂直方向和水平方向均定表），如图 1-47 所示。

7）调整中心架的滚轮，使它支承到工件的定心轴颈上，并有适当的压力观察千分表的

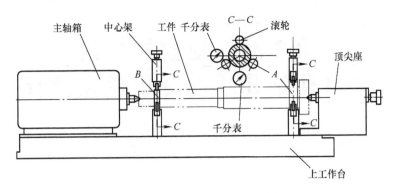

图 1-47　工件定心方法示意图

读数，在调整的过程中读数不得变化。

8）放松顶尖的顶紧力，使工件完全由中心架支承，检查千分表的读数，此读数也不得变化。

9）用手转动工件，工件应能轻快转动。检查千分表读数，径向圆跳动误差应 ≤0.001mm。

10）撤除顶尖座，主轴箱后移，取下主轴孔中顶尖，换上平头锥堵。

11）主轴箱向前移动，按前文 1.13.4 一节所述的方法安装传动机构。

1.17　工件的磨削试验

1）试磨工件：龙门铣主轴；材料 40Cr，淬火 C48，45～50HRC。

加工部位尺寸：50 号 7:24 锥孔，平均直径：ϕ56mm。

2）砂轮参数：磨料：棕刚玉；粒度：60；外径：ϕ38mm；长度：25mm；转速：10000r/min。

3）工艺参数：

① 修整砂轮时参数：工作台运动速度：30mm/min；横向进给量：0.005mm；横向进给次数：2 次；光修次数：1 次。

② 精磨时参数：工件转速：120r/min；加工面平均线速度：21m/min；工作台速度：150mm/min；横向进给量：0.005mm；横向进给次数：3 次；光磨次数（横向无进给）：8 次。

③ 磨削时切削液必须充足，防止烧伤工件。

4）试验结果：

① 锥孔对主轴定心轴颈的圆跳动：

公差：0.003mm，检验数据：0.003mm。

② 锥孔中心线对轴肩支承端面的垂直度：

公差 0.005mm，检验数据：0.005mm。

③ 锥孔锥度：用锥度塞规涂色检验接触面积，要求大于或等于 70%，检验数据：80%。

④ 表面粗糙度：要求 Ra0.4μm，检验数据：Ra0.2μm。

⑤ 结论：合格。

第2例　拖拉机厂用半自动钻孔攻丝专用机床设计

2.1　概述

这是一台为拖拉机厂设计制造的机床。拖拉机的制造与汽车的制造相似，属大批大量的生产规模。其零件的生产既要求有很高的质量，也要求有很高的效率。所以，加工中专用机床应用比较多。

这里介绍的这台半自动钻孔攻丝专用机床，是拖拉机厂许多专用机床中的一台，用于25马力（1马力=735.499W）拖拉机的重要零件——传动末端壳体的钻孔和攻丝。

螺孔的加工，是机械制造中最普通的一道工序。如果用通用机床加工，要先画线，然后再装夹，再一个孔一个孔地钻，再一个孔一个孔地攻丝。效率很低，质量也不能完全保证。使用专用机床加工，加工前不需要画线，装夹也十分方便，然后十几个孔甚至几十个孔同时加工，效率高，质量也好。因为质量由机床的精度来保证。

这台钻孔攻丝专用机床所加工的工件，有4个加工面，共计28个螺孔，4种规格（M8～M14×1.5），加工的工时包括装夹和卸活只需10min。所以效率是非常高的，比用通用设备加工，可提高效率25～30倍，而且可保证100%合格。

下面介绍这台专用机床的设计与制造。

2.2　专用机床的总体设计

2.2.1　专用机床性能的确定

这台专用机床，是应拖拉机厂的要求而设计制造的。该拖拉机厂对设计提出了如下要求：

1）该机床的功能：被加工零件（传动末端壳体）的 A、B、C、D 4个加工面上的4种规格共28个螺孔，完成钻孔与攻丝两道工序。

2）加工螺孔的位置度公差：±0.2mm。

3）生产效率：班（8h）产30件。

在上述技术条件中，要求将钻孔与攻丝两道工序在一台机床上完成，在当时（1980年）是有一定难度的。当时此类专用机床的设计，是将钻孔与攻丝分开，分别在两台机床上加工。但是，这一要求是合理的，实现这一要求有如下优点：

1）节省了设备投资，买一台机床总比买两台要便宜，即使单价稍微贵一点。

2）节省了车间的占地面积。

3）减少了工件加工中的管理环节，即减少了工件生产过程中的检验、周转、运输、入库管理的时间和费用。

4）一次装夹，完成两道工序，既节省一次工件的装夹工时，也减少一次装夹误差对加工质量的影响，有利于提高加工质量。

所以，设计者接受了这一要求。

关于机床的自动化程度，设计者自己提出如下要求：将该机床设计成半自动化机床，除了工件的装夹和卸活需人工操作之外，其余的加工过程全部自动完成。

2.2.2　工件的工艺分析

专用机床的功能，就是要完成某一种特定零件的某一项工艺过程。所以专用机床的设计，往往就从工件的工艺分析入手。这台机床所要加工的零件——25 马力拖拉机的传动末端壳体，如图 2-1 所示。这台机床的加工作业，只是对分布在 A、B、C、D 四个平面上的 28 个螺孔进行钻孔和攻丝。此前，A、B、C、D 四个平面，以及 ϕ80H7 孔和 ϕ100H7 孔均已加工完毕。

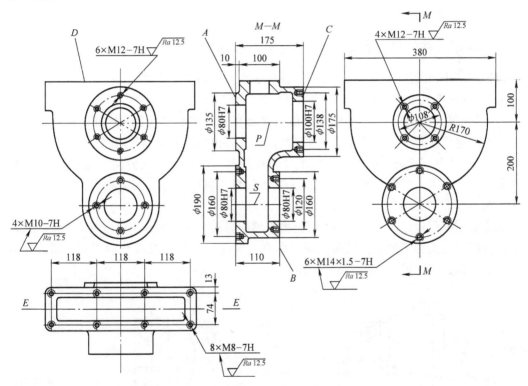

图 2-1　专用机床所加工的零件简图

注：材料为 HT200，只加工各螺孔。

由图可以看出，此零件的设计有如下特点：

1）A 面的两个 ϕ80H7 孔、B 面的 ϕ80H7 孔和 C 面的 ϕ100H7 孔的中心线处于同一平面内，而且是平行的。

2）上述四个孔的中心线所在的平面 M—M，与 A、B、C、D 四平面垂直。

3）A 面的 4 × M12 螺孔，均布在直径为 ϕ108mm 的圆周上，6 × M14 × 1.5 螺孔，均布在直径为 ϕ160mm 的圆周上；B 面的 4 × M10 螺孔，均布在直径为 ϕ120mm 的圆周上；C 面的 6 × M12 螺孔，均布在直径为 ϕ138mm 的圆周上。

4）D 面的 8×M8 螺孔，以 E—E 为对称平面，分布在相距 74mm 的两条直线上，其纵向中心距均为 118mm。

5）B 面、C 面与 A 面平行；D 面与 A、B、C 三面垂直。

上述 5 项特点为工件的装夹和加工提供了很多方便，也为专用机床传动链的设计提供了方便。其中，1）和 2）两项特点为工件的装夹提供了理想的基准，可以 $\phi80H7 - \phi80H7$ 孔和 $\phi80H7 - \phi100H7$ 孔作为工件装夹的定位孔，可以 A 面作为工件装夹定位的基准面。

特点 3）为 A、B、C 三面的螺孔的钻孔传动链和攻丝传动链的设计提供了方便：可将传动链设计成一个圆心轮与数个圆周轮相啮合的轮系。这种轮系将使设计变得十分简单。

特点 4）可使在 D 面的螺孔的钻孔与攻丝传动链设计时，稍加变通，也设计成一个圆心轮与数个圆周轮啮合的轮系。

特点 5）可使机床的总体布局，设计成三面同时加工的高效率机床。

通过以上工艺分析可知，设计前工件的工艺分析是十分重要的，它为合理设计奠定了基础。

2.2.3　确定工件的装夹要点和机床的配置形式

根据上一小节的工艺分析，加工时工件的装夹可以确定如下要点：

1）工件的夹具设计，应以工件的 A 面作为安装基准面。

2）以工件 A 面的 $\phi80H7 - \phi80H7$ 孔和 B 面的 $\phi80H7$、C 面的 $\phi100H7$ 两孔为安装基准，用心轴定位。此两孔应处在同一水平面内，工件由心轴上的螺母紧固。

3）为便于从三个方向同时加工，工件装夹后其 M—M 剖面在俯视图上的位置和方向，应该如图 2-2 所示。机床的床身则应以图中所标的"机床中心"为基准点，向左、中、右三个方向展开。

确定机床的配置形式，可以参考组合机床的配置形式，因为专用机床与组合机床是功能近似的机床。三面加工的组合机床，倒 T 字形配置（即⊥）是其典型的形式。所以此专用机床，也选择这种配置，如图 2-3 所示。

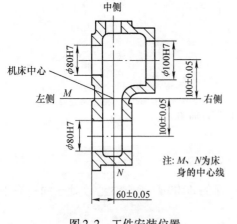

图 2-2　工件安装位置

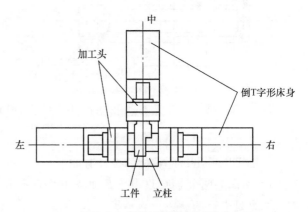

图 2-3　典型 T 字形配置形式

2.2.4　确定机床的机械运动

金属切削机床的机械运动，可分为主运动与辅助运动两大项。主运动是指从工件上将多余的金属切削下来的运动，也就是切削时主要消耗动力的运动，即主轴的转动。辅助运动则是指使待加工的金属不断进入切削位置的运动，即进给运动。

钻孔攻丝机床的主运动，是钻头和丝锥的旋转运动，辅助运动则是推动钻头和丝锥不断前进的进给运动。此外，此专用机床还有下列运动，也属辅助运动：

1）为了提高效率，钻头和丝锥在滑台的拖动下，应具有快速前进和快速返回的运动。

2）为了实现钻头和丝锥交替加工，相关机构还要做转位运动。

3）为了保证加工的稳定性，对转位机构还要施加夹紧运动。

机床的主运动由电动机驱动，经机械传动系统减速后形成。辅助运动中丝锥的轴向运动，由攻丝模推动。其余的辅助运动均由液压缸推动，即液压传动。因为选择液压传动，机构简单调整方便，而且能够减少设计的工作量。

2.2.5　工艺方案的确定

现在小结一下，我们完成了如下几项工作：①确定了机床的性能；②进行了工件的工艺分析；③确定了工件的装夹要点；④确定了机床的配置形式；⑤确定了机床的机械运动。

这些工作都是设计的准备工作，概括地说也可称作工艺方案的设计。

工件加工的工艺方案图，如图 2-4 所示。

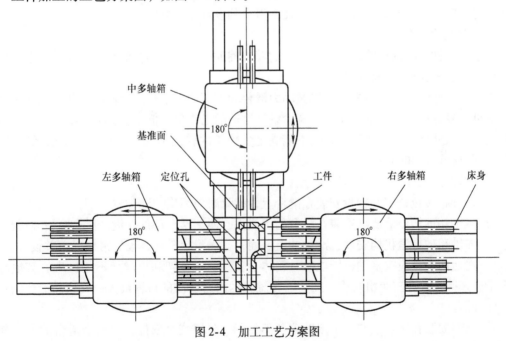

图 2-4　加工工艺方案图

2.2.6　专用机床的部件组成及其设计思路

经过前文的分析可以确定，此专用机床应由下列部件组成。

1. 床身部件

前文已经确定，此专用机床的床身应设计成倒 T 字形。由此可以确定，床身由三件相同的下床身和立柱组成，两者用螺栓联接。

为了便于保证夹具的安装精度，在立柱的顶面上还应设置一个零件：工作台。其作用是在机床总装时，用它来调整工件的安装精度。工作台也属于床身部件，用螺栓与立柱联接，用销钉定位。

2. 多轴箱部件（动力头部件）

为了给各螺孔的加工提供动力，机床必须设置动力头部件。由于机床是从三个方向同时加工，所以要设置三个动力头。又由于工件各面上螺孔的位置和规格各不相同，而动力头传递动力的外伸轴又要与它们一一对应，所以三个动力头的设计也各不相同。因而动力头要分为左、中、右三个部件。

由于工件各面上要加工的螺孔的数量比较多，所以动力头外伸轴的数量也就比较多，故将动力头称为多轴箱，以便与单轴的动力头相区别。

螺孔的钻孔与攻丝的切削速度有很大的差别，钻孔时钻头的转速为每分钟数百转，攻丝时丝锥的转速仅为每分钟数十转。所以多轴箱的传动系统要设计成两个系统。传递动力的外伸轴当然也要分成两组，从多轴箱的正面和背面分别伸出。但是提供动力的电动机只能用一台。

所以各多轴箱都有两个工作位置。因而多轴箱应具有转位的功能，转角为 ±180°。由于外伸轴的轴线是水平设置，所以多轴箱的正规名称应为"两工位卧式多轴箱"。

为了保证所加工螺孔的位置精度，要求多轴箱的转位运动要有精确的定位和夹紧。

三个多轴箱虽然传动链的设计有很大区别，但外形设计应该尽量一致，特别是底部的定心机构与回转机构的设计应该一致，以便为滑台的设计提供方便。

3. 液压滑台部件

为了实现钻孔时的进给运动及加工中的其他辅助运动，多轴箱必须安装在滑台上，以便由滑台拖动它去完成各种辅助运动。

在组合机床的定型产品中，有机械动力滑台和液压动力滑台两种产品。如果能够选用的话，既可以降低机床的成本，又可以减少设计制造的工作量。但是它们的外形尺寸不能与多轴箱底部的尺寸相适应，特别是它们不能满足多轴箱的转位和夹紧的要求，所以无法选用，因而必须自行设计和制造。

滑台部件的设计，应注意以下各点：

1）多轴箱转位的定心轴承安装在滑台上，设计时应留出安装位置。

2）多轴箱的转位液压缸安装在滑台的下表面，属于滑台部件，设计滑台时一并设计。

3）多轴箱的夹紧机构安装在滑台的上表面，也属滑台部件，设计滑台时一并设计。

4）滑台的行程应按多轴箱转位时，箱体上安装的钻模架和攻丝架不与机床的其他部件发生干涉来确定。在三个滑台中，安装右多轴箱的滑台所需的行程最大，其余两滑台的行程也按此确定。

5）虽然安装在滑台上的三个多轴箱各不相同，分属三个部件，但三个滑台的设计却是完全相同的，即它们是相同的三件产品。

6）滑台的底座——滑座，以导轨支承滑台。在滑座内安装液压缸，拖动滑台做直线往复运动，此液压缸也属滑台部件。

7）滑座安装在下床身上，用螺栓联接。

4. 钻模架部件

钻模是机械加工中常用的夹具，使用钻模既可以提高效率，又可使钻孔的位置精度得到保证。所以这台专用机床也要用钻模。但是这个钻模的设计与通常的钻模是完全不同的，它不能用螺栓紧固在工件上，如何设计还是个难题。

与多轴箱相似，钻模架也分为左、中、右三个部件。

5. 攻丝架部件

攻丝架一般不应用在通用机床上，只应用在专用机床上，用于对一个平面上的数个螺孔同时进行加工。

这台专用机床攻丝架的设计，与钻模架的设计有相同之处，也有不同之处。相同之处是：切削加工的主运动，即钻头和丝锥的旋转运动都由多轴箱驱动。不同之处是辅助运动不同，钻孔时钻头的轴向进给运动由滑台驱动；而攻丝时丝锥的轴向运动是由攻丝模推动，当攻丝杆在攻丝模内转动时，攻丝模内螺纹的轴向力就推动攻丝杆前进，而滑台则是静止不动的。

但是，攻丝加工也对机床的性能提出了新的要求：①在攻丝加工过程中，滑台必须绝对静止不动，否则就可能损坏丝锥或工件；②在批量生产中，每次攻丝时，滑台的停留位置必须十分准确，否则加工的螺纹深度不准确，甚至有可能造成丝锥折断或机床损坏。

6. 夹具部件

在工件的加工中，夹具是能正确地确定工件的位置，并将工件可靠紧固的工艺装备。设计良好的夹具，可以充分发挥机床的性能，保证工件的加工精度，提高生产效率。

在通用机床设计中，夹具设计不属于机床设计范围。但在专用机床的设计中，则包括夹具设计，而且往往是设计的出发点和依据。

前文已为这台机床的夹具设计，确定了工件的安装基准和定位基准。

7. 液压传动部件

液压传动部件的作用有以下四项：

1）以液压缸推动滑台做直线往复运动，完成钻孔时的进给运动，或滑台的快速往复运动。

2）以液压缸推动多轴箱转位。

3）以液压缸推动多轴箱的夹紧机构运动，使多轴箱夹紧或放松。

4）润滑滑台导轨面。

液压缸的设计属滑台部件。液压传动部件的设计，主要是以下几项：

1）液压原理图设计；

2）液压系统主要参数的计算。

3）液压件的选型。

4）液压站设计。

5）管路布置设计。

8. 电气控制部件

电气控制系统由以下两部分组成：强电控制系统和弱电控制系统。前者的电路主要是各电动机的控制与保护线路；后者则由微机控制器、传感器（行程开关）组成，其功能是完成工件加工的半自动工作循环控制。

2.2.7　机床主要尺寸的初步确定

1. 初定多轴箱的外形尺寸

（1）多轴箱结构的设想及主要外形尺寸的确定　多轴箱的结构初步设想如下：箱体分前后两部分，前部为钻孔的外伸轴及其传动链的安装位置；后部为攻丝的外伸轴及其传动链的安装位置。为了保证外伸轴应有的旋转精度，其前后支承轴承的跨距应不小于200mm，则前后两部分每部分的轴向尺寸为250mm，两部分合计约为500mm。因为多轴箱在加工中要转位，所以箱体横截面的外形应以正方形为宜，故初定其外形尺寸为500mm×500mm。

由于多轴箱的转位特征，及转矩由底部输入，质量由底部支承，所以，其底部支承面应该是圆盘形的端面，其直径应略大于500mm，以便安装环形压板，初定其直径为560mm。于是，多轴箱的外形就成了上方底圆的形状。

（2）确定传动中心所在面的高度　普通机床的参数中有一个术语，叫"中心高"，是机床的主轴中心线至工作台面（或滑鞍面）的距离。这台机床没有主轴，而且与主轴相当用来完成切削任务的外伸轴是一大群，共计56件。但是，仔细分析，这一大群外伸轴也有一个中心平面。从工件图（见图2-1）可以看到，这些将要加工的28个螺孔，都是围绕着M—M平面分布的。在前文工件的工艺分析一节中，已经确定将M—M平面定为工件安装的基准面。在多轴箱的设计中，就将此平面叫作传动中心所在平面。

当然，左、中、右三个多轴箱的传动中心所在平面，应该处在同一个水平面内。应该如何确定这个传动中心平面的高度呢？这是这台专用机床的一个重要参数。由图2-1可知，工件D面的8×M8螺孔的中心线，距M—M平面的最大距离是177mm，这也是中部多轴箱处在最低位置的外伸轴的中心线与传动中心平面的距离。前文已经确定，多轴箱箱体在外伸轴处，横截面的外形是正方形。那么，177mm再加上传动齿轮的半径，约等于210mm。于是就可以确定：以传动中心平面下方210mm处为界，界线之上是正方形，界线之下是圆柱形。圆柱形的高度，包括支承面的厚度和环形压板的厚度及夹紧机构所占的空间，约为90mm，于是初步确定传动中心平面的高度为300mm。

2. 初定滑台部件的主要尺寸

多轴箱安装在滑台上，所以滑台的尺寸要与其相适应。多轴箱底面的直径为ϕ560mm，所以滑台的相应结合面可以初定为ϕ620mm，以便留出环形压板的安装位置。滑台其余部位的宽度可以适当减小，初定为460mm。滑台的长度要在多轴箱夹紧机构设计时确定。滑台的下表面是导轨面，选用双矩形导轨，导轨外侧面的距离初定为400mm。初定滑台部件的主要尺寸如图2-5所示。

滑座的长度根据滑台的长度和滑台的行程来确定，行程约300mm，故滑座的长度初定为1200mm。滑座的宽度与导轨宽度相同，也为400mm，为保持一定的刚度，滑座的高度初步定为230mm。底边的宽度为480mm。

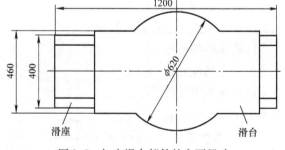

图2-5　初定滑台部件的主要尺寸

3. 初定床身部件的主要尺寸

前文已经确定床身的形状为倒T字形，由三件下床身与立柱连接而成。于是立柱的形状与尺寸的确定就成了主要问题。因为立柱的三个面都要与下床身连接，如果立柱横截面的尺寸小了连接就困难，联接螺栓的位置都不好选择，但是也不能太大了，否则床身的尺寸就会随之增大。初定立柱横截面的形状为长方形，尺寸为300mm×400mm。

下床身的长度与宽度应与滑台相同，也分别为1200mm和480mm。下床身的高度是按"人机工程学"推荐的数据确定的。该资料介绍，当工作类型属轻手工操作时，工件距离地面的高度在100cm左右为宜。此工件的装夹属轻手工操作，所以确定工件安装基准面（即传动中心平面）的高度为1040mm，则下床身的高度为

$$H = 1040\text{mm} - 300\text{mm} - 40\text{mm} - 230\text{mm} = 470\text{mm}$$

2.2.8　绘制全机示意总图

机床总图的设计绘制，是机床设计中非常重要的一项工作。如果是根据典型机床仿造设计新规格的机床，而且关键技术是成熟的，则机床总图的设计和绘制可以安排在部件设计之前，否则应安排在部件设计之后进行。但是新机床的设计，部件设计时又需要得到总图的指导，特别是当部件设计由几个人分别进行时，需明确各部件的装配关系和主要尺寸，则可以先绘制一份示意总图。如果技术比较成熟，也可绘制一份总图的草图。

这台机床的示意总图，如图 2-6 所示。图中标明了机床的部件组成及其安装位置，以及机床的主要尺寸。

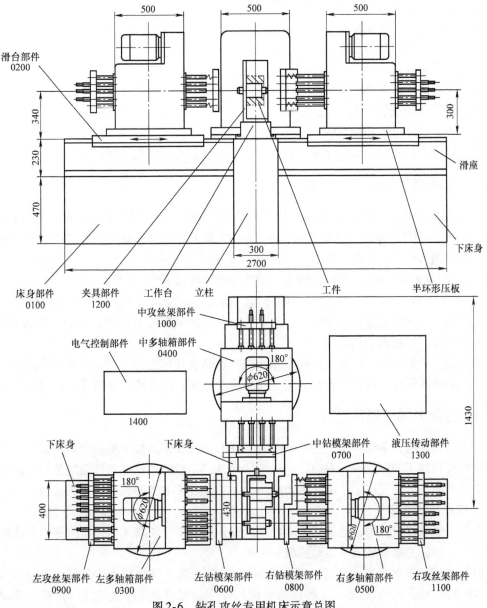

图 2-6　钻孔攻丝专用机床示意总图

2.3　机床的部件设计

2.3.1　部件设计的顺序

在机床设计工作中，拟订部件设计的顺序也有一定的意义。由于部件之间互相关联，外形和尺寸互相影响，如设计顺序合理，可以使设计工作顺利进行。

这台专用机床的用途，只是加工一种零件的螺孔，所以设计工作就应围绕这个零件展开。

第一步，设计装夹零件的夹具部件。

第二步，设计为加工提供动力的多轴箱部件。

第三步，设计钻模架部件。

第四步，设计攻丝架部件。

第五步，设计滑台部件。

第六步，设计床身部件。

第七步，设计液压传动系统。

第八步，设计电气控制系统。

上述顺序，前一步的设计完成之后，就为下一步的设计提供了所需要的参数。

2.3.2　夹具部件设计

在总体设计时，已经为工件的装夹明确了以下两点：①以工件的 A 面为装夹基准面；②以 A 面的 $\phi80H7 - \phi80H7$ 两孔和 B 面的 $\phi80H7$ 及 C 面的 $\phi100H7$ 孔为定位基准。根据此要点设计的夹具部件，如图 2-7 所示。工件的 A 面装夹在夹具的 N 面上，工件的两定位孔分别安装在 1202 和 1203 两个定位轴上，用圆螺母经压板 1205 和 1206 紧固。

在 1202、1203、1204 三个定位轴的外端，都设有 $\phi30f7$ 轴颈，是加工时钻模架和攻丝架的定位面。在此外端是 60°圆锥面，是导向面。当钻模架或攻丝架自动进入工作位置时，经此锥面引导，可使其顺利到位。

所以此三个定位轴，既是工件的定位元件，也是自动加工时刀具到位的导向元件，同时也是工件的紧固元件。这样的设计，集三项功能于一体，既合理，又简化了机构。

2.3.3　左部多轴箱部件设计

前文已经说明，多轴箱部件的功能是为工件的钻孔和攻丝加工提供动力。而且，动力的输出轴都要与加工的螺纹一一对应。所以多轴箱各外伸轴的位置是已经确定了的，并且，传动中心平面的高度也是确定了的，为300mm。这两点是多轴部件设计的初始条件。

1. 传动链的设计

在机床的总体设计中，已经确定多轴箱应设计成两工位转塔式箱体，前部为钻孔轴及其传动系统，后部为攻丝轴及其传动系统。

（1）确定钻孔时的钻头转速　据相关资料推荐，当工件材料为 HT150，硬度为 200 ~ 220HBW 时，可选用 W18Cr4V（高速工具钢）钻头，钻孔的切削速度应为 10 ~ 18m/min，则钻头的转速应为

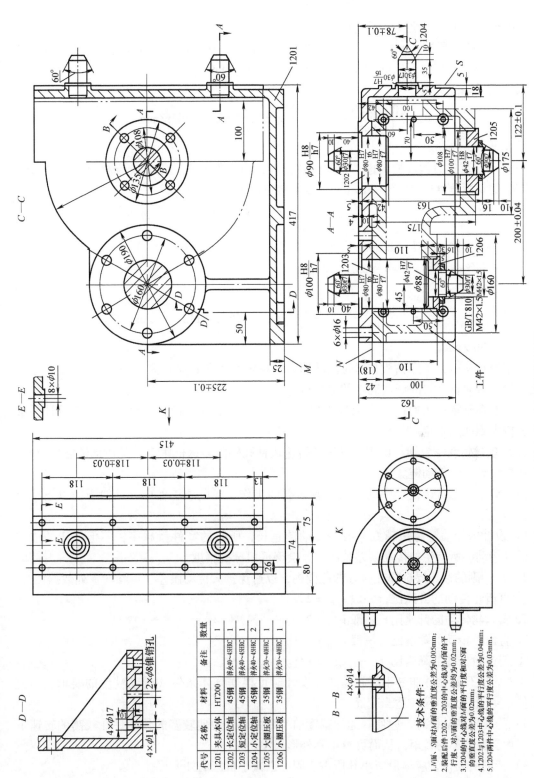

图 2-7　夹具部件装配图

代号	名称	材料	数量	备注
1201	夹具本体	HT200	1	
1202	长定位轴	45钢	1	淬火40~45HRC
1203	短定位轴	45钢	1	淬火40~45HRC
1204	小定位轴	45钢	2	淬火40~45HRC
1205	大圆压板	35钢	1	淬火30~40HRC
1206	小圆压板	35钢	1	淬火30~40HRC

技术条件:

1. N面、S面对M面的垂直度公差为0.005mm;
2. 装配后件1202、1203的平直度公差均为0.02mm; 行度, 对N面的垂直度公差均为0.02mm;
3. 1204的中心线对M面的平行度公差和对S面的垂直度公差为0.02mm;
4. 1202与1203中心线的平行度公差为0.04mm;
5. 1204两件中心线的平行度公差为0.03mm。

$$n_z = \frac{10 \times 1000}{\pi d} \sim \frac{18 \times 1000}{\pi d}$$

式中 n_z——钻头的转速（r/min）；

　　　　d——钻头直径（mm），左多轴箱加工的螺孔为 M14×1.5 和 M12 两种规格，其底孔
　　　　　　分别为 ϕ12.4mm 和 ϕ10.1mm，取 d = 12.4mm。

代入上式

$$n_z = \frac{10 \times 1000}{12.4\pi} \sim \frac{18 \times 1000}{12.4\pi} \text{r/min} = 256.7 \sim 462 \text{r/min}$$

取 n_z = 400r/min。

（2）确定攻丝时丝锥的转速   相关资料推荐：当工件材料同上，丝锥材料为 W18Cr4V
时，攻丝的切削速度应为 2.5~5m/min，则其转速应为

$$n_g = \frac{2.5 \times 1000}{\pi d} \sim \frac{5 \times 1000}{\pi d}$$

式中 n_g——丝锥的转速（r/min）；

　　　　d——丝锥外径，d = 14mm。

代入上式

$$n_g = \frac{2.5 \times 1000}{14\pi} \sim \frac{5 \times 1000}{14\pi} \text{r/min} = 56.8 \sim 113.7 \text{r/min}$$

取 n_g = 80r/min。

为了慎重从事，确定钻头与丝锥的转速后又在普通钻床上按上述参数进行了钻孔与攻丝
加工试验，效果良好。故证实确定的参数可行。

虽然左多轴箱加工的螺孔为两种规格，但相差不大，为了简化设计，在确定设计参数
时，就按大螺孔来确定。

（3）攻丝传动链设计   由于攻丝轴的转速比钻孔轴的转速低很多，其传动链必然要长，
所以应先设计攻丝传动链。

传动链设计是机床设计中的一项非常重要的工作。在此项工作中，一般遵循以下几个
要点：

1）设计的传动链越短越好。因为传动链越长，所需的零件就越多，不但机床的成本
高，而且传动链所产生的传动误差就越大，会降低机床的精度。

2）传动副的速比要选择在合理的范围内，以避免扩大传动误差。可参考下列数据：

① 直齿轮传动的升速比，一般 i_{max} = 2。

② 斜齿轮传动的升速比，一般 i_{max} = 2.5。

③ 直齿轮传动的降速比，一般 i_{min} = 1/4。

④ 斜齿轮传动的降速比，一般 i_{min} = 1/5。

当然，上列数据并非是不可超越的，设计时可根据具体条件（传动精度的要求、转速
的高低、空间的大小等）适当变通。

3）降速传动链设计，应使降速的幅度前小后大。以便使较多的传动件在较高的转速下
运转，承受比较小的转矩，从而可减小其外形尺寸。

4）传动链设计，应尽量减小其所占空间，以减小机床的外形尺寸。

这台专用机床的设计，虽然本着尽量按上述要点执行，但因条件限制，也有许多不符合
之处。

攻丝传动链的总降速比为

$$i_\Sigma = \frac{攻丝轴转速}{电动机转速} = \frac{80}{1420} = \frac{1}{17.75}$$

此传动链应该分为几个降速级呢？每一级的降速比应该是多少呢？当然降速级数越少越好，但是在此项设计中是受到限制的。因为攻丝轴的位置是确定的，而且各轴之间的距离比较小，所以传动链后部各级的降速比不能选得很小。设计中提出两个方案，第一个方案是传动链分为 5 级减速。每级减速的平均减速比计算如下

$$i_\Sigma = \frac{1}{17.75} = \frac{1}{x^5}, \ 由此得\ x^5 = 17.75$$

求 x 值

$$x = \sqrt[5]{17.75} = 1.78$$

即，如果传动链为 5 级减速，则每级减速比的平均值为 $1/1.78 = 0.56$。按此数据设计的传动链，如下式所示

$$n_g = 1420 \times \frac{25}{74} \times \frac{47}{73} \times \frac{33}{56} \times \frac{26}{45} \times \frac{26}{34} r/min = 80.4 r/min$$

但是，按这个传动链设计传动系统的结构图时，却发现各传动轴的轴线必须设置在同一个垂直面内（或近似同一个垂直面内），否则传动件将发生互相干涉的现象。这样就把传动系统所占的空间加大了，所以不理想。

第二个方案是传动链分为 6 级减速，每级减速比的平均值为

$$x = \sqrt[6]{17.75} = 1.615, \ i = \frac{1}{1.615} = 0.62$$

每一级的降速比略微加大了一点。按此设计的传动链为

$$n_g = 1420 \times \frac{25}{74} \times \frac{47}{74} \times \frac{28}{46} \times \frac{25}{37} \times \frac{30}{37} \times \frac{26}{33} r/min = 80.05 r/min$$

此传动链应该如何布置才能达到既节省空间，又不发生干涉的要求呢？经过反复设计、制图，最后确定的传动链布置图如图 2-8 所示。这样的设计与第一个方案相比较，优点就是节省空间，可使多轴箱箱体的高度降低 80mm。这是一个很重要的优点，因为电动机要安装在箱体的最高处，其质量又很大，所以降低其高度有利于保持多轴箱在运动时的稳定性。因而决定采用这个方案。

在图 2-8 中，z_1 是电动机齿轮，是动力的输入端。z_{16}、z_{17}、z_{18} 是一个圆周轮系，z_{17} 是圆心轮，z_{16} 和 z_{18} 是 6 个圆周轮中的 2 个。z_{19}、z_{20}、z_{21} 是另一个圆周轮系，z_{20} 是圆心轮，z_{19} 和 z_{21} 是 4 个圆周轮中的 2 个。圆周轮安装在攻丝轴上，是动力的输出端。图中，z_1、z_2、z_3 安装在多轴箱的前半部，其余齿轮安装在多轴箱的后半部。M 为传动中心平面。

为了制图方便，暂定齿轮的模数 $m = 2mm$，有待在齿轮强度计算时确定。

（4）钻孔传动链设计　钻孔与攻丝加工，用同一台电动机驱动，用两个电磁离合器分别控制其连接，并且，攻丝传动链的前 2 级也用于钻孔传动链中。但是攻丝传动链的前 2 级已经把转速降到 304.7r/min，所以钻孔传动链设计时还要升速。经反复计算与绘图验证，确定的钻孔传动链为

$$n_z = 1420 \times \frac{25}{74} \times \frac{47}{74} \times \frac{57}{36} \times \frac{24}{29} r/min = 399.3 r/min$$

此传动链的设计看似简单，只进行最后两级的设计。但也有难度，因为各传动轴的位置

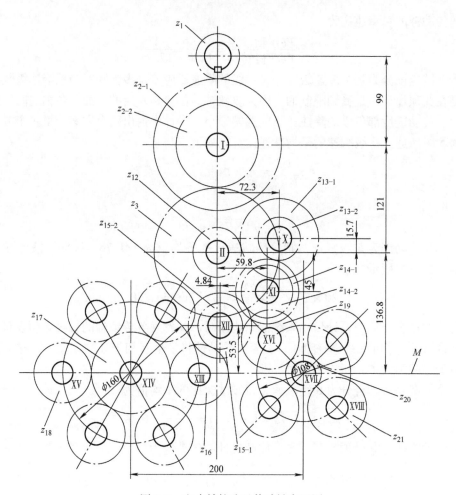

图 2-8　左多轴箱攻丝传动链布置图

（除Ⅲ轴之外）都已确定。钻孔传动链布置图如图 2-9 所示。

（5）绘制传动系统图　传动系统图是机械设计中必不可少的重要资料，不但部件装配图的设计要用它来指导，而且也应用于用户的设备维修，所以它也是《机床使用说明书》中必备的资料。

前文介绍的传动链的布置图，绘制的是各传动件在传动轴轴线垂直面内的投影；而传动系统图，则是传动件在与传动轴轴线平行的平面内的投影。传动系统图是传动链按传动顺序沿轴线展开的展开图。

左多轴箱的传动系统图，如图 2-10 所示。由图可知：多轴箱分为前后两部分，前部（左侧）为钻孔传动链；后部（右侧）为攻丝传动链。但是Ⅱ轴则是贯通前后两部，再经电磁离合器 D_1 或 D_2 分别控制钻孔传动链或攻丝传动链的运转。

钻孔轴共 10 件，有 6 件分布在以Ⅴ轴为中心，直径为 $\phi160mm$ 的圆周上；另外 4 件分布在以Ⅷ轴为中心，直径为 $\phi108$ 的圆周上。但是这种传动关系，只能在传动链布置图上表示清楚，在传动系统图上难以表示清楚。在传动系统图中，前后两部各有一条虚线。前部的虚线表示在钻孔轴的传动链中，z_6 和 z_9 同时和 z_5 啮合。后部的虚线表示在攻丝轴的传动链中，z_{16} 和 z_{19} 同时和 z_{15} 啮合。

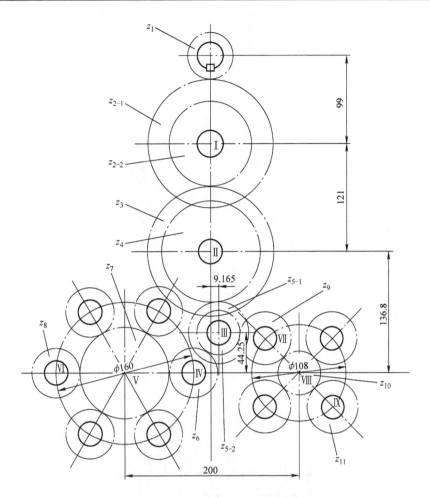

图 2-9 左多轴箱钻孔传动链布置图

传动系统图还表明了支承各传动轴的轴承的类型：钻孔轴和攻丝轴，因为承受轴向力，所以采用圆锥滚子轴承，其余的轴不承受轴向力，采用深沟球轴承。至于轴承的型号，则应在部件装配图设计时确定。

（6）绘制各传动轴转速图 绘制传动链各轴转速图，也是机床设计中的一项工作。转速图中会标明传动链中每一个传动轴的转速。这个参数在动力计算（起动转矩计算）中是必需的。此图还形象地表明了各级传动比的大小，有助于发现传动链设计中的不合理之处。对于变速机构它能清楚地表明每一级输出的转速是如何构成的。这对用户的维修工作是必需的资料。

左多轴箱钻孔与攻丝传动链各轴转速图，如图 2-11 所示。由图可以看出，传动链的第一级减速，其降速比过大了，是不合理的。但是如前所述，由于受到限制，在攻丝传动链的后端不能采用大传动比，所以又无法更改。

2. 主传动的动力计算及电动机选型

机床的动力计算，就是机床在加工中的动力消耗计算。对这台专用机床来说，就是钻孔与攻丝加工时的功率消耗计算。攻丝与钻孔相比，其功率消耗当然要小得多。因为攻丝时切削掉的金属要比钻孔时少得多。所以多轴箱电动机的功率要按钻孔时所需的功率确定。

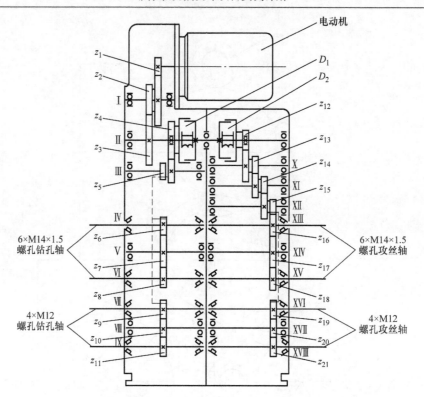

传动链齿轮齿数表

代号	齿数	代号	齿数	代号	齿数	代号	齿数
z_1	25	z_6	29	z_{13-1}	46	z_{17}	47
z_{2-1}	74	z_7	51	z_{13-2}	25	z_{18}	33
z_{2-2}	47	z_8	29	z_{14-1}	37	z_{19}	33
z_3	74	z_9	29	z_{14-2}	30	z_{20}	21
z_4	57	z_{10}	25	z_{15-1}	37	z_{21}	30
z_{5-1}	36	z_{11}	29	z_{15-2}	26		
z_{5-2}	24	z_{12}	28	z_{16}	33		

图 2-10　左多轴箱传动系统图

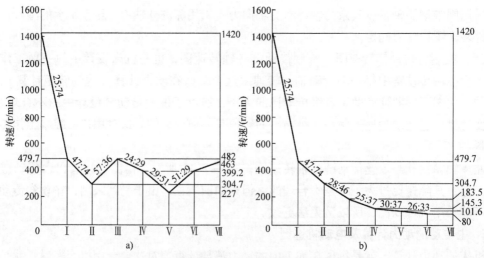

图 2-11　左多轴箱钻孔与攻丝传动链各轴转速图
a）钻孔传动链　　b）攻丝传动链

（1）钻孔加工的最大转矩计算　钻孔加工的转矩可按下式计算

$$T = c_{\mathrm{M}} v^{vM} d^{dM} f^{fM}{}^{\ominus}$$

式中　T——钻孔加工的转矩（N·mm）；

c_{M}——由加工材料决定的计算常数，当材料为 HT200，硬度为 165HBW 时，$c_{\mathrm{M}} = 257$；

v——切削速度（m/min），$v = \pi D n = \pi \times 0.0125 \times 399.3\mathrm{m/min} = 15.67\mathrm{m/min}$；

vM——切削速度系数的指数，当材料如上时，查表得 $vM = -0.081$；

d——钻孔直径（mm），$d = 12.5\mathrm{mm}$；

dM——钻孔直径系数的指数，当材料如上时，查表得 $dM = 1.889$；

f——钻孔时的进给量（mm/r），$f = 0.1\mathrm{mm/r}$；

fM——进给量系数的指数，当材料如上时，查表得 $fM = 0.736$。

各值代入公式得

$$T = 257 \times 15.67^{-0.081} \times 12.5^{1.889} \times 0.1^{0.736}\mathrm{N \cdot mm} = 4458.6\mathrm{N \cdot mm} = 4.46\mathrm{N \cdot m}$$

此数值是一件钻头加工时要克服的转矩。钻孔时共有 10 件钻头同时加工，则总转矩为

$$T_{\Sigma} = 4.46 \times 10\mathrm{N \cdot m} = 44.6\mathrm{N \cdot m}$$

（2）电动机功率计算及电动机选型　钻孔时电动机消耗的功率按下式计算

$$P = \frac{Tn}{9550}$$

式中　P——钻孔时电动机消耗的功率（kW）；

T——负载转矩（N·m），$T = 44.6\mathrm{N \cdot m}$；

n——钻孔时钻头的转速（r/min），$n = 399.3\mathrm{r/min}$。

代入公式得

$$P = \frac{44.6 \times 399.3}{9550}\mathrm{kW} = 1.865\mathrm{kW}$$

传动链的运转，当然也要消耗功率，此功率可通过机械传动的效率损失来计算。设每一级齿轮传动的效率为 $\eta_0 = 0.96$，则传动链的总效率为

$$\eta_{\Sigma} = 0.96^5 = 0.81$$

则钻孔时，电动机消耗的总功率为

$$P_{\Sigma} = \frac{1.865}{0.81}\mathrm{kW} = 2.3\mathrm{kW}$$

对照电动机的产品样本，选择的电动机型号为 $Y100L_2 - 4$。其额定功率为 3kW，额定转速为 1420r/min。

3. 传动件强度计算

（1）扭矩最大的传动轴的强度计算　通过传动系统图（见图 2-10）可以分析传动链中各传动件的受力状况。由图可以看到，10 件钻孔轴所需的扭矩都是经过 Ⅰ、Ⅱ、Ⅲ 轴传递的，那么它们所承受的扭矩各是多少呢？仔细观察图 2-10 可以看到，Ⅰ 轴和 Ⅲ 轴均不传递扭矩，因为轴上安装的都是双联齿轮。动力从双联齿轮的大轮输入，又从小轮输出了，Ⅰ 轴和 Ⅲ 只起支承作用。所以，只进行 Ⅱ 轴的强度计算即可。

Ⅱ 轴只承受扭矩，不承受弯矩，其直径可按下式计算

㊀　张展：《非标准设备设计手册（第3册）》，兵器工业出版社，1993，第 48~49 页。

$$d = A\sqrt[3]{\frac{P}{n}}$$

式中　　d——Ⅱ轴直径（mm）；

　　　　A——计算常数，由轴的材料决定，材料为 45 钢，$A = 103 \sim 126$，取平均值，$A = 115$；

　　　　P——轴所传递的功率（kW），$P = 3\text{kW}$；

　　　　n——轴的工作转速（r/min），由各轴转速图（见图 2-11）可以查到，Ⅱ轴的转速 $n = 304.7\text{r/min}$。

代入公式得

$$d = 115 \times \sqrt[3]{\frac{3}{304.7}}\text{mm} = 24.6\text{mm}$$

由于有键槽，需增大 7%

$$d = 24.6 \times 1.07\text{mm} = 26.3\text{mm}$$

圆整后取 $d = 30\text{mm}$。

（2）钻孔轴强度校核　钻孔轴是台
阶轴，如图 2-12 所示。图中所示的尺寸
是根据传动轴强度计算的结果初步确定
的。图中 $\phi20\text{js}6$ 轴颈安装轴承，$\phi18\text{h}7$
轴颈伸出箱体之外，安装钻杆，承受扭

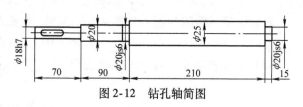

图 2-12　钻孔轴简图

矩。由于直径最小，并有键槽，所以是危险截面，应校核其强度，按下式计算

$$d \geqslant 17.2\sqrt[3]{\frac{T}{[\tau]}}$$

式中　　d——危险截面直径（mm），$d = 18\text{mm}$；

　　　　T——轴所传递的扭矩（N·m），根据前文计算，$T = 4.5\text{N·m}$；

　　　　$[\tau]$——材料的许用扭转切应力（N/mm²），材料为 45 钢，$[\tau] = 25 \sim 45\text{N/mm}^2$，由于
　　　　　　　轴不承受弯矩，$[\tau]$ 应取大值，取 $[\tau] = 40\text{N/mm}^2$。

代入公式得

$$d = 17.2 \times \sqrt[3]{\frac{4.5}{40}}\text{mm} = 8.3\text{mm}$$

由于有键槽，应增大 7%。

$$d = 8.3 \times 1.07\text{mm} = 8.9\text{mm}$$

轴径已确定为 18mm，18mm > 8.9mm，所以符合强度条件，设计可行。

（3）齿轮强度校核　这台专用机床，由于动力消耗不大，所以估计齿轮的模数可以选
得小些。初步设 $m = 2\text{mm}$。为了简化设计并方便加工，将全部齿轮的模数都初定为 $m = 2\text{mm}$。按此进行强度校核。

影响齿轮寿命的主要参数是齿轮所承受的圆周力。经计算得知，齿轮 z_{5-2} 承受的圆周力
最大，所以以它为例进行强度校核。齿轮 z_{5-2} 的参数如下。

模数 $m = 2\text{mm}$；齿数 $z = 24$；齿宽 $b = 25\text{mm}$；材料为 20Cr，渗碳、高频淬火；应力类别
为单向脉动循环。

1）齿部弯曲强度校核。按下式计算

$$\sigma_{\text{w}} = \frac{2KM}{bd_{\text{f}}my} \leqslant [\sigma_{\text{w}}]^{\ominus}$$

──────────
　⊖　东北工学院《机械基础》编写组：《机械基础》，冶金工业出版社，1978，第 373 页。

式中　σ_w——齿部危险截面弯曲应力（N/mm²）；

　　　K——载荷系数，一般 $K = 1.3 \sim 1.5$，取 $K = 1.4$；

　　　M——齿轮传递的扭矩（N·mm），由图 2-10 可以看到齿轮 z_{5-2} 直接与钻孔轴上的齿轮啮合，驱动 10 件钻孔轴转动，故 $M = 4458.6 \times 10 \text{N·mm} = 44586 \text{N·mm}$；

　　　b——齿宽（mm），$b = 25 \text{mm}$；

　　　d_f——齿轮的分度圆直径（mm），$d_f = 48 \text{mm}$；

　　　m——齿轮模数（mm），$m = 2 \text{mm}$；

　　　y——齿形系数，根据齿数查图，$z = 24$ 时，$y = 0.276$；

　$[\sigma_w]$——材料的许用弯曲应力（N/mm²），材料为 20Cr，渗碳、高频淬火时，$[\sigma_w] = 228.3 \text{N/mm}^2$。

代入公式得

$$\sigma_w = \frac{2 \times 1.4 \times 44586}{25 \times 48 \times 2 \times 0.276} \text{N/mm}^2 = 188.5 \text{N/mm}^2 < 228.3 \text{N/mm}^2$$

即齿部弯曲强度符合强度条件。

2）接触疲劳强度校核。按下式计算

$$\sigma_H = z_H z_E z_\varepsilon \sqrt{\frac{F_t}{d_1 b} \frac{u+1}{u} K_A K_V K_{H\beta} K_{H\alpha}} \leqslant [\sigma_{jc}]^{\ominus}$$

式中　σ_H——接触疲劳强度（N/mm²）；

　　　z_H——节点区域系数，根据式 $\dfrac{x_{n2} + x_{n1}}{z_2 + z_1}$ 及 β（螺旋角）查表确定数值，因 $x_{n2} = 0$ 和 $x_{n1} = 0$（修正系数），则 $\dfrac{x_{n2} + x_{n1}}{z_2 + z_1} = 0$，查表得 $z_H = 2.5$；

　　　z_E——材料弹性系数，材料为钢 – 钢，查表得 $z_E = 189.8$；

　　　z_ε——重合度系数，$z_\varepsilon = \sqrt{\dfrac{4 - \varepsilon_\alpha}{3}}$，查表 $\varepsilon_\alpha = \dfrac{1}{2\pi} [z_1 (\tan\alpha_{a1} - \tan\alpha) + z_2 (\tan\alpha_{a2} - \tan\alpha)]$，$\alpha_a$（齿顶圆压力角）$= \arccos \dfrac{d_b (\text{基圆直径})}{d_a (\text{顶圆直径})}$，按此式计算 α_{a1} 和 α_{a2}，$\alpha_{a1} = \arccos \dfrac{48 \times \cos 20°}{48 + 2 \times 2} = 29.84°$（48 为小齿轮分度圆直径），$\alpha_{a2} = \arccos \dfrac{58 \times \cos 20°}{58 + 2 \times 2} = 28.47°$（58 为大齿轮分度圆直径），各值代入公式计算 ε_α，$\varepsilon_\alpha = \dfrac{1}{2\pi} [24 \times (\tan 29.84° - \tan 20°) + 29 \times (\tan 28.47° - \tan 20°)] = 1.62$，将此值代入前式求 z_ε，$z_\varepsilon = \sqrt{\dfrac{4 - 1.62}{3}} = 0.89$；

　　　F_t——端面内分度圆上的名义切向力（N），$F_t = \dfrac{2000 T_1 (\text{小齿轮的额定负荷转矩})}{d_1 (\text{小齿轮的分度圆直径})}$ $= \dfrac{2000 \times 44.586}{48} \text{N} = 1857.75 \text{N}$；

$\ominus$　成大先、王德夫、姜勇、李长顺、韩学铨：《机械设计手册（第三版第 3 卷）》，化学工业出版社，1993，第 14 – 81 ~ 14 – 86 页。

d_1——小齿轮分度圆直径（mm），$d_1 = 48\text{mm}$；

b——齿宽（mm），$b = 25\text{mm}$；

u——传动比，$u = \dfrac{z_2}{z_1} = \dfrac{29}{24} = 1.2083$；

K_A——使用系数，运转均匀平稳，查表取 $K_A = 1.25$；

K_V——动载荷系数，由以下计算值查图：$\dfrac{vz_1}{100}$，v 为小齿轮分度圆的线速度，$v = \dfrac{\pi d_1 n_1}{60 \times 1000} = \dfrac{48 \times 482\pi}{60000}\text{m/s} = 1.211\text{m/s}$，$z_1$ 为小齿轮齿数，$z_1 = 24$，代入上式得 $\dfrac{1.211 \times 24}{100} = 0.29$，根据此数值查图，$K_V = 1.03$；

$K_{H\beta}$——齿向载荷分布系数，齿轮的轴向位置距轴的中间非对称支承比例：$S/l = 30/214 = 0.14$，精度等级为 8 级，查表得公式 $K_{H\beta} = 1.23 + 0.36\left(\dfrac{b}{d_1}\right)^2 + 0.61 \times 10^{-3}b = 1.23 + 0.36 \times \left(\dfrac{25}{48}\right)^2 + 0.61 \times 10^{-3} \times 25 = 1.34$；

$K_{H\alpha}$——齿间载荷分配系数，应用此参数有如下条件：$200\text{N/mm} \leqslant F_t/b \leqslant 450\text{N/mm}$，此齿轮 $\dfrac{F_t}{b} = \dfrac{1857.75}{25}\text{N/mm} = 74.3\text{N/mm}$，不在此范围，故计算中不计此参数；

$[\sigma_{jc}]$——许用接触应力（N/mm²），材料为 20Cr，渗碳、表面淬火时，$[\sigma_{jc}] = 10000\text{kgf/cm}^2 = 981\text{N/mm}^2$。

各参数值代入公式得

$$\sigma_H = 2.5 \times 189.8 \times 0.89 \times \sqrt{\dfrac{1857.75}{48 \times 25} \times \dfrac{1.21 + 1}{1.21} \times 1.25 \times 1.03 \times 1.34}\,\text{N/mm}^2$$
$$= 932.7\text{N/mm}^2 < 981\text{N/mm}^2$$

即齿轮的接触强度符合强度条件。

既然传动链中负荷最大的齿轮，经齿部弯曲强度校核和接触疲劳强度校核，均符合强度条件，则强度相同的其余齿轮，当然也符合强度条件。

传动件的强度校核，是设计工作中的重要一环。在零件设计中，既要保证其有足够的强度，又不能把它设计得过于笨重。所以，设计时往往是根据经验，先把它设计得小巧一些，然后再经强度校核来把关，改正设计的不足之处。

4. 电磁离合器的工作负荷计算及选型

选用电磁离合器，必须同时满足以下两项条件

$$T_d \geqslant K(T_1 + T_2)$$

$$T_j \geqslant KT_{\max}$$

式中　T_d——离合器的额定动转矩（N·m）；

T_j——离合器的额定静转矩（N·m）；

K——安全系数，普通机床选 $K = 1.5$；

T_1——离合器接合时的负荷转矩（N·m）；

T_2——离合器接合时的加速转矩（N·m）；

$T_{\max}$——运转时的最大负荷转矩（N·m）。

按上述条件选用电磁离合器，需进行以下计算。

（1）钻孔传动链起动时动转矩的计算　钻孔传动链在电磁离合器尚未通电时，处于停止状态。通电后尚未切削时，处于空运转状态。在传动链由停止变为空运转的过程中（即起动过程中），电磁离合器输出的转矩称为动转矩，由三部分负荷形成：①传动链中各轴转动时的摩擦力矩；②各传动件在起动过程中，为克服惯性力形成的加速转矩；③齿轮传动的效率损失。

1）传动链运转时摩擦力矩的计算

$$M_m = f'RG$$

式中　M_m——传动链运转时的摩擦力矩（N·mm）；

　　　f'——滚动轴承摩擦系数，深沟球轴承 $f'=0.002$，单列圆锥滚子轴承 $f'=0.008$；

　　　R——滚动轴承滚道平均半径（mm），初定传动轴的轴承为 GB/T 276—6204，$R = \dfrac{20+42}{4}$mm $=15.5$mm，钻孔轴的轴承为 GB/T 297—30204，$R = \dfrac{20+47}{4}$mm $=16.75$mm；

　　　G——轴和轴上齿轮的重力（N）。由传动系统图可以看到，当电磁离合器接合时，钻孔传动链有 3 件传动轴和 10 件钻孔轴开始运转。传动轴和轴上齿轮的重力约为 55.9N，钻孔轴和轴上齿轮的重力约为 196.1N。

传动轴运转时的摩擦力矩

$$M_{m1} = 0.002 \times 15.5 \times 55.9 \text{N·mm} = 0.00173 \text{N·m}$$

钻孔轴运转时的摩擦力矩

$$M_{m2} = 0.008 \times 16.75 \times 196.1 \text{N·mm} = 0.0263 \text{N·m}$$

由此得传动链在运转时的摩擦力矩为

$$\sum M_m = M_{m1} + M_{m2} = 0.00173 \text{N·m} + 0.0263 \text{N·m} = 0.028 \text{N·m}$$

2）传动链起动时加速转矩的计算。传动链在起动过程中的加速转矩，根据刚体转动定律可按下式计算

$$M_j = J\alpha$$

式中　M_j——作用在刚体上的外力矩（N·m），即加速转矩；

　　　J——刚体的转动惯量（kg·m²），包括各轴及轴上齿轮的转动惯量，应分别计算；

　　　α——在外力矩的作用下，刚体所产生的角加速度（rad/s²）。

钻孔传动链上的零件共 26 件，它们的转动惯量和角加速度各不相同，必须分别计算。现以Ⅲ轴为例介绍其计算过程。Ⅲ轴简图如图 2-13 所示。

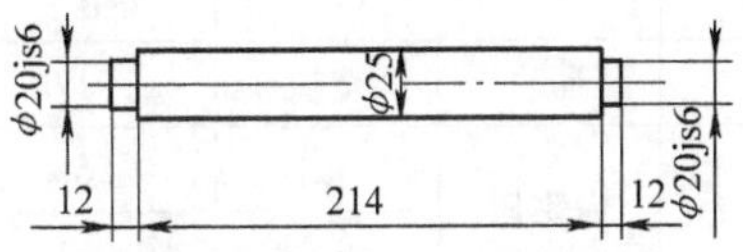

① Ⅲ轴的转动惯量按下式计算

$$J = \frac{mr^2}{2}$$

图 2-13　Ⅲ轴简图

式中　J——Ⅲ轴的转动惯量（kg·m²）；

　　　m——轴的质量（kg），$m = \pi r^2 L\rho$，r（轴的半径）$=0.0125$m，L（轴的长度）$=0.238$m，ρ（材料密度）$=7850$kg/m³，$m = \pi \times 0.0125^2 \times 0.238 \times 7850$kg $=0.917$kg；

r——轴的半径（m），为简化计算，忽略 $\phi20$mm 轴颈，取 $r = \dfrac{25}{2}$mm $= 12.5$mm $= 0.0125$m。

代入公式

$$J = \frac{0.917 \times 0.0125^2}{2} \text{kg} \cdot \text{m}^2 = 7.16 \times 10^{-5} \text{kg} \cdot \text{m}^2$$

② Ⅲ轴的角加速度按下式计算

$$\alpha = \frac{2\pi(n - n_0)}{60t}$$

式中　α——Ⅲ轴的角加速度（rad/s²）；

　　　n——Ⅲ轴的工作转速（r/min），由图 2-11a 可知，$n = 482$r/min；

　　　n_0——Ⅲ轴的初速度（r/min），$n_0 = 0$；

　　　t——起动时间（s），$t = 2$s。

各值代入上式

$$\alpha = \frac{2\pi \times (482 - 0)}{60 \times 2} \text{rad/s}^2 = 25.24 \text{rad/s}^2$$

③ Ⅲ轴起动时的外力矩计算

$$M_j = 7.16 \times 10^{-5} \times 25.24 \text{N} \cdot \text{m} = 1.81 \times 10^{-3} \text{N} \cdot \text{m}$$

按上述方法，计算钻孔传动链全部零件的质量、转动惯量、角加速度、外力矩等参数，并列于表 2-1。各零件的外形尺寸如图 2-14 ~ 图 2-17 所示。Ⅴ轴、Ⅷ轴的外形尺寸与Ⅲ轴相同，Ⅳ轴、Ⅶ轴等钻孔轴的外形尺寸，如图 2-12 所示。需说明的是，上述零件的外形尺寸是初步拟定的，有待部件装配图设计时最后确定。

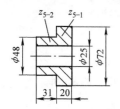 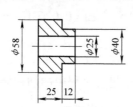 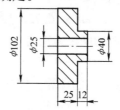 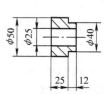

图 2-14　齿轮 z_5 简图　　图 2-15　齿轮 z_6 简图　　图 2-16　齿轮 z_7 简图　　图 2-17　齿轮 z_{10} 简图

表 2-1　左多轴箱钻孔传动链起动外力矩计算数据表

序号	零件名称	计算部位	质量/kg	转动惯量/kg·m²	角加速度/(rad/s²)	外力矩/N·m	零件数量	合外力矩/N·m
1	Ⅲ轴	全轴	0.917	7.16×10^{-5}	25.24	1.81×10^{-3}	1	1.81×10^{-3}
2	齿轮 z_5	z_{5-1}	0.562	4.08×10^{-4}	25.24	0.0133	1	0.0133
		z_{5-2}	0.321	1.18×10^{-4}				
3	Ⅳ轴	$\phi25$ 处	0.809	6.32×10^{-5}	20.9	1.32×10^{-3}	10	0.0171
		$\phi20$ 处	0.259			2.71×10^{-4}		
		$\phi18$ 处	0.14	5.67×10^{-6}		1.19×10^{-4}		
4	齿轮 z_6	$\phi58$ 处	0.585	5.585×10^{-4}		5.4×10^{-3}		0.0582
		$\phi40$ 处	0.072	2×10^{-5}		4.18×10^{-4}		
5	Ⅴ轴	全轴	0.917	7.16×10^{-5}	11.88	8.51×10^{-4}	1	8.51×10^{-4}

（续）

序号	零件名称	计算部位	质量/kg	转动惯量/kg·m²	角加速度/(rad/s²)	外力矩/N·m	零件数量	合外力矩/N·m
6	齿轮 z_7	φ102 处	1.507	2.078×10^{-3}	11.88	0.0247		0.025
		φ40 处	0.072	2×10^{-5}		2.376×10^{-4}		
7	Ⅷ轴	全轴	0.917	7.16×10^{-5}		1.73×10^{-3}	1	1.73×10^{-3}
8	齿轮 z_{10}	φ50 处	0.289	1.13×10^{-4}	24.2	2.73×10^{-3}		3.214×10^{-3}
		φ40 处	0.072	2×10^{-5}		2.84×10^{-4}		

将上表中合外力矩一栏的数据相加，就得出钻孔传动链起动时的加速转矩 T_2，计算如下

$$T_2 = \sum M_j = (1.81 \times 10^{-3} + 0.0133 + 0.0171 + 0.0582 + 8.51 \times 10^{-4} + 0.025 + 1.73 \times 10^{-3} + 3.214 \times 10^{-3})\ \text{N} \cdot \text{m} = 0.1212\text{N} \cdot \text{m}$$

3）确定齿轮传动的效率损失。

由传动系统图可知，钻孔传动链从安装于Ⅱ轴的电磁离合器 D_1 开始，到各钻孔轴，共经过 4 级齿轮变速。设齿轮啮合的效率为 0.96，则其总效率为 $\eta_\text{总} = 0.96^4 = 0.85$。考虑到还有其他效率损失，取 $\eta_\text{总} = 0.8$。

4）计算电磁离合器的额定动转矩。

根据前文的分析，电磁离合器的额定动转矩应按下式计算

$$T_d \geqslant K(T_1 + T_2) = \frac{K(M_m + M_j)}{\eta}$$

将前文计算的 M_m、M_j、η 值代入得

$$T_d \geqslant 1.5 \times (0.028 + 0.1212) \times \frac{1}{0.8}\text{N} \cdot \text{m} = 0.28\text{N} \cdot \text{m}$$

此计算数据确实太小了，是可以忽略不计的。特别是工厂的设计工作，时间是紧迫的，遇有类似的低速小型机床设计，此项计算不进行也可。

（2）电磁离合器的额定静转矩计算　根据前文的公式，电磁离合器的额定静转矩应大于或等于传动链的最大工作负荷与安全系数 K 的乘积。这个安全系数应该如何选定？这也是设计工作的一项重要内容。如果选大了，虽然安全性好，但电磁离合器的另一项功能——过载保护就要失去。根据经验，通用机床可选 $K = 1.5$。专用机床因加工的工件是不变的，可选 $K = 1.3$，用来应对刀具锋利性和材料硬度的变化。但是，这台专用机床的 K 值，选 $K = 1.5$。因为设计未经验证，计算可能有误。

这台专用机床，钻孔时的最大负荷转矩为 44.6N·m。所以电磁离合器 D_1 的额定静转矩按下式计算

$$T_j = 1.5 \times 44.6\text{N} \cdot \text{m} = 66.9\text{N} \cdot \text{m}$$

（3）电磁离合器的选型　选用电磁离合器，除了要进行转矩的计算，还要进行"湿式"或"干式"的选择，即润滑方式的选择。这台机床，多轴箱内的齿轮和轴承都需要用稀油润滑，有一套完善的稀油润滑系统。所以必须选用湿式电磁离合器。

对照电磁离合器的产品样本，选定的电磁离合器型号为：

钻孔传动链 D_1 为 EKE - 6T，其额定静转矩为 70N·m，额定动转矩为 63N·m，湿式。

攻丝传动链 D_2 为 EKE – 4T，其额定静转矩为 44N·m，额定动转矩为 40N·m。选择时也没有进行计算，用类比法选用了比钻孔传动链所用的电磁离合器的规格小一档的同型号的产品。

5. 多轴箱回转定心机构设计

（1）定心机构的结构设计及定心轴承的选择　前文在 2.2.5 一节已确定多轴箱由底面支承，支承面是圆盘形的端面，其直径初定为 φ560mm。但是，这只是一个支承面，而不是回转的定心机构，定心机构还需另行设计。

多轴箱是沿着垂直于水平面的垂线回转的，所以其定心机构必然是立轴机构。此立轴的轴线通过 φ560mm 圆盘的中心，且与圆盘垂直。立轴当然要由滚动轴承来支承与定心。那么这个轴承应该选择什么类型呢？首先要分析立轴轴承的受力情况。多轴箱部件的质量是很大的，如果完全由 φ560mm 的底面支承，回转时的摩擦力矩必然很大，造成回转困难。如果大部分质量由轴承来承受，将滑动摩擦变为滚动摩擦，就会大大地减小回转所需的力矩。

所以立轴轴承的选择，有以下两项条件：①有较高的定心精度；②能承受较大的轴向力。符合这两项条件的轴承，有角接触球轴承和圆锥滚子轴承，最后选定的轴承是角接触球轴承 GB/T 292 – 7012AC，因为它的定心精度更好些。多轴箱回转定心机构简图如图2-18所示。

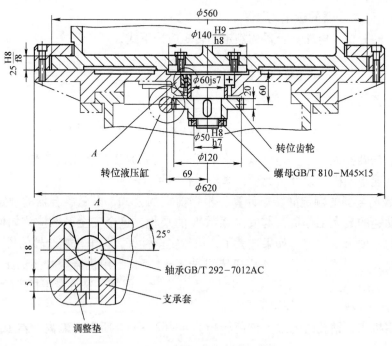

图 2-18　多轴箱回转定心机构简图

（2）轴承工作负荷的校核　立轴轴承 7012AC 的工作条件：

1）转速

$$n = \frac{60\omega}{2\pi}$$

式中　ω——多轴箱转位时的角速度（rad/s），$\omega = 0.4$rad/s。

代入公式得

$$n = \frac{0.4 \times 60}{2\pi} \text{r/min} = 3.82 \text{r/min}$$

2）承受的轴向工作负荷。估计多轴箱、钻模支架、攻丝架三部件的质量为 600kg。设轴承承受其 60%，则轴承的轴向负荷为

$$F_a = 600 \times 9.8 \times 0.6 \text{N} = 3530.4 \text{N}$$

3）轴承的径向工作负荷。液压缸内径 $D = \phi 60 \text{mm}$，液压缸压力为 1MPa，则

$$F_r = \left(\frac{60}{2}\right)^2 \times \pi \times 1 \text{N} = 2827 \text{N}$$

4）运转无振动无冲击。

5）要求轴承寿命为 5000h。

校核轴承的基本额定负荷[一]：

1）计算当量动负荷，首先计算轴向负荷与径向负荷的比值

$$F_a / F_r = \frac{3530.4}{2827} = 1.25 > 0.68$$

则当量动负荷的计算公式为

$$P_r = 0.41 F_r + 0.87 F_a = 0.41 \times 2827 \text{N} + 0.87 \times 3530.4 \text{N} = 4230.5 \text{N}$$

2）计算当量静负荷

$$P_{or} = 0.5 F_r + 0.38 F_a = 0.5 \times 2827 \text{N} + 0.38 \times 3530.4 \text{N} = 2755.1 \text{N}$$

因 $P_{or} < F_r$，根据公式取 $P_{or} = F_r = 2827 \text{N}$。

3）查轴承尺寸性能表，得轴承 7012AC 可承受的径向基本额定动负荷 $C_r = 27.8 \text{kN}$，径向基本额定静负荷 $C_{or} = 24.2 \text{kN}$。

4）工作中轴承实际承受的径向基本额定动负荷校核

$$C = \frac{f_h f_m f_d}{f_n f_r} P < C_r$$

式中　P——当量动负荷（N），$P = 4231.6 \text{N}$；

　　　f_h——寿命系数，要求寿命为 5000h，$f_h = 2.15$；

　　　f_m——力矩负荷系数，$f_m = 1$；

　　　f_d——冲击负荷系数，无冲击，$f_d = 1$；

　　　f_n——速度系数，转速小于 10r/min，$f_n = 1.494$；

　　　f_r——工作温度系数，小于 120℃，$f_r = 1$；

　　　C_r——轴承 7012AC 的基本额定动负荷（N），$C_r = 27.8 \text{kN} = 27800 \text{N}$。

各值代入公式得

$$C = \frac{2.15 \times 1 \times 1}{1.494 \times 1} \times 4231.6 \text{N} = 6089.6 \text{N} < 27800 \text{N}$$

上式成立，符合强度条件。

5）轴承实际承受的径向额定静负荷校核。

对低转速轴承还要进行额定静负荷的校核。按下式校核：

[一]　校核所用公式均引自成大先、王德夫、姜勇、李长顺、韩学铨：《机械设计手册（第三版第 2 卷）》，化学工业出版社，1993，第 7 - 118 ~ 7 - 168 页。

$$C_0 = S_0 P_0 < C_{0r}$$

式中　C_0——计算额定静负荷（N）；

　　　S_0——安全系数，普通机械，$S_0 = 1$；

　　　P_0——径向当量静负荷（N），$P_0 = P_{0r} = 2827N$；

　　　C_{0r}——轴承 7012AC 基本额定静负荷（N），$C_{0r} = 24.2kN = 24200N$。

各值代入上式得

$$C_0 = 1 \times 2827N = 2827N < 24200N$$

上式成立，符合强度条件。

6）轴承的轴向负荷校核。以上校核的都是径向负荷，此轴承承受的轴向负荷远大于径向负荷，故还需校核轴向负荷的承载能力，即在相同的工作条件（转速、工作温度、振动、寿命相同）下计算 7012AC 轴承可承受的最大轴向负荷。

根据公式 $C = \dfrac{f_h f_m f_d}{f_n f_r} P$，可得

$$P = \frac{f_n f_r}{f_h f_m f_d} C$$

式中　　　　C——轴承的基本额定动负荷（N），轴承 7012AC 的此数值即轴承尺寸性能表中的 C_r，$C_r = 27.8kN = 27800N$；

f_n、f_r、f_h、f_m、f_d——各项轴承工作概况系数，数值如前。

代入公式得

$$P = \frac{1.494 \times 1}{2.15 \times 1 \times 1} \times 27800N = 19317.8N$$

由公式 $P_r = 0.41F_r + 0.87F_a$，可求轴承可承受的轴向力 F_a

$$F_a = \frac{P_r - 0.41F_r}{0.87}$$

式中　P_r——当量动负荷（N），即上面计算的 P 值，$P_r = 19317.8N$；

　　　F_r——轴承的径向工作负荷（N），$F_r = 2827N$。

代入公式得

$$F_a = \frac{19317.8 - 0.41 \times 2827}{0.87}N = 20872N$$

即在相同的工作条件下，轴承 7012AC 可承受的最大轴向工作负荷为 20827N，远大于实际的轴向负荷 3531.6N。

经以上三项校核，均符合强度条件，故设计可行。

6. 多轴箱润滑系统设计

多轴箱内的齿轮、轴承及电磁离合器等零件，在运转时都需要给予充足的稀油润滑，所以，在多轴箱内设计了完善的稀油润滑系统。润滑系统原理图，如图 2-19 所示。润滑系统由网式过滤器、油泵、节流分油器组成。过滤器的过滤精度为 150 目/in（1in = 25.4mm），安装在距底面 30mm 处。油泵为 R13 - 1 - 8 型柱塞式润滑泵，柱塞直径 ϕ8mm，最大行程 6mm。柱塞泵由偏心轮驱动，偏心轮转速为 300r/min，输油量为 9L/min。节油分油器是带针阀节流器的分油器，有 20 个出油口，对应 20 个润滑点。流量可调油池由多油箱箱体下部构成，在距底面 80mm 处设置油标，油标型号为 GB/T 1160.1 - A20，在多轴箱上部显著位

置设有油箱,以便观察供油情况。

多轴箱内的两个电磁离合器,运转时会产生很多热量,需要给予充足的润滑油。每对齿轮的啮合处都是一个润滑点。各轴承的滚道也需给予充足的润滑油。

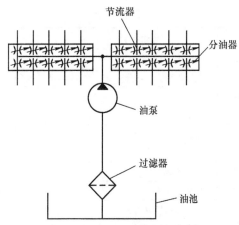

7. 左多轴箱部件装配图设计及技术条件

在完成了多轴箱传动链设计、传动件强度计算、转位定心机构的设计等工作之后,再进行多轴箱部件装配图的设计,就已经具备条件了,可以说是水到渠成。按照图 2-8、图 2-9、图 2-10 可以绘制出各传动件的位置

图 2-19　多轴箱润滑系统原理图

和外形尺寸,再参照前文 2.2.7 节所确定的多轴箱的外形尺寸,则多轴箱的部件装配图就可以绘制出来了。

左部多轴箱部件简图如图 2-20(见插页)所示。其零件明细见表 2-2。这是一幅简化的装配图,受幅面所限还有些次要的结构没有画上去,比如润滑系统,只绘出了油泵和偏心轮,其余零件如过滤器、分油器、油管等均未画上。关于部件的技术条件,也没有写上去,而这却是装配图必不可少的内容,现列于表 2-2。

表 2-2　左部多轴箱部件零件明细　　　　　　　　　　　(单位:mm)

代号	名称	型号规格	材料	数量	备注
0301	左部多轴箱箱体		HT200	1	
0302	挡油盘		Q235A	1	
0303	电动机齿轮	$m=2$, $z=25$	20Cr	1	
0304	双联齿轮(1)	$m=2$, $z_1=74$, $z_2=47$	20Cr	1	
0305	Ⅰ 轴		45 钢	1	
0306	Ⅱ 轴		45 钢	1	
0307	齿轮	$m=2$, $z=74$	20Cr	1	
0308	传动轴		45 钢	8	
0309	双联齿轮(2)	$m=2$, $z_1=36$, $z_2=24$	20Cr	1	
0310	中心齿轮(1)	$m=2$, $z=51$	20Cr	1	
0311	圆周齿轮(1)	$m=2$, $z=29$	20Cr	10	
0312	钻孔轴		40Cr	10	
0313	中心齿轮(2)	$m=2$, $z=25$	20Cr	1	
0314	偏心轮		20Cr	1	
0315	双联齿轮(3)	$m=2$, $z_1=46$, $z_2=25$	20Cr	1	
0316	双联齿轮(4)	$m=2$, $z_1=37$, $z_2=30$	20Cr	1	
0317	双联齿轮(5)	$m=2$, $z_1=37$, $z_2=26$	20Cr	1	
0318	圆周齿轮(2)	$m=2$, $z=33$	20Cr	1	
0319	攻丝轴		40Cr	10	
0320	中心齿轮(3)	$m=2$, $z=47$	20Cr	1	
0321	中心齿轮(4)	$m=2$, $z=21$	20Cr	1	

（续）

代号	名称	型号规格	材料	数量	备注
0322	调整垫（1）		Q235A	1	
0323	立轴齿轮	$m=2$，$z=60$	20Cr	1	
0324	立轴		45 钢	1	
0325	支承套		Q235A	1	
0326	侧盖		HT150	2	
0327	密封垫		橡胶石棉板，$\delta=1$	2	
0328	电刷支架		Q235A 板，$\delta=2$	2	
0329	半环形压板（左）		HT150	1	
0330	半环形压板（右）		HT150	1	
0331	离合器齿轮（1）	$m=2$，$z=57$	20Cr	1	
0332	隔套		Q235A	1	
0333	挡套（1）		Q235A	1	
0334	阀盖（1）		HT150	10	
0335	调整垫（2）		Q235A	10	
0336	阀盖（2）		HT150	1	
0337	调整垫（3）		Q235A	21	
0338	毛毡密封圈		工业用毡，$\delta=4$	20	
0339	透盖		HT150	20	
0340	定位座		HT200	2	
0341	定位块		Q235A	1	
0342	外隔套		Q235A	1	
0343	内隔套（1）		Q235A	1	
0344	内隔套（2）		Q235A	1	
0345	挡套（2）		Q235A	1	
0346	离合器齿轮（2）	$m=2$，$z=28$	20Cr	1	
0347	垫片（1）		橡胶石棉板，$\delta=1$	10	
0348	垫片（2）		橡胶石棉板，$\delta=1$	21	
GB/T 5782	六角头螺栓	M5×16	35 钢	8	0331、0346 用
GB/T 5782	六角头螺栓	M8×25	35 钢	4	0340 用
GB/T 5782	六角头螺栓	M10×30	35 钢	6	0324 用
GB/T 5782	六角头螺栓	M14×40	35 钢	4	电动机用
GB/T 70	内六角螺钉	M3×12	35 钢	124	0334、0336 用、0339 用
GB/T 70	内六角螺钉	M4×20	35 钢	24	0326 用
GB/T 70	内六角螺钉	M8×32	35 钢	2	0341 用
GB/T 70	内六角螺钉	M8×22	35 钢	2	油泵用
GB/T 70	内六角螺钉	M10×55	35 钢	8	0329、0330 用
GB/T 78	内六角锥端紧定螺钉	M4×12	35 钢	33	各齿轮定位用
GB/T 78	内六角锥端紧定螺钉	M5×15	35 钢	1	0302 用
GB/T 79	内六角圆柱端紧定螺钉	M8×35	35 钢	2	0340 用
GB/T 6170	六角螺母	M8	35 钢	2	0340 用
GB/T 810	小圆螺母	M20×1.5	35 钢	20	0312 用

（续）

代号	名称	型号规格	材料	数量	备注
GB/T 810	小圆螺母	M45×1.5	35钢	1	0324用
GB/T 808	小六角特扁细牙螺母	M18×1.5	35钢	2	0328用
GB/T 95	垫圈	5		8	0331、0346用
GB/T 95	垫圈	8		6	0340用
GB/T 95	垫圈	10		6	0324用
GB/T 95	垫圈	14		4	电动机用
GB/T 858	圆螺母用垫圈	45		1	0324用
GB/T 894.1	轴用弹性挡圈	25		1	0326用
GB/T 894.1	轴用弹性挡圈	30		1	0326用
GB/T 895.1	孔用钢丝挡圈	38		1	0346用
GB/T 895.1	孔用钢丝挡圈	55		1	0331用
GB/T 117	圆锥销	4×15		2	0346用
GB/T 117	圆锥销	6×25		2	0340用
GB/T 119	圆柱销	4×15		2	0331用
GB/T 1096	键	8×28		21	0307、0318、0311用
GB/T 1096	键	6×30		20	0312、0319用
GB/T 1096	键	8×24		1	0314用
GB/T 1096	键	14×30		1	0314用
GB/T 1567	薄型平键	8×5×45		1	EKE-6S用
GB/T 1567	薄型平键	8×5×42		1	EKE-4S用
GB/T 276	深沟球轴承	61805, 25×37×7		2	0346用
GB/T 276	深沟球轴承	6004, 20×42×12		19	0305、0306、0308用
GB/T 276	深沟球轴承	6005, 25×47×12		2	0306用
GB/T 276	深沟球轴承	6006, 30×55×13		2	0331用
GB/T 292	角接触轴承	7012AC, 60×95×18, $\alpha=25°$		1	0324用
GB/T 297	圆锥滚子轴承	30204, 20×47×15.25		40	0312、0319用
EKE-4S	电磁离合器	动转矩40N·m		1	
EKE-6S	电磁离合器	动转矩63N·m		1	
Y100L$_2$-4	电动机	3kW, 1420r/min		1	
R13-1-d8	润滑柱塞泵	滑柱直径$d=8$		1	

左部多轴箱部件技术条件：

1）钻孔轴0312（10件）和攻丝轴0319（10件）的ϕ18h7轴颈的径向圆跳动公差为0.02mm，在距外端面20mm处测量。轴向窜动公差为0.005mm。

2）轴0312和0319的轴线对底平面A的平行度公差，在全长上为0.015mm。

3）以箱体的底面A为基准，各钻孔轴0312的ϕ18h7轴颈与对应的攻丝轴0319的ϕ18h7轴颈等高度公差y_1-y_2为0.04mm，检测图如图2-21a所示。

4）以立轴的轴线和底面A为基准，各钻孔轴与对应攻丝轴的对称度公差x_1-x_2为0.04mm，检测图如图2-21b所示。

5）多轴箱在滑台上安装后，多轴箱箱体的底面与滑台的结合面应有0.02～0.04mm的间隙，用塞片从四个方向同时测量。

6）传动系统运转时，不得有冲击、振动及过大的噪声。

7）外伸轴及盖板不得漏油、渗油。

上述技术条件的要求是比较高的。之所以如此要求，是为了实现在多轴箱转位180°后，每个攻丝轴上的丝锥都能准确地对正工件上已加工的底孔，这是这台专用机床的关键所在。

关于多轴箱底面与滑台结合面的间隙，要求也是比较严格的，但是这也是必须保证的。因为如果间隙小了则转位困难；如果间隙大了则多轴箱转位后的定位精度就会降低。实现此项技术条件，关键是要准确地加工调整垫 0322 的厚度。此调整垫在加工时留有 0.2mm 的调整量，在试装配时按技术条件中所述的方法进行测量，再根据测量的数据修正调整垫的厚度。当然每次修正都要把多轴箱拆下来，为了便于拆装，设计时将轴承 7012AC 的安装孔与轴承的配合应选择得比较松。

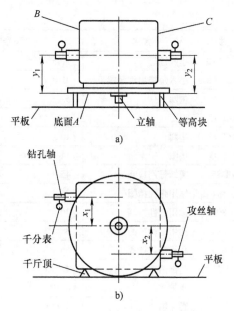

图 2-21　多轴箱技术条件检测图
a）等高度检测　b）对称度检测

在技术条件中，对钻孔轴和攻丝轴的旋转精度也提出了比较高的要求。这是钻孔和攻丝能正常进行的必要条件。为了实现此项条件，在装配时需对调整垫 0335 和 0337 进行配磨，也是一件一件地试装配磨。0335 和 0337 的零件图上规定留下的调整量为 0.2mm。

关于多轴箱部件的设计，还有一个关键的问题应加以说明：如何保证转位180°的准确性。为了解决这个问题，设计了可调的定位机构：在多轴箱箱体下部的 $\phi485mm$ 圆柱面上安装有定位块 0341，定位块与箱体定位槽的配合为 $20\dfrac{H8}{n7}$，这是一种很可能有过盈量的过渡配合。在左、右半环形压板上各安装一件定位座 0340，定位座用螺栓紧固，用销钉定位。在定位座上安装着调整螺钉 GB/T 79 – M8 × 35，当定位块随箱体转位180°时，与调整螺钉相碰停止转位。而此时推动转位的液压系统并未停止供油，所以多轴箱不会产生因碰撞而少许倒转的可能。因而可以说这是一种刚性的定位机构。调整螺钉 GB/T 79 – M8 × 35 的位置，可使多轴箱的转位停止位置控制得十分准确。调整后用螺母 GB/T 6170 – M8 锁紧，可防止松动。

多轴箱传动链中各齿轮的轴向定位，采用的是紧定螺钉紧固的方法。这也是机床设计中常用的方法。采用这种设计，要求装配时在传动轴上配钻定位孔。所以设计时要考虑以下几个问题：①箱体内是否有足够的空间，可以实施手电钻的钻孔作业；②箱体所开的窗口尺寸是否足够大，以便伸手进入箱内操作；③紧固螺钉的规格不要大于 M8，因为只有小型的手电钻才能进入箱体内去钻孔。

2.3.4　关于中部多轴箱部件及右部多轴箱部件设计的几点说明

中部多轴箱部件及右部多轴箱部件的设计，与左部多轴箱部件的设计大同小异。它们在设计上的不同之处是：

1）钻孔轴与攻丝轴分布的位置不同。

2）中部多轴箱箱体的高度比左、右多轴箱箱体高 120mm，是因为中部多轴箱所加工的螺孔的最高位置比左、右多轴箱高 110mm。

3）传动链的设计不同。其中，为了凑配中心距，中部多轴箱传动链的两个中心齿轮 0413 和 0421 设计为变位齿轮。

中部多轴箱部件、右部多轴箱部件与左部多轴箱部件在设计上相同之处是很多的，但有以下几点应加以说明：

1）三个多轴箱所加工的螺孔的规格相差不大，所以设计时确定，三者的钻孔轴和攻丝轴的转速取相同的数值。

2）由于三者所加工的螺孔的规格和数量相差不大，故动力消耗也相差不大。为了简化设计，传动系统的电动机和电磁离合器也选用了相同的规格。

3）为了方便加工、降低成本，钻孔轴、攻丝轴及其他零件（包括箱体的毛坯）的设计也尽量采用了相同的设计。

4）中部多轴箱部件、右部多轴箱部件的技术条件与检测方法，与左部多轴箱部件相同。

中部多轴箱部件简图如图 2-22（见插页）所示，其零件明细见表 2-3。

表 2-3　中部多轴箱部件零件明细　　　　　　　　　（单位：mm）

代号	名称	型号规格	材料	数量	备注
0401	中部多轴箱箱体		HT200	1	
0402	挡油盘		Q235A	1	
0403	电动机齿轮	$m=2$, $z=25$	20Cr	1	
0404	双联齿轮（1）	$m=2$, $z_1=74$, $z_2=47$	20Cr	1	
0405	Ⅰ轴		45 钢	1	
0406	Ⅱ轴		40Cr	1	
0407	齿轮（1）	$m=2$, $z=73$	20Cr	1	
0408	大隔套		Q235A	1	
0409	传动轴		45 钢	9	
0410	齿轮（2）	$m=2$, $z=51$	20Cr	1	
0411	钻孔轴		40Cr	8	
0412	钻杆齿轮	$m=2$, $z=29$	20Cr	8	
0413	变位齿轮（1）	$m=2$, $z=40$, $x=0.32$	20Cr	3	
0414	偏心轮		20Cr	1	
0415	离合器齿轮（1）	$m=2$, $z=38$	20Cr	1	
0416	离合器齿轮（2）	$m=2$, $z=33$	20Cr	1	
0417	双联齿轮（2）	$m=2$, $z_1=56$, $z_2=26$	20Cr	1	
0418	双联齿轮（3）	$m=2$, $z_1=45$, $z_2=26$	20Cr	1	
0419	攻丝轴（1）		40Cr	1	
0420	齿轮（3）	$m=2$, $z=34$	20Cr	8	
0421	变位齿轮（2）	$m=2$, $z=35$, $x=0.32$	20Cr	3	
0422	攻丝轮（2）		40Cr	7	与 0419 键槽位置不同
0423	立轴		45 钢	1	

（续）

代号	名称	型号规格	材料	数量	备注
0424	窗口盖板		HT150	2	
0425	窗口垫处		橡胶石棉板，$\delta = 1$	2	
0426	左半环压板		HT150	1	
0427	立轴调整垫		Q235A	1	
0428	支承套		Q235A	1	
0429	立轴齿轮		20Cr	1	
0430	右半环压板		HT150	1	
0431	电刷架		Q235A 板，$\delta = 2$	2	
0432	调整垫（1）		Q235A	11	
0433	闷盖（1）		HT150	11	
0434	闷盖（2）		HT150	1	
0435	调整垫（2）		Q235A	2	
0436	透盖		HT150	16	
0437	毛毡密封圈		工业用毡，$\delta = 4$	16	
0438	定位座		HT200	2	
0439	定位块		Q235A	1	
0440	外隔套		Q235A	1	
0441	内隔套（1）		Q235A	1	
0442	内环挡圈		Q235A	1	
0443	内隔套（2）		Q235A	1	
0444	垫片（1）		橡胶石棉板，$\delta = 1$	11	
0445	垫片（2）		橡胶石棉板，$\delta = 1$	17	
0446	内隔套（3）		Q235A	1	
GB/T 5782	六角头螺栓	M8 × 25		4	
GB/T 5782	六角头螺栓	M10 × 30		6	
GB/T 5782	六角头螺栓	M14 × 40		4	
GB/T 70	内六角螺钉	M3 × 12		112	
GB/T 70	内六角螺钉	M5 × 25		24	
GB/T 70	内六角螺钉	M8 × 22		2	
GB/T 70	内六角螺钉	M8 × 32		2	
GB/T 70	内六角螺钉	M10 × 55		8	
GB/T 78	内六角锥端紧定螺钉	M4 × 12		27	
GB/T 78	内六角锥端紧定螺钉	M5 × 15		1	
GB/T 79	内六角圆柱端紧定螺钉	M8 × 35		2	
GB/T 6170	六角螺母	M8		2	
GB/T 810	小圆螺母	M20 × 1.5		16	
GB/T 810	小圆螺母	M45 × 1.5		1	

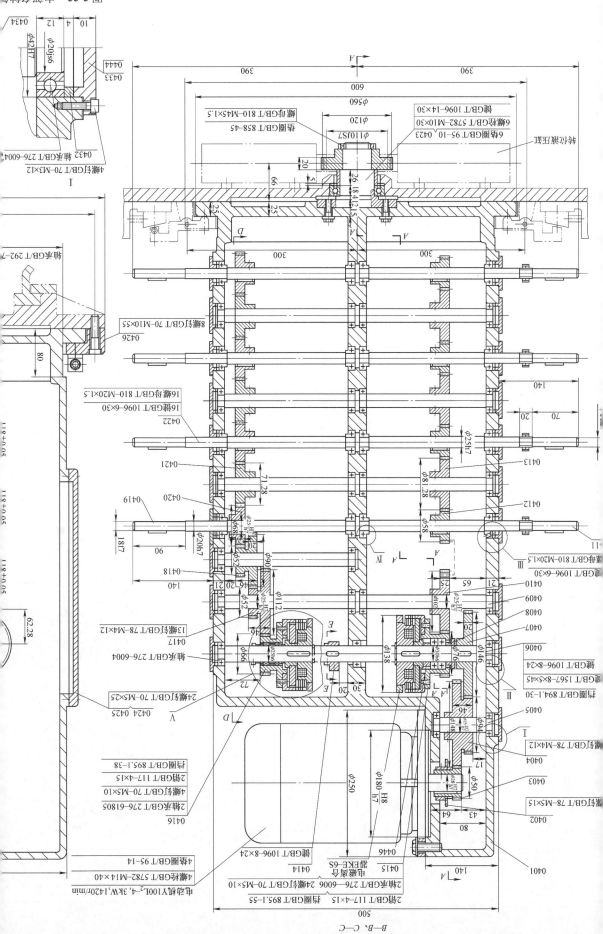

图 2-22 中规多轴箱

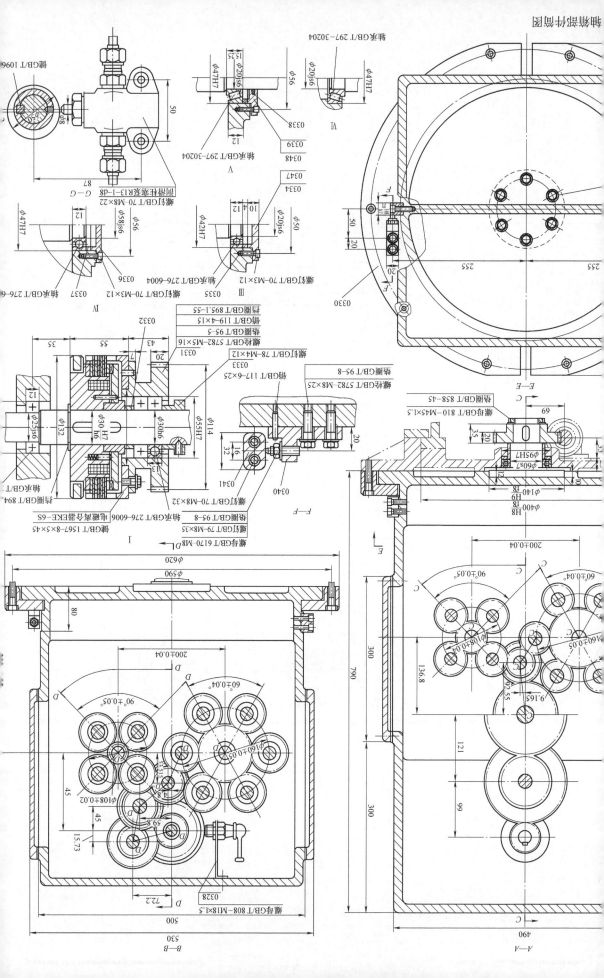

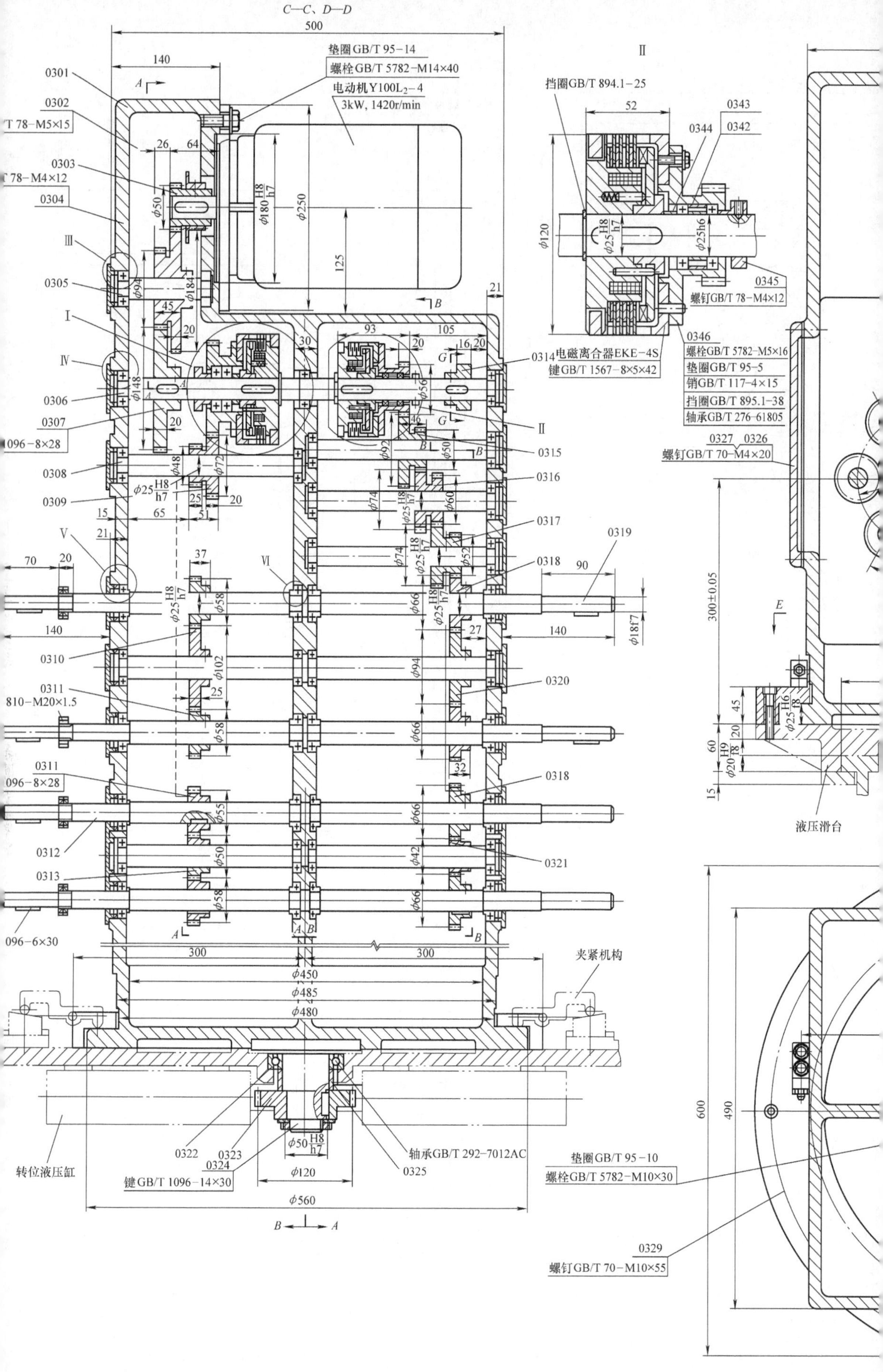

C—C、D—D
500
140
垫圈GB/T 95-14
螺栓GB/T 5782-M14×40
电动机Y100L2-4
3kW, 1420r/min
0301
0302
T 78-M5×15
0303
T 78-M4×12
0304
0305
0306
0307
096-8×28
0308
0309
0310
0311
810-M20×1.5
0311
096-8×28
0312
0313
096-6×30
0314电磁离合器EKE-4S
键GB/T 1567-8×5×42
0315
0316
0317
0318
0319
0320
0318
0321
挡圈GB/T 894.1-25
0343
0344
0342
0345
螺钉GB/T 78-M4×12
0346
螺栓GB/T 5782-M5×16
垫圈GB/T 95-5
销GB/T 117-4×15
挡圈GB/T 895.1-38
轴承GB/T 276-61805
0327 0326
螺钉GB/T 70-M4×20
300±0.05
液压滑台
夹紧机构
φ450
φ485
φ480
0322
0323
0324
键GB/T 1096-14×30
轴承GB/T 292-7012AC
0325
φ120
φ560
转位液压缸
垫圈GB/T 95-10
螺栓GB/T 5782-M10×30
0329
螺钉GB/T 70-M10×55
600
490

图 2-20　左部多

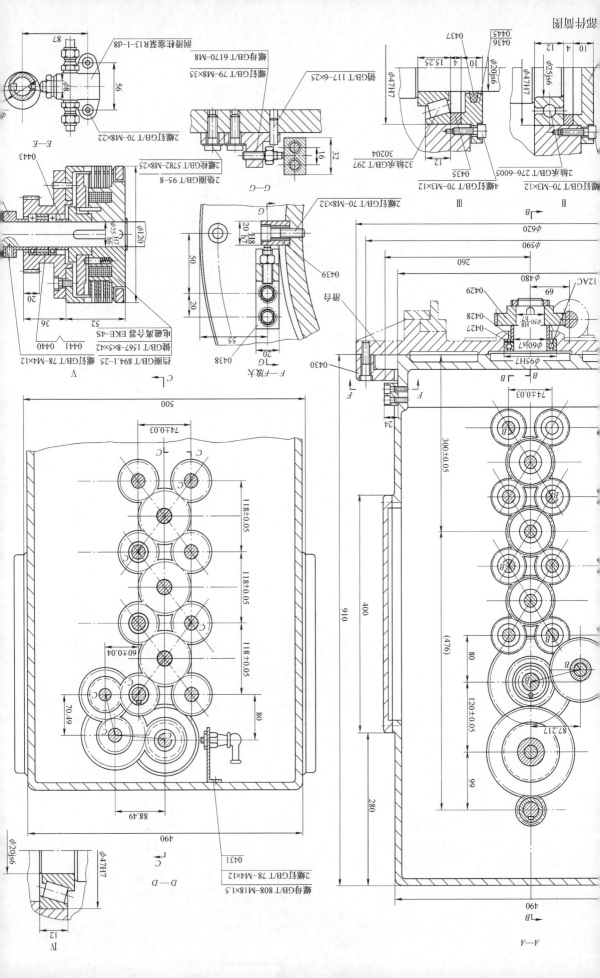

零件装配图

（续）

代号	名称	型号规格	材料	数量	备注
GB/T 808	小六角特扁细牙螺母	M18×1.5		2	
GB/T 95	垫圈	8		6	
GB/T 95	垫圈	10		6	
GB/T 95	垫圈	14		4	
GB/T 858	圆螺母用垫圈	45		1	
GB/T 894.1	轴用弹性挡圈	25		1	
GB/T 894.1	轴用弹性挡圈	30		1	
GB/T 895.1	孔用钢丝挡圈	38		1	
GB/T 895.1	孔用钢丝挡圈	55		1	
GB/T 117	圆锥销	4×15		2	
GB/T 117	圆锥销	6×25		2	
GB/T 119	圆柱销	4×15			
GB/T 1096	键	8×28		17	
GB/T 1096	键	6×30		16	
GB/T 1096	键	8×24		1	
GB/T 1096	键	14×30		1	
GB/T 1567	薄型平键	8×5×45		1	
GB/T 1567	薄型平键	8×5×42		1	
GB/T 276	深沟球轴承	61805，25×37×7		2	
GB/T 276	深沟球轴承	6004，20×42×12		21	
GB/T 276	深沟球轴承	6005，25×47×12		2	
GB/T 276	深沟球轴承	6006，30×55×13		2	
GB/T 292	角接触轴承	7012AC，60×95×18	$\alpha=25°$	1	
GB/T 297	圆锥滚子轴承	30204，20×47×15.25		32	
EKE-4S	电磁离合器	动转矩40N·m		1	
EKE-6S	电磁离合器	动转矩63N·m		1	
Y100L$_2$-4	电动机	3kW，1420r/min		1	
R13-1-d8	润滑柱塞泵	滑柱直径$d=8$		1	

右部多轴箱部件简图如图 2-23（见插页）所示，其零件明细见表 2-4。

表 2-4　右部多轴箱部件零件明细　　　　　　　（单位：mm）

代号	名称	型号规格	材料	数量	备注
0501	右部多轴箱箱体		HT200	1	
0502	挡油盘		Q235A	1	
0503	电动机齿轮	$m=2$，$z=25$	20Cr	1	
0504	双联齿轮（1）	$m=2$，$z_1=74$，$z_2=47$	20Cr	1	
0505	Ⅰ轴		45 钢	1	
0506	Ⅱ轴		40Cr	1	
0507	齿轮	$m=2$，$z=74$	20Cr	1	
0508	传动轴		45 钢	8	

（续）

代号	名称	型号规格	材料	数量	备注
0509	双联齿轮（2）	$m=2$, $z_1=37$, $z_2=25$	20Cr	1	
0510	圆周齿轮（1）	$m=2$, $z=30$	20Cr	10	
0511	中心齿轮（1）	$m=2$, $z=39$	20Cr	1	
0512	钻孔轴		40Cr	10	
0513	中心齿轮（2）	$m=2$, $z=30$	20Cr	1	
0514	偏心轮		20Cr	1	
0515	双联齿轮（3）	$m=2$, $z_1=46$, $z_2=25$	20Cr	1	
0516	双联齿轮（4）	$m=2$, $z_1=36$, $z_2=30$	20Cr	1	
0517	双联齿轮（5）	$m=2$, $z_1=38$, $z_2=24$	20Cr	1	
0518	圆周齿轮（2）	$m=2$, $z=32$	20Cr	10	
0519	中心齿轮（3）	$m=2$, $z=37$	20Cr	1	
0520	攻丝轴		40Cr	10	
0521	中心齿轮（4）	$m=2$, $z=38$	20Cr	1	
0522	侧盖		HT150	2	
0523	密封垫		橡胶石棉板，$\delta=1$	2	
0524	立轴		45 钢	1	
0525	调整垫（1）		Q235A	1	
0526	支承套		Q235A	1	
0527	立轴齿轮	$m=2$, $z=60$	20Cr	1	
0528	电刷支架		Q235A 板，$\delta=2$	2	
0529	离合器齿轮（1）	$m=2$, $z=58$	20Cr		
0530	挡套（1）		Q235A	1	
0531	隔套		Q235A	1	
0532	调整垫（2）		Q235A	10	
0533	阀盖（1）		HT150	10	
0534	透盖		HT150	20	
0535	毛毡密封圈		工业用毡，$\delta=4$	20	
0536	调整垫（3）		Q235A	21	
0537	阀盖（2）		HT150	1	
0538	定位块		Q235A	1	
0539	半环形压板（右）		HT150	1	
0540	半环形压板（左）		HT150	1	
0541	定位套		HT200	2	
0542	离合器齿轮（2）	$m=2$, $z=29$	20Cr	1	
0543	内隔套（1）		Q235A	1	
0544	外隔套		Q235A	1	
0545	挡套（2）		Q235A	1	
0546	内隔套（2）		Q235A	1	

（续）

代号	名称	型号规格	材料	数量	备注
0547	垫片（1）		橡胶石棉板，$\delta=1$	10	
0548	垫片（2）		橡胶石棉板，$\delta=1$	21	
GB/T 5782	六角头螺栓	M5×16	35钢	8	
GB/T 5782	六角头螺栓	M8×25	35钢	4	
GB/T 5782	六角头螺栓	M10×30	35钢	6	
GB/T 5782	六角头螺栓	M14×40	35钢	4	
GB/T 70	内六角螺钉	M3×12	35钢	124	
GB/T 70	内六角螺钉	M4×20	35钢	24	
GB/T 70	内六角螺钉	M8×32	35钢	2	
GB/T 70	内六角螺钉	M8×22	35钢	2	
GB/T 70	内六角螺钉	M10×55	35钢	8	
GB/T 78	内六角锥端紧定螺钉	M4×12	35钢	33	
GB/T 78	内六角锥端紧定螺钉	M5×15	35钢	1	
GB/T 79	内六角圆柱端紧定螺钉	M8×35	35钢	2	
GB/T 6170	六角螺母	M8	35钢	2	
GB/T 810	小圆螺母	M20×1.5	35钢	20	
GB/T 810	小圆螺母	M45×1.5	35钢	1	
GB/T 808	小六角特扁细牙螺母	M18×1.5	35钢	2	
GB/T 95	垫圈	5		8	
GB/T 95	垫圈	8		6	
GB/T 95	垫圈	10		6	
GB/T 95	垫圈	14		4	
GB/T 858	圆螺母用垫圈	45		1	
GB/T 894.1	轴用弹性挡圈	25		1	
GB/T 894.1	轴用弹性挡圈	30		1	
GB/T 895.1	孔用钢丝挡圈	38		1	
GB/T 895.1	孔用钢丝挡圈	55		1	
GB/T 117	圆锥销	4×15		2	
GB/T 117	圆锥销	6×25		2	
GB/T 119	圆柱销	4×15		2	
GB/T 1096	键	8×28		21	
GB/T 1096	键	6×30		20	
GB/T 1096	键	8×24		1	
GB/T 1096	键	14×30		1	
GB/T 1567	薄型平键	8×5×45		1	
GB/T 1567	薄型平键	8×5×42		1	
GB/T 276	深沟球轴承	61805，25×37×7		2	
GB/T 276	深沟球轴承	6004，20×42×12		19	
GB/T 276	深沟球轴承	6005，25×47×12		2	

（续）

代号	名称	型号规格	材料	数量	备注
GB/T 276	深沟球轴承	6006，30×55×13		2	
GB/T 292	角接触轴承	7012AC，60×95×18		1	
GB/T 297	圆锥滚子轴承	30204，20×47×15.25		40	
EKE-4S	电磁离合器	动转矩40N·m		1	
EKE-6S	电磁离合器	动转矩63N·m		1	
Y100L$_2$-4	电动机	3kW，1420r/min		1	
R13-1-d8	润滑柱塞泵	滑柱直径 d=8		1	

2.3.5　左部钻模支架部件设计

1. 钻模支架的设计思路及工作原理

钻模是钻孔加工中应用广泛的工具。一般的钻模在应用时都是用螺钉紧固在工件上，并且用销钉定位。所以钻孔的位置精度容易保证。但是这台机床的钻模不能如此设计。因为钻孔后还要攻丝，而丝锥的外径大于钻套的孔径，所以应将钻模设计成可以移动的结构：钻孔时移过来，装上去，还要固定牢靠，钻孔后拆下来移走。而且，这些动作不是用人工去完成，而是由机床自动完成。所以，设计上是有一定难度的。这个难度既是这个部件设计的难度，也是这台机床，或者可以说是这类既钻孔又攻丝的专用机床设计上的一个难度。那么这个难题该如何解决呢？当时尚无典型设计可供参考。

设计时首先考虑到：应该由多轴箱去完成这些动作，钻孔前钻模由多轴箱携持，当多轴箱前进时将钻模安装到工作位置上，钻孔后多轴箱返回，将钻模取下来带走。要多轴箱去完成这些动作，那么钻模与多轴箱应该是什么样的装配关系呢？钻模既要随多轴箱运动，但又不能把它紧固死。因为在钻孔的全过程中，多轴箱要不停地向前运动，推动钻头完成进给运动。而在这个过程中钻模板必须丝毫不动地紧贴在工件上。钻孔后，随着多轴箱的返回运动，将钻头从工件中退出，并将钻模带走。

要完成这些动作，这个钻模应该如何设计呢？这个难题就由钻模部件的装配图来解答。左部钻模支架的部件装配简图如图2-24所示，其零件明细见表2-5。由图可知，钻模板0601由四件支承套筒0602经支承杆0604支承。支承杆由前滑动套0606和后滑动套0603定心，可在支承套筒的孔内前后滑动。支承杆的最大伸出量由前滑动套定位。支承杆与钻模板经支承座0614连接，用螺钉紧固。为了保证钻模板基准面 M 能与夹具的基准面 N 平行，在支承座与钻模板之间设有4件调整垫0618，装配时可以根据需要磨成不同的厚度。在钻模板的水平中心线上设有两个定位套0615，钻孔时夹具的两个定位轴穿入定位套的孔中，可使钻模板进入正确的工作位置。钻头安装在钻杆0605和0611上，用夹紧锥套0609和0612夹紧。钻头的前端由钻套0616和0617定心。钻杆0605和0611分别安装在多轴箱的10件钻孔轴上，由多轴箱驱动进行钻孔加工。调整钻杆后端的圆螺母，可使钻头的刃口与钻套的端面平齐。然后用螺钉GB/T 79-M6×10将钻杆定位，防止钻孔后钻头退出时被底孔卡住。钻孔时钻套的端面始终紧紧压在夹具的基准面 N 上，随着多轴箱的前进，弹簧0610不断被压缩，使钻模板始终处于紧固状态，保证了钻孔的正常加工。当钻孔达到规定的深度后，多轴箱返回，钻头退出工件上加工的底孔，然后定位套0615退出夹具的定位轴，钻模支架随多轴箱退出工作位置。

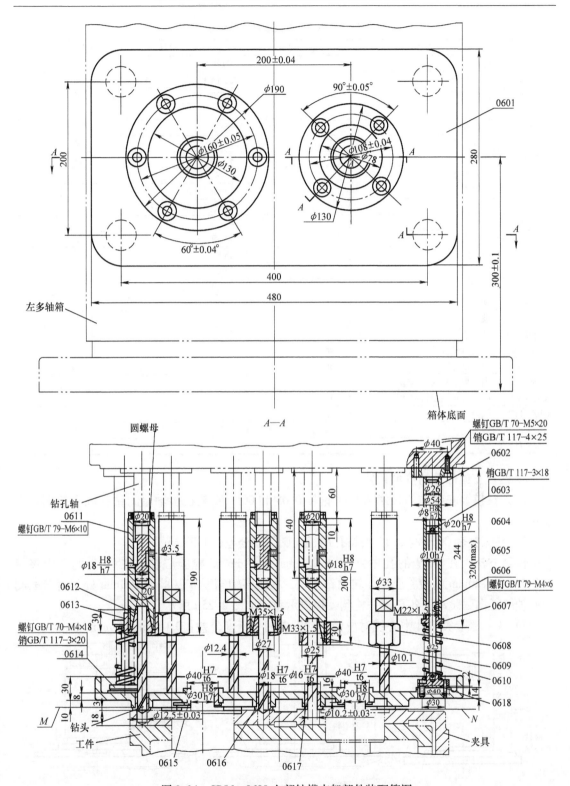

图 2-24　SB56-0600 左部钻模支架部件装配简图

以上所述，就是这件可移动钻模支架的设计和工作原理。经生产实践证实，此项设计还是很成功的，生产效率高，加工质量好。

表 2-5　左部钻模支架部件零件明细　　　　　　　　（单位：mm）

代号	名称	型号规格	材料	数量	备注
0601	钻模板		HT200	1	
0602	支承套筒		20 钢无缝管，26×4	4	焊接件
0603	后滑动套		HT200	4	
0604	支承杆		45 钢	4	
0605	长钻杆		45 钢	4	
0606	前滑动套		HT200	4	
0607	螺盖		45 钢	4	
0608	锁紧螺母（1）		45 钢	4	
0609	夹紧锥套（1）		45 钢	4	
0610	弹簧		碳素弹簧钢丝，ϕ2.5	4	
0611	短钻杆		45 钢	6	
0612	夹紧锥套（2）		45 钢	6	
0613	锁紧螺母（2）		45 钢	6	
0614	支承座		35 钢	4	
0615	定位套		45 钢	2	
0616	钻套（1）		T10	6	
0617	钻套（2）		T10	4	
0618	调整垫		Q235A	4	
GB/T 70	内六角螺钉	M4×18		16	
GB/T 70	内六角螺钉	M5×20		16	
GB/T 79	内六角圆柱端紧定螺钉	M4×6		4	
GB/T 79	内六角圆柱端紧定螺钉	M6×10		10	
GB/T 117	锥销	3×18		8	
GB/T 117	锥销	3×20		8	
GB/T 117	锥销	4×25		8	

2. 钻模支架部件的技术条件

（1）钻模板安装前的技术条件　钻杆 0605 和 0611 安装在多轴箱的钻孔轴上检测如下项目：

1）夹紧锥套 0609 与 0612 夹持孔的径向圆跳动公差：0.03mm。

检测方法：在 0609 的孔中夹持 ϕ10.1mm×110mm 的检验心轴，在 0612 的孔中夹持 ϕ12.4mm×120mm 的检验心轴，转动钻孔轴，在距多轴箱垂直基准面 290mm 处用百分表测量心轴的径向圆跳动。各孔逐一检测，检测示意图如图 2-25a 所示。

2）夹紧锥套夹持孔中心线对滑台运动方向的平行度公差：0.03mm/100mm。

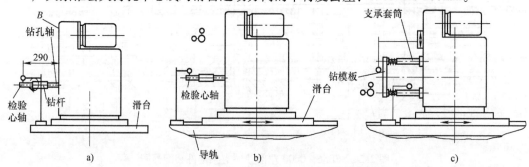

图 2-25　左钻模支架技术条件检测示意图

a）径向圆跳动公差检测　b）、c）平行度公差检测

检测方法：表座静止不动，千分表的触头测在检验心轴的上母线和侧母线上，滑台拖动多轴箱前后运动，记录百分表的读数差。测量后钻孔轴携带检验心轴回转180°再检测一次。两次测量值的代数和的平均值即为偏差值。检测示意图如图2-25b所示。

（2）钻模板安装后的技术条件

1）支承套筒0602的中心线对滑台运动方向的平行度公差：0.03mm/100mm。

检测方法：表座不动，百分表的触头分别测在支承套筒外径的上母线和侧母线上，滑台拖动多轴箱前后运动。检测示意图如图2-25c所示。

2）钻模板的基准面 M （见图2-24）对多轴箱基准面 N 的平行度公差：0.05mm/150mm。

检测方法：表座沿多轴箱基准面上下和左右移动，百分表的触头测在钻模板的 $\phi190mm$ 和 $\phi138mm$ 凸台上。检测示意图如图2-25c所示。

3）钻套0616和0617的内孔与对应的各钻杆内安装的夹紧锥套内孔的同轴度公差：0.04mm。

检测方法：在夹紧锥套的孔中装夹检验心轴，观察心轴的外端与钻套孔是否同轴。

由上述技术条件可以看到，要求是比较高的。但是不能降低要求，因为不满足这些技术条件，机床就不能正常工作。而要想达到这些技术条件，就必须保证每个零件的加工精度都符合零件图的要求。因为零件的加工精度是部件装配后精度的基础。

3. 钻套孔径的确定

在此部件的设计中，还有一个比较重要的问题，就是如何确定钻套0616和0617的孔径。钻套的孔径与钻头直径的配合当然是间隙配合，但是应该选择多大的间隙？一般的钻模设计，可按基本尺寸选择F8或F9即可。但是在此项设计中不可以，必须增大间隙，它应该是以下几项公差值的叠加值：

1）夹紧锥套夹持孔的径向圆跳动公差（0.03mm）。

2）夹紧锥套夹持孔轴线对滑台运动方向的平行度公差（0.03mm/100mm）。

3）钻模板上各钻套安装孔的位置度公差（ $\phi160mm\pm0.05mm$ 、60°±0.04°； $\phi108mm$ ±0.04mm、90°±0.05°）。

4）钻套内孔对外径的同轴度公差（0.02mm）。

5）多轴箱各钻孔轴位置度公差（ $\phi160mm\pm0.05mm$ 、60°±0.04°； $\phi108mm\pm0.04mm$ 、90°±0.05°）。

根据上列数据，钻套内孔的尺寸确定如下：基本尺寸比钻头的尺寸大0.1mm，公差为+0.03mm。

由于钻套与钻头间有较大的间隙（0.1~0.13mm），加工后孔的实际位置将在此范围内浮动。那么是否会影响工件的加工精度呢？不会，在用户提出的机床的技术条件中规定：加工螺孔的位置度公差为±0.2mm。

2.3.6　关于中部钻模支架部件和右部钻模支架部件设计的说明

这两个部件的设计，与前面所述左部钻模支架部件的设计大同小异，所以不多赘述。右部钻模板的外形有所不同，为阶梯形，是根据被加工零件的外形确定的。

这两个部件的技术条件，也与左部钻模支架部件的技术条件相同。

中部钻模支架部件简图如图2-26所示，其零件明细见表2-6。

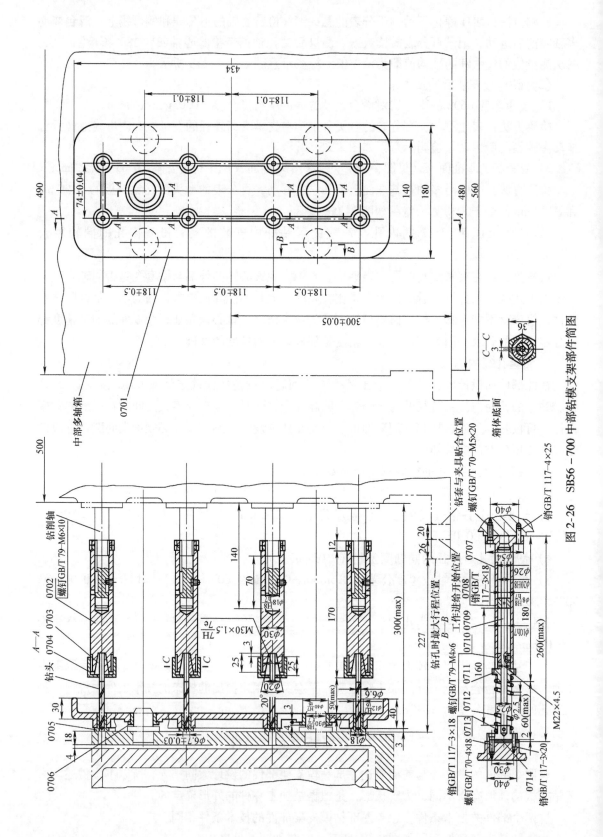

图 2-26　SB56-700 中部钻模支架部件简图

表 2-6　中部钻模支架部件零件明细　　　　（单位：mm）

代号	名称	型号规格	材料	数量	备注
0701	钻模板		HT200	1	
0702	钻杆		45 钢	8	
0703	夹紧锥套		45 钢	8	
0704	锁紧螺母		45 钢	8	
0705	钻套		T10	8	
0706	定位套		45 钢	2	
0707	支承套筒		20 钢无缝管 26×4	4	焊接件
0708	后滑动套		HT200	4	
0709	支承杆		45 钢	4	
0710	前滑动套		HT200	4	
0711	螺盖		45 钢	4	
0712	弹簧		碳素弹簧钢丝，$\phi2.5$	4	
0713	支承座		35 钢	4	
0714	调整垫		Q235A	4	
GB/T 70	内六角螺钉	M4×18		16	
GB/T 70	内六角螺钉	M5×20		16	
GB/T 79	内六角圆柱端紧定螺钉	M4×6		4	
GB/T 79	内六角圆柱端紧定螺钉	M6×10		8	
GB/T 117	圆锥销	3×18		8	
GB/T 117	圆锥销	3×20		8	
GB/T 117	圆锥销	4×25		8	

右部钻模支架部件简图如图 2-27 所示，其零件明细见表 2-7。

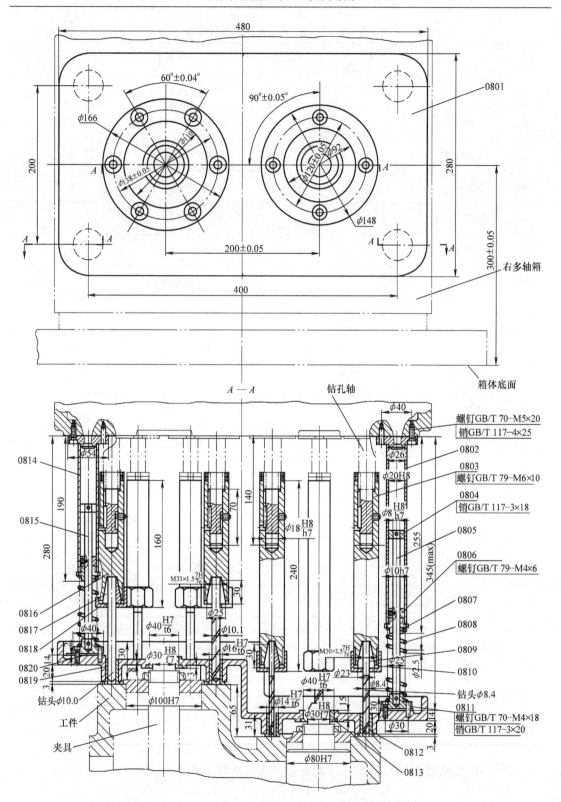

图 2-27　SB56－0800 右部钻模支架部件简图

表 2-7 右部钻模支架部件零件明细 （单位：mm）

代号	名称	型号规格	材料	数量	备注
0801	钻模板		HT200	1	
0802	支承套筒（1）		20 钢无缝管 26×4	2	焊接件
0803	长钻杆		45 钢	2	
0804	后滑动套		HT200	4	
0805	支承杆（1）		45 钢	2	
0806	前滑动套		HT2004	4	
0807	螺盖		45 钢	4	
0808	弹簧		碳素弹簧钢丝 $\phi2.5$	4	
0809	夹紧锥套（1）		45 钢	4	
0810	锁紧螺母（1）		45 钢	4	
0811	支承座		35 钢	4	
0812	钻套（1）		T10	4	
0813	定位套		45 钢	2	
0814	支承套筒（2）		20 钢无缝管 26×4	2	焊接件
0815	支承杆（2）		45 钢	2	
0816	短钻杆		45 钢	6	
0817	夹紧钻套（2）		45 钢	6	
0818	锁紧螺母（2）		45 钢	6	
0819	钻套（2）		T10	6	
0820	调整垫		Q235A	4	
GB/T 70	内六角螺钉	M4×18		16	
GB/T 70	内六角螺钉	M5×20		16	
GB/T 79	内六角圆柱端紧定螺钉	M4×6		4	
GB/T 79	内六角圆柱端紧定螺钉	M6×10		10	
GB/T 117	圆锥销	3×18		8	
GB/T 117	圆锥销	3×20		8	
GB/T 117	圆锥销	4×25		8	

2.3.7 左部攻丝架部件设计

1. 左部攻丝架部件装配图设计

这台专用机床攻丝加工的加工方式和加工条件，与钻孔加工相似。所以攻丝架部件的设计与钻孔支架部件的设计有许多相似之处。左部攻丝架部件简图如图 2-28 所示，其零件明细见表 2-8。图中攻丝板 0901 由 4 件支承轴 0909 支承。支承轴安装在多轴箱上，随多轴箱运动。攻丝杆 0902 和 0910 安装在多轴箱的攻丝轴上，由多轴箱驱动回转。攻丝杆与攻丝轴的配合为 $\phi18\dfrac{H8}{f7}$，是间隙配合，攻丝时攻丝杆可在攻丝轴上前后移动，完成攻丝加工。攻丝杆 0902 和 0910 分别安装在攻丝模套 0903 和 0908 的螺孔中，两者以梯形螺纹联接构成螺旋副。攻丝模套安装在攻丝板上，用键联接，用圆螺母紧固。当攻丝杆转动时，它同时就产生了轴向运动，每转动一周移动一个螺距的尺寸。在攻丝杆前端的锥孔中安装夹紧锥套，其孔中夹持丝锥，用锁紧螺母紧固。在攻丝板的水平中心线上，安装着两个定位套 0904，以垂直中心线相对称，相距 200mm。这样的位置，可以保证攻丝板有很好的定位精度。为了保证攻丝板的安装精度，在支承轴与攻丝板的安装结合面处设置了调整垫 0912，共 4 件，装配时可根据需要配磨成不同的厚度。

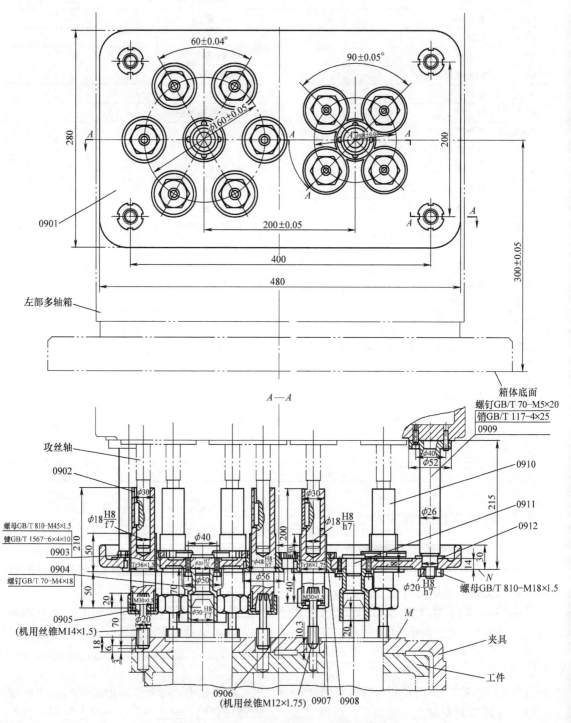

图 2-28　SB56 – 0900 左部攻丝架部件简图

表 2-8　左部攻丝架部件零件明细　　　　　　　（单位：mm）

代号	名称	型号规格	材料	数量	备注
0901	攻丝板		HT200	1	
0902	攻丝杆（1）		45 钢	6	
0903	攻丝模套（1）	螺纹 Tr36×1.5	ZQSn6-6-3	6	
0904	定位套		45 钢	2	
0905	夹紧锥套（1）		45 钢	6	
0906	夹紧锥套（2）		45 钢	4	
0907	锁紧螺母		45 钢	10	
0908	攻丝模套（2）	螺纹 Tr36×1.75	ZQSn6-6-3	4	
0909	支承轴		45 钢	4	
0910	攻丝杆（2）		45 钢	4	
0911	定位轴		45 钢	2	
0912	调整垫		Q235A	4	
GB/T 70	内六角螺钉	M4×18		8	
GB/T 70	内六角螺钉	M5×20		16	
GB/T 810	小圆螺母	M45×1.5		10	
GB/T 810	小圆螺母	M18×1.5		4	
GB/T 117	圆锥销	4×25		8	
GB/T 1567	薄型平键	6×4×10		10	
	（机用丝锥）	M12×1.75		4	刃具
	（机用丝锥）	M14×1.5		6	刃具

在此部件中，攻丝板的加工精度和安装精度，是关系到机床的攻丝加工能否正常进行的关键，所以设计时不能掉以轻心。在攻丝板的零件设计时，对于定位套和攻丝模套的安装孔的位置精度将提出较严格的要求。在拟订部件的技术条件时，对于攻丝板的安装精度也将提出较为严格的要求。

2. 攻丝架的工作原理

攻丝架的工作分为攻丝与退丝两个过程。攻丝过程是滑台带着多轴箱前进，当移动到距工作位置 20mm 处时，定位套的定位孔已穿入到夹具定位轴的锥面处，定位套的端面与夹具定位轴的圆柱面和圆锥面的交线平齐，攻丝板开始定位。此时 M14×1.5 丝锥的端面与夹具的基准面 M 相距 5mm，M12 丝锥的端面与 M 面的距离为 9.3mm。当滑台带着多轴箱再前进 20mm 时，攻丝架到达工作位置。滑台被挡铁挡住停止前进，夹具定位轴的圆柱面已进入定位套孔中 20mm（见图 2-28），此时丝锥 M14×1.5 的切削刃（圆锥面）与光整刃（圆柱面）的交线距工件端面 6mm，丝锥 M12 的上述交线距工件端面 10.3mm。于是，多轴箱电动机正向起动，驱动攻丝杆正向转动。在攻丝模套梯形螺纹的推动下，攻丝杆每转动一周就前进一个螺距的尺寸，从而驱动丝锥将工件的光孔加工成螺孔。由于丝锥的螺距与攻丝模套梯形螺纹的螺距相等，所以加工的螺孔的螺距也与丝锥的螺距相等。攻丝的深度达到设定值，电动机停止正向转动。这就是攻丝架的攻丝过程。

电动机停止正向转动后，立即反向转动，并且滑台保持在原地不动。于是攻丝杆开始反向转动，在攻丝模套梯形螺纹的推动下每反转一周就退出一个螺距的尺寸。当攻丝杆退到初始位置，即 M14×1.5 丝锥的切削刃与光整刃的交线距工件端面 6mm，M12 丝锥的上述交线距工件端面 10.3mm 时，电动机停止反向运转。同时滑台带动多轴箱快速返回。这就是攻丝架的退丝过程。

分析攻丝架的攻丝过程和退丝过程，可以得出如下要点：

1）在攻丝和退丝的过程中，攻丝杆上任意一点的运动轨迹都是一条螺旋线。此螺旋线由于各点所处的旋转半径不同，螺旋升角也不同，但螺距相同。此螺距等于攻丝模套的螺距。根据这个原理，当丝锥被攻丝杆夹持时，其切削刃就在工件已钻好的孔中切削出螺旋线，其光整刃就能将螺旋线修光。

2）由于丝锥的螺距等于攻丝模套的螺距，所以丝锥的每个刃口在所切削出的螺旋线中能处处吻合，运动自如。

以上就是攻丝架的工作原理。

3. 攻丝架部件的技术条件

攻丝架部件技术条件的要点，就是要保证攻丝架上的每个丝锥都能与钻孔架所加工的各孔对正。为此提出如下各项要求：

1）夹紧锥套 0905、0906 夹持孔的径向圆跳动公差：0.03mm。

检测方法：在夹持孔中夹持检验心轴，在距心轴外端 10mm 处用百分表测量。检验心轴简图如图 2-29 所示。

2）夹紧锥套夹持孔中心线对滑台运动方向的平行度公差：0.03mm/100mm。

检验方法：在夹紧锥套的夹持孔中夹持检验心轴，当滑台前后运动时用百分表检测心轴的上母线和侧母线。检测后攻丝轴转动 180° 再测一次。两次测量值的代数和的平均值即为偏差值。

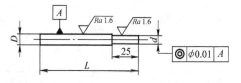

夹紧锥套	L/mm	D/mm	d/mm	数量
0905	70	ϕ12.4f7	ϕ10.1h7	6
0906	80	ϕ10.1f7	ϕ9h7	4

图 2-29　夹紧锥套用检验心轴

3）攻丝板 0901 基准面 N 对多轴箱基准面的平行度公差：0.10mm/300mm。

检测示意图可参考图 2-25c。

4）各夹紧锥套夹持孔中心线对工件加工的对应底孔的中心线的同轴度公差：0.1mm。

检验方法：在各夹紧锥套夹持孔中夹持检验心轴，滑台慢速前进，将心轴端部插入对应的工件底孔中。

2.3.8　关于中部攻丝架部件及右部攻丝架部件设计的几点说明

中部攻丝架部件及右部攻丝架部件的结构设计与左部攻丝架部件大同小异，所不同的是：①加工螺孔的规格及分布的位置不同；②右部攻丝架的外形设计为阶梯形，这是根据工件的形状确定的。它们的工作原理及技术要求检测方法也完全相同，故不多赘述。

为了便于读者更详细地了解本机床的设计，将这两个部件的简图及零件明细介绍于下面。中部攻丝架部件简图如图 2-30 所示，其零件明细见表 2-9。右部攻丝架部件简图如图 2-31 所示，其零件明细见表 2-10。

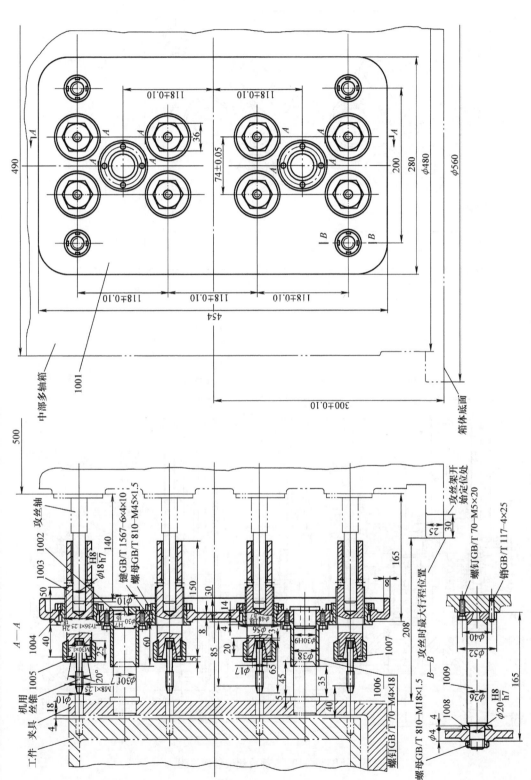

图 2-30 SB56 – 1000 中部攻丝架部件简图

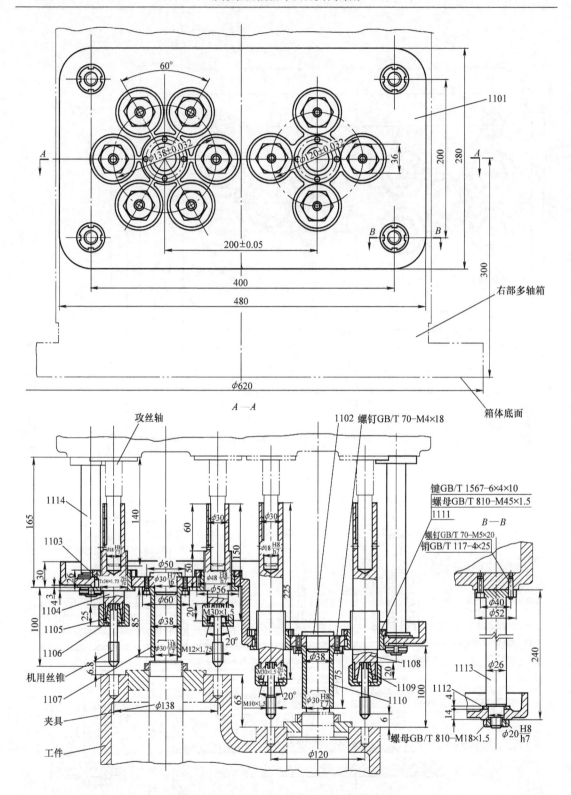

图 2-31　SB56－1100 右部攻丝架部件简图

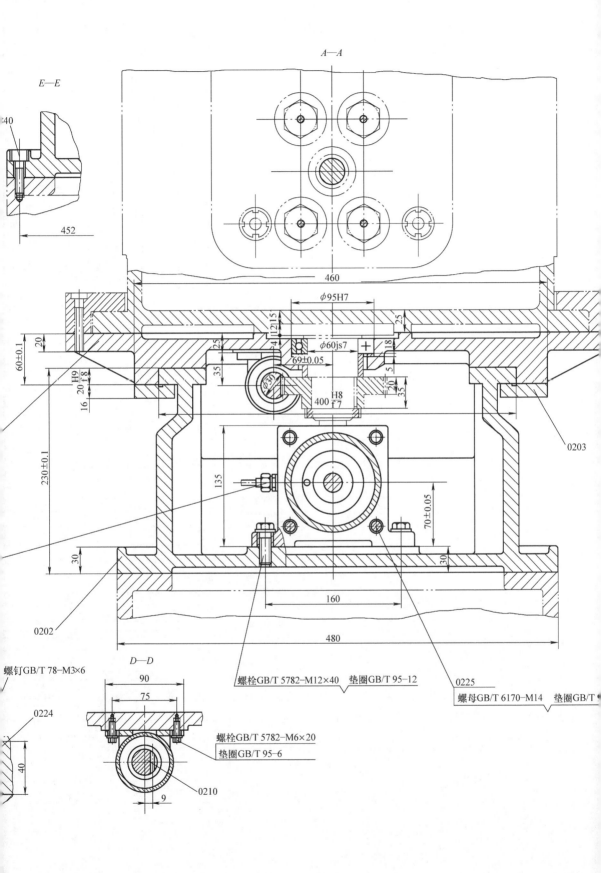

A—A

E—E

452

460

$\phi95H7$

$\phi60js7$

12|15

25

24

69±0.05

H8
400 f7

18

5

20

35

25

20

60±0.1

20

H9
20 f8

16

230±0.1

35

135

70±0.05

0203

30

30

160

0202

480

D—D

螺钉GB/T 78—M3×6

0224

40

90

75

0210

9

螺栓GB/T 5782—M12×40 垫圈GB/T 95—12

螺栓GB/T 5782—M6×20
垫圈GB/T 95—6

0225

螺母GB/T 6170—M14   垫圈GB/T

F—F、G—G
500

0501
0502
螺钉GB/T 78—M5×15
140
A
键GB/T 1567—8×5×42
电磁离合器EKE-4S
4垫圈GB/T
螺栓GB/T S
电动机Y10
3kW, 1

0503
螺栓GB/T 78—M4×12
0504
26   64
20
φ50
φ28
φ180 H8/h7
φ250
128

I
φ148
φ94
0505
46
93

II
30
III
挡圈GB/T 894.1—25
0506
φ148
φ92
键GB/T 1096—8×28
0507

0508
φ50
φ74
0509
φ72
21   25   20
46

IV
140
65   51
70   20
VI
φ18h7
φ25 H8/h7
φ60
φ64
0510
φ78
φ74
键GB/T 1096—8×28

0511

0512
φ60
φ64
螺母GB/T 810—M20×1.5

键GB/T 1096—6×30
φ60
φ60
φ56

0513

A   A

夹紧机构
300   φ485
12

转位液压缸
φ120
φ480
φ560
A

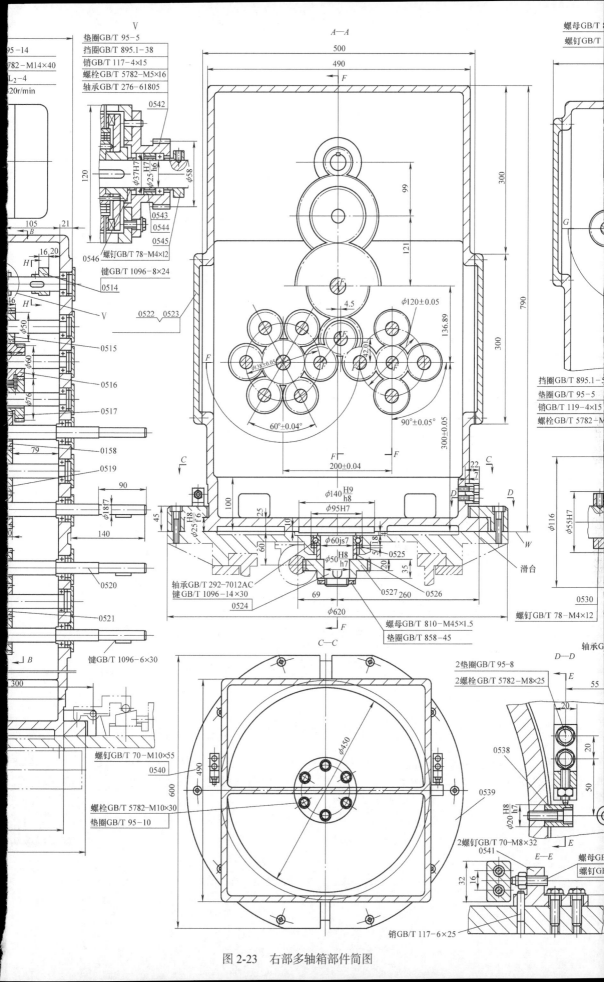

图 2-23　右部多轴箱部件简图

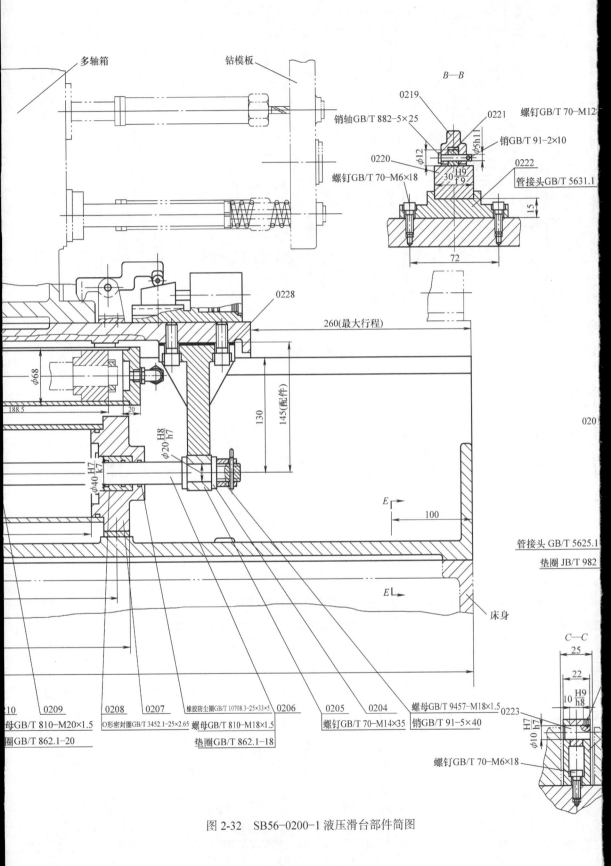

多轴箱

钻模板

销轴GB/T 882-5×25

螺钉GB/T 70-M6×18

B—B

0219

0221

螺钉GB/T 70-M12

销GB/T 91-2×10

ϕ12

ϕ5h11

0220

H9
f9

30

0222

管接头GB/T 5631.1

15

72

0228

260(最大行程)

ϕ68

130

145(配作)

188.5

20

ϕ20$\frac{H8}{h7}$

ϕ40$\frac{H7}{K7}$

E

100

管接头 GB/T 5625.1

垫圈 JB/T 982

E

床身

020

C—C

25

22

H9
h8

10

ϕ10

H7
h7

0223

螺钉GB/T 70-M6×18

010

0209

0208

0207

橡胶防尘圈GB/T 10708.3-25×33×5

0206

0205

0204

螺母GB/T 9457-M18×1.5

母GB/T 810-M20×1.5

O形密封圈GB/T 3452.1-25×2.65

螺母GB/T 810-M18×1.5

螺钉GB/T 70-M14×35

销GB/T 91-5×40

圈GB/T 862.1-20

垫圈GB/T 862.1-18

图 2-32　SB56-0200-1液压滑台部件简图

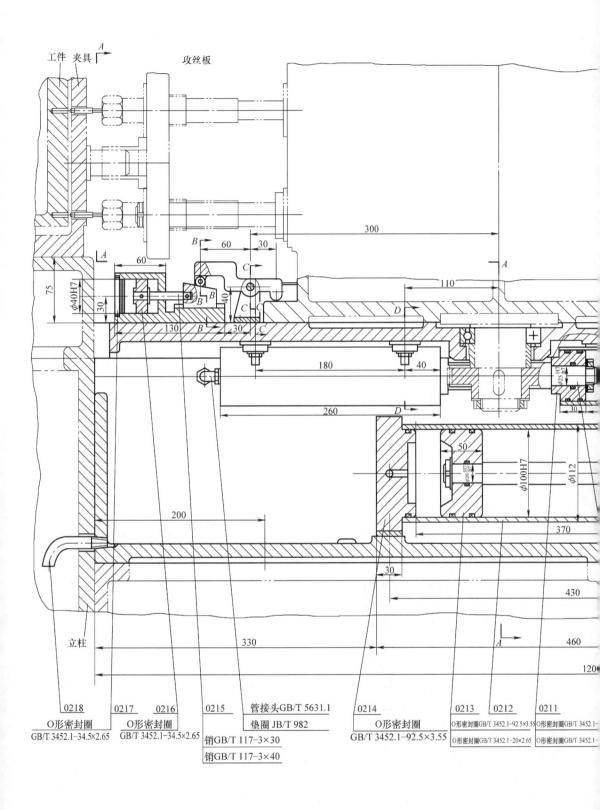

工件　夹具　　　攻丝板

A

300

75
$\phi40H7$
30
60
B　60　30
A
C
B　40
B　*C*
C
C
130　*B*　30
A
110
D
180　40
260　*D*
50
$\phi20U7/h7$
$\phi100H7$
$\phi112$
$\phi25U7/h7$
30
200
370
30
430
立柱
330
A
460
120

0218	0217	0216	0215	管接头GB/T 5631.1		0214		0213	0212	0211
O形密封圈	O形密封圈		垫圈 JB/T 982			O形密封圈		O形密封圈GB/T 3452.1-92.5×3.55	O形密封圈GB/T 3452.1-
GB/T 3452.1-34.5×2.65	GB/T 3452.1-34.5×2.65		销GB/T 117-3×30			GB/T 3452.1-92.5×3.55		O形密封圈GB/T 3452.1-20×2.65	O形密封圈GB/T 3452.1-
			销GB/T 117-3×40						

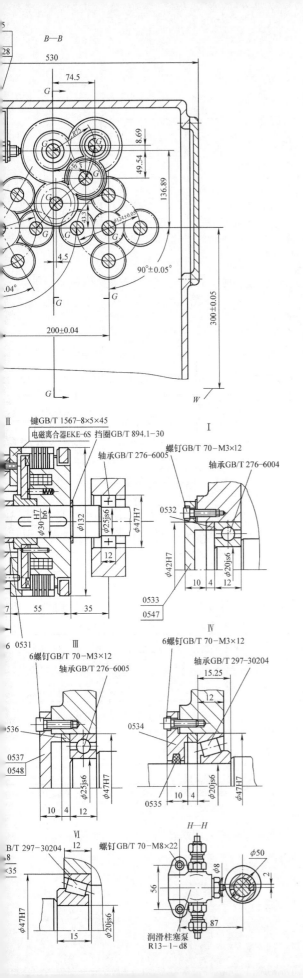

B—B

530

74.5

G

8.69

49.54

136.89

φ15

56.3

43.3

φ124±0.02

4.5

90°±0.05°

.04°

200±0.04

300±0.05

G

W

II 键GB/T 1567-8×5×45

电磁离合器EKE-6S 挡圈GB/T 894.1-30

I

螺钉GB/T 70-M3×12

轴承GB/T 276-6005

轴承GB/T 276-6004

0532

φ30 $\frac{H7}{h6}$

φ132

φ25js6

φ47H7

12

φ42H7

φ20js6

10 4 12

0533
0547

55 35

7

6 0531

III

6螺钉GB/T 70-M3×12

IV

6螺钉GB/T 70-M3×12

轴承GB/T 297-30204

轴承GB/T 276-6005

15.25

12

536

0534

0537
0548

φ25js6

φ47H7

φ20js6

φ47H7

10 4 12

0535

10 4

VI

B/T 297-30204

.8

×35

12

螺钉GB/T 70-M8×22

H—H

φ50

φ8

2

φ47H7

φ20js6

56

87

15

润滑柱塞泵
R13-1-d8

表 2-9　中部攻丝架部件零件明细　　（单位：mm）

代号	名称	型号规格	材料	数量	备注
1001	攻丝板		HT200	1	
1002	定位轴		45 钢	2	
1003	攻丝杆		45 钢	8	
1004	攻丝模套		ZQSn6 - 6 - 3	8	
1005	夹紧锥套		45 钢	8	
1006	定位套		45 钢	2	
1007	锁紧螺母		45 钢	8	
1008	调整垫		Q235A	4	
1009	支承轴		45 钢	4	
GB/T 70	内六角螺钉	M4 × 18		8	
GB/T 70	内六角螺钉	M5 × 20		16	
GB/T 810	小圆螺母	M45 × 1.5		8	
GB/T 810	小圆螺母	M18 × 1.5		4	
GB/T 117	圆锥销	4 × 25		8	
GB/T 1567	薄型平键	6 × 4 × 10		8	
	（机用丝锥）	M8		8	刃具

表 2-10　右部攻丝架部件零件明细　　（单位：mm）

代号	名称	型号规格	材料	数量	备注
1101	攻丝板		HT200	1	
1102	定位轴		45 钢	2	
1103	攻丝模套（1）		ZQSn6 - 6 - 3	6	
1104	攻丝杆（1）		45 钢	6	
1105	夹紧锥套（1）		45 钢	6	
1106	锁紧螺母		45 钢	10	
1107	定位套（1）		45 钢	1	
1108	攻丝杆（2）		45 钢	4	
1109	夹紧锥套（2）		45 钢	4	
1110	定位套（2）		45 钢	1	
1111	攻丝模套（2）		ZQSn6 - 6 - 3	4	
1112	调整垫		Q235A	4	
1113	支承轴（1）		45 钢	2	
1114	支承轴（2）		45 钢	2	
GB/T 70	内六角螺钉	M4 × 18		8	
GB/T 70	内六角螺钉	M5 × 20		16	
GB/T 810	小圆螺母	M45 × 1.5		10	
GB/T 810	小圆螺母	M18 × 1.5		4	
GB/T 117	圆锥销	4 × 25		8	
GB/T 1567	薄型平键	6 × 4 × 10		10	
	（机用丝锥）	M12		6	刃具
	（机用丝锥）	M10		4	刃具

2.3.9　液压滑台部件设计

在组合机床的设计中，液压滑台是应用广泛的部件。它的功能就是实现可控的直线往复运动。用它与各种动力头组合，可以组成铣、镗、钻等各种组合机床。与此相似，这台专用机床也是将滑台与多轴箱组合在一起，去完成钻孔与攻丝的加工。

滑台部件可分为液压动力滑台与机械动力滑台两大类。液压滑台机构简单，控制方便，动作可靠，运行平稳，并可无级调速。所以这台专用机床也采用了液压滑台。

但是，由于技术上的特殊要求，此液压滑台必须自行设计制造。前文在 2.2.6 节中，列出了在滑台部件设计中要注意的几个要点，在 2.2.7 节中又确定了滑台的主要外形尺寸。这些前期的设计工作，为滑台部件的设计奠定了基础。在此基础上设计的液压滑台部件简图如图 2-32（见插页）、图 2-33（见插页）所示，其零件明细见表 2-11。

表 2-11　液压滑台部件零件明细　　　　　　　（单位：mm）

代号	名称	型号规格	材料	数量 部件	数量 全机	备注
0201	滑台本体		HT200	1	3	
0202	滑座本体		HT200	1	3	
0203	压板（右）		HT200	2	6	
0204	活塞杆垫圈		Q235A	1	3	
0205	臂架		HT200	1	3	
0206	滑台液压缸活塞杆		45 钢	1	3	
0207	滑台液压缸前端盖		HT150	1	3	
0208	滑台液压缸导向套		ZQSn6 – 6 – 3	1	3	
0209	转位液压缸缸体		20 钢无缝管 $\phi70 \times 7$	2	6	焊接件
0210	齿条活塞杆		45 钢	1	3	
0211	转位活塞		HT150	2	6	
0212	滑台液压缸缸筒		20 钢无缝管 $\phi114 \times 9$	1	3	
0213	滑台液压缸活塞		HT150	1	3	
0214	滑台液压缸后端盖		HT150	1	3	
0215	夹紧液压缸活塞杆		45 钢	2	6	
0216	夹紧液压缸活塞		HT150	2	6	
0217	夹紧液压缸后端盖		45 钢	2	6	
0218	回油弯管		1/4in 管	1	3	
0219	夹紧杠杆		45 钢	2	6	
0220	夹紧楔块		HT150	2	6	
0221	夹紧滚轮		45 钢	2	6	
0222	夹紧液压缸缸体		HT150	2	6	
0223	小轴		45 钢	2	6	
0224	支架		HT200	2	6	
0225	滑台液压缸拉杆		45 钢	4	2	
0226	压板（左1）		H200	1	3	
0227	压板（左2）		HT200	1	3	
0228	臂架垫板		Q235A	1	3	

（续）

代号	名称	型号规格	材料	数量		备注
				部件	全机	
0229	平塞铁		HT200	2	6	
0230	挡铁		Q235A	2	6	
GB/T 5782	六角头螺栓	M8×40		16	48	
GB/T 5782	六角头螺栓	M12×40		4	12	
GB/T 5782	六角头螺栓	M6×20		8	24	
GB/T 70	内六角螺钉	M6×18		12	36	
GB/T 70	内六角螺钉	M12×40		4	12	
GB/T 70	内六角螺钉	M14×35		4	12	
GB/T 78	内六角锥端紧定螺钉	M3×6		2	6	
GB/T 85	方头长圆柱紧定螺钉	M6×36		8	24	
GB/T 27	六角头铰制孔螺栓	M6×50		4	12	
GB/T 5781	六角头全螺纹螺栓	M8×40		2	6	
GB/T 6170	六角螺母	M6		12	36	
GB/T 6170	六角螺母	M8		2	6	
GB/T 6170	六角螺母	M14		8	24	
GB/T 810	小圆螺母	M18×1.5		1	3	
GB/T 810	小圆螺母	M20×1.5		2	6	
GB/T 9457	开槽螺母	M18×1.5		1	3	
GB/T 95	垫圈	6		8	24	
GB/T 95	垫圈	12		4	12	
GB/T 95	垫圈	14		8	24	
GB/T 862.1	锁紧垫圈	18		1	3	
GB/T 862.1	锁紧垫圈	20		2	6	
GB/T 117	圆锥销	3×40		2	6	
GB/T 117	圆锥销	3×30		2	6	
GB/T 882	销轴	5×25		2	6	
GB/T 91	开口销	2×10		2	6	
GB/T 91	开口销	5×40		1	2	
GB/T 3452.1	O形密封圈	34.5×2.65		6	18	
GB/T 3452.1	O形密封圈	92.5×3.55		4	12	
GB/T 3452.1	O形密封圈	20×2.65		1	3	
GB/T 3452.1	O形密封圈	54.5×2.65		4	12	
GB/T 3452.1	O形密封圈	25×2.65		4	12	
GB/T 10708.3	橡胶防尘圈	25×33×5		1	3	
GB/T 5625.1	扩口式管接头	8		2	6	
GB/T 5631.1	扩口式直角管接头	6		2	6	
GB/T 5631.1	扩口式直角管接头	5		4	12	
JB/T 982	组合密封垫	8		2	6	
JB/T 982	组合密封垫	6		2	6	
JB/T 982	组合密封垫	5		4	12	

液压滑台部件由滑台组件和滑座组件组成。滑座以导轨支承着滑台和滑台上安装的多轴箱部件、钻孔支架部件、攻丝架部件的质量，并驱动其做直线往复运动。

滑台的运动可分为以下几项：①滑台并携带多轴箱做直线往复运动；②多轴箱转位运动，转动角度为 ±180°；③多轴箱的夹紧运动。这些运动都是由液压缸驱动的。按常规，液压缸的设计应该列入液压传动系统的设计中。但是这台专用机床的设计有其特殊性：对液压缸的结构有特殊要求，不能采用市场上出售的标准产品，而必须自行设计。而且此设计又必须与滑台、滑座的设计结合起来进行，所以就把各液压缸的设计列入滑台部件中了。

1. 滑台直线往复运动液压缸的设计

滑台在滑座上沿导轨做直线往复运动，推动此项运动的液压缸设计过程如下：

（1）液压缸参数的确定

1）液压缸工作载荷的计算。此液压缸的工作载荷有两项，第一项是由滑台、多轴箱等部件的重力形成的运动时的摩擦力。第二项是钻孔时钻头在切削中产生的轴向力。分别计算如下：

① 导轨面摩擦力按下式计算

$$F_m = \mu \sum G$$

式中　　F_m——导轨面摩擦力（N）；

$\sum G$——滑台及多轴箱、钻孔支架、攻丝架等各部件的重力（N），$\sum G = 6710N$；

μ——导轨面的动摩擦系数，导轨材料为铸铁 – 铸铁，有润滑，$\mu = 0.07 \sim 0.12$，取平均值，$\mu = 0.095$。

各值代入公式

$$F_m = 0.095 \times 6710N = 637.5N$$

② 钻孔时钻头承受的轴向切削力按下式计算

$$F_z = C_F v^{vF} d^{dF} f^{fF}{}^{\ominus}$$

式中　　F_z——钻孔时钻头承受的轴向切削力（N）；

C_F——材料的计算常数，材料为 HT200，165HBW，则 $C_F = 674$。

v——切削速度（m/min），本机床钻孔的最大直径为 12.5mm，转速为 400r/min，$v = 0.0125\pi \times 400m/min = 15.7m/min$；

vF——切削速度对不同材料的系数，材料为铸铁，$vF = -0.01$；

d——钻头直径（mm），$d = 12.5$；

dF——钻头直径对不同材料的系数，材料为铸铁，$dF = 0.824$；

f——钻头每转的进给量（mm/r），$f = 0.1mm/r$；

fF——进给量对不同材料的系数，材料为铸铁，$fF = 0.845$。

各数值代入公式

$$F_z = 674 \times 15.7^{-0.01} \times 12.5^{0.824} \times 0.1^{0.845}N = 750.9N$$

此数值为钻孔时一个钻头承受的轴向力，全部钻头为 10 个，产生的轴向力为

$$\sum F_z = 10 \times 750.9N = 7509N$$

则钻孔时液压缸的工作负载为

$$\sum F = F_m + \sum F_z = 637.5N + 7509N = 8146.5N$$

⊖ 张展：《非标准设备设计手册（第 3 册）》，兵器工业出版社，1993，第 48 ~ 49 页。

2）液压缸的理论作用力计算　按下式计算

$$P = \frac{P_0}{\psi \eta_t}$$

式中　P——液压缸的理论作用力（N）；

P_0——作用在活塞杆上的载荷（N），$P_0 = 8146.5\text{N}$；

ψ——负载率，一般为 $0.5 \sim 0.8$，取 $\psi = 0.8$；

η_t——液压缸的总效率，$\eta_t = \eta_m \eta_v \eta_d$；

η_m——机械效率，由活塞及活塞杆的摩擦力构成，一般 $\eta_m = 0.9 \sim 0.95$，取 $\eta_m = 0.925$；

η_v——容积效率，当密封圈为橡胶圈时，$\eta_v = 1$；

η_d——作用力效率，在此项设计中，活塞杆承受拉力，$\eta_d = \dfrac{p_2 A_2 - p_1 A_1}{p_2 A_2}$，$p_1$ 为背压，取 $p_1 = 0.5\text{MPa}$，p_2 为进油压力，$p_2 = 2.5\text{MPa}$，A_1 为液压缸无杆端面积，初步设缸内径 $D = 100\text{mm}$，$A_1 = (\frac{100}{2})^2 \pi \text{mm}^2 = 7854\text{mm}^2$，$A_2$ 为液压缸有杆端面积，初步设活塞杆直径 $d = 25\text{mm}$，$A_2 = 7854\text{mm}^2 - (\frac{25}{2})^2 \pi \text{mm}^2 = 7363.1\text{mm}^2$，由此得 $\eta_d = \dfrac{2.5 \times 7363.1 - 0.5 \times 7854}{2.5 \times 7363.1} = 0.787$。

将 P_0、ψ、η_t 各值代入前式

$$P = \frac{8146.5}{0.8 \times 0.925 \times 1 \times 0.787}\text{N} = 13987.8\text{N}\ （理论拉力）$$

3）液压缸内径计算。按下式计算

$$D = \sqrt{\frac{4P}{\pi p \times 10^6} + d^2}$$

式中　D——液压缸内径（m）；

P——液压缸的理论作用力（N），$P = 13987.8\text{N}$；

p——供油压力（MPa），设 $p = 2.5\text{MPa}$；

d——活塞杆直径（m），设 $d = 25\text{mm} = 0.025\text{m}$。

代入上式

$$D = \sqrt{\frac{4 \times 13987.8}{2.5\pi \times 10^6} + 0.025^2}\text{m} = 0.088\text{m} = 88\text{mm}$$

根据液压缸内径系列标准，取 $D = 100\text{mm}$。

4）液压缸壁厚校核。参考低压液压缸的标准设计，初定液压缸的壁厚为 6mm，材料为 20 钢无缝管，校核其强度。按下式计算

$$p_n \leqslant 0.35 \frac{R_{eL}(D_1^2 - D^2)}{D_1^2}$$

式中　p_n——液压缸的额定压力（MPa），$p_n = 2.5\text{MPa}$；

R_{eL}——材料的屈服强度（MPa），20 钢，$R_{eL} = 245\text{MPa}$；

D_1——缸外径（mm），$D_1 = 112\text{mm}$；

D——缸内径（mm），$D = 100\text{mm}$。

代入公式

$$2.5\text{MPa} \leqslant 0.35 \times \frac{245 \times (112^2 - 100^2)}{112^2}\text{MPa} = 17.4\text{MPa}$$

由上式可知，缸筒的额定压力远小于按材料的屈服强度计算的缸筒可承受的压力的极限值，故设计可行。

5）确定活塞杆直径。确定活塞杆直径，首先要考虑它所承受的最大应力是拉应力还是压应力。如果承受压应力，由于存在弯曲稳定性的问题，确定的直径就要大一些。对双作用单边活塞杆的液压缸，还要考虑往复运动的速比，活塞杆的直径越小，则速比也越小。

这台机床的液压缸，活塞杆设在右方——远离工件的方向。这样设计有两个好处：①液压缸的工作负荷最大时，活塞杆受拉应力，没有弯曲不稳的问题；②方便安装。但也有不足之处：前进的速度比返回的速度快。为了减小速比，活塞杆的直径选择了标准允许的最小值。

活塞杆直径的选择，可按推荐的"杆径比"来初步确定。杆径比即活塞杆的直径与液压缸内径的比值：$\alpha = \dfrac{d}{D}$。α的推荐值如下：

受拉力的活塞杆：$\alpha = 0.25 \sim 0.55$。

受压力的活塞杆：$\alpha = 0.5 \sim 0.7$。

按上列数据，选$\alpha = 0.25$，则活塞杆直径为

$$d = \alpha D = 0.25 \times 100\text{mm} = 25\text{mm}$$

此参数符合 GB/T 2384 的规定。

6）活塞杆直径强度校核。受拉力的活塞杆，其危险截面往往在螺纹的退刀槽处。由图2-32 可以看到，活塞杆 0206 有两处螺纹，都是 M18×1.5，其退刀槽的直径为 $\phi16\text{mm}$。按下式校核其抗拉强度

$$\sigma_n = 1.8 \frac{P}{d^2} \leqslant [\sigma]$$

式中　σ_n——拉应力（MPa）；

P——活塞杆承受的最大拉力（N），$P = 8146.5\text{N}$；

d——活塞杆危险截面直径（mm），$d = 16\text{mm}$；

$[\sigma]$——材料的许用拉应力（MPa），材料为 45 钢，调质，$[\sigma] = 400\text{MPa}$。

代入公式

$$\sigma_n = 1.8 \times \frac{8146.5}{16^2}\text{N/mm}^2 = 57.3\text{N/mm}^2 < 400\text{N/mm}^2$$

上式成立，符合强度条件，设计可行。

7）液压缸的最大工作压力计算。钻孔时液压缸的最大工作压力按下式计算

$$p_z = \frac{P}{A}$$

式中　p_z——液压缸的最大工作压力（MPa）；

P——钻孔时液压缸的理论拉力（N），前文已计算，$P = 13987.8\text{N}$；

A——液压缸有杆端面积（mm²），$A = \dfrac{\pi}{4}(D^2 - d^2) = \dfrac{\pi}{4} \times (100^2 - 25^2)\text{mm}^2 = 7363.1\text{mm}^2$。

代入公式

$$p_z = \frac{13987.8}{7363.1} \text{N/mm}^2 = 1.9 \text{MPa}$$

8) 确定液压缸的最大行程。液压缸的最大行程根据滑台的最大行程确定。滑台的最大行程为 260mm，以此数据为基础，再加上 60mm 余量，确定液压缸的最大行程为 320mm。此数据符合 GB/T 2349—1980。

（2）在滑台起动时液压缸的负载计算　机械的起动过程，是机械运动过程中的关键阶段。在此阶段的动力消耗，是机械设计中必须考虑的问题。前文已经计算了钻孔时的负载，但是在滑台起动时液压缸的负载是多少？由于滑台、多轴箱等部件的质量很大，惯性力就很大，而且起动时导轨面的摩擦系数是静摩擦系数，比动摩擦系数又大很多，液压缸的推力能否满足要求？需要进行计算。

滑台起动时的运动特征是：①起动时初速度为 $v_0 = 0$；②由于液压缸的推动力是不变的数值，所以起动过程是匀加速运动；③导轨的摩擦系数是静摩擦系数。

在起动过程中，液压缸的负载由以下三个因素构成：①导轨面的静摩擦力；②由被推动零件的质量形成的惯性力；③由液压缸的背压形成的阻力。下面分别进行计算：

1) 起动时导轨面间的静摩擦力计算。按下式计算

$$F_m = \sum G \mu_s$$

式中　F_m——导轨面间的静摩擦力（N）；

$\sum G$——滑台及滑台上安装的各零部件的总重力（N），$\sum G = 684 \text{kgf} = 6710 \text{N}$（$1 \text{kgf} = 9.80665 \text{N}$）；

μ_s——滑台导轨的静摩擦系数，导轨材料为铸铁 – 铸铁，$\mu_s = 0.15$。

代入公式

$$F_m = 6710 \times 0.15 \text{N} = 1006.5 \text{N}$$

2) 起动时应克服的惯性力计算。根据牛顿定律，按下式计算

$$F_g = ma$$

式中　F_g——使滑台、多轴箱等零部件产生加速度所需的作用力（N）；

m——滑台、多轴箱等零部件的质量之和（kg），$m = \frac{6710}{9.81} \text{kg} = 684 \text{kg}$；

a——滑台起动时的加速度（m/s^2），$a = \frac{v_t - v_0}{t}$；

v_t——滑台的运动速度（m/s），$v_t = 1.2 \text{m/min} = 0.02 \text{m/s}$；

v_0——滑台起动前的速度（m/s），$v_0 = 0$；

t——起动所需时间（s），设 $t = 0.5 \text{s}$。

将 m、a 二值代入公式

$$F_g = 684 \times 0.04 \text{N} = 27.36 \text{N}$$

3) 由背压形成的阻力计算。按下式计算

$$F_b = p_b A$$

式中　F_b——背压形成的阻力（N）；

p_b——液压缸的背压（MPa），一般取 $p_b = 0.2 \sim 0.5 \text{MPa}$，取 $p_b = 0.5 \text{MPa}$；

A——液压缸无杆端面积（mm^2），$A = \frac{\pi}{4} \times 100^2 \text{mm}^2 = 7854 \text{mm}^2$。

代入公式

$$F_b = 0.5 \times 7854N = 3927N$$

4）起动时液压缸的总负载计算。按下式计算

$$\sum F = F_m + F_g + F_b = 1006.5N + 27.36N + 3927N = 4960.9N$$

将此数值与液压缸的理论拉力相比较

$$4960.9N < 13987.8N$$

由此结果可知，在滑台起动时，液压缸的负载远小于其理论拉力，故起动应毫无困难。

2. 多轴箱转位液压缸设计

多轴箱转位液压缸属于滑台部件。转位的转动角度为180°，是正、反方向往复回转。这种运动，适合采用液压缸经齿条来驱动。在多轴箱部件的设计中，已经确定了转位齿轮的参数：模数 $m = 2mm$，齿数 $z = 20$°与此相适应，齿条的直径和长度，吸油缸的直径和行程等参数也就确定下来了。其结构和尺寸如图2-32所示。

由图可知，液压缸0209是两个单作用液压缸，两液压缸的两个活塞0211，由齿条活塞杆0210相连，当右侧液压缸进油时，左侧液压缸排油，进油的活塞推动齿条活塞杆轴向运动，从而推动转位齿轮转动，带动多轴箱回转180°；当左侧液压缸进油时，右侧液压缸排油，推动齿条活塞杆反向运动，推动齿轮反转，从而使多轴反向转位180°。

液压缸的工作行程为188.5mm，其最大行程可为210mm，留有21.5mm的余量，其中3mm用于多轴箱的定位调整，调整的角度可达3°。

转位液压缸由无缝钢管焊接而成。设计时进行了两项计算：

（1）转位液压缸壁厚强度校核　液压缸的壁厚为4mm，材料为20钢无缝管焊接件。强度校核按下式计算

$$p_n \leqslant 0.35 \frac{R_{eL}(D_1^2 - D^2)}{D_1^2}$$

式中　　p_n——液压缸的额定工作压力（MPa），$p_n = 2.5MPa$；

R_{eL}——缸筒材料的屈服强度（MPa），20钢，$R_{eL} = 245MPa$；

D_1——缸筒外径（mm），$D_1 = 68mm$；

D——缸筒内径（mm），$D = 60mm$。

代入公式

$$2.5MPa < 0.35 \times \frac{245(68^2 - 60^2)}{68^2}MPa = 18.99MPa$$

上式成立，即说明缸筒的强度符合要求，故设计可行。

（2）转位液压缸的转位力矩校核　多轴箱部件、钻孔架部件、攻丝架部件，此三个部件的重力很大，达5533N。转位时由此产生的摩擦力矩必然也很大。而转位液压缸的内径并不大，转位齿轮的直径也不大（见图2-18），由此产生的转位力矩，必然不大。于是设计时就产生了一个疑问，液压缸能否推动多轴箱转位？

还有一个问题也需要考虑：多轴箱的转位是由静止状态转化为回转运动，起动时要克服惯性阻力矩，此阻力矩也要由转位液压缸的压力来克服，转位液压缸能否克服？

除了上述负载力矩之外，液压缸在工作中必然要产生背压，因而也形成阻力矩。

针对以上的三个问题，设计时进行了以下三项计算：

1）转位时的摩擦力矩计算。多轴箱等三个部件的总重力为5533N。前文在已经确定此

重力分别由以下两个零件来承担：立轴轴承 7012AC 承担 60%，ϕ560mm 圆导轨面承担 40%。这样就产生了两个摩擦力矩，分别计算如下：

① 滚动摩擦力矩计算。按下式计算

$$M_g = G_1 \mu r$$

式中　M_g——滚动摩擦力矩（N·mm）；

　　　G_1——滚动轴承承受的轴向载荷（N），$G_1 = 5533 \times 0.6 \text{N} = 3319.8 \text{N}$；

　　　μ——滚动轴承 7012AC 的滚动摩擦系数，$\mu = 0.005$；

　　　r——滚动轴承 7012AC 的平均滚道半径（mm），$r = \dfrac{60 + 95}{4} \text{mm} = 38.75 \text{mm}$。

代入公式

$$M_g = 3319.8 \times 0.005 \times 38.75 \text{N·mm} = 643.2 \text{N·mm}$$

② 滑动摩擦力矩计算。按下式计算

$$M_h = G_2 \mu_s R$$

式中　M_h——滑动摩擦力矩（N·mm）；

　　　G_2——圆导轨面承受的重力（N），$G_2 = 5533 \times 0.4 \text{N} = 2213.2 \text{N}$；

　　　μ_s——圆导轨面的滑动静摩擦系数，材料为铸铁 – 铸铁，$\mu_s = 0.15$；

　　　R——圆导轨的平均半径（mm），$R = \dfrac{560 + 460}{4} \text{mm} = 255 \text{mm}$。

代入公式

$$M_h = 2213.2 \times 0.15 \times 255 \text{N·m} = 84654.9 \text{N·m}$$

③ 总摩擦力矩计算。按下式计算

$$\sum M_m = M_g + M_h = 643.2 \text{N·mm} + 84654.9 \text{N·mm} = 85298.1 \text{N·mm} = 85.3 \text{N·m}$$

2）转位时惯性阻力矩计算。根据刚体转动定律，可按下式计算

$$M = J\beta$$

式中　M——刚体转动，在起动过程中承受的外力矩（N·m）；

　　　J——刚体各质点的转动惯量总和，即多轴箱等三部件的全部零件，对转位轴线的转动惯量总和（kg·m^2）；

　　　β——刚体转动起动时的角加速度（rad/s^2），$\beta = \dfrac{\omega_t - \omega_0}{t}$，$\omega_t$（刚体转动角速度）= 0.5rad/s，$\omega_0$（刚体起动前角速度）= 0，$t$（起动时间）= 0.5s，则 $\beta = \dfrac{0.5 - 0}{0.5} \text{rad/s}^2 = 1 \text{rad/s}^2$。

式中的转动惯量 J 的计算是件非常繁琐、复杂的工作，而且工作量非常大。转动惯量由三个因素构成：零件的质量、零件的形状和尺寸、零件各部位的质心对转轴的垂直距离，需对全部零件一一计算。当零件的尺寸和形状有差别时还要将一个零件分解成数个部位，然后一一分别计算，再求其和。当形状不同时计算公式也不相同。多轴箱等三个部件，共有百余种不同的零件，要进行几百次的计算，最后再求总和。所以无法将计算方法和数据一一列出，只能将计算的结果列出：多轴箱等三部件的各零件，对转位轴线的转动惯量总和为 $\sum J = 32.2 \text{kg·m}^2$。

将 $\sum J$ 和 β 值代入公式

$$M_{\mathrm{J}} = 32.2 \times 1\mathrm{N} \cdot \mathrm{m} = 32.2\mathrm{N} \cdot \mathrm{m}$$

3）液压缸的背压形成的阻力矩计算。按下式计算

$$M_{\mathrm{b}} = \pi \left(\frac{D}{2} \right)^2 R p_{\mathrm{b}}$$

式中　M_{b}——背压形成的阻力矩（N·m）；

$\quad\quad D$——转位液压缸内径（mm），$D = 60\mathrm{mm}$；

$\quad\quad R$——转位齿轮分度圆半径（m），$R = 60\mathrm{mm} = 0.06\mathrm{m}$；

$\quad\quad p_{\mathrm{b}}$——液压缸的背压（MPa），低压液压缸一般取 $p_{\mathrm{b}} = 0.5\mathrm{MPa}$。

各值代入公式

$$M_{\mathrm{b}} = \pi \times \left(\frac{60}{2} \right)^2 \times 0.06 \times 0.5\mathrm{N} \cdot \mathrm{m} = 84.8\mathrm{N} \cdot \mathrm{m}$$

4）多轴箱转位时阻力矩总和计算。

$$\sum M = M_{\mathrm{m}} + M_{\mathrm{J}} + M_{\mathrm{b}} = 85.3\mathrm{N} \cdot \mathrm{m} + 32.2\mathrm{N} \cdot \mathrm{m} + 84.8\mathrm{N} \cdot \mathrm{m} = 202.3\mathrm{N} \cdot \mathrm{m}$$

5）多轴箱转位时液压缸压力计算。

$$p = \frac{\sum M}{R\pi \left(\dfrac{D}{2} \right)^2} = \frac{202.3}{0.06 \times \pi \times \left(\dfrac{60}{2} \right)^2}\mathrm{MPa} = 1.19\mathrm{MPa}$$

液压系统的最大压力为 2.5MPa，p 值远小于最大压力，故多轴箱转位应无问题。

3. 多轴箱夹紧机构设计

多轴箱在工作时必须先夹紧，然后才能进行钻孔或攻丝的加工。因为在多轴箱和滑台的结合面间，还存在着微量的间隙，如果不夹紧，则多轴箱会处于不稳定的状态。另外，在钻孔时各钻头的轴向力是不均衡的，如果不夹紧则多轴箱的转角会产生一些变化，会影响钻孔的位置精度。

夹紧机构在夹具中是常用的机构。一般可分为螺旋夹紧机构、偏心夹紧机构、楔面夹紧机构、横杆夹紧机构等。在这台专用机床的设计中，由于采用了液压传动，就选择了液压缸推动楔面夹紧，并用横杆放大的设计。夹紧机构示意图，如图 2-34 所示。

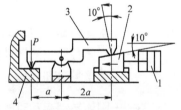

图 2-34　夹紧机构示意图
1—活塞　2—楔块
3—横杆　4—凸台

夹紧机构的工作原理是：当液压缸推动活塞 1 前进时，楔块 2 沿箭头方向前进，楔块的 10° 斜面迫使横杆 3 的长臂逆时针方向转动，于是短臂将多轴箱的凸台 4 压紧在滑台的圆导轨面上。此夹紧机构共 2 件，在多轴箱的前、后侧各一件。

夹紧机构的夹紧力计算，按下式计算

$$P = Fpi\,\frac{1}{\tan 10°}$$

式中　P——夹紧机构的夹紧力（N）；

$\quad\quad F$——夹紧液压缸的面积（mm²），$F = 20^2 \pi\,\mathrm{mm}^2 = 1256.6\mathrm{mm}^2$；

$\quad\quad p$——液压缸的压力（MPa），设 $p = 1.5\mathrm{MPa}$；

$\quad\quad i$——横杆的臂长比，$i = \dfrac{2a}{a} = 2$。

各值代入公式

$$P = 1256.6 \times 1.5 \times 2 \times \frac{1}{\tan 10°} N = 21379.6N$$

由于夹紧机构是两套，则总夹紧力为

$$2P = 2 \times 21379.6N = 42759.2N$$

此夹紧力是多轴箱质量的 8 倍，所以完全可以满足夹紧的要求。

在上述计算中，有一个问题应加以说明：在计算式中没有列出液压缸的背压对夹紧力的影响，这是为什么？这是因为在夹紧的状态下，背压等于零。液压缸的背压，是活塞运动时，在排油阻力的作用下在液压缸的排油腔形成的压力。在这里，当多轴箱被夹紧时，楔块受横杆的限制已不能再前进，所以活塞也就停止前进，于是排油量为零，背压也等于零。

4. 滑台外形尺寸的确定及导轨设计

夹紧机构安装在滑台的上表面上（见图 2-32 和图 2-33），占用一定的空间。所以在夹紧机构设计之后才能确定滑台的长度。按照夹紧机构所在的位置和占用的面积，确定滑台本体 0201 的长度为 920mm，然后再根据此数据和滑台的最大行程，就可确定滑座本体 0202 的长度尺寸。考虑到滑座底部件能适用左、中、右三个多轴箱的运动。滑台的最大行程应按转动半径最大的右多轴箱来确定。此转动半径应考虑到钻模支架在装夹钻头后的尺寸。按此要求确定的滑台的最大行程为 260mm，并确定滑座的长度为 1200mm。

滑台导轨应如何设计？应选择哪种类型？导轨常用的类型为双 V 形、V - 平形、双矩形。经分析比较，设计者选择了双矩形导轨（见图 2-32），因为这种类型容易加工，精度易保障。导轨宽度确定为 400mm，是根据滑台的横向尺寸确定的。在距滑台两端 150mm 处，各设置了一平塞铁 0228（见图 2-32），当导轨磨损间隙增大时，可调整紧固螺钉来保证导轨应有的配合。

为了保证导轨面间有良好的润滑，在液压系统中设计了润滑油路，为滑台部件提供自动润滑。自动润滑系统的润滑点分为两处，一处在滑座上，润滑双矩形导轨；另一处在滑台上，润滑圆导轨。每个润滑点的供油量，由针状节流阀调节。润滑油流出导轨面后，经滑座两侧的接油槽再经回油孔流入滑座的内腔。在滑座内端设有回油弯管 0218，与立柱内腔相通，使回油流回油箱。这样润滑系统的油路，就构成了封闭的循环油路。这也是自动润滑系统设计的要求之一。

5. 滑台部件的技术条件

1）滑台 0201 的 $\phi 620$mm 圆导轨面的平面度公差：0.03mm。

2）滑台 0201 的双矩形导轨面的精度要求：

① 水平面的平面度公差：0.03mm。

② 垂直面的平面度公差：0.03mm。

③ 水平面对 $\phi 620$mm 圆导轨面的平行度公差：0.04mm。检测示意图如图 2-35 所示。

3）滑座 0202 的双矩形导轨面的精度要求：

① 水平面的平面度公差：0.04mm。

② 垂直面的平面度公差：0.04mm。

4）滑台 0201 与滑座 0202 的双矩形导轨应配磨，并用涂色法检验其接触面积。水平面应不小于 70%，垂直面应不小于 60%。

5）滑台 0201 的 $\phi 95$H7 孔的中心线，对双矩形导轨的水平面的垂直度公差：0.05/

100mm。用检验心轴和直角尺测量，检测示意图如图 2-36 所示。

　　双矩形导轨的两垂直面对 φ95H7 孔的对称度公差：0.1mm，用高度游标卡尺测量 L_1 和 L_2 的尺寸差（见图 2-36）。

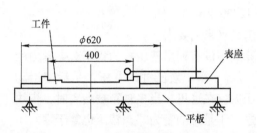 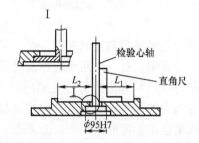

图 2-35　水平面对圆导轨面的平行度检测　　图 2-36　φ95H7 孔中心线对双矩形导轨水平面的垂直度检测

　　6）滑台 0201 的 φ620mm 圆导轨面，对 φ95H7 孔的中心线的垂直度公差：0.02/100mm。检测示意图如图 2-37 所示。

　　7）转位液压缸 0209 的安装精度要求：两缸筒的 φ60H7 孔的同轴度公差为 0.04mm，用千分表测量两缸筒的外径，检测示意图如图 2-38 所示。注意：计算公差时应消除两缸筒外径尺寸差的影响。

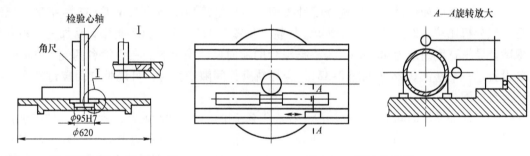

图 2-37　滑台圆导轨面对 φ95H7 孔　　　　　　图 2-38　同轴度检测
　　　　中心线的垂直度检测

　　8）直线往复运动液压缸的安装精度要求：

　　① 缸筒 0212 的上母线对滑座双矩形导轨水平面的平行度公差：0.03/300mm。

　　② 缸筒的侧母线对双矩形导轨垂直面的平行度公差：0.03/300mm。检测示意图如图 2-39 所示。

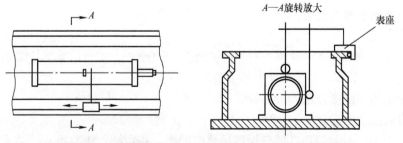

图 2-39　缸筒侧母线对双矩形导轨垂直面的平行度检测

　　③ 缸筒中心线对双矩形导轨垂直面的对称度公差：0.1mm，检测方法同上。

2.3.10　床身部件设计

1. 床身部件设计要点

前文已经确定，床身部件由下床身、立柱、工作台组成。下床身是三件相同的零件，它们与立柱连接，组成倒 T 字形的结构。工作台安装在立柱的顶面上，用于安装夹具部件。床身部件简图如图 2-40 所示，其零件明细见表 2-12。

表 2-12　床身部件零件明细　　　　　　　　（单位：mm）

代号	名称	型号规格	材料	数量	备注
0101	下床身		HT200	3	
0102	立柱		HT200	1	
0103	工作台		HT200	1	
0104	回油弯管		20 无缝管 φ22	3	
0105	回油直管		20 无缝管 φ22	1	
0106	回油软管	内径 φ22			连接油箱
GB/T 5782	六角头螺栓	M16×60	35 钢	18	性能等级 8.8
GB/T 5782	六角头螺栓	M12×40	35 钢	4	性能等级 8.8
GB/T 95	垫圈	16		18	
GB/T 95	垫圈	18		4	
	钢膨胀螺栓	M16×150		12 套	

床身部件的设计，有如下几个要点：

1）下床身与立柱的连接十分重要，它影响着机床整体的强度和刚度，并且决定了机床的整体精度。由于连接处的空间十分窄小，设计时既要考虑保证连接件的强度，也要考虑方便装配操作。所以设计上是有一定难度的。连接处的结构设计如图 2-40 的 I 放大视图所示。这样的设计既满足了上述要求，而且也实现了三件下床身在设计上的一致性。

2）这台机床的工作特征是三个多轴箱的工作程序是一致的，即三者的钻孔和攻丝加工是同时进行的。这就出现了一项要求：当三个滑台都运动到最前端极限位置时，不能出现相互干涉的现象。

3）床身部件要有足够的刚度。在钻孔加工时是 28 个钻头同时加工，承受的负荷是普通钻床的数倍，在此负荷下机床应保持其几何精度不下降。

4）机床的外形尺寸比较大、又不规则，搬运、起吊都很困难。在下床身上要设计起吊孔。床身的底面要平整，没有凸起的台阶，便于搬运时底面用滚杠滚动。

上述的设计要点，是设计者根据多年的经验提出的，虽然没有太大的学术价值，但是很实用，不可忽视。比如下床身立柱的联接螺栓，设计者强调要用强度高的性能等级为 8.8 的螺栓，而不是普通螺栓，这很重要。

床身与地基的连接，采用钢膨胀螺栓与可调垫铁的方式。这是机床安装普遍采用的方式。

2. 床身部件的技术条件

床身部件是机床的主体，床身部件的精度是机床精度的基础。所以其主要零件的几何精度必须得到保证。主要零件的技术条件如下。

（1）下床身 0101 的技术条件

1）上水平面 M（见图 2-40）的平面度公差：0.08mm。

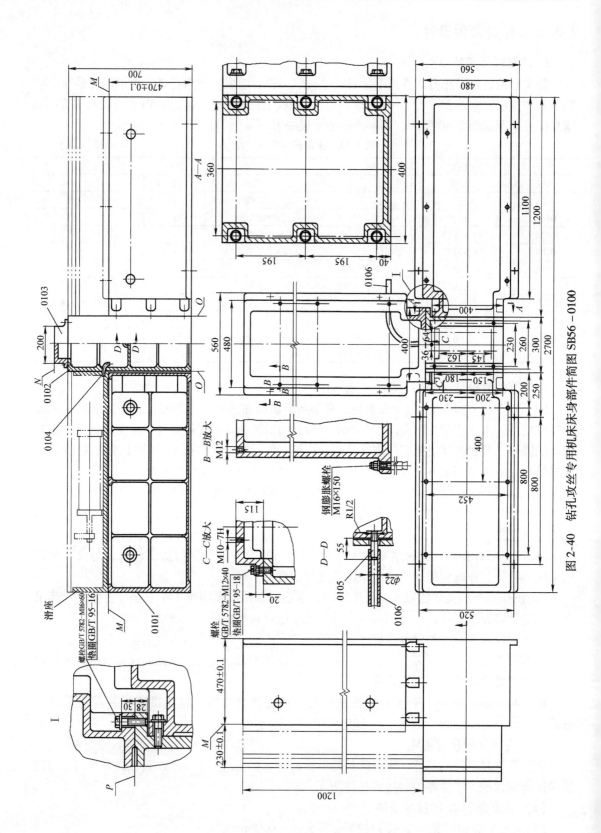

图 2-40 钻孔攻丝专用机床床身部件简图 SB56 -0100

2）与立柱的结合面，即垂直面 O 或 P 对 M 面的垂直度公差：0.03/500mm。

（2）立柱 0102 的技术条件

1）与左右侧下床身结合的两个 O 面的平行度公差：0.04mm。

2）与中部下床身结合的 P 面，对两个 O 面的垂直度公差：0.04mm。

3）顶面对两个 O 面及 P 面的垂直度公差：0.04mm。

（3）工作台 0103 的技术条件

1）工作台的上表面留磨量：0.5mm。

2）上表面对底面的平行度公差：留磨量时为 0.05mm，无磨量时为 0.03mm。

2.3.11　液压传动部件设计

1. 液压传动系统的设计要点与机床的钻孔与攻丝加工工况分析

液压传动系统，是这台专用机床自动控制机构的核心部件。机床的半自动工作循环，就是由液压传动系统与电气控制系统相结合来完成的。这台机床是半自动机床，在加工的全过程中，除了在加工前的工件装夹和加工后的卸活需人工操作之外，其余的加工过程，在按过"程序启动"按钮之后，全部自动去完成。包括滑台运动、多轴箱转位、夹紧、钻孔加工、攻丝加工等。

根据机床的半自动工作循环的要求，明确了液压传动系统的设计要点。要点如下：

1）液压传动系统需完成滑台的直线往复运动的控制。

滑台的直线往复运动，由滑台液压缸去驱动。虽然液压缸的结构设计已经在滑台部件设计中完成，但是其控制系统的设计，则需在液压传动控制系统设计中去完成。

滑台的直线往复运动，可分为以下三种状况：

① 滑台的快速前进和快速返回。此项运动是为了使滑台快速进入或快速退出工作位置，以便提高生产效率。其运动速度为 1.2m/min。

② 滑台的工作进给。此项运动主要是为了实现钻孔加工的钻头的轴向进给。钻孔时的进给量定为 0.1mm/r，即钻头每转一周，轴向前进 0.1mm。钻头的转速为 400r/min，故滑台的工作进给速度为 0.1×400mm/min = 40mm/min。

③ 攻丝前滑台的低速定位。攻丝加工有一项项特殊要求：每次攻丝时，滑台必须停位于一个准确不变的位置上。因为只有这样，工件的攻丝深度才能保持不变。为此在攻丝时滑台的定位，必须是刚性定位——由死挡铁定位，而不能采用液压定位，因为液压定位（即电磁阀定位）会有几毫米的误差。为了减小刚性定位的冲击，滑台在运动到接近定位挡铁的位置时，必须减速，由快速前进变为慢速前进。此慢速前进的速度，也定为 40mm/min，与钻孔时的进给速度一致。这样确定有两个原因：首先是 40mm/min 的速度对于一般的低压传动来说，已经是比较低的运动速度了，如要求更低一些就有可能出现"爬行"；其次是此慢速与钻孔时的进给速度一致，可以使液压控制系统的设计变得更简单些。因为滑台的运动速度取决于控制回路的节流量，多一种速度，就要多一条控制回路。

关于攻丝加工的液压控制还有一项要求：在滑台被挡铁定位后，滑台液压缸的油路在攻丝的加工中保持不变。其目的是为了使滑台的位置，在攻丝的过程中保证不发生丝毫的变化。

2）液压传动系统需要完成多轴箱转位运动的控制。工件钻孔后，滑台应快速返回滑座的后端，然后多轴箱正向转位 180°。同样，当工件攻丝后，滑台也要快速返回滑座的后端，然后多轴箱再反向转位 180°。多轴箱的这种正向、反向 180° 的回转，就是多轴箱的转位运动。

多轴箱的转位运动，由两个单作用液压缸驱动。对设计的要求是：①转位速度可调；②转位后油路保持不变。虽然多轴箱的转位也是刚性定位，但是为了简化设计，就不要求缓冲定位了，只是转位的角速度要确定得低些。

3）液压传动系统需完成多轴箱的夹紧运动的控制。多轴箱在钻孔、攻丝加工前必先夹紧，而在转位时又必须先放松。这项夹紧与放松运动由夹紧液压缸驱动。夹紧液压缸是两件，从多轴箱的前后两个方向同时将多轴箱夹紧在滑台上。

4）液压传动系统，还要附带设计一套自动润滑系统，为三个滑台的导轨润滑点供油。每个滑台均有 10 个润滑点。对设计的要求是：润滑油要经过减压和过滤，供油量可分别调整。

5）这台机床的设计特征是：从床身部件开始，将机床分成左、中、右三个独立的单元。三个单元由相同的部件组成，有相同的加工任务、机械动作和控制系统。但是，对液压传动来说，不能采用一套控制系统来同时控制三个单元的液压传动。也就是说，不能用同一个电磁阀来同时控制三个单元的相同的液压缸的动作。因为这三个单元所加工的螺孔的规格不同，所以滑台运动的行程不同，加工所需的工时也不相同。因而它们必须有各自独立的液压控制系统。但是它们可以由同一个油源供油。即这台机床的液压传动系统，由三个独立的却又相同的控制系统组成，由同一个液压站供油。

2. 调速方案的选择

液压传动的调速，一般可分为节流调速与容积调速两种。这台专用机床，属于低压小功率系统，为了降低成本、简化设计，适宜采用节流调速。

节流调速，又可分为进油节流调速和回油节流调速两种。这台机床应选择回油节流调速。因为在钻孔加工中，当加工的孔钻通时，钻头的轴向阻力会突然失去，如果液压缸没有背压，滑台就会快速前向冲出。如果采用回油节流调速，由节流形成背压，就可防止这个现象发生。

3. 绘制液压传动系统原理图

根据前述液压传动系统设计要点设计的液压传动原理图，如图 2-41 所示，液压元件见表 2-13。

由图 2-41 可以看到，机床的液压传动系统共有三个相同的液压控制系统，分别控制左、中、右三个单元的各机构的液压传动。

液压传动系统的工作原理如下。

（1）各机构的初始状态

1）多轴箱上安装的钻模支架面对工件。

2）滑台位于滑座的后端，即远离工件处。

3）多轴箱处于夹紧状态。

4）各电磁阀处于失电状态。其中，由于电磁阀 9、10、10′ 是常闭型，失电时两油口关闭，所以液压缸 14 和液压缸 15、15′ 油路关闭，运动速度为零，滑台的直线往复运动和多轴箱的转位运动都停止不动。液压缸 16 和 16′ 虽然油路没有关闭，但夹紧机构处于夹紧状态，楔块受到限制不能前进，活塞也就停止了运动。

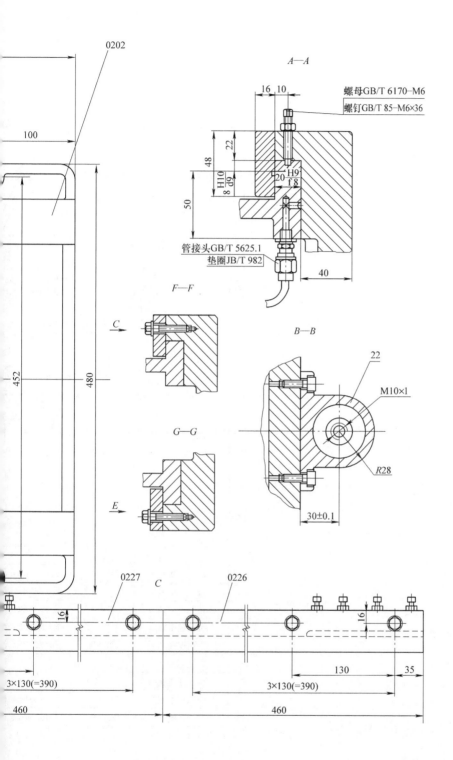

A—A

螺母GB/T 6170—M6
螺钉GB/T 85—M6×36

管接头GB/T 5625.1
垫圈JB/T 982

F—F

B—B

G—G

M10×1

22

R28

30±0.1

C

0227   C   0226

3×130(=390)

3×130(=390)   130   35

460   460

0202

100

480
452

0226   0227

16   16

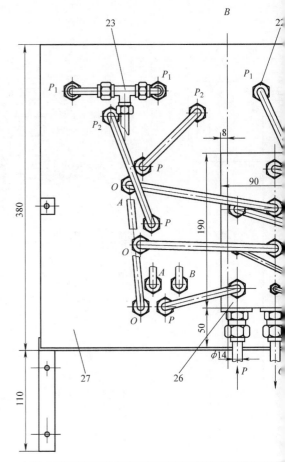

代号	名称	型号	规
8	二位四通电磁阀	24E–10B	压力6.3MPa、流
9	二位二通电磁阀	22E–10B	压力6.3MPa、流
10	二位二通电磁阀	22E–25B	压力6.3MPa、流
11	二位四通电磁阀	24E–25B	压力6.3MPa、流
12	调速阀	Q25B	压力6.3MPa、流
13	调速阀	Q10B	压力6.3MPa、流
10′	二位二通电磁阀	22E–25B	压力6.3MPa、流
11′	二位四通电磁阀	24E–25B	压力6.3MPa、流
12′	调速阀	Q25B	压力6.3MPa、流

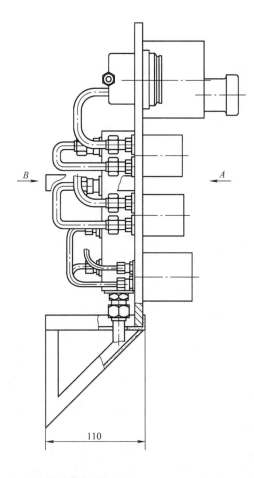

B

A

110

注: 1. 图中元件代号与图2-41一致。
  2. 油管均为纯铜管。

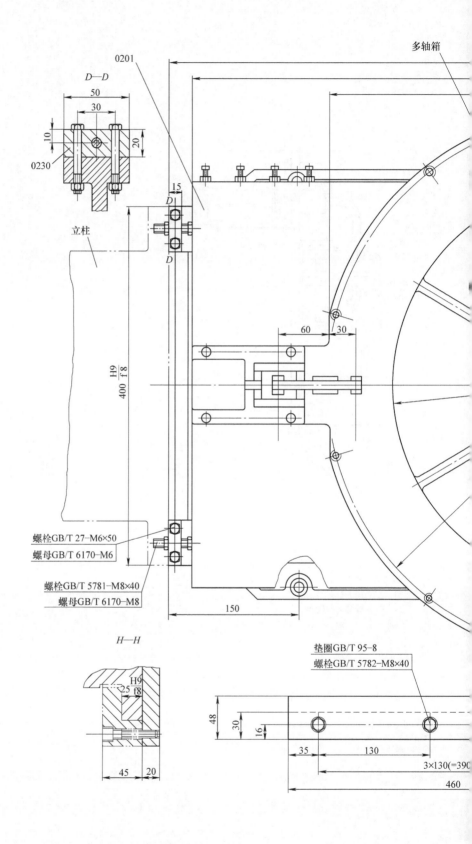

多轴箱

0201

D—D

50

30

10

20

0230

立柱

15

D

D

$400\dfrac{H9}{f8}$

60

30

螺栓GB/T 27—M6×50
螺母GB/T 6170—M6

螺栓GB/T 5781—M8×40
螺母GB/T 6170—M8

150

H—H

垫圈GB/T 95—8
螺栓GB/T 5782—M8×40

$25\dfrac{H9}{f8}$

48

30

16

45   20

35   130   3×130(=390

460

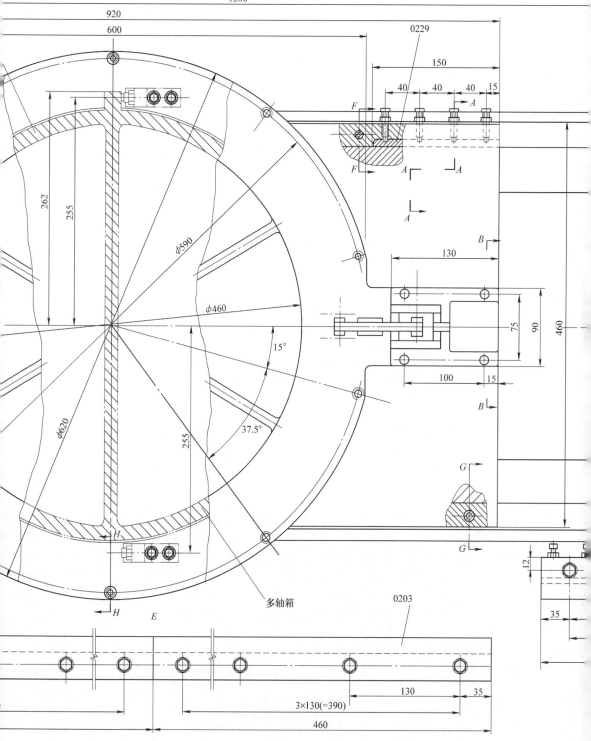

图 2-33　SB56-0200-2 液压滑台部件简图

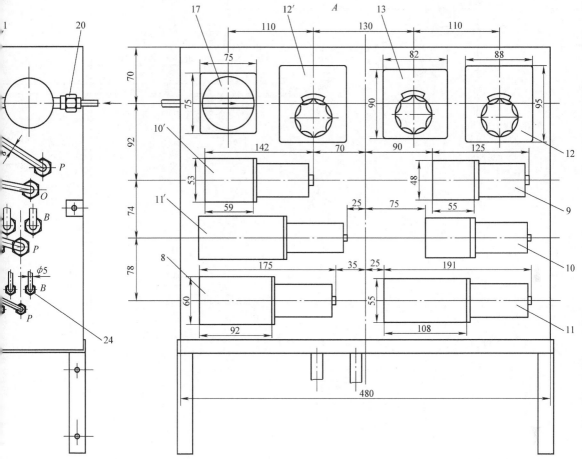

图 2-42 阀板简图

	数量	备注	代号	名称	型号	规格	数量	备注
	DC24V	1	多轴箱夹紧	17	低压线隙式滤油器	XU-5×100	额定压力2.45MPa、流量5L/min、精度100μm	1	润滑油过滤
	DC24V	1	滑台工作进给	20	扩口式锥螺纹管接头	A10, GB/T 5626	管外径D_o=10，螺纹$Z\,1/4''$	1	接润滑供油管路
	DC24V	1	滑台快速运动	21	扩口式锥螺纹直角管接头	A10, GB/T 5629	管外径D_o=10，螺纹$Z\,1/4''$	1	接滑台润滑分油器
	DC24V	1	滑台换向	22	扩口式端直通管接头	附JB/T 982 A8, GB/T 5625	管外径D_o=8	28	附组合密封势圈
	DC24V	1	滑台快速运动调节	23	扩口式三通管接头	A8, GB/T 5639	管外径D_o=8	1	
	DC24V	1	滑台慢速运动调节	24	扩口式端直通管接头	附JB/T 982 A5, GB/T 5625	管外径D_o=5	6	
	DC24V	1	多轴箱转位开关	25	扩口式端直通管接头	附JB/T 982 A14, GB/T 5625	管外径D_o=14	2	
	DC24V	1	多轴箱转位换向	26	分油集油器	自制件	材料：HT200	1	
	DC24V	1	多向箱转位调速	27	阀板结合件	自制件	材料：HT200，角钢20×20×2	1	

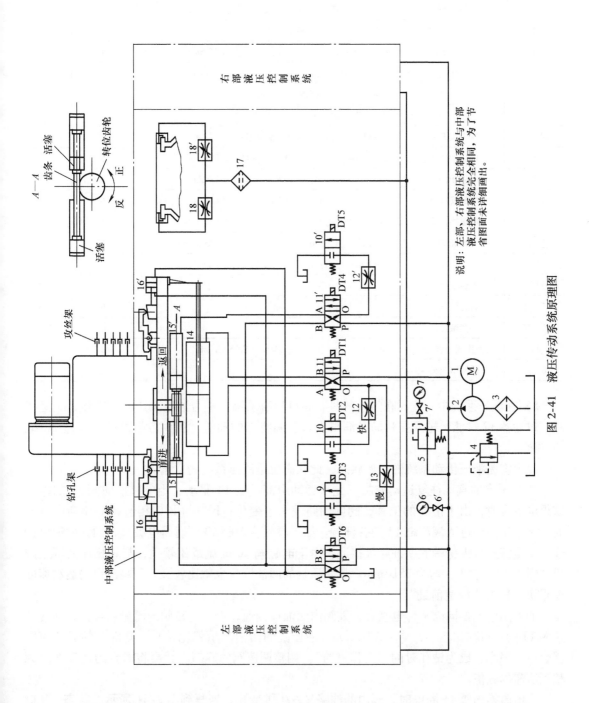

图 2-41　液压传动系统原理图

表 2-13　液压元件

代号	名称	型号规格	数量	备注
1	电动机	Y100L－4，2.2kW，1420r/min	1	
2	齿轮泵	CB－B25，额定压力：2.5MPa，排量：20mL/r	1	
3	网式滤网器	WU63L/min，过滤精度：180μm	1	
4	低压溢流阀	P－B－63B，压力：2.5MPa，流量：63L/min	1	
5	减压阀	J－10B，出口压力：20.5MPa，流量10L/min	1	
6	压力表	Y－60ZT，测量范围：0~4MPa	1	
7	压力表	Y－60ZT，测量范围：0~0.6MPa	1	
6′、7′	压力表开关	K－1B　压力：6.3MPa，测量点：1	2	
8	电磁换向阀	24E－10B，压力：6.3MPa，流量：10L/min	3	
9	电磁换向阀	22E－10B，压力：6.3MPa，流量：10L/min	3	
10、10′	电磁换向阀	22E－25B，压力：6.3MPa，流量：25L/min	6	
11、11′	电磁换向阀	24E－25B，压力：6.3MPa，流量：25L/min	6	
12、12′	调速阀	Q－25B，压力：0.5~6.3MPa，流量：25L/min	6	
13	调速阀	Q－10B，压力：6.3MPa，流量：10L/min	3	
14	滑台液压缸		3	自制
15、15′	转位液压缸		6	自制
16、16′	夹紧液压缸		6	自制
17	线隙式过滤器	XU－5×100　压力：2.5MPa，流量5L/min	3	
18、18′	针阀节流器		30	自制

5) 在液压系统中，此时在工作的只有导轨润滑系统：压力油经减压阀 5 减压，又经线隙式过滤器 17 过滤，进入导轨的各润滑点。各润滑点的油量，可由各自的针阀节流器 18、18′调整。

以上就是液压传动系统的初始状态，此状态也是液压系统的常态。

(2) 滑台的直线往复运动控制　此项运动由液压缸 14 驱动。当电磁换向阀 11 的电磁铁得电吸合时，由于滑阀的位移，阀内油路发生了变化：P 口与 B 口相通，A 口与 O 口相通。于是压力油进入液压缸 14 的有杆端。如果电磁换向阀 10 同时得电吸合，则其两油口接通，于是液压缸无杆端的回油路被接通。由于电磁阀 10 的流量比较大，与其相连的调速阀 12 的流量也比较大，均为 25L/min，故液压缸的回油流量也就比较大。于是滑台的运动速度就很快，称为"快速前进"。

如果是电磁换向阀 9 得电吸合，其阀内两油口接通，由于电磁阀的流量和与其相连的调速阀 13 的流量都比较小，均为 10L/min，液压缸的回油流量就比较小，则滑台的运动速度就会达到很小，成为钻孔时的"工作进给"。调整调速阀的旋钮，就会将滑台的运动速度调整到所需的数值。

当电磁换向阀 11 断电时，阀内的油路又发生了变化，恢复到图 2-41 所示的状态：P 口与 A 口相通，B 口与 O 口相通，于是压力油进入到液压缸的压杆端，液压缸的有杆端与回油路相通。于是液压缸的活塞就改变了运动方向，滑台就会向后运动，同时电磁换向阀 10 也应得电吸合，滑台向后运动的速度就很快，称为"快速返回"。当滑台返回到设定位置时，电磁换向阀断电，滑台就停止运动。

（3）多轴箱的转位运动控制　此项运动由转位液压缸 15 和 15′ 驱动。多轴箱的常态位置是：钻模架指向工件。当钻孔加工完成后，滑台返回滑座后端的设定位置，在自动控制下，电磁换向阀 11′ 得电吸合。由于滑阀的位移，阀内油路发生变化：P 口与 B 口相通，A 口与 O 口相通，于是压力油进入液压缸 15 的左端、液压缸 15′ 的右端与回油路接通。当电磁换向阀 10′ 得电吸合后，回油路调速阀 12′、电磁换向阀 10′ 返回油箱。液压缸 15 的活塞，经齿条活塞杆与液压缸 15′ 的活塞相连接（见图 2-41A—A 视图），而齿条活塞杆与转位齿轮相啮合。于是，当活塞由左向右运动时，推动转位齿轮反向转动，带动多轴箱反向转位。当多轴箱转位角度达到 180° 时，多轴箱的定块被挡铁挡住，停止转动。于是安装在多轴箱上的攻丝架就指向了工件，为攻丝加工做好了准备。

当攻丝加工完成后，滑台再次返回滑座后端时，在自动控制下，电磁换向阀 11′ 失电，滑阀复位，阀内油路又恢复到如图所示的状态：P 口与 A 口相通，B 口与 O 口相通。在自动控制下电磁换向阀 10′ 同时得电，于是压力油进入液压缸 15′ 的右端，液压缸 15 的左端与回油路接通，使活塞带动齿条活塞杆由右向左运动，从而推动转位齿轮正向转动，使多轴箱安装钻模架的这一面又面对工件。

调整调速阀 12′，即可调整多轴箱转位的角速度。此角速度应控制在 0.4rad/s 左右。

（4）多轴箱夹紧运动控制　此项运动由液压缸 16 和 16′ 同时驱动，同步动作。当电磁换向阀 8 失电时，压力油经 P 口至 A 口，进入液压缸 16 和 16′ 的无杆端，液压缸有杆端的油液经电磁阀的 B 口与 O 口返回油箱。从而使活塞向前运动，推动楔块向前运动将多轴箱夹紧。在此状态下可进行钻孔和攻丝加工。当电磁换向阀 8 得电时，阀内油路发生了变化：P 口与 B 口相通，压力油进入液压缸的有杆端，A 口与 O 口相通，使液压缸无杆端的油液返回油箱。于是推动活塞和楔块向后运动，使夹紧机构放松。在此状态下，多轴箱可以转位。由于液压缸 16 和 16′ 的油路是并联的，所以两缸的动作是同步的。

4. 液压传动系统的计算

液压传动系统的计算，在前文液压缸设计中已进行了液压缸参数的计算，下面进行其余部分的计算。

（1）计算液压系统的供油压力　液压系统的供油压力，一般是根据液压缸负载大小来确定，负载大则选大值，负载小则选小值。但也不尽然，同样的负载也可以在低压和中压中选择，或在中压和高压中选择。不同的压力各有优缺点：低压传动液压件价格低，对密封的要求低，制造容易。但液压缸的尺寸大，机器的外形尺寸也大。高压传动，则液压缸的尺寸小，机器的结构紧凑，但元件贵，机器的技术条件高，制造难度大。所以设计时要全面考虑。一般的选择是能用低压就不要用高压。

确定液压系统的供油压力，可按下式计算

$$p_p \geqslant p_1 + \Delta p_1$$

式中　p_p——液压系统的供油压力（MPa）；

　　　p_1——液压缸的最高工作压力（MPa）。前文已计算滑台液压缸的最高工作压力为 1.9MPa。这也是本液压系统的最高工作压力；

　　　Δp_1——从液压泵的排油口到液压缸的进油口之间的压力损失（MPa），管路简单、流速不大时取 $\Delta p_1 = 0.1 \sim 0.3$MPa，管路复杂、压力高时取 $\Delta p_1 = 0.3 \sim 0.6$MPa，按此取 $\Delta p_1 = 0.3$MPa。

代入公式

$$p_p = 1.9\text{MPa} + 0.3\text{MPa} = 2.2\text{MPa}$$

（2）计算液压泵的工作流量

1）计算滑台液压缸的最大流量。按下式计算

$$Q_{max} = v_{max} F n$$

式中　Q_{max}——滑台液压缸的最大流量（L/min）；

　　　v_{max}——滑台快速前进时的速度（dm/min），$v_{max} = 1.2\text{m/min} = 12\text{dm/min}$；

　　　F——液压缸有杆端的面积（dm^2），$F = \dfrac{\pi}{4}(D^2 - d^2)$，$D$（液压缸内径）$= 100\text{mm} =$

　　　　　1dm，d（活塞杆直径）$= 25\text{mm} = 0.25\text{dm}$，$F = \dfrac{\pi}{4} \times (1^2 - 0.25^2)\ \text{dm}^2 =$

　　　　　0.7363dm^2；

　　　n——液压缸数量，$n = 3$。

代入公式

$$Q_{max} = 12 \times 0.7363 \times 3\text{L/min} = 26.5\text{L/min}$$

2）计算液压泵的工作流量。按下式计算

$$Q_p = K Q_{max} + \Delta Q_p$$

式中　Q_p——液压泵的工作流量（L/min）；

　　　K——系统的泄漏系数，$K = 1.1 \sim 1.3$，取 $K = 1.2$；

　　　Q_{max}——液压缸的最大流量（L/min），$Q_{max} = 26.5\text{L/min}$；

　　　ΔQ_p——由节流调速形成的溢流阀的最小溢流量（L/min），一般取 $\Delta Q_p = 3\text{L/min}$。

代入公式

$$Q_p = 1.2 \times 26.5\text{L/min} + 3\text{L/min} = 33.7\text{L/min}$$

（3）液压泵的选择　根据前面计算的液压系统的供油压力和液压泵的工作流量，参照液压泵的产品样本资料，确定选用 CB – B25 型齿轮泵。其参数如下：排量为 25mL/r，额定压力为 2.5MPa，容积效率 ≥0.9，传动功率为 1.3kW。

（4）计算液压泵电动机功率及电动机选型　液压泵的驱动电动机功率按下式计算

$$P = \frac{p_p Q_p}{60 \eta_p}$$

式中　P——液压泵的驱动电动机功率（kW）；

　　　p_p——液压泵的额定压力（MPa），$p_p = 2.5\text{MPa}$；

　　　Q_p——液压泵的额定排量（L/min），$Q_p = 25 \times 1420\text{mL/min} = 35500\text{mL/min} = 35.5\text{L/min}$；

　　　η_p——液压泵的总效率，$\eta_p = 0.7$。

代入公式

$$P = \frac{2.5 \times 35.5}{60 \times 0.7}\text{kW} = 2.11\text{kW}$$

参照电动机产品样本资料，选用的电动机型号为 $Y100L_1 - 4$。其参数如下：功率 $P = 2.2\text{kW}$，转速 $n = 1420\text{r/min}$，结构形式为 B3。

（5）计算油管内径　按下式计算

$$d = 4.63 \sqrt{\frac{Q_{max}}{v_o}}$$

式中　d——油管内径（mm）；

Q_{max}——油管的最大流量（L/min）；

$v_。$——管内油液的流速（m/s），推荐值见表 2-14。

表 2-14　油液管内流速表

油管功能	油液流速推荐值
吸油管	0.5 ~ 1.5m/s
压油管	3 ~ 6m/s
回油管	1.5 ~ 3m/s

1）液压泵吸油管内径的确定。

液压泵的吸油口和排油口的尺寸，是已经确定的，油管的尺寸应按此确定。前文已选定液压泵的型号为 CB - B25，其吸油口和排油口的尺寸为 Z3/4″。按此确定管接头的规格，然后再根据管接头的规格确定管径。如此确定的管径，内径为 $\phi19mm$，外径为 $\phi22mm$。

如此确定的吸油管内径，其流速是否适当呢？应进行校核。校核的公式可由前述的管径计算公式导出

$$v = 4.63^2 \frac{Q_{max}}{d^2} = 4.63^2 \times \frac{25}{19^2} m/s = 1.48 m/s$$

吸油管油液的流速在表 2-14 的推荐值范围内，故管径的数值是适当的。

2）滑台液压缸进油管口径的确定：

液压缸的最大流量为 8.8L/min，油管内油液的流速取 $v = 5m/s$，代入公式

$$d = 4.63 \times \sqrt{\frac{8.8}{5}} mm = 6.14mm$$

取 $d = 6mm$，则管外径 $D = 8mm$。

3）如此计算，确定转位液压缸管径：$d = 4mm$，$D = 6mm$。

4）确定夹紧液压缸管径：$d = 3.5mm$，$D = 5mm$。

5）润滑油路，各润滑点油管管径：$d = 3mm$，$D = 4mm$；总管管径：$d = 6mm$，$D = 8mm$；支管管径：$d = 4mm$，$D = 6mm$。

5. 阀板设计

这台机床的液压传动系统是比较复杂的，应用的液压件很多，所以应如何安置这些元件，在设计时也是有难度的。有两个方案：①将全部元件都集中在一个阀板上安装，然后再用管路与各液压缸相连；②将阀板分为左、中、右三件，分别安装在左、中、右三个滑座的后端，三块阀板分别与液压站相连。两个方案相比较，第①个方案管路太多，外观零乱，成本较高。所以选择了第②个方案。

设计的阀板简图如图 2-42（见插页）所示。

三件阀板的设计是完全相同的。与此对应，电气控制系统的控制板也分为三块，分别控制三块阀板，但是它们都安装在一个电气柜中。

6. 液压泵站设计

液压泵站，是液压系统的动力源，所以是液压系统的核心部分。

此机床的液压泵站由以下几部分组成：①电动机 - 液压泵组件；②集成块组件；③油箱

组件。下面介绍它们的设计。

（1）电动机-液压泵组件设计　液压泵和电动机选型后的设计工作，主要是确定液压泵和电动机安装在什么地方，如何安装。中小型机床一般都是安装在油箱的顶板上。这台机床也是如此设计的。电动机用螺栓紧固在油箱顶板的12mm厚的凸台上，液压泵则通过弯板紧固在顶板的相应位置。液压泵与电动机用联轴器连接，由于传递转矩不大，选用了JB/ZQ 4384型滑块联轴器。其作用是补偿电动机与液压泵的同轴度偏差，并可减振与缓冲。

此组件还包括吸油管和排油管。在吸油管的进口处，安装一件网式过滤器。为了防止油液的沉淀物吸入吸油管，吸油管的管口应距箱底的距离应不小于管径的二倍，距油箱侧板的距离应不小于管径的三倍。

液压泵的排油管与集成块相连，经集成阀块将压力油输送到三块阀板。

（2）集成阀块组件设计　所谓集成阀块，就是将几个相关的液压阀安装在一个钢块的几个面上，并且在钢块的相应位置钻通一个个的油孔，使它们能按液压原理图所示的关系相通。过去的设计（目前也在应用）是将各液压阀安装在同一个阀板上，然后按液压关系用油管把它连通起来，如同图2-42所示。采用集成阀块，就是用阀块上的油孔代替油管。这也是液压设计上的一大进步。这种设计有如下的优点：①将几个液压阀安装在同一个阀块的几个面上，设计紧凑，占用空间小，这对某些机械来说是很重要的；②取消了一些明管，液压机构显得整齐美观；③消除了油管的漏油爆裂等隐患，提高了安全性能；④减少了许多装配的工作量。

在此集成阀块上安装的液压件有：溢流阀、减压阀各1件，压力表开关2件。此外，此集成阀块还具有分油器的功能，它将压力油和润滑油各分成三路，分别输送到三个阀板。

（3）油箱组件设计　油箱组件也是液压传动系统的重要组成部分。它的作用是：①储油；②散热；③沉淀杂质；④分离气泡。所以设计油箱要充分考虑如何实现这几项功能。油箱的设计步骤如下。

1）油箱的容积计算。

油箱的第一个功能是储油，那么其容积应如何确定呢？一般是根据液压泵的流量来计算，计算公式如下

$$V = nQ_p$$

式中　V——液压箱的容积（L）；

　　　n——液压泵流量的倍数。低压系统 $n = 2 \sim 4$，高压系统 $n = 5 \sim 7$。油箱的容积与散热有关，油温高 n 取大值，反之 n 取小值，这台机床取 $n = 4$；

　　　Q_p——液压泵的额定流量（L/min），$Q_p = 36$L/min；

代入公式

$$V = 4 \times 36\text{L} = 144\text{L}$$

2）确定油箱的外形尺寸。

油箱的外形尺寸要根据油箱的容积来确定，同时还要考虑以下两个因素：①油箱的外形尺寸要与油箱安装的空间大小相适应；②在油箱的顶盖上往往还要安装液压泵等一些器件，顶盖的尺寸要与此相适应。

这个油箱的设计就是如此，在顶盖上还要安装液压泵、电动机、集成阀块、注油器等器件。考虑到这一情况，根据这些器件的尺寸，并根据油箱应有的容积，确定油箱的外形尺寸如下：长800mm，宽500mm，有效高度（液位以下）360mm，总高度440mm，支脚高80mm。

3）油箱设计的技术要求。

对于油箱的设计，一般要考虑如下的技术要求：

① 油箱的吸油区和回油区要用隔板隔开，以防止回油的杂质和气泡被吸入液压泵。隔板的高度，应不低于液面高的 2/3。

② 溢流阀的回油管及其他回油管，管口应低于隔板高度的½，并且距箱底的距离大于 3 倍管径。

③ 应设置液位计、放油孔、注油器。

④ 箱盖应有良好密封，防止灰尘进入。

⑤ 箱底要有 2°左右的斜度口，吸油区高，回油区低。

⑥ 吸油管的过滤器，其通油流量应大于液压泵流量的两倍。

⑦ 按 GB/T 3766，油箱的箱底应离地面 150mm，以便于散热。150mm 似乎大了些，可适当减小。

这台机床油箱的设计是充分考虑了上述的技术要求的。为了节省篇幅，油箱组件图就不单独示出。但是其结构设计可从液压站简图中看到。

（4）液压泵站装配图设计　在确定了液压泵及其电动机的安装位置、安装方法，并且在完成了集成阀块和油箱的设计之后，液压站的装配图就不难设计了。这种从局部设计开始，一步步地前进，最后再完成总体的设计，也是机械设计中常用的一个方法。这种方法有如下的优点：在设计中对各个局部设计进行审核，如有不妥之处可以及时修正。

液压泵站简图如图 2-43（见插页）所示。由于是简图，一些设计细节不能详细给出，说明如下：

1）电动机、液压泵弯板、集成阀块均用螺栓与油箱盖板连接。

2）电动机轴与液压泵主动轴的同轴度公差为 0.1mm，安装时可用配修弯板底面来保证。

3）油箱中的隔板是插入式，放油时可以拨出来。

4）油箱内表面应做防锈处理，涂耐油漆。

5）各油管的直径和油路连接如下：

G_1——$D = 14mm$，连接左阀板分油器 P 口。

G_2——$D = 14mm$，连接中阀板分油器 P 口。

G_3——$D = 14mm$，连接右阀板分油器 P 口。

G_4——$D = 10mm$，连接左阀板线隙式过滤器的进油口（见图 2-43）。

G_5——$D = 10mm$，连接中阀板线隙式过滤器的进油口。

G_6——$D = 10mm$，连接右阀板线隙式过滤器的进油口。

G_7——$D = 20mm$，经变径管接头，接中阀板分油集油器 O 口。

G_8——$D = 20mm$，经变径三通管接头，接左阀板和右阀板的分油集油器 O 口。

6）各油管均为纯铜管。

7）各管接头均为扩口式管接头。

2.3.12　电气控制系统设计

1. 电气控制系统的组成

这台专用机床是半自动化机床。我国半自动化机床的设计，在 1980 年之前多采用"继

电器 – 液压传动"的控制方式。此后，随着微机控制技术的普及，逐渐都采用了"微机控制 – 液压传动"的控制方式。

这台专用机床研制于 1980 年之前，原设计也是采用"继电器 – 液压传动"的控制方式。虽然设计是成功的，但是在微机控制已经普及的今天，仍然介绍继电器控制，可能就是不合时宜了。于是设计者又进行了微机控制设计，现介绍如下。

这台专用机床的半自动工作循环控制的对象如下：

1）钻孔与攻丝加工传动电动机（共 3 台）。

2）液压泵电动机（1 台）。

3）钻孔传动用电磁离合器（共 3 件）。

4）攻丝传动用电磁离合器（共 3 件）。

5）液压系统电磁阀（每套 6 件，共 3 套 18 件）。

通过对上述各机构的控制，使专用机床能完成对拖拉机零件——传动末端壳体的钻孔与攻丝的自动加工。此加工是从零件的三个方向 4 个加工面同时进行，但是三处加工要分别控制。

工件只装夹一次，先钻孔，后攻丝，进行两种加工。加工的螺孔为 M8 ~ M14，4 种规格，共 28 个。

自动控制程序，从程序启动开始到程序结束止，共计 30 个环节，三个方向共 90 个环节。

电气控制系统，由强电和弱电两部分组成。强电系统主要是电动机的控制和保护线路及直流电源的降压整流电路。弱电系统主要由微机控制器及固态继电器、传感器、微动开关、电源等元件组成。

强电系统的工作是按照微机的指令去完成对机械运动的控制；弱电系统的工作是接受传感器（微动开关）输入的关于加工过程进展情况的信号，按照设定的程序，下达新的指令，使各机构去完成新的程序。

2. 工件加工的半自动工作程序的设计

在工件的加工过程中，滑台有不同的运动状态；多轴箱有不同的传动输出，也有不同的工作方位。这三个参数的不同组合，就构成了加工过程中的各个程序的控制内容。

所以，设计工件加工的半自动工作程序，应如下进行：第一步要合理地将加工过程分解成几个工序或工位、工步。比如这台专用机床，在一次装夹中可完成钻孔和攻丝两项加工，则可将其定为一道工序。但是在钻孔后多轴箱要转位，而且钻孔与攻丝加工切削用量又完全不同，所以要把它们分为两个工位。第二步要想清楚为了完成每道工序（或工步）的加工任务，机床要完成哪些运动。比如这台机床，要完成钻孔工步的加工，必须按顺序完成如下一系列运动：①滑台快速前进；②转换为工作进给；③主传动电动机正向起动；④钻孔传动链的电磁离合器接合；⑤钻孔轴运转；⑥钻孔后滑台快速返回；⑦主传动电动机停止；⑧电磁离合器脱开；⑨钻孔轴停止转动。第三步是确定加工程序。机床每一项运动（或动作）的发生和停止都需要控制系统进行一次控制，即微机要下一道指令，所以上面所列的每项运动（或动作）都是一个控制程序。确定程序的名称，要用简练的文字。第四步是绘制加工程序方框图，把每个程序都写入一个小方框内，并按加工的顺序把它们串联起来。

这台专用机床的半自动加工程序方框图，如图 2-44 所示。

3. 电气原理图设计

根据半自动加工程序方框图（见图 2-44）和液压传动系统原理图（见图 2-41），可进行电气原理图的设计。此专用机床的电气原理图如图 2-45（见插页）所示，电气元件明细见表 2-15。

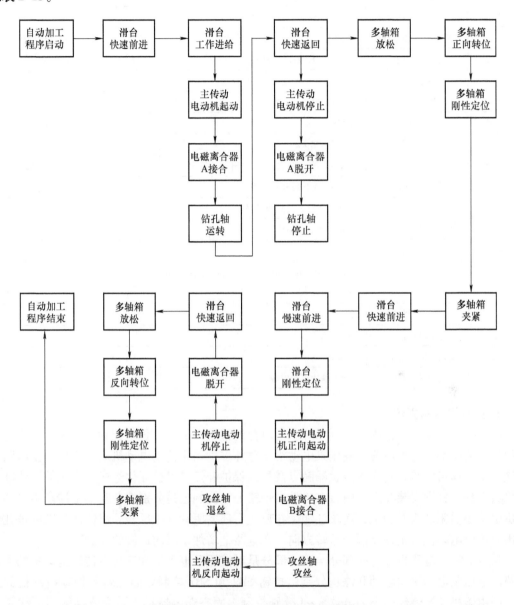

图 2-44　机床半自动加工程序方框图

表 2-15　电气元件明细

代号	名称	型号规格	数量	备注
QA	空气自动开关	D25 – 50/3	1	
FU1	螺旋式熔断器	RL1 – 15　熔丝 15A	3	AC380V
FU2	螺旋式熔断器	RL1 – 15　熔丝 15A	9	AC380V

（续）

代号	名称	型号规格	数量	备注
FU3	螺旋式熔断器	RL1 - 15　熔丝 10A	2	AC220V
FU4	螺旋式熔断器	RL1 - 15　熔丝 15A	2	DC24V
M1	三相笼形异步电动机	Y100L₁ - 4，2.2kW，1420r/min	1	液压泵电动机
M2	三相笼形异步电动机	Y100L₂ - 4，3kW，1420r/min	3	主传动电动机
KM1 ~ KM3	交流接触器	CJ10 - 10，220V，10A	7	
FR1	热继电器	JR16 - 20，额定电流 5A	1	
FR2	热继电器	JR16 - 20，额定电流 6.8A	3	
SB1 ~ SB4	按钮开关	LA19 - 110	4	绿色 2 个红色 2 个
QS	旋钮开关	LA18 - 22 ×2	1	
TC1 - VC1	单项整流变压器	BK25，输入 AC220V，输出 DC24V	1	额定电流 15A
TC2	照明变压器	BK25，AC380V/AC36V	1	额定电流 2A
a ~ f	固态继电器	GJ10 - 10A，负载电压 AC220V	6	
g ~ n	固态继电器	LSD - 50，P02D3，DC24V	24	
SQ1 ~ SQ7	微动开关	LXW5 - 11M	21	
PC	霍尔传感器	HCH - 01，电源电压 0.5 ~ 16V，输出电平 0.5 ~ 4V	3	
EL	机床照明灯	36V/60W	1	
HL1	发光二极管指示灯	AC220V	1	
HL2	发光二极管指示灯	DC24V	1	
A	微机控制器	8051 单片机及电源	1	

4. 电气原理图概述

电气控制系统，包括强电控制系统和弱电控制系统两部分。强电控制系统又分为主电路和控制电路两部分。主电路由液压泵电动机电路和多轴箱主传动电动机电路组成。主电路中的液压泵电动机回路，由交流接触器触点及过载保护和短路保护元件组成。多轴箱主传动电动机共 3 台，分别安装在左、中、右三件多轴箱上，控制也是分别控制互不干涉。主传动电动机由于还需驱动攻丝加工，而攻丝加工在攻丝后还要驱动丝锥反转，以便从加工的螺孔中退出，所以电动机有正、反两个运转方向。在电路上增加了反向运转的控制。

强电的控制电路也分为两部分：第一部分是对液压泵电动机和三台主传动电动机的控制电路。液压泵电动机的起动和停止分别由按钮 SB2 和 SB1 控制。而三台主传动电动机的运转，则由微机控制器经固态继电器 a ~ f 分别控制。固态继电器导通则交流接触器的线圈得电，电动机运转；固态继电器截止，则交流接触器线圈失电，电动机停止。主传动电动机，为了防止正反两处同时接通造成短路，设置了互锁的动断接点。

强电控制电路的第二部分，是对电磁离合器和电磁阀的控制。由于电磁离合器和电磁阀的线圈都需直流 24V 的电源，所以在控制线路上设计了整流变压线路。同时此整流变压器，也是微动开关、传感器的电源。电磁离合器共 2 件，分别用于钻孔传动链和攻丝传动链的接合和脱开控制。电磁阀则分别用于滑台的直线往复运动控制和多轴箱的转位和夹紧控制。对于电磁离合器和电磁阀的控制，也是由微机控制器经固态继电器的导通和截止来实现的。

弱电控制系统由下列五部分组成：①微机控制器；②固态继电器；③微动开关；④霍尔传感器；⑤电源电路。微机控制器由单片机 8051 及附属电路构成。用于存储设定的控制程序，并接受微动开关输入的信号和经固态继电器下达指令，使各机构去完成新的程序，直至其存储的设定程序全部完成为止。

需要说明的是，机床有左、中、右三个滑台和三个多轴箱，从三个方向同时加工。但是，它们加工的螺孔的规格不同，即螺孔的深度和螺距不同，所以加工所需的工时不同。因而在加工的过程中，三个滑台和三个多轴箱的动作并不一致。与此相适应，控制器将程序存储器分成三个存储区，分别存储三套控制程序，分别控制三个滑台和三个多轴箱的动作。并且把开关量的接口也分成三组，分别与各自的固态继电器和微动开关连接。所以控制器的控制是由三个控制系统组成，分别控制，互不干涉。

5. 钻孔攻丝加工程序控制过程详解

（1）机床的初始状态　机床的初始状态是工件加工前的状态，也是机床的常态。初始状态如下：

1）液压泵电动机处于运转状态。

2）各主传动电动机处于停止状态。

3）各电磁离合器线圈处于失电状态。

4）各电磁阀线圈处于失电状态。

5）三个滑台处于滑座后端的设定位置。

6）三个多轴箱的钻孔架面对工件。

7）多轴箱处于夹紧状态。

（2）钻孔加工程序控制

1）按"程序控制启动"按钮 SB3（此按钮安装在控制器的面板上），控制器下达指令，使固态继电器 i 和 j 同时导通，从而使电磁阀 YV1 和 YV2 线圈同时得电。即图 2-41 中的电磁阀 DT1 和 DT2 得电，所以滑台快速前进。

2）当滑台前进到设定位置时，滑台撞块压合微动开关 SQ1，将信号输入控制器。控制器按照存储的程序下达如下指令：①令固态继电器 j 截止；②令固态继电器 k 导通，则电磁阀 YV2 失电，YV3 得电，即图 2-41 中的 DT2 失电，DT3 得电，根据液压原理图，滑台运动由快速前进变为工作进给；③令固态继电器 a 导通，则交流接触器线圈 KM2 - A 得电吸合，其在主电路中的主触点闭合，于是主传动电动机正向转动；④令固态继电器 g 导通，使电磁离合器 YC1 接合，钻孔传动链运转，于是开始钻孔加工。

3）当工作进给达到设定位置，即钻孔深度达到规定值时，滑台撞块压合微动开关 SQ2，控制器得到其信号，输出如下指令：①固态继电器 i 和 k 截止，j 导通，则电磁阀 YV1 和 YV3 的线圈失电，YV2 线圈得电，即图 2-41 中的电磁阀 DT1 和 DT3 失电，DT2 得电，根据液压原理图，滑台运动变为快速返回；②令固态继电器 a 截止，则交流接触器线圈 KM2 - A 失电，其主触点断开，主传动电动机停止运转；③令固态继电器 g 截止，则电磁离合器 YC1 脱开，钻孔传动链停止运转。

4）当滑台快速返回设定位置（滑座后端）时，撞块压合微动开关 SQ3，控制器得到其信号，输出如下指令：①令固态继电器 j 截止，则电磁阀 YV2 线圈失电，滑台停止运动；②令固态继电器 n 导通，则电磁阀 YV6 的线圈得电，即图 2-41 中的 DT6 电磁阀线圈得电，根据液压原理图，多轴箱放松；③令固态继电器 l 和 m 导通，则电磁阀 YV4 和 YV5 线圈得电，即图 2-41 中的 DT4 和 DT5 电磁阀线圈得电，根据液压原理图，多轴箱反向转位 180°，使攻丝架面对工件。

5）当多轴箱反向转位到定位的终点时，压合微动开关 SQ4。控制器得其信号，发出如下指令：①令固态继电器 n 截止，则电磁阀 YV6 线圈失电，多轴箱夹紧。同时，微动开关 SQ4 的动断触点切断了微动开关 SQ1 和 SQ2 的电路，使它们在攻丝时失去作用。②令固态继电器 i 和 j 导通，则电磁阀 YV1 和 YV2 的线圈得电，使滑台再次快速前进。但是，由于 SQ1 和 SQ2 的电路已被切断，这次快速前进的行程与钻孔时是不同的。

6）当滑台第二次快速前进，到达攻丝加工设定的位置时，压合微动开关 SQ5，控制器得其信号，发出如下指令：令固态继电器 j 截止，令 k 导通，则电磁阀 YV2 线圈失电，YV3 线圈得电。于是滑台运动由快速前进变为慢速前进。

7）当滑台慢速前进到达设定位置时，与定位挡铁缓缓相撞，停止前进。压合微动开关 SQ6，控制器得其信号发出如下指令：①令固态继电器 a 导通，则交流接触器 KM2 - A 的线圈得电，其主电路中的主触点 KM2 - A 闭合，主传动电动机正向运转。②令固态继电器 h 导通，则电磁离合器 YC2 接合，攻丝传动链开始运转。

8）当攻丝轴转动时，安装在一个攻丝轴上的感应盘随之转动。由于感应盘上的磁钢片对霍尔传感器 PC 的磁感应作用，使 PC 产生脉冲信号。此脉冲信号输入控制器，进行计数，即统计丝锥转动的周数。当此周数达到设定值时，即攻丝的深度达到了设定值。这便是攻丝的控制过程。此时控制器发出指令，令固态继电器 a 截止，b 导通。于是交流接触器 KM2 - A 的线圈失电，主触点断开，主传动电动机停止正向运转。KM3 - A 线圈得电，其主回路中的主触点闭合，于是主传动电动机反向运转。攻丝轴也反向运转，在攻丝模套的作用下，攻丝杆带动丝锥从加工的螺孔中一周周退出。这就是退丝过程的控制。

9）在退丝的过程中，主传动电动机反向运转后，控制器统计的攻丝周数由最大值逐渐减小。当减小到 0 时，控制器下达如下指令：①固态继电器 b 截止，于是交流接触器 KM3 - A 的线圈失电，其主触点断开，主传动电动机停止反向运转；②令固态继电器 h 截止，电磁离合器 YC2 线圈失电，攻丝传动链停止运转；③令固态继电器 i 截止，j 导通，则电磁阀 YV1 线圈失电，YV2 线圈得电，于是滑台快速返回。

10）当滑台返回到滑座后端设定位置，撞块再次压合微动开关 SQ3，其信号控制器发出如下指令：①固态继电器 j 截止，则电磁阀 YV2 的线圈失电，滑台停止运动；②固态继电器 n 导通，电磁阀 YV6 线圈得电，则多轴箱放松；③固态继电器 l 截止，电磁阀 YV4 线圈失电，则多轴箱正向转位 180°，使钻孔架面对工件。

11）当多轴箱正向转位到定位的终点时，撞块压合微动开关 SQ7，控制器得到其信号，发出如下指令：①令固态继电器 n 截止，电磁阀 YV6 线圈失电，则多轴箱夹紧；②令固态继电器 m 截止，电磁阀 YV5 线圈失电，则多轴箱转位油路中断。同时，微动开关 SQ7 的动断触点切断微动开关 SQ5 和 SQ6 的电路，使它们在钻孔时失去作用。

到此为止，钻孔与攻丝半自动加工程序控制过程全部完成。完成后滑台处于滑座后端设定位置，多轴箱的钻孔架面对工件，主传动电动机处于停止状态，各电磁阀和电磁离合器都处于失电状态。所以机床又回到了初始状态。这就为加工下一个工件做好了准备。

需再次说明的是，上述钻孔与攻丝加工程序控制过程详解，是以左部滑台和左部多轴箱的加工为例介绍的。实际上，在加工之前三组滑台和多轴箱都处于同样的初始状态。当按"程序控制启动"按钮后，三组滑台和多轴同时开始按上述程序分别进行工件三个方向的加工。只是由于加工的螺孔的规格不同，三方向的加工所用的时间稍有差别。加工后三者又都恢复到同样的初始状态。

2.4　机床总图绘制及几何精度检验标准的确定

2.4.1　机床总图的绘制及其意义

当机床总图的示意图已经设计，各部件的装配图设计已经完成，再进行正规机床总图的绘制就不困难了，也可以说是水到渠成了。绘制机床总图是一项重要工作，有如下意义：

1）在机床总图的绘制过程中，可以重新考虑机床的原理设计、关键机构设计是否完善。

2）按比例绘制机床总图相当于一次装配过程，可以发现部件设计中的错误，可以确认各部件的装配关系是否完全正确。

3）由总图可以直观地确认机床的外观设计是否美观、匀称、稳定、大方。

4）由机床总图可以确定机床的附属设备和电气柜、液压站等的安装位置是否合理。

这台钻孔攻丝专用机床的总图如图 2-46（见插页）所示。

2.4.2　机床的几何精度检验标准

金属切削机床，是用金属切削的方法加工机械零件的工作母机。为了保证零件的加工精度，机床必须保证有很高的几何精度。在机床的总装之后，必须按几何精度检验标准逐项进行检测。通用机床的几何精度检验标准是行业标准，生产厂不能自行确定。这台专用机床的标准，在机床设计时由设计部门提出初稿，经工艺、质检等部门协调，并经总工审批确定试行。

钻孔攻丝专用机床几何精度检验标准：

1）左、中、右三滑座的双矩形导轨上面和侧面的平面度公差：0.04mm。

2）右、中、右三滑座的双矩形导轨的上表面水平度公差：0.04/1000mm（纵向和横向）用水平仪测量。

3）立柱顶面的水平度公差：0.04/1000mm。

4）立柱顶面的平面度公差：0.04mm。

5）工作台上表面的平面度公差：0.04mm。

6）工作台上表面的水平度公差：0.04/1000mm。

7）左、中、右滑台的运动方向对工作台上表面的平行度公差：0.02/200mm，检测示意图如图 2-47 所示。

8）左滑台与右滑台的运动方向在水平面内的平行度公差：0.02/200mm。中滑台的运动方向，对左、右滑台的运动方向在水平面内的垂直度公差：0.02/200mm。检测方法：在工作台的上表面上放置框式水平仪（倒放），按左滑台的运动方向找正一个测量面，然后右滑台运动时也在同一个测量面上测量其运动方向对该面的平行度；中滑台运动时则在与前述测量面垂直的测量面上测量其运动方向对此测量面的平行度。检测示意图如图 2-48 所示。百分表的读数差就是偏差。

9）多轴箱的钻孔轴、攻丝轴的 $\phi18h7$ 轴颈的径向圆跳动公差：0.03mm。

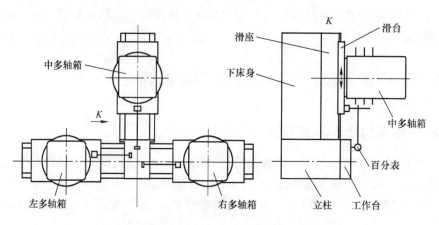

图 2-47　滑台运动方向对工作台面的平行度检测

10）多轴箱的钻孔轴、攻丝轴的 $\phi18h7$ 轴颈，对滑台运动方向的平行度公差：0.02/200mm（在多轴箱夹紧状态下测量），检测示意图如图 2-49 所示。

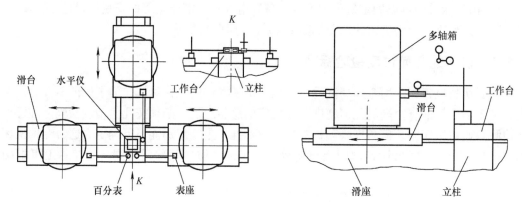

图 2-48　滑台运动方向在水平面内的偏差检测　　　　图 2-49　钻孔轴、攻丝轴对滑台
　　　　　　　　　　　　　　　　　　　　　　　　　　　运动方向的平行度检测

11）多轴箱转位前后，钻孔轴与对应的攻丝轴的 $\phi18h7$ 轴颈的同轴度公差：0.04mm。

12）左、中、右三个多轴箱的传动中心的等高度公差：0.05mm（三个多轴箱，钻孔与攻丝两个测量面，共 10 个测量数据，高度差应均在此范围）。测量方法：以工作台上表面为测量基准面，用游标高度尺测量传动中心轴承盖外径的高度，然后按下式计算其中心高：

$$H = h - \frac{D}{2}$$

式中　h——轴承盖外径高；

　　　D——轴承盖外径。传动中心等高性检测示意图如图 2-50 所示。

13）左、右多轴箱传动中心在水平面内的同轴度公差：0.03mm。检测方法：在工作台上放置弯板，按滑台运动方向找正基准面，用游标高度尺测量传动中心轴承盖外径至弯板基准面的垂直距离，然后计算偏差值。检测示意图如图 2-51 所示。

14）夹具的定位轴 1202、1203 的 $\phi30f7$ 轴颈对左、右多轴箱传动中心的同轴度公差，以及夹具定位轴 1204 的 $\phi30f7$ 轴颈对中部多轴箱传动中心的同轴度公差均为 0.08mm。用专用量尺测量，检测示意图如图 2-52 所示。检测时用手推动表座在定位轴上转动。

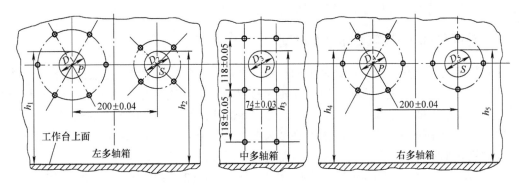

图 2-50　左、中、右多轴箱传动中心等高性检测

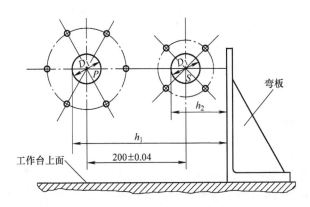

图 2-51　左、右多轴箱传动中心在水平面的同轴度检测

以上介绍了这台专用机床的设计过程和主要设计资料。对于大型机床和重型机床，在设计工作中还要进行机床安装基础图（地基图）的设计。目前，小型机床的安装，往往不另建安装基础，只在车间的地面上钻几个安装膨胀螺栓的孔即可。所以，这项设计也就从略了。

下面介绍这台专用机床在装配与调试方面的过程和资料。严格地说这属于工艺设计范围内的工作。但是，新产品的试制时的安装与调试工作又往往是由

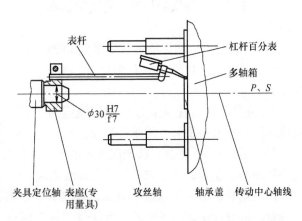

图 2-52　夹具定位轴对多轴箱传动中心的同轴度检测

设计者来指导，所以这方面的技术也是设计人员必须掌握的知识。

2.5　机床的总装配要点

机床的装配是机床生产的最后环节，而总装配与调试则又是装配的最后环节。一台机床的性能好坏，不仅取决于机床的设计水平和零件的加工质量，也取决于机床的装配质量。特

别是机床的几何精度，往往是依靠装配来保证的。

2.5.1　装配前的尺寸测量与零件选配

通用机床的生产是批量生产，每批的产量少则数台，多则数十台。在装配前根据装配关系，在相同的零件中要进行选配，以便互相弥补尺寸偏差。这台专用机床的产量只是一台，但是也有选配的可能。在前文 2.4.2 节介绍的机床的几何精度检验标准中的第 12) 项规定：左、中、右三个多轴箱的传动中心的等高度公差为 0.05mm。此项公差由下床身、滑座、滑台、多轴箱四个零件的相关尺寸偏差迭加而成，其尺寸链如下

$$(470 \pm 0.1) + (230 \pm 0.1) + (60 \pm 0.1 - 20H9) + (300 \pm 0.05) = 1040^{+0.298}_{-0.350}$$

显然，其最大的偏差远大于检验标准的规定。如果进行选配，就可大大地减小此偏差。其中左、中、右多轴箱的设计各不相同，所以不能互换。选配时就以多轴箱的尺寸（300 ± 0.05）mm 为基础，分成三组，挑选尺寸适当的滑台（包括滑座，因为两者的导轨是配磨加工，不能分开）和下床身。

为了进行选配，需对各零件的相关尺寸进行测量，即测量上述尺寸链中各尺寸的实际值。

2.5.2　床身部件的装配

装配过程如下：

1) 画地线：在安装位置上，根据床身部件俯视图的形状和尺寸画出倒 T 字形床身的中轴线。然后根据下床身地脚螺栓孔所在的位置画出各调整垫铁的位置。地线图如图 2-53 所示。

2) 按地线图地脚螺栓的位置放置可调整垫铁，并且在立柱所在的位置四角放临时垫铁。

3) 立柱上位，注意立柱的中心线应与地线的两条中轴线重合，用线坠测量。

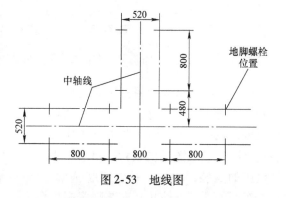

图 2-53　地线图

4) 装配中部下床身：将选配所定的中部下床身吊装上位。注意，下床身的中心线应与立柱的中心线重合，并且与地线的中轴线重合。

调整立柱顶面与下床身上表面的高度差，使高度差为（230 ± 0.05）mm，用游标高度尺测量。同时应保证两平面的平行度公差为 0.04mm，用调整可调垫铁的高度来实现。

安装紧固螺栓 GB/T 5782 – M16 × 60。

调整可调垫铁，使下床身上表面的水平度偏差在 0.08/1000mm 以下，用水平仪测量。

5) 装配左、右下床身：将选配所确定的左、右下床身吊装上位。注意，使两个下床身的中心线与立柱的中心线重合，并与地线的中轴线重合。

以中部下床身的高度为基准，调整左、右下床身的上表面与立柱顶面的高度差。左、右部下床身至立柱顶面的高度，与中部下床身至立柱顶面的高度的应有差值可按下面两式计算

$$\Delta H_A = (H_{dA} + H_{hA}) - (H_{dB} + H_{hB})$$
$$\Delta H_C = (H_{dC} + H_{hC}) - (H_{dB} + H_{hB})$$

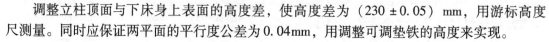

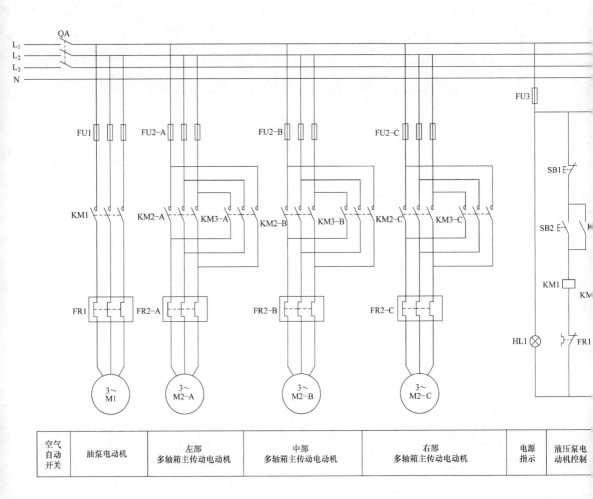

| 空气
自动
开关 | 油泵电动机 | 左部
多轴箱主传动电动机 | 中部
多轴箱主传动电动机 | 右部
多轴箱主传动电动机 | 电源
指示 | 液压泵电
动机控制 |

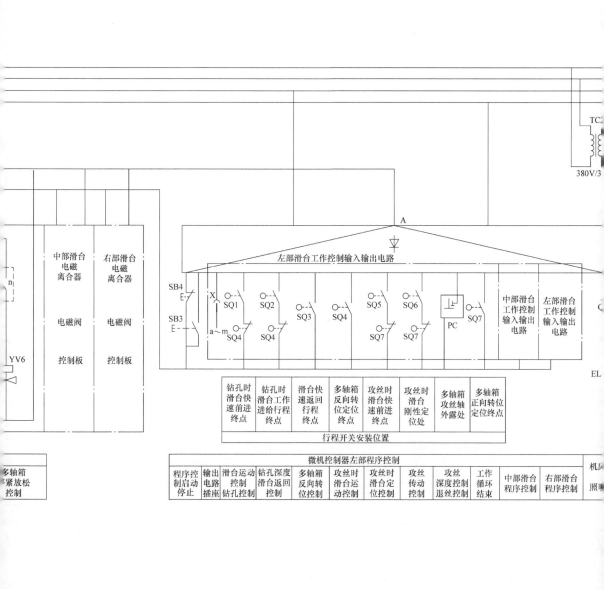

左部滑台工作控制输入输出电路

中部滑台电磁离合器

右部滑台电磁离合器

电磁阀

电磁阀

控制板

控制板

YV6

中部滑台工作控制输入输出电路

左部滑台工作控制输入输出电路

SB4 E-

SB3 E-

X

a～m

SQ1 SQ2 SQ3 SQ4 SQ5 SQ6 SQ7

SQ4 SQ4 SQ7 SQ7

PC

TC2

380V/3

A

EL

钻孔时滑台快速前进终点	钻孔时滑台工作进给行程终点	滑台快速返回行程终点	多轴箱反向转位定位终点	攻丝时滑台快速前进终点	攻丝时滑台刚性定位处	多轴箱攻丝轴外露处	多轴箱正向转位定位终点

行程开关安装位置

多轴箱夹紧放松控制

微机控制器左部程序控制

程序控制启动停止	输出电路插座	滑台运动控制钻孔控制	钻孔深度滑台返回控制	多轴箱反向转位控制	攻丝时滑台运动控制	攻丝时滑台定位控制	攻丝传动控制	攻丝深度控制退丝控制	工作循环结束	中部滑台程序控制	右部滑台程序控制	机床照明

盖板

100

70

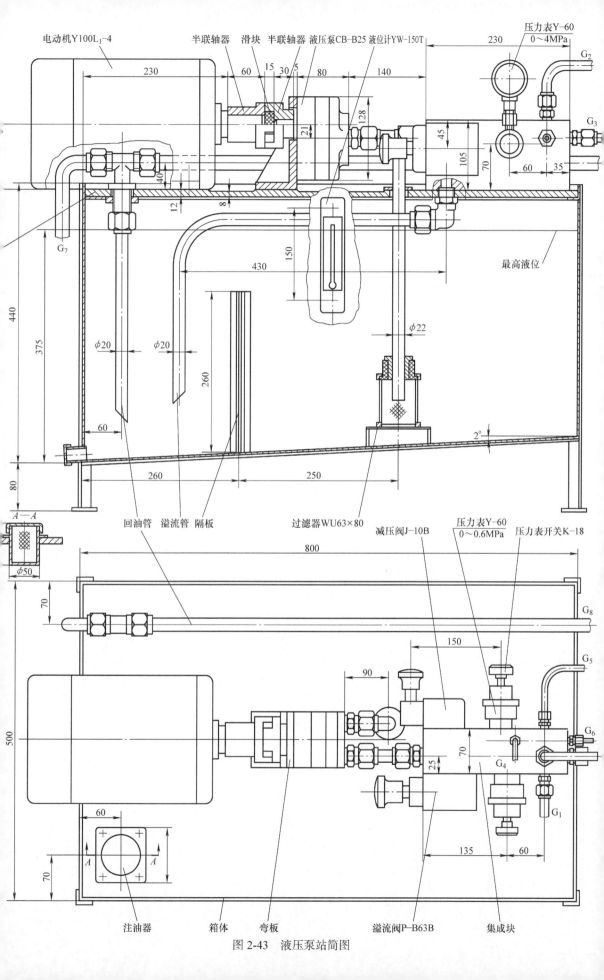

图 2-43　液压泵站简图

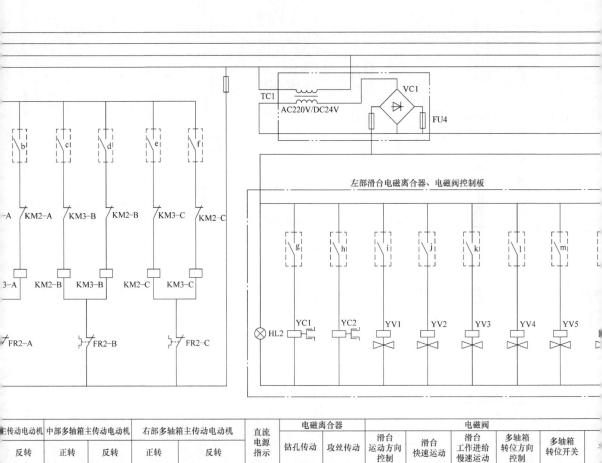

图 2-45　电气原理图

主传动电动机	中部多轴箱主传动电动机		右部多轴箱主传动电动机		直流电源指示	电磁离合器		电磁阀				
反转	正转	反转	正转	反转		钻孔传动	攻丝传动	滑台运动方向控制	滑台快速运动	滑台工作进给慢速运动	多轴箱转位方向控制	多轴箱转位开关

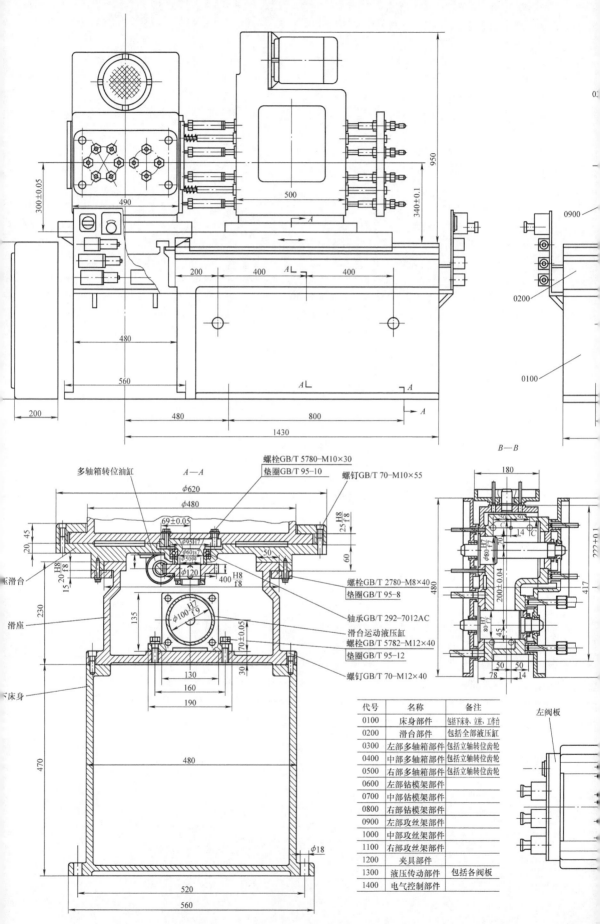

代号	名称	备注
0100	床身部件	包括下床身、立柱、工作台
0200	滑台部件	包括全部液压缸
0300	左部多轴箱部件	包括立轴转位齿轮
0400	中部多轴箱部件	包括立轴转位齿轮
0500	右部多轴箱部件	包括立轴转位齿轮
0600	左部钻模架部件	
0700	中部钻模架部件	
0800	右部钻模架部件	
0900	左部攻丝架部件	
1000	中部攻丝架部件	
1100	右部攻丝架部件	
1200	夹具部件	
1300	液压传动部件	包括各阀板
1400	电气控制部件	

图 2-46 钻孔攻丝专用

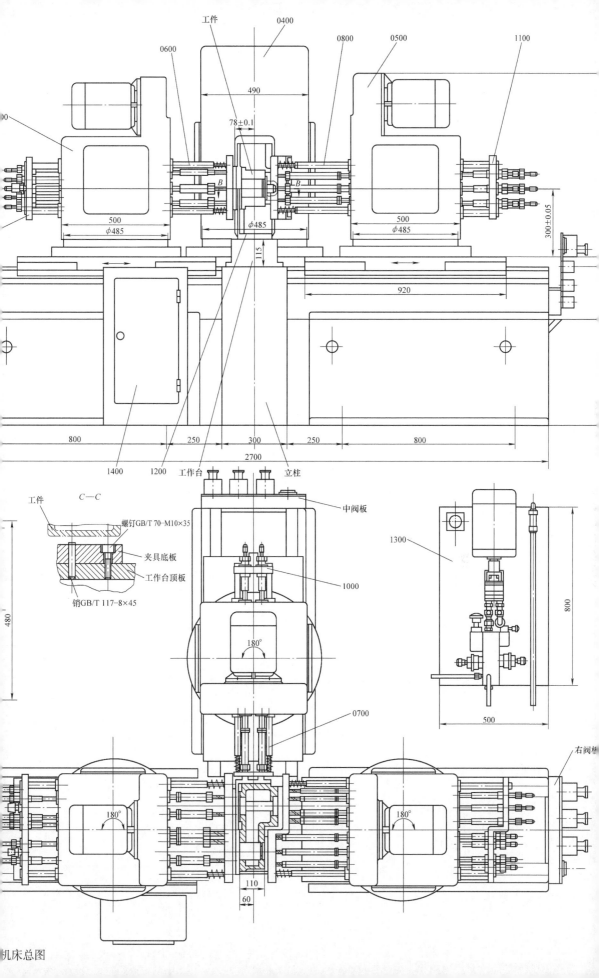

工件 0400 0800 0500 1100
0600
490
78±0.1
500 500
φ485 φ485 φ485
B B
300±0.05
115
920
800 250 300 250 800
2700
1400 1200 工作台 立柱

C—C
工件
螺钉GB/T 70-M10×35
中阀板
夹具底板
1000
工作台顶板
销GB/T 117-8×45
1300
800
480
500
0700
右阀板
180°
180° 180°
110
60

机床总图

式中　ΔH_A——左部下床身对中部下床身应有的高度差（mm）；

　　　H_{dA}——左部多轴箱底面 $\phi560$mm 圆导轨面至传动中心的实际高度（mm）；

　　　H_{hA}——左部滑台 $\phi560$mm 圆导轨面至滑座底面的垂直距离（mm）；

　　　ΔH_C——右部下床身对中部下床身应有的高度差（mm）；

　　　H_{dC}——右部多轴箱底面 $\phi560$mm 圆导轨面至传动中心的实际高度（mm）；

　　　H_{hC}——右部滑台 $\phi560$mm 圆导轨面至滑座底面的垂直距离（mm）；

　　　H_{dB}——中部多轴箱底面 $\phi560$mm 圆导轨面至传动中心的实际高度（mm）；

　　　H_{hB}——中部滑台 $\phi560$mm 圆导轨面至滑座底面的垂直距离（mm）。

以上的实际尺寸都是已经测量过的。

按以上两公式计算的差值，如果是正数，则调整时应使左、右下床身比中部下床身低此数值。如果计算的差值为负数，则调整时应使左、右下床身比中部下床身高此数值。如果计算的结果为 0，则两者等高。按以上方法调整，可使前文机床几何精度检验标中的第 12）项要求得到满足。

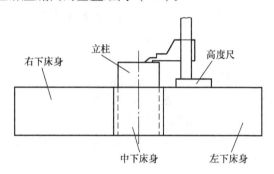

图 2-54　立柱对下床身高度差的检测

下床身高度差检测示意图如图 2-54 所示。

紧固全部下床身与立柱的联接螺栓。

调整可调垫铁，使左、右下床身的上表面的水平度偏差在 0.08/1000 以内，用水平仪测量。

2.5.3　滑座的装配

滑座与滑台虽属同一个部件，但是在部件装配时，两者并未安装在一起。部件装配时应完成滑台直线往复运动液压缸和多轴箱转位液压缸的装配。

1）将选配所确定滑座分别吊装于各自的下床上。注意，应使滑座的前端面与立柱贴合，并使两者的中心线对齐，同时还要使滑座和下床身的中心线对齐。

2）穿入紧固螺钉 GB/T 70.1 – M12 × 40，但不紧固。

3）精确调整左、右两滑座的位置，使两者的双矩形导轨的垂直面处在同一平面内。此项精度的检测方法是：在立柱的顶面上放置 – 1500mm 平尺（倒放）。按立柱的 K 面校正平尺的测量面，然后用千分表及表座测量左滑座导轨对平尺测量面的平行度，并使之平行。再用同样的方法校正右滑座的位置，使两滑座的导轨垂直面都与平尺的测量平行，而且读数相同。左、右滑座导轨位置检测示意图如图 2-55 所示。公差为 0.04mm，合格后紧固滑座与下床身的联接螺钉。

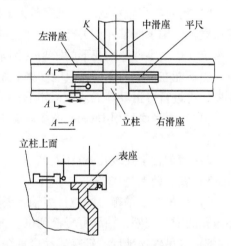

图 2-55　左、右滑座导轨位置检测

4）精确调整中滑座的位置，使之与左、右滑座的导轨垂直。此项精度的检测方法是：

在立柱的顶面上放置一个框式水平仪（倒放），按左、右滑座导轨校正水平仪的一个测量面，然后用千分表和表座，检测中滑座导轨对水平仪的与前述测量面垂直的测量面的平行度。公差为 0.02/200mm。垂直度检测示意图如图 2-56 所示。

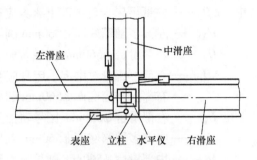

图 2-56　中滑座导轨对左、右滑座导轨垂直度检测

2.5.4　多轴箱的装配

滑座装配之后，还不能立刻装配滑台，而是要先完成多轴箱在滑台上的装配。否则，多轴箱的立轴将无法装配。

在部件装配中，多轴箱箱体内的零件和主传动电动机已经装配完毕。总装时只是装配立轴和半环形压板，装配过程如下。

1. 多轴箱立轴的装配

多轴箱分左、中、右三个部件，装配工艺是完全相同的，现以左部多轴箱为例，介绍如下：

1）安装立轴 0324。用四件 150mm 高的垫块，支承在多轴箱底面 $\phi560$mm 圆导轨面上，打开侧盖 0326。

2）清理多轴箱底面立轴安装盲孔 $\phi140$H9 × 10，不得有毛刺和磕碰高点。清理立轴 0324 外表面及 M10 螺孔。

3）安装立轴。注意立轴键槽的方向应与主视图一致，因为这样方便齿轮 0323 的安装。从多轴箱内安装紧固螺钉及垫圈。

4）安装轴承 GB/T 292—7012AC。注意轴承的方向：轴承外环窄边朝上。轴承中应加润滑脂（轴承无自动润滑）。安装侧盖 0326。

5）滑台与多轴箱的装配难度最大的是配磨调整垫 0322。此调整垫的厚度是滑台、多轴箱、立轴、轴承四零件相关部位尺寸链的终结环。此厚度尺寸受各相关尺寸公差和形位公差的影响，也受零件弹性变形的影响（因轴承承受的轴向负荷很大）。所以准确的尺寸无法计算，也不能在装配前测量，只能配磨。配磨的方法就是要进行试装，在试装中测量其应有的厚度，再进行修正。其工艺过程如下：

1）在滑台底面用 150mm 高垫块支承。支承位置：$\phi560$mm 圆导轨对应处的双矩形导轨面上。

2）清理轴承安装孔 $\phi95$H7。

3）安装调整垫 0322。

4）试吊装多轴箱，注意：多轴箱要吊正，使立轴对正轴承孔，缓慢入位。由于轴承外环与孔的配合较松，轴承可轻松到位。

5）当吊索松弛后，轻轻转动多轴箱，使轴承的滚动体进入正常滚道。

6）检测 $\phi560$mm 圆导轨面的间隙。由于调整垫 0322 的厚度留有 0.5mm 的修配量，所以间隙必然较大。检测方法：从均匀的四个方向用等厚的塞尺塞入。由于导轨的平面度有偏差，上述测量应从多个方向取值，最后以多次测量的平均值为准。

7）吊离多轴箱：为了配磨调整垫，还需将多轴箱吊离滑台。起吊时要注意吊钩的重心与多轴箱的重心重合，使多轴箱能端正地吊离，否则有可能损害轴承精度。由于轴承外环与轴承的配合较松，多轴箱吊离时轴承会脱离轴承孔。

8）配磨调整垫 0322：根据测量的圆导轨面的间隙值，以及前文 2.3.3 节中确定的圆导轨面的间隙应为 0.02～0.04mm，并且考虑到随着机床的运转，轴承会产生微量的变形，使滚道下移，使间隙减小。所以应取间隙的大值，即取间隙为 0.04～0.06mm，按此配磨。

9）调整垫配磨后，仍按前述方法将多轴箱吊装于滑台上。

10）按装配图安装支承套 0325 和平键 GB/T 1096 - 14×30。

11）安装齿轮 0323、垫圈 GB/T 858 - 45 螺母 GB/T 810 - M45×115，并完成防松措施。

2. 安装半环形压板 0329、0330

半环形压板 0329 和 0330 的底面，在加工时留有 0.5mm 的修配余量，安装时应配磨底面。压板安装后与圆导轨的配合为 $25\dfrac{H8}{f8}$，此配合应有的间隙为 0.02～0.086mm。经上述安装，在圆导轨的下导轨面间有 0.04mm 的间隙，则上导轨面的最大间隙应为 0.046mm。半环形压板的修配尺寸需经试安装来测量：将压板的紧固螺钉紧死，用塞尺测量圆导轨上表面与压板的间隙，然后在平面磨床上配磨压板的底面，使此间隙为 0.02～0.04mm，配磨后再次安装，并测量其间隙数值。

3. 安装多轴箱转位的定位机构

定位座 0340 和定位块 0341 的装配已在部件装配时完成。在配磨压板时需拆除，现需再次安装。

2.5.5 滑台的装配

（1）吊装滑台 借用滑台 0201 底面两侧安装压板的 M8 螺孔，安装吊环螺钉 GB/T 825 - M8 四件，分别安装在外数第二个螺孔处。注意：吊环螺钉一定要拧到底，使吊环的端面压死，否则起吊时吊环承受弯矩，会损伤螺孔。吊索穿入吊环，将滑台及安装于滑台上的多轴箱吊起。注意：吊起后，滑台的双矩形导轨应处于水平状态，无目测可见的倾斜。在滑座的导轨面上涂少许润滑油，然后将滑台平稳地放置于滑座上。上位时必须将两者的双矩形导轨对正，慢慢落下，不得有磕碰撞击现象。

（2）安装滑台液压缸的臂架 0205 将滑台推至滑座的前端，将活塞杆 0206 也推到行程的最前端。测量活塞杆中心线至滑台上臂架安装面的垂直距离。根据测量数据及臂架上活塞杆安装孔 φ20H8 的实际中心高，计算臂架垫板 0228 应有的厚度，配磨垫板。

安装臂架 0205。安装时，应先将活塞杆的 φ20h7 轴颈穿入孔中，再紧固螺钉。然后还要检查活塞杆与其安装孔是否同轴。

（3）配磨导轨压板 0203、0226、0227 配磨压板是滑台安装的一项主要工作。在零件加工时，压板 0203、0226、0227 的导轨配合面留有修配量，在装配时按配合 $20\dfrac{H9}{f8}$ 配磨。最大间隙为 0.105mm，最小间隙为 0.02mm。配磨时取中间值，把间隙控制在 0.05～0.07mm 之间。

配磨过程如下：按部件装配图，将各压板安装在各自的位置上，紧固各螺钉。用塞尺检测压板与滑座导轨下表面的间隙，从两端和中间测量，取平均值。如果间隙小于上述的控制值则磨压板的滑动面；如果大于控制值则磨压板的紧固面。

压板配磨并安装后，应取下液压缸臂架的紧固螺母，用人力推动滑台前后运动，检查滑台运动是否较快、是否有不正常的阻碍。还要检查导轨的各面是否有划伤。如有划伤，则说明在导轨间有杂物，应拆下滑台清理后重新安装。

2.5.6　安装多轴箱夹紧机构

多轴箱夹紧机构由夹紧液压缸组件和夹紧横杆组件组成，共两套，分别安装在多轴箱前后两侧。

夹紧机构的零件装配，在局部装配时已经完成。总装时的工作有以下两项：①按装配图所示，把两套夹紧机构安装在各自的位置上；②用手动方法推动夹紧楔块 0220 前进，将多轴箱夹紧，然后检查夹紧滚轮 0221 是否处在楔块斜面的中央。如果滚轮已到了斜面的最高处，则应增大滚轮的外径。

2.5.7　安装液压传动系统

按机床总装的一般顺序，液压系统和电气系统的安装是安排在总装的最后阶段的。但是，这台机床有些特殊：在工作台等零部件安装过程中需要滑台运动，所以只好提前进行了。

1）安装液压泵站：按机床总图所示的位置和方向放置泵站。

2）安装阀板（三件）。

3）布置管路，接通油路。

4）清洗油箱及箱内各零件。

5）油箱注油（液压系统调试时还需补充注油）。

2.5.8　装配工作台和夹具部件

在机床的几何精度检验标准中规定：夹具部件的定位轴 1202、1203、1204 的 $\phi 30f7$ 轴颈，与对应的多轴箱的传动中心的同轴度公差为 0.08mm。此项精度需要在总装时通过配磨工作台的高度来实现，所以工作台的装配和夹具部件的装配必须同时进行。

1. 测量夹具定位轴的实际中心高

在检验平板上，以夹具的底面为测量基准面，用游标高度尺测量各定位轴 1202、1203、1204 的 $\phi 30f7$ 轴颈的实际中心高。

由于存在加工和装配的偏差，各定位轴的实际中心高可能略有差别，取其平均值作为测量结果。

2. 配磨工作台

工作台的高度在零件加工时留有 0.5mm 的修配量，在总装时根据多轴箱传动中心的高度尺寸和夹具定位的高度尺寸配磨，以便使夹具的定位轴与多轴箱的传动中心等高。

工作台应有的高度可按下式计算

$$H_g = H_c - H_j$$

式中　H_g——工作台应有的高度（mm）；

　　　H_c——左、中、右三个多轴箱的传动中心至立柱顶面的垂直距离（mm），此数值已在多轴箱安装时测量；

　　　H_j——夹具的定位轴 1202、1203 的实际中心高，及上下两件定位轴 1204 实际中心高的平均值（mm）。

左、中、右三个多轴箱的 H_c 值可能并不完全相同；夹具的三个 H_j 值可能也有微量的差别，计算时可取各自的平均值代入公式。

3. 安装工作台

安装工作台 0103 应注意以下两点：①工作台上表面各螺孔的位置是不对称的，即工作台的安装是有方向要求的，其方向应按图 2-40 所示来识别；②安装时应使工作台的十字中心线与立柱的十字中心线对齐。

工作台安装后，应按机床几何精度检验标准的第 5)、6)、7) 三项标准进行检测。如果第 7) 项超差，可调整下床身的可调垫铁加以解决。上述三项标准合格后，应进行第 8) 项标准的检验。由于在滑座安装时，已校正了双矩形导轨的精度，所以此项精度也应该是合格的。

然后进行标准的第 12) 项检验，即以工作台上表面为检验基准面，检验三个多轴箱传动中心的等高性。由于在下床身安装时已经为此做了特殊安排，所以这项精度也应该是合格的。

4. 安装夹具部件

夹具部件在部件装配时已经完成了全部零件的装配工作。在总装时的装配工作如下：

1) 在工作台的上表面上，根据其十字中心线画出夹具定位轴 1202、1203、1204 安装时应在的位置线。

2) 夹具部件上位，按所画的位置线校正各定位轴的位置，然后安装紧固螺钉 GB/T 70.1 - M10 × 35。

3) 按机床几何精度检验标准的第 14) 项，用专用量具检测各定位轴的 $\phi30f7$ 轴颈对传动中心的同轴度。并且根据检测的偏差来判断夹具应水平移动的方向。然后松开紧固螺钉，调整夹具的位置。然后再紧固夹具，再次进行检测。如此反复检测，反复调整，直到偏差达到最小值。

5. 配钻铰锥销孔，安装锥销 GB/T 117 − 8 × 45

2.5.9　多轴箱安装精度检验

按机床几何精度检验标准第 9) 项、第 10) 项和第 11) 项检验多轴箱钻孔轴和攻丝轴的精度。

2.5.10　钻模支架部件的装配

钻模支架部件由于结构上的特殊性，总装前不能进行部件装配，只能进行组件的装配。所装配的组件为下列三个：

1) 钻模板组件。包括钻模板、钻套、定位套等件。此组件装配后，钻套和定位套已压入钻模的孔中。

2) 支承套筒组件。包括支承套筒、前滑套、后滑套、支承杆、螺盖弹簧、支承座等件。对于这个组件的装配有一项技术条件：当支承杆的行程达到最大位置时，四件组件的总长度应一致，偏差不超过 0.1mm。

3) 钻杆组件。包括钻杆、夹紧锥套、锁紧螺母等件。

此部件在总装时把许多组件安装在多轴箱部件上，才构成了一个完整的部件。下面以左部钻模支架部件的总装为例，介绍其装配过程：

1）将各钻杆组件安装在多轴箱的钻孔轴上，紧固定位螺钉 GB/T 79 – M6 ×10。

2）按2.3.5节的规定，检测夹紧锥套的径向圆跳动，及夹紧锥套夹持孔中心线对滑台运动方向的平行度。

3）将四件支承套筒组件分别安装在多轴箱的对应位置上，但紧固螺钉不要紧死。

4）以处在右侧的两件长钻杆0605夹持精度检验时所用的 ϕ10.1 ×110mm 检验心轴，以及同时处在水平中心线上的两件短钻杆0611夹持精度检验时所用的 ϕ12.4 ×120mm 检验心轴为支承（共四件）心轴，安装钻模板组件，将各检验心轴分别穿入所对应的钻套的孔中。

5）将支承座0614紧固在钻模上，然后紧固各支承套筒的螺钉。紧固前应先检查支承套筒的端面与多轴箱的结合面能否正常贴合，螺钉是否别劲。如有这些现象，应修整支承套筒的螺孔。

6）按2.3.5节中钻模板安装后的技术条件检测各项精度。

7）在钻模板0601周边的侧面和下面设置千分表，表座固定在滑台上，钻模板安装精度检测如图2-57所示。

8）缓慢驱动滑台前进，使钻模板由定位套0615的 ϕ30H8 孔定位，穿在夹具的定位轴的 ϕ30h7 轴颈上。

9）检查钻模板的定位孔在穿入夹具定位轴前后的读数差。此读数差如不超过 0.1mm，则可认为钻模支架部件的装配是合格的，否则应进行修整。由于在钻模支架部件安装前，已校验过夹具定位轴对各传动中心的同轴度，所以，此项精度应该是合格的。

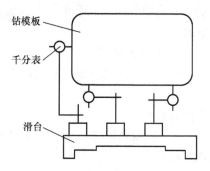

图2-57　钻模板安装精度检测

10）修整钻模支架安装精度的方法如下：

① 如果钻模板侧面的千分表的读数超差，应调整多轴箱钻孔时转位的定位精度，根据偏差的方向，稍加改变定位的角度即可。调整时观察钻模板侧面的千分表，使其读数与钻模板在夹具上定位时一致即可。

② 如果是钻模板下方的千分表读数超差，可能是钻模板组件的质量使支承杆产生了向下方的倾斜所致。可修整支承套筒的安装端面，使其产生上低下高的轴向圆跳动即可。轴向圆跳动值可按下式计算

$$\delta = \Delta Y \frac{D}{L}$$

式中　δ——轴向跳动（mm）；

　　　ΔY——钻模板由夹具定位前后，在垂直方向的位移，即钻模板定位前后下方的千分表的读数差（mm），设 $\Delta Y = 0.3$mm；

　　　D——支承套筒安装端面的直径（mm），$D = 54$mm；

　　　L——支承套筒安装端面至钻模板支承面的最大距离（mm），$L = 320$mm。

$$\delta = 0.3 \times \frac{54}{320} \text{mm} = 0.05 \text{mm}$$

11）修整后，重新安装支承套筒（注意，方向千万不要校错），再次测量钻模板在定位前后的位移，校验修整的效果。

12）安装精度合格后，配钻铰支承套筒和支承座的锥销孔（多轴箱的销孔不能钻透），装配锥销 GB/T 117 – 4 ×25 和 GB/T 117 – 3 ×20。

2.5.11　攻丝架部件的装配

1. 攻丝架部件的初步装配

攻丝架部件的结构与钻孔支架部件有许多相似之处，所以装配过程也有相似之处。此部件在总装前也不能完全完成部件的装配，也需在总装时将各零件安装在多轴箱部件上，才能构成一个完整的部件。

但是，攻丝架部件在此前可以进行部件的初步装配，即将全部零件都安装在攻丝板上，只是尚未与多轴箱部件连接在一起。

此初步装配的要点，以左部攻丝架部件为例，介绍如下：

1）按图 2-28 将攻丝模套 0903 和 0908 安装在攻丝板上，用键 GB/T 1567 – 6×4×10 联结，用螺母 GB/T 810 – M45×1.5 紧固。

2）将定位轴 0911 压入攻丝板的定位孔中。

3）由定位轴定位，安装定位套 0904，用螺钉 GB/T 70 – M4×18 紧固。

4）将攻丝杆 0902 和 0910 分别装入攻丝模套 0903 和 0908 的螺孔中。攻丝杆 0902 的外端面距攻丝模套 0903 的外端面的距离为 50mm，0910 外端面距 0908 的外端面的距离为 40mm。这个位置是攻丝杆的常态位置，只要不是正在进行攻丝加工，攻丝杆总是处在这个位置。

5）安装夹紧锥套 0905 和 0906，安装锁紧螺母 0907，安装丝锥 M14×1.5 和 M12×1.75 并夹紧。

6）将四件支承轴 0909 的 ϕ20h7 轴颈穿入攻丝板 ϕ20H8 孔中，安装圆螺母 GB/T 810 – M18×1.5，但不得锁紧。

7）在安装支承轴时，先将调整垫 0912 装在支承轴的 ϕ20h7 轴颈上。四件调整垫加工时留修配量，并要求四件等厚。

由上述各要点可知，攻丝架的初步装配已经为总装做好了准备。

2. 攻丝架部件的总装配

攻丝架的总装配就是将攻丝架部件安装在多轴箱部件上，并使其精度符合技术条件的要求。安装过程如下：

1）打开多轴箱的两侧盖 0326，将两中心齿轮 0320、0321 的定位螺钉松开，并使两齿轮轴向移动，脱离啮合。

2）用吊车起吊攻丝板，注意：使攻丝板的水平中心线处于水平状态。并使各攻丝杆的轴线也处于水平状态。使各攻丝杆与对应的多轴箱攻丝轴 0319 的轴线对正。转动攻丝轴 0319（不得转动攻丝杆）使两者的键槽也对正。推动攻丝板，将攻丝轴的 ϕ18f7 轴颈装入各对应的攻丝杆的 ϕ18H8 孔中。然后将中心齿轮复位，盖上侧盖。

3）推动攻丝板前后移动，检查攻丝杆与攻丝轴的配合是否能轻快滑动，是否有不同轴的现象。如果不能轻快滑动，则应修整解决。

4）对正四件支承轴 0909 的螺孔，安装紧固螺钉 GB/T 20 – M5×20。

5）紧固支承轴的锁紧螺母 GB/T 810 – M18×1.5。

6）按照攻丝架的技术条件，检测攻丝板基准面 N 对多轴箱基准面的平行度。如果超差，应根据偏差方向配磨调整垫 0912 的厚度。

7）在攻丝板周边的侧面和底面设置千分表（参照图 2-57），表座固定在滑台上。

8）操纵滑台缓缓前进，使定位套 0904 的 ϕ30H8 孔穿在夹具定位轴的 ϕ30f7 轴颈上。检测穿入前后千分表的读数差。如超差应加以修整，修整方法参照 2.5.10 节第 10）项进行。

9）配钻铰支承轴 0909 的定位销孔，注意，多轴箱箱体不得钻透。安装定位销 GB/T 117 – 4 × 20。

2.5.12 电气控制系统安装

1. 电气柜上位布线

根据机床总图所确定的电气柜的安装位置安装电气柜，并根据各电气元件所在位置布线。其中线路较长且密集之处应穿管，如电柜至三块阀板的线路。

2. 安装微动开关

微动开关共 3 组，每组 7 件，其位置按电气元件布置图（从略）布置。其中 SQ4 和 SQ7 安装于多轴箱转位的定块处，其余的均安装于滑座的两侧。用于压合微动开关的撞块，则安装在滑台的压板上，见图 2-58 所示。安装时根据撞块的位置来确定微动开关的位置，其紧固螺钉的螺孔，安装时配作。

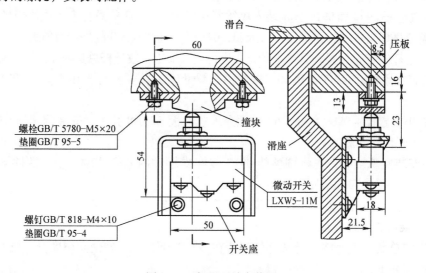

图 2-58　行程开关安装图

3. 安装霍尔传感器及其感应盘

霍尔传感器及其感应盘共三组，每组一套，共三套。感应盘安装在多轴箱的螺距较大的攻丝轴的外露 φ20h7 轴颈上。霍尔传感器用螺钉定位（见图 2-59），安装在支架上。其安装孔为长圆孔，用来调整传感器的位置，使之与感应盘上的磁钢片对正。攻丝轴上的感应盘定位螺孔和多轴箱上的支架的紧固螺孔都是安装时配作。

感应盘和霍尔传感器支架的安装位置如图 2-60 所示。左、右多轴箱所加工的螺孔的螺距都是两种规格，感应盘应安装在螺距大的攻丝轴上。

4. 安装机床照明灯

机床照明灯在机床的总图上被省略了。应安装在工

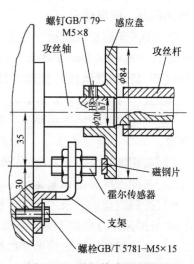

图 2-59　霍尔传感器安装图

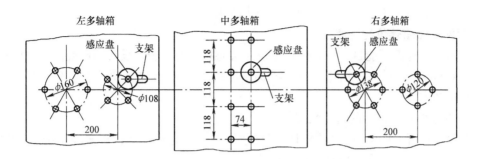

图 2-60　感应盘和霍尔传感器支架的安装位置

作台的正面左侧，装夹工件时不得有所妨碍。

5. 外部电气元件接线

外部电气元件包括电磁阀、电磁离合器、微动开关、霍尔传感器、机床照明灯、液压泵电动机和主传动电动机等。这些元件的布线工作，在电柜安装时一同进行，已经完成。在微动开关等元件安装后，即可接线。

2.6　机床的调试

注意：在调试工作中，在工件的加工试验之前，不得安装工件。

2.6.1　电气控制系统的初步检查

1）接通电源。
2）检查液压泵电动机、主传动电动机的运转方向是否正确。
3）检查整流变压器、照明变压器的工作是否正常。
4）检查微机控制器的电源电路、输入输出电路的工作是否正常。
5）检查电磁离合器，电磁阀得电后动作是否正常。
6）检查各微动开关的线路是否正常。
7）检查霍尔传感器对感应盘磁钢片的感应强度是否正常。

2.6.2　液压传动系统调试

1. 调整液压传动系统压力

起动液压泵电动机，检查液压泵运转情况，是否有不正常的噪声和振动。

打开压力表开关 6′（见图 2-41），由压力表 6 观察液压系统压力，调节溢流阀 4，使系统压力为 1.5MPa。

打开压力表开关 7′，由压力表 7 检查润滑系统压力。调整减压阀 5，使润滑系统压力降至 0.1MPa。检查各润滑点流量，调节针阀节流器 18 和 18′，使流量适中。然后检查润滑油从导轨流出后的回流情况，不得有外溢现象。

2. 调整滑台的运动速度

滑台的运动速度分为快速前进与工作进给两种。快速前进的速度为 1.2 ~ 1.4m/min。调节调速阀 12 的旋钮，并使电磁换向阀 10 线圈得电（见图 2-41），使滑台前进的速度在此范围。工作进给的速度为 40mm/min，由调速阀 13 调节。

3. 调整多轴箱转位的速度

多轴箱转位速度不能过快，否则在定位时会有很大的冲击。设计中已确定转位的角速度 ω 应为 0.4rad/s，回转 180° 所用的时间约 8s，由调速阀 12′ 控制。调整后应观察在定位块定位时是否有冲击。

4. 检查多轴箱夹紧力的可靠性

当电磁换向阀 8 失电时，多轴箱处于夹紧状态。在此状态下，对多轴箱施加 300N·m 的转矩，用千分表检测多轴箱是否有所转动。

2.6.3　多轴箱机械传动系统检查

1. 手动检查

打开主传动电动机的风扇罩。先后使钻孔传动链的电磁离合器和攻丝传动链的电磁离合器得电接合。用手转动风扇叶，检查钻孔传动链和攻丝传动链的运转是否正常，是否有突发的阻力。

2. 机动检查

主传动电动机通电，也先后使上述电磁离合器得电接合，检查钻孔传动链和攻丝传动链在机动情况下的运转是否正常，是否有异常的振动和噪声。

3. 多轴箱内润滑系统检查

1）从多轴箱的油标处，检查油位是否正常。

2）开动主传动电动机，从多轴箱油窗处检查油泵的供油情况是否正常。

2.6.4　调整钻头的装夹尺寸

工件上要加工的螺孔都是盲孔，其底孔的深度如下：①M8 螺孔，深 17mm；②M10 螺孔，深 21mm；③M12 螺孔，深 24mm；④M14×1.5 螺孔，深 24mm。

在专用机床的调整工作中，确定钻头的装夹尺寸是一项很重要的工作。如果装夹尺寸有误，则底孔的加工深度就有误，则攻丝时就有可能造成折断丝锥的事故。此专用机床的右多轴箱，所加工的螺孔是两种规格，底孔深度不同。但是，钻孔时两种钻头的行程是相同的，这就增加了确定钻头装夹尺寸的难度。

1. 调整左部钻模支架钻头的装夹尺寸

左部钻模支架部件加工两种规格螺孔的底孔：6×φ12.4⊤24 和 4×φ10.1⊤24。所加工的底孔，虽然直径不同，但深度相同。

调整的要点是：使两种规格钻头的棱边（即切削刀与棱刀的交点）平齐。装夹后，使两种钻头的棱边都与钻套的端面平齐，如图 2-24 所示。如果钻头的长度略有差别，可调整多轴箱钻孔轴上的圆螺母 GB/T 810 - M20×1.5 的锁紧位置。

2. 调整中部钻模支架钻头的装夹尺寸

中部钻模支架部件只加工一种规格螺孔（M8）的底孔，加工的深度是相同的。

钻头装夹尺寸的调整要点与左部钻模支架所述相同，即调整后使钻头的棱边与钻套的端面平齐。

3. 调整右部钻模支架钻头的装夹尺寸

右部钻模支架部件加工两种规格螺孔的底孔：6×φ10.1⊤24 和 4×φ8.4⊤21。

钻头装夹尺寸的调整要点是：装夹后两种规格钻头的棱边应相差 62mm，即 $\phi10.1mm$ 钻头的棱边与钻套的端面平齐，而 $\phi8.4mm$ 钻头的棱边则缩进钻套端面 3mm。

2.6.5　攻丝架部件丝锥初始位置的调整

专用机床的工件需要加工四种规格的螺孔。它们的攻丝深度和螺距是：①M8 螺孔，攻丝深度 14mm，螺距 1.25mm；②M10 螺孔，攻丝深度 17mm，螺距 1.5mm；③M12 螺孔，攻丝深度 20mm，螺距 1.75mm；④M14×1.5 螺孔，攻丝深度 20mm，螺距 1.5mm。

在同一个攻丝架上，要加工两种规格的螺孔，而它们的攻丝深度又不相同，其难度远比钻不同规格的底孔要大得多。因为在同一个攻丝架上，各攻丝杆的转速是相同的。解决这一难题的关键，就在于如何调整丝锥的初始位置。

1. 左部攻丝架丝锥初始位置的调整

左部攻丝架加工两种规格的螺孔：$6×M14×1.5$ 和 $4×M12×1.75$。攻丝深度均为 20mm。加工的难题是：尽管两种丝锥的螺距不同，但却要求丝锥在相同的转速下，同时加工到相同的深度。

这个难题只能用正确地调整丝锥的初始位置来解决。设计规定丝锥 M14×1.5 在攻丝时的初始位置是：其切削部分的圆锥体与校准部分的圆柱体的交线（即棱线）位置距工件端面 6mm（见图 2-28）。由此可以计算出丝锥应有的行程和攻丝时应转动的周数。

$$n = \frac{L_1}{t_1}$$

式中　　n——丝锥 M14×1.5 在攻丝过程中转动的周数；

　　　　L_1——丝锥 M14×1.5 攻丝时的行程（mm），$L_1 = 20$（攻丝深度）mm +6mm = 26mm；

　　　　t_1——丝锥 M14×1.5 的螺距（mm），$t_1 = 1.5mm$。

代入公式

$$n = \frac{26}{1.5} = 17.3$$

丝锥 M12 在攻丝的过程中，转动的周数与丝锥 M14×1.5 相同，也是 17.3 周。由此可以计算出其攻丝的行程，已知丝锥的螺距 $t_2 = 1.75mm$。

$$L_2 = nt_2 = 17.3×1.75mm = 30.3mm$$

两丝锥的行程差

$$\Delta L = L_2 - L_1 = 30.3mm - 26mm = 4.3mm$$

由于两螺孔的攻丝深度相同，都是 20mm，由此可以计算出丝锥 M12 在攻丝时的初始位置

$$H_0 = 6mm + 4.3mm = 10.3mm$$

即 M12 丝锥攻丝时的初始位置是：棱线距工件端面 10.3mm（见图 2-28）。

按上面计算数据调整丝锥的位置应采用如下方法：打开多轴箱侧盖 0326（见图 2-20），松开中心齿轮 0320、0321 的定位螺钉。轴向移动它们的位置，使之脱离啮合。用手转动攻丝轴，使攻丝杆 0902 和 0910 产生轴向位移，使丝锥停在所需的位置上。然后将中心齿轮复位，紧固其定位螺钉，安装侧盖。

2. 右部攻丝架丝锥初始位置的调整

此位置的调整与前述左部攻丝架的调整有所不同，因为右部攻丝架的两种丝锥攻丝深度

不同。

右部攻丝架加工两种规格的螺孔：M12×1.75mm，攻丝深度20mm；M10×1.5mm，攻丝深度17mm。设计规定：丝锥 M10×1.5 攻丝时的初始位置是丝锥的棱线距工件的端面6mm，则攻丝时丝锥的行程为 $L_1 = 6mm + 17mm = 23mm$。丝锥转动的周数为

$$n = \frac{L_1}{t_1} = \frac{23}{1.5} = 15.3$$

丝锥 M12×1.75 同样转动15.3周，其行程是

$$L_2 = nt_2 = 15.3 \times 1.75mm = 26.8mm$$

由此数据可以计算出丝锥 M12×1.75 攻丝时的初始位置

$$H_2 = 26.8mm - 20mm = 6.8mm$$

即其初始位置是：棱线距工件端面6.8mm（见图2-31）。其调整方法与左部攻丝架的调整方法相同。

3. 中部攻丝架丝锥初始位置的调整

中部攻丝架部件只加工 M8 一种螺孔。丝锥初始位置的调整比上述两部件的调整要简单些，其调整方法不再赘述。

2.6.6　滑台运动的调试

滑台部件是三个相同的部件。三个部件的自动加工过程由三套相同的控制系统分别控制，所以它们的调试工作也要分三次分别进行，但调试的工作内容是相同的。

1. 控制钻孔加工过程的微动开关调试

在钻孔加工过程中，微动开关将滑台的运动状况反馈给控制器，才实现了加工的自动控制，所以它们是控制系统的重要一环。

控制钻孔加工的微动开关有三件，都安装在滑座的右侧。与它们对应的撞块也是三件，安装在滑台右侧的对应位置上。微动开关的调试工作，就是当滑台运动到每个设定位置时，使微动开关能及时把信号反馈到控制器。也就是通过调试，能使撞块及时准确地压合微动开关的触点。

（1）微动开关 SQ1 的调试　SQ1 安装在滑座中部偏前的位置，其撞块安装在滑台中部。当撞块压合 SQ1 的常开触点时，滑台的运动由快速前进变为工作进给。调试时就是根据这种变化来确定撞块的准确位置。其方法是：开动滑台快速前进，当撞块撞上微动开关而改变了运动速度时立刻停止滑台运动，然后测量钻头的棱线与夹具基准面的距离是否正确，再根据偏差调整撞块的位置。撞块的螺孔是长圆孔，留有10mm的调整余量。

各钻孔支架的钻头棱线与夹具基准面的距离尺寸如下：

1）左部钻孔支架：两种钻头的棱线距夹具的 N 面（见图2-7）均为6mm。

2）中部钻孔支架：钻头的棱线插入夹具的 S 面16mm。

3）右部钻孔支架：ϕ10.1mm 钻头的棱线距夹具的 N 面181mm；ϕ8.4mm 钻头的棱线距夹具的 N 面113mm。

（2）微动开关 SQ2 的调试　SQ2 安装在滑座的前部，其撞块则安装在滑台的前部。当撞块压合 SQ2 的常开触点时，滑台停止工作进给，然后快速返回，故 SQ2 控制了钻孔深度。在滑台快速返回之前，停止滑台运动，测量钻头的棱线与夹具基准面的距离是否符合如下数值：

1）左部钻孔支架：两种规格钻头的棱线都穿过夹具基准面 N 的通孔，越过基准 N 面 24mm，即钻孔深度为 24mm。

2）中部钻孔支架：钻头的棱线穿过夹具基准面 S 的通孔，越过 S 面 39mm，使钻孔深度达 17mm。

3）右部钻孔支架：$\phi10.1$mm 钻头的棱线距夹具的 N 面 151mm，即钻孔深度为 24mm；$\phi8.4$mm 钻头的棱线距 N 面 89mm，即钻孔深度为 21mm。

（3）微动开关 SQ3 的调试　微动开关 SQ3 安装在滑座的最后端，其撞块则安装在滑台的后端。其作用是在钻孔或攻丝加工后滑台快速返回时，撞块压合微动开关的常开触点，使滑台停止运动，停留在滑座的最后端。其调整方法比较简单，偏差不需用量具测量，只要目测两者的后端是否平齐即可。消除偏差也是以调整撞块的位置来实现的。

2. 控制攻丝加工过程的定位挡铁和微开关的调试

（1）定位挡铁的调试　定位挡铁安装在滑座双矩形导轨的最前端，其作用是攻丝时限制滑台最前端的停留位置。通过调整 0230 挡铁上的螺栓 GB/T 5781 – M8×40 的旋入位置调整，即可调整滑台的停留位置。调整时应注意，应使两调整螺栓受力均匀。调整后用螺母 GB/T 6170 – M8 锁紧（见图 2-33D—D 视图）。

调整时用下列方法确定滑台的停留位置是否正确：

1）左滑台停留位置检测：从夹具的基准面 N 处测量（见图 2-7），丝锥 M14×1.5 的端面缩在夹具的 $\phi16$mm 孔中，距 N 面 3mm。

2）中滑台停留位置检测：丝锥 M8 的刀部穿入夹具的 $\phi10$mm 孔中，其端面距基准 S 面 4mm。

3）右滑台停留位置检测：从夹具的基准面 N 处测量，丝锥 M10 的端面距 N 面 113mm。

（2）微动开关 SQ6 的调试　控制攻丝加工的微动开关都安装在滑座的左侧，共两件。与它们对应的撞块也是两件，安装在滑台左侧的对应位置上。SQ6 安装在滑座的前部。

当滑台运动到上述设定的停留位置被挡铁挡住时，应同时压合微动开关 SQ6 的常开触点，使控制器得到信号，驱动攻丝传动链运转，从而开始攻丝加工。SQ6 的调试应实现这个要求。

（3）微动开关 SQ5 的调试　SQ5 安装在滑座中部偏前的位置。当滑台快速前进，到达接近挡铁的位置时，撞块压合 SQ5 的常开触点，使滑台的运动由快速前进变为慢速前进，以防止运动的滑台被挡住时产生较大的冲击。调整 SQ5 撞块的位置，使滑台在距撞块 5mm 处，将运动速度降下来。

2.6.7　霍尔传感器的调试

霍尔传感器是利用霍尔效应设计的传感器。其工作原理是在传感器的垂直方向上施加一个磁场，则在传感器垂直于磁场的方向上产生电动势。这个磁场由感应盘上的磁钢片形成，当攻丝轴转动时，感应盘随着转动，当磁钢片转到正对霍尔元件时，霍尔元件就产生一次电动势，并将电动势输入控制器进行记数，也就是统计了丝锥转动的周数，控制此周数也就控制了攻丝深度。

霍尔传感器的调整，包括两个参数：首先是使传感器的中心线处在磁钢片的回转圆周上。传感器的安装孔是长圆孔，其位置可调；其次是调整传感器与磁钢片的距离。因为磁感应产生的电动势与磁感应强度成正比，也就是与两者的距离成反比。KH 型霍尔传感器的最大作用距离为 4mm。传感器由两个薄螺母定位，调整这两个螺母即可调整此距离。

2.6.8　钻孔与攻丝加工自动控制空运转试验

此项试验就是在不装夹工件的情况下，按照钻孔与攻丝加工的自动控制程序进行的机床运转试验。但是，钻头与丝锥还是要装夹的。

在试验开始前，先使机床按前文 2.3.12 节所述，处于"机床的初始状态"。然后按"程序控制启动"按钮，使机床在自动控制的状态下运转。

通过空运转试验，要考查以下几项运转情况：

1) 多轴箱机械传动系统的运转是否正常，箱内的自动润滑系统工作是否正常。

2) 液压传动系统的工作是否正常。油箱的油位是否正常，是否需补充油量。油液中有无气泡杂质。管路是否有漏油现象。油温是否正常。导轨润滑系统的工作是否正常。

3) 滑台的运动速度是否符合设计的规定，工作进给时是否有爬行。在多轴箱转位和攻丝加工中，当挡铁定位时是否有冲击，定位精度是否准确。多轴箱夹紧机构的动作是否正常，夹紧效果是否可靠。

4) 电气控制系统的工作考查下述内容：电动机的温升是否正常，微机控制器、各电气元件的温升是否正常。各微动开关的位置是否正确。自动加工的程序控制是否符合设计要求。自动控制程序结束时，机床是否能回到初始状态。

2.6.9　工件加工试验

当空运转试验合格后，可进行工件的加工试验。此项试验主要考虑以下几项内容：

1) 工件的装夹是否稳固、可靠、准确、方便。装夹所用的工时是多少，是否合适。

2) 切削用量的选择是否合理。

3) 加工中不用切削液，钻头是否可以承受。

4) 加工中排屑是否顺畅。

5) 加工所用工时是多少，是否符合设计要求。

6) 工件的加工质量是否合格，包括以下各项：①螺孔的位置度偏差；②底孔的直径、深度偏差；③攻丝的深度偏差；④螺孔的表面粗糙度。

第3例 3000～12000kN 索扣液压机设计

3.1 概述

钢丝绳吊索，是起重作业中必不可少的工具。吊索两端的绳套，在我国长期以来都是采用人工插编的方法制造。这项作业，是一种繁重的体力劳动，特别是插编直径较大的钢丝绳吊索，可以说是一项艰巨的工作。而且，插编的绳套在各股钢丝之间，往往有很大的缝隙，使用时也不能立即达到额定的起重量，需要以较小的起重量来试用，经过试用，插编的间隙减小后才能达到额定的起重量。

但是，在工业发达的国家，他们所用的起重吊索，大多采用软金属压制绳套。这是一项软金属冷挤压加工技术：将软金属套（多为铝合金或低碳钢材质）套在钢丝绳的制套处，然后将钢丝绳的端部折回来，也插入软金属套中，使吊索的端部形成一个尺寸适当的套，如图 3-1 所示。然后再对软金属套施加数十吨至上千吨的挤压力，此种挤压加工是在模具中进行。于是，将软金属套和钢丝绳压制成一体，使软金属紧紧地包裹在钢丝绳的外面。压制成的绳套，如图 3-2 所示。

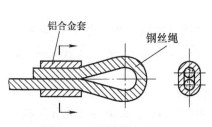

图 3-1 压制前的吊索

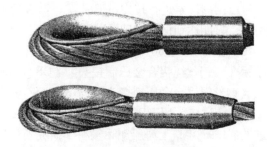

图 3-2 压制后的绳套

压制成的绳套吊索，是否能承受应有的负荷呢？是否能安全使用呢？那是毫无疑问的。因为软金属套经过巨大的挤压加工，已经与钢丝绳牢固结合成一体了。这种情况可以从压制绳套的横截面看得很清楚。图 3-3 所示是直径为 $\phi43mm$ 的钢丝绳（结构形式为 $6 \times 37 - 1 + 6 + 12 + 18$）压制接头横截面，在挤压部位的中部，是用切割砂轮片切断后的横截面。由图 3-3 可知，压制前后，铝合金套和钢丝绳有以下变化。

1）铝合金套的横截面由长圆形变为圆柱形，其外周的周长缩短了 22%，铝合金将钢丝绳外层的空间填满充实，无间隙。

2）组成钢丝绳的 6 个钢丝股（每股由 37 根钢丝组成），由圆形变成了不规则的多边形。各股间的接触处，由圆相切变成了曲面接触，而且无缝隙。

3）压制前的两段界限分明的钢丝绳，已经结合成一个整体，分不出各自的边界。

4）纤维芯被压缩了，断面收缩率为 60%。

5）每根钢丝的横截面有微量的变形，已经不是很规则的圆形。钢丝间的接触区，由点

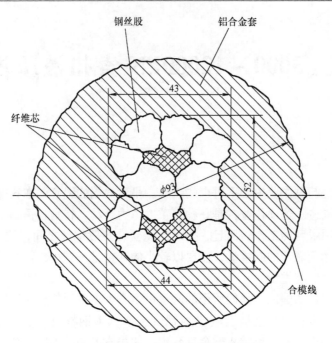

图 3-3　ϕ43mm 钢丝绳压制接头横截面

接触变成了面接触。

由以上变化可以得出：压制吊索接头的铝合金套与两段钢丝绳已经结合成了一个整体。

对压制的吊索进行拉力试验证实，其额定载荷可达到钢丝绳破断载荷的 90%，而插编的吊索，只能达到钢丝绳破断载荷的 70%。

我国在 20 世纪 80 年代中期，也开始研制软金属套压制吊索接头，并于 1986 年制订了国家标准《钢丝绳铝合金压制接头》（GB/T 6946—1986），于 1993 年又发展制订了新国家标准《钢丝绳铝合金压制接头》（GB/T 6946—1993）。

与此相适应，用于压制钢丝绳吊索接头的专用液压机的研制工作，在我国也取得了很大的进展：1993 年，上海船舶运输科学研究所研制成功 200t、500t、800t 级吊索压接机；1995 年，河北巨力集团研制成功 350t、900t 钢丝绳压套机；后来又有其他企业研制成功 300t、500t、1000t、1200t 索扣液压机。此后于 2015 年，设计者在此基础上又改进设计了 3000kN、5000kN、10000kN、12000kN 索扣液压机。下面介绍此项设计及其设计思路。

3.2　机器的总体设计

3.2.1　机器的结构设计

索扣液压机，也叫钢丝绳压套机，从市场上的产品看主要有以下几种结构：

（1）整体结构液压机　即液压机的缸体、立柱、上横梁是一个整体，即为同一铸钢件。这种设计结构简单，但工艺性不好。当公称压力较大时，液压机的主体体积很大，质量也很大，加工不方便，必须用重型机床来加工。而且，其设计的特点是：必须在液压缸的底部开个通孔，以便加工缸孔，于是液压缸的结构就复杂了。

（2）四柱三梁液压机　这是液压机的典型结构，国内外的液压机，包括一些专用的液压机，很多设计都采用这种结构。图 3-4 所示的日本松下液压模锻机，就是四柱三梁的结构。所谓"四柱三梁"就是用四件立柱将三件横梁连接起来组成一个液压机。其中，中间位置的活动横梁与活塞或柱塞连接起来随活塞（或柱塞）运动，完成工件的挤压加工。松下液压模锻机是作为可加工各种索具的设备来介绍的，所以也可以把它视为专用的索扣液压机。这种设计的特点是：机器的精度高，结构复杂，加工的难度大，特别是三个横梁的四个立柱安装孔，其位置度必须一致，必须与水平基准面垂直，否则是难以装配的。

图 3-4　日本松下液压模锻机

（3）双柱双梁液压机　这种设计工艺性好，加工难度比较小，结构简单，成本较低，而且机器的运转精度完全可以满足吊索加工的要求。

比较上述三种结构，本设计选择了双柱双梁的结构。虽然没有活动横梁，如果把双立柱作为模具升降运动的导向基准，则模具也就相当于一件升降横梁了，机器的运动精度也可达到四柱三梁的水平。

3.2.2　动力传动机构设置位置的选择

液压机的动力传动机构——液压缸的设置位置，有两种选择：一种是将液压缸设置在机架的下部，称为下传动；另一种是将液压缸设置在机架的上部，称为上传动。两种设置各有所长，前者液压缸处于机架的下方，方便机器的装配和维修。但是，工作时工件放在下模上，要随活塞的升降而上下运动，不利于工件的定位。后者液压缸处于机架的上方，机器的装配和维修很不方便。但是，工作时工件放在下模上静止不动，上模随活塞向下运动，将工件压成，这有利于操作，也有利于工件的装夹和定位。所以上传动的机器特别适合大型罩壳类零件的加工。

从国外索扣液压机的设计来看，上传动和下传动的设计都有。一般的规律是：公称压力小的、立柱间空间小的机器多采用下传动，反之则多采用上传动。

考虑到所加工的吊索的质量和体积都不大，所以本设计选择了下传动。

3.2.3　液压缸结构形式的选择

大多数的液压机，其液压缸设计不采用活塞式结构，而采用柱塞式结构。因为液压机的推力往往很大，运动速度又比较快，采用柱塞结构可以满足这些要求。

但是，本设计却采用了活塞结构而没有采用柱塞结构，其原因如下：

1）因为液压缸的内径很大，最大者有可能达到 200mm 以上，不宜采用柱塞结构。

2）柱塞液压缸不具有回程的功能，其回程需另设小液压缸来拉动，结构复杂，成本高。

3.2.4　液压系统工作压力级别的选择

液压机液压系统的额定工作压力级别要根据工作负荷来选择。此项设计中液压机的公称压力为 3000 ~ 12000kN，为了减小液压缸的直径，当然要采用最高级别的压力，即额定压力为 31.5MPa。

3.2.5　液压机主要技术参数的确定

1. 公称压力

液压机液压系统的额定压力与活塞无杆端面积的乘积，称为液压机的公称压力，也就是活塞的额定推力。此推力不考虑活塞运动时的各项阻力。YTC 系列液压机的公称压力分为四个级别，见表 3-1。

表 3-1　液压机的公称压力

机器型号	公称压力	压制钢丝绳直径
YTC3000	3000kN	6 ~ 30mm
YTC5000	5000kN	6 ~ 38mm
YTC10000	10000kN	6 ~ 56mm
YTC12000	12000kN	6 ~ 60mm

液压机的公称压力并无标准参数，但所选的 3000kN、5000kN、10000kN 都是各类液压机及国外索扣液压机首选的参数。而且以上四种规格的液压机，可以加工 GB/T 6946—1993 中所规定的全部铝合金压制接头。

2. 液压缸内径的估算

液压缸的内径是液压机最重要的参数。液压缸的内径尺寸将在液压缸设计时通过计算确定。但是，在机器总体设计时，应对此参数进行估算。应如何估算？笔者是按下式计算的

$$D \approx 1.06 \times 2 \times \sqrt{\frac{P_g}{p\pi}}$$

式中　D——液压缸的内径（mm）；

　　　P_g——机器的公称压力（N）；

　　　p——液压缸的最大工作压力（MPa），$p = 31.5$MPa。

各型号液压机液压缸内径的估算值，列于表 3-2。需要说明：上述公式并非引自经典文献或课本，而是笔者推导的经验公式。后经缸径计算证实，该公式还是可用的。

表 3-2　液压缸内径估算值

液压机型号	缸径估算值
YTC3000	约 369mm
YTC5000	约 476mm
YTC10000	约 674mm
YTC12000	约 738mm

3. 活塞的最大行程

活塞的最大行程，是根据各型号的液压机所加工的最大钢丝绳接头所用的铝合金套的高度尺寸来确定的，即根据 GB/T 6946—1993 的附录 A 中的 b 和 s 两个参数，按下式确定的。

$$L = (b + 2s) \times 1.2 (\text{mm})$$

式中　L——活塞的最大行程（mm）；

　　　b——铝合金套长圆孔的大径（mm）；

　　　s——铝合金套的厚度（mm）。

按上式计算并圆整后，确定的各型号液压机活塞的最大行程，列于表 3-3。

表 3-3　液压机活塞最大行程

液压机型号	活塞最大行程
YTC3000	110mm
YTC5000	150mm
YTC10000	210mm
YTC12000	225mm

4. 立柱中心距

液压机的立柱中心距，主要根据模具所需的面积和液压缸的直径来确定。索扣液压机，由于模具所需的面积比较小，所以主要根据液压缸的直径来确定。经初步估算各型号液压机液压缸直径后，初定的立柱中心距见表 3-4。此参数，还要在液压缸设计后待立柱设计时再最后确定。

表 3-4　立柱中心距

液压机型号	立柱中心距
YTC3000	约 750mm
YTC5000	约 950mm
YTC10000	约 1350mm
YTC12000	约 1450mm

5. 封闭高度

液压机的封闭高度，即是活塞下降到底后，活塞杆外露的上端面至上横梁的下工作面间的距离。在此空间内要安装模具部件，并且在上、下模之间留出等于工作行程的距离。而模具的高度，要在模具设计时确定，所以封闭高度只能参照同类液压机的参数，给出一个初步的数值，见表3-5。

表3-5　封闭高度

液压机型号	封闭高度
YTC3000	约350mm
YTC5000	约400mm
YTC10000	约600mm
YTC12000	约700mm

6. 活塞的运动速度

液压机活塞的运动速度，应根据以下几个因素确定：①工艺要求。各种液压机由于加工内容不同，如薄板冲压、拉深、冲裁、校直、零件压装、金属挤压等，对运动速度各有不同的要求。液压机设计，首先要满足这些要求。②生产效率，这是用户选购机器的要点。③动力消耗。降低能耗，这也是机器设计中必须考虑的问题。

此项设计，活塞的运动速度主要是按工艺要求确定的。用户要求的数据是 1～10mm/s。同时参考了下列同类产品的参数：

1）Y61–630 型金属挤压机，公称压力 6300kN，滑块工作速度为 1～6mm/s，沈阳液压机厂产品。

2）Y61–2500 型金属挤压机，公称压力 25000kN，滑块工作速度为 0～7mm/s，沈阳液压机厂产品。

3）THP61–800 型绳端接头液压机，公称压力为 8000kN，滑块工作速度为 1～3mm/s，天津天锻压力机有限公司产品。

根据上述数据，确定活塞的运动速度如下：

1）工作行程：3～4mm/s。

2）空行程（活塞上升，但尚未开始挤压）：5～7mm/s。

3）返回行程：10～12mm/s。

生产实践证实，上述参数是适宜的。

3.2.6　液压机的部件划分

YTC 系列索扣液压机由下列部件组成：

（1）液压机部件　主要零件包括缸体、上横梁、活塞、缸盖、立柱、螺母、垫圈。

（2）液压站部件　主要零件包括液压泵、液压泵用电动机（属电气控制系统）、油箱结合件、油箱顶盖、联轴器、电液换向阀、高压溢流阀、低压溢流阀、回油过滤器、集成阀块等。

（3）模具部件　主要零件包括上模座、下模座、模块。

（4）电气控制系统　包括电动机及电气箱等。

3.2.7　液压机结构示意图设计

根据前文对索扣液压机结构的分析、选择，以及确定的主要参数，绘制液压机结构示意图，如图3-5所示。

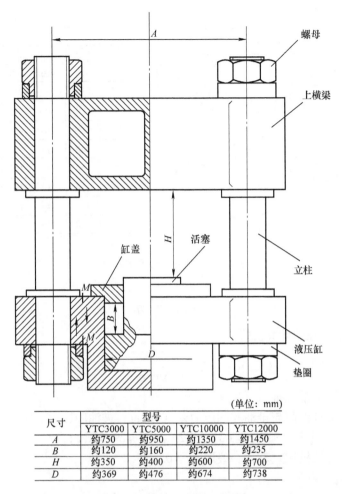

尺寸	型号			
	YTC3000	YTC5000	YTC10000	YTC12000
A	约750	约950	约1350	约1450
B	约120	约160	约220	约235
H	约350	约400	约600	约700
D	约369	约476	约674	约738

（单位：mm）

图 3-5　液压机结构示意图

3.3　机器的零部件设计

3.3.1　液压机部件设计

1. 缸体设计

（1）缸体外形的确定　液压缸是液压机最重要的零件，它的功能是将液压能转变为机械能。一般的液压缸都是筒状零件，长度大于直径。但是，索扣液压机的液压缸与此不同，因为需要它产生的推力很大，但是行程却不大，它的直径往往大于长度，所以其外形不是筒状而是近似盆状。

此液压缸由于还要安装两个立柱，所以在缸孔的两侧还要设置两个立柱安装孔。于是缸体的外形就必然成为耳上有孔的两耳盆。缸体的外形如图 3-6 所示。

（2）缸内径计算　缸体外形确定后，就要依次确定各部分尺寸，首先要确定缸孔内径尺寸。液压缸的内径，是按液压缸应有的最大推力来确定的。液压缸的最大推力可按下式计算：

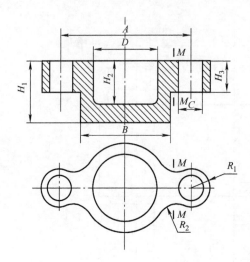

（单位：mm）

尺寸	型号			
	YTC 3000	YTC 5000	YTC 10000	YTC 12000
A	740	960	1330	1460
B	$\phi504$	$\phi664$	$\phi910$	$\phi990$
C	$\phi140$	$\phi180$	$\phi245$	$\phi265$
D	$\phi380$	$\phi504$	$\phi680$	$\phi740$
H_1	340	410	540	580
H_2	250	300	385	410
H_3	180	210	280	300
R_1	110	140	195	210
R_2	150	180	250	270

图 3-6　缸体的外形及主要尺寸

$$P = \Delta p \frac{\pi D^2}{4} \eta_k$$

由上式可得缸内径的计算公式

$$D = \sqrt{\frac{4P}{\Delta p \pi \eta_k}}$$

式中　P——液压缸的最大推力（N）；

　　　Δp——液压缸进油腔与排油腔的压力差（MPa），进油腔压力 $p_1 = 31.5\text{MPa}$，排油腔压力 $p_2 = 2\text{MPa}$，则 $\Delta p = (31.5 - 2)\ \text{MPa} = 29.5\text{MPa}$；

　　　η_k——液压缸的机械效率，一般取 $\eta_k = 0.95$；

　　　D——液压缸内径（mm）。

按上式计算各型号液压机的液压缸内径，并按液压缸缸径系列标准 GB/T 2348—1980 圆整。

1）YTC3000 型液压机。

已知液压缸的最大推力：$P = 3000\text{kN} = 3 \times 10^6\text{N}$。

$$D = \sqrt{\frac{3 \times 10^6 \times 4}{\pi \times 29.5 \times 0.95}}\text{mm} = 369.2\text{mm}$$

查缸径系列标准，与此数据接近的缸径为 320mm 和 400mm。均相差较大，故确定 $D = 380\text{mm}$。

2）YTC5000 型液压机。

已知液压缸的最大推力 $P = 5000\text{kN} = 5 \times 10^6\text{N}$。

$$D = \sqrt{\frac{5 \times 10^6 \times 4}{\pi \times 29.5 \times 0.95}}\text{mm} = 476.6\text{mm}$$

参考液压缸缸径系列标准，取 $D = 500\text{mm}$。

3）YTC10000 型液压机。

已知液压缸的最大推力 $P = 10000\text{kN} = 10^7\text{N}$。

$$D = \sqrt{\frac{10^7 \times 4}{\pi \times 29.5 \times 0.95}}\text{mm} = 674\text{mm}$$

此数值已大于液压缸内径系列标准的最大值，故圆整后取 $D = 680\text{mm}$。

4）YTC12000 型液压机。

已知液压缸的最大推力 $P = 12000\text{kN} = 12 \times 10^6 \text{N}$。

$$D = \sqrt{\frac{12 \times 10^6 \times 4}{\pi \times 29.5 \times 0.95}}\text{mm} = 738.4\text{mm}$$

圆整后取 $D = 740\text{mm}$。

（3）液压缸缸筒壁厚计算　　液压缸缸筒壁厚的计算，当壁厚与缸径的比值不同时，所用的公式也不相同。在进行此项计算时，曾先用薄壁公式计算，然后校核计算值与缸的比值，结果均不符合薄壁的条件。于是采用了 $\delta/D = 0.08 \sim 0.3$ 的实用公式计算，然后再次校核 δ/D 值，结果均符合 $\delta/D = 0.08 \sim 0.3$ 的条件。计算所用公式如下

$$\delta_0 \geqslant \frac{p_{\max} D}{2.3[\sigma] - 3p_{\max}}^{\ominus}$$

式中　δ_0——缸筒壁厚（mm）；

D——液压缸内径（mm）；

$[\sigma]$——缸筒材料的许用应力（MPa），$[\sigma] = R_m/n$。R_m 为材料的抗拉强度，材料为

ZG270 - 500，$R_m = 500\text{N/mm}^2$，n（安全系数）$= 4$，$[\sigma] = \dfrac{500}{4}\text{MPa} = 125\text{MPa}$；

$p_{\max}$——液压缸的最高工作压力（MPa），$p_{\max} = 31.5\text{MPa}$。

各型号液压机，液压缸缸筒壁厚计算如下。

1）YTC3000 型液压机缸筒壁厚计算。

已知液压缸内孔直径 $D = 380\text{mm}$。

$$\delta_0 \geqslant \frac{31.5 \times 380}{2.3 \times 125 - 3 \times 31.5}\text{mm} = 62\text{mm}$$

取 $\delta_0 = 62\text{mm}$，则缸筒外径 $D_1 = 504\text{mm}$。

2）YTC5000 型液压机缸筒壁厚计算。

已知缸筒内径 $D = 500\text{mm}$。

$$\delta_0 \geqslant \frac{31.5 \times 500}{2.3 \times 125 - 3 \times 31.5}\text{mm} = 81.6\text{mm}$$

取 $\delta_0 = 82\text{mm}$，则缸筒外径 $D_1 = 664\text{mm}$。

3）YTC10000 型液压机缸筒壁厚计算。

已知缸筒内径 $D = 680\text{mm}$。

$$\delta_0 \geqslant \frac{31.5 \times 680}{2.3 \times 125 - 3 \times 31.5}\text{mm} = 111\text{mm}$$

圆整后取 $\delta_0 = 115$，则缸筒外径 $D_1 = 910\text{mm}$。

4）YTC12000 型液压机缸筒壁厚计算。

已知缸筒内径 $D = 740\text{mm}$。

$$\delta_0 \geqslant \frac{31.5 \times 740}{2.3 \times 125 - 3 \times 31.5}\text{mm} = 120.8\text{mm}$$

⊖　成大先、王德夫、姜勇、李长顺、韩学铨：《机械设计手册（第三版第 4 卷）》，化学工业出版社，1993，第 19 ~ 212 页。

圆整后取 $\delta_0 = 125\text{mm}$，则缸筒外径 $D_1 = 990\text{mm}$。

（4）液压缸缸筒壁厚的验算　为了保证液压缸工作的安全，在液压缸缸筒壁厚初步确定后，还要对壁厚的数据进行验算。验算应从以下四个方面进行。

1）按材料的屈服强度，校验额定工作压力，按下式验算（公式均引自前文注释资料）。

$$p_n \leqslant 0.35 \times \frac{R_{eL}(D_1^2 - D^2)}{D_1^2}$$

式中　p_n——液压缸的额定工作压力（MPa），$p_n = 31.5\text{MPa}$；

　　　R_{eL}——缸筒材料的屈服强度（MPa），缸筒材料为 ZG270 - 500，$R_{eL} = 270\text{MPa}$；

　　　D_1——缸筒外径（mm）；

　　　D——缸筒内径（mm）。

① YTC3000 型液压机缸筒壁厚验算。

已知 $D_1 = 504\text{mm}$，$D = 380\text{mm}$，代入公式得

$$31.5 \leqslant 0.35 \times \frac{270 \times (504^2 - 380^2)}{504^2}，\text{得} \ 31.5 < 40.8$$

符合强度条件。

② YTC5000 型液压机缸筒壁厚验算。

已知 $D_1 = 664\text{mm}$，$D = 500\text{mm}$，代入公式得

$$31.5 \leqslant 0.35 \times \frac{270 \times (664^2 - 500^2)}{664^2}，\text{得} \ 31.5 < 40.9$$

符合强度条件。

③ YTC10000 型液压机缸筒壁厚验算。

已知 $D_1 = 910\text{mm}$，$D = 680\text{mm}$，代入公式得

$$31.5 \leqslant 0.35 \times \frac{270 \times (910^2 - 680^2)}{910^2}，\text{得} \ 31.5 < 41.7$$

符合强度条件。

④ YTC12000 型液压机缸筒壁厚验算。

已知 $D_1 = 990\text{mm}$，$D = 740\text{mm}$，代入公式得

$$31.5 \leqslant 0.35 \times \frac{270 \times (990^2 - 740^2)}{990^2}，\text{得} \ 31.5 < 41.7$$

符合强度条件。

2）按产生安全塑性变形的条件，校验额定工作压力。按下式验算。

$$p_n \leqslant n p_{rL}$$

式中　p_n——液压缸的额定压力（MPa），$p_n = 31.5\text{MPa}$；

　　　p_{rL}——缸筒发生完全塑性变形时的压力（MPa），$p_{rL} = 2.3 \times R_{eL} \times \lg \dfrac{D_1}{D}$；

　　　n——安全系数，$n = 0.35 \sim 0.42$，取 0.42。

① YTC3000 型液压机缸筒壁厚验算。

计算 p_{rL} 值：

$$p_{rL} = 2.3 \times 270 \times \lg \frac{504}{380} \text{MPa} = 76.16\text{MPa}$$

代入公式得

$$31.5 \leqslant 0.42 \times 76.16,\ 得\ 31.5 < 32$$

即额定压力小于准许数值。

② YTC5000 型液压机缸筒壁厚验算。

计算 p_{rL} 值

$$p_{rL} = 2.3 \times 270 \times \lg\frac{664}{500}MPa = 76.5MPa$$

代入公式得

$$31.5 \leqslant 0.42 \times 76.5,\ 得\ 31.5 < 32.1$$

即额定压力小于准许数值。

③ YTC10000 型液压机缸筒壁厚验算。

计算 p_{rL} 值

$$p_{rL} = 2.3 \times 270 \times \lg\frac{910}{680}MPa = 78.58MPa$$

代入公式得

$$31.5 \leqslant 0.42 \times 78.58,\ 得\ 31.5 < 33$$

即额定压力小于准许数值。

④ YTC12000 型液压机缸筒壁厚验算。

计算 p_{rL} 值

$$p_{rL} = 2.3 \times 270 \times \lg\frac{990}{740}MPa = 78.49MPa$$

代入公式得

$$31.5 \leqslant 0.42 \times 78.49,\ 得\ 31.5 < 33$$

即额定压力小于准许数值。

3）验算缸筒的径向变形量是否在准许范围内。按照液压缸技术性能的要求，每件液压缸在正式运转前都要做耐压试验，其压力为额定压力的 1.5 倍。则此液压缸的耐压试验压力为 47.25MPa。查 YCY14-1B 液压泵资料，其最高压力（短时间）可达 40MPa。在此压力下，液压缸缸径的径向变形量 ΔD，应不超过密封圈密封性能允许的范围。这就是此项校验的要点。

此液压缸所用的密封圈有两处：一处是活塞所用的 Yx 形密封圈。此种密封圈的唇口在缸内压力的作用下，会紧紧地贴在缸孔的壁上，不会失效。另一处是缸盖所用的 O 形密封圈，其密封的横截面压缩变形量一般为 15%~30%。这里所用的 O 形密封圈，断面直径为 7mm，设计的压缩变形量为 19%，如果在耐压试验中，缸内径产生径向变形量 ΔD 后，O 形密封圈的压缩变形量仍然符合上述规定，则 ΔD 的数值是允许的。

耐压试验时缸内径径向变形量按下式计算

$$\Delta D = \frac{Dp_r}{E}\left(\frac{D_1^2 + D^2}{D_1^2 - D^2} + \nu\right)$$

式中　ΔD——缸内径径向变形量（mm）；

　　　D——缸内径尺寸（mm）；

　　　p_r——液压缸耐压试验压力（MPa），$p_r = 40MPa$；

　　　D_1——缸外径尺寸（mm）；

E——缸筒材料弹性模量（N/mm²），缸筒材料为 ZG270 - 500，$E = (172 \sim 202) \times 10^9 \mathrm{N/m^2}$，取平均值 $E = 187 \times 10^9 \mathrm{N/m^2} = 187 \times 10^3 \mathrm{N/mm^2}$；

ν——缸筒材料泊松比，钢材 $\nu = 0.3$。

① YTC3000 型液压机缸筒壁厚校验。

已知 $D = 380\mathrm{mm}$，$D_1 = 504\mathrm{mm}$，代入公式得

$$\Delta D = \frac{380 \times 40}{187 \times 10^3} \times \left(\frac{504^2 + 380^2}{504^2 - 380^2} + 0.3 \right) \mathrm{mm} = 0.32\mathrm{mm}$$

ΔD 是直径上的变形量，半径上的变形量为

$$\frac{\Delta D}{2} = \frac{0.32}{2}\mathrm{mm} = 0.16\mathrm{mm}$$

耐压试验中 O 形密封圈的压缩变形比为

$$\frac{7 \times 0.19 - 0.16}{7} \times 100\% = 16.7\%$$

符合压缩变形量在 15% ~ 30% 范围。

② YTC5000 型液压机缸筒壁厚校验。

已知 $D = 500\mathrm{mm}$，$D_1 = 664\mathrm{mm}$，代入公式得

$$\Delta D = \frac{500 \times 40}{187 \times 10^3} \times \left(\frac{664^2 + 500^2}{664^2 - 500^2} + 0.3 \right) \mathrm{mm} = 0.42\mathrm{mm}$$

耐压试验中 O 形密封圈的压缩变形比为

$$\frac{7 \times 0.19 - \dfrac{0.42}{2}}{7} \times 100\% = 16\%$$

符合压缩变形量在 15% ~ 30% 范围。

③ YTC10000 型液压机缸筒壁厚校验。

已知 $D = 680\mathrm{mm}$，$D_1 = 910\mathrm{mm}$，代入公式得

$$\Delta D = \frac{680 \times 40}{187 \times 10^3} \times \left(\frac{910^2 + 680^2}{910^2 - 680^2} + 0.3 \right) \mathrm{mm} = 0.556\mathrm{mm}$$

耐压试验中 O 形密封圈的压缩变形比为

$$\frac{7 \times 0.19 - \dfrac{0.556}{2}}{7} \times 100\% = 15\%$$

符合压缩变形量在 15% ~ 30% 范围。

④ YTC12000 型液压机缸筒壁厚校验。

已知 $D = 740\mathrm{mm}$，$D_1 = 990\mathrm{mm}$，代入公式得

$$\Delta D = \frac{740 \times 40}{187 \times 10^3} \times \left(\frac{990^2 + 740^2}{990^2 - 740^2} + 0.3 \right) \mathrm{mm} = 0.6\mathrm{mm}$$

耐压试验中 O 形密封圈的压缩变形比为

$$\frac{7 \times 0.19 - \dfrac{0.6}{2}}{7} \times 100\% = 14.7\%$$

此数据与规定的下限 15% 很接近，也可认为符合规定。

4）校验缸筒的爆裂压力。

缸筒的爆裂压力应远大于耐压试验压力，按下式计算

$$p_E = 2.3 \times R_m \lg \frac{D_1}{D} \gg p_r$$

式中 p_E——缸筒的爆裂压力（MPa）；

R_m——缸筒材料的抗拉强度（MPa），$R_m = 500MPa$；

p_r——液压缸的耐压试验压力，$p_r = 40MPa$。

① YTC3000 型液压机缸筒爆裂压力校验。

已知 $D_1 = 504mm$，$D = 380mm$，代入公式得

$$p_E = 2.3 \times 500 \times \lg \frac{504}{380} MPa = 141 MPa \gg 40MPa$$

符合强度条件。

② YTC5000 型液压机缸筒爆裂压力校验。

已知 $D_1 = 664mm$，$D = 500mm$，代入公式得

$$p_E = 2.3 \times 500 \times \lg \frac{664}{500} MPa = 142 MPa \gg 40MPa$$

符合强度条件。

③ YTC10000 型液压机缸筒爆破压力校验。

已知 $D_1 = 910mm$，$D = 680mm$，代入公式得

$$p_E = 2.3 \times 500 \times \lg \frac{910}{680} MPa = 145.5 MPa \gg 40MPa$$

符合强度条件。

④ YTC12000 型液压机缸筒爆破压力校验。

已知 $D_1 = 990mm$，$D = 740mm$，代入公式得

$$p_E = 2.3 \times 500 \times \lg \frac{990}{740} MPa = 145.4 MPa \gg 40MPa$$

符合强度条件。

各型号液压缸缸筒壁厚，通过以上四个方面的强度校核，均符合强度条件，故设计可行。

（5）液压缸缸底厚度计算 液压缸缸底厚度按下式计算

$$\delta \geqslant 0.433 \times D \sqrt{\frac{p}{[\sigma]}} K_0 ^{\ominus}$$

式中 δ——液压缸缸底厚度（mm）；

D——液压缸内径（mm）；

p——最大工作压力（MPa），$p = 31.5MPa$；

$[\sigma]$——材料许用应力 MPa，$[\sigma] = 125MPa$；

K_0——缸底有油孔时的修正系数，$K_0 = \sqrt{\frac{D}{D - d_0}}$，$d_0$ 为油孔直径（mm）。

各型号液压机液压缸缸底厚度计算：

⊖ 张展：《非标准设备设计手册（第2册）》，兵器工业出版社，1993，第28～85、86页。

1）YTC3000 型液压机液压缸缸底厚度计算。

已知 $D = 380\text{mm}$，$d_0 = 16\text{mm}$，代入公式得

$$\delta \geqslant 0.433 \times 380 \times \sqrt{\frac{31.5}{125}} \times \sqrt{\frac{380}{380 - 16}}\text{mm} = 84.4\text{mm}$$

取 $\delta = 90\text{mm}$。

2）YTC5000 型液压机液压缸缸底厚度计算。

已知 $D = 500\text{mm}$，$d_0 = 16\text{mm}$，代入公式得

$$\delta \geqslant 0.433 \times 500 \times \sqrt{\frac{31.5}{125}} \times \sqrt{\frac{500}{500 - 16}}\text{mm} = 110.5\text{mm}$$

取 $\delta = 115\text{mm}$。

3）YTC10000 型液压机液压缸缸底厚度计算。

已知 $D = 680\text{mm}$，$d_0 = 20\text{mm}$，代入公式得

$$\delta \geqslant 0.433 \times 680 \times \sqrt{\frac{31.5}{125}} \times \sqrt{\frac{680}{680 - 20}}\text{mm} = 150\text{mm}$$

取 $\delta = 155\text{mm}$。

4）YTC12000 型液压机液压缸缸底厚度计算。

已知 $D = 740\text{mm}$，$d_0 = 20\text{mm}$，代入公式得

$$\delta \geqslant 0.433 \times 740 \times \sqrt{\frac{31.5}{125}} \times \sqrt{\frac{740}{740 - 20}}\text{mm} = 163.1\text{mm}$$

取 $\delta = 170\text{mm}$。

以上只是经计算确定了液压缸的内径、壁厚、缸底厚度三个主要尺寸，图 3-6 中的其余尺寸及外观的凸台等细部形状，要在立柱设计及液压缸的零件图设计时确定。

（6）缸体的技术条件

1）铸件必须进行正火处理，以便消除铸造应力，改善组织，细化颗粒，改善切削性能。

2）铸件不得有气孔、裂纹、夹渣、缩松等铸造缺陷，缸孔表面不得有砂眼。

3）缸孔与缸底的交接处必须有较大的圆角，以防止应力集中造成损坏。

4）缸孔的表面粗糙度应优于 $Ra1.6\mu\text{m}$。

5）缸孔中心线对其端面的垂直度，及对两立柱安装孔的平行度，必须有较高的精度要求。

6）液压缸安装后应进行耐压试验，试验压力为 37MPa（低于设计值），在此压力下保压 5min，不得有渗漏现象。

（7）液压缸耳部剪切强度校核　液压缸耳部的尺寸在液压缸体设计时尚未确定，而是在完成了立柱、螺母、垫圈三个零件的设计之后才能确定。图 3-6 中耳部的尺寸数据，也是在那时才补充上去的。所以关于剪切强度的校核也未进行。液压缸的耳部在液压缸工作时会承受巨大的剪切力，其受力状况可从图 3-5 的剖视图中看到。图中的 $M—M$ 截面是其危险截面，应校核其剪切强度。剪切强度条件如下

$$\tau = \frac{Q}{S} \leqslant [\tau]$$

式中　τ——危险截面的最大切应力（N/mm²）；

　　　Q——危险截面承受的最大剪切力（N），等于活塞最大推力 $F_{\max}$ 的 1/2，$F_{\max}$ 见表 3-7；

　　　S——危险截面面积（mm²），根据图 3-6 和图 3-7，此面积可按下式计算：$S = 2hH_3 = 2[(R_1 + R_2)\sin\alpha - R_2]H_3$，根据余弦定理得下式（见图 3-7）：

$$\cos\alpha = \frac{\left(\dfrac{A}{2}\right)^2 + (R_1 + R_2)^2 - \left(\dfrac{B}{2} + R_2\right)^2}{2 \times \dfrac{A}{2}(R_1 + R_2)}，H_3 \text{ 数值如图 3-6 所示；}$$

　　$[\tau]$——缸体材料许用切应力（N/mm²），材料为 ZG270 – 500，$[\tau] = 0.7 \times [\sigma] = 0.7 \times 125\text{N/mm}^2 = 87.5\text{N/mm}^2$。

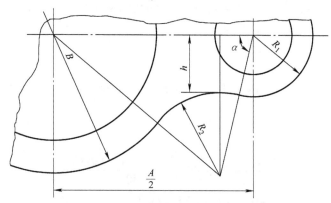

图 3-7　缸体切应力危险截面面积计算图

按上述公式，校核各型号液压机缸体耳部危险截面剪切强度。

1）YTC3000 型。

已知 $Q = \dfrac{1}{2} \times 3572462\text{N} = 1786231\text{N}$，$H_3 = 180\text{mm}$，$\dfrac{A}{2} = 370\text{mm}$，$\dfrac{B}{2} = 252\text{mm}$，$R_1 = 110\text{mm}$，$R_2 = 150\text{mm}$。

计算图 3-7 中的 α 角

$$\cos\alpha = \frac{370^2 + (110 + 150)^2 - (252 + 150)^2}{2 \times 370 \times (110 + 150)} = 0.231289$$

$$\alpha = \arccos 0.231289 = 76.62°$$

计算图 3-7 中的 h 值

$$h = (R_1 + R_2)\sin\alpha - R_2 = (110 + 150) \times \sin 76.62°\text{mm} - 150\text{mm} = 102.94\text{mm}$$

计算危险截面面积

$$S = 2hH_3 = 2 \times 102.94 \times 180\text{mm}^2 = 37058.4\text{mm}^2$$

计算危险截面最大切应力

$$\tau = \frac{Q}{S} = \frac{1786231}{37058.4}\text{N/mm}^2 = 48.2\text{N/mm}^2 < 87.5\text{N/mm}^2$$

符合强度条件。

2）YTC5000 型。

已知 $Q = \dfrac{1}{2} \times 6185010.5\text{N} = 3092505.2\text{N}$，$H_3 = 210\text{mm}$，$\dfrac{A}{2} = 480\text{mm}$，$\dfrac{B}{2} = 330\text{mm}$，$R_1 = $

140mm，$R_2 = 180$mm。

计算 α 角

$$\cos\alpha = \frac{480^2 + (140 + 180)^2 - (330 + 180)^2}{2 \times 480 \times (140 + 180)} = 0.236654$$

$$\alpha = \arccos 0.236654 = 76.31°$$

计算 h 值

$$h = (140 + 180) \times \sin 76.31°\text{mm} - 180\text{mm} = 130.9\text{mm}$$

计算 S 值

$$S = 2 \times 130.9 \times 210\text{mm} = 54978\text{mm}$$

计算危险截面最大切应力

$$\tau = \frac{3092505.2}{54978}\text{N/mm}^2 = 56.25\text{N/mm}^2 < 87.5\text{N/mm}^2$$

符合强度条件。

3）YTC10000 型。

已知 $Q = \frac{1}{2} \times 11439795.5\text{N} = 5719897.7\text{N}$，$H_3 = 280$mm，$\frac{A}{2} = 665$mm，$\frac{B}{2} = 455$mm，$R_1 = 195$mm，$R_2 = 250$mm。

计算 α 角

$$\cos\alpha = \frac{665^2 + (195 + 250)^2 - (455 + 250)^2}{2 \times 665 \times (195 + 250)} = 0.241995$$

$$\alpha = \arccos 0.241995 = 75.9956°$$

计算 h 值

$$h = (195 + 250) \times \sin 75.9956°\text{mm} - 250\text{mm} = 181.77\text{mm}$$

计算 S 值

$$S = 2 \times 181.77 \times 280\text{mm}^2 = 101791.2\text{mm}^2$$

计算危险截面最大剪应力

$$\tau = \frac{5719897.7}{101791.2}\text{N/mm}^2 = 56.19\text{N/mm}^2 < 87.5\text{N/mm}^2$$

符合强度条件。

4）YTC12000 型。

已知 $Q = \frac{1}{2} \times 13547647.1\text{N} = 6773823.5\text{N}$，$H_3 = 300$mm，$\frac{A}{2} = 730$mm，$\frac{B}{2} = 495$mm，$R_1 = 210$mm，$R_2 = 270$mm。

计算 α 角

$$\cos\alpha = \frac{730^2 + (210 + 270)^2 - (495 + 270)^2}{2 \times 730 \times (210 + 270)} = 0.2541$$

$$\alpha = \arccos 0.2541 = 75.2796°$$

计算 h 值

$$h = (210 + 270) \times \sin 75.2796°\text{mm} - 270\text{mm} = 194.2\text{mm}$$

计算 S 值

$$S = 2 \times 194.2 \times 300\text{mm}^2 = 116520\text{mm}^2$$

计算危险截面最大切应力

$$\tau = \frac{6773823.5}{116520} N/mm^2 = 58.13 N/mm^2 < 87.5 N/mm^2$$

符合强度条件。

以上对四种型号的液压机的缸体耳部危险截面进行剪切强度校核，均符合强度条件。并且此前对缸体的壁厚、缸底的厚度也进行了强度校核，均符合强度条件，故可以确认缸体的设计是可行的。

2. 活塞设计

（1）活塞的结构设计　液压机的液压缸大多采用柱塞缸，而不采用活塞缸。与此不同，此项设计采用了活塞缸而不是柱塞缸。根据机器的工作特性，活塞的结构确定为双作用单边有杆型，活塞杆设置在液压缸的上端。普通液压缸，活塞与活塞杆是分体的，而此项设计，则采用整体结构。由于活塞的推力很大，而且是经活塞杆来施加推力，因而活塞杆的直径也较大，其外形如图 3-8 所示。为了减轻质量，在无杆端还设置了一个较大的不通孔。

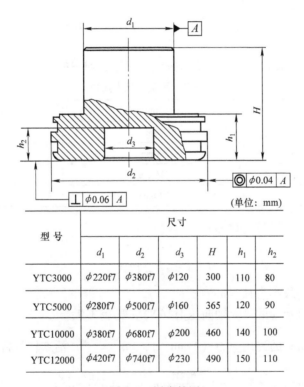

型 号	尺寸					
	d_1	d_2	d_3	H	h_1	h_2
YTC3000	$\phi220f7$	$\phi380f7$	$\phi120$	300	110	80
YTC5000	$\phi280f7$	$\phi500f7$	$\phi160$	365	120	90
YTC10000	$\phi380f7$	$\phi680f7$	$\phi200$	460	140	100
YTC12000	$\phi420f7$	$\phi740f7$	$\phi230$	490	150	110

图 3-8　活塞简图

这样的设计，机构简单，加工容易，成本低廉。

（2）确定活塞杆直径　此项设计，与一般液压机的设计还有一个不同之处，就是没有设置工作台。压制吊索时，模具底座就直接安装在活塞杆的端面上。当压制不同规格的索扣时，只需更换模块即可，不需拆装模具底座，这就为省掉工作台这个零件提供了方便。

所以确定活塞杆的直径，除了根据在挤压加工中活塞杆承受的压力大小之外，还要考虑安装模具所需的面积。根据 GB/T 6946—1993 所列各规格铝合压制接头所需要压制力，及其所规定的压制接头的外形尺寸，估算压制所用模具的安装面积，以及相应活塞杆的最小直径，列于表3-6。

表 3-6　模具安装面积估算值

机器型号	可压制最大接头号	模具安装面积估算值（长×宽）/mm	活塞杆最小直径/mm
YTC3000	30	170×220	220
YTC5000	38	220×270	270
YTC10000	56	300×350	350
YTC12000	60	340×380	380

但是，确定活塞杆的直径，主要依据的还是活塞杆可能承受的最大轴向压力。考虑到液压机加工范围的扩展，不限于索扣的加工，应按活塞的最大推力来确定活塞杆的直径。活塞的最大推力可按下式计算

$$F_{\max} = p\frac{\pi D^2}{4}$$

式中　$F_{\max}$——活塞的最大推力（N）；

p——液压缸的最大工作压力（MPa），$p = 31.5$MPa；

D——液压缸内径（mm）。

活塞的最大推力，即活塞杆可承受的最大轴向压力列于表3-7。

表 3-7　活塞的最大推力

机器型号	液压缸内径	活塞的最大推力
YTC3000	380mm	3572462N
YTC5000	500mm	6185010.5N
YTC10000	680mm	11439795.5N
YTC12000	740mm	13547647.1N

由此数据可按下式求得活塞杆的最小直径

$$d \geqslant \sqrt{\frac{4F_{\max}}{\pi[\sigma]}}$$

式中　d——活塞杆的最小直径（mm）；

$F_{\max}$——活塞杆可承受的最大轴向压力（N），见表3-7；

$[\sigma]$——活塞杆材料的许用应力（N/mm²），$[\sigma]=\dfrac{R_m}{n}$，活塞杆材料为 QT500-7，$R_m = 500$N/mm²，$n=5$，$[\sigma]=\dfrac{500}{5}$N/mm² $=100$N/mm²。

计算各型号液压机的活塞杆直径。

1）YTC3000 型液压机活塞杆直径

$$d \geqslant \sqrt{\frac{4\times3572462}{\pi\times100}}\text{mm} = 213.3\text{mm}$$

考虑到安装模具的需要，参照表3-6数据，取 $d=220$mm。

2）YTC5000 型液压机活塞杆直径

$$d \geqslant \sqrt{\frac{4\times6185010.5}{\pi\times100}}\text{mm} = 280.6\text{mm}$$

取 $d = 280$mm。

3）YTC10000 型液压机活塞杆直径

$$d \geqslant \sqrt{\frac{4 \times 11439795.5}{\pi \times 100}}\text{mm} = 381.6\text{mm}$$

取 $d = 380$mm。

4）YTC12000 型液压机活塞杆直径

$$d \geqslant \sqrt{\frac{4 \times 13547647.1}{\pi \times 100}}\text{mm} = 415.3\text{mm}$$

取 $d = 420$mm。

（3）确定活塞底面不通孔的孔径及深度　为了减轻活塞的质量，在活塞的底面设置一个直径较大的不通孔（见图 3-8）。在确定此不通孔的直径和深度时，必须保证活塞应有的强度。因为在工作中，在活塞推力的作用下，在活塞的等于活塞杆直径的圆周上会产生很大的切应力。所以此不通孔的直径必须小于活塞杆的直径。此项设计，取不通孔的直径约等于活塞杆直径的 55%，不通孔的深度约为活塞厚度的 70%。并且，在不通孔的孔底应有较大的圆角，以防止应力集中。

（4）活塞厚度的确定　普通液压缸活塞的厚度一般为液压缸内径的 0.6～1 倍。此项设计由于液压缸内径太大，不能按此确定，应按以下两个因素确定。

1）活塞承受的切应力。应保证此切应力小于许用值。

2）活塞的密封结构所需的尺寸。这里选用的是孔用 Yx 形密封圈，在活塞的外径上，上、下各一件，所需的安装尺寸比较大。

活塞承受的切应力，如图 3-9 所示。切应力的数值可按下式计算

$$\tau = \frac{F}{\pi d h}$$

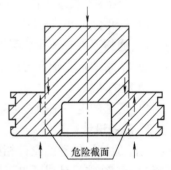

由上式可推导出活塞厚度的计算公式

$$h \geqslant \frac{F}{\pi d [\tau]}$$

式中　F——活塞的最大推力（N），各型号液压机的活塞最大推力见表 3-7；

　　　d——活塞杆外径（mm）；

　　　h——活塞的最小厚度（mm）；

图 3-9　活塞受力图

　　　$[\tau]$——活塞材料的许用切应力（N/mm²），材料为 QT500-7，$[\tau] = 0.7 \times [\sigma] = 0.7 \times 100$N/mm² $= 70$N/mm²。

计算各型号液压机活塞的抗剪厚度尺寸，并确定活塞的厚度：

1）YTC3000 型液压机活塞应有的抗剪厚度。

已知 $d = 220$mm，$F = 3572462$N，代入公式得

$$h \geqslant \frac{3572462}{220\pi \times 70}\text{mm} = 73.8\text{mm}$$

考虑到密封圈所需安装尺寸，取 $h = 110$mm。

2）YTC5000 型液压机活塞应有的抗剪厚度。

已知 $d = 280$mm，$F = 6185010.5$N，代入公式得

$$h \geqslant \frac{6185010.5}{280\pi \times 70}\text{mm} = 100.4\text{mm}$$

考虑到密封圈所需安装尺寸，取 $h = 120\text{mm}$。

3）YTC10000 型液压机活塞应有的抗剪厚度。

已知 $d = 380\text{mm}$，$F = 11439795.5\text{N}$，代入公式得

$$h \geqslant \frac{11439795.5}{380\pi \times 70}\text{mm} = 136.9\text{mm}$$

圆整后取 $h = 140\text{mm}$。

4）YTC12000 型液压机活塞应有的抗剪厚度。

已知 $d = 420\text{mm}$，$F = 13547647.1\text{N}$，代入公式得

$$h \geqslant \frac{13547647.1}{420\pi \times 70}\text{mm} = 146.6\text{mm}$$

圆整后取 $h = 150\text{mm}$。

（5）活塞的密封结构设计　活塞的密封包括两个方面：活塞与缸孔的密封，以及活塞杆与缸盖的密封。密封圈的种类很多，应选用哪种？这里选用了 Yx 形密封圈，其使用压力可达 32MPa。它的优点是液体的压力能使密封圈的唇口更加贴紧在密封面上，所以磨损后有一定的自动补偿作用，故密封性能良好。密封圈的横截面形状如图 3-10 所示。但是，它只能单方向密封，所以活塞与缸孔的密封要用两件，而活塞杆与缸盖的密封只用一件。安装时注意，要使唇口正对施压的方向。

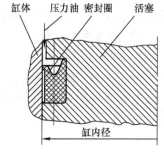

图 3-10　Yx 形密封圈结构

（6）活塞的技术条件

1）铸件须经正火处理。

2）通体不得有气孔、裂纹、夹渣、缩松等铸造缺陷。

3）活塞的定心轴颈与活塞杆外径的同轴度公差应在 GB/T 1184 规定的 7 级以上。

4）活塞的定心轴颈及活塞杆外径的表面粗糙度应在 $Ra1.6\mu\text{m}$ 以上。

3. 缸盖设计

与一般液压传动的设计相比，液压机液压系统的设计有个很大的不同之处，那就是液压系统的压力往往设计成两种不同的压力：工作行程采用高压，以便使活塞产生强大的推力，但是返回行程则采用较低的压力，只要能使活塞复位即可。这样设计可使机器节省能量。

此项设计也是如此，以活塞为界，液压缸下腔的最高工作压力为 31.5MPa，由高压溢流阀控制，其上腔的工作压力，最高约为 2MPa，由低压溢流阀控制。但是，当活塞下行撞缸时（这是准许的）压力会突然增高，瞬间会超过 2MPa 很多，达到 4MPa。

（1）缸盖的结构设计　缸盖的结构设计主要考虑以下几个问题：①确定缸盖的形状；②确定缸盖与液压缸的连接方式；③确定缸盖的密封结构；④初步确定缸盖的外形尺寸。

此项设计，缸盖的形状确定为碟形，外侧无凸台。通过螺钉与液压缸联接。与缸体的密封是静密封，采用 O 形密封圈，与活塞杆的密封是动密封，采用 Yx 形密封圈，外侧加防尘圈。缸盖的形状、结构、尺寸如图 3-11 所示。

（2）缸盖承受的最大轴向力计算　前文已叙述，当活塞下行撞缸时，液压缸上腔的压力在一瞬间可达 4MPa。那么液压缸缸盖所承受的最大轴向力，就应按此计算。计算公式如下

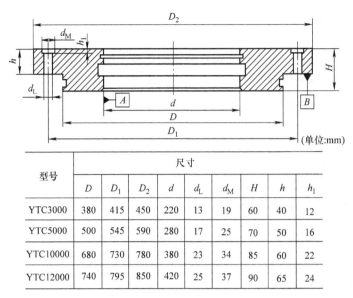

(单位:mm)

型号	尺寸								
	D	D_1	D_2	d	d_L	d_M	H	h	h_1
YTC3000	380	415	450	220	13	19	60	40	12
YTC5000	500	545	590	280	17	25	70	50	16
YTC10000	680	730	780	380	23	34	85	60	22
YTC12000	740	795	850	420	25	37	90	65	24

图 3-11　缸盖简图

$$F_{max} = p_{max}\frac{\pi}{4}(D^2 - d^2)$$

式中　F_{max}——缸盖承受的最大轴向力（N）；

　　　p_{max}——液压缸上腔的最大压力（MPa），$p_{max} = 4$MPa；

　　　D——液压缸内径（mm）；

　　　d——活塞杆直径（mm）。

各型号液压机，缸盖承受的最大轴向力计算。

1）YTC3000 型液压机缸盖承受的最大轴向力。

已知 $D = 380$mm，$d = 220$mm，代入公式得

$$F_{max} = 4 \times \frac{\pi}{4} \times (380^2 - 220^2)\text{N} = 301592.9\text{N}$$

2）YTC5000 型液压机缸盖承受的最大轴向力。

已知 $D = 500$mm，$d = 280$mm，代入公式得

$$F_{max} = 4 \times \frac{\pi}{4} \times (500^2 - 280^2)\text{N} = 539097.3\text{N}$$

3）YTC10000 型液压机缸盖承受的最大轴向力。

已知 $D = 680$mm，$d = 380$mm，代入公式得

$$F_{max} = 4 \times \frac{\pi}{4} \times (680^2 - 380^2)\text{N} = 999026.5\text{N}$$

4）YTC12000 型液压机缸盖承受的最大轴向力。

已知 $D = 740$mm，$d = 420$mm，代入公式得

$$F_{max} = 4 \times \frac{\pi}{4} \times (740^2 - 420^2)\text{N} = 1166159.2\text{N}$$

（3）缸盖紧固螺钉规格计算　缸盖承受的最大轴向力，最后是由缸盖的紧固螺钉来承受的。紧固螺钉共 18 件，轴向力平均分配。紧固螺钉选用了内六角螺钉，可施加较大的拧紧力，而且安装后螺钉头部沉入缸盖的端面内，外观整齐美观。螺钉的材质为中碳钢（淬

$$H \geqslant \frac{2 \times 53909.7}{\pi \times 14.7 \times 87.5} \text{mm} = 26.7 \text{mm}$$

取 $H = 30 \text{mm}$。

③ YTC10000 型，已知紧固螺栓的规格为 M22 × 2.5，$d_2 = 20.376 \text{mm}$，$P_\Sigma = 99902.6 \text{N}$，代入公式得

$$H \geqslant \frac{2 \times 99902.6}{\pi \times 20.376 \times 87.5} \text{mm} = 35.7 \text{mm}$$

取 $H = 40 \text{mm}$。

④ YTC12000 型，已知紧固螺栓的规格为 M24 × 3，$d_2 = 22.051 \text{mm}$，$P_\Sigma = 116615.9 \text{N}$，代入公式得

$$H \geqslant \frac{2 \times 116615.9}{\pi \times 22.051 \times 87.5} \text{mm} = 38.5 \text{mm}$$

取 $H = 40 \text{mm}$。

（4）确定缸盖的厚度　缸盖的总厚度，可根据以下几个因素确定：①由液压缸上腔的最大压力所形成的缸盖弯曲应力；②缸孔密封及活塞杆密封所需的尺寸；③设置活塞杆导向套所需的尺寸。

当液压缸上腔产生了压力时，在缸盖的止口处（A—A）会产生弯曲应力。确定缸盖的厚度，应保证此弯曲应力不大于缸盖材料的许用弯曲应力。为此可按下式计算缸盖紧固面应有的厚度。缸盖受力图如图 3-12 所示。

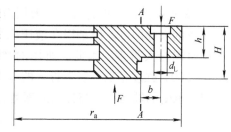

$$h = \sqrt{\frac{4Fb}{\pi (r_a - d_L)[\sigma]}}$$

图 3-12　缸盖受力图

式中　h——缸盖紧固面厚度（mm）；

　　　F——缸盖承受的最大轴向力（N）；

　　　b——缸盖紧固螺钉孔中心线至缸盖止口（A—A 面）的距离（mm）；

　　　r_a——缸盖紧固面外圆半径（mm）；

　　　d_L——紧固螺钉孔直径（mm）；

　　　$[\sigma]$——缸盖材料的许用应力（N/mm²），材料为 HT200，$R_m = 160 \text{N/mm}^2$，$[\sigma] = \dfrac{R_m}{n（安全系数）} = \dfrac{160}{5} \text{N/mm}^2 = 32 \text{N/mm}^2$。

各型号液压机缸盖紧固面厚度计算。

1）YTC3000 型，已知 $F = 301592.9 \text{N}$，$b = 17.5 \text{mm}$，$r_a = 225 \text{mm}$，$d_L = 13 \text{mm}$，代入公式得

$$h = \sqrt{\frac{4 \times 301592.9 \times 17.5}{\pi \times (225 - 13) \times 32}} \text{mm} = 31.4 \text{mm}$$

关于活塞杆的导向套，由于缸盖的材料是灰铸铁，适合滑动摩擦，就不另设导向零件，由其自身导向。导向面的宽度按下式计算

$$l = 0.11d（活塞杆直径）$$
$$= 0.11 \times 220 \text{mm} = 24.2 \text{mm}$$

活塞杆的密封件共两件：轴用 Yx 形密封圈和防尘圈，需占用 36mm 宽度，则缸盖总宽度为

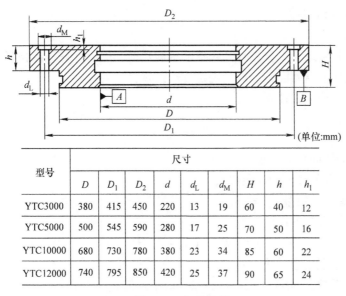

图 3-11　缸盖简图

型号	尺寸								
	D	D_1	D_2	d	d_L	d_M	H	h	h_1
YTC3000	380	415	450	220	13	19	60	40	12
YTC5000	500	545	590	280	17	25	70	50	16
YTC10000	680	730	780	380	23	34	85	60	22
YTC12000	740	795	850	420	25	37	90	65	24

$$F_{max} = p_{max} \frac{\pi}{4}(D^2 - d^2)$$

式中　F_{max}——缸盖承受的最大轴向力（N）；

　　　p_{max}——液压缸上腔的最大压力（MPa），$p_{max} = 4MPa$；

　　　　D——液压缸内径（mm）；

　　　　d——活塞杆直径（mm）。

各型号液压机，缸盖承受的最大轴向力计算。

1）YTC3000 型液压机缸盖承受的最大轴向力。

已知 $D = 380mm$，$d = 220mm$，代入公式得

$$F_{max} = 4 \times \frac{\pi}{4} \times (380^2 - 220^2)N = 301592.9N$$

2）YTC5000 型液压机缸盖承受的最大轴向力。

已知 $D = 500mm$，$d = 280mm$，代入公式得

$$F_{max} = 4 \times \frac{\pi}{4} \times (500^2 - 280^2)N = 539097.3N$$

3）YTC10000 型液压机缸盖承受的最大轴向力。

已知 $D = 680mm$，$d = 380mm$，代入公式得

$$F_{max} = 4 \times \frac{\pi}{4} \times (680^2 - 380^2)N = 999026.5N$$

4）YTC12000 型液压机缸盖承受的最大轴向力。

已知 $D = 740mm$，$d = 420mm$，代入公式得

$$F_{max} = 4 \times \frac{\pi}{4} \times (740^2 - 420^2)N = 1166159.2N$$

（3）缸盖紧固螺钉规格计算　缸盖承受的最大轴向力，最后是由缸盖的紧固螺钉来承受的。紧固螺钉共 18 件，轴向力平均分配。紧固螺钉选用了内六角螺钉，可施加较大的拧紧力，而且安装后螺钉头部沉入缸盖的端面内，外观整齐美观。螺钉的材质为中碳钢（淬

火、回火），性能等级8.8级。

1）螺纹直径计算。

此项计算是比较繁琐的，首先计算螺钉的轴向负荷，然后计算包括预紧力的总拉力，之后计算螺纹危险截面的横截面积，最后确定螺纹的规格。

螺钉的轴向负荷按下式计算

$$P = \frac{F_{\max}}{n}$$

式中　P——螺钉的轴向负荷（N）；

$F_{\max}$——缸盖承受的最大轴向负荷（N）；

n——紧固螺钉的数量，$n = 18$。

螺钉承受的总拉力按下式计算

$$P_{\Sigma} = (K_0 + K_c)P$$

式中　P_{Σ}——螺钉承受的总拉力（N）；

K_0——预紧系数，静载荷 $K_0 = 1.2 \sim 2$，取平均值 $K_0 = 1.6$；

K_c——螺栓的相对刚度系数，无垫 $K_c = 0.2 \sim 0.3$，取 $K_c = 0.2$。

螺纹危险截面的计算面积按下式计算

$$A_s \geq \frac{1.3 P_{\Sigma}}{[\sigma]_1}$$

式中　A_s——螺纹危险截面的计算面积（mm^2）；

$[\sigma]_1$——螺栓材料的许用拉应力（N/mm^2）。

$$[\sigma]_1 = \frac{R_{eL}}{n}$$

式中　R_{eL}——螺栓材料的屈服强度（N/mm^2），材料为40Cr，调质，$R_{eL} = 640 N/mm^2$；

n——安全系数，$n = 1.2 \sim 1.5$，取平均值 $n = 1.35$。

$$[\sigma]_1 = \frac{640}{1.35} N/mm^2 = 474 N/mm^2$$

各型号液压机缸盖紧固螺钉螺纹规格计算。

① YTC3000 型，已知 $F_{\max} = 301592.9N$，$P = \frac{301592.9}{18}N = 16755.2N$，$P_{\Sigma} = (1.6 + 0.2)$

$\times 16755.2N = 30159.4N$，$A_s = \frac{1.3 \times 30159.4}{474} mm^2 = 82.7 mm^2$。

查 GB/T 3098.1—1982，得螺纹 M12×1.75，其 $A_s = 84.3 mm^2$，略大于计算值。故取紧固螺栓的螺纹为 M12×1.75。

② YTC5000 型，已知 $F_{\max} = 539097.3N$

$$P = \frac{539097.3}{18}N = 29949.85N$$

$$P_{\Sigma} = (1.6 + 0.2) \times 29949.85N = 53909.7N$$

$$A_s = \frac{1.3 \times 53909.7}{474} mm^2 = 147.8 mm^2$$

查 GB/T 3098.1—1982，得螺纹 M16×2，其 $A_s = 157 mm^2$，略大于计算值。故取紧固螺栓的螺纹为 M16×2。

③ YTC10000 型，已知 $F_{\max} = 999026.5\text{N}$

$$P = \frac{999026.5}{18}\text{N} = 55501.5\text{N}$$

$$P_{\Sigma} = (1.6 + 0.2) \times 55501.5\text{N} = 99902.6\text{N}$$

$$A_{\text{s}} = \frac{1.3 \times 99902.6}{474}\text{mm}^2 = 274\text{mm}^2$$

查 GB/T 3098.1—1982，得螺纹 M22 × 2.5，其 $A_{\text{s}} = 303\text{mm}^2$，略大于计算值。故取紧固螺栓的螺纹为 M22 × 2.5。

④ YTC12000 型，已知 $F_{\max} = 1166159.2\text{N}$

$$P = \frac{1166159.2}{18}\text{N} = 64786.6\text{N}$$

$$P_{\Sigma} = (1.6 + 0.2) \times 64786.6\text{N} = 116615.9\text{N}$$

$$A_{\text{s}} = \frac{1.3 \times 116615.9}{474}\text{mm}^2 = 319.8\text{mm}^2$$

查 GB/T 3098.1—1982，得螺纹 M24 × 3，其 $A_{\text{s}} = 353\text{mm}^2$，略大于计算值。故取紧固螺栓的螺纹为 M24 × 3。

2）螺栓拧入深度的计算。一般用途的螺栓，如果螺孔为钢件，则拧入深度等于（或大于）螺纹的大径即可。但是用在液压机缸盖的紧固上则不可以。因为紧固螺栓承受的轴向力比普通螺栓大得多。因此，所用的螺栓是高强度螺栓，材料为 40Cr，而缸体的材料为 ZG270-500，强度稍低，所以拧入的深度要加深。

螺栓承受的轴向拉力与拧入的深度有下式所示的关系

$$P_{\Sigma} = \frac{1}{2}\pi d_2 H \tau$$

根据上式可得螺栓拧入深度的计算公式

$$H \geqslant \frac{2P_{\Sigma}}{\pi d_2 [\tau]}$$

式中 H——螺栓的拧入深度（mm）；

P_{Σ}——螺栓承受的总拉力（N），即上文所计算的 p_{Σ} 值；

d_2——螺纹中径（mm）；

$[\tau]$——缸体材料的许用切应力（N/mm²），缸体材料为 ZG270-500，$[\tau] = 0.7 \times [\sigma]$，$[\sigma]$ 为材料许用拉应力，$[\sigma] = \dfrac{R_{\text{m}}}{n} = \dfrac{500}{4}\text{N/mm}^2$，$[\tau] = 0.7 \times \dfrac{500}{4}\text{N/mm}^2 = 87.5\text{N/mm}^2$。

各型号液压机，缸盖紧固螺栓拧入深度计算如下：

① YTC3000 型，已知紧固螺栓规格为 M12 × 1.75，$d_2 = 10.863\text{mm}$，$P_{\Sigma} = 30159.4\text{N}$。代入公式得

$$H \geqslant \frac{2 \times 30159.4}{\pi \times 10.863 \times 87.5}\text{mm} = 20.2\text{mm}$$

取 $H = 25\text{mm}$。

② YTC5000 型，已知紧固螺栓规格为 M16 × 2，$d_2 = 14.7\text{mm}$，$P_{\Sigma} = 53909.7\text{N}$，代入公式得

$$H \geqslant \frac{2 \times 53909.7}{\pi \times 14.7 \times 87.5} \text{mm} = 26.7 \text{mm}$$

取 $H = 30 \text{mm}$。

③ YTC10000 型，已知紧固螺栓的规格为 M22 × 2.5，$d_2 = 20.376 \text{mm}$，$P_\Sigma = 99902.6 \text{N}$，代入公式得

$$H \geqslant \frac{2 \times 99902.6}{\pi \times 20.376 \times 87.5} \text{mm} = 35.7 \text{mm}$$

取 $H = 40 \text{mm}$。

④ YTC12000 型，已知紧固螺栓的规格为 M24 × 3，$d_2 = 22.051 \text{mm}$，$P_\Sigma = 116615.9 \text{N}$，代入公式得

$$H \geqslant \frac{2 \times 116615.9}{\pi \times 22.051 \times 87.5} \text{mm} = 38.5 \text{mm}$$

取 $H = 40 \text{mm}$。

（4）确定缸盖的厚度　缸盖的总厚度，可根据以下几个因素确定：①由液压缸上腔的最大压力所形成的缸盖弯曲应力；②缸孔密封及活塞杆密封所需的尺寸；③设置活塞杆导向套所需的尺寸。

当液压缸上腔产生了压力时，在缸盖的止口处（A—A）会产生弯曲应力。确定缸盖的厚度，应保证此弯曲应力不大于缸盖材料的许用弯曲应力。为此可按下式计算缸盖紧固面应有的厚度。缸盖受力图如图 3-12 所示。

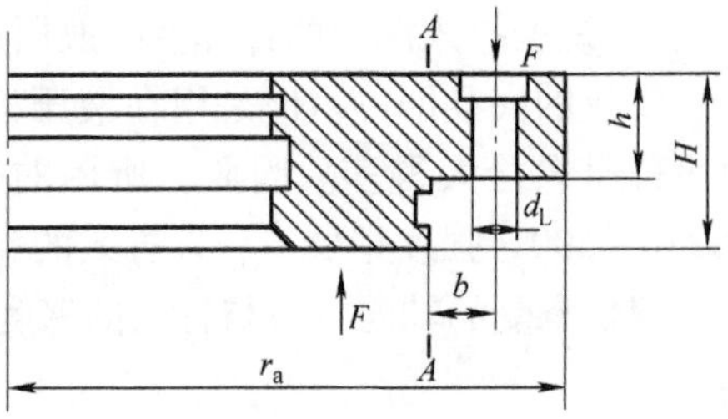

图 3-12　缸盖受力图

$$h = \sqrt{\frac{4Fb}{\pi(r_a - d_L)[\sigma]}}$$

式中　h——缸盖紧固面厚度（mm）；

　　　F——缸盖承受的最大轴向力（N）；

　　　b——缸盖紧固螺钉孔中心线至缸盖止口（A—A 面）的距离（mm）；

　　　r_a——缸盖紧固面外圆半径（mm）；

　　　d_L——紧固螺钉孔直径（mm）；

　　　$[\sigma]$——缸盖材料的许用应力（N/mm²），材料为 HT200，$R_m = 160 \text{N/mm}^2$，$[\sigma] = \dfrac{R_m}{n（安全系数）} = \dfrac{160}{5} \text{N/mm}^2 = 32 \text{N/mm}^2$。

各型号液压机缸盖紧固面厚度计算。

1）YTC3000 型，已知 $F = 301592.9 \text{N}$，$b = 17.5 \text{mm}$，$r_a = 225 \text{mm}$，$d_L = 13 \text{mm}$，代入公式得

$$h = \sqrt{\frac{4 \times 301592.9 \times 17.5}{\pi \times (225 - 13) \times 32}} \text{mm} = 31.4 \text{mm}$$

关于活塞杆的导向套，由于缸盖的材料是灰铸铁，适合滑动摩擦，就不另设导向零件，由其自身导向。导向面的宽度按下式计算

$$l = 0.11d（活塞杆直径）$$

$$= 0.11 \times 220 \text{mm} = 24.2 \text{mm}$$

活塞杆的密封件共两件：轴用 Yx 形密封圈和防尘圈，需占用 36mm 宽度，则缸盖总宽度为

$$H = 24.2\text{mm} + 36\text{mm} = 60.2\text{mm}$$

取总厚度 $H = 60\text{mm}$。

缸盖的止口处安装 7mm 的 O 形密封圈，密封槽宽 9.5mm，取止口宽度为 20mm，则缸盖紧固面宽度 $h = 60\text{mm} - 20\text{mm} = 40\text{mm}$，大于计算值。

2）YTC5000 型，已知 $F = 539097.3\text{N}$，$b = 22.5\text{mm}$，$r_a = 295\text{mm}$，$d_L = 17\text{mm}$，代入公式得

$$h = \sqrt{\frac{4 \times 539097.3 \times 22.5}{\pi \times (295 - 17) \times 32}}\text{mm} = 41.7\text{mm}$$

活塞杆导向面宽度的计算，已知 $d = 280\text{mm}$，则

$$l = 280 \times 0.11\text{mm} = 30.8\text{mm}$$

缸盖内孔密封结构占用宽度为 36mm，缸盖总厚度为

$$H = 30.8\text{mm} + 36\text{mm} = 66.8\text{mm}$$

取 $H = 70\text{mm}$。

止口宽度仍为 20mm，则缸盖紧固面厚度为 $h = 70\text{mm} - 20\text{mm} = 50\text{mm}$，大于计算值。

3）YTC10000 型，已知 $F = 999026.5\text{N}$，$b = 25\text{mm}$，$r_a = 390\text{mm}$，$d_L = 23\text{mm}$，代入公式得

$$h = \sqrt{\frac{4 \times 999026.5 \times 25}{\pi \times (390 - 23) \times 32}}\text{mm} = 52\text{mm}$$

活塞杆导向面宽度的计算，已知 $d = 380\text{mm}$，则

$$l = 380 \times 0.11\text{mm} = 41.8\text{mm}$$

缸盖内孔密封结构占用宽度为 45.5mm，则缸盖总厚度为

$$H = 41.8\text{mm} + 45.5\text{mm} = 87.3\text{mm}$$

取 $H = 85\text{mm}$，小于计算值 2.3mm，故将导向面宽度减小 2.3mm，改为 39.5mm。估计对导向作用无影响。

缸盖止口宽度为 25mm，则紧固面厚度 $h = 85\text{mm} - 25\text{mm} = 60\text{mm}$，大于计算值。

4）YTC12000 型，已知 $F = 1166759.2\text{N}$，$b = 27.5\text{mm}$，$r_a = 425\text{mm}$，$d_L = 25\text{mm}$，代入公式得

$$n = \sqrt{\frac{4 \times 1166759.2 \times 27.5}{\pi \times (425 - 25) \times 32}}\text{mm} = 56.5\text{mm}$$

活塞杆导向面宽度的计算，已知 $d = 420\text{mm}$，则

$$l = 420 \times 0.11\text{mm} = 46.2\text{mm}$$

缸盖内孔密封结构占用宽度为 45.5mm，则缸盖总厚度为

$$H = 46.2\text{mm} + 45.5\text{mm} = 91.7\text{mm}$$

取 $H = 90\text{mm}$，小于计算值 1.7mm，将导向面宽度减小 1.7mm，改为 44.5mm。

缸盖止口宽度仍为 25mm，则紧固面宽度为 $h = 90\text{mm} - 25\text{mm} = 65\text{mm}$，大于计算值。

（5）缸盖抗剪强度校核　当缸盖承受轴向力的时候，在缸盖紧固螺钉沉孔的圆周上承受切应力。此切应力必须小于或等于许用应力。对于一般的零件，是不须校核的，但在此项设计中，因缸盖的材料强度与紧固螺钉相比，相差较大，所以也要校核。按下式计算校核

$$\tau = \frac{F_{max}}{\pi dhn} \leq [\tau]$$

式中　τ——缸盖紧固螺钉沉孔承受的切应力（N/mm²）；

$\quad F_{\max}$——缸盖承受的最大轴向力（N）；

$\qquad d$——沉孔直径（mm），如图 3-13 所示；

$\qquad h$——通孔深度（mm）；

$\qquad n$——紧固螺钉孔数量，$n=18$；

$\quad [\tau]$——缸盖材料许用切应力（N/mm²），材料为 HT200，

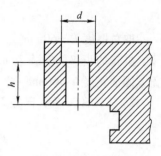

图 3-13　切应力校验

$$R_{\mathrm{m}}=130\mathrm{N/mm^2}，[\tau]=\frac{R_{\mathrm{m}}}{n}\times0.8，n\text{ 为安全系数，取}$$

$$n=4，则\ [\tau]=\frac{130}{4}\times0.8\mathrm{N/mm^2}，[\tau]=26\mathrm{N/mm^2}。$$

各型号液压机缸盖剪切强度校核。

1）YTC3000 型，已知 $d=19\mathrm{mm}$，$h=28\mathrm{mm}$，$F_{\max}=301592.9\mathrm{N}$，各值代入公式得

$$\tau=\frac{301592.9}{\pi\times19\times28\times18}\mathrm{N/mm^2}=10\mathrm{N/mm^2}<[\tau]$$

符合强度条件。

2）YTC5000 型，已知 $d=25\mathrm{mm}$，$h=34\mathrm{mm}$，$F_{\max}=539097.3\mathrm{N}$。各值代入公式得

$$\tau=\frac{539097.3}{\pi\times25\times34\times18}\mathrm{N/mm^2}=11.2\mathrm{N/mm^2}<[\tau]$$

符合强度条件。

3）YTC10000 型，已知 $d=34\mathrm{mm}$，$h=38\mathrm{mm}$，$F_{\max}=999026.5\mathrm{N}$。各值代入公式得

$$\tau=\frac{999026.5}{\pi\times34\times38\times18}\mathrm{N/mm^2}=13.7\mathrm{N/mm^2}<[\tau]$$

符合强度条件。

4）YTC12000 型，已知 $d=37\mathrm{mm}$，$h=41\mathrm{mm}$，$F_{\max}=1166159.2\mathrm{N}$，各值代入公式得

$$\tau=\frac{1166159.2}{\pi\times37\times41\times18}\mathrm{N/mm^2}=13.6\mathrm{N/mm^2}<[\tau]$$

符合强度条件。

由以上计算可知，各型号液压机的缸盖，所承受的由液压缸上腔的最大轴向力所形成的切应力，远小于其材料的许用切应力 $[\tau]$，所以在机器正常运转的情况下是安全的。但是，活塞向上运动时，绝对不允许撞上缸盖，否则将会造成严重的机械事故。

（6）缸盖的技术条件

1）铸件需进行正火处理。

2）不得有气孔、裂纹、夹渣、缩松等铸造缺陷，密封件安装槽不得有微小砂眼。

3）图 3-11 中，D 止口对 d 孔的同轴度、端面 B 对 d 孔的垂直度，应符合 GB/T 1184—1980 的 7 级精度要求。

4）图 3-11 中 d 孔的尺寸公差为 H8，止口外径 D 的尺寸公差为 h7。

5）d 孔的表面粗糙度为 $Ra1.6\mu m$。

4. 立柱设计

立柱是构成液压机框架的关键零件，上横梁与液压缸，经两立柱的连接才构成了门式框架。在液压机工作时，作用于工件上的几百吨至一千余吨的压力，是经立柱传递的。而且，在这巨大的压力下，机器的工作精度和机器几何精度的稳定性，也是由立柱的加工精度和装配精度来保证的。所以立柱的设计是十分重要的。

（1）立柱的受力分析与液压机受力图　液压机的受力图是液压机工作时，在液压缸推力的作用下，表明各零件承受的主要作用力的图样。因而也是立柱受力分析的依据。图 3-14 所示是此液压机的受力图，图中没有绘出模具和工件。

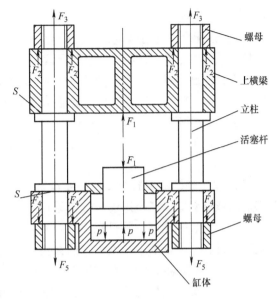

图 3-14　液压机受力图

液压缸的压力，是液压机的动力之源。它推动活塞上升，当模具和工件安装之后，活塞的推力 F_1 经模具和工件作用于上横梁下缘的中部，这是集中载荷。此载荷在上横梁的上缘分解成两组均布载荷 F_2，分别作用于安装在两立柱上端的两个螺母上。同时缸体内的压力 p 也使缸体产生垂直向下的作用力。此作用力在缸体两侧的耳部，分解成两组均布载荷 F_4，分别作用于安装在两立柱下端的两个螺母上。于是两立柱就承受了由螺纹传递的大小相等方向相反的两个拉力 F_3 和 F_5。此拉力等于活塞最大推力的 $\dfrac{1}{2}$，即 $F_3 = F_5 = \dfrac{F_1}{2} = \dfrac{F_{max}}{2}$。

但是，在液压机工作时，即钢丝绳接头压制的过程中，液压机受力的情况并非如此简单，它还要承受水平面内的横向作用力。钢丝绳绳套（即索扣）的压制过程如 3.1 节所述，绳套的压制部位是不确定的，在压制部位各绳股的方位也是不确定的；又由于上、下两段钢丝绳在接触区的钢丝股的螺旋方向是相反的，且导程很大，大于固结管（铝套）的长度，所以上下两绳股的接触角 α（见图 3-15）的平均值必然不等于 0°，其最大值可为 20°，所以在压制中会产生水平分力 F_x（见图 3-15 中的 A 放大图），此分力的最大值约为

$$F_{xmax} = F_1 \tan 20° = F_1 \times 0.364$$

式中，F_1 为液压缸的最大推力，所以 F_x 的数值是很大的。此水平分力，经模具传递，也要作用到立柱上。

此外，上横梁和液压缸也承受弯矩，此弯矩也要传递到立柱上，但已经大大减弱了，可忽略不计。

（2）立柱设计要点　由于液压机框架的几何精度和精度的稳定性是由立柱来保证的，所以设计立柱时应注意以下几个要点：

1）立柱与缸体耳孔的配合，以及立柱与上横梁立柱安

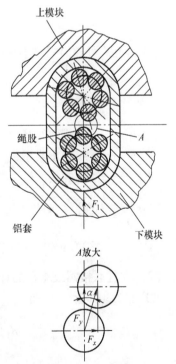

图 3-15　压套力的分析

装孔的配合，应选用最紧密的间隙配合，即采用 $\dfrac{\text{H8}}{\text{h7}}$ 配合。加工时按中间公差控制。

2）上述配合面必须有较大的包容尺寸，直径与包容长度的比值应在 1∶1.3～1∶2 范

围内。

3）上述配合面应有较高的几何公差要求和较高的表面粗糙度要求。

4）立柱的螺母，安装时应施加预紧力，此预紧力的数值应保证当活塞的推力为最大值时，在立柱的凸台端面 S 处（见图 3-14）不产生轴向间隙。预紧系数一般为 $K = 1.2 \sim 2$。此项设计取 $K = 1.25$，因为螺纹直径很大，如 K 值过大，则螺纹的直径和立柱配合面的直径必然会更大，是不经济的。

5）立柱的材料应选择力学性能较好的钢材，并进行适当的热处理，以便提高强度和刚度。

（3）立柱联接螺纹的选择及强度计算　立柱与缸体的连接，及立柱与上横梁的连接一般都采用螺母紧固。联接螺纹一般都采用三角螺纹，即普通螺纹。它的优点是：加工容易，检测方便，自锁性能好。并且螺纹的规格多，级差小，便于选择。采用普通螺纹的另一个好处是节省材料，降低成本，因为它的大径和小径的尺寸差比较小。这里也采用三角螺纹。

1）立柱联接螺纹小径计算公式的推导。

前文已介绍，立柱的拉力载荷是由液压缸的推力形成的，而此载荷是由立柱螺纹传递的。所以立柱螺纹的小径拉应力可根据前文所列的关系式 $F_3 = F_5 = \dfrac{1}{2} F_{max}$ 求出，只是还要考虑螺纹的预紧力。螺纹小径拉应力计算公式如下式所示

$$\sigma_1 = \frac{K F_{max}}{\dfrac{\pi}{4} d_1^2 \times 2} \leqslant [\sigma]$$

根据上式可导出螺纹小径的计算公式

$$d_1 \geqslant \sqrt{\frac{K F_{max}}{\dfrac{1}{2}\pi [\sigma]}}$$

式中　d_1——立柱螺纹小径（mm）；

　　　　K——螺纹的预紧系数，静载荷 $K = 1.2 \sim 1.5$，取 $K = 1.25$；

　　F_{max}——活塞的最大推力（N），即表 3-7 中的数据；

　　$[\sigma]$——立柱材料的许用应力（N/mm²），$[\sigma] = \dfrac{R_{eL}}{n}$，材料为 40Cr，调质，$R_{eL} = 480\text{N/mm}^2$，$n$（安全系数）$= 2.8$，$[\sigma] = \dfrac{480}{2.8}\text{N/mm}^2 = 171\text{N/mm}^2$。

2）立柱联接螺纹小径的计算及螺纹规格的确定。

① YTC3000 型，已知 $F_{max} = 3572462\text{N}$，得

$$d_1 \geqslant \sqrt{\frac{1.25 \times 3572462}{\dfrac{1}{2}\pi \times 171}}\text{mm} = 128.9\text{mm}$$

取螺纹为 M140×6，其小径 $d_1 = 133.5\text{mm}$。

② YTC5000 型，已知 $F_{max} = 6185010.5\text{N}$，得

$$d_1 \geqslant \sqrt{\frac{1.25 \times 6185010.5}{\dfrac{1}{2}\pi \times 171}}\text{mm} = 169.6\text{mm}$$

取螺纹为 M180×6，其小径 $d_1 = 173.5\text{mm}$。

③ YTC10000 型，已知 $F_{\max} = 11439795.5\text{N}$，得

$$d_1 \geqslant \sqrt{\dfrac{1.25 \times 11439795.5}{\dfrac{1}{2}\pi \times 171}}\text{mm} = 230.7\text{mm}$$

取螺纹为 M245×6，其小径 $d_1 = 238.5\text{mm}$。

④ YTC12000 型，已知 $F_{\max} = 13547647.1\text{N}$，得

$$d_1 \geqslant \sqrt{\dfrac{1.25 \times 13547647.1}{\dfrac{1}{2}\pi \times 171}}\text{mm} = 251.1\text{mm}$$

取螺纹为 M265×6，其小径 $d_1 = 258.5\text{mm}$。

3）立柱联接螺纹长度的计算。

立柱所承受的巨大轴向拉力，都是通过螺纹来传递的，所以螺纹承受的负荷是很大的。因而立柱的联接螺纹的长度，需经强度计算来确定。立柱联接螺纹承受的应力有两种，一种是弯曲应力，另一种是切应力。下面分别进行以上两项计算。

① 立柱螺纹的抗弯强度计算。

立柱螺纹的受力图如图 3-16 所示。图中螺纹的牙形是按 GB/T 196—1981 绘制的。设螺纹承受的轴向拉力是均布载荷，作用于啮合的全部牙面上，使牙产生弯曲应力，危险截面在牙根处。设以集中载荷 Q 来替代均布载荷的作用。此集中载荷的作用点应处于螺纹工作深度的中点处，其力臂为 l，于是得到螺纹的弯曲强度条件

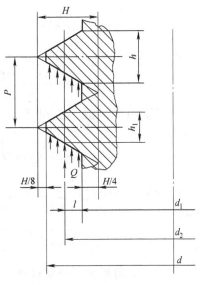

图 3-16　立柱螺纹受力图

$$\sigma_{\text{w}} = \frac{M_{\max}}{W} \leqslant [\sigma_{\text{w}}]$$

式中　σ_{w}——螺纹承受的弯曲应力（N/mm²）；

$M_{\max}$——螺纹承受的最大弯矩（N·mm），$M_{\max} = Ql$；

l——螺纹弯矩的力臂（mm），$l = \dfrac{d_2（\text{螺纹中径}） - d_1（\text{螺纹小径}）}{2}$；

Q——螺纹承受的最大轴向力（N），$Q = \dfrac{1}{2}F_{\max}K$；

$F_{\max}$——活塞的最大推力（N），见表 3-7；

K——螺纹的预紧系数，$K = 1.2 \sim 1.5$，取 $K = 1.25$；

W——螺纹危险截面的抗弯截面系数（mm³），危险截面展开后为矩形，$W = z\dfrac{\pi d_1 h^2}{6}$；

z——螺纹全长的牙数，$z = \dfrac{N（\text{螺纹长度}）}{P（\text{螺距}）}$；

h——危险截面每一牙的高度（mm），即牙根的厚度（见图 3-16），$h = 0.75P（\text{螺距}）$；

$[\sigma_w]$——立柱材料的许用弯曲应力（N/mm^2），材料为40Cr，调质，$[\sigma_w] = 245$N/mm^2。

将上列各参数的值代入公式可得下式

$$\sigma_w = \frac{\frac{1}{2}F_{max} \times 1.25 \times \frac{d_2 - d_1}{2}}{\frac{N}{P} \times \frac{\pi d_1 (0.75P)^2}{6}} \leq [\sigma_w]$$

由此可求得螺纹长度 N 的计算公式

$$N \geq \frac{3.33 F_{max}(d_2 - d_1)}{\pi d_1 P [\sigma_w]} \text{(mm)}$$

按上式计算各型号液压机立柱螺纹长度。

a）YTC3000 型，已知 $F_{max} = 3572462$N，$d_2 = 136.1$mm，$d_1 = 133.5$mm，$P = 6$mm，$[\sigma_w] = 245$N/mm^2，得

$$N \geq \frac{3.33 \times 3572462 \times (136.1 - 133.5)}{\pi \times 133.5 \times 6 \times 245}\text{mm} = 50.2\text{mm}$$

b）YTC5000 型，已知 $F_{max} = 6185010.5$N，$d_2 = 176.1$mm，$d_1 = 173.5$mm，$P = 6$mm，得

$$N \geq \frac{3.33 \times 6185010.5 \times (176.1 - 173.5)}{\pi \times 173.5 \times 6 \times 245}\text{mm} = 66.8\text{mm}$$

c）YTC10000 型，已知 $F_{max} = 11439795.5$mm，$d_2 = 241.1$mm，$d_1 = 238.5$mm，$P = 6$mm，得

$$N \geq \frac{3.33 \times 11439795.5 \times (241.1 - 238.5)}{\pi \times 238.5 \times 6 \times 245}\text{mm} = 89.9\text{mm}$$

d）YTC12000 型，已知 $F_{max} = 13547647.1$N，$d_2 = 261.1$mm，$d_1 = 258.5$mm，$P = 6$mm，得

$$N \geq \frac{3.33 \times 13547647.1 \times (261.1 - 258.5)}{\pi \times 258.5 \times 6 \times 245}\text{mm} = 98.3\text{mm}$$

② 立柱螺纹的剪切强度计算。

立柱螺纹在工作中还承受着切应力，其危险截面应该在何处？笔者查阅了一些资料，有资料认为危险截面在牙根所在的圆周上，即 d_1 直径处。但是，笔者以经验为根据，认为危险截面应在螺纹的中径处，即图3-16 中 d_2 的圆周上。因为在这个位置，内螺纹和外螺纹的牙的厚度是相等的，如果发生剪切，则会是内螺纹的牙根将外螺纹的牙尖切断；外螺纹的牙根将内螺纹的牙尖切断。

设以此为准，则立柱螺纹的剪切强度条件应为下式所示

$$\tau = \frac{Q}{\pi d_2 h_1 z} \leq [\tau]$$

式中　τ——螺纹在危险截面的切应力（N/mm^2）；

　　Q——螺纹承受的最大轴向力（N），$Q = \frac{F_{max}K}{2}$；

　　d_2——螺纹中径（mm），即 GB/T 196—1981 中所规定的各规格螺纹的尺寸；

　　h_1——螺纹中径处牙的厚度（mm），$h_1 = \frac{P\text{（螺距）}}{2}$；

　　z——螺纹的牙数，$z = \frac{N\text{（螺纹长度）}}{P\text{（螺距）}}$；

F_{max}——活塞的最大推力（N），见表 3-7；

K——螺纹的预紧系数，$K = 1.25$；

$[\tau]$——立柱材料的许用切应力（N/mm²），材料为 40Cr，$[\tau] = 0.7 \times [\sigma_w] = 0.7 \times$ 245N/mm² = 171.5N/mm²。

各值代入上式得

$$\tau = \frac{\frac{1}{2}F_{max} \times 1.25}{\pi d_2 \times \frac{1}{2}P \times \frac{N}{P}} \leqslant 171.5 \text{N/mm}^2$$

由此式可导出螺纹长度（mm）计算公式

$$N \geqslant \frac{F_{max} \times 1.25}{\pi d_2 \times 171.5}$$

按上式计算各型号液压机立柱螺纹的长度。

a) YTC3000 型，已知 $F_{max} = 3572462$N，$d_2 = 136.1$mm，得

$$N \geqslant \frac{3572462 \times 1.25}{\pi \times 136.1 \times 171.5} \text{mm} = 60.9 \text{mm}$$

b) YTC5000 型，已知 $F_{max} = 6185010.5$N，$d_2 = 176.1$mm，得

$$N \geqslant \frac{6185010.5 \times 1.25}{\pi \times 176.1 \times 171.5} \text{mm} = 81.5 \text{mm}$$

c) YTC10000 型，已知 $F_{max} = 11439795.5$N，$d_2 = 241.1$mm，得

$$N \geqslant \frac{11439795.5 \times 1.25}{\pi \times 241.1 \times 171.5} \text{mm} = 110 \text{mm}$$

d) YTC12000 型，已知 $F_{max} = 13547647.1$N，$d_2 = 261.1$mm，得

$$N \geqslant \frac{13547647.1 \times 1.25}{\pi \times 261.1 \times 171.5} \text{mm} = 120.4 \text{mm}$$

以上按照立柱螺纹的抗弯强度和剪切强度，分别计算了螺纹应有的长度。由计算结果可以看到，后者总是大于前者。但是立柱联接螺纹的长度还不能就此确定，因为制造螺母的材料与立柱的材料并不相同，其强度比较低，所以螺母的高度可能要大于以上的计算值，螺母的高度还要另行计算。待螺母的高度确定后，立柱螺纹的长度才能最后确定。

（4）立柱定位凸台的设计　由液压机结构示意图（见图 3-5）可以看到，立柱与液压缸的连接，以及立柱与上横梁的连接，有两个基准面，一个是安装基准——圆柱面，另一个是定位基准——凸台。所以凸台也是立柱的重要部位，因而确定凸台的尺寸也是立柱设计中的重要内容。立柱凸台的主要尺寸有两个：①凸台外径；②凸台的宽度。这两个尺寸也要经强度计算确定。

1）确定凸台外径。

当立柱螺母紧固后，液压缸和上横梁的与凸台的结合面都会承受巨大的压力。由于它们的材料的强度都低于立柱的材料，所以立柱凸台的外径，应按它们来确定。液压缸及上横梁的凸台结合面的抗压强度条件如下式所示

$$\sigma = \frac{Q}{\frac{\pi}{4}(d_3^2 - d_2^2)} \leqslant [\sigma]$$

式中　σ——液压缸及上横梁与立柱凸台的结合面所承受的压应力（N/mm²）；

Q——螺母紧固时施加的最大轴向力（N），$Q = \frac{1}{2} F_{max} K$；

F_{max}——活塞的最大推力（N），见表 3-7；

K——螺纹的预紧系数，$K = 1.25$；

d_3——立柱凸台外径（mm），（见图 3-17）；

d_2——立柱安装轴径（mm）（见图 3-17）；

$[\sigma]$——缸体及上横梁材料的许用压应力（N/mm²），材料均为 ZG270 – 500，$\sigma_b = 500$N/mm²，$[\sigma] = \frac{\sigma_b（强度极限）}{n（安全系数）} = \frac{500}{2.5}$N/mm² $= 200$N/mm²。

由上式可得立柱凸台外径（mm）计算公式

$$d_3 \geqslant \sqrt{\frac{2 F_{max} \times 1.25}{\pi [\sigma]} + d_2^2}$$

按上式计算各型号液压机的立柱凸台外径。

a）YTC3000 型，已知 $F_{max} = 3572462$N，$d_2 = 140$mm，得

$$d_3 \geqslant \sqrt{\frac{2 \times 3572462 \times 1.25}{\pi \times 200} + 140^2} \,\text{mm} = 183.9\text{mm}$$

圆整后取 $d_3 = 185$mm。

b）YTC5000 型，已知 $F_{max} = 6185010.5$N，$d_2 = 180$mm，得

$$d_3 \geqslant \sqrt{\frac{2 \times 6185010.5 \times 1.25}{\pi \times 200} + 180^2} \,\text{mm} = 238.8\text{mm}$$

圆整后取 $d_3 = 240$mm。

c）YTC10000 型，已知 $F_{max} = 11439795.5$N，$d_2 = 245$mm，得

$$d_3 \geqslant \sqrt{\frac{2 \times 11439795.5 \times 1.25}{\pi \times 200} + 245^2} \,\text{mm} = 324.9\text{mm}$$

圆整后取 $d_3 = 325$mm。

d）YTC12000 型，已知 $F_{max} = 13547647.1$N，$d_2 = 265$mm，得

$$d_3 \geqslant \sqrt{\frac{2 \times 13547647.1 \times 1.25}{\pi \times 200} + 265^2} \,\text{mm} = 352.3\text{mm}$$

圆整后取 $d_3 = 355$mm。

2）确定凸台宽度。

由图 3-5 还可以看到，当立柱螺母锁紧后，立柱凸台也承受巨大的剪力，其危险截面在凸台根部的圆周上，即 d_2 处。所以凸台的宽度应由凸台的剪切强度条件求得。此强度条件如下式所示。

$$\tau = \frac{Q}{\pi d_2 h} \leqslant [\tau]$$

式中　τ——立柱凸台危险截面承受的切应力（N/mm²）；

Q——螺母紧固时施加的最大轴向力（N），$Q = \frac{1}{2} F_{max} K$，各值同前；

d_2——凸台根部直径，即立柱的安装轴径（mm）；

h——凸台宽度（mm）；

$[\tau]$——立柱材料的许用切应力（N/mm²），材料为 40Cr，$[\tau] = 171.5\text{N/mm}^2$（同前）。

由上式可得凸台宽度计算式

$$h = \frac{\frac{1}{2}F_{\max}K}{\pi d_2 [\tau]}(\text{mm})$$

按上式计算各型号液压机立柱凸台宽度，并确定宽度尺寸。

a）YTC3000 型，已知 $F_{\max} = 3572462\text{N}$，$d_2 = 140\text{mm}$，得

$$h = \frac{3572462 \times 1.25}{2\pi \times 140 \times 171.5}\text{mm} = 29.6\text{mm}$$

圆整后取 $h = 30\text{mm}$。

b）YTC5000 型，已知 $F_{\max} = 6185010.5\text{N}$，$d_2 = 180\text{mm}$，得

$$h = \frac{6185010.5 \times 1.25}{2\pi \times 180 \times 171.5}\text{mm} = 39.9\text{mm}$$

圆整后取 $h = 40\text{mm}$。

c）YTC10000 型，已知 $F_{\max} = 11439795.5\text{N}$，$d_2 = 245\text{mm}$，得

$$h = \frac{11439795.5 \times 1.25}{2\pi \times 245 \times 171.5}\text{mm} = 54.2\text{mm}$$

圆整后取 $h = 55\text{mm}$。

d）YTC12000 型，已知 $F_{\max} = 13547647.1\text{N}$，$d_2 = 265\text{mm}$，得

$$h = \frac{13547647.1 \times 1.25}{2\pi \times 265 \times 171.5}\text{mm} = 59.3\text{mm}$$

圆整后取 $h = 60\text{mm}$。

（5）立柱简图设计　立柱的外形和结构在液压机总体设计时已基本确定，如图 3-5 所示。

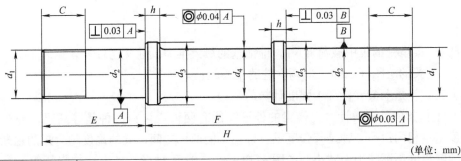

（单位：mm）

代　号	尺寸								
	d_1	d_2	d_3	d_4	C	E	F	H	h
YTC3000-106	M140×6-6g	$\phi140\text{h7}$	$\phi180$	$\phi140\text{f9}$	125	300	410±0.1	1170	30
YTC5000-106	M180×6-6g	$\phi180\text{h7}$	$\phi230$	$\phi180\text{f9}$	160	365	545±0.1	1510	40
YTC10000-106	M245×6-6g	$\phi245\text{h7}$	$\phi315$	$\phi245\text{f9}$	210	485	739±0.1	2044	55
YTC12000-106	M265×6-6g	$\phi265\text{h7}$	$\phi340$	$\phi265\text{f9}$	225	520	795±0.1	2210	60

图 3-17　立柱简图

（6）立柱的技术条件

1）两端的联接螺纹按螺母 106（零件代号）配作，配合精度为 6H/6g。

2）垫处理：粗加工后调质，T235，220～250HBW。

3）安装基准圆柱面 A 按液压缸耳孔配作，B 按上横梁安装孔配作，保证有 0.04 ~ 0.08mm 间隙，表面粗糙度为 $Ra3.2\mu m$。

4）立柱的数量为每台液压机 2 件，此工件应成对加工，尺寸 F 应保证相等，偏差不大于 0.05mm。

5）注意保证简图所注的几何公差。

6）表面处理：发蓝或镀锌。

5. 上横梁设计

上横梁是构成液压机"二梁二柱"框架中的一个梁，所以也是组成液压机的主要零件之一。同时，它也是液压机的主要受力零件。

（1）上横梁的受力分析　上横梁安装在立柱上，由两端的圆柱孔定位，用螺母紧固，所以是"两端固定梁"。在梁的跨距中点，承受由活塞施加的垂直向上的集中载荷，所以承受弯矩。同时，在两端支反力的作用下也承受剪力。上横梁的受力图、弯矩图及剪力图如图 3-18 所示。

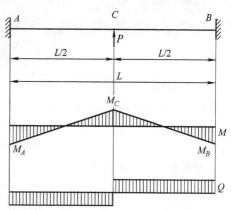

M 为弯矩，由图可知，在梁的跨距中点 C 处及两端固定处承受着最大弯矩，其数值可按下式计算

$$M_C = \frac{PL}{8}$$

$$M_A = M_B = -\frac{PL}{8}$$

图 3-18　上横梁受力图、弯矩图及剪力图

Q 为剪力，由图可知，梁承受的剪力在梁的全部截面上是处处相等的。其数值可按下式计算

$$Q = \frac{P}{2}$$

式中　P——梁承受的集中载荷（N），即活塞的最大推力，前文已计算，见表 3-7；

L——梁的跨距（mm），即两立柱的中心距；

以上三式，是上横梁设计中强度计算的依据。

（2）上横梁的外形设计　上横梁的外形一般有两种设计：一种是等高梁，即在梁的全长上高度基本相同；另一种是等强度梁，即在梁的两柱中间，梁的高度随弯矩的逐渐增大而增大，随弯矩的逐渐减小而减小，如图 3-18 所示。这两种设计各有优缺点：等强度梁的外形比较美观，线条流畅，但加工不大方便，成本稍大，而且在高度最小之处容易形成应力集中；等高梁虽然外形呆板，但工艺性好，成本较低，而且不存在应力集中问题。此项设计，选择了等高梁。

梁的横截面形状一般也有两种设计：一种是工字形，即上下两面有外伸的两翼，中间是立筋；另一种是口字形，梁的横截面像个方管，中间是空的。前者工艺性好，后者外形整齐。此项设计选择了后者。因为如选用工字形截面，为了保证强度并减小高度尺寸，则立筋必然太厚。

上横梁的外形设计如图 3-19 所示。

（3）初定上横梁的主要尺寸　上横梁的两个主要尺寸：两立柱安装孔的中心距及孔径，

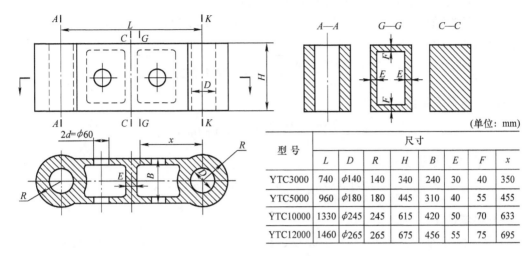

图 3-19　上横梁外形设计

型 号	尺寸							
	L	D	R	H	B	E	F	x
YTC3000	740	$\phi140$	140	340	240	30	40	350
YTC5000	960	$\phi180$	180	445	310	40	55	455
YTC10000	1330	$\phi245$	245	615	420	50	70	633
YTC12000	1460	$\phi265$	265	675	456	55	75	695

（单位: mm）

已经在液压缸设计和立柱设计时确定。于是这两个尺寸就成了确定其余尺寸的基础。首先确定立柱安装处的外圆半径 R（见图 3-19）此处由于承受的弯矩比较大，其壁厚应取较大值。根据经验取 $R = D$，即外圆半径等于孔径。其余尺寸初步按下列各式初定，然后再经强度校核确定。

$$H = 0.46L,\ B = 1.72D$$

按上式计算的数值，经圆整后列于图 3-19 的主要尺寸表中。

（4）上横梁的强度校核

1）抗弯强度校核。

前文已说明，上横梁在跨距的中点及两端固定处承受的弯矩最大，所以这三处是承受弯曲应力的危险截面。在距跨距中点较近的空心截面 G—G 处，也承受较大的弯矩，而且由于口字形截面强度较低，所以也是一个危险截面。对以上 4 处应分别进行抗弯强度校核。

① 上横梁跨距中点抗弯强度校核。

上横梁跨距中点处的横截面如图 3-19 所示，此处的弯曲强度条件如下式所示

$$\sigma_{wmax} = \frac{M_{max}}{W_c} \leqslant [\sigma_w]$$

式中　σ_{wmax}——上横梁跨距中点承受的最大弯曲应力（N/mm²）；

M_{max}——跨距中点的最大弯矩（N·mm），$M_{max} = \dfrac{PL}{8}$。

P——活塞的最大推力（N），见表 3-7；

L——两立柱安装孔中心距（mm），见图 3-19 主要尺寸表；

W_c——跨距中点横截面的抗弯截面系数（mm³），$W_c = \dfrac{BH^2}{6}$，B 和 H 见图 3-19 主要尺寸表；

$[\sigma_w]$——上横梁材料的许用弯曲应力（N/mm²），材料为 ZG270-500，$[\sigma_w] = [\sigma] = \dfrac{R_m（抗拉强度）}{n（安全系数）}$，$R_m = 500N/mm²$，$n = 4$，$[\sigma_w] = \dfrac{500}{4}N/mm² = 125N/mm²$。

各型号液压机上横梁跨距中点抗弯强度校核如下。

a）YTC3000 型，已知 $P = 3572462\mathrm{N}$，$L = 740\mathrm{mm}$，$H = 340\mathrm{mm}$，$B = 240\mathrm{mm}$。

计算最大弯矩

$$M_{\max} = \frac{3572462 \times 740}{8}\mathrm{N \cdot mm} = 330452735\mathrm{N \cdot mm}$$

计算抗弯截面系数

$$W_{\mathrm{c}} = \frac{240 \times 340^2}{6}\mathrm{mm}^3 = 4624000\mathrm{mm}^3$$

计算最大弯曲应力

$$\sigma_{\mathrm{wmax}} = \frac{330452735}{4624000}\mathrm{N/mm}^2 = 71.5\mathrm{N/mm}^2 < 125\mathrm{N/mm}^2$$

符合强度条件。

b）YTC5000 型，已知 $P = 6185010.5\mathrm{N}$，$L = 960\mathrm{mm}$，$H = 445\mathrm{mm}$，$B = 310\mathrm{mm}$。

计算最大弯矩

$$M_{\max} = \frac{6185010.5 \times 960}{8}\mathrm{N \cdot mm} = 742201260\mathrm{N \cdot mm}$$

计算抗弯截面系数

$$W_{\mathrm{c}} = \frac{310 \times 445^2}{6}\mathrm{mm}^3 = 10231291.7\mathrm{mm}^3$$

计算最大弯曲应力

$$\sigma_{\mathrm{wmax}} = \frac{742201260}{10231291.7}\mathrm{N/mm}^2 = 72.5\mathrm{N/mm}^2 < 125\mathrm{N/mm}^2$$

符合强度条件。

c）YTC10000 型，已知 $P = 11439795.5\mathrm{N}$，$L = 1330\mathrm{mm}$，$H = 615\mathrm{mm}$，$B = 420\mathrm{mm}$。

计算最大弯矩

$$M_{\max} = \frac{11439795.5 \times 1330}{8}\mathrm{N \cdot mm} = 1901866002\mathrm{N \cdot mm}$$

计算抗弯截面系数

$$W_{\mathrm{c}} = \frac{420 \times 615^2}{6}\mathrm{mm}^3 = 26475750\mathrm{mm}^3$$

计算最大弯曲应力

$$\sigma_{\mathrm{wmax}} = \frac{1901866002}{26475750}\mathrm{N/mm}^2 = 71.8\mathrm{N/mm}^2 < 125\mathrm{N/mm}^2$$

符合强度条件。

d）YTC12000 型，已知 $P = 13547647.1\mathrm{N}$，$L = 1460\mathrm{mm}$，$H = 675\mathrm{mm}$，$B = 456\mathrm{mm}$。

计算最大弯矩

$$M_{\max} = \frac{13547647.1 \times 1460}{8}\mathrm{N \cdot mm} = 2472445596\mathrm{N \cdot mm}$$

计算抗弯截面系数

$$W_{\mathrm{c}} = \frac{456 \times 675^2}{6}\mathrm{mm}^3 = 34627500\mathrm{mm}^3$$

计算最大弯曲应力

$$\sigma_{wmax} = \frac{2472445596}{34627500} N/mm^2 = 71.4 N/mm^2 < 125 N/mm^2$$

符合强度条件。

② 上横梁两端固定处危险截面抗弯强度校核。

上横梁的两端固定处，即两个立柱安装孔的危险截面为图 3-19 中的 A—A 和 K—K 两处。危险截面的弯曲强度条件为

$$\sigma_{wmax} = \frac{M_{max}}{W_a} = \frac{M_{max}}{W_d} \leqslant [\sigma_w]$$

式中　σ_{wmax}——危险截面承受的最大弯曲应力（N/mm²）；

　　　M_{max}——危险截面承受的最大弯矩（N·mm），$M_{max} = -\frac{PL}{8}$，此数值与前文计算的

　　　　　　　上横梁中点处的 M_{max} 值相同；

　　　W_a——截面 A—A 的抗弯截面系数（mm³）；

　　　W_d——截面 K—K 的抗弯截面系数（mm³），$W_a = W_d = \frac{H^2(2R-D)}{6}$，H、R 和 D 数

　　　　　　　值见图 3-19 主要尺寸表；

　　　$[\sigma_w]$——上横梁材料的许用弯曲应力（N/mm²），$[\sigma_w] = 125 N/mm^2$。

各型号液压机两端固定处危险截面弯曲强度校核。

a）YTC3000 型，已知 $M_{max} = 330452735 N·mm$，$H = 340mm$，$R = 140mm$，$D = 140mm$。计算抗弯截面系数

$$W_a = W_d = \frac{340^2 \times (2 \times 140 - 140)}{6} mm^3 = 2697333.3 mm^3$$

计算最大弯曲应力

$$\sigma_{wmax} = \frac{330452735}{2697333.3} N/mm^2 = 122.5 N/mm^2 < 125 N/mm^2$$

符合强度条件。

b）YTC5000 型，已知 $M_{max} = 742201260 N·mm$，$H = 445mm$，$R = 180mm$，$D = 180mm$。计算抗弯截面系数

$$W_a = W_d = \frac{445^2 \times (2 \times 180 - 180)}{6} mm^3 = 5940750 mm^3$$

计算最大弯曲应力

$$\sigma_{wmax} = \frac{742201260}{5940750} N/mm^2 = 124.9 N/mm^2 < 125 N/mm^2$$

符合强度条件。

c）YTC10000 型，已知 $M_{max} = 1901866002 N·mm$，$H = 615mm$，$R = 245mm$，$D = 245mm$。

计算抗弯截面系数

$$W_a = W_d = \frac{615^2 \times (2 \times 245 - 245)}{6} mm^3 = 15444187.5 mm^3$$

计算最大弯曲应力

$$\sigma_{wmax} = \frac{1901866002}{15444187.5} N/mm^2 = 123.1 N/mm^2 < 125 N/mm^2$$

符合强度条件。

d) YTC12000 型，已知 $M_{max} = 2472445596 \text{N} \cdot \text{mm}$，$H = 675 \text{mm}$，$R = 265 \text{mm}$，$D = 265 \text{mm}$。

计算抗弯截面系数

$$W_a = W_d = \frac{675^2 \times (2 \times 265 - 265)}{6} \text{mm}^3 = 20123437.5 \text{mm}^3$$

计算最大弯曲应力

$$\sigma_{wmax} = \frac{2472445596}{20123437.5} \text{N/mm}^2 = 122.9 \text{N/mm}^2 < 125 \text{N/mm}^2$$

符合强度条件。

③ 上横梁空心截面弯矩最大处 G—G 截面抗弯强度校核。

按下式校核

$$\sigma_{wmax} = \frac{M_b}{W_b} \leqslant [\sigma_w]$$

式中　σ_{wmax}——空心危险截面 G—G 处（见图 3-19）的弯曲应力（N/mm²）；

M_b——截面 G—G 承受的弯矩（N·mm），$M_b = -\frac{PL}{8}\left(1 - 4 \times \frac{x}{L}\right)$；

P——活塞的最大推力（N），见表 3-7；

L——立柱安装孔中心距（mm），见图 3-19 主要尺寸表。

x——截面 G—G 至立柱安装孔 D 的中心线的距离（mm），见图 3-19 尺寸表。

W_b——截面 G—G 的抗弯截面系数（mm³），$W_b = \frac{BH^3 - (B - 2E)(H - 2F)^3}{6H}$，式中

各代号的数值，见图 3-19 尺寸表。

各型号液压机，上横梁 G—G 截面抗弯强度校核。

a) YTC3000 型，已知 $P = 3572462 \text{N}$，$L = 740 \text{mm}$，$x = 350 \text{mm}$，$H = 340 \text{mm}$，$B = 240 \text{mm}$，$E = 30 \text{mm}$，$F = 40 \text{mm}$。

计算 G—G 截面的弯矩

$$M_b = -\frac{3572462 \times 740}{8} \times \left(1 - \frac{4 \times 350}{740}\right) \text{N} \cdot \text{mm} = 294728115 \text{N} \cdot \text{mm}$$

计算 G—G 截面的抗弯截面系数

$$W_b = \frac{240 \times 340^3 - (240 - 2 \times 30) \times (340 - 2 \times 40)^3}{6 \times 340} \text{mm}^3 = 3073176.5 \text{mm}^3$$

计算 G—G 截面的弯曲应力

$$\sigma_{wb} = \frac{294728115}{3073176.5} \text{N/mm}^2 = 95.9 \text{N/mm}^2 < 125 \text{N/mm}^2$$

符合强度条件。

b) YTC5000 型，已知 $P = 6185010.5 \text{N}$，$L = 960 \text{mm}$，$x = 455 \text{mm}$，$H = 445 \text{mm}$，$B = 310 \text{mm}$，$E = 40 \text{mm}$，$F = 55 \text{mm}$。

计算 G—G 截面的弯矩

$$M_b = -\frac{6185010.5 \times 960}{8} \times \left(1 - \frac{4 \times 455}{960}\right) \text{N} \cdot \text{mm} = 664888628.8 \text{N} \cdot \text{mm}$$

计算 G—G 截面的抗弯截面系数

$$W_b = \frac{310 \times 445^3 - (310 - 2 \times 40) \times (445 - 2 \times 55)^3}{6 \times 445} \text{mm}^3 = 6992738.8 \text{mm}^3$$

计算 G—G 截面弯曲应力

$$\sigma_{wb} = \frac{664888628.8}{6992738.8} \text{N/mm}^2 = 95.1 \text{N/mm}^2 < 125 \text{N/mm}^2$$

符合强度条件。

c）YTC10000 型，已知 $P = 11439795.5 \text{N}$，$L = 1330 \text{mm}$，$x = 633 \text{mm}$，$H = 615 \text{mm}$，$B = 420 \text{mm}$，$E = 50 \text{mm}$，$F = 70 \text{mm}$。

计算 G—G 截面的弯矩

$$M_b = -\frac{11439795.5 \times 1330}{8} \times \left(1 - \frac{4 \times 633}{1330}\right) \text{N} \cdot \text{mm} = 1718829274 \text{N} \cdot \text{mm}$$

计算 G—G 截面的抗弯截面系数

$$W_b = \frac{420 \times 615^3 - (420 - 2 \times 50) \times (615 - 2 \times 70)^3}{6 \times 615} \text{mm}^3 = 17181712 \text{mm}^3$$

计算 G—G 截面弯曲应力

$$\sigma_{wb} = \frac{1718829274}{17181712} \text{N/mm}^2 = 100 \text{N/mm}^2 < 125 \text{N/mm}^2$$

符合强度条件。

d）YTC12000，已知 $P = 13547647.1 \text{N}$，$L = 1460 \text{mm}$，$x = 695 \text{mm}$，$H = 675 \text{mm}$，$B = 456 \text{mm}$，$E = 55 \text{mm}$，$F = 75 \text{mm}$。

计算 G – G 截面的弯矩

$$M_b = -\frac{13547647.1 \times 1460}{8} \times \left(1 - \frac{4 \times 695}{1460}\right) \text{N} \cdot \text{mm} = 2235361771 \text{N} \cdot \text{mm}$$

计算 G—G 截面的抗弯截面系数

$$W_b = \frac{456 \times 675^3 - (456 - 2 \times 55) \times (675 - 2 \times 75)^3}{6 \times 675} \text{mm}^3 = 22265208.3 \text{mm}^3$$

计算 G—G 截面弯曲应力

$$\sigma_{wb} = \frac{2235361771}{22265208.3} \text{N/mm}^2 = 100.4 \text{N/mm}^2 < 125 \text{N/mm}^2$$

符合强度条件。

以上对上横梁的三处危险截面进行了抗弯强度校核，均符合强度条件。

2）剪切强度校核。

上横梁的剪切强度条件如下式所示

$$\tau = \frac{Q}{A} \leqslant [\tau]$$

式中　τ——梁的危险横截面承受的切应力（N/mm²）；

Q——危险截面承受的剪力（N），$Q = \dfrac{P}{2}$；

P——活塞的最大推力（N），见表 3-7；

A——上横梁危险截面面积（mm²），$A = HB - (H - 2F)(B - 2E) - 2dE$；

$[\tau]$——上横梁材料的许用切应力（N/mm²），$[\tau] = 0.7[\sigma] = 0.7 \times 125 \text{N/mm}^2 =$

87.5N/mm^2。

各型号液压机，上横梁危险截面剪切强度校核。

a）YTC3000 型，已知 $P = 3572462\text{N}$，$H = 340\text{mm}$，$B = 240\text{mm}$，$F = 40\text{mm}$，$E = 30\text{mm}$，$d = 60\text{mm}$。

$$\tau = \frac{\frac{1}{2} \times 3572462}{340 \times 240 - (340 - 2 \times 40) \times (240 - 2 \times 30) - 2 \times 60 \times 30}\text{N/mm}^2 = 57.3\text{N/mm}^2 < 87.5\text{N/mm}^2$$

符合强度条件。

b）YTC5000 型，已知 $P = 6185010.5\text{N}$，$H = 445\text{mm}$，$B = 310\text{mm}$，$F = 55\text{mm}$，$E = 40\text{mm}$，$d = 60\text{mm}$。

$$\tau = \frac{\frac{1}{2} \times 6185010.5}{445 \times 310 - (445 - 2 \times 55) \times (310 - 2 \times 40) - 2 \times 60 \times 40}\text{N/mm}^2$$
$$= 55.1\text{N/mm}^2 < 87.5\text{N/mm}^2$$

符合强度条件。

c）YTC10000 型，已知 $P = 11439795.5\text{N}$，$d = 60\text{mm}$，$H = 615\text{mm}$，$B = 420\text{mm}$，$F = 70\text{mm}$，$E = 50\text{mm}$。

$$\tau = \frac{\frac{1}{2} \times 11439795.5}{615 \times 420 - (615 - 2 \times 70) \times (420 - 2 \times 50) - 2 \times 60 \times 50}\text{N/mm}^2$$
$$= 57\text{N/mm}^2 < 87.5\text{N/mm}^2$$

符合强度条件。

d）YTC12000 型，已知 $P = 13547647.1\text{N}$，$d = 60\text{mm}$，$H = 675\text{mm}$，$B = 456\text{mm}$，$F = 75\text{mm}$，$E = 55\text{mm}$。

$$\tau = \frac{\frac{1}{2} \times 13547647.1}{675 \times 456 - (675 - 2 \times 75) \times (456 - 2 \times 55) - 2 \times 60 \times 55}\text{N/mm}^2$$
$$= 56.7\text{N/mm}^2 < 87.5\text{N/mm}^2$$

符合强度条件。

以上针对上横梁的设计进行了弯曲强度校核和剪切强度校核，均符合强度条件。故可以确认上横梁的强度设计可行，但是还要进行刚度设计校核。

（5）上横梁的刚度校核　上横梁承受活塞的巨大推力，当然会产生弯曲的弹性变形。设计时应计算其最大挠度，并按下式校核其刚度条件

$$f_{max} = \frac{P_{max}L^3}{192EI_z} \leq [Y]$$

式中　f_{max}——上横梁的最大挠度（mm）；

　　P_{max}——活塞的最大推力（N），见表 3-7；

　　L——上横梁的跨距，即两立柱中心距（mm），见图 3-19 主要尺寸表；

　　E——上横梁材料的弹性模量（N/mm^2），材料为 ZG270 - 500，$E = 172 \sim 202\text{GPa}$，取 $E = 190\text{GPa} = 19 \times 10^4\text{N/mm}^2$；

　　I_z——截面的 z 轴惯性矩（mm^4），$I_z = \dfrac{BH^3 - (B - 2E)(H - 2F)^3}{12}$，式中各代号数值见

图 3-19 主要尺寸表。

[Y]——许用挠度（mm），上横梁相当于一般用途的轴，[Y] = (0.0003 ~ 0.0005) L（跨距）。

各型号液压机，上横梁的最大挠度校核：

1）YTC3000 型，已知 $P_{max} = 3572462N$，$L = 740mm$，$H = 340mm$，$B = 240mm$，$E = 30mm$，$F = 40mm$。

计算截面的 z 轴惯性矩

$$I_z = \frac{240 \times 340^3 - (240 - 2 \times 30) \times (340 - 2 \times 40)^3}{12} mm^4 = 522440000 mm^4$$

计算许用挠度

$$[Y] = (0.0003 ~ 0.0005) \times 740 mm = 0.222 ~ 0.37 mm$$

计算最大挠度

$$f_{max} = \frac{3572462 \times 740^3}{192 \times 19 \times 10^4 \times 522440000} mm = 0.076 mm < 0.222 mm$$

符合弯曲刚度条件。

2）YTC5000 型，已知 $P_{max} = 6185010.5N$，$L = 960mm$，$H = 445mm$，$B = 310mm$，$E = 40mm$，$F = 55mm$。

计算截面的 z 轴惯性矩

$$I_z = \frac{310 \times 445^3 - (310 - 2 \times 40) \times (445 - 2 \times 55)^3}{12} mm^4 = 1555884375 mm^4$$

计算许用挠度

$$[Y] = (0.0003 ~ 0.0005) \times 960 mm = 0.29 ~ 0.48 mm$$

计算最大挠度

$$f_{max} = \frac{6185010.5 \times 960^3}{192 \times 19 \times 10^4 \times 1555884375} mm = 0.096 mm < 0.29 mm$$

符合弯曲刚度条件。

3）YTC10000 型，已知 $P_{max} = 11439795.5N$，$L = 1330mm$，$H = 615mm$，$B = 420mm$，$E = 50mm$，$F = 70mm$。

计算截面的 z 轴惯性矩

$$I_z = \frac{420 \times 615^3 - (420 - 2 \times 50) \times (615 - 2 \times 70)^3}{12} mm^4 = 5283376458 mm^4$$

计算许用挠度

$$[Y] = (0.0003 ~ 0.0005) \times 1330 mm = 0.399 ~ 0.665 mm$$

计算最大挠度

$$f_{max} = \frac{11439795.5 \times 1330^3}{192 \times 19 \times 10^4 \times 5283376458} mm = 0.1396 mm < 0.399 mm$$

符合弯曲刚度条件。

4）YTC12000 型，已知 $P_{max} = 13547647.1N$，$L = 1460mm$，$H = 675mm$，$B = 456mm$，$E = 55mm$，$F = 75mm$。

计算截面的 z 轴惯性矩

$$I_z = \frac{456 \times 675^3 - (456 - 2 \times 55) \times (675 - 2 \times 75)^3}{12} mm^4 = 7514507813 mm^4$$

计算许用挠度

$$[Y] = (0.0003 \sim 0.0005) \times 1460 mm = 0.438 \sim 0.73 mm$$

计算最大挠度

$$f_{max} = \frac{13547647.1 \times 1460^3}{192 \times 19 \times 10^4 \times 7514507813} mm = 0.154 mm < 0.438 mm$$

符合弯曲刚度条件。

由以上的计算可知，各型号液压机的上横梁，在活塞最大推力的作用下所产生的挠度均小于许用值，且仅为许用最小值的 1/3，故可以认为其刚度设计是可行的。但是应说明的是，在工作中产生的实际挠度，可能略大于上述计算值。因为上述计算的初始条件是梁的两端支座均为固定端，即两端是类似焊接的结构，而此项设计却是螺母紧固的圆柱面间隙配合。

以上进行了上横梁的强度校核和刚度校核，均符合要求，故可以确认上横梁的设计是可行的。

6. 螺母设计

（1）螺母的结构设计　计算螺纹联接中螺纹的受力状况时，往往都假设螺栓的轴向拉力是均匀地作用于每个牙上的。但实际上并非如此。当螺杆承受了载荷之后，螺纹的每个牙所承受的轴向力实际是不均匀的，螺母底面的牙（包括螺杆上对应的牙）承受的轴向力最大，由此向上逐渐减小。所以螺纹的损坏，总是从下面的螺纹开始。对于普通螺纹联接，这是可以接受的。

但是，在液压机立柱的螺纹联接上，要设法解决这个问题。因为立柱螺母承受的轴向力是非常大的，而且螺母的厚度尺寸比普通螺母要大很多，所以这个问题就更加突出。为了解决这个问题，这台液压机采用了台阶螺母。台阶螺母的结构及受力状况如图 3-20 所示。图中图 3-20a 是普通螺母的受力状况，螺母的每个牙都承受着由

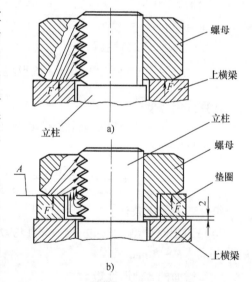

图 3-20　台阶螺母的结构及受力状况
a）普通螺母　b）台阶螺母

立柱螺纹传递的压力，并将压力作用到螺母的底面。图 3-20b 是台阶螺母的受力状况。当螺母紧固后，螺母的台阶面 A 压紧垫圈的上面，而螺母的底面与上横梁之间有 2mm 的间隙，所以不承受压力。于是螺母的受力状况就有了以下变化：①以 A 面为界，A 面以上的部位承受的是压应力，接近 A 面之处应力较大；A 面以下的部位承受的是拉应力，也是接近 A 面之处应力较大；②以 A 面为界，A 面以上的螺纹牙的应力，以 A 面之上第一个牙为最大，由此往上逐渐减小；A 面以下的螺纹牙的应力，以 A 面以下第一个牙为最大，由此往下逐渐减小。由以上变化可以得出结论：台阶螺母螺纹牙承受的应力远比普通螺母要均匀。单个牙承受的最大应力比普通螺母要小很多，约为其 1/2。

（2）螺母材质的选择　为了缓解前述螺母紧固后轴向力在各牙上分布不均的问题，还

要注意一点：设计时应使螺母与螺杆选用不同的材质。如果螺杆的刚性大，螺母的柔性大，则轴向力的分布趋向均匀。即在设计时应通过选用不同的材质，使螺母的强度比螺杆小一些，则可使各牙的受力状况自然地变得更均匀。

此项设计，螺杆即立柱的材料为 40Cr，调质，$\sigma_b = 685 \text{N/mm}^2$，$\sigma_s = 490 \text{N/mm}^2$。螺母的材料选用 35 钢，调质，$\sigma_b = 530 \text{N/mm}^2$，$\sigma_s = 275 \text{N/mm}^2$，符合上述要求。而且 35 钢也是制造螺母的常用材料。

（3）螺母的高度计算及尺寸确定　螺母的工作负荷作用在螺纹牙上，使牙承受了弯曲应力和切应力。螺母设计中在确定螺母的高度时应保证螺纹牙承受的弯曲应力和切应力小于许用应力。

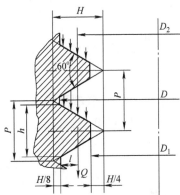

图 3-21　普通内螺纹弯矩计算图

1）按螺母螺纹的抗弯强度计算其应有的高度。

图 3-21 所示是根据 GB/T 196—1981 绘制的普通内螺纹的弯矩计算图，设螺母承受的轴向力均匀地作用在牙的上表面，是均布载荷。此载荷分布在螺纹的上螺旋牙面的全长上。牙的受力状况和受均布载荷的悬臂梁相同。设此均布载荷用一个集中载荷 Q 来代替，Q 作用在螺纹工作深度的中点处，其力臂为 l，于是得到螺纹的弯曲强度条件如下式所示

$$\sigma_w = \frac{M_{max}}{W} \leqslant [\sigma_w]$$

式中　σ_w——螺纹牙承受的弯曲应力（N/mm²）；

M_{max}——螺纹承受的最大弯矩（N·mm），$M_{max} = Ql$；

Q——螺母承受的最大轴向力（N），$Q = \frac{1}{2}F_{max}K$；

l——力臂长度（mm），$l = \dfrac{D(\text{螺纹大径}) - D_2(\text{螺纹中径})}{2}$；

F_{max}——活塞的最大推力（N），见表 3-7；

K——螺纹的预紧系数，$K = 1.25$；

W——牙的危险截面（牙根）的抗弯截面系数（mm³），$W = z\dfrac{bh^2}{6}$；

z——螺母螺纹的牙数，$z = \dfrac{N(\text{螺母高度，mm})}{P(\text{螺距，mm})}$；

b——危险截面每周的长度（mm），$b = \pi D$。

h——危险截面每周的高度（mm），见图 3-21，$h = P - \dfrac{H}{8}\tan 30° \times 2 =$

$$P - \frac{\dfrac{P}{2\tan 30°}\tan 30° \times 2}{8} = P - \frac{P}{8} = \frac{7}{8}P = 0.875P；$$

$[\sigma_w]$——螺母材料的许用弯曲应力（N/mm²），材料为钢 35，$[\sigma_w] = 175 \text{N/mm}^2$。
于是上列的弯曲强度条件，可以用下式表达

$$\sigma_{\mathrm{w}} = \frac{\dfrac{1}{2}F_{\max} \times 1.25 \times \dfrac{D - D_2}{2}}{\dfrac{N}{P}\dfrac{\pi D \times (0.875P)^2}{6}} \leqslant 175\mathrm{N/mm^2}$$

化简后得

$$\sigma_{\mathrm{w}} = \frac{0.3125F_{\max}(D - D_2)}{\dfrac{N}{P}\pi D \times \dfrac{0.7656P^2}{6}} = \frac{1.875F_{\max}(D - D_2)}{N\pi D \times 0.7656P} \leqslant 175\mathrm{N/mm^2}$$

由此可得

$$N \geqslant \frac{1.875F_{\max}(D - D_2)}{175\pi D \times 0.7656P}$$

按上式计算各型号液压机螺母应有的高度。

a）YTC3000 型：已知 $F_{\max} = 3572462\mathrm{N}$，$D = 140\mathrm{mm}$，$D_2 = 136.1\mathrm{mm}$，$P = 6\mathrm{mm}$。计算螺母应有的高度

$$N = \frac{1.875 \times 3572462 \times (140 - 136.1)}{175\pi \times 140 \times 0.7656 \times 6}\mathrm{mm} = 73.9\mathrm{mm}$$

b）YTC5000 型：已知 $F_{\max} = 6185010.5\mathrm{N}$，$D = 180$，$D_2 = 176.5\mathrm{mm}$，$P = 6\mathrm{mm}$。计算螺母应有的高度

$$N \geqslant \frac{1.875 \times 6185010.5 \times (180 - 176.5)}{175\pi \times 180 \times 0.7656 \times 6}\mathrm{mm} = 89.3\mathrm{mm}$$

c）YTC10000 型：已知 $F_{\max} = 11439795.5\mathrm{N}$，$D = 245\mathrm{mm}$，$D_2 = 241.5\mathrm{mm}$，$P = 6\mathrm{mm}$。计算螺母应有的高度

$$N \geqslant \frac{1.875 \times 11439795.5 \times (245 - 241.5)}{175\pi \times 245 \times 0.7656 \times 6}\mathrm{mm} = 121.3\mathrm{mm}$$

d）YTC12000 型：已知 $F_{\max} = 13547647.1\mathrm{N}$，$D = 265\mathrm{mm}$，$D_2 = 261.5\mathrm{mm}$，$P = 6\mathrm{mm}$。计算螺母应有的高度

$$N \geqslant \frac{1.875 \times 13547647.1 \times (265 - 261.5)}{175\pi \times 265 \times 0.7656 \times 6}\mathrm{mm} = 132.8\mathrm{mm}$$

由以上计算结果可以看到，按螺母螺纹的抗弯强度计算的螺母高度，其尺寸是比较小的，仅为螺纹外径的 50% 左右，小于普通螺母很多。所以，螺母的高度不可按此确定。

由此也可证明，螺母损坏的原因往往不是由于弯曲强度不足所致。

2）按螺母螺纹的剪切强度计算其应有的高度。

如同在"立柱设计"一节中所述，认为承受剪力的危险截面在螺纹的中径处。按此观点进行螺母螺纹的剪切强度计算。剪力计算图如图 3-22 所示。螺母螺纹的剪切强度条件如下式所示

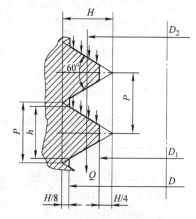

图 3-22　螺母螺纹剪力计算图

$$\tau = \frac{Q}{A} \leqslant [\tau]$$

式中　τ——螺母螺纹危险截面的切应力（N/mm²）；

　　Q——螺母承受的最大轴向力（N），$Q = \dfrac{1}{2}F_{\max}K$；

　$F_{\max}$——活塞的最大推力（N），见表3-7；

　　K——螺纹的预紧系数，取 $K = 1.25$；

　　A——螺纹危险截面的总面积（mm²），$A = \pi D_2 h z$；

　D_2——螺纹中径（mm），见图3-22；

　　h——危险截面螺纹牙的宽度（mm），$h = \dfrac{1}{2}P$（螺距）；

　　z——螺母的螺纹牙数，$z = \dfrac{N（螺母高度，mm）}{P（螺距，mm）}$；

　$[\tau]$——螺母材料的许用切应力（N/mm²）。

$$[\tau] = 0.7[\sigma] = 175 \times 0.7 \text{N/mm}^2 = 122.5\text{N/mm}^2$$

将各值代入上式

$$\tau = \frac{\dfrac{1}{2}F_{\max} \times 1.25}{\pi D_2 \times \dfrac{1}{2}P \times \dfrac{N}{P}} \leqslant 122.5\text{N/mm}^2$$

由此得螺母高度计算式

$$N \geqslant \frac{1.25 F_{\max}}{122.5 \pi D_2}$$

按此式计算各型号液压机螺母高度：

1）YTC3000 型，已知 $F_{\max} = 3572462\text{N}$，$D_2 = 136.1\text{mm}$。

$$N = \frac{3572462 \times 1.25}{\pi \times 136.1 \times 122.5}\text{mm} = 85.3\text{mm}$$

2）YTC5000 型，已知 $F_{\max} = 6185010.5\text{N}$，$D_2 = 176.1\text{mm}$。

$$N = \frac{6185010.5 \times 1.25}{\pi \times 176.1 \times 122.5}\text{mm} = 114\text{mm}$$

3）YTC10000 型，已知 $F_{\max} = 11439795.5\text{N}$，$D_2 = 241.5\text{mm}$。

$$N = \frac{11439795.5 \times 1.25}{\pi \times 241.5 \times 122.5}\text{mm} = 153.9\text{mm}$$

4）YTC12000 型，已知 $F_{\max} = 13547647.1\text{N}$，$D_2 = 261.1\text{mm}$。

$$N = \frac{13547647.1 \times 1.25}{\pi \times 261.1 \times 122.5}\text{mm} = 168.5\text{mm}$$

由以上计算可知，按剪切强度计算的螺母高度，大于按抗弯强度计算的数值，并且也大于立柱联接螺纹长度的计算值。

应如何确定螺母的高度呢？国家标准紧固件，螺母的高度与公称直径的比值约为0.8:1。有关资料介绍，液压机螺母的高度与公称直径的比值应在（0.8~1）:1 范围内。上列按剪切强度计算的螺母高度与公称直径（螺纹大径）的比值为 0.63:1，不在此范围内，所以还要增加高度。取此比值为 0.8:1，按此确定的各型号液压机螺母的高度尺寸，列于图3-23 螺母简图的尺寸表中 m 栏。

然后确定台阶的高度 n，取 $n = \dfrac{m}{3}$，并列于尺寸表中。

于是读者可能要提出一个问题，既然最终要按一定的比例来确定螺母的高度，那么前面介绍的那些螺母的强度计算岂不是多余？不，决非多余。螺母的受力分析及强度计算是螺母设计的基础知识，也是螺母设计必做的工作。而且，螺母又是液压机主要的受力零件之一，如果不经强度计算就确定其受力部位的尺寸，设计者心里是不踏实的。

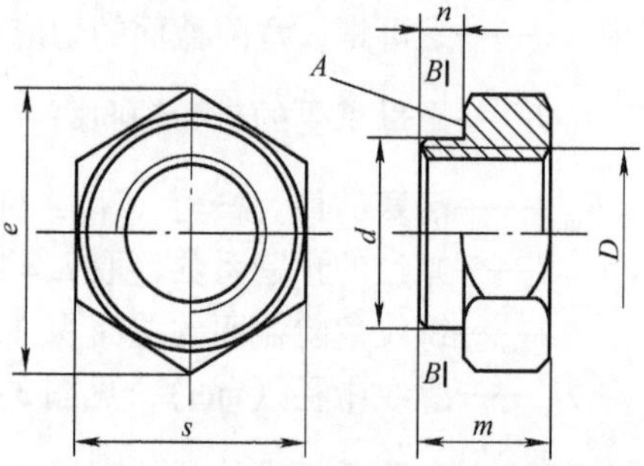

（4）螺母的外形设计及其余尺寸的确定　螺母的外形有许多种，但应用最普遍的是六角形。此项设计也采用了六角形，因为这种外形加工容易，拆装方便，不需特殊的工具。

受安装空间的限制，螺母的外形尺寸不能过大，取 $s = 1.5D$（s、D 见图 3-23），此系数与紧固件标准一致。

台阶的直径可按下式确定

（单位：mm）

型号	尺寸					
	D	d	s	e	m	n
YTC3000	M140×6	161	206	234	115	38
YTC5000	M180×6	203	256	294	150	50
YTC10000	M245×6	280	362	416	200	66
YTC12000	M265×6	306	400	460	215	72

图 3-23　螺母简图

$$d = 0.4s + 0.55D$$

式中　d——台阶的直径（mm）；

　　　s——六角螺母扳手面宽度（mm），见图 3-23；

　　　D——螺纹的公称直径（mm），见图 3-23。

按上式计算并确定的 d 值，列于图 3-23 的尺寸表中。

（5）螺母外形尺寸的强度校核

1）螺母直径 d 台阶轴颈强度校核。

前文已说明，螺母紧固后，以台阶面 A 为界，A 面以上承受压应力，A 面以下承受拉应力。所以台阶轴颈 d 承受拉应力，此拉力的数值取决于台阶面 A 的位置，即尺寸 n（见图 3-23）的大小。由于 $n = \dfrac{m}{3}$，故此拉力 p 等于螺母承受最大轴向力 Q 的 $1/3$。d 轴颈的危险截面在根部，即台阶面 A 处。其拉伸强度条件如下

$$\sigma = \frac{\frac{1}{3}Q}{\frac{1}{4}\pi(d^2 - D^2)} \leq [\sigma]$$

式中　σ——螺母台阶轴颈 d 的危险截面承受的拉应力（N/mm²）；

　　　Q——螺母承受的最大轴向力（N），$Q = \dfrac{1}{2}F_{max}K$；

　　F_{max}——活塞的最大推力（N），见表 3-7；

　　　K——螺纹预紧系数，$K = 1.25$；

　　　d——螺母台阶直径（mm），见图 3-23；

　　　D——螺纹公称直径（mm），见图 3-23；

　　　$[\sigma]$——螺母材料许用拉应力（N/mm²），材料为 35 钢，调质，$R_{eL} = 275$N/mm²，

$[\sigma] = \dfrac{R_{eL} \text{（屈服强度）}}{n \text{（安全系数）}}$，塑性材料，$n = 1.4 \sim 1.6$，取 $n = 1.4$，则 $[\sigma] = \dfrac{275}{1.4} \text{N/mm}^2$

$= 196.4 \text{N/mm}^2$。

将各值代入公式

$$\sigma = \frac{\dfrac{1}{3} \times \dfrac{1}{2} F_{max} \times 1.25}{\dfrac{1}{4}\pi(d^2 - D^2)} \leqslant 196.4 \text{N/mm}^2$$

化简后得

$$\sigma = \frac{F_{max}}{1.2\pi(d^2 - D^2)} \leqslant 196.4 \text{N/mm}^2$$

按此式校核各型号液压机螺母 d 轴颈危险截面抗拉强度。

a）YTC3000 型，已知 $F_{max} = 3572462\text{N}$，$d = 161\text{mm}$，$D = 140\text{mm}$。

$$\sigma = \frac{3572462}{1.2\pi \times (161^2 - 140^2)} \text{N/mm}^2 = 149.9 \text{N/mm}^2 < 196.4 \text{N/mm}^2$$

符合强度条件。

b）YTC5000 型，已知 $F_{max} = 6185010.5\text{N}$，$d = 203\text{mm}$，$D = 180\text{mm}$。

$$\sigma = \frac{6185010.5}{1.2\pi \times (203^2 - 180^2)} \text{N/mm}^2 = 186.2 \text{N/mm}^2 < 196.4 \text{N/mm}^2$$

符合强度条件。

c）YTC10000 型，已知 $F_{max} = 11439795.5\text{N}$，$d = 280\text{mm}$，$D = 245\text{mm}$。

$$\sigma = \frac{11439795.5}{1.2\pi \times (280^2 - 245^2)} \text{N/mm}^2 = 165.1 \text{N/mm}^2 < 196.4 \text{N/mm}^2$$

符合强度条件。

d）YTC12000 型，已知 $F_{max} = 13547647.1\text{N}$，$d = 306\text{mm}$，$D = 265\text{mm}$。

$$\sigma = \frac{13547647.1}{1.2\pi \times (306^2 - 265^2)} \text{N/mm}^2 = 153.5 \text{N/mm}^2 < 196.4 \text{N/mm}^2$$

符合强度条件。

2）台阶端面 A 的强度校核

螺母紧固后台阶端面 A（见图 3-23）是其支承面，螺母承受的轴向力全部作用在 A 面上。A 面承受压应力，其强度条件如下

$$\sigma = \frac{Q}{\dfrac{1}{4}\pi(s^2 - d^2)} < [\sigma_1]$$

式中　σ——螺母 A 面承受的压应力（N/mm²）；

　　　Q——螺母承受的最大轴向力（N），$Q = \dfrac{1}{2}F_{max}K$；

　　F_{max}——活塞的最大推力（N），见表 3-7；

　　　K——螺母的预紧系数，$K = 1.25$；

　　　s——螺母扳手面宽度（mm），见图 3-23；

　　　d——螺母台阶直径（mm），见图 3-23；

$[\sigma_1]$——螺母材料许用压应力（N/mm²），$[\sigma_1] = 196.4 \text{N/mm}^2$。

将各值代入公式

$$\sigma = \frac{\frac{1}{2}F_{max} \times 1.25}{\frac{1}{4}\pi(s^2 - d^2)} \leqslant 196.4\text{N/mm}^2$$

化简后得

$$\sigma = \frac{2.5F_{max}}{\pi(s^2 - d^2)} \leqslant 196.4\text{N/mm}^2$$

按上式校核各型号液压机螺母 A 面强度

1）YTC3000 型，已知 $F_{max} = 3572462\text{N}$，$s = 210\text{mm}$，$d = 161\text{mm}$。

$$\sigma = \frac{2.5 \times 3572462}{\pi(210^2 - 161^2)}\text{N/mm}^2 = 156.4\text{N/mm}^2 < 196.4\text{N/mm}^2$$

符合强度条件。

2）YTC5000 型，已知 $F_{max} = 6185010.5\text{N}$，$s = 260\text{mm}$，$d = 203\text{mm}$。

$$\sigma = \frac{2.5 \times 6185010.5}{\pi(260^2 - 203^2)} = 186.5\text{N/mm}^2 < 196.4\text{N/mm}^2$$

符合强度条件。

3）YTC10000 型，已知 $F_{max} = 11439795.5\text{N}$，$s = 362\text{mm}$，$d = 280\text{mm}$。

$$\sigma = \frac{2.5 \times 11439795.5}{\pi(362^2 - 280^2)}\text{N/mm}^2 = 172.9\text{N/mm}^2 < 196.4\text{N/mm}^2$$

4）YTC12000 型，已知 $F_{max} = 13547647.1\text{N}$，$s = 400\text{mm}$，$d = 306\text{mm}$。

$$\sigma = \frac{2.5 \times 13547647.1}{\pi(400^2 - 306^2)}\text{N/mm}^2 = 162.4\text{N/mm}^2 < 196.4\text{N/mm}^2$$

符合强度条件。

通过以上强度校核得知，各型号液压机螺母，其危险截面的抗拉强度和抗压强度均符合强度条件，故设计可行。

（6）螺母的技术条件

1）粗加工后调质处理：156~207HBW。

2）台阶端面对螺孔中心线的垂直度按 GB/T 1184 中的 6 级要求。

3）螺纹精度：6H。

4）表面粗糙度：牙面 $Ra1.6\mu\text{m}$。

5）表面处理：发蓝。

7. 垫圈设计

垫圈的作用就是支承螺母，并使螺母与上横梁间有一定的间隙。垫圈简图如图 3-24 所示。

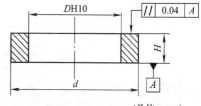

（单位：mm）

代 号	尺 寸		
	D	d	H
YTC3000-107	$\phi161$	$\phi220$	40
YTC5000-107	$\phi203$	$\phi280$	52
YTC10000-107	$\phi280$	$\phi390$	68
YTC12000-107	$\phi306$	$\phi420$	74

图 3-24　垫圈简图

材料：35 钢，热处理：淬火，30~40HRC。上、下两平面磨制而成，注意保证两平面的平行度要求。

3.3.2　液压传动系统设计

1. 液压传动系统的技术条件

液压传动系统的设计，就是根据各项机械动作的要求，通过液压传动，来实现这些动作，并且能满足对各项动作的各个指标的要求。此液压机要实现的动作只有一项，即实现活塞沿垂直方向的升降运动，从而完成上、下模具的合模与分开。其指标如下：

1）液压系统的额定压力：31.5MPa。

2）活塞的运动速度：工作行程的平均速度为 1～2mm/s；空行程（活塞上升，但尚未挤压加工）为 5～6mm/s；返回行程（活塞下降）为 7～10mm/s。

3）执行元件的工作程序：活塞空行程（上升）→工作行程（压制工件）→合模（工作压力达到设定值）→保压 5～10s（活塞停止运动）→返回行程→缓冲停止（活塞停在下极限位置）。

4）上述工作程序自动完成。

5）在上述工作程序中无冲击，无"爬行"。

6）液压系统油液温度：15～65℃。

2. 调速回路设计方案的确定

从上述关于液压传动系统的技术条件中可以看到，此项液压传动系统的设计，要着重解决的问题是调速回路的设计。调速回路的设计可分为两大类：节流调速和容积调速。

节流调速是应用比较广泛的回路，其特点是：液压泵采用定量泵，在回油路或进油路上设置节流阀，以控制油的流量，从而实现执行元件运动速度的控制。这种设计的机构比较简单，成本较低；但其缺点是效率较低，能量损失较大，油液容易发热，适用于小功率（5kW以下）及中低压（6.5MPa 以下）回路。

容积调速大多是采用变量泵，通过控制液压泵的流量来控制执行元件的运动速度。这种控制回路的机构比较复杂，成本较高，维修难度较大；但是液压系统的效率较高，能量损失小油液的工作温度比较低。

在此项设计中应该采用哪种调速方式呢？设计者采用了容积调速。在液压系统中采用了压力补偿变量泵，用来实现活塞运动的速度控制。其理由如下：

1）此液压系统是高压系统，额定工作压力达 31.5MPa。而且功率比较大，如果采用容积调速，效率损失很大，油液的温升会很高。

2）此项设计在机器的性能中要求：活塞运动有三种不同的速度，而且还要实现自动控制。如果采用节流调速，则调速回路必将十分复杂，同时还要有较复杂的电气控制与其配合，所以成本也会很高。

3）采用压力补偿变量泵，依靠液压泵的工作特性来改变流量，控制回路可以设计得比较简单，因而机器的故障率会比较低，机器的成本也会比较低。

4）依靠液压泵的工作特性来改变流量，电动机的功率可以选得比较小，既降低了能耗，也降低了机器的成本。

3. 液压系统的工作特征及液压泵的选型与工作原理

进行金属冷挤压加工的液压机，要求活塞有不同的运动速度；在挤压加工时，金属因受到挤压而在模具内流动，但因为是冷挤压，流动的速度是很慢的，要求活塞的运动速度只有 1～3mm/s，但是在空行程和返回行程时，为了提高生产效率，则要求活塞的运动速度为 10mm/s。而且这种速度的变换还必须实现自动控制。这就是对这台液压机的液压控制系统的调速回路的基本要求。

上述液压机液压系统的工作特征，概括地说就是：当液压系统处于高压状态时，要求流量很低；当液压系统处于低压状态时，则要求流量很高。这种工作特征近似于恒功率的特征。那么这种工作特征，应该选用什么样的液压泵呢？设计者选用了国产 YCY14 - 1B 型压力补偿变量泵。这种液压泵的输出流量，能随出口压力的大小，自动保持近似恒功率的变化。即当出口压力大时，输出流量自动变小，当出口压力小时，输出流量能自动变大。可以说液压泵的工作特征与液压机的要求是完全吻合的。

　　YCY14 - 1B 型压力补偿变量泵的结构原理图如图 3-25 所示。液压泵主要由泵体和变量机构这两大部分组成。泵体则由外壳、缸体、传动轴柱塞、滑靴、配油盘、斜盘等件组成。当传动轴 8 转动时，与其为键联结的缸体 7 也同步转动，安装在缸体中的轴向柱塞 10 也随着做圆周运动。由于柱塞头部的滑靴 9 在做圆周运动时始终贴着斜盘 12 的平面运动，所以迫使柱塞在做圆周运动时也产生了轴向往复运动，从而经配油盘 11 完成了吸油与排油的工作。

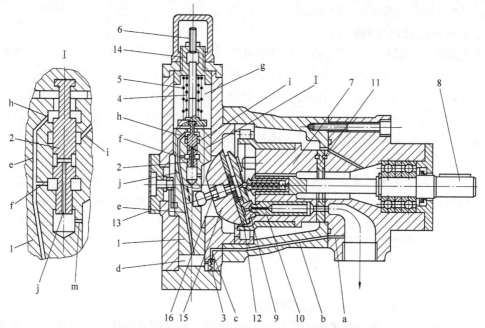

图 3-25　YCY14 - 1B 型压力补偿变量泵结构原理图

1—变量活塞　2—伺服活塞　3—单向阀　4—小弹簧　5—大弹簧　6—螺杆　7—缸体
8—传动轴　9—滑靴　10—柱塞　11—配油盘　12—斜盘　13—流量刻度盘　14—弹簧套　15—变量头　16—销轴

　　变量机构主要由变量活塞 1 和伺服活塞 2 组成。变量活塞安装在变量缸中，经销轴 16 与变量头 15 相连。变量活塞处在最下端位置时，斜盘的倾角 γ 最大，当变量活塞向上移动时，γ 减小，液压泵的排量也减小。压力补偿变量泵的特征就是当出口压力增大时，能使变量活塞自动向上运动，减小液压泵的排量。变量活塞的油路控制如下：与液压泵排油口相通的通道 a，将高压油经通道 b 和 c，并经单向阀 3 输入变量液压缸的下腔 d。再由此进入变量活塞上的通道 e，然后经进油口 f 和 h（见 I 放大图）进入伺服活塞 2 的油腔。伺服活塞的结构如 I 放大图所示。f 口两侧伺服活塞的直径是有所不同的：f 口以上的直径大于 f 口以下的直径，于是由此面积差使伺服活塞承受了由下向上的液压力。同时伺服活塞还承受着由弹簧 4 和 5 施加的由上向下的推力，当液压力小于弹簧的推力时，伺服活塞就处于如图所示的下方位置。在此位置高压油经 h 口进入变量液压缸的上腔 g，由于上腔 g 的面积大于下腔 d 的面积，所以使变量活塞向下运动处于下方极限位置，通过销轴 16 使斜盘 12 的倾角 γ 达到最大值，液压泵的排量达到100%。当在工作载荷的作用下，液压泵出口的压力升高后，使伺服活塞 f 口的自下向上的液压力大于弹簧4和5的推力时，伺服活塞向上移动，关闭了通道 h，并且使变量液压缸上腔的高压油经通道、再经伺服活塞轴心长孔 j 和通道 m 卸压，于是变量活塞向上移动，使斜盘倾角 γ 减小，从而使液压泵的排量减小，使液压泵的功率近似地保持恒定。液压泵的最小排量由螺杆6限制。液压泵的实际排量的百分比，可由流量刻度盘13上的指针显示。

这就是压力补偿变量泵的工作原理。索扣液压机的液压系统，就是利用液压泵的这一工作特征，实现了几种速度的自动控制。这也是其液压系统设计的成功之处。

4. 液压原理图设计

液压原理图，如图3-26所示。液压系统由以下四部分组成：

（1）动力部分　由电动机3驱动压力补偿变量泵2。电动机是笼形异步电动机，转速为1450r/min。液压泵为 YCY14-1B 型压力补偿变量泵。

（2）执行部分　这个部分比较简单，只是一个液压缸，但缸径很大，用来完成工件压制。

（3）控制部分　①方向控制：由于要求流量比较大，所以采用了电液换向阀；②压力控制：由于液压缸的上腔和下腔属于不同压力级别，下腔属高压级，上腔为低压级，所以其压力由高压溢流阀和低压溢流阀分别控制，其作用是防止液压系统过载。

（4）补助部分　由油箱、回油过滤器、压力表、电接点压力表等元件组成。

液压原理图的工作原理说明如下：

由图3-26可知，这是个由电接点压力表和电液换向阀控制的保压卸荷回路。电液换向阀6由电磁先导阀 M 和液动换向阀 N 组合而成。液动换向阀 N 的四个油口分别与以下四个元件的油口相通：①P 口与液压泵的排油口相通；②T 口经回油过滤器10与油箱相通；③A 口与液压缸的下腔相通；④B 口与液压缸的上腔相通。液动换向阀有三个工作位置，其功能分别介绍如下。

1）当电磁先导阀 M 的两个电磁铁均未通电时，液动换向阀 N 的滑阀处在中间位置，P 口与 T 口相通，液压泵排出的油经回油过滤器10返回油箱，液压系统处于卸荷状态。同时 A、B 两油口关闭，液压缸的两油口关闭，液压缸处停止状态。

2）当电磁先导阀 M 右侧的电磁铁通电吸合时，液动换向阀 N 的滑阀向左移动。此时，液动换向阀油口的 P 口与 A 口通，T 口与 B 口通，则液压缸下腔进油，上腔排油，活塞向上运动。当模具尚未开始压制工件时，活塞的上升为空行程，由于活塞上升的阻力很小，所以液压泵的压力很低（2MPa 左右）。此时液压泵的变量活塞处在下方极限位置（见图3-25），液压泵的排量为最大值，活塞上升的速度约为5mm/s 左右。当活塞上升到开始压制工件的位置时，活塞上升的阻力迅速增加，则液压系统的压力也迅速增高，于是在液压泵工作特性的控制下，液压泵的排量迅速降低，使液压机工作行程的速度也迅速降至1~2mm/s。

3）在工件压制的最后阶段，当上下模合模时，液压系统的压力应恰好是电接点压力表所设定的数值。经电气控制系统控制，电磁先导阀 M 的电磁铁断电，液动换向阀 N 的滑阀返回中间位置。在此过程中，滑阀先切断液压缸两油口的油路，使液压缸保压，然后才到达中位，接通 P 口与 T 口，使液压系统（不包括液压缸）卸荷。由于要求的保压时间很短（5~10s），在保压的过程中不需给液压缸继续供油。

4）当保压时间达到设定值时，经电气系统控制，电磁先导阀 M 左侧电磁铁通电，液动

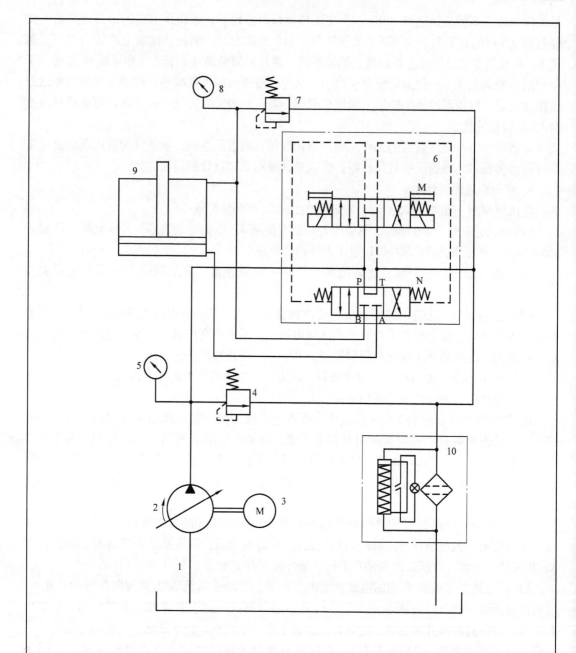

代号	名　称	型号规格	代号	名　称	型号规格
1	吸油管		6	电液换向阀	DSHG-04-3C6-C2T-A240
2	压力补偿变量泵	$\frac{63}{25}$YCY14-1B,压力31.5MPa,流量$\frac{63}{25}$L/min	7	低压溢流阀	CG2V-6BW,调压范围0.6~8MPa
3	电动机	132S-4-B5, 160M-4-B5	8	压力表	Y-60,测量范围0~4MPa
4	高压溢流阀	CG2V-6GW,调压范围16~35MPa	9	液压缸	
5	电接点压力表	YX-150,测量范围0~40MPa	10	回油过滤器	PZU-$\frac{100}{63}$×10C,流量$\frac{100}{63}$L/min,精度10μm

图 3-26　液压原理图

换向阀 N 的滑阀向右移动，此时，其 P 口与 B 口接通，使液压缸的上腔进油，T 口与 A 口接通，使液压缸的下腔排油，于是活塞向下运动。由于阻力是活塞运动时的最小阶段，故液压系统的压力也降至除卸荷外的最低值，由于液压泵的工作特性所致，液压泵的排量可达到最大值，又由于活塞杆的直径很大，在液压缸的上腔中占用了很大的空间，所以使活塞下降的速度达到其运动速度的最大值：13～15mm/s。

5）当活塞下行到接近极限位置时，由电气系统控制，电磁先导阀 M 电磁铁断电，液动换向阀的滑阀又回到中位，于是活塞停止运动。

以上就是工件冷挤压加工中，液压系统的一个工作周期。

上述液压系统工作过程中，在换向阀动作时，容易产生冲击。所以要仔细调整液动换向阀的换向时间，即调整液动换向阀的节流阀的开口大小，使冲击最小。

在液压原理图中，高压溢流阀用来控制活塞上升时的最高压力，应调整为 30MPa；低压溢流阀用来控制低压系统的最高压力，应调整为 2MPa。

5. 液压泵规格及配套电动机规格的确定

（1）液压泵排量的计算及规格的确定　液压泵的种类已经确定为压力补偿变量泵，其额定压力也已确定为 31.5MPa，所以确定其规格主要是确定其排量。首先要根据活塞的运动速度来计算液压泵应有的排量，然后根据产品样本的数据，来选定液压泵的规格。液压泵的最大排量，应满足活塞上升时"空行程"最大速度的要求。按此要求，液压泵的额定排量可按下式计算

$$Q \geqslant 60 \times \frac{\pi D^2 v}{4\eta}$$

式中　Q——液压泵的额定排量（L/min）；

D——液压缸内径（dm）；

v——活塞上升时的空行程速度（dm/s），$v = 5\text{mm/s} = 0.05\text{dm/s}$；

η——液压泵的容积效率，$\eta = 0.92$。

由于液压泵的产品样本标注的是液压泵在转速为 1000r/min 时的排量，而液压泵的实际转速为 1450r/min，所以还应按下式计算其相应的参数

$$Q_n = \frac{1000Q}{n}$$

式中　Q_n——液压泵在转速为 1000r/min 时应有的排量（L/min）；

n——液压泵的实际转速（r/min）$n = 1450\text{r/min}$ 或 $n = 1460\text{r/min}$。

按以上两式计算各型号液压机液压泵应有的排量，及液压泵转速为 1000r/min 时的排量，并确定液压泵的规格。

1）YTC3000 型，已知 $D = 380\text{mm} = 3.8\text{dm}$。

$$Q = 60 \times \frac{\pi \times 3.8^2 \times 0.05}{4 \times 0.92}\text{L/min} = 36.98\text{L/min}$$

$$Q_n = \frac{1000 \times 36.98}{1450}\text{L/min} = 25.5\text{L/min}$$

按产品样本选定液压泵的规格为 25L/min。

2）YTC5000 型，已知 $D = 500\text{mm} = 5\text{dm}$。

$$Q = 60 \times \frac{\pi \times 5^2 \times 0.05}{4 \times 0.92}\text{L/min} = 64.03\text{L/min}$$

$$Q_n = \frac{1000 \times 64.03}{1450} \text{L/min} = 44.1 \text{L/min}$$

按产品样本选定液压泵的规格为 40L/min。

3) YCT10000 型，已知 $D = 680 \text{mm} = 6.8 \text{dm}$。

$$Q = 60 \times \frac{\pi \times 6.8^2 \times 0.05}{4 \times 0.92} \text{L/min} = 118.4 \text{L/min}$$

$$Q_n = \frac{1000 \times 118.4}{1460} \text{L/min} = 81.1 \text{L/min}$$

按产品样本选定液压泵的规格为 63L/min（比此规格再大一档的规格为 160L/min，过大未用）

4) YTC12000 型，已知 $D = 140 \text{mm} = 7.4 \text{dm}$。

$$Q = 60 \times \frac{\pi \times 0.05 \times 7.4^2}{4 \times 0.92} \text{L/min} = 140.2 \text{L/min}$$

$$Q_n = \frac{1000 \times 140.2}{1460} \text{L/min} = 96 \text{L/min}$$

同上原因，仍选定液压泵的规格为 63L/min。

（2）液压泵功率计算及配套电动机的选型　压力补偿变量泵的功率计算，与其他液压泵的功率计算还是有所区别的，因为它是近似恒功率传动，却又不是绝对的恒功率。特别是用在索扣液压机上，其功率还是有较大的变化的。在工件压制的过程中，最大功率消耗发生在工作行程的最后阶段，即模具合模时。此时，功率按下式计算

$$N = \frac{p_P Q_P}{60 \eta}$$

式中　N——功率（kW）；

p_P——合模时的最大工作压力（MPa），$p_P = 31.5 \text{MPa}$；

Q_P——合模时液压泵的排量（L/min），设此时液压泵的排量为公称流量的 20%，则

$$Q_P = \frac{n Q_n}{1000} \times 0.2;$$

n——液压泵的实际转速，即 4 极三相笼式电动机的转速（r/min），$n = 1440 \sim 1460 \text{r/min}$；

Q_n——液压泵在转速为 1000r/min 时的公称流量（液压泵产品说明书中的数据）（L/min）；

η——液压泵的总效率，$\eta = 0.85$。

按上式计算液压泵功率，并确定配套电动机型号。

1) YTC3000 型，已知 $Q_n = 25 \text{L/min}$，设 $n = 1440 \text{r/min}$。

$$Q_P = \frac{25 \times 1440 \times 0.2}{1000} \text{L/min} = 7.2 \text{L/min}$$

$$N = \frac{31.5 \times 7.2}{60 \times 0.85} \text{kW} = 4.45 \text{kW}$$

查电动机样本，确定电动机型号为 Y132S-4，其功率 $N = 5.5 \text{kW}$，转速 $n = 1440 \text{r/min}$。

2) YTC5000 型，已知 $Q_n = 40 \text{L/min}$，设 $n = 1440 \text{r/min}$。

$$Q_P = \frac{40 \times 1440 \times 0.2}{1000} \text{L/min} = 11.52 \text{L/min}$$

$$N = \frac{31.5 \times 11.52}{60 \times 0.85} \text{kW} = 7.12 \text{kW}$$

查电动机样本，确定电动机型号为 Y132M－4，其功率 $N = 7.5 \text{kW}$，转速 $n = 1440 \text{r/min}$。

3）YTC10000 型，已知 $Q_n = 63 \text{L/min}$，设 $n = 1460 \text{r/min}$。

$$Q_P = \frac{63 \times 1460 \times 0.2}{1000} \text{L/min} = 18.4 \text{L/min}$$

$$N = \frac{31.5 \times 18.4}{60 \times 0.85} \text{kW} = 11.4 \text{kW}$$

查电动机样本，确定电动机型号为 Y160M－4，其功率 $N = 11 \text{kW}$，转速 $n = 1460 \text{r/min}$。

4）YTC12000 型，已知此型号液压机所用的液压泵的型号、规格与 YTC10000 型相同，所以配套电动机的规格也应相同，即为 Y160M－4。

6. 活塞运动速度校核

活塞的运动速度，直接影响了液压机的生产效率，所以它也是机器的主要技术参数之一。在上节所述的设计过程中，液压泵和电动机规格的确定，并不十分理想，其参数与所需的数值还是有一定的差别。所以在液压泵和电动机确定后还要对此进行校核。

活塞的各种行程的运动速度，分别按下式校核。

空行程速度：$v_1 = \dfrac{100^3 Q}{15 \pi D^2}$（mm/s）。

工作行程速度：$v_2 = 0.2 v_1$（mm/s）。

返回行程速度：$v_3 = \dfrac{100^3 Q}{15 \pi (D^2 - d^2)}$（mm/s）。

式中　Q——液压泵在各种工况下的排量（L/min）；

　　　D——液压缸内径（mm）；

　　　d——活塞杆直径（mm）。

液压传动系统的技术条件规定的活塞的运动速度如下：①工作行程的平均速度：1～2mm/s；②空行程速度：5～6mm/s；③返回行程速度：7～10mm/s。按此数据校核各型号液压机活塞的运动速度。

1）YTC3000 型，已知 $D = 380 \text{mm}$，$d = 220 \text{mm}$，Q_n（液压泵转速为 1000r/min 时的公称排量）$= 25 \text{L/min}$，n（液压泵的实际转速）$= 1440 \text{r/min}$。

空行程速度：$v_1 = \dfrac{100^3 \times \dfrac{25}{1000} \times 1440}{15 \pi \times 380^2} \text{mm/s} = 5.3 \text{mm/s}$。

工作行程速度：$v_2 = 5.3 \times 0.2 \text{mm/s} = 1.06 \text{mm/s}$。

返回行程速度：$v_3 = \dfrac{100^3 \times \dfrac{25}{1000} \times 1440}{15 \pi \times (380^2 - 220^2)} \text{mm/s} = 7.96 \text{mm/s}$。

三项速度均符合技术条件的规定。

2）YTC5000 型，已知 $D = 500 \text{mm}$，$d = 280 \text{mm}$，$Q_n = 40 \text{L/min}$，$n = 1440 \text{r/min}$。

空行程速度：$v_1 = \dfrac{100^3 \times \dfrac{40}{1000} \times 1440}{15 \pi \times 500^2} \text{mm/s} = 4.89 \text{mm/s}$。

工作行程速度：$v_2 = 4.89 \times 0.2 = 0.98 \text{mm/s}$。

返回行程速度：$v_3 = \dfrac{100^3 \times \dfrac{40}{1000} \times 1440}{15\pi \times (500^2 - 280^2)}$mm/s = 7.12mm/s。

v_1 和 v_2 十分接近技术条件的下限，可以认为符合技术条件。v_3 符合技术条件。

3）YTC10000 型，已知 $D=680$mm，$d=380$mm，$Q_n=63$L/min，$n=1460$r/min。

空行程速度：$v_1 = \dfrac{100^3 \times \dfrac{63}{1000} \times 1460}{15\pi \times 680^2}$mm/s = 4.22mm/s

工作行程速度：$v_2 = 4.22 \times 0.2$mm/s = 0.84mm/s。

返回行程速度：$v_3 = \dfrac{100^3 \times \dfrac{63}{1000} \times 1460}{15\pi \times (680^2 - 380^2)}$mm/s = 6.14mm/s。

三项速度虽然都低于技术条件的下限，但相差 15%，可以认为接近技术条件的规定。

4）YTC12000 型，已知 $D=740$mm，$d=420$mm，$Q_n=63$L/min，$n=1460$r/min。

空行程速度：$v_1 = \dfrac{100^3 \times \dfrac{63}{1000} \times 1460}{15\pi \times 740^2}$mm/s = 3.56mm/s。

工作行程速度：$v_2 = 3.56 \times 0.2$mm/s = 0.71mm/s。

返回行程速度：$v_3 = \dfrac{100^3 \times \dfrac{63}{1000} \times 1460}{15\pi \times (740^2 - 420^2)}$mm/s = 5.26mm/s。

三项速度均低于技术条件规定的下限，相差 28%，应该说是不符合技术条件。

应如何解决？有两种方案：①选用排量更大的液压泵；②放宽技术条件，维持原设计。前者主要的问题是会大幅度地提高机器的成本。因为如果选用比原设计所用液压泵（排量 63L/min）大一档的液压泵（排量 160L/min），价格要贵一倍，再加上电动机也要增大，机器的成本会提高 20%，因此必须提高销售价格，因而会影响产品的市场竞争力。后者主要的问题是会降低机器的生产效率，约降低 20%，但对加工质量并无影响。权衡利弊最终决定采用第二种方案。

7. 液压机生产效率估算

液压机的生产效率，即加工一件产品所用的时间。索扣液压机的主要产品是索扣，其中主要的品种是钢丝绳铝合金压制接头。YTC 系列液压机的加工范围，已经涵盖了 GB/T 6946—1993 所包容的全部规格。可加工的钢丝绳直径为 $\phi6.2 \sim \phi60.5$mm。加工的单件工时，当然是钢丝绳的直径越大所需的工时就越多。所以计算各型号液压机的效率，应该以该型号所能加工的最大直径的钢丝绳接头所需的时间来计算。各型号液压机的生产效率计算如下。

1）YTC3000 型，已知加工范围 $D = 6 \sim 28$mm，最大接头号 28 号，加工时空行程 86.6mm，工作行程 23.4mm，返回行程 110mm，保压时间 5s。

机动工时：$t_j = \dfrac{86.6}{5.29}$s + $\dfrac{23.4}{1.06}$s + 5s + $\dfrac{110}{7.96}$s = 57.26s。

辅助工时：$t_f \approx 10$s。

合计：67.26s = 1min7.26s。

2）YTC5000 型，已知加工范围 $D = 6 \sim 38$mm，最大接头号 38 号，空行程 112.6mm，工

作行程 37.4mm，返回行程 150mm，保压时间 5s。

机动工时：$t_j = \dfrac{112.6}{4.89}s + \dfrac{37.4}{0.98}s + 5s + \dfrac{150}{7.12}s = 87.25s$。

辅助工时：$t_f \approx 10s$。

合计：97.25s = 1min37.25s。

3）YTC10000 型，已知加工范围 $D = 6～56mm$，最大接头号：56 号，空行程 155mm，工作行程 55mm，返回行程 210mm，保压时间 10s。

机动工时：$t_j = \dfrac{155}{4.22}s + \dfrac{55}{0.84}s + 10s + \dfrac{210}{6.14}s = 146.4s$。

辅助工时：$t_f \approx 15s$。

合计：161.4s = 2min41.4s。

4）YTC12000 型，已知加工范围 $D = 6～60mm$，最大接头号 60 号，空行程 169mm，工作行程 56mm，返回行程 225mm，保压时间 10s。

机动时间：$t_j = \dfrac{169}{3.56}s + \dfrac{56}{0.71}s + 10s + \dfrac{225}{5.26}s = 179.1s$。

辅助时间：$t_f \approx 15s$。

合计：194.1s = 3min14.1s。

从以上的计算中可知，加工直径为 6～60mm 钢丝绳的索扣，单件工时为 1min7.26s～3min14.1s。这样的效率是可以为市场接受的。

8. 液压控制阀选型

液压控制阀选型，主要是根据液压原理图的要求来选择控制元件和辅助元件。其中最重要的是电液换向阀的选型，除了必须符合压力和流量两个参数的要求之外，还要注意以下几点：①电液换向阀的中位机能，必须能实现油路卸荷和液压缸两油口关闭保压；②电液换向阀的换向时间可调，以减小换向冲击。

选择的控制阀如下：

1）电液换向阀：型号 DSHG - 04 - 3CH60 - 02 - A240；连接方式：板式；通径 17.5mm；最大流量 300L/min；最大工作压力 31.5MPa；工作位置：3 位；中位滑阀机能：液压系统卸荷，液压缸两油口关闭；换向时间可调；泄油方式：外泄，弹簧对中；数量：各型号液压机 1 件。

2）高压溢流阀：型号 CG2V - 6GW；通径 ϕ16mm；额定流量 160L/min；调压范围 16～35MPa；连接方式：板式；数量：各型号液压机 1 件。

3）低压溢流阀：型号 CG2V - 6BW；通径 ϕ16mm；额定流量 160L/min；调压范围 0.6～8MPa；连接形式：板式；数量：各型号液压机 1 件。

4）回油过滤器：型号 PZU - 25/40/100 × 10；公称流量：分别为 25L/min、40L/min、100L/min；配永久磁铁；过滤精度：1μm；数量：按流量对应选择，各 1 件。

5）空气过滤器：型号 QUQ₁ - 10 × 0.3；空气流量 0.4m³/min；空气过滤精度 10μm；数量：各型号液压机 1 件。

6）液位温度计：型号 YWZ - 150T；安装孔中心距 150mm；数量：各型号液压机 1 件。

7）压力表：型号 Y - 60；测量范围 0～4MPa；表面直径 60mm；数量：各型号液压机 1 件。

8）磁感式电接点压力表：型号 YCXG - 150；测量范围 0～40MPa；数量：各型号液压

机1件。

9. 液压泵安装方式的选择及传动机构的设计

液压泵的安装方式有两种：卧式与立式。前者在水平方向占用面积大，但安装维修方便；后者在水平方向占用面积小，在垂直方向占用面积大，电动机与液压泵安装在同一垂直线上，但安装与维修不太方便。此项设计选择了卧式安装，将液压泵及电动机都安装在油箱的顶盖上。液压泵用弯板支架支承，用联轴器与电动机相连。联轴器采用弹性套柱销联轴器。弯板支架的中心高按电动机配作，联轴器的弹性套可弥补电动机与液压泵的同轴度偏差。液压泵的安装图如图3-27所示。

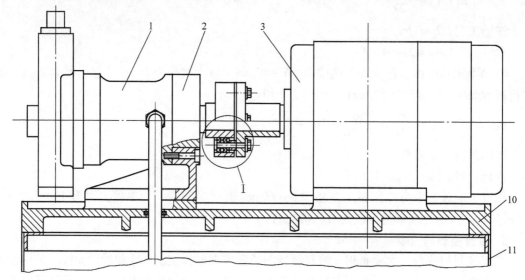

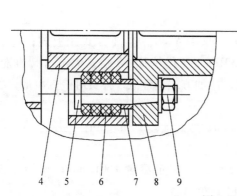

代号	名称	型号	材料	数量
1	压力补偿变量泵	YCY14-1B	—	1
2	液压泵支架	—	HT150	1
3	三相异步电动机	Y132$_M^S$-4, Y160M-4	—	各1
4	半联轴器(Ⅱ)	—	HT250	1
5	柱销	—	45	6
6	弹性圈	—	耐油橡胶	24
7	挡圈	—	Q235A	6
8	半联轴器(Ⅰ)	—	HT250	1
9	螺母、垫圈	GB/T 6170-M10; GB/T 971-10	—	6
10	油箱顶盖	—	HT150	1
11	油箱结合件	—	Q235A	1

图3-27　液压泵安装图

10. 油箱设计

（1）油箱设计的基本要求

1）油箱必须有足够大的容积，以便保证液压系统工作时液位能保持一定的高度。并保证油液的工作温度在25~55℃之内，最次也要保证在15~65℃之内。

2）设置过滤装置。一般在吸油口设置过滤器，或在回油口设置有一定精度的回油过滤器。

3）吸油口与回油口应有较大的距离，以便使油液完成散热、沉淀气体分离等功能。也可在吸油口与回油口之间设置一个过滤网，替代吸油口的网式过滤器。此油箱的设计，因液压泵的使用说明书中，明确规定不得在液压泵的吸油口设置过滤器，所以在油箱中部设置了一个滤油网隔板。

4）油箱必须有严格的密封性能。因为所用液压泵采用的是静压轴承，必须注意严格防止油液的污染，否则将会影响液压泵的正常运转。在液压泵的使用说明书中，为此要求油箱的箱体与箱盖采用焊死的结构。但是，考虑到油箱清洗的方便，此油箱的设计采用了密封垫密封。

5）油箱应设置空气过滤器，此元件是油箱内空间与大气相通的唯一通道。要定期清洗。

6）进出油箱的全部管道，必须保证严格密封（或焊死），以防止油液的污染。

7）全部回油管路的回油，必须经回油过滤器过滤，方可返回油箱。

8）吸油管和回油管的管口，都必须在油箱最低油位 200mm 以下，以防止进入空气。同时管口还必须距油箱底面有 2 倍管外径的距离，并距油箱侧面有 3 倍管外径的距离。

9）油箱底板应有 3° ~ 5° 的倾角，以便放油，在油位最低处设置放油孔。

10）此油箱的设计还有个特殊情况要加以考虑：因为活塞杆的直径很大，而且是单向有杆，所以当活塞运动方向改变时，油箱的液位会有很大的变化。在油箱设计时，在确定油箱的容积、吸油管和回油管的高度，以及确定液位计的型号、规格时，都要考虑此变化的影响。

11）油箱的内壁应进行喷砂处理，以便清除焊渣和铁锈，清洗干净后涂耐油防锈漆。

（2）各型号液压机油箱外形尺寸的确定　油箱的外形尺寸，主要根据以下两个因素来确定：

1）油箱的容积可保证液压系统安全运转，即可保证油液的工作温度在前述数据的范围内。为此可进行热平衡计算。但是一般是按液压泵的排量来确定油箱的有效容积。普通机械（如磨床）取油箱的有效容积为液压泵排量的 3 ~ 7 倍，冶金机械为 7 ~ 10 倍，锻压机械为 6 ~ 12 倍。此机械属锻压机械，取油箱的有效容积为液压泵排量的 6 倍。故可按下式计算

$$v = 6 \times \frac{n Q_n}{1000}$$

式中　v——油箱的有效容积，即最高液位以下的容积（L）；

　　　Q_n——液压泵在转速为 1000r/min 时的公称排量（L/min）；

　　　n——液压泵的实际转速（r/min），$n = 1440 ~ 1460r/min$。

2）由于此项设计中，液压泵、电动机及其他一些液压件是安装在油箱的顶盖上，所以确定油箱的长度和宽度时，应考虑上述安装所需尺寸。

3）确定油箱外形尺寸后，可按下式计算各型号液压机在活塞运动方向改变时的最大容积差

$$\Delta L_{\max} = \left(\frac{d}{2}\right)^2 \pi S$$

式中　$\Delta L_{\max}$——活塞运动方向改变时的最大容积差（L）；

　　　d——活塞杆直径（dm）；

　　　S——活塞的最大行程（dm）。

4）按下式计算油箱的最高液位

$$H_{\max} = \frac{100^3 V}{AB}$$

式中　H_{max}——油箱的最高液位（mm）；
　　　V——油箱的有效容积（L）；
　　　A——油箱长度（mm）；
　　　B——油箱宽度（mm）。

5）按下式计算油箱的最低液位

$$H_{min} = H_{max} - \frac{100^3 \Delta L_{max}}{AB}$$

式中各代号含义与上述相同。

按以上各公式计算油箱的有效容积等各参数，并确定油箱的外形尺寸。各型号液压机油箱的主要参数见表3-8。

表3-8　液压机油箱主要参数

液压机型号	有效容积 /L	外形尺寸/mm			容积差 /L	最高液位 /mm	最低液位 /mm
		长	宽	高			
YTC3000	216	800	700	430	4.18	380	373
YTC5000	346	900	700	600	9.24	550	535
YTC10000	558	1050	900	650	23.8	590	565
YTC12000	558	1050	900	650	31.2	590	558

11. 集成阀块设计

在液压系统中，各液压控制阀之间的油路连接，是液压系统的重要组成部分。可以用以下方式来实现：①用管道连接，这种方式往往用于低压系统，用铜管或尼龙管加管接头把各个控制阀连接起来。但是这种方式用在高压系统就困难了，因为管道的材料必须用无缝钢管，而无缝钢管要想弯曲成各种形状，并且要求弯曲半径很小，这就比较困难了。②用集成阀块连接，即把几个控制阀安装在同一个阀块的几个平面上，在阀块上钻出许多暗孔，用暗孔把各个控制阀的油路连接起来。集成阀块的设计是比较复杂的，是液压系统设计工作中的一个关键。

这项设计就采用了集成阀块来连接各控制阀的油路，其结构及尺寸如图3-28（见插页）所示。

在液压站的设计顺序中，集成阀块的设计往往是排在已经确定了液压泵的安装方式之后进行。这样可根据液压泵排油口的位置和方向来确定集成阀块的安装位置和安装方法。

集成阀块的形状，基本都是长方形的六面体。设计时首先确定它的安装基准面，然后再确定其余各面的应用功能。此项设计，由于各型号液压机所用液压件的型号和规格是相同的，所以集成阀块的设计也就完全相同了。集成阀块（见图3-28）的 H 面是安装基准面，安装时此面朝下安装在支架上，$4 \times M10 - 7H$ 螺孔（见 K 向视图）是紧固螺钉安装孔。

顶面 L 安装后平面朝上水平放置。此面安装电液换向阀，$4 \times M10 - 7H$ 和 $2 \times M6 - 7H$ 螺孔是其紧固螺钉孔，P、T、A、B 四孔与换向阀的油孔相对应（见图3-28上排第二视图），此面的 $M10 \times 1 - 7H$ 螺孔（见 $Q—Q$ 视图）通过管接头安装电接点压力表。

阀块安装后 J 面处于垂直面内，面对液压泵的排油口。此面上的大螺孔 S（见 $V—V$ 视图）与液压泵的排油口同轴，两者用排油管相连接，将高压油引入阀块。并且在此面上安装高压溢流阀，$4 \times M12 - 7H$ 螺孔是其紧固螺钉孔（见 N 视图），P、T 两孔与高压溢流阀的

P、T 孔相对应。此面上的锥螺纹孔 Rc 1/8 是工艺孔，装配时应用螺塞封死。

阀块的 I 面安装低压溢流阀，4×M12-7H 螺孔（见上排第二视图）是其紧固螺钉孔，P_d、T_d 两孔与溢流阀的 P、T 孔相对应。此面上的 M33×2-7H 螺孔（见 B—B 视图）经油管与回油过滤器相通，使液压系统的回油经过滤器过滤后返回油箱。

阀块的 M 面只有两个大螺孔 G（见 A—A 视图）经两个油管分别与液压缸的上、下腔相通。

下面分析集成阀块的油路设计。

集成阀块的设计，是根据液压原理图所规定的油路设计的，所以要解读其工作原理，必须对照液压原理图（见图 3-26）来进行。

由液压原理图可知：液压泵排出的高压油，进入 3 个油路：一路进入高压溢流阀，一路进入电接点压力表，最后一路进入电液换向阀的 P 口。再看图 3-28 的视图 N 和 V—V 视图，前文已说明，J 面的大螺孔 S 经油管与液压泵的排油口相连接，液压泵输出的高压油进入 S 孔后，经 P 孔分为两路，一路进入 J 面安装的高压溢流阀（见 C—C 视图），另一路进入 L 面安装的电液换向阀。当液压系统高压区的压力大于高压溢流阀的调定值时，油液由阀块的 P 孔进入高压溢流阀，然后由高压溢流阀再返回到阀块的 T 孔，再经 M33×2-7H 螺孔（见 B—B 视图）安装的管路进入回油过滤器，过滤后返回油箱。

进入电液换向阀的高压油，当电液换向阀的滑阀处于中位时，电液换向阀的 P 口与 T 口接通，油液由换向阀再进入阀块的 T 孔（见 B—B 视图），也经 M33×2-7H 螺孔，经回油过滤器返回油箱，于是液压系统处于卸荷状态。

当电液换向阀的滑阀处于右位时，由液压原理图可知，电液换向阀的 P 口与 A 口相通，T 口与 B 口相通。则由 A—A 视图可知，高压油经阀块的 A 孔，然后再经下方的 $\phi17.5$mm 孔和 G 孔，经输油管进入液压缸的下腔，推动活塞向上运动。同时，液压缸上腔的油，经输油管再经阀块上方的 G 孔和 $\phi17.5$mm 孔，由 B 孔进入电液换向阀，再由换向阀的 T 口返回阀块的 T 孔，经 M33×2-7H 孔（见 B—B 视图）经回油过滤器返回油箱。

当电液换向阀的滑阀处于左位时，由液压原理图可知，电液换向阀的 P 口与 B 口通，T 口与 A 口通，则高压油经阀块的 B 孔进入液压缸的上腔推动活塞向下运动。同时，液压缸下腔的油经阀块的 A 孔进入换向阀的 A 口，经 T 口进入阀块的 T 孔，再经 M33×2-7H 孔，经回油过滤器返回油箱。

由图 3-28 的 Q—Q 局部视图可知，阀块 L 面的 M10×1-7H 螺孔与 P 孔相通。所以液压系统高压区的压力可通过此螺孔上安装的电接点压力表观察。并且，经电接点压力表来控制工件压制时的最高压力。

阀块的 I 面安装低压溢流阀，由 F—F 视图可知，与低压溢流阀的 P 口对应的 P 孔与 B 孔相通，由 A—A 视图可知 B 孔与液压缸的上腔相通，所以低压溢流阀可控制液压缸上腔——液压系统低压区的压力。当此压力超过调定值时，油液经 P_d 孔进入低压溢流阀的 P 口，由 T 口返回阀块的 T_d 孔，再经阀块的 T 孔和 M33×2-7H 螺孔，由回油过滤器返回油箱。由 F—F 视图还可看到，P_d 孔与 Rc3/8 锥螺纹孔相通，此孔是工艺孔，装配时应用螺塞封死。

阀块的局部视图 P—P 的 M10×1-7H 螺孔，经管接头安装压力表 Y-60（0～4MPa）。此螺孔与 B 孔相通，用于测量液压系统低压区的压力。

经以上分析可知，集成阀块的油路设计完全符合液压原理图的要求。

12. 液压站装配图设计

液压站由以下 5 个部分组成。

1）液压动力源组件，即液压泵及其驱动电动机，以及两者的联轴器。此项设计选用的是弹性套柱销联轴器，它的优点是同轴度偏差补偿能力强，可达 0.2mm，并且运转无冲击。

2）油箱组件，包括箱体、顶盖、液位计、空气过滤器等。

3）液压控制阀组件，包括集成阀块、电液换向阀、高压溢流阀、低压溢流阀、普通压力表、电接点压力表等件。

4）回油过滤器及其管路。

5）连接液压缸的管路。

此项设计在已确定了液压泵的安装方式、完成了油箱设计、完成了集成阀块设计的基础上进行的。设计中注意以下各点：

1）通过按比例绘图，校核动力源组件、油箱组件的尺寸链是否正确无误。

2）通过按比例绘图，校核各控制阀的安装是否有相互干涉的现象。

3）校核液压缸输油管的出口方向、尺寸是否正确。

4）审核设计的布局是否合理、紧凑，外形尺寸与主机（液压机）的尺寸是否相称。

液压站部件装配图，如图 3-29（见插页）所示，液压件明细见表 3-9，液压站部件零件明细见表 3-10，标准件明细见表 3-11。

表 3-9　液压件明细（含电动机）　　　　　　（单位：mm）

型号	名称	型号规格	数量			
			3000	5000	10000	12000
25YCY14-1B	压力补偿变量泵	额定压力：31.5MPa 排量：1000r/min 时 25L/min	1			
40YCY14-1B	压力补偿变量泵	额定压力：31.5MPa 排量：1000r/min 时 40L/min		1		
63YCY14-1B	压力补偿变量泵	额定压力：31.5MPa 排量：1000r/min 时 63L/min			1	1
DSHG-04-3CH60-02-A240	电液换向阀	压力：31.5MPa，流量 300L/min	1	1	1	1
CG2V-6GW	高压溢流阀	额定流量：160L/min 调压范围：16~35MPa	1	1	1	1
CG2V-6BW	低压溢流阀	额定流量：160L/min 调压范围：0.6~8MPa	1	1	1	1
PZU-25×10	回油过滤器	公称流量：25L/min 过滤精度：10μm	1			
PZU-40×10	回油过滤器	公称流量：40L/min 过滤精度：10μm		1		
PZU-100×10	回油过滤器	公称流量：100L/min 过滤精度：10μm			1	1
QUQ₁-10×0.3	空气过滤器	空气流量：0.4m³/min 空气过滤精度：10μm	1	1	1	1
YWZ-150T	液位温度计	安装孔中心距：150mm	1	1	1	1
Y-60	压力表	测量范围：0~4MPa 表面直径：60mm	1	1	1	1

（续）

型号	名称	型号规格	数量 3000	5000	10000	12000
YTXG - 150	磁感式电接点压力表	测量范围：0 ~ 40MPa 表面直径：150mm	1	1	1	1
Y132S - 4	电动机（属电气部件）	5.5kW，1440r/min	1			
Y132M - 4	电动机（属电气部件）	7.5kW，1440r/min		1		
Y160M - 4	电动机（属电气部件）	11kW，1460r/min			1	1

表 3-10　液压站部件零件明细　　（单位：mm）

型号	名称	材料	备注	数量 3000	5000	10000	12000
YTC3000 ~ 12000 - 201	油箱结合件	Q235A 板 δ_2，25×25×4 角钢		1	1	1	1
YTC3000 ~ 12000 - 202	过滤板结合件	Q235A 板 δ_2，钢丝网 100 目/in		1	1	1	1
YTC3000 ~ 12000 - 203	液压泵支架	HT150		1	1	1	1
YTC3000 ~ 12000 - 204	油箱顶盖	HT150		1	1	1	1
YTC3000 ~ 12000 - 205	放油管螺盖	Q235A		1	1	1	1
YTC3000 ~ 12000 - 206	放油管密封垫	耐油橡胶板		1	1	1	1
YTC3000 ~ 12000 - 207	胶管接头体	35 钢	M27×1.5	2	2		
YTC3000 ~ 12000 - 207	胶管接头体	35 钢	M30×1.5			2	2
YTC3000 ~ 12000 - 208	吸油管	20 无缝管 34×5		1	1		
YTC3000 ~ 12000 - 208	吸油管	20 无缝管 42×6				1	1
YTC3000 ~ 12000 - 209	进出油口管接头	20 钢	通径 24	2	2		
YTC3000 ~ 12000 - 209	进出油口管接头	20 钢	通径 30			2	2
YTC3000 ~ 12000 - 210	管接头螺母	35 钢	M42×2	2	2		
YTC3000 ~ 12000 - 210	管接头螺母	35 钢	M52×2			2	2
YTC3000 ~ 12000 - 211	液压泵接头体	35 钢	通径 24	2	2		
YTC3000 ~ 12000 - 211	液压泵接头体	35 钢	通径 30			2	2
YTC3000 ~ 12000 - 212	出油管	20 无缝管 34×5		1	1		
YTC3000 ~ 12000 - 212	出油管	20 无缝管 42×6				1	1
YTC3000 ~ 12000 - 213	集成阀块	Q235A		1	1	1	1
YTC3000 ~ 12000 - 214	阀块支座	HT150		1	1	1	1
YTC3000 ~ 12000 - 215	密封法兰	Q235A		1	1	1	1
YTC3000 ~ 12000 - 216	回油管结合件			1	1	1	1
YTC3000 ~ 12000 - 217	过滤器接头	35 钢		1	1	1	1
YTC3000 ~ 12000 - 218	半联轴器（Ⅱ）	HT250	4 孔	1	1		
YTC3000 ~ 12000 - 218	半联轴器（Ⅱ）	HT250	6 孔			1	1
YTC3000 ~ 12000 - 219	弹性圈	耐油橡胶		16	16	24	24
YTC3000 ~ 12000 - 220	柱销	45 钢		4	4	6	6
YTC3000 ~ 12000 - 221	挡圈	Q235A		4	4	6	6
YTC3000 ~ 12000 - 222	半联轴器（Ⅰ）	HT250	4 孔	1	1		
YTC3000 ~ 12000 - 222	半联轴器（Ⅰ）	HT250	6 孔			1	1
YTC3000 ~ 12000 - 223	电接点压力表接管结合件			1	1	1	1
YTC3000 ~ 12000 - 224	直通接头体	35		1	1	1	1
YTC3000 ~ 12000 - 225	铰接管结合件			1	1	1	1
YTC3000 ~ 12000 - 226	铰接螺钉	35		1	1	1	1

表 3-11　标准件明细　　　　　　　　　　（单位：mm）

代号	名称	型号规格	数量			
			3000	5000	10000	12000
GB/T 70	内六角螺钉	M4×16	7	7	7	7
GB/T 70	内六角螺钉	M6×15	6	6	6	6
GB/T 70	内六角螺钉	M6×40	18	18	18	18
GB/T 70	内六角螺钉	M6×25	2	2	2	2
GB/T 70	内六角螺钉	M10×30	4	4	4	4
GB/T 70	内六角螺钉	M10×40	4	4		
GB/T 70	内六角螺钉	M10×55	4	4		
GB/T 70	内六角螺钉	M12×45			4	4
GB/T 70	内六角螺钉	M12×65			4	4
GB/T 70	内六角螺钉	M12×30	8	8	8	8
GB/T 78	锥端紧定螺钉	M8×12	1	1	1	1
GB/T 5781	六角螺栓	M10×35（液压泵电动机用）	4	4		
GB/T 5781	六角螺栓	M14×40（液压泵电动机用）			4	4
GB/T 6170	六角螺母	M10	4	4	6	6
GB/T 5781	六角螺栓	M10×25	4	4	4	4
GB/T 97.1	垫圈	10	8	8	4	4
GB/T 97.1	垫圈	14			4	4
JB/T 982	组合密封垫	10	3	3	3	3
GB/T 3452.1	O形密封圈	17×2.65	2	2		
GB/T 3452.1	O形密封圈	21.2×2.65			2	2
GB/T 3452.1	O形密封圈	28×3.55	2	2		
GB/T 3452.1	O形密封圈	31.5×3.55			2	2
GB/T 3452.1	O形密封圈	25×2.65	2	2		
GB/T 3452.1	O形密封圈	35.5×3.55	2	2		
GB/T 3452.1	O形密封圈	31.5×2.65			2	2
GB/T 3452.1	O形密封圈	43.7×3.55			2	2
GB/T 3452.1	O形密封圈	34.5×3.55	1	1		
GB/T 3452.1	O形密封圈	42.3×5.3			1	1
GB/T 3452.1	O形密封圈	53×3.55	1	1	1	1
	高压胶管（31.5MPa）	16×1000（含接头）	1			
	高压胶管（31.5MPa）	16×1200（含接头）	1			
	高压胶管（31.5MPa）	16×1100（含接头）		1		
	高压胶管（31.5MPa）	16×1300（含接头）		1		
	高压胶管（31.5MPa）	20×1350（含接头）			1	
	高压胶管（31.5MPa）	20×1550（含接头）			1	
	高压胶管（31.5MPa）	20×1450（含接头）				1
	高压胶管（31.5MPa）	20×1650（含接头）				1
	圆橡胶条	$\phi5×4000$	1	1	1	1

3.3.3　模具部件设计

1. 模具制造的技术条件

模具是冷挤压加工的专用工具，模具制造的质量对工件的加工质量和生产效率有着重要的影响。所以对于模具的制造，有较为严格的技术要求，具体技术要求如下：

1）在工件的冷挤压加工过程中，模具承受着巨大的挤压力，所以模座和模块要有足够的强度和刚度，以防止其损坏和变形。

2）每件模具都要压制千百件工件，所以模具应有较长的工作寿命。

3）压制的工件外形必须十分规整，合模错位偏差应在 0.3 ~ 0.5mm 范围内，所以模具必须要有良好的导向和定位精度。

此项要求初看似乎不算严格，但要实现却有很大难度。因为在钢丝绳接头压制的过程中，上下两段钢丝绳在接触区的螺旋方向是相反的，接触面积的分布是不均匀的，凸凹深浅差别很大，所以在挤压的过程中模具会承受很大的侧向（水平方向）作用力，此侧向力有可能达到几十吨或更大，由此会造成模块错位。

4）模块安装在模座中，当压制的接头规格变更时，模块要随着更换，所以要求模块的更换与安装要方便、简单、可靠。

5）不同规格的模块，其长度尺寸是不同的，为了保持模座的精度，应在两者之间设置垫板。

6）模块的模腔应有较高的表面粗糙度要求（见图 3-30）。

7）模腔内的形状不得有尖棱、尖角等突然的变化，以防止产生应力集中。

8）为了防止工件压制后与模腔抱死，在模腔两侧的边缘处应加工出倾角 α，$\alpha = 12° \sim 15°$。倾角斜面与模腔的弧面必须相切无棱角，平滑过渡。

9）工件的冷挤压加工，所用原料的体积总是要稍稍大于所需的数量，所以在加工中会产生余料。故而在模腔的两侧要设置余料槽以存贮余料。余料槽与模腔相连，在交接处形成刃口。刃口应锋利并稍低于上面，当上下模合模后在刃口处应形成小于 0.1mm 的间隙，以便于清理余料。此余料在工件压成后是必须清除的。

10）模座的材料一般可为 QT500 - 7A 或 ZG270 - 500，热处理：正火。

11）模块材料，按表 3-12 选择。

2. 模具的结构设计与生产操作

钢丝绳接头的外形是比较简单的（见图 3-2），所以压制所用的模具也比较简单。其主要零件是模座和模块，此外还有紧固、定位、导向等机构。

模座分为上模座和下模座两件。上模座固定在上横梁的下工作面上，用螺栓紧固。下模座安装在液压机活塞杆外露的端面上。下模座随活塞运动而升降。在上下模座的中央，各安装一件模块。模块的模腔，是工件挤压成形的工作面。待加工的工件，是装好了软金属套的钢丝绳（见图 3-1）。加工过程如下：将待加工的工件放在下模块的模腔中，并使软金属套的长轴处于垂直方向，由操作者用手扶着钢丝绳的套部，用脚踩踏脚踏开关，使活塞上升，工件也在手的扶持下上升。当工件开始与上模块的模腔接触后，就开始了冷挤压加工，软金属套由长圆形逐渐变为圆柱形。同时液压机的压力也在不断上升，活塞的上升速度在逐步下降。当上、下模合模时，液压机的压力达到设定值，经电接点压力表的控制，活塞停止运动，于是进入了保压阶段。保压时间达到设定值后，油塞自动返回初始位置。操作者轻轻一拉绳套，即可将工件从模腔中取出。然后需清除工件上因挤压产生的余料，加工即告完毕。这就是钢丝绳接头加工的操作过程。

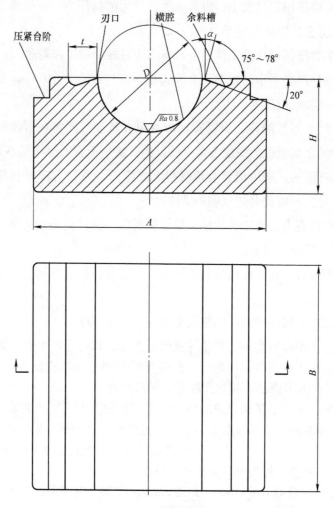

图 3-30　模块简图

表 3-12　模块材料

固结管材料	模块材料	热处理
5A02、3A21	Cr12MoV、CrWMn、GCr15	淬火、多次回火，60 ~ 62HRC
U20082、U20102	Cr12MoV	淬火、多次回火，60 ~ 62HRC

3. 模块设计

（1）模块外形尺寸的确定　模块每套两件，安装后分上下，但它们是相同的零件。其外形如图 3-29 所示。模块的高度可按下式（经验公式）确定

$$H = nD$$

式中　H——模块高度（mm）；

　　　n——计算系数，取 $n = 1.2$（经验数据）；

　　　D——模腔直径（mm），按 GB/T 6946—1993 确定。

模块底面的宽度 A 是根据结构需要来确定的。其中，余料槽的宽度 $t = \dfrac{D}{4} \sim \dfrac{D}{3}$，压紧台

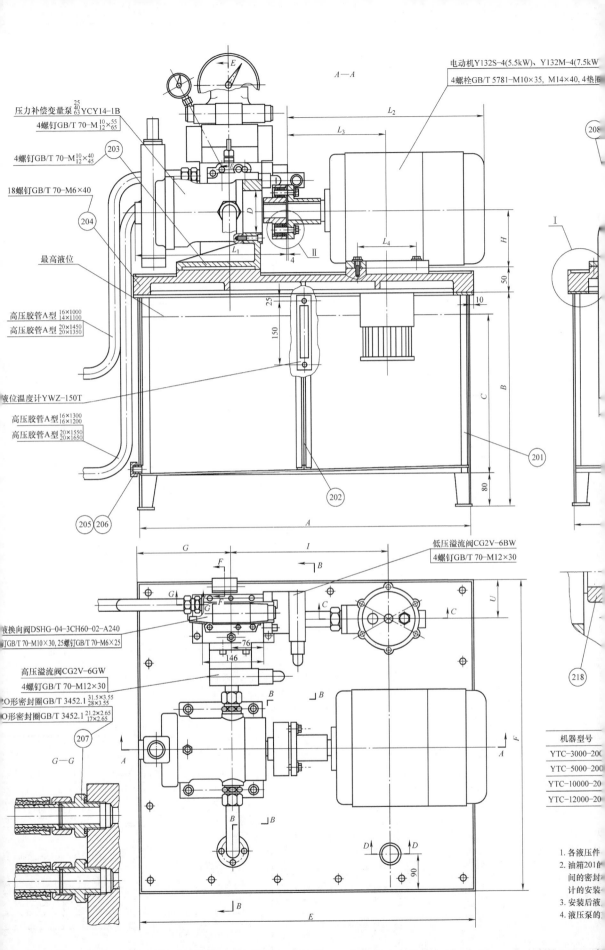

图 3-29 液

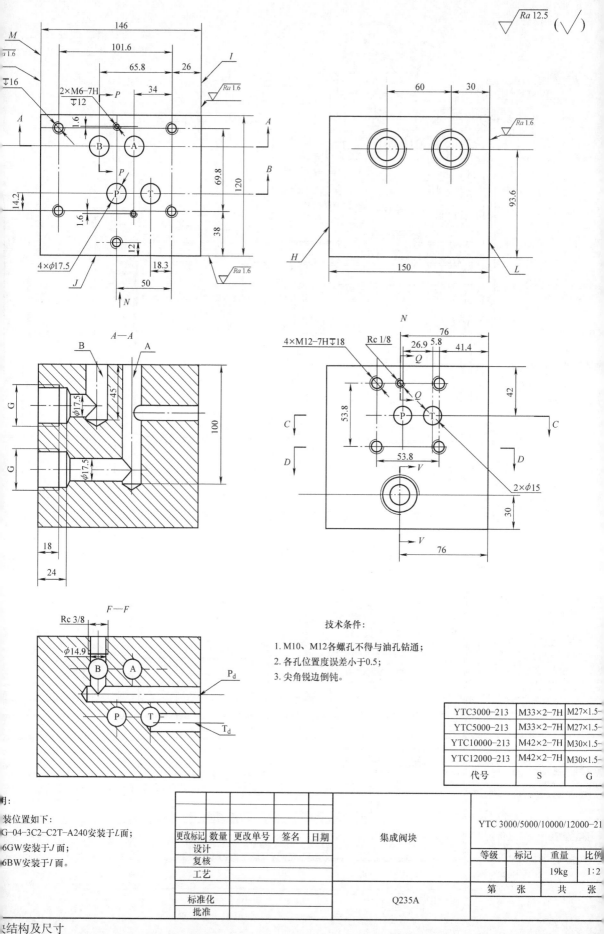

技术条件:

1. M10、M12各螺孔不得与油孔钻通;

2. 各孔位置度误差小于0.5;

3. 尖角锐边倒钝。

代号	S	G
YTC3000–213	M33×2–7H	M27×1.5–
YTC5000–213	M33×2–7H	M27×1.5–
YTC10000–213	M42×2–7H	M30×1.5–
YTC12000–213	M42×2–7H	M30×1.5–

明:

装位置如下:

G–04–3C2–C2T–A240安装于L面;

6GW安装于J面;

6BW安装于I面。

更改标记	数量	更改单号	签名	日期		集成阀块	YTC 3000/5000/10000/12000–21			
设计							等级	标记	重量	比例
复核									19kg	1:2
工艺							第 张		共 张	
标准化						Q235A				
批准										

块结构及尺寸

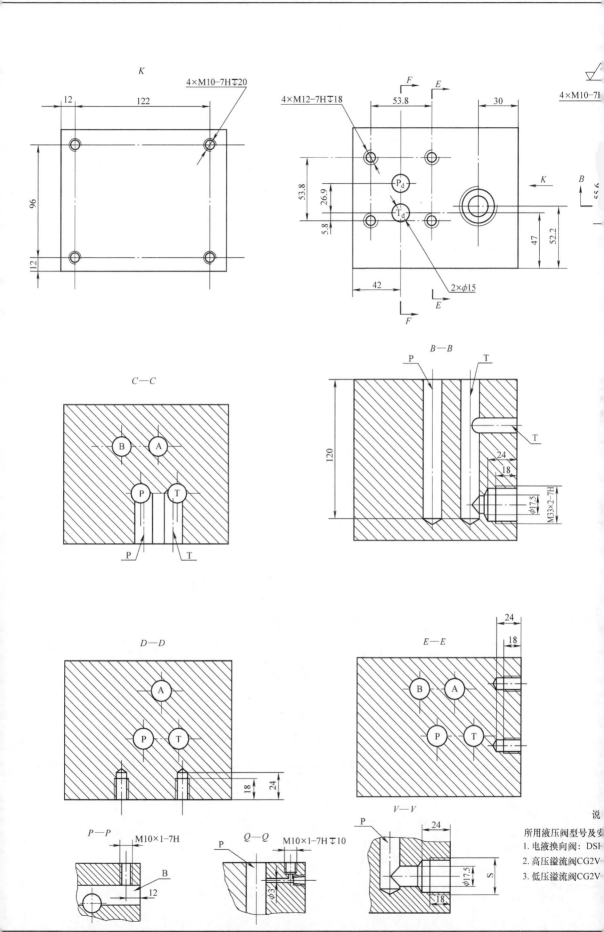

图 3-28　集成阀

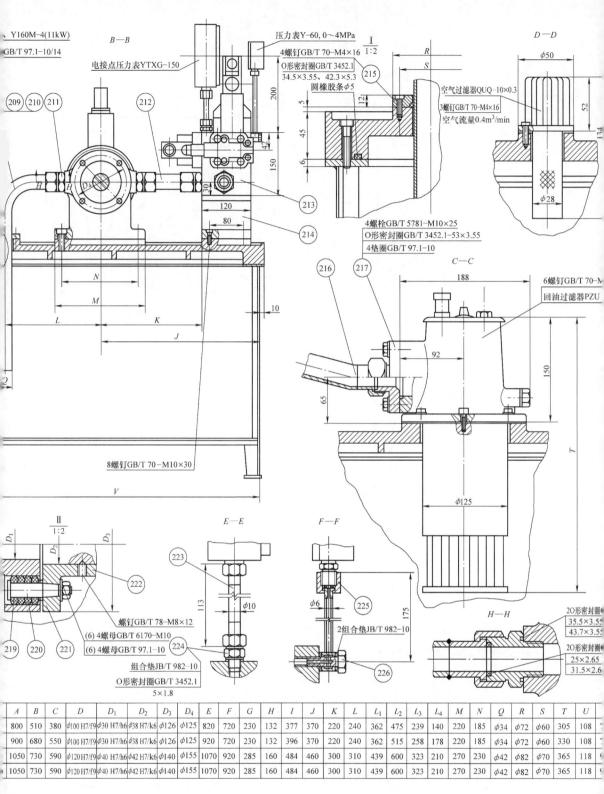

Y160M-4(11kW)
GB/T 97.1-10/14
电接点压力表YTXG-150
B—B
压力表Y-60, 0~4MPa
4螺钉GB/T 70-M4×16
O形密封圈GB/T 3452.1
34.5×3.55、42.3×5.3
圆橡胶条φ5
I 1:2
215
空气过滤器QUQ-10×0.3
3螺钉GB/T 70-M4×16
空气流量0.4m³/min
D—D
φ50
52
14
φ28

209 210 211 212
200
150
42
45
5
12
6
30
213
214
120
80
N
M
L
K
J
10
8螺钉GB/T 70-M10×30
V

4螺栓GB/T 5781-M10×25
O形密封圈GB/T 3452.1-53×3.55
4垫圈GB/T 97.1-10
216 217
C—C
188
6螺钉GB/T 70-M
回油过滤器PZU
92
150
65
T
φ125

II 1:2
D₁ D₂ D₃
222
219 220 221
螺钉GB/T 78-M8×12
(6) 4螺母GB/T 6170-M10
(6) 4螺母GB/T 97.1-10
组合垫JB/T 982-10
O形密封圈GB/T 3452.1
5×1.8

E—E
223
113
φ10
224

F—F
φ6
225
2组合垫JB/T 982-10
226
175

H—H
2O形密封圈
35.5×3.55
43.7×3.55
2O形密封圈
25×2.65
31.5×2.6

A	B	C	D	D₁	D₂	D₃	D₄	E	F	G	H	I	J	K	L	L₁	L₂	L₃	L₄	M	N	Q	R	S	T	U
800	510	380	φ100 H7/f9	φ30 H7/h6	φ38 H7/k6	φ126	φ125	820	720	230	132	377	370	220	240	362	475	239	140	220	185	φ34	φ72	φ60	305	108
900	680	550	φ100 H7/f9	φ30 H7/h6	φ38 H7/k6	φ126	φ125	920	720	230	132	396	370	220	240	362	515	258	178	220	185	φ34	φ72	φ60	330	108
1050	730	590	φ120 H7/f9	φ40 H7/h6	φ42 H7/k6	φ140	φ155	1070	920	285	160	484	460	300	310	439	600	323	210	270	230	φ42	φ82	φ70	365	118
1050	730	590	φ120 H7/f9	φ40 H7/h6	φ42 H7/k6	φ140	φ155	1070	920	285	160	484	460	300	310	439	600	323	210	270	230	φ42	φ82	φ70	365	118

技术条件:

管路不得有渗油漏油现象;
焊口必须保证有良好的密封性,不得漏油漏气。油箱上口与油箱盖204
橡胶条,必须有可靠的密封作用。回油过滤管、空气过滤器、液位温度
必须有良好的密封性,液压泵的吸油管密封盖215必须有良好的密封;
泵与电动机的同轴度偏差不大于0.1mm;
转方向:从轴端看顺时针。

玉站部件装配图

阶的宽度可为 10～15mm。模块的长度 B 应按 GB/T 6946—1993 所规定的接头长度 l 或 l_1，再加上 10～20mm 的余量来确定。

（2）模块挤压强度校核　软金属吊索压制接头的加工是冷挤压加工，在加工过程中模块的模腔承受着巨大的挤压力。由此产生的挤压应力也会造成模腔的损坏，故应校验其挤压强度。模腔挤压强度条件如下式所示

$$\sigma_{jy} = \frac{P_{jy}}{A_{jy}} \leqslant [\sigma_{jy}]$$

式中　σ_{jy}——模腔承受的挤压应力（N/mm²）；

　　　P_{jy}——模块承受的最大挤压力，即工件挤压成型所需的压制力（N），可参考 GB/T 6946—1993 中的数据；

　　　A_{jy}——模腔承受挤压力的面积（mm²），圆柱体按下式计算：$A_{jy} = Dl$，D 为模腔直径（mm），见 GB/T 6946—1993，l 为接头长度（mm），见 GB/T 6946—1993；

　　　$[\sigma_{jy}]$——模块材料许用挤压应力（N/mm²），$[\sigma_{jy}] = 2[\sigma]$；

　　　$[\sigma]$——模块材料的许用拉应力（N/mm²），$[\sigma] = \dfrac{R_m（抗拉强度）}{n（安全系数）}$，材料为 GCr15，

　　　$\sigma_b = 220\text{kgf/mm}^2 = 2156\text{N/mm}^2$，取 $n = 5$，则 $[\sigma] = \dfrac{2156}{5}\text{N/mm}^2 = 431\text{N/mm}^2$。

故 $[\sigma_{jy}] = 2 \times 431\text{N/mm}^2 = 862\text{N/mm}^2$。

按挤压强度条件校核各型号液压机模块模腔的挤压强度，按能加工的最大接头计算。

1）YTC3000 型，由 GB/T 6946—1993 查得：可加工的最大接头为 30 号，$D = 62\text{mm}$，$l = 147\text{mm}$，压制力 $P_{jy} = 2950\text{kN} = 2950000\text{N}$，各值代入公式

$$\sigma_{jy} = \frac{2950000}{62 \times 147}\text{N/mm}^2 = 323.7\text{N/mm}^2 < 862\text{N/mm}^2$$

符合强度条件。

2）YTC5000 型，由 GB/T 6946—1993 查得可加工的最大接头为 38 号，$D = 78\text{mm}$，$l = 186\text{mm}$，压制力 $P_{jy} = 4800\text{kN} = 4800000\text{N}$，各值代入公式

$$\sigma_{jy} = \frac{4800000}{78 \times 186}\text{N/mm}^2 = 330.9\text{N/mm}^2 < 862\text{N/mm}^2$$

符合强度条件。

3）YTC10000 型，由 GB/T 6946—1993 查得可加工的最大接头为 56 号，$D = 114\text{mm}$，$l = 275\text{mm}$，压制力 $P_{jy} = 10000\text{kN} = 10000000\text{N}$，各值代入公式

$$\sigma_{jy} = \frac{10000000}{114 \times 275}\text{N/mm}^2 = 318.98\text{N/mm}^2 < 862\text{N/mm}^2$$

符合强度条件。

4）YTC12000 型，由 GB/T 6946—1993 查得可加工的最大接头为 60 号，$D = 124\text{mm}$，$l = 295\text{mm}$，压制力 $P_{jy} = 12000\text{kN} = 12000000\text{N}$，各值代入公式

$$\sigma_{jy} = \frac{12000000}{124 \times 295}\text{N/mm}^2 = 328\text{N/mm}^2 < 862\text{N/mm}^2$$

符合强度条件。

（3）模块弯曲强度校核　模块的模腔由于是半圆形的横截面，在工件加工的最后阶段，

当模腔内的空间被工件充满并压实时，模块会承受巨大的弯矩。其受力状况如同一把斧头楔入木块，会使木块裂开。那么模块在弯矩的作用下，危险截面在哪里？凭直观就可确定：在模腔弧面中心线所在的垂直面内。因为此处截面的面积最小，也就是弯曲应力最大。

模块危险截面的抗弯强度应如何校核？由于受条件限制，笔者设计时未能查到成熟的资料可参考，于是根据相关的力学基本原理进行了如下的校核，仅供参考。

首先要解决的问题是：应如何求出危险截面所承受的弯矩？笔者是如下计算的：将模腔承受的最大压制力 P_{max}（此数据可由 GB/T 6946—1993 查得）视为均布载荷，将此载荷分为 10 等分，再将每等分的小载荷视为一个小的集中载荷，分别是 $P_1 \sim P_{10}$，其作用方向为垂直向下。作用点为 10 个等分均布小载荷的中线与模腔弧面的交点。其中 $P_1 \sim P_5$ 5 个小集中载荷对危险截面中性轴的力矩之和，就是危险截面承受的弯矩。

所谓中性轴，即梁承受弯矩后产生弯曲变形时的中性层（只有弯曲变形，并无长度改变的层面）与危险截面的交线。由于中性轴必通过危险截面的形心，应按下式计算其位置

$$AO = \frac{H - R}{2} + R$$

式中 AO——模腔中心至中性轴的距离（mm）；

       H——模块的高度（mm）；

       R——模腔圆弧半径（mm）。

模块危险截面弯矩计算图，如图 3-31 所示。根据理论力学，力对于一个轴的矩，等于力在垂直该轴的平面上的投影乘以力臂。而力臂则等于该轴与平面的交点到力的作用线在此平面上投影的垂直距离。根据上述定义，小的集中载荷 $P_1 \sim P_5$ 对中性轴 O 的力矩之和应按下式计算。

$$\Sigma M_{rmax} = P_{r1}h_1 + P_{r2}h_2 + P_{r3}h_3 + P_{r4}h_4 + P_{r5}h_5$$
$$= \frac{P_{max}}{10}(h_1 + h_2 + h_3 + h_4 + h_5)$$

然后，按下列弯曲强度条件校核模块的抗弯强度。

$$\sigma_{wmax} = \frac{\Sigma M_{rmax}}{W} \leqslant [\sigma_w]$$

式中 σ_{wmax}——模块危险截面的 m、n 两点的最大弯曲应力（N/mm²）；

    ΣM_{rmax}——模块危险截面承受的最大弯矩，即 $P_{r1} \sim P_{r5}$ 各力对中性轴的力矩之和（N·mm）；

      W——模块危险截面的抗弯截面系数（mm³），$W = \dfrac{ab^2}{6}$，a 为危险截面长度（mm），b 为危险截面高度（mm）；

   $[\sigma_w]$——模块材料的许用弯曲应力（N/mm²），$[\sigma_w] = [R_m] = \dfrac{R_m（抗拉强度）}{n（安全系数）}$，材料为 GCr15，$R_m = 220 \text{kgf/mm}^2 = 2156 \text{N/mm}^2$，根据材料力学知识，安全系数 n 应在下列范围内选取：对于脆性材料 $n = 2.5 \sim 3$，取 $n = 3$，则得 $[\sigma_w] = \dfrac{2156}{3} \text{N/mm}^2 = 718.1 \text{N/mm}^2$。

按上列公式校核各型号液压机模块的抗弯强度。以模块中压制力最大且抗弯截面系数最小的模块为例校核。

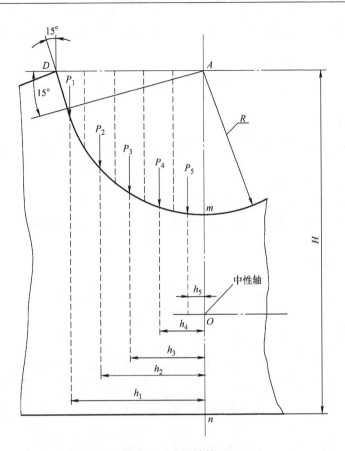

图 3-31　弯矩计算图

1）YTC3000 型液压机模块弯曲强度校核。

以接头号为 30 的模块为例校核。其外形尺寸如图 3-32所示，最大压制力 $P_{max}=2950\text{kN}$。

首先计算模腔半面宽度 AD 之值（见图 3-31）。

$$AD=\frac{31}{\cos15°}\text{mm}=32.1\text{mm}$$

然后计算各力臂数值。

$$h_1=AD\times\frac{4.5}{5}\text{mm}=32.1\times\frac{4.5}{5}\text{mm}=28.89\text{mm}$$

$$h_2=32.1\times\frac{3.5}{5}\text{mm}=22.47\text{mm}$$

$$h_3=32.1\times\frac{2.5}{5}\text{mm}=16.05\text{mm}$$

$$h_4=32.1\times\frac{1.5}{5}\text{mm}=9.63\text{mm}$$

$$h_5=32.1\times\frac{0.5}{5}\text{mm}=3.21\text{mm}$$

各值代入公式，求力矩之和

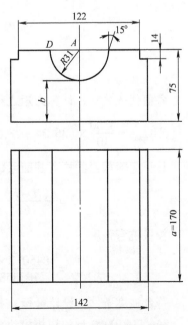

图 3-32　30 号接头模块简图

$$\Sigma M_{\text{rmax}} = \frac{2950}{10} \times (28.89 + 22.47 + 16.05 + 9.63 + 3.21)\,\text{kN} \cdot \text{mm} = 23673.75\,\text{kN} \cdot \text{mm}$$

计算危险截面的抗弯截面系数

$$W = \frac{170 \times (75 - 31)^2}{6}\,\text{mm}^3 = 54853.33\,\text{mm}^3$$

校核抗弯强度

$$\sigma_{\text{wmax}} = \frac{23673.75 \times 1000}{54853.33}\,\text{N/mm}^2 = 431.58\,\text{N/mm}^2 < 718.1\,\text{N/mm}^2$$

符合强度条件，设计可行。

2）YTC5000 型液压机模块弯曲强度校核。

以接头号为 38 的模块为例校核，其参数为：$R = 39\,\text{mm}$，$H = 94\,\text{mm}$，$a = 206\,\text{mm}$，最大压制力 $P_{\text{max}} = 4800\,\text{kN}$。

计算模腔半面宽度

$$AD = \frac{R}{\cos 15°} = \frac{39}{\cos 15°}\,\text{mm} = 40.38\,\text{mm}$$

计算各力臂值

$$h_1 = 40.38 \times \frac{4.5}{5}\,\text{mm} = 36.34\,\text{mm}$$

$$h_2 = 40.38 \times \frac{3.5}{5}\,\text{mm} = 28.26\,\text{mm}$$

$$h_3 = 40.38 \times \frac{2.5}{5}\,\text{mm} = 20.19\,\text{mm}$$

$$h_4 = 40.38 \times \frac{1.5}{5}\,\text{mm} = 12.11\,\text{mm}$$

$$h_5 = 40.38 \times \frac{0.5}{5}\,\text{mm} = 4.038\,\text{mm}$$

各值代入公式，计算力矩之和

$$\Sigma M_{\text{rmax}} = \frac{4800}{10} \times (36.34 + 28.26 + 20.19 + 12.11 + 4.038)\,\text{kN} \cdot \text{mm} = 48450.2\,\text{kN} \cdot \text{mm}$$

计算危险截面的抗弯截面系数

$$W = \frac{a(H - R)^2}{6} = \frac{206 \times (94 - 39)^2}{6}\,\text{mm}^3 = 103858.3\,\text{mm}^3$$

校核抗弯强度

$$\sigma_{\text{wmax}} = \frac{48450.2 \times 1000}{103858.3}\,\text{N/mm}^2 = 466.5\,\text{N/mm}^2 < 718.1\,\text{N/mm}^2$$

符合强度条件，设计可行。

3）YTC10000 型液压机模块弯曲强度校核。

以接头号为 56 的模块为例校核，其参数为：$R = 57\,\text{mm}$，$H = 137\,\text{mm}$，$a = 300\,\text{mm}$，最大压制力 $P_{\text{max}} = 10000\,\text{kN}$。

计算模腔半面宽度

$$AD = \frac{R}{\cos15°} = \frac{57}{\cos15°}\text{mm} = 59.01\text{mm}$$

计算各力臂值

$$h_1 = 59.01 \times \frac{4.5}{5} = 53.11\text{mm}$$

$$h_2 = 59.01 \times \frac{3.5}{5} = 41.31\text{mm}$$

$$h_3 = 59.01 \times \frac{2.5}{5} = 29.51\text{mm}$$

$$h_4 = 59.01 \times \frac{1.5}{5} = 17.7\text{mm}$$

$$h_5 = 59.01 \times \frac{0.5}{5} = 5.9\text{mm}$$

各值代入公式，求力矩之和

$$\Sigma M_{max} = \frac{10000}{10} \times (53.11 + 41.31 + 29.51 + 17.7 + 5.9)\text{kN} \cdot \text{mm} = 147530\text{kN} \cdot \text{mm}$$

计算危险截面的抗弯截面系数

$$W = \frac{a(H-R)^2}{6} = \frac{300 \times (137-57)^2}{6}\text{mm}^3 = 320000\text{mm}^3$$

校核抗弯强度

$$\sigma_{wmax} = \frac{147530 \times 1000}{320000}\text{N/mm}^2 = 461\text{N/mm}^2 < 718\text{N/mm}^2$$

符合强度条件，设计可行。

4）YTC12000 型液压机模块弯曲强度校核。

以接头号为 60 的模块为例校核，其参数为：$R = 62\text{mm}$，$H = 150\text{mm}$，$a = 320\text{mm}$，最大压制力 $P_{max} = 12000\text{kN}$。

计算模腔半面宽度

$$AD = \frac{R}{\cos15°} = \frac{62}{\cos15°}\text{mm} = 64.19\text{mm}$$

计算各力臂值

$$h_1 = 64.19 \times \frac{4.5}{5}\text{mm} = 57.77\text{mm}$$

$$h_2 = 64.19 \times \frac{3.5}{5}\text{mm} = 44.93\text{mm}$$

$$h_3 = 64.19 \times \frac{2.5}{5}\text{mm} = 32.1\text{mm}$$

$$h_4 = 64.19 \times \frac{1.5}{5}\text{mm} = 19.26\text{mm}$$

$$h_5 = 64.19 \times \frac{0.5}{5}\text{mm} = 6.42\text{mm}$$

各值代入公式求力矩之和

$$\Sigma M_{rmax} = \frac{12000}{10} \times (57.77 + 44.93 + 32.1 + 19.26 + 6.42)kN \cdot mm = 192576kN \cdot mm$$

计算危险截面的抗弯截面系数

$$W = \frac{a(H-R)^2}{6} = \frac{320 \times (150-62)^2}{6}mm^3 = 413013.3mm^3$$

校核抗弯强度

$$\sigma_{wmax} = \frac{192576 \times 1000}{413013.3}N/mm^2 = 466.3N/mm^2 < 718N/mm^2$$

符合强度条件，设计可行。

GB/T 6946—1993 所规定的铝合金压制接头共分三种形式：A 型、B 型、C 型。以上进行强度校核的模块，只是用于压制 A 形接头的，其余两种形式的压制模块，其主要参数与此相同，所以就不一一进行强度校核了。

4. 模座设计

模座的功能有以下两项：①安装模块；②对压制行程进行导向控制。关于第一项功能，要求模块的安装要方便、准确、牢固。为了实现这一要求，模块与模座安装槽的配合采用了 H8/h7 配合，用螺钉压板紧固。更换模块时，只需把螺钉拧松即可把模块从模座的槽中抽出来，不必把螺钉压板拆除，所以是很方便快捷的。关于第二项功能，其要求是实现模块的准确合模。在模具设计的技术条件中规定：合模后模具的错位量应在 0.3 ~ 0.5mm 范围内。这一要求从数值上看似乎不算严格，但要实现却也不太容易。因为在接头挤压的过程中，会产生很大的水平方向的挤压抗力，这个情况在前文 3.3.1 节 "立柱设计" 中已进行了分析和计算。此挤压抗力分别作用在上模座和下模座上，方向是相反的，所以会使模块错位。如果模座的导向机构没有足够的强度和刚度，就会使错位量超差，甚至造成导向机构的损坏。

在工件加工过程中，下模座是随着活塞的运动而升降的，所以模具的导向功能只能由下模座来实现。为了保证导向机构有足够的强度和刚度，此项设计以液压机的两个立柱作为导向体，在下模座的左右两侧各伸出一个导向臂与左右立柱相连接，构成滑动配合。所以此项设计的导向机构，有足够的强度和刚度。

上模座安装在上横梁的底面，挤压加工时是静止不动的。设计要点如下：①安装位置可调，以便保证上模块的位置按下模块对正。但是此项调整不用经常进行，只需在机器安装时调整一次即可；②安装后位置能牢固不动，可承受较大的水平方向的挤压力。为了保证上模座位置可调，其紧固螺钉孔设计为长圆孔。为了使它能承受水平方向的挤压力，在上模的两侧又设置了挡铁，而挡铁又以平键定位。

5. 模具部件图设计

模具部件简图如图 3-33 所示，模具部件零件明细见表 3-13，模具部件标准件明细见表 3-14 ~ 3-17。

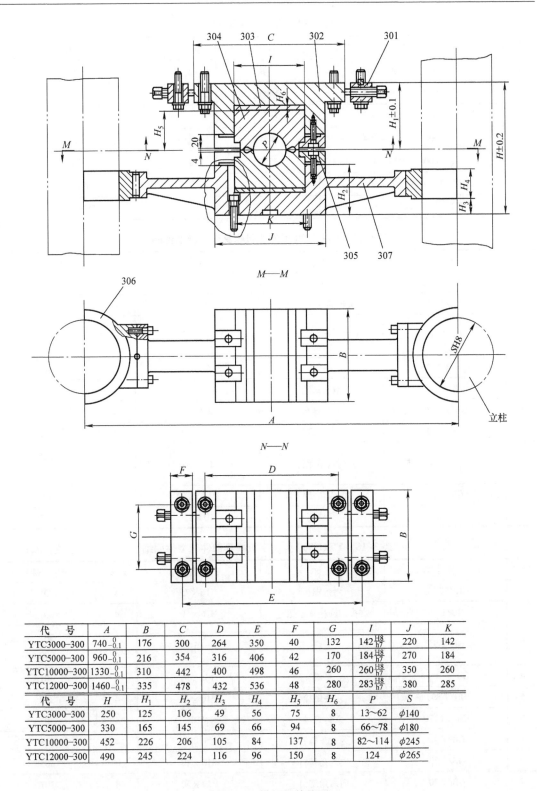

图 3-33　模具部件简图

代 号	A	B	C	D	E	F	G	I	J	K
YTC3000−300	$740_{-0.1}^{0}$	176	300	264	350	40	132	$142\frac{H8}{h7}$	220	142
YTC5000−300	$960_{-0.1}^{0}$	216	354	316	406	42	170	$184\frac{H8}{h7}$	270	184
YTC10000−300	$1330_{-0.1}^{0}$	310	442	400	498	46	260	$260\frac{H8}{h7}$	350	260
YTC12000−300	$1460_{-0.1}^{0}$	335	478	432	536	48	280	$283\frac{H8}{h7}$	380	285

代 号	H	H_1	H_2	H_3	H_4	H_5	H_6	P	S
YTC3000−300	250	125	106	49	56	75	8	13～62	$\phi140$
YTC5000−300	330	165	145	69	66	94	8	66～78	$\phi180$
YTC10000−300	452	226	206	105	84	137	8	82～114	$\phi245$
YTC12000−300	490	245	224	116	96	150	8	124	$\phi265$

表 3-13　模具部件零件明细

序号	代号	名称	数量	材料
1	YTC3000～12000－301	挡铁	2	Q235A
2	YTC3000～12000－302	上模座	1	QT500－7A
3	YTC3000～12000－303	垫板	2	45 钢
4	YTC3000～12000－304	模块	每套2	GCr15、CrWMn、Cr12MoV
5	YTC3000～12000－305	压板	8	35 钢
6	YTC3000～12000－306	导向半环	2	HT200
7	YTC3000～12000－307	下模座	1	QT500－7A

表 3-14　YTC3000 型液压机模具部件标准件明细　　（单位：mm）

序号	代号	名称	规格	数量	应用零件号
1	GB/T 5782	六角螺栓	M14×70	4	301
2	GB/T 85	方头长圆柱紧定螺钉	M14×55	4	301
3	GB/T 95	垫圈	14	4 / 4	301 / 302
4	GB/T 1096	平键	8×30	4	301
5	GB/T 897	双头螺栓	M14×70	4	302
6	GB/T 6170	六角螺母	M14	4	302
7	GB/T 70	内六角螺钉	M5×20	4	303
8	GB/T 70	内六角螺钉	M10×40	8 / 8	305 / 307
9	GB/T 70	内六角螺钉	M14×110	4	307
10	GB/T 119	圆柱销	10×52	2	307

表 3-15　YTC5000 型液压机模具部件标准件明细　　（单位：mm）

序号	代号	名称	规格	数量	应用零件号
1	GB/T 5782	六角螺栓	M16×75	4	301
2	GB/T 85	方头长圆柱紧定螺钉	M16×60	4	301
3	GB/T 95	垫圈	16	4 / 4	301 / 302
4	GB/T 1096	平键	10×35	4	301
5	GB/T 897	双头螺栓	M16×75	4	302
6	GB/T 6170	六角螺母	M16	4	302
7	GB/T 70	内六角螺钉	M5×20	4	303
8	GB/T 70	内六角螺钉	M10×40	8	305
9	GB/T 70	内六角螺钉	M12×50	8	307
10	GB/T 70	内六角螺钉	M16×115	4	307
11	GB/T 119	圆柱销	10×62	2	307

表 3-16　YTC10000 型液压机模具部件标准件明细　　（单位：mm）

序号	代号	名称	规格	数量	应用零件号
1	GB/T 5782	六角螺栓	M18×80	4	301
2	GB/T 85	方头长圆柱紧定螺钉	M18×65	4	301
3	GB/T 95	垫圈	18	4	301
				4	302
4	GB/T 1096	平键	12×40	4	301
5	GB/T 897	双头螺栓	M18×80	4	302
6	GB/T 6170	六角螺母	M18	4	302
7	GB/T 70	内六角螺钉	M5×20	4	303
8	GB/T 70	内六角螺钉	M12×50	8	305
9	GB/T 70	内六角螺钉	M14×60	8	307
10	GB/T 70	内六角螺钉	M18×120	4	307
11	GB/T 119	圆柱销	12×80	2	307

表 3-17　YTC12000 型液压机模具部件标准件明细　　（单位：mm）

序号	代号	名称	规格	数量	应用零件号
1	GB/T 5782	六角螺栓	M20×85	4	301
2	GB/T 85	方头长圆柱紧定螺钉	M20×65	4	301
3	GB/T 95	垫圈	20	4	301
				4	302
4	GB/T 1095	平键	14×45	4	301
5	GB/T 897	双头螺栓	M20×85	4	302
6	GB/T 6170	六角螺母	M20	4	302
7	GB/T 70	内六角螺钉	M5×20	4	303
8	GB/T 70	内六角螺钉	M12×50	8	305
9	GB/T 70	内六角螺钉	M16×65	8	307
10	GB/T 70	内六角螺钉	M20×125	4	307
11	GB/T 119	圆柱销	12×92	2	307

3.3.4　电气控制系统设计及电路分析

索扣液压机，由于机械运动比较简单，只有活塞升降一项，所以电气控制系统的设计相对比较简单。但是活塞的升降运动也还是有其独特的要求，具体要求如下。

活塞上升阶段：①空行程：由操作者发出指令，活塞上升，运动速度为 5～6mm/s；②工作行程：开始压制工件，活塞运动速度逐渐降低，最低为 1～2mm/s。

保压阶段：模具合模，压制力达到最大值，活塞停止运动，液压缸的压力保持不变，此种状态称为"保压"。保压时间为 5～10s，时间可控可调。

活塞下降阶段：保压时间达到设定值，活塞快速下降，运动速度为 7～10mm/s。

停止阶段：活塞下降到极限位置（但不是撞缸）停止运动，液压系统卸荷。

以上 4 个阶段 5 个程序，当操作者按了"工作行程"按钮后应自动完成。其中活塞运动方向控制、最大压制力控制、保压时间控制、运动的上下极限位置控制等都要通过电气控制来实现。其中，活塞的升降控制，考虑到机器检修、调试的方便，还要求另加手动"点动"控制。

按上述要求，设计的电气原理图如图 3-34 所示。电气元件明细见表 3-18。

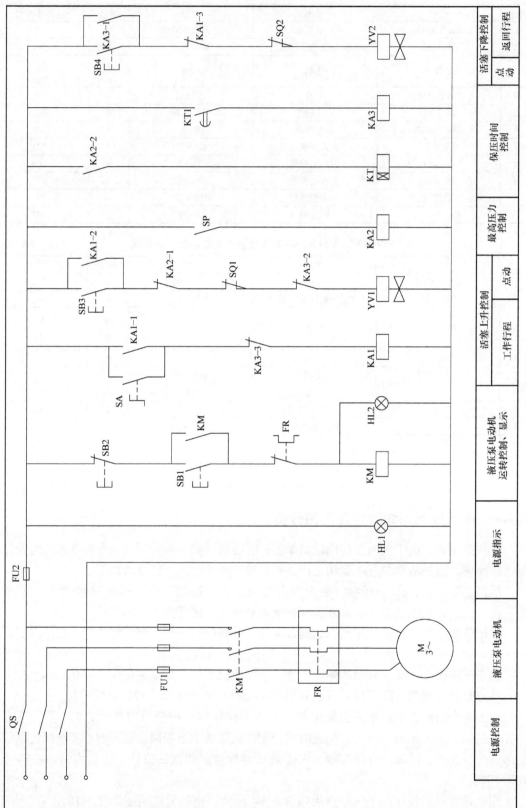

图 3-34　电气原理图

表 3-18　电气元件明细

代号	名称	型号规格	数量			
			3000	5000	10000	12000
QS	组合开关	HZ10 – 25/SJ	1	1	1	1
M	三相异步电动机	132S – 4，5.5kW，1450r/min	1			
M	三相异步电动机	132M – 4，7.5kW，1450r/min		1		
M	三相异步电动机	160M – 4，11kW，1460r/min			1	1
FU1	螺旋熔断器	RL1 – 60，熔体 25A	3			
FU1	螺旋熔断器	RL1 – 60，熔体 30A		3		
FU1	螺旋熔断器	RL1 – 60，熔体 50A			3	3
FU2	螺旋熔断器	RL1 – 15，熔体 15A	1	1	1	1
KM	交流接触器	CJ10 – 40	1	1	1	1
FR	双金属片热继电器	JR16C – 20/30	1			
FR	双金属片热继电器	JR20 – 63		1	1	1
SB1 ~ SB4	按钮	LA19 – 11D	4	4	4	4
SA	脚踏开关	LT3	1	1	1	1
KA1 ~ KA3	中间继电器	JZ17	3	3	3	3
SQ1 SQ2	行程开关	LX32 – 2	1	1	1	1
YV1 YV2	电液换向阀电磁铁	DSHG – 04（属液压系统）	2	2	2	2
SP	磁感式电接点压力表	YTXG – 04（属液压系统）	1	1	1	1
HL1 HL2	发光二极管信号灯	AD4	2	2	2	2
KT	时间继电器	7PR4140，AC – 11	1	1	1	1

电气原理图由主电路和控制电路组成。主电路包括电源的引入电路和电动机运转电路。电源经组合开关 QS 引入，经螺旋熔断器 FU1、交流接触器 KM、热继电器 FR 后与电动机 M 连接。熔断器起短路保护作用，热继电器起过载保护作用。这是三相异步电动机运转电路的典型设计。

控制电路则由电动机运转控制电路和活塞升降控制电路组成。当组合开关 QS 合闸后，控制电路经熔断器 FU2 通电，信号灯 HL1 亮。按启动按钮 SB1 则交流接触器的线圈 KM 通电吸合，其辅助常开触点 KM 闭合自锁，KM 的主触点闭合，于是液压泵电动机 M 开始运转，同时信号灯 HL2 亮。

电动机 M 运转驱动液压泵运转，液压系统进入工作状态。按停止按钮 SB2 可使 KM 线圈失电、释放，其主触点断开，液压泵电动机停止运转。

活塞的升降运动由电液换向阀控制，YV1 和 YV2 是其两个换向阀电磁铁。活塞升降运动有以下两种控制方式：

1）点动。按钮 SB3 和 SB4 是"点动上升"和"点动下降"控制按钮。当按下 SB3 时，电磁铁 YV1 线圈通电，由电液换向阀控制使活塞上升。由于电路没设自锁回路，当手抬起后 YV1 立刻断电，则活塞停止上升。所以此按钮是按一下就动一下的点动按钮。当按下 SB4 时，电磁铁 YV2 线圈通电，活塞点动下降。点动按钮主要用于机器调试或维修时检查机器的运转状况、上下运动的极限位置，或检查模具的错位精度。

2）程序控制运动。当踩一下脚踏开关 SA 时，中间继电器 KA1 的线圈通电吸合，其自锁触点 KA1 - 1 闭合。由于设置了自锁回路，所以脚抬起后线圈继续吸合，不要求操作者在活塞上升时始终踩着脚踏开关，因而减轻了其工作负担。中间继电器吸合时，其另一触点 KA1 - 2 闭合，于是 YV1 线圈通电，活塞上升。其上升的速度由液压泵按恒功率原理控制。由于尚未开始挤压工件，液压系统的压力比较低，所以液压泵的排量比较大，活塞上升的速度比较快。此运动过程称为"空行程"。当放在下模块中的工件随活塞上升，接触到上模块的模腔时，工件的挤压加工立即开始，液压系统的压力迅速上升，由液压泵按恒功率原理控制，其排量逐渐减小，活塞上升的速度也逐渐减慢。这个运动过程称为"工作行程"。当模具合模时，液压系统的压力也达到设定值，电接点压力表 SP 的触点闭合，中间继电器 KA2 的线圈通电吸合，其常闭触点 KA2 - 1 断开，于是电液换向阀的电磁铁 YV1 的线圈断电，换向滑阀回到中位，液压缸的两油口封闭，活塞停止运动，但液压缸仍保持着原有压力，挤压加工进入"保压"过程。同时中间继电器 KA2 的常开触点 KA2 - 2 闭合，时间继电器 KT 的线圈通电开始保压计时。当保压时间达到设定值，时间继电器 KT 的常开触点 KT1 延时闭合，中间继电器 KA3 线圈通电，其常开触点 KA3 - 1 闭合，电液换向阀的另一个电磁铁 YV2 的线圈通电吸合，活塞开始下降，其速度由液压泵控制，由于下降的阻力比较小，液压系统的压力比较低，所以液压泵的排量达到最大值，又由于液压缸上腔的容积比下腔小很多（差活塞杆所占的空间），所以活塞的运动速度可以达到最大值，这个过程称为"返回行程"。当活塞下降到设定位置，撞块断开行程开关 SQ2 的常闭触点，YV2 的线圈断电，电液换向阀的滑阀回到中位，活塞停止运动。KA3 吸合同时还有以下功能：①KA3 - 2 常闭触点断开，切断 YV1 电路，实现 YV1 与 YV2 的互锁，这也是电气设计上的一种安全措施。②KA3 - 3 常闭触点断开，使中间继电器 KA1 的线圈断电、继电器释放，为下一个工作循环的进行创造了条件。这是自动控制工作循环设计中必须满的条件。由以上电路分析可以看到，当操作者踩一下脚踏开关 SA 之后，机器的电气控制系统在液压系统的配合下，就自动完成了以下 6 个工作程序：空行程→工作行程→最高压力控制→保压→返回行程→活塞运动终止。这种控制属于"继电器 - 液压自动控制"方式。在 20 世纪后期应用比较多。但是，现在用于简单的控制系统中也是可行的。这种设计成本低，故障率低，维修方便。

在此项设计中还有一点应加以说明，在电路设计中为什么应用了脚踏开关，而没有用手动按钮？这是为了让操作者把手腾下来用手来把持工件。小型锻压机械的特点就是操作者必须用手来控制工件的摆放位置和加工区域，这也是脚踏开关在锻压机械中应用比较多的一个原因。

3.4　机器总图及液压机部件图绘制

液压机总图如图 3-35（见插页）所示。总图示明了构成索扣液压机各部件的安装位置、装配关系、工作原理和主要尺寸。

为了节省篇幅，在介绍液压机部件设计时，没有示出液压机部件装配图。而是在总图绘制时按部件装配图的要求绘制该部件,并列出了该部件的零件明细和标准件明细。

3.5　机器安装调试中应注意的问题

3.5.1　液压机装配前的零件精度检验

为了顺利进行液压机的装配,装配前应进行下列各项精度检验:

1)测量并记录缸体和上横梁立柱安装孔的实际尺寸。

2)测量并记录立柱安装轴颈的实际尺寸,并计算上述配合尺寸的配合间隙。

3)测量并记录缸体和上横梁立柱安装孔的中心距,并计算两者的差值。

4)将立柱安装轴颈与安装孔的间隙值,与上横梁和缸体的立柱安装孔中心距的差值相比较,确定安装的可行性。如果中心距的差值大于间隙值之和,则安装将有困难,应进行修整。

5)测量缸体的缸孔直径及活塞的外径,检查其配合间隙是否符合图样要求。

6)测量活塞杆直径及缸盖的配合孔径,检查其配合间隙是否符合图样要求。

3.5.2　液压机立柱螺母预紧力矩计算

液压机立柱螺母的紧固,是液压机装配中最重要的环节,它关系到液压机能否稳定可靠地工作。其中有三个问题要解决:①确定装配时的螺母预紧系数;②计算装配时螺母的预紧力矩;③确定装配时螺母的预紧方法。下面分别叙述。

1. 确定装配时的螺母预紧系数

螺母的预紧系数,在液压机设计时已经确定,在前文"立柱设计的要点"一节中,确定预紧系数 $K = 1.25$。那是针对机器设计确定的,虽然该数值在选择的范围中是比较小的(一般 $K = 1.2 \sim 2$),但是由于螺母的工作载荷过大,其绝对值仍然是非常大的。此数值用于零件设计,可使安全系数更大些,但用于机器装配就不大合适了。因为此文曾说明确定预紧力的要点是:当活塞的推力为最大值时,在立柱的凸台端面 S 处(见图 3-14)不得有轴向间隙。按此要求,当活塞的推力为最大值时,螺母的负荷将达到额定值的 100%,则其剩余的预紧力为 1.25 - 1 = 0.25,按液压机的公称压力为 3000 ~ 12000kN 计算,可得如下结果

$$(3000 \sim 12000) \times \frac{0.25}{2} \text{kN} = 375 \sim 1500 \text{kN}$$

试想,在如此之大的剩余预紧力的作用下,如何能使螺母的紧固端面产生轴向间隙呢?所以机器装配时螺母的预紧系数是可以减小的。故确定装配时螺母的预紧系数 $K = 1.1$,其剩余预紧力为 150 ~ 600kN。

2. 计算装配时螺母的预紧力矩

螺母紧固时有以下两项阻力矩:①螺纹间的摩擦力矩 M_P;②螺母底面与支承面间的摩擦力矩 M_T。总力矩是此两者之和,其计算公式分别列于下面。

$$M_P = Q\tan(\lambda + \rho)\frac{d_2}{2}$$

式中　M_P——紧固螺母时发生在螺纹间的摩擦力矩(N · mm);

　　　　Q——螺母紧固后承受的轴向力(N), $Q = \frac{1}{2}F_{max}K$;

F_{max}——活塞的最大推力（N），见表3-7；

K——螺母的预紧系数，$K = 1.1$；

λ——螺纹升角（°），$\tan\lambda = \dfrac{S（导程）}{\pi d_2（螺纹中径）}$；

ρ——摩擦角（°），$\rho = \arctan f = \arctan 0.08 = 4.57°$；

f——摩擦系数，钢 – 钢加工面、有润滑：$f = 0.06 \sim 0.1$，取 $f = 0.08$；

d_2——螺纹中径（mm）。

$$M_T = \frac{1}{3} Q f_1 \frac{D^3 - d_0^3}{D^2 - d_0^2}$$

式中　M_T——紧固螺母时发生在螺母与支承面间的摩擦力矩（N·mm）；

Q——螺母紧固后承受的轴向力（N），数值同前；

f_1——螺母与支承面的摩擦系数，$f_1 = 0.08$；

D——螺母端面外径（mm），见图3-23中 s 值；

d_0——支承面孔径，即垫圈孔径（mm）（见图3-24中尺寸 D）。

按以上两公式计算各型号液压机螺母预紧力矩。

（1）YTC3000 型　已知 $F_{max} = 3572462\text{N}$；螺纹规格 M140 × 6，$d_2 = 136.1\text{mm}$，$D = 210\text{mm}$，$d_0 = 161\text{mm}$。

计算螺母紧固后的轴向力

$$Q = \frac{1}{2} \times 3572462 \times 1.1\text{N} = 1964854.1\text{N}$$

计算螺纹升角 λ

$$\lambda = \arctan \frac{6}{136.1\pi} = 0.80395°$$

计算紧固时螺纹间的摩擦力矩

$$M_P = 1964854.1 \times \tan(0.8° + 4.57°) \times \frac{136.1}{2}\text{N·mm} = 12568526\text{N·mm}$$

计算紧固时螺母与垫圈间的摩擦力矩

$$M_T = \frac{1}{3} \times 1964854.1 \times 0.08 \times \frac{210^3 - 161^3}{210^2 - 161^2}\text{N·mm} = 14663990\text{N·mm}$$

计算螺母紧固时的总摩擦力矩

$$\sum M = M_P + M_T = 12568526\text{N·mm} + 14663990\text{N·mm} = 27232516\text{N·mm}$$

（2）YTC5000 型　已知 $F_{max} = 6185010.5\text{N}$；螺纹规格 M180 × 6，$d_2 = 176.1\text{mm}$，$D = 260\text{mm}$，$d_0 = 203\text{mm}$。

按上例顺序，计算各参数。

$$Q = \frac{1}{2} \times 6185010.5 \times 1.1\text{N} = 3401755.8\text{N}$$

$$\lambda = \arctan \frac{6}{176.1\pi} = 0.62°$$

$$M_P = 3401755.8 \times \tan(0.62° + 4.57°) \times \frac{176.1}{2}\text{N·mm} = 27206164.8\text{N·mm}$$

$$M_T = \frac{1}{3} \times 3401755.8 \times 0.08 \times \frac{260^3 - 203^3}{260^2 - 203^2}\text{N·mm} = 31659399.1\text{N·mm}$$

$$\sum M = 27206164.8 \text{N} \cdot \text{mm} + 31659399.1 \text{N} \cdot \text{mm} = 58865563.9 \text{N} \cdot \text{mm}$$

（3）YTC10000 型　已知 $F_{max} = 11439795.5 \text{N}$，螺纹规格 M245×6，$d_2 = 241.1 \text{mm}$，$D = 362 \text{mm}$，$d_0 = 280 \text{mm}$。

计算各参数。

$$Q = \frac{1}{2} \times 11439795.5 \times 1.1 \text{N} = 6291887.5 \text{N}$$

$$\lambda = \arctan \frac{6}{241.1\pi} = 0.4538°$$

$$M_P = 6291887.5 \times \tan(0.45° + 4.57°) \times \frac{241.1}{2} \text{N} \cdot \text{mm} = 66625813.9 \text{N} \cdot \text{mm}$$

$$M_T = \frac{1}{3} \times 6291887.5 \times 0.08 \times \frac{362^3 - 280^3}{362^2 - 280^2} \text{N} \cdot \text{mm} = 81227156.9 \text{N} \cdot \text{mm}$$

$$\sum M = 66625813.9 \text{N} \cdot \text{mm} + 81227156.9 \text{N} \cdot \text{mm} = 147852970.8 \text{N} \cdot \text{mm}$$

（4）YTC12000 型　已知 $F_{max} = 13547647.1 \text{N}$，螺纹规格 M265×6，$d_2 = 261.1 \text{mm}$，$D = 400 \text{mm}$，$d_0 = 306 \text{mm}$。

计算各参数。

$$Q = \frac{1}{2} \times 13547647.1 \times 1.1 \text{N} = 7451205.9 \text{N}$$

$$\lambda = \arctan \frac{6}{261.1\pi} = 0.419°$$

$$M_P = 7451205.9 \times \tan(0.419° + 4.57°) \times \frac{261.1}{2} \text{N} \cdot \text{mm} = 84916846.9 \text{N} \cdot \text{mm}$$

$$M_T = \frac{1}{3} \times 7451205.9 \times 0.08 \times \frac{400^3 - 306^3}{400^2 - 306^2} \text{N} \cdot \text{mm} = 105832735.1 \text{N} \cdot \text{mm}$$

$$\sum M = 84916846.9 \text{N} \cdot \text{mm} + 105832735.1 \text{N} \cdot \text{mm} = 190749582 \text{N} \cdot \text{mm}$$

由以上计算的数据可以看到一个规律，即紧固螺母时，发生在螺纹间的摩擦力矩均小于螺母底面与垫圈间的摩擦力矩。

3. 确定装配时螺母的预紧方法

液压机螺母安装时的预紧方法一般有两种：一种方法是采用液压加载器预紧，另一种方法是将立柱加热，使其伸长，安装后冷却收缩自然就有了预紧力。

但是以上两种方法并不太适用于此液压机。前者加载器无法安装；后者立柱加热后直径也要膨胀，从而使配合间隙消除，无法装配。为了解决这个问题设计者设计制造了专用预紧机，此项设计不在此进行介绍。

3.5.3　液压机装配后的几何精度标准

1）检验基准平面的水平度。

各型号机器均为 0.02/1000mm。

此项精度是确定机器几何精度检验基准平面的水平度。缸体加工时是以缸体的上端面为基准面。所以机器装配后安装时也应以此平面作为几何精度检验的基准面。首先要调整此平面的水平度，调整方法是分别调整缸体下方地脚螺栓处的 4 件可调垫铁的高度，使基准面的水平度达到标准的要求。

　　检测方法如图 3-36 所示，在缸体的上端面上对称放置两件等高块，在等高块上放置平尺，用框式水平仪检测其水平度，纵向和横向分别测量，均必须达到公差的要求。

　　2）上横梁的下工作面对基准平面的平行度公差如下。

　　YTC3000 型和 YTC5000 型：0.05/1000mm。

　　YTC10000 型和 YTC12000 型：0.06/1000mm。

　　检测方法如图 3-36 所示，以框式水平仪直接测量其纵向和横向的水平度，误差以其读数与同方向基准面的水平仪读数的代数差计。

　　3）两立柱外径对基准面的垂直度公差如下。

　　YTC3000 型和 YTC5000 型：0.05/1000mm。

　　YTC10000 型和 YTC12000 型：0.06/1000mm。

　　检测方法如图 3-37 所示，将框式水平仪的 V 形测量面紧贴在立柱的纵向和横向外径上分别测量。误差以其读数与同方向基准面的水平仪读数的代数差计。

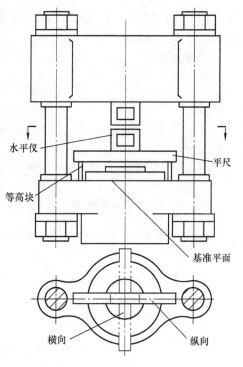

图 3-36　平行度检测方法

　　4）上横梁的下工作面的平面度公差如下。

　　YTC3000 型：0.04mm，YTC5000 型：0.05mm，YTC10000 型：0.05mm，YTC12000 型：0.06mm。

　　检测方法如图 3-38 所示，将检验平尺的测量面紧贴在上横梁的下工作面上，用塞尺（塞片）测量其间隙，纵向、横向分别测量。

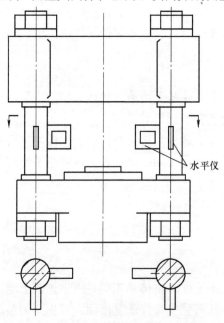

图 3-37　两立柱外径对基准面的垂直度检测方法

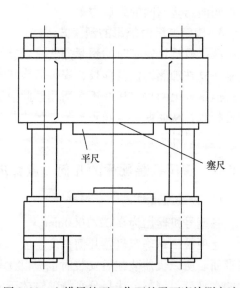

图 3-38　上横梁的下工作面的平面度检测方法

300

A

A

A

A

F_3

5

F_2

L

F_1

110

螺钉GB/T 70–M8×30

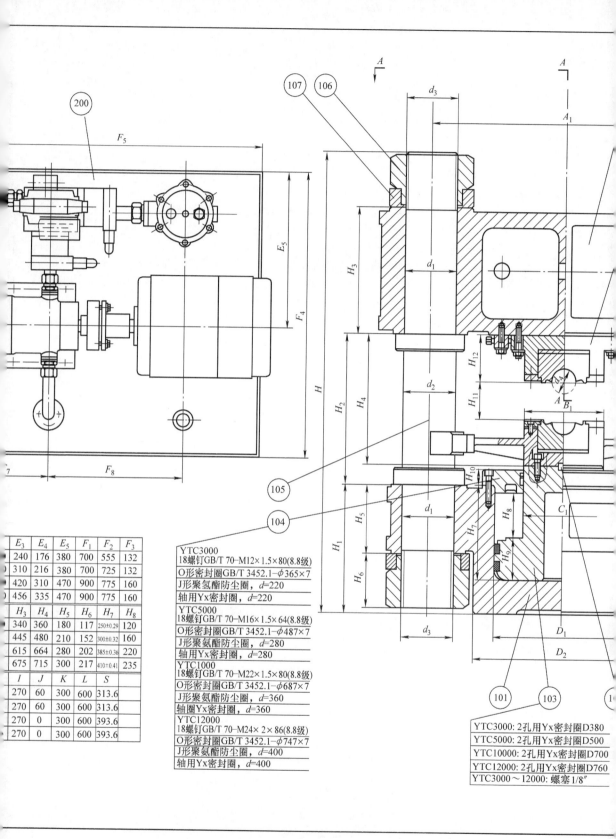

E_3	E_4	E_5	F_1	F_2	F_3
240	176	380	700	555	132
310	216	380	700	725	132
420	310	470	900	775	160
456	335	470	900	775	160

H_3	H_4	H_5	H_6	H_7	H_8
340	360	180	117	250±0.29	120
445	480	210	152	300±0.32	160
615	664	280	202	385±0.36	220
675	715	300	217	410±0.41	235

I	J	K	L	S
270	60	300	600	313.6
270	60	300	600	313.6
270	0	300	600	393.6
270	0	300	600	393.6

YTC3000
18螺钉GB/T 70–M12×1.5×80(8.8级)
O形密封圈GB/T 3452.1–ϕ365×7
J形聚氨酯防尘圈，d=220
轴用Yx密封圈，d=220
YTC5000
18螺钉GB/T 70–M16×1.5×64(8.8级)
O形密封圈GB/T 3452.1–ϕ487×7
J形聚氨酯防尘圈，d=280
轴用Yx密封圈，d=280
YTC1000
18螺钉GB/T 70–M22×1.5×80(8.8级)
O形密封圈GB/T 3452.1–ϕ687×7
J形聚氨酯防尘圈，d=360
轴用Yx密封圈，d=360
YTC12000
18螺钉GB/T 70–M24×2×86(8.8级)
O形密封圈GB/T 3452.1–ϕ747×7
J形聚氨酯防尘圈，d=400
轴用Yx密封圈，d=400

YTC3000: 2孔用Yx密封圈D380
YTC5000: 2孔用Yx密封圈D500
YTC10000: 2孔用Yx密封圈D700
YTC12000: 2孔用Yx密封圈D760
YTC3000～12000: 螺塞1/8″

图 3-35　液压机总图

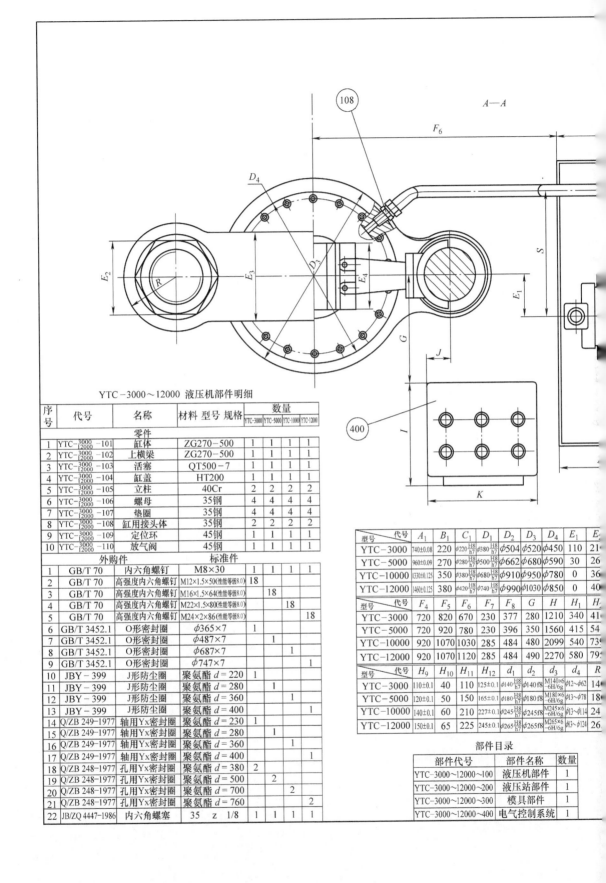

YTC-3000~12000 液压机部件明细

序号	代号	名称	材料 型号 规格	数量 YTC-3000	YTC-5000	YTC-10000	YTC-12000
		零件					
1	YTC-3000/12000-101	缸体	ZG270-500	1	1	1	1
2	YTC-3000/12000-102	上横梁	ZG270-500	1	1	1	1
3	YTC-3000/12000-103	活塞	QT500-7	1	1	1	1
4	YTC-3000/12000-104	缸盖	HT200	1	1	1	1
5	YTC-3000/12000-105	立柱	40Cr	2	2	2	2
6	YTC-3000/12000-106	螺母	35钢	4	4	4	4
7	YTC-3000/12000-107	垫圈	35钢	4	4	4	4
8	YTC-3000/12000-108	缸用接头体	35钢	2	2	2	2
9	YTC-3000/12000-109	定位环	45钢	1	1	1	1
10	YTC-3000/12000-110	放气阀	45钢	1	1	1	1
	外购件	标准件					
1	GB/T 70	内六角螺钉	M8×30	1	1	1	1
2	GB/T 70	高强度内六角螺钉	M12×1.5×50(性能等级8.0)	18			
3	GB/T 70	高强度内六角螺钉	M16×1.5×64(性能等级8.0)		18		
4	GB/T 70	高强度内六角螺钉	M22×1.5×80(性能等级8.0)			18	
5	GB/T 70	高强度内六角螺钉	M24×2×86(性能等级8.0)				18
6	GB/T 3452.1	O形密封圈	$\phi365×7$	1			
7	GB/T 3452.1	O形密封圈	$\phi487×7$		1		
8	GB/T 3452.1	O形密封圈	$\phi687×7$			1	
9	GB/T 3452.1	O形密封圈	$\phi747×7$				1
10	JBY-399	J形防尘圈	聚氨酯 $d=220$	1			
11	JBY-399	J形防尘圈	聚氨酯 $d=280$		1		
12	JBY-399	J形防尘圈	聚氨酯 $d=360$			1	
13	JBY-399	J形防尘圈	聚氨酯 $d=400$				1
14	Q/ZB 249-1977	轴用Yx密封圈	聚氨酯 $d=230$	1			
15	Q/ZB 249-1977	轴用Yx密封圈	聚氨酯 $d=280$		1		
16	Q/ZB 249-1977	轴用Yx密封圈	聚氨酯 $d=360$			1	
17	Q/ZB 249-1977	轴用Yx密封圈	聚氨酯 $d=400$				1
18	Q/ZB 248-1977	孔用Yx密封圈	聚氨酯 $d=380$	2			
19	Q/ZB 248-1977	孔用Yx密封圈	聚氨酯 $d=500$		2		
20	Q/ZB 248-1977	孔用Yx密封圈	聚氨酯 $d=700$			2	
21	Q/ZB 248-1977	孔用Yx密封圈	聚氨酯 $d=760$				2
22	JB/ZQ 4447-1986	内六角螺塞	35 z 1/8	1	1	1	1

型号 代号	A_1	B_1	C_1	D_1	D_2	D_3	D_4	E_1	E
YTC-3000	740±0.08	220	$\phi220\frac{H8}{h7}$	$\phi380\frac{H8}{h7}$	$\phi504$	$\phi520$	$\phi450$	110	21
YTC-5000	960±0.09	270	$\phi280\frac{H8}{h7}$	$\phi500\frac{H8}{h7}$	$\phi662$	$\phi680$	$\phi590$	30	26
YTC-10000	1330±0.125	350	$\phi380\frac{H8}{h7}$	$\phi680\frac{H8}{h7}$	$\phi910$	$\phi950$	$\phi780$	0	36
YTC-12000	1460±0.125	380	$\phi420\frac{H8}{h7}$	$\phi740\frac{H8}{h7}$	$\phi990$	$\phi1030$	$\phi850$	0	40

型号 代号	F_4	F_5	F_6	F_7	F_8	G	H_1	H_2
YTC-3000	720	820	670	230	377	280	1210	340	41
YTC-5000	720	920	780	230	396	350	1560	415	54
YTC-10000	920	1070	1030	285	484	480	2099	540	73
YTC-12000	920	1070	1120	285	484	490	2270	580	79

型号 代号	H_9	H_{10}	H_{11}	H_{12}	d_1	d_2	d_3	d_4	R
YTC-3000	110±0.1	40	110	125±0.1	$\phi140\frac{H8}{h7}$	$\phi140f8$	$M140×6-6H/6g$	$\phi12\sim\phi62$	14
YTC-5000	120±0.1	50	150	165±0.1	$\phi180\frac{H8}{h7}$	$\phi180f8$	$M180×6-6H/6g$	$\phi13\sim\phi78$	18
YTC-10000	140±0.1	60	210	227±0.1	$\phi245\frac{H8}{h7}$	$\phi245f8$	$M245×6-6H/6g$	$\phi13\sim\phi114$	24
YTC-12000	150±0.1	65	225	245±0.1	$\phi265\frac{H8}{h7}$	$\phi265f8$	$M265×6-6H/6g$	$\phi13\sim\phi124$	26

部件目录

部件代号	部件名称	数量
YTC-3000~12000~100	液压机部件	1
YTC-3000~12000~200	液压站部件	1
YTC-3000~12000~300	模具部件	1
YTC-3000~12000~400	电气控制系统	1

5）活塞杆端面的平面度公差如下。

YTC3000 型：0.04mm，YTC5000 型：0.05mm，YTC10000 型：0.05mm，YTC12000 型：0.06mm。

检测方法如图 3-39 所示，将检验平尺的测量面放置在活塞的端面上，用塞尺测量其间隙，纵向、横向分别测量。

6）活塞杆端面对基准面的平行度公差如下。

YTC3000 型：0.05/1000mm，YTC5000 型：0.05/1000mm，YTC10000 型：0.06/1000mm，YTC12000 型：0.06/1000mm。

检测方法如图 3-40 所示，用框式水平仪测量。误差以其读数与同方向基准面水平仪读数的代数差计。横向与纵向均按上列公差要求。

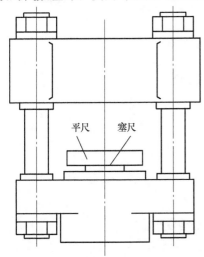

图 3-39　活塞杆端面平面度的检测方法

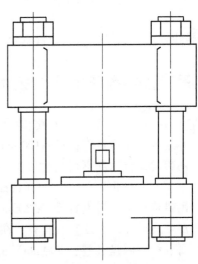

图 3-40　活塞杆端面对基准面的平行度的检测方法

7）活塞运动方向对两立柱外径的平行度公差如下。

YTC3000 型：0.05mm，YTC5000 型：0.05mm，YTC10000 型：0.06mm，YTC12000 型：0.06mm。

检测方法如图 3-41 所示，用百分表测量，百分表的触头触在立柱外径的横向和纵向的母线上，表座固定在活塞杆的端面上，活塞上升至最大行程，误差以百分表的最大读数差计。

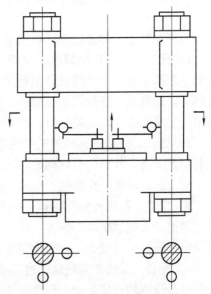

图 3-41　活塞运动方向对两立柱外径的平行度的检测方法

第4例　吊带皮卷盘机设计

吊带是一种柔性的非金属的起重用吊索，是在吊带皮中穿入吊带芯制成的。吊带皮是纺织品，由强力丝织成，是一条空心的筒状长带状物。吊带芯也是由强力丝制成的，吊带可以承受很大的负荷，用于对怕划伤的物品的起重作业。

吊带皮的孔径只有几十毫米，但在穿芯之前其长度都织成几百米。在生产过程中，为了方便运输和上架，需要将每条几百米长的带子卷绕成盘状，于是便有了"吊带皮卷盘机"的设计。

吊带皮卷盘机是吊带生产厂自制的专用设备。

4.1　吊带皮卷盘机的主要技术参数和技术条件

吊带皮卷盘机的主要技术参数和技术条件如下。
1）卷绕的吊带皮宽度：38 ~ 100mm。
2）吊带皮运行速度不得超过 180m/min。
3）吊带皮运行张力：3 ~ 5kgf（1kgf = 9.80665N）。
4）吊带皮卷绕的最大直径：ϕ800mm。
5）吊带皮的卷绕必须紧密整齐，在搬运过程中不得松动变形。
6）每卷绕一满盘（卷径 800mm）的工时约为 10min。

4.2　吊带皮卷绕运行路线设计

吊带皮打卷前都是散放于料箱中，未经整理。所以打卷前首先要对其进行如下整理。

1）理顺。吊带皮刚织成时是筒状的长长的带子，后被压扁成平带。在料箱中放置时，带的平面都应处于水平状态。但此平面也有"拧劲"的现象，所以要首先理顺，即将拧劲处解开。理顺是在进带辊上完成的，进带辊设置在高高的支架上，而料箱则是放置于地面，当吊带皮从低处向高处运行时，拧劲的地方自然就解开了，这个过程叫理顺。

2）变向。吊带皮在经过进带辊卷绕之后，其平面的母线仍然是处在水平面上。而卷绕在卷绕盘上时，带面的母线则处在垂直面上。所以在卷绕之前要使带面转动 90°，称之为变向。变向是在斜辊上完成的。

3）定位。吊带皮变向后运行的位置可高可低，但是卷绕之后其下边缘必须紧贴卷绕盘的上表面，否则卷绕就不整齐。所以卷绕之前必须使其运行路线，确定在由卷绕盘的上表面所确定的同一个高度上，称之为定位。定位是在定位辊上完成的。

4）测长。吊带皮卷绕的长度是成卷后需要标注的数据，故而需要在运行过程中计算已卷绕的吊带皮的长度。此工作在测长辊上完成。

5）施加张力。在吊带皮的运行中，必须对其施加张力，即施加卷绕阻力，否则卷绕不紧密。此工作在两个张力辊上进行，张力应该可调。

将以上各项动作连接在一起，就构成了吊带皮卷绕前的运行路线。运行路线示意图，如图 4-1 所示。

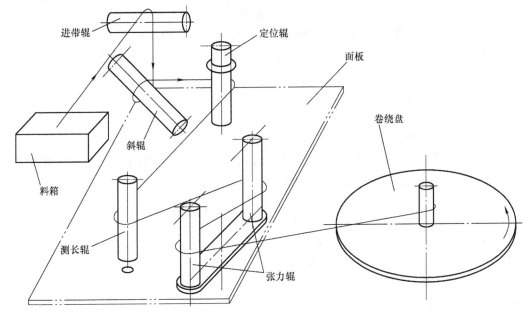

图 4-1 吊带皮运行路线示意图

4.3 吊带皮卷盘机的部件组成

吊带皮卷盘机由以下几个部件组成：

1）机架部件。此部件是机器的骨架，在此骨架上安装其他各部件，并且支承着各部件去完成各种机械动作。

2）卷绕盘部件。这是由套筒、主轴、卷绕盘等件组成的旋转机构。卷绕盘的旋转将数百米长的吊带皮卷绕成一个紧密的大盘子。

3）机械传动部件。这是驱动卷绕盘转动的传动机构，由电动机及两级 V 带减速传动构成。

4）进带辊部件。该部件由 6 件小辊筒组成，它们分别完成吊带皮在卷绕前应进行的准备工作。

5）电气控制系统。该系统由强电和弱电两部分组成，强电系统主要是一台微型电动机的运转和保护线路，弱电系统则是一件传感器的测量、控制电路。

4.4 吊带皮卷盘机的部件设计

4.4.1 机械传动部件设计

吊带皮也属于纺织品，所以吊带皮卷盘机也属于纺织机械中的成卷机械。此类机械的传动系统一般有两种设计，一种设计是恒转速传动，即卷绕织物的辊筒是恒转速运转。此类机械，织物的运行速度随着卷绕直径的增大而成比例地增大，多用于卷绕直径变化不大的机械上。这种传动系统比较简单，成本较低。

另一种设计是恒线速度传动，卷绕织物的辊筒的转速，随着卷绕直径的增大而自动减小，使织物卷绕的线速度保持恒定。这种设计比较复杂，成本也比较高。

此项设计应该采用哪种传动？为了慎重决定，设计时按两种方案都进行了"试设计"，然后比较优劣，再决定取舍。

1. 卷绕盘恒转速传动设计

（1）电动机的选择

1）确定卷绕盘的转速。

根据经验，吊带皮的运行速度不宜超过 180m/min。当卷绕直径最大时，吊带皮运行的速度最大，所以卷绕盘的转速可按下式计算

$$n_{max} = \frac{180 \times 1000}{800\pi} \text{r/min} = 71.6 \text{r/min}$$

取卷绕盘的转速 $n = 70$r/min。

2）计算电动机负载功率及电动机选型。

该吊带皮卷绕时的张力即卷绕阻力为 5kgf（1kgf = 9.80665N），最大卷绕直径为 $\phi 806$mm，则最大卷绕力矩为

$$M_{max} = 5 \times \frac{800}{2 \times 1000} \text{kgf} \cdot \text{m} = 2 \text{kgf} \cdot \text{m}$$

最大卷绕功率可按下式计算

$$N_{max} = \frac{M_{max}n}{975} = \frac{2 \times 70}{975} \text{kW} = 0.14 \text{kW}$$

卷绕盘转动时的摩擦功率计算。

已知各转动件的质量如下：吊带皮最大质量 32kg，卷绕轴质量 7kg，卷绕盘质量 10.5kg，托盘质量 8kg，合计 57.5kg。

卷绕轴转动时的摩擦力矩

$$M_{on} = GfR = 57.5 \times 0.005 \times 0.035 \text{kgf} \cdot \text{m} = 0.01 \text{kgf} \cdot \text{m}$$

摩擦功率 $N_m = \frac{0.01 \times 70}{975} \text{kW} = 7 \times 10^{-4} \text{kW}$，可忽略不计。

根据卷绕功率为 0.14kW，应选用微型电动机。拟选用 AO2 型电动机，其效率为 0.6 ~ 0.7，则选用的电动机功率应为

$$P = \frac{0.14K}{\eta}$$

式中　P——选用的电动机功率（kW）；

η——电动机效率，取 $\eta = 0.65$；

K——安全系数，取 $K = 1.2$。

则得

$$P = \frac{0.14}{0.65} \times 1.2 \text{kW} = 0.258 \text{kW}$$

根据计算数据，选用电动机型号为 AO2 - 7114，其参数如下：

功率 $P = 250$W，电流 $I = 0.83$A，电压 $V = 380$V，效率 $\eta = 0.67$，额定转矩 $M = $

2.4N·m。

（2）生产效率估算　前文已经确定了卷绕盘的转速恒定为 20r/min，此数据决定了每卷满一盘所需要的时间，也就决定了机器的生产效率。

恒转速传动，每卷满一盘所需的时间可按下式计算

$$t = \frac{D - d}{2\delta n}$$

式中　t——每卷满一盘所需的时间（min）；

D——最大卷绕直径（mm），$D = 800$mm；

d——最小卷绕直径（mm），$d = 20$mm；

δ——吊带皮压扁后的厚度（mm），$\delta = 1.5$mm；

n——卷绕盘的转速（r/min），$n = 70$r/min。

各值代入公式

$$t = \frac{800 - 20}{2 \times 1.5 \times 70} \text{min} = 3.71 \text{min}$$

吊带皮卷满一盘，卷绕直径由 20mm 增大到 800mm，其卷绕长度可按下式计算

$$L = \frac{A}{1000\delta} = \frac{\pi (R^2 - r^2)}{1000\delta}$$

式中　L——卷绕长度（m）；

A——满卷时的卷绕面积（mm^2）；

δ——吊带皮压扁后的厚度（mm），$\delta = 1.5$mm；

R——最大卷绕半径（mm），$R = 400$mm；

r——最小卷绕半径（mm），$r = 10$mm。

各值代入公式

$$L = \frac{\pi \times (400^2 - 10^2)}{1.5 \times 1000} \text{m} = 334.89 \text{m}$$

由以上计算可知，当卷绕盘以 70r/min 恒转速运动时，每卷绕一满盘，所用的时间为 3.71min，卷绕长度为 334.89m，这样的生产效率是符合要求的。

2. 卷绕盘恒线速度传动设计——交流变频调速设计

此机械设计于 1998 年，当时异步电动机交流变频调速已得到广泛应用，于是也按此进行了吊带皮卷绕盘恒线速度传动设计。

（1）异步电动机交流变频调速的原理　异步电动机的运转速度应按下式计算

$$n = (1 - S) \frac{60f_1}{P}$$

式中　n——异步电动机的运转速度（r/min）；

S——异步电动机的转差率，一般 $S = 1.5\% \sim 6\%$；

f_1——电源频率（Hz），电网的频率为 50Hz；

P——电动机的极对数，4 极电动机 $P = 2$。

根据上式，在成卷机构卷绕的过程中，如果随着卷绕直径的增大不断地减小电源的频率 f_1，就可以使电动机的转速逐渐减小，从而可以获得卷绕织物的恒线速度运动。

异步交流电动机的变频调速控制，就是在电动机的控制系统中设置一个变频器，并且用微机对变频器输出的频率进行自动控制，从而获得电动机在每一瞬间的不同转速。

（2）变频器的选择　随着交流电动机变频调速技术的推广，变频器已经成为一个独立的产品供应于市场。用户应根据设计项目的特点选用。

选用时需进行参数计算，此项设计进行了如下计算：

设驱动电动机与前述恒转速传动所选用的电动机相同，其参数为：电动机型号 AO2 - 7114，功率 250W，转速 1400r/min，电流 0.83A，电压 380V，效率 67%，额定转矩 2.4N·m，转差率 6.6%。变频器参数如下：

1）变频器的容量：

电压：变频器的输出电压应与电动机的额定电压一致，即 380V（频率为 50Hz 时）。

电流：变频器的额定电流应为电动机额定电流的 1.1 ~ 1.5 倍，取 $I = 0.83 \times 1.5A = 1.25A$。

2）变频器的调速范围：一般变频器调速范围为 1:10，高精度变频器为 1:100。此项设计最小卷径为 20mm，最大卷径为 800mm，卷径比为 20/800 = 1/40，所以要用精密型变频器。

变频器输出频率范围：最低频率 3Hz（不可更低），最高频率 3×40Hz = 120Hz。

3）电动机可控转速范围

$$n_{min} = (1 - 0.0667) \times \frac{60 \times 3}{2} r/min = 84r/min$$

$$n_{max} = (1 - 0.0667) \times \frac{60 \times 120}{2} r/min = 3360r/min$$

4）变频器的精度：0.5%。

5）压频比：$V/f = 54$

（3）确定恒线速度卷绕运动的基本参数——吊带皮的运行速度　对于恒线速度卷绕传动，吊带皮的运行速度决定了机器的生产效率，所以这是一个非常重要的参数。初步确定吊带皮的运行速度与恒转速传动时的平均速度相同，因为这样可使两种传动方式的生产效率相同。

对于恒转速传动，吊带皮运行速度的平均值可按下式计算

$$\bar{V} = \frac{L(卷绕长度)}{t(卷绕时间)} = \frac{334.89m}{3.714min} = 90.17m/min$$

取吊带皮恒线速度运动的速度为 90m/min，按此计算卷绕盘的转速

$$n_{min} = \frac{90 \times 1000}{800\pi} r/min = 35.8r/min（最小）$$

$$n_{max} = \frac{90 \times 1000}{20\pi} r/min = 1432.4r/min（最大）$$

根据卷绕盘的最大转速可以求出它的最大圆周速度

$$v_{max} = \pi Dn = \pi \times 0.8 \times 1432.4m/min = 3600m/min$$

这两项计算数据就把问题暴露出来了：第一个问题是卷绕盘的最大圆周速度太大，3600m/min 的圆周速度，在一般的机械设计上是不用的，因为不安全，而且要实现这个速度必须对机器提出很高的技术条件，是不经济的；第二个问题是起动功率太大，电动机无法选择。下面进行此项计算。

此项恒线速度传动，卷绕盘的转速不是匀加速运动，而是匀减速运动。电动机一起动，卷绕盘就要在最高的转速下运转（因为此时卷绕直径最小）又由于卷绕盘的转动惯量比较

大，所以起动转矩很大。

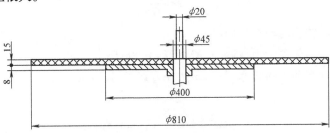

图 4-2　卷绕盘的结构简图

卷绕盘由上卷绕盘和托板组成，其结构简图如图 4-2 所示。其转动惯量按下式计算

$$J_x = \frac{m}{2}(R^2 + r^2)$$

式中　J_x——卷绕盘对其轴线 x 的转动惯量（$kg \cdot m^2$）；

　　　m——卷绕盘的质量（kg），上卷绕盘材料为酚醛层压板，$m_1 = 10.8kg$；托板材料为 Q235A，$m_2 = 8kg$；

　　　R——卷绕盘的外半径（m），$R_1 = 0.405m$，$R_2 = 0.2m$；

　　　r——卷绕盘的内卷径（m），$r_1 = r_2 = 0.0225m$。

上卷绕盘的转动惯量

$$J_1 = \frac{10.8}{2} \times (0.405^2 + 0.0225^2) kg \cdot m^2 = 0.89kg \cdot m^2$$

托板的转动惯量

$$J_2 = \frac{8}{2} \times (0.2^2 + 0.0225^2) kg \cdot m^2 = 0.16kg \cdot m^2$$

计算卷绕盘起动时的角加速度，按下式计算

$$\beta = \frac{n_t - n_0}{60t} \times 2\pi$$

式中　β——卷绕盘起动时的角加速度（rad/s^2）；

　　　n_t——卷绕盘起动过程结束时达到的转速，即卷绕盘的最高转速（r/min），$n_t = 1432.4r/min$；

　　　n_0——卷绕盘起动前的转速（r/min），$n_0 = 0$；

　　　t——起动时间（s），变频调速控制，最长起动时间为 20s，取 $t = 20s$。

各值代入公式

$$\beta = \frac{1432.4 - 0}{20 \times 60} \times 2\pi \ rad/s^2 = 7.5rad/s^2$$

根据"刚体转动定律"，刚体所受的合外力矩等于刚体的转动惯量和角加速度的乘积，即 $M = J\beta$，式中，当 J 的单位为 $kg \cdot m^2$ 时，M 的单位为 $N \cdot m$。

将 J、β 值代入公式得

$$M = (J_1 + J_2)\beta = (0.89 + 0.16) \times 7.5N \cdot m$$
$$= 7.875N \cdot m = 0.8kgf \cdot m$$

卷绕盘的起动功率可按下式计算

$$N = \frac{Mn}{975}$$

式中　N——卷绕盘的起动功率（kW）；

　　　M——卷绕盘的起动转矩（kgf·m），$M = 0.8$kgf·m；

　　　n——卷绕盘起动后的转速（r/min），$n = 1432.4$r/min。

由此得

$$N = \frac{0.8 \times 1432.4}{975}\text{kW} = 1.18\text{kW}$$

以上的功率消耗，只是用于克服卷绕盘的惯性力，此外还要克服吊带皮运行的阻力，所以电动机的功率可达到 1.5kW。此数据是恒转速传动所用电动机功率的 6 倍，这是不可行的。

所以吊带皮运行的恒速度必须大幅度地降低。考虑到三项异步电动机具有一定的过载能力，其过载系数 $\lambda = 1.8 \sim 2.2$，取 $\lambda = 2$，则负载功率最大可达 0.25×2kW $= 0.5$kW。根据此数据，吊带皮运行的恒速度可降低至原定值的 1/3，即 30m/min。则其生产效率也将降低到恒转速传动的 1/3。

3. 两个设计方案的比较及选择

（1）恒转速传动的技术参数

1）卷绕盘的转速：70r/min。

2）吊带皮的运行速度：$v_{min} = 4.4$m/min，$v_{max} = 175.9$m/min。

3）卷绕满盘所需的工时：3.71min。

4）传动机构及控制系统：普通机械传动及普通电气控制。

（2）恒线速度传动的技术参数及条件

1）吊带皮运行的恒速度 $v = 30$m/min。

2）卷绕满盘所需的工时 $t = \frac{334.89}{30}$min $= 11.16$min。

3）电动机的变频调速控制，需采用精密型变频器一台（附自动控制系统）。

4）卷绕盘的最高转速为 $n_{max} = \frac{30 \times 1000}{20\pi}$r/min $= 477.5$r/min，圆周速度 $v = 477.5 \times 0.8 \times \pi$ m/min $= 1200$m/min。

卷绕盘的圆周速度仍然太高，需采取如下措施：①在卷绕盘的外围加防护罩；②卷绕盘及托板要经精密加工并进行静平衡处理。

4. 设计方案的选择

根据上列数据，恒转速传动的主要缺陷是吊带皮运行的速度差别太大，低速与高速相差 40 倍，最高速度为 175.9m/min，但是仍在允许范围内。而且，其运动属于匀加速运动，不会产生振动和冲击。在吊带皮的最高运行速度下，进带辊的转速仅为 1077r/min，运转是安全的。

恒线速度传动的主要问题是：①生产效率低，仅为恒转速传动的 1/3；②成本高，仅一台精密型变频器就价值近万元，再加上卷绕盘的精密加工及安全防护机构的费用，其成本要高于恒转速传动两倍。

故决定吊带皮卷盘机的传动设计采用恒转速传动。

5. 传动链设计

机械传动应采用哪种传动方式？根据机器的外形特征采用了V带传动。因为卷绕盘的直径很大，在其下面可安装V带的传动机构。由于电动机的功率很小，所以采用了Z型带。

传动链如下式所示

$$1400 \times \frac{50}{250} \times \frac{56}{224} \mathrm{r/min} = 70 \mathrm{r/min}$$

机械传动部件简图如图4-3（见插页）所示，其零件明细见表4-1。

表4-1　机械传动部件零件明细　　　　　　　　　　　（单位：mm）

代号	名称	型号规格	材料	数量	备注
301	小带轮		Q235A	1	
302	大带轮		Q235A	1	
303	双头螺栓		35钢	1	
304	轴承座		Q235A	1	焊接件
305	外隔套		Q235A	1	
306	内隔套		Q235A	1	
307	螺盖		35钢	1	
308	小轴		45钢	1	
A02 – 7114	微型电动机	250W，1400r/min	380V	1	50Hz 卧式
GB/T 5780	六角头螺栓	M6×35		4	
GB/T 5780	六角头螺栓	M6×22		4	
GB/T 41	六角螺母	M6		5	
GB/T 95	平垫圈	6		12	
GB/T 894.1	轴用弹性挡圈	20		2	
GB/T 78	内六角锥端紧定螺钉	M5×10		1	
GB/T 1096	平键	6×24		1	
GB/T 1096	平键	5×28		1	
GB/T 276	轴承	6004		2	
GB/T 11544	V带	Z – 1000		2	

由图可知，两条V带均为Z – 1000型，其设计要点如下：①尽量减小两轮的中心距，以便使结构紧凑；②要保证小轮的包角不小于120°；③两轮的中心距是要留有调整量的，以便安装时或V带磨损时调整。由D视图和B—B视图可知：轴承座304的安装底板106的螺钉孔是长孔，调节双头螺栓303上的螺母可将两条V带同时调紧。

6. 机械传动机构安装的技术条件

机械传动机构安装的技术条件如下。

1）轴承座304的安装底板106，及电动机座的安装底板107，虽然属于机架部件，但是应在机械传动机构安装时再进行焊接。焊接时先点焊，然后进行精度测量，待符合技术条件时再焊牢。

2）轴承座304的轴线，相对卷绕套筒204外径的平行度公差为0.1mm（纵横两个方向，用水平仪测量）。

3）电动机底板107的电动机安装面，对轴承座304的轴线的平行度公差为0.1mm。

4）小带轮301，对大带轮302的等高度公差为0.3mm（用平尺测量），两轮端面平行度公差为0.2mm。

5）卷绕轴上安装的 V 带轮207对302上的小带轮的等高度公差为0.3mm（卷绕轴的高低位置可调）。

4.4.2　卷绕盘部件设计

1. 卷绕盘部件的功能及要求

卷绕盘部件的功能及要求如下。

1）通过卷绕盘和卷绕轴的旋转，将吊带皮卷绕在卷绕盘的上端面，构成吊带皮的卷盘。

2）卷绕盘的转动应平稳无冲击，无振动。

3）吊带皮成卷后，心轴应能向下方做轴向移动，使之与吊带皮脱开，以便取走。心轴的向下移动可由人工操作，弹簧复位。

4）卷绕轴应设置制动机构，以便实现卷满及时停车。制动机构可由人工操作，并具有自动制动功能。

5）卷绕轴的转动应轻快、灵活、无振动。

6）制动机构及心轴的轴向移动，都应轻快灵活、有效。

2. 卷绕盘部件设计要点

卷绕盘部件的设计如图 4-4（见插页）所示，其零件明细见表 4-2。此部件的设计，主要考虑了以下几个问题。

表 4-2　卷绕盘部件零件明细　　　　　　　　　　　　　　（单位：mm）

代号	名称	型号规格	材料	数量	备注
201	卷绕盘		酚醛层压板	1	$\delta15$
202	心轴		45 钢	1	
203	托盘		Q235A	1	
204	套筒		无缝钢管 $\phi114 \times 16$	1	
205	卷绕轴		无缝钢管 $\phi57 \times 13$	1	
206	下螺盖		Q235A	1	
207	V 带轮		Q235A	1	
208	杠杆支座		Q235A	1	焊接件
209	脚踏杠杆		Q235A	1	焊接件
210	制动手把		Q235A	1	焊接件
211	卷盘螺母		35 钢	1	
212	套筒端盖		Q235A	1	
213	上螺盖		Q235A	1	
214	弹簧		碳素弹簧钢丝	1	$\phi2.5$
215	拉簧螺钉		Q235A	2	
216	定位板	（定位板）	Q235A	1	
217	拉簧	最大拉力 5N	碳素弹簧钢丝	1	$\phi0.6$
218	制动带结合件		石棉制动带，$\delta = 4$ 弹簧钢带，$\delta = 2$	1	铆接
219	制动轮		Q235A	1	

（续）

代号	名称	型号规格	材料	数量	备注
220	轴承座		Q235A	1	
221	轴承盖		Q235A	1	
222	制动带销轴		Q235A	1	
223	制动带定位轴		Q235A	1	
224	手把定位轴		Q235A	1	
225	卡箍		Q235A	2	焊接件
226	衬套		HT100	1	
227	滑轮		Q235A	1	
228	牵引索		ϕ3mm 钢丝绳，1×19	0.5m	
229	滑轮轴		45 钢		
GB/T 276	轴承	628/6 – Z，6×13×5	单面有防尘盖	1	
GB/T 5780	六角头螺栓	M8×24		1	
GB/T 70	内六角螺钉	M8×28		6	
GB/T 70	内六角螺钉	M8×32		2	
GB/T 70	内六角螺钉	M8×40		2	
GB/T 41	螺母	M8		8	
GB/T 95	垫圈	8		11	
GB/T 893.1	孔用弹性挡圈	32		1	
GB/T 894.1	轴用弹性挡圈	16		3	
GB/T 894.1	轴用弹性挡圈	17		1	
GB/T 894.1	轴用弹性挡圈	45		1	
GB/T 894.1	轴用弹性挡圈	50		3	
GB/T 41	螺母	M10		4	
GB/T 95	垫圈	10		4	
GB/T 117	锥销	6×26		2	
GB/T 882	销轴	8×20		2	
GB/T 91	开口销	3.2×15		2	
GB/T 1566	薄形平键	14×6×15		1	
GB/T 1566	薄形平键	14×6×35		1	
GB/T 1566	薄形平键	14×6×24		1	
GB/T 4141.11	手柄球	M8×25		1	
GB/T 276	深沟球轴承	6003，17×35×10		1	
GB/T 276	深沟球轴承	6210，50×90×20		1	
GB/T 292	角接触轴承	7210AC，50×90×20		1	
GB/T 1566	薄型平键	10×6×12		1	
	电磁铁	MQ2 – 1.5		1	吸力15N，拉动型

（1）卷绕盘的质量要轻　卷绕盘 201 直径比较大，外径为 810mm，转动惯量如果大了会造成起动转矩和制动转矩过大，使起动和停止产生困难，所以选用了密度比较小的酚醛层压板来制造。此种材料是压制成型的，所以表面的平面度、两平面的平行度、表面质量都很高，而且刚性好。用它制造卷绕盘，选择合适的厚度，两个大平面可以不加工，所以成本低。

（2）卷绕轴的两个轴承必须有比较高的安装精度　卷绕轴 205 由上、下两个轴承支承，而安装轴承的机构则要被安装在角钢焊接的机架上，其安装面无法进行机械加工。所以安装后如何保证卷绕轴的几何精度，如何保证轴承应有的安装精度，就成了设计中应该考虑的问题。

针对此问题，有两种设计方案可供选择：第一种方案是：卷绕轴安装在两个轴承座上，为了放宽对轴承座安装的精度要求，轴承采用调心球轴承，轴承座采用标准件。卷绕盘的安装精度，由安装时调整解决，即调整安装位置和改变调整垫的厚度。此方案机构简单，加工零件少，但安装难度大，而且精度稳定性差，因为轴承座上没有定位销。每次检修也要进行精度调整。

第二种方案是将上、下两个轴承安装在同一个套筒中，按轴承的工作负荷分别选择适宜的上、下轴承。轴承的安装精度由卷绕轴和套筒的加工来保证，安装时按套筒的外径找正，修整支承座的厚度，找正后将支座焊牢在机架上。此方案的特征是机构复杂，加工的零件多，成本比较高。但是能获得较高的安装精度，轴承能在很好的条件下运转，使用寿命长，精度稳定。

经过比较，特别是从长期使用的需求考虑，设计选择了第二种方案，其结构如图 4-4 所示。

由 Ⅱ 放大图可知，上轴承采用了角接触球轴承，可以承受较大的垂直向下的轴向力，非常适合卷绕轴的工作条件。

由主视图可以看到，下轴承采用了深沟球轴承，因为它只承受径向力。由图还可以看到，轴承外环的两侧都有不大的轴向间隙，由此可以保证卷绕轴的热膨胀量及零件轴向尺寸的加工误差都不会影响轴承的正常运转。

（3）卷绕轴的结构设计有特殊的要求　由主视图还可看到，卷绕轴 205 是空心轴，在轴孔中安装着心轴 202 和弹簧 214。心轴上部与卷绕轴 205 轴孔的配合及心轴下部与衬套 226 的配合均为 $\dfrac{H8}{f7}$，是一种适用于转动或滑动的间隙配合。所以心轴可以在卷绕轴的孔中上、下滑动。由 Ⅰ 放大图可以看到，心轴下端部通过轴承座 220、轴承盖 221 及销轴与脚踏杠杆 209 连接。所以，当操作者踩踏脚踏杠杆 209 时，心轴会在旋转中向下移动，使上端的开口轴颈从吊带皮的卷绕盘中退出，以便将吊带皮的卷绕盘取走。当操作者将脚移开时，在弹簧的推动下心轴又会向上滑动，回到工作位置。脚踏杠杆之所以设计成需用脚踏，是为了使操作者空出双手去搬动吊带皮的卷绕盘。由 Ⅰ 放大图还可以看到，脚踏杠杆 209 的销轴孔是长圆孔，这是因为在运行中销轴在脚踏杠杆上有纵向位移。

3. 卷绕轴制动机构设计

高速转动的卷绕轴，当吊带皮的卷径达到 800mm 时，必须及时停车，否则吊带皮的卷绕长度就超过了规定值。所以卷绕轴还要设置制动机构。

制动机构由制动带结合件 218、制动轮 219、制动手把 210 等件组成。

制动机构的设计，主要是进行制动力矩的计算及制动操作力的计算。计算过程如下：

（1）卷绕盘部件的各旋转件转动惯量计算　卷绕盘部件的主要零件，在机器运行时都以 $n = 20\text{r/min}$ 的转速转动，因而产生了较大的转动惯量。这是个表示转动物体转动惯性大小的物理量，机器制动时必须加以克服。所以进行制动机构的设计，首先须计算这些转动零件的转动惯量。

1）卷绕盘转动惯量计算。卷绕盘简图如图 4-5 所示，按下式计算

$$J_1 = \frac{m}{2}(R^2 + r^2)$$

式中　J_1——卷绕盘转动惯量（kg·m²）；
　　　　m——卷绕盘的质量（kg），$m = 10.8$kg；
　　　　R——外半径（m），$R = 405$mm $= 0.405$m；
　　　　r——内半径（m），$r = 22.5$mm $= 0.0225$m。

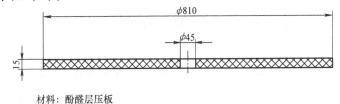

材料：酚醛层压板

图 4-5　卷绕盘简图

各值代入公式

$$J_1 = \frac{10.8}{2} \times (0.405^2 + 0.0225^2) \text{kg·m}^2 = 0.89 \text{kg·m}^2$$

2）托盘转动惯量计算。托盘简图如图 4-6 所示。此零件由两部分组成，分别计算其转动惯量。

轮辐部分

$$m = (20^2 - 2.25^2) \times 0.8 \times \pi \times 7.85 \text{g} = 7800 \text{g} = 7.8 \text{kg}$$

$$J_A = \frac{7.8}{2} \times (0.2^2 + 0.0225^2) \text{kg·m}^2 = 0.158 \text{kg·m}^2$$

轮毂部分

$$m = (4^2 - 2.25^2) \times 1 \times \pi \times 7.85 \text{g} = 270 \text{g} = 0.27 \text{kg}$$

$$J_B = \frac{0.27}{2} \times (0.04^2 + 0.0225^2) \text{kg·m}^2 = 0.000284 \text{kg·m}^2$$

两部分转动惯量之和

$$J_2 = J_A + J_B = (0.158 + 0.000284) \text{kg·m}^2 = 0.158284 \text{kg·m}^2$$

3）制动轮转动惯量计算。制动轮简图如图 4-7 所示。此零件由三个部分组成，分别计算其转动惯量。

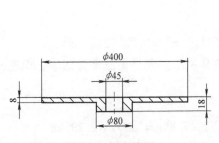

图 4-6　托盘简图

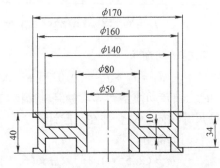

图 4-7　制动轮

轮缘部分：为了简化计算，将 $3 \times 5\text{mm}$ 的两个挡边转化为外径的尺寸，则外径按 $\phi 162\text{mm}$ 计算。

$$m = (8.1^2 - 7^2) \times \pi \times 4 \times 7.85\text{g} = 1638.5\text{g} = 1.6385\text{kg}$$

$$J_A = \frac{1.64}{2} \times (0.081^2 + 0.07^2)\text{kg} \cdot \text{m}^2 = 0.0094\text{kg} \cdot \text{m}^2$$

轮毂部分

$$m = (4.1^2 - 2.5^2) \times \pi \times 4 \times 7.85\text{g} = 1041.7\text{g} = 1.04\text{kg}$$

$$J_B = \frac{1.04}{2} \times (0.041^2 + 0.025^2)\text{kg} \cdot \text{m}^2 = 0.0012\text{kg} \cdot \text{m}^2$$

轮辐板部分

$$m = (7^2 - 4^2) \times \pi \times 1 \times 7.85\text{g} = 813.8\text{g} = 0.8138\text{kg}$$

$$J_C = \frac{0.814}{2} \times (0.07^2 + 0.04^2)\text{kg} \cdot \text{m}^2 = 0.00265\text{kg} \cdot \text{m}^2$$

制动轮的转动惯量

$$J_3 = J_A + J_B + J_C = (0.0094 + 0.0012 + 0.00265)\text{kg} \cdot \text{m}^2 = 0.01325\text{kg} \cdot \text{m}^2$$

4）V带轮转动惯量计算。V带轮简图如图4-8所示。此零件由两部分组成，分别计算其转动惯量。

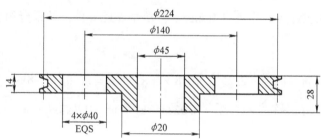

图4-8　V带轮简图

辐板部分

$$m = \left[(11.2^2 - 2.25^2) \times \pi - 2^2 \times \pi \times 4 \right] \times 1.4 \times 7.85\text{g} = 3603.7\text{g} = 3.604\text{kg}$$

$$J_A = \frac{3.6}{2} \times (0.112^2 + 0.0225^2)\text{kg} \cdot \text{m}^2 = 0.0235\text{kg} \cdot \text{m}^2$$

轮毂部分

$$m = (3.5^2 - 2.25^2) \times \pi \times 1.4 \times 7.85\text{g} = 248.16\text{g} = 0.248\text{kg}$$

$$J_B = \frac{0.248}{2} \times (0.035^2 + 0.0225^2)\text{kg} \cdot \text{m}^2 = 0.000215\text{kg} \cdot \text{m}^2$$

V带轮的转动惯量

$$J_4 = J_A + J_B = (0.0235 + 0.000215)\text{kg} \cdot \text{m}^2 = 0.02372\text{kg} \cdot \text{m}^2$$

5）卷绕轴转动惯量计算。卷绕轴简图如图4-9所示。此件由三部分组成，但左右两端的内外径尺寸相同，故合并在一起计算。

左、右两端部分计算

$$m = (2.5^2 - 1.1^2) \times \pi \times (6.7 + 11.8) \times 7.85\text{g} = 2299\text{g} = 2.299\text{kg}$$

$$J_A = \frac{2.3}{2} \times (0.025^2 + 0.011^2)\text{kg} \cdot \text{m}^2 = 0.000858\text{kg} \cdot \text{m}^2$$

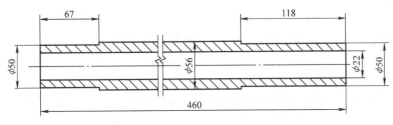

材料：无缝管$\phi57\times13$

图4-9 卷绕轴简图

中间部分计算

$$m = (2.8^2 - 1.1^2) \times \pi \times (46 - 6.7 - 11.8) \times 7.85g = 4496g = 4.496kg$$

$$J_B = \frac{4.5}{2} \times (0.028^2 + 0.011^2)kg \cdot m^2 = 0.00204kg \cdot m^2$$

$$J_5 = J_A + J_B = 0.000858kg \cdot m^2 + 0.00204kg \cdot m^2 = 0.0029kg \cdot m^2$$

6）心轴转动惯量计算。心轴简图如图4-10所示。

此零件由三部分组成，由于左、右两端的外径尺寸相同，故合并在一起计算。

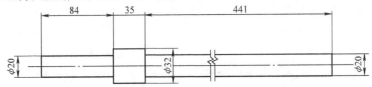

材料：45钢

图4-10 心轴简图

左、右两端部分计算

$$m = 1^2 \times \pi \times (8.4 + 44.1) \times 7.85g = 1295g = 1.295kg$$

$$J_A = \frac{1.3}{2} \times 0.01^2 kg \cdot m^2 = 0.000065kg \cdot m^2$$

中间凸台部分计算

$$m = 1.6^2 \times \pi \times 3.5 \times 7.85g = 221g = 0.221kg$$

$$J_B = \frac{0.221}{2} \times 0.016^2 kg \cdot m^2 = 0.0000283kg \cdot m^2$$

$$J_6 = J_A + J_B = 0.000065kg \cdot m^2 + 0.0000283kg \cdot m^2 = 9.3 \times 10^{-5}kg \cdot m^2$$

7）吊带皮成卷后的转动惯量计算。

最大卷径：$\phi800mm$。

最小卷径：$\phi20mm$。

最大质量：32kg。

$$J_7 = \frac{32}{2} \times (0.4^2 + 0.01^2)kg \cdot m^2 = 2.562kg \cdot m^2$$

8）各旋转件的转动惯量之和。

$$\sum J = J_1 + J_2 + J_3 + J_4 + J_5 + J_6 + J_7$$

$$= (0.89 + 0.1583 + 0.01325 + 0.02372 + 0.0029 + 0.000093 + 2.562)\ kg \cdot m^2 =$$

3. 650263kg · m^2

（2）卷绕盘制动力矩计算　卷绕盘制动力矩按下式计算

$$M = \frac{J \ (\omega_1 - \omega_2)}{t}$$

式中　M——卷绕盘上当吊带皮的卷径达到 $\phi800$mm 时制动所需的力矩（N·m）；

　　　　J——各回转件的转动惯量之和（kg·m^2），$J = 3.65$kg·m^2；

　　　　ω_1——制动初始时卷绕盘的角速度（rad/s），$\omega_1 = 70 \times 2\pi/60$rad/s $= 7.33$rad/s；

　　　　ω_2——制动结束时卷绕盘的角速度（rad/s），$\omega_2 = 0$；

　　　　t——制动所需时间（s），设 $t = 4$s。

各数值代入公式

$$M = \frac{3.65 \times (7.33 - 0)}{4}N \cdot m = 6.69N \cdot m$$

（3）制动轮制动圆周力计算　制动机构简图如图 4-11 所示。制动控制有两种方式：手动控制和自动控制。手动控制：当用手按箭头方向推动制动手柄的时候，制动带被拉紧，在制动轮上施加制动的圆周力 P。自动控制：当吊带皮卷绕直径达到设定值时，制动电磁铁吸合，将制动带拉紧，使制动轮停止转动。

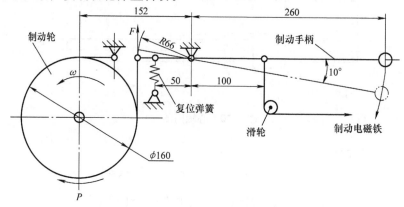

图 4-11　制动机构简图

制动轮上承受的制动圆周力 P 按下式计算

$$P = \frac{2M}{D}$$

式中　P——制动圆周力（N）；

　　　　M——制动力矩（N·m），$M = 6.69$N·m；

　　　　D——制动轮直径（m），$D = 0.16$m。

各值代入公式

$$P = \frac{2 \times 6.69}{0.16}N = 83.63N$$

（4）制动带应有的拉力计算　制动时经制动手把，作用在制动带上的制动力 F 按下式计算

$$F = \frac{P}{e^{\mu\theta} - 1}$$

E—E

1150

157.3   430

65

37

115

268

A

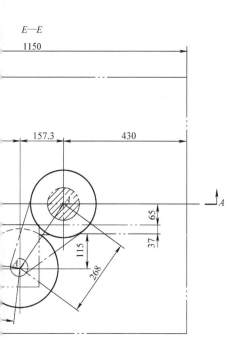

机架上纵梁

机架下纵梁

330

50

52

14

28

700

325

E

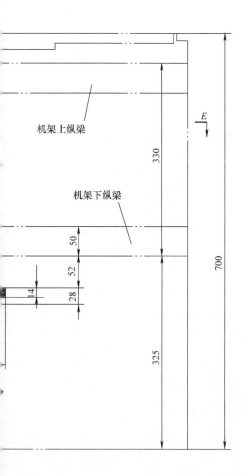

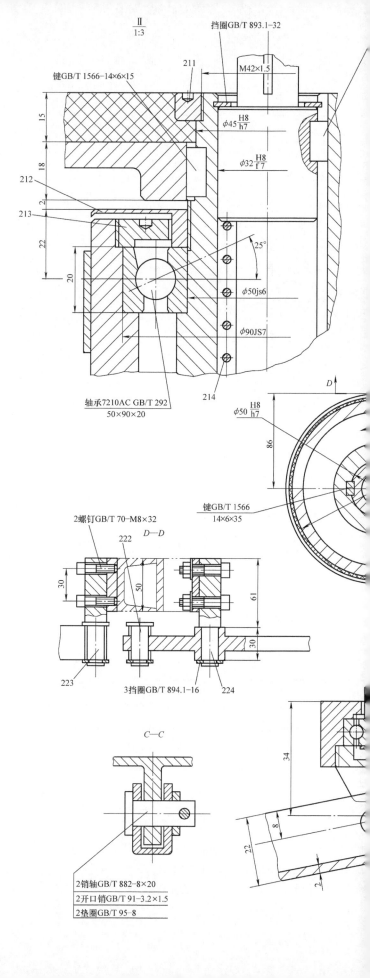

$\dfrac{\text{II}}{1:3}$

挡圈GB/T 893.1-32

M42×1.5

键GB/T 1566-14×6×15

211

$\phi45\dfrac{\text{H8}}{\text{h7}}$

15

18

$\phi32\dfrac{\text{H8}}{\text{f 7}}$

212

2

213

22

20

25°

$\phi50$js6

$\phi90$JS7

214

轴承7210AC GB/T 292
50×90×20

D

$\phi50\dfrac{\text{H8}}{\text{h7}}$

86

键GB/T 1566
14×6×35

2螺钉GB/T 70-M8×32

222

D—D

30

50

61

30

223

3挡圈GB/T 894.1-16

224

C—C

34

8

22

2

2销轴GB/T 882-8×20

2开口销GB/T 91-3.2×1.5

2垫圈GB/T 95-8

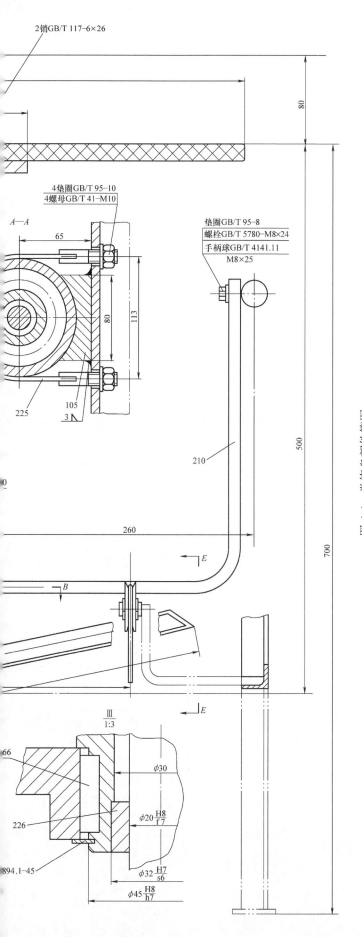

2销GB/T 117–6×26

4垫圈GB/T 95–10
4螺母GB/T 41–M10

垫圈GB/T 95–8
螺栓GB/T 5780–M8×24
手柄球GB/T 4141.11
M8×25

A—A

65

80

113

225

105

3

210

500

700

260

E

B

E

Ⅲ
1:3

66

226

894.1–45

$\phi30$

$\phi20\dfrac{H8}{f7}$

$\phi32\dfrac{H7}{s6}$

$\phi45\dfrac{H8}{h7}$

80

图 4-4　卷绕盘部件简图

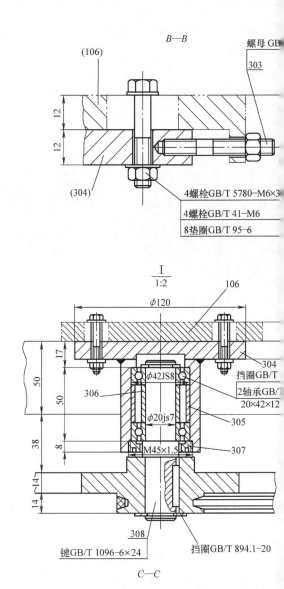

B—B

(106)

螺母 GB

303

12

12

(304)

4螺栓GB/T 5780—M6×3

4螺栓GB/T 41—M6

8垫圈GB/T 95—6

$\dfrac{\text{I}}{\text{1:2}}$

106

φ120

17

50

50

38

14

14

304

挡圈GB/T

φ42JS8

306

2轴承GB/T

20×42×12

φ20js7

305

8

M45×1.5

307

308

键GB/T 1096—6×24

挡圈GB/T 894.1—20

C—C

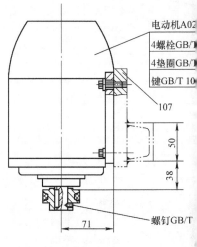

电动机A02

4螺栓GB/T

4垫圈GB/T

键GB/T 10

107

50

38

71

螺钉GB/T

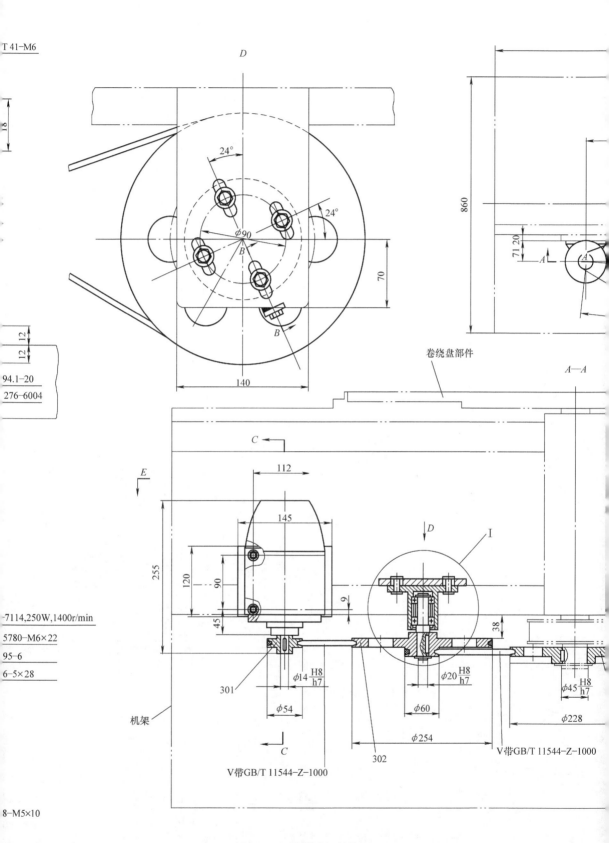

图 4-3　机械传动部件简图

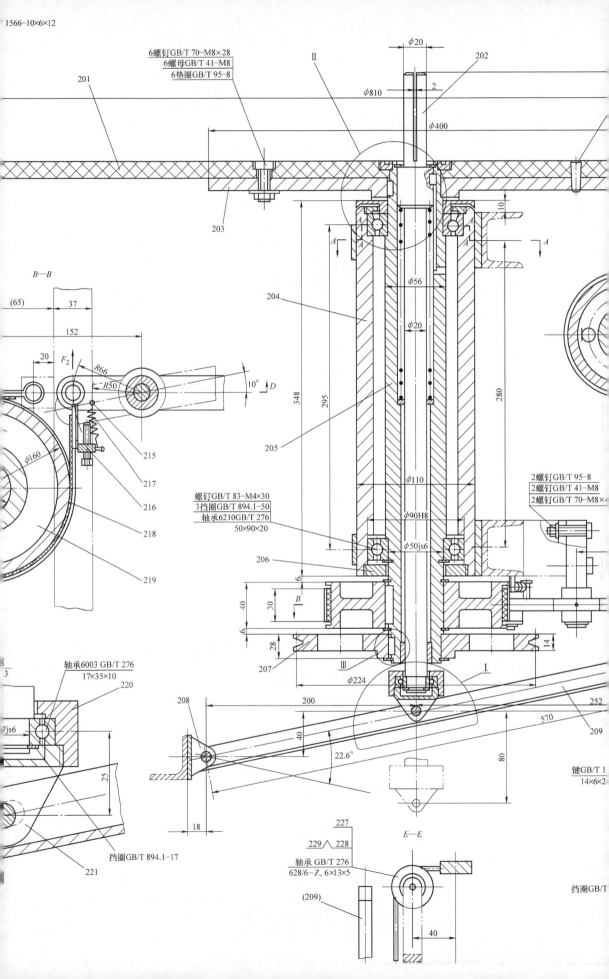

6螺钉GB/T 70–M8×28
6螺母GB/T 41–M8
6垫圈GB/T 95–8

201

II

202

φ20

φ810

2

φ400

203

ϕ56

ϕ20

204

205

280

295

348

B—B

(65)

37

152

20

F_2

R66

R50

10°

D

ϕ160

215

217

216

218

219

φ110

2螺钉GB/T 95–8
2螺钉GB/T 41–M8
2螺钉GB/T 70–M8×

螺钉GB/T 83–M4×30
3挡圈GB/T 894.1–50
轴承6210GB/T 276
50×90×20

φ90H8

φ50js6

206

6

207

40

30

B

6

28

14

III

I

φ224

轴承6003 GB/T 276
17×35×10

220

7js6

25

挡圈GB/T 894.1–17

221

208

200

252

570

209

40

22.6°

80

18

键GB/T 1
14×6×2

227

229

228

E—E

轴承 GB/T 276
628/6–Z, 6×13×5

(209)

40

挡圈GB/T

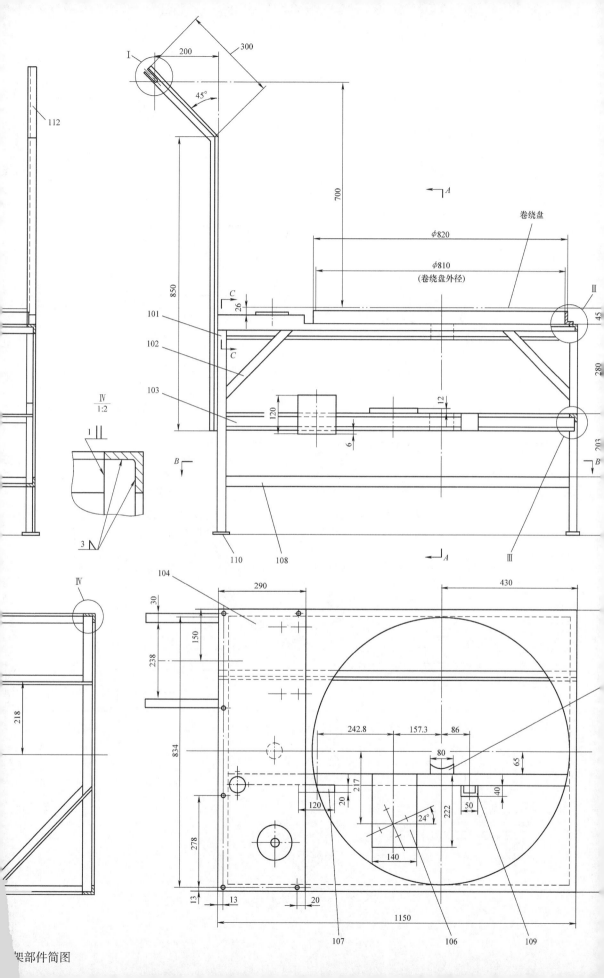

架部件简图

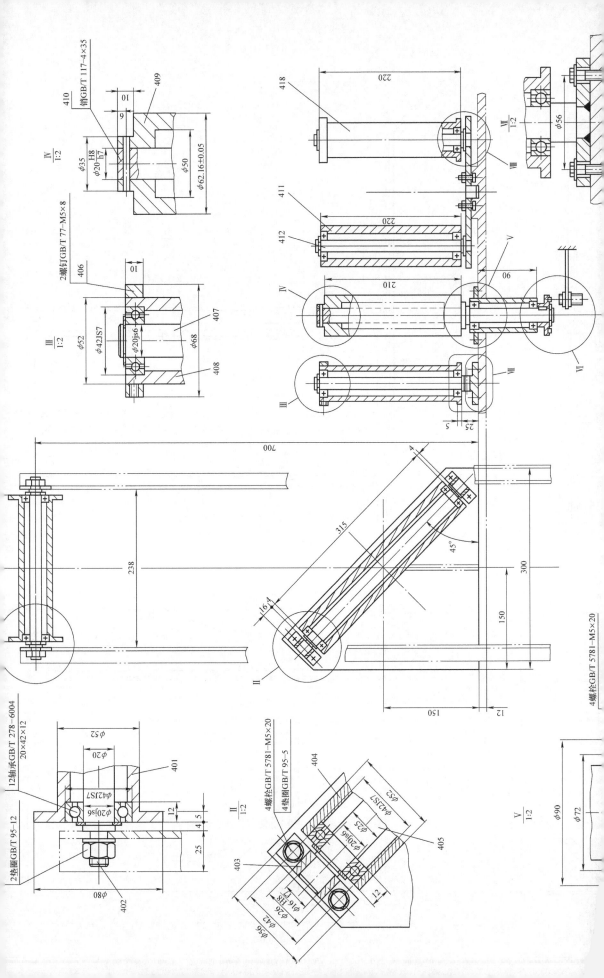

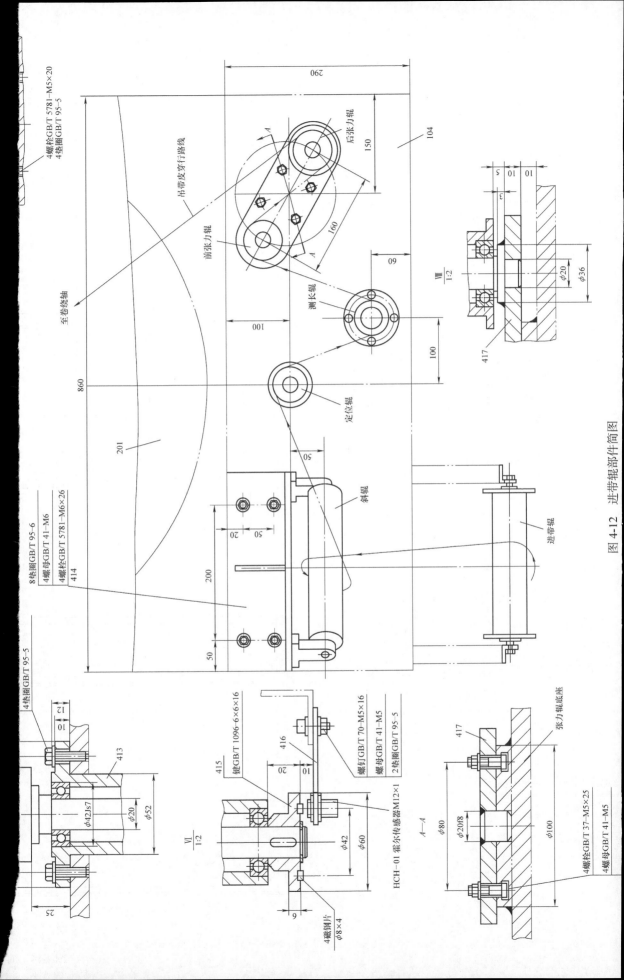

图 4-12 进带辊部件简图

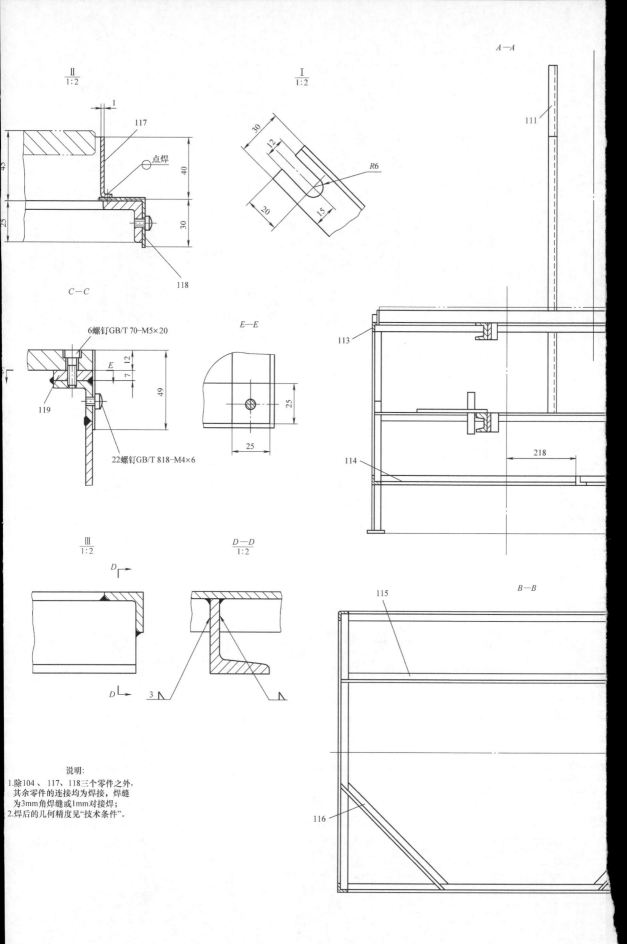

说明:
1. 除104、117、118三个零件之外,
其余零件的连接均为焊接,焊缝
为3mm角焊缝或1mm对接焊;
2. 焊后的几何精度见"技术条件"。

图 4-14 机

式中　F——制动带上的制动力（N）；

　　　P——制动圆周力（N），$P = 83.6$N；

　　　e——自然对数的底数，e = 2.718；

　　　μ——制动带与制动轮的摩擦系数，对于石棉橡胶 – 钢，$\mu = 0.4 \sim 0.43$，取 $\mu = 0.4$；

　　　θ——制动带包角，$\theta = 270° = \dfrac{3}{2}\pi$。

各值代入公式

$$F = \frac{83.6}{2.718^{0.4 \times \frac{3}{2}\pi} - 1}\text{N} = 14.96\text{N}$$

（5）制动时操作力计算（制动时间 $t = 4$s）

手动操作（见图 4-11）

$$F_1 = \frac{14.96 \times 66 + 5 \times 50\ （复位弹簧力矩）}{260}\text{N} = 4.8\text{N}$$

自动控制（电磁铁制动）

$$F_2 = \frac{14.96 \times 66 + 5 \times 50}{100}\text{N} = 12.4\text{N}$$

（6）制动电磁铁选型　按以下条件选型：

1）电磁铁的吸力：$F \geqslant 12.4 \times 1.2$（安全系数）N = 14.9N。

2）电磁铁的行程：$L \geqslant 100\text{mm} \times \sin 10° = 17.4\text{mm}$。

按上列条件选用的电磁铁型号为 MQ2 – 1.5，其参数如下：额定吸力 15N，额定行程 20mm，线圈电压 220V，使用方式为拉动，衔铁质量 0.2kg，线圈功率起动时 532W，吸合时 49W，外形尺寸为 90mm（长）×70mm（宽）×87mm（高）。

4.4.3　进带辊部件设计

进带辊部件的设计，是根据前文"吊带皮卷绕运行路线设计"及图 4-1 吊带皮运行路线示意图进行的。进带辊部件简图如图 4-12（见插页）所示，零件明细见表 4-3。

表 4-3　进带辊部件零件明细　　　　　　　　（单位：mm）

代号	名称	型号规格	材料	数量	备注
401	进带辊		Q235A 板 $\phi54 \times 8$ 无缝钢管	1	焊接件
402	进带轴		Q235A	1	
403	轴架		Q235A	2	
404	斜辊		$\phi54 \times 8$ 无缝钢管	1	
405	斜轴		Q235A	1	
406	挡环		Q235A	2	
407	定位轴		Q235A	1	焊接件
408	定位辊		$\phi54 \times 8$ 无缝钢管	1	焊接件
409	测长辊		Q235A	1	
410	测长轴		45 钢	1	
411	前张力辊		$\phi54 \times 8$ 无缝钢管	1	焊接件
412	张力轴		Q235A	2	

（续）

代号	名称	型号规格	材料	数量	备注
413	立式轴承座		φ54×8 无缝钢管	1	焊接件
414	斜辊支座		Q235A	1	焊接件
415	感应盘		Q235A	1	
416	传感器支架		Q235A	1	
417	张力辊底板		Q235A	1	焊接件
418	后张力辊		φ54×8 无缝钢管	1	焊接件
GB/T 5781	六角螺栓	M5×20		12	
GB/T 5781	六角螺栓	M6×26		4	
GB/T 37	T形槽螺栓	M5×25		4	
GB/T 70	内六角螺钉	M5×16		1	
GB/T 77	紧定螺钉	M5×8		2	
GB/T 41	螺母	M5		5	
GB/T 41	螺母	M6		4	
GB/T 41	螺母	M12		2	
GB/T 95	垫圈	5		18	
GB/T 95	垫圈	6		8	
GB/T 95	垫圈	12		2	
GB/T 894.1	轴用弹性挡圈	20		8	
GB/T 1096	键	6×6×16		1	
GB/T 117	锥销	4×35		1	
	磁钢片	φ8×4		4	
HCH-01	霍尔传感器	M12×1		1	
GB/T 278	防尘轴承	6004		12	

1. 进带辊设计

进带辊 401 安装在高于卷绕盘 700mm 的支架上（支架属于机架部件），其轴线水平放置。设计要点如下：

1）进带辊的功能是将吊带皮理顺。进带辊距地面 1400mm，如果吊带皮在料箱中有拧劲（平面的方向相反）之处，则把它留在进入进带辊之前的这 1400mm 的运行行程上。

2）在辊筒的两端各有一道 14mm 高的挡边（见Ⅰ放大图）如此设计是因为：从料箱中运行上来的吊带皮，其运行路线的位置往往是偏离支架的中心线的，有些挡边可防止其脱离辊筒。

3）进带辊 401 由轴承支承（见Ⅰ放大图），轴承是单面带有防尘盖的，装配时必须注意：有防尘盖的那面要朝外，否则进入了尘土影响轴承寿命。采用这种设计，可以省去轴承盖等零件，使机构简单了许多。

本部件其他各辊筒的设计，也都采用了同样的轴承，装配也要注意同样的问题。

2. 斜辊的设计

斜辊 404 的轴线与水平面呈 45°角，此角使辊筒发挥了特殊的作用：改变了吊带皮平面在空间运行的角度。在进入斜辊之前，吊带皮平面的母线与水平面平行，在斜辊上卷绕之后吊带皮平面的母线就与水平面垂直了。所以在吊带皮的运行路线上，在斜辊之后的各个辊筒，包括卷绕轴，其轴线都是垂直设置的。

斜辊的设计要点如下：

1）斜辊安装在支座 414 的垂直面上，面支座则是安装在机架部件的小面板 104 上。在吊带皮的运行路线上，斜辊之后的各辊筒也都是安装在此小面板上。于是小面板的上表面就成了各辊筒的安装基准面。

2）斜辊的长度为 315mm，远大于其他各辊筒的长度。这是因为吊带皮在斜辊上卷绕时，接触面在斜辊轴线上的宽度与吊带皮的宽度有如下的关系

$$A（接触面的宽度）= \frac{B（吊带皮的宽度）}{\cos 45°} = \frac{B}{0.707}$$

3）斜辊的中心高为 150mm（见主视图），而其余各辊筒的中心高均为 135mm，比斜辊的中心高略低一点。这是因为考虑到吊带皮在垂直运行时受重力作用，运行轨迹会自动向下方偏移。

3. 定位辊设计

吊带皮卷盘机所卷绕的吊带皮的宽度，最小为 38mm，最大为 200mm。无论宽度如何，在卷绕成盘时，都要求吊带皮的下边缘必须紧贴着卷绕盘的上表面。定位辊的作用就是要保证实现这一要求，其设计要点如下：

1）定位辊 408 在其下端有一道 5mm 宽的挡边（见主视图），在辊筒的上端有一件活动挡环 406（见Ⅲ放大图），其位置可在辊筒上上下移动，然后用螺钉紧固。卷绕时根据吊带皮的宽度来调整位置，使下挡边和上挡环之间的距离等于吊带皮的宽度，这样就确定了吊带皮在卷绕前的运行高度。

2）定位辊 408 的下端面距小面板 104 的上表面应为 25mm，由此确定各规格的吊带皮在卷绕之前运行的下边缘，距小面板的上表面应为 30mm。

3）根据上列第 2）条，测长辊 409、前张力辊 411、后张力辊 418 各辊的下端面距小面板 104 上表面的距离均为 25mm。

4）为了防止吊带皮的下边缘在卷绕时与卷绕盘 201 发生摩擦，吊带皮的下边缘在卷绕前的运行高度应高于卷绕盘上表面 4mm。所以卷绕盘的上表面应高于小面板的上表面 26mm。

开始卷绕时，操作者当然要将吊带皮始端的下边缘紧贴卷绕盘的上表面进行卷绕。这样，吊带皮下边缘的运行路线，在后张力辊 418 至卷绕轴这一段就形成了有 4mm 斜度的斜线。斜角为 0.4°，斜线长约 640mm。

那么，这段斜线在长时间的运行中能保持吗？机器的使用证明，能保持，吊带皮总是紧贴着卷绕盘的上表面卷绕的。因为它的平面是垂直运行，受重力作用有向下运动的分力。

4. 测长辊设计

测量吊带皮的卷绕长度是机器应有的功能。在纺织机械中，对运行着的织物进行长度测量或速度测量是常见的检测项目。其检测方法大多如下所述：在织物运行的路线上设置一个小辊筒，使运行的织物带动它同步转动。然后再通过传感器测量其转动的速度或转动的周数。此项设计也是如此。设计要点如下：

1）测长辊 409 在吊带皮的拖动下转动，由于测长轴 410 与测长辊 409 用锥销连接（见 Ⅳ 放大图），所以测长轴 410 也随之转动。测长轴 410 的轴承安装在立式轴承座中，由于两轴承的距离为 90mm，所以测长辊 409 的定心精度比较好。

2）测长辊 409 的外径为 $\phi62.16$mm，之所以确定这个尺寸，是因为由此可以测量吊带皮的运行长度，计算如下

$$L = (62.16 + \delta)\pi$$

式中　δ——吊带皮的厚度（mm），$\delta = 1.5$mm；

　　　L——吊带皮卷绕一周的长度（mm）。

代入公式得

$$L = (62.16 + 1.5)\pi \text{mm} = 200\text{mm}$$

由此可知，测长辊每转动一周，吊带皮则运行 200mm。当电气控制系统通过传感器记录了测长辊转动的总周数时，吊带皮卷绕的总长度也就可以计算了。

3）由 Ⅵ 放大图可以看到，在测长轴的下端安装着感应盘 415，在其端面上安装着磁钢片，在感应盘的下方安装着霍尔传感器。当磁钢片转到传感器对应的位置时，传感器会产生电气信号。电器控制系统通过计算产生的电气信号的数量，即可计算出吊带皮卷绕的长度。

4）测长辊的安装位置应尽量靠近小面板的边缘，这有两个意义：一是由此可增大吊带皮在测长辊上的包角，二是便于对传感器进行调整和检修。

5）吊带皮在测长辊上的包角应大于 120°。

5. 张力辊设计

张力辊的作用是给运行的吊带皮增加一些张力，并且对增加的张力能进行调节。张力辊的设计要点如下：

1）张力辊由前张力辊 411 和后张力辊 418 组成。前张力辊无挡边，后张力辊有挡边，对吊带皮运行的高度进行最后的定位。

2）两个张力辊都安装在底板 417 上。由 Ⅷ 放大图可知，两个张力轴 412 的下端由 $\phi20$mm 轴头定位后焊接在底板 417 上。

3）由 A—A 视图可知，张力辊底板 417 由 $\phi20$f8mm 轴头定心后可以在其安装的位置上转动一定的角度，从而可调整吊带皮在两个张力辊上的包角。调整后用 T 形槽螺栓 GB/T 37 – M5×25 紧固。

4）改变吊带皮在张力辊上的包角，将会改变吊带皮卷绕的张力。可由图 4-13 来证实。由图可得出下列计算式

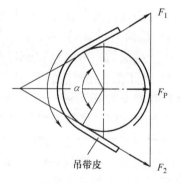

$$F_{\text{P}} = F_1 \cos\left(90° - \frac{\alpha}{2}\right) + F_2 \cos\left(90° - \frac{\alpha}{2}\right)$$

$$= (F_1 + F_2)\sin\frac{\alpha}{2}$$

图 4-13　吊带皮包角与张力的关系

式中　F_{P}——F_1 和 F_2 的合力（N）；

　　　F_1——吊带皮卷入端的张力（N）；

　　　F_2——吊带皮卷出端的张力（N）；

　　　α——吊带皮的包角（°）。

式中的 F_1 和 F_2 是定值，$\sin\dfrac{\alpha}{2}$ 则随 α 的增大而增大，所以合力 F_P 随 α 的增大而增大。F_P 是作用在轴承上的工作负荷，所以当吊带皮的包角增大时，轴承的摩擦力矩也按比例增大。

4.4.4　机架部件设计

机架部件是机器的骨架。在机架上安装机器的其余各部件。因此机架部件的设计，要放在其他各部件的设计完成之后才进行。

机架部件简图如图 4-14（见插页）所示，其零件明细见表 4-4。由图可以看到：制造机架的材料绝大多数都是 $25\times25\times4$ 角钢，这是因为机架承受的负荷比较小之故。为了保证机器安全运转，可对受力较大的零件进行强度校核。

表 4-4　机架部件零件明细　　　　　　　　　　　（单位：mm）

代号	名称	型号规格	材料	数量	备注
101	支腿		角钢 $25\times25\times4$	4	
102	斜撑		角钢 $25\times25\times4$	4	
103	纵梁		5 号槽钢 50×37	2	
104	小面板		Q235A 板，$\delta=14$	1	
105	套筒衬板		Q235A 板	2	
106	轴承座底板		Q235A 板	1	
107	电动机底板		Q235A 板	1	
108	下纵梁		角钢 $25\times25\times4$	2	
109	制动杆支座		Q235A 板，$\delta=4$	1	
110	脚板		Q235A 板，$\delta=4$	4	
111	左支架		角钢 $25\times25\times4$	1	
112	右支架		角钢 $25\times25\times4$	1	
113	上边框		角钢 $25\times25\times4$	1	
114	下横梁		角钢 $25\times25\times4$	4	
115	下纵撑		角钢 $25\times25\times4$	1	
116	斜筋		角钢 $25\times25\times4$	2	
117	防护罩		Q235A 板，$\delta=1$	1	
118	大罩板		Q235A 板，$\delta=1$	1	
119	垫板		Q235A 板，$\delta=8$	6	
GB/T 70	内六角螺钉	M5×20		6	
GB/T 818	十字盘头螺钉	M4×6		22	

1. 左右支架抗弯强度校核

左支架 111 和右支架 112 高出机架体 700mm，又无斜筋支承，它承受弯矩，需进行抗弯强度校核。

首先进行受力分析：将左、右两支架视为一个零件，绘其受力图如图 4-15 所示。在支架上安装进带辊，其轴心为 O 点。进带辊承受两个拉力：F_1 是吊带皮输入端拉力，F_2 是输出端拉力，拉力的作用角度如图所示。取拉力的最大值 $F_1=F_2=5$kgf。进带辊自身的重力，当然也要由支架承担，重力 $G=2$kgf。

需求出此三个力的合力及其作用角。先求出 F_1 和 F_2 的合力 F_{N1}，按下式计算

$$F_{N1} = 2F_1 \times \cos 20° = 2 \times 5 \times \cos 20° \text{kgf} = 9.4 \text{kgf}$$

合力 F_{N1} 的作用线与竖直面呈 $10°$ 角，所以与 G 的夹角也为 $10°$，由此得

$$\angle OCD = 180° - 10° = 170°$$

在力的三角形 OCD 中，边 $OC = F_{N1} = 9.4 \text{kgf}$，边 $CD = G = 2 \text{kgf}$，根据余弦定理可求合力 F_{N2} 之值

$$F_{N2} = OD = \sqrt{OC^2 + CD^2 - 2OC \times CD \times \cos \angle OCD}$$

$$= \sqrt{9.4^2 + 2^2 - 2 \times 9.4 \times 2 \times \cos 170°} \text{kgf} = 11.37 \text{kgf}$$

根据正弦定理可求出合力 F_{N2} 与 F_{N1} 的夹角

$$\frac{OD}{\sin \angle OCD} = \frac{CD}{\sin \angle COD} = \frac{11.37}{\sin 170°} = \frac{2}{\sin \angle COD}$$

由此得
$$\sin \angle COD = \frac{2 \times \sin 170°}{11.37} = 0.030545$$

$$\angle COD = \arcsin 0.030545 = 1.75°$$

由图 4-15 可以看到，支架在 A 点有 $45°$ 折弯，因而在此处产生了应力集中，需计算合力 F_{N2} 对 A 点的弯矩并校核其弯曲应力。

支架折弯后成了弯曲的梁，与直梁承受弯矩是不同的，可用"曲杆弯曲"的弯矩计算公式计算其弯矩，公式如下

$$M = PR_0 \sin \theta \ominus$$

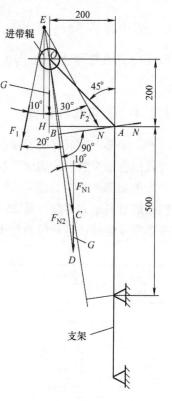

图 4-15　支架受力图

式中　M——曲杆上任意截面 $N—N$ 上的弯矩（kgf·mm）；

P——曲杆承受的作用力（kgf），$P = F_{N2} = 11.37 \text{kgf}$；

R_0——曲杆中性轴的曲率半径（mm），$R_0 = AB$，AB 值需计算；

θ——截面 $N—N$ 与作用载荷的夹角（°），$\theta = \angle OBA = 90°$

AB 值计算：

由图可知　　　　　　$\angle BOH = \angle BAH = 10° - 1.75° = 8.25°$

由此得　　　　$\angle OAB = \angle OAH + \angle BAH = 45° + 8.25° = 53.25°$

$$AB = OA \cos \angle OAB = \frac{200}{\cos 45°} \times \cos 53.25° \text{mm}$$

$$= 169.23 \text{mm}$$

将各值代入公式，求 A 点承受的弯矩

$$M = 11.37 \times 169.23 \times \sin 90° \text{kgf·mm} = 1924.15 \text{kgf·mm}$$

支架的危险截面 $N—N$ 的弯曲强度按下式校核

$$\sigma_w = \frac{M_w}{2W_z} < [\sigma_w]$$

⊖　成大先、王德夫、姜勇、李长顺、韩学铨：《机械设计手册（第三版第 1 卷）》，化学工业出版社，1993，第 1 ~ 108 页。

式中　σ_w——危险截面的弯曲应力（kgf/mm²）；

　　　M_w——危险截面承受的弯矩（kgf·mm），$M_w = 1924.15$ kgf·mm；

　　　W_z——一件支架的抗弯截面系数（mm³），此数值需进行计算；

　　　$[\sigma_w]$——材料的许用弯曲应力（kgf/mm²），材料为 Q235A，$[\sigma_w] = 800$ kgf/cm² = 8 kgf/mm²（脉动循环应力）。

支架的抗弯截面系数计算：

制造支架的材料是 25mm×25mm×4mm 角钢，其抗弯截面系数按下式计算

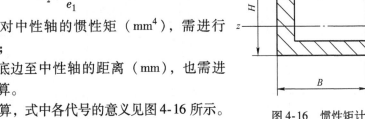

图 4-16　惯性矩计算图

$$W_z = \frac{I_z}{e_1}$$

式中　I_z——截面对中性轴的惯性矩（mm⁴），需进行计算；

　　　e_1——截面底边至中性轴的距离（mm），也需进行计算。

e_1 值按下式计算，式中各代号的意义见图 4-16 所示。

$$e_1 = \frac{aH^2 + bd^2}{2(aH + bd)} = \frac{4 \times 25^2 + 21 \times 4^2}{2 \times (4 \times 25 + 21 \times 4)} \text{mm} = 7.7 \text{mm}$$

I_z 值按下式计算

$$I_z = \frac{1}{3}(Be_1^3 - bh^3 + ae_2^3) = \frac{1}{3} \times (25 \times 7.7^3 - 21 \times 3.7^3 + 4 \times 17.3^3) \text{mm}^4$$

$$= 10353.49 \text{mm}^4$$

得　　　　　　　　　　$$W_z = \frac{10353.49}{7.7} \text{mm}^3 = 1344.6 \text{mm}^3$$

由此得　　　　　　　$$\sigma_w = \frac{1924.15 \text{kgf} \cdot \text{mm}}{2 \times 1344.6 \text{mm}^3} = 0.72 \text{kgf/mm}^2 < 8 \text{kgf/mm}^2$$

符合强度条件。

2. 机架部件的技术条件

机架部件的技术条件如下：

1）制造各零件的角钢材料，不得有目测可见的弯曲、扭转变形。

2）上边框 113 上平面的平面度公差为 3mm。

3）上边框 113 的横边对纵边的垂直度公差为 3mm。

4）支腿 101 对上边框 113 的垂直度公差为 3mm。

5）小面板 104 安装后上表面的平面度公差为 0.5mm。（以调整垫块 119 的厚度来实现）

6）左支架 111 和右支架 112 的进带辊安装口对小面板 104 上表面的平行度公差为 1mm，对小面板长边的平行度公差为 1mm（进带辊安装后按辊筒的上母线和侧母线测量）。

7）防护罩 117 的内孔与卷绕盘 201 的 φ210mm 外径的间隙为 2~4mm。

8）各零件焊口处的尺寸和形状应按零件图加工。

9）零件 105、106、107、109 的焊接，按各相关部件的要求进行。

10）各焊口必须牢固、平整，焊缝无裂纹、夹渣、未焊透等缺陷。

11）外露表面涂漆，底漆为 H06 – 2 铁红环氧酯底漆，面漆为 13 – 4 草绿色丙烯酸聚氨酯磁漆，涂层厚度为 40 ~ 60μm。

4.4.5　电气控制系统设计

1. 电气原理图设计

吊带皮卷盘机的电气原理图如图 4-17 所示，电气元件明细见表 4-5。由图可知，电气控制系统由强电和弱电两部分组成。

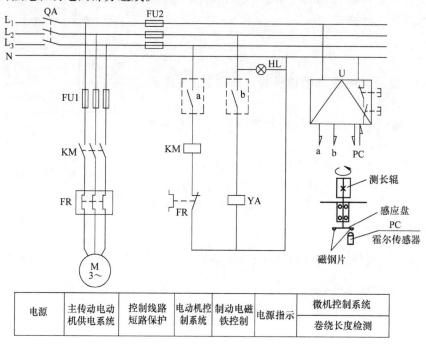

电源	主传动电动机供电系统	控制线路短路保护	电动机控制系统	制动电磁铁控制	电源指示	微机控制系统 卷绕长度检测

图 4-17　吊带皮卷盘机电气原理图

表 4-5　电气元件明细

代号	名称	型号规格	数量	备注
M	分马力电动机	A02 – 7114；380V，250W；转速1400r/min	1	属机械传动部件
YA	牵引电磁铁	MQ2 – 1.5，吸力15N，电压220V，行程20mm	1	属卷绕盘部件
PC	霍尔传感器	HCH – 01，电源电压4.5 ~ 16V，输出电压0.5 ~ 4V	1	属进带辊部件
QA	组合开关	HZ10H – 10/3，功率2.2kW	1	
FU1	螺旋熔断器	RL1 – 15，额定电流15A	3	熔丝电流2A
FU2	螺旋熔断器	RL1 – 15，额定电流15A	3	熔丝电流6A
KM	交流接触器	CJ10 – 5，380V，5A	1	
FR	热继电器	T16，额定电流16A	1	整定电流1.5A
a	固态继电器	GJ10 – 10A，电压220V	1	
b	固态继电器	GJ10 – 10A，电压220V	1	
HL	发光二极管信号灯	AD4，220V	1	
U	微机控制器	8031 单片机及其电源	1	

强电控制系统由以下三部分组成：

（1）电源引入线路　电源采用三相 380V 交流电源，由组合开关 QA 引入。当 QA 闭合时，电流经螺旋熔断器 FU1 进入主电路，同时经螺旋熔断器 FU2 进入控制电路，电源指示灯 HL 亮。

（2）主电路　即主传动电动机电路，是驱动卷绕盘转动的电路。卷绕盘只是一个方向转动，所以其电动机的电路是单向运转电路。电动机的运转由交流接触器 KM 控制，而 KM 的吸合和释放则由微机通过固态继电器 a 控制。在控制线路上的微机 U 的控制下 a 导通，则使 KM 线圈得电吸合，主电路的 KM 触点闭合，电动机得电运转。反之，当 a 在微机控制下处于截止状态时，则 KM 线圈失电，电动机 M 停止运转。

电动机的电路，还包括热继电器 FR 和螺旋熔断器 FU1 的电路。前者的作用是过载保护，后者的作用是短路保护。

（3）制动电磁铁电路　卷绕盘在运转时会产生很大的转动惯量，特别是当吊带皮的卷径达到最大时，转动惯量最大。所以停车时需用制动机构进行制动，制动电磁铁的作用就是实现自动制动控制。

由于电磁铁的规格很小，耗电量不大，所以设计时把它列入控制电路中。制动电磁铁 YA 由固态继电器 b 控制，当它在微机 U 的控制下导通时，电磁铁的线圈 YA 得电，电磁铁吸合，卷绕盘被制动。

弱电控制系统由以下个部分组成：

（1）微机控制器系统　由单片机 8031 及其电源电路、开关量输入输出电路，键盘扫描显示电路组成。

（2）固态继电器 a 电路　此固态继电器用于控制主传动电动机 M 的运转，在微机的控制下，当固态继电器 a 导通时，电动机 M 运转，当 a 截止时电动机 M 停止运转。

（3）固态继电器 b 电路　此固态继电器用于控制制动电磁铁线圈电路的接通和断开，从而实现停车时卷绕盘的自动制动控制。

（4）霍尔传感器 PC 电路　此传感器是微机的采样元件，用于吊带皮卷绕长度的检测。它的电源由微机提供，它检测的参数也输入到微机。霍尔传感器安装在由测长辊所驱动的感应盘的对应位置（见图 4-17），当感应盘上的磁钢片从传感器前转过时，传感器会产生感应电动势，并输入微机。微机记录了此感应电动势发生的次数，也就记录了测长辊转动的周数，从而可计算出吊带皮卷绕的长度。吊带皮的卷绕长度，由微机的显示操作键盘显示。

2. 显示操作键盘的设计及操作过程

微机控制器的显示操作键盘如图 4-18 所示。此键盘由以下几部分组成：左上角为显示键，用于显示吊带皮卷绕的长度。下部是数字键，用于卷绕长度的设置。右侧中部是电源指示灯和运转操作键。其操作过程如下：

1）当组合开关 QA 闭合后，微机控制器的电路接通，于是显示操作键盘右侧的"电源"指示灯亮。同时"卷绕长度控制"栏的三个数码管也亮，显示的数值是上次的卷绕长度。

2）按"清零"键，使三个数码管显示的数值为"0"如果新设置的数值与上次相同，可以不必清零。

3）按"选择"键，按一下则"设置"灯亮。根据确定的卷绕长度，按数字键。需要说明：设置的最大值为330m，如果设置的数值大于330m，则微机会自动将数值更改为330m。当数码管显示的数值为所需数值时，按"置入"键，将数据置入微机。

4）按"启动"键，由微机控制，固态继电器a导通（见图4-17），交流接触器KM的线圈得电吸合，主电路的主触点KM闭合，电动机M得电运转，卷绕盘开始卷绕吊带皮。

5）在卷绕的过程中，如果想了解已经卷绕的吊带皮的长度，可按"选择"键两下，则"实测"灯亮，于是数码管显示的数据为实际已经卷绕的吊带皮长度。

6）在机器运行中，如果想中途停车，可按"停止"键（见图4-18），可使机器停止运转。停车后如需继续卷绕，可再按"启动"键，卷绕机构将继续运转，卷绕长度的检测、记录、显示均连续进行。

7）当卷绕长度达到设定值时，由微机控制，固态继电器a截止（见图4-17），交流接触器KM的线圈失电释放，电动机停止运转。

同时，由微机控制，固态继电器b导通，制动电磁铁YA的线圈得电吸合，进行自动制动控制，卷绕盘停止转动。

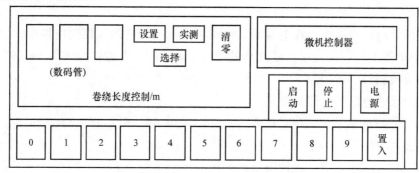

图4-18　微机控制器显示操作键盘

4.5　机器的总图设计及调整试车

4.5.1　机器的总图设计

机器总图（简图）如图4-19所示，受幅面限制，图面只示出了各部件的安装位置及主要尺寸。但是连接方法及紧固件、技术条件等均未能示出。所以此图不是总装配图，不能用来指导总装配。总装配时可参考各部件图。

4.5.2　机器的调整试车

1. 机器的检查与调整

（1）调整霍尔传感器的位置

1）调整传感器与磁钢片转动半径的对正度：转动测长辊，检查传感器的轴线是否在磁钢片转动半径的轨迹上，如果有偏差，可松开紧固螺钉GB/T 70 – M5 × 16，调整感应盘415外伸的长度。

2）调整传感器与磁钢片的距离，以传感器上、下方的两个特薄螺母进行调整，使两者

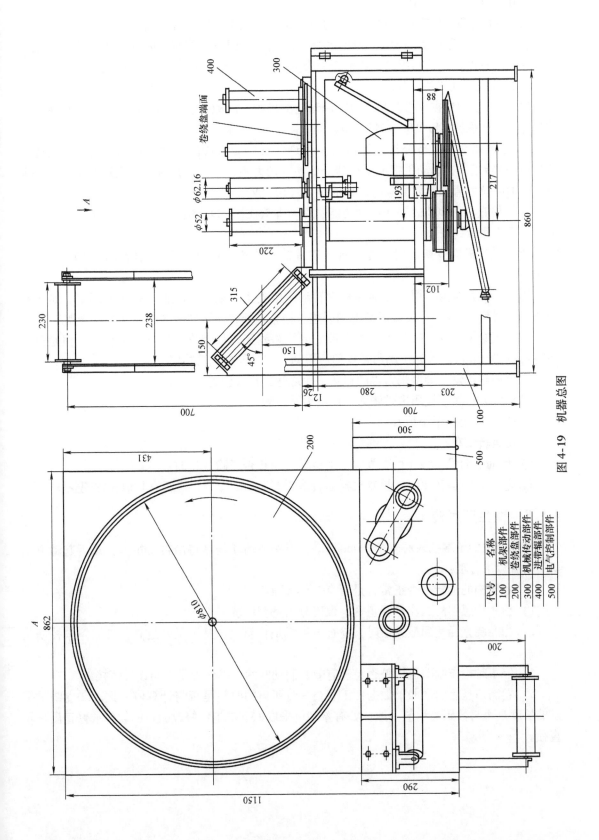

图 4-19　机器总图

代号	名称
100	机架部件
200	卷绕盘部件
300	机械传动部件
400	进带幅部件
500	电气控制部件

间距离在 4mm 左右（见图 4-12）。

3）接通电源，检查传感器反馈信号的灵敏度，如不灵敏应再次调整。

（2）进带高低位置的调整　根据吊带皮的宽度，调整定位辊 408 和后张力辊 418 上的挡环 406 的高度，使两挡边的距离大于吊带皮的宽度 2mm（见图 4-12 Ⅲ 放大图）

（3）检查制动机构

1）检查制动带在放松时是否也在制动轮的槽中，间隙是否适当。如需调整，可调整定位板 216 上的螺钉 GB/T 83 – M5 ×30。

2）检测制动力矩是否与计算值 $M_s = 16N \cdot m$ 一致。检测方法：在卷绕盘 201 上施加 16N · m 的转矩，在制动手把的手柄球上施加制动力矩，用测力计测量当实现制动时，手柄球上施加的拉力值。此数值应与计算值接近（10.7N）。

（4）检查心轴 202 的轴向运动功能　踩动脚踏杠杆 209，检查心轴 202 的上下运动是否灵活，行程是否到位。

（5）进带机构检查　用手逐一转动进带机构的各个辊筒，检查其转动是否灵活轻快，是否有振动。

（6）卷绕盘检查　用手推动卷绕盘转动，检查其转动是否轻快，是否有阻滞，是否有振动。检测其 $\phi810$ 外径及端面的跳动误差。检查其外径与防护罩的间隙是否符合规定值。

（7）试穿吊带皮　按图 4-1 的吊带皮运行路线穿入吊带皮，注意不得拧劲。但是暂且不穿入心轴的驳口。人力拉动吊带皮前后运动，使之与各辊筒贴紧。

（8）调整包角　调整张力辊的包角，使之达到最大位置。

（9）张力检测　检测进带张力，用测力计检测。

（10）电气控制系统检查

2. 空运转试车

1）点动电动机运转，检查卷绕盘的运转方向是否正确（逆时针）。

2）卷绕盘空运转 20min 检查机器运转是否有振动、噪声，是否有其他异常现象。

4.5.3　试生产运转

将吊带皮的始端插入心轴的 2mm 驳口，用手转动卷绕盘将吊带皮拉紧，然后起动电动机，检查以下各项：

1）各机构的运转是否正常，是否有振动和噪声。

2）检查传感器的工作是否正常，数码显示是否灵敏。

3）当卷绕直径达到最大值时，检查电动机是否超载，是否温升过高，自动停车控制是否正常。

4）停车时检查制动机构是否灵敏有效，制动时间及操作力是否与设计值接近。

5）卷满一盘后测量如下数据：①卷绕一盘所需的时间是否与计算值一致；②卷绕吊带皮的长度是否与数码显示值一致。如有差别可采取如下措施：修改微机的软件或修正测长辊直径。

第5例　行星传动钢管坡口机设计

5.1　概述

坡口机是一种小型的手持机械，用于加工管材的焊接坡口。主要用于电力、石油、化工等企业。当维修锅炉时，可用它来加工锅炉管道的焊接坡口。

锅炉管道的规格非常广，其直径从十几毫米到几百毫米，维修时都需要用坡口机来加工焊接坡口，所以坡口机的结构也不尽相同。这里介绍的是加工直径不大于80mm的坡口机的设计。这是应用最广的坡口机，型号为CPKJ‐80。

此类坡口机的体积比枪式手电钻略大，使用时由操作者随手提起，用人工装夹到被加工钢管的端部，手握柄部勾动扳机，手动进给，迅速完成加工。然后再加工另一个工件，这个过程的工作量往往是很大的，这是劳动强度很大的工作。

所以，坡口机设计中很重要的一项要求是：减轻质量，减小体积，装夹方便，生产效率高。

5.2　CPKJ‐80型钢管坡口机的加工范围

此坡口机可加工钢管的规格见表5-1。

表5-1　CPKJ‐80型坡口机可加工钢管的规格

序号	钢管公称直径	外径/mm	壁厚/mm	厚壁管壁厚/mm	材质
1	3/4in	26.8	2.75	3.5	普通碳素钢
2	1in	33.5	3.25	4	结构钢
3	1¼in	42.3	3.25	4	$R_m = 295 \sim 460\text{N/mm}^2$
4	1½in	48	3.5	4.25	
5	2in	60	3.5	4.5	
6	2½in	75.5	3.75	4.5	
7	80mm	80	5		

注：1in = 25.4mm。

5.3　坡口机加工的工艺设计

（1）工件的装夹　工件（即长度较大的钢管）散放于支架上（见图5-1），将其一端纳入坡口机前部的卡口处，旋紧夹紧手把将其夹紧。由静钳口定心，使工件的轴线与坡口机主轴的轴线同轴。

（2）切削用量的确定

1）主轴的转速分为高速与低速两档，加工3/4in×2.75mm～1½in×3.5mm管用高速

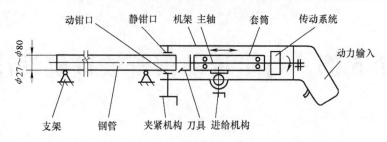

图 5-1　坡口机加工示意图

档，加工 $1\frac{1}{2}$in × 4.25mm ~ ϕ80mm × 5mm 管用低速档。

主轴的转速由切削阻力矩与电动机的额定力矩相平衡来确定，不能人为控制。

2）切削深度 a_p 即等于钢管的壁厚，由钢管的规格确定，是不可选择的。

3）进给量 f 由人工手动控制，但是只能用比较小的数值，因为电动机的功率很小。当管径较大时一般不得超过 0.2mm/r。

4）切削加工不用切削液。

5）生产效率：20 ~ 50 件/h。

6）刀具选用菱形 55° 硬质合金可转位刀片。

5.4　机器的部件划分

钢管坡口机是小型机械，结构比较简单，但是为了便于设计、制造和维修，还是应将它分解为以下几个部件（见图 5-1）。

1）动力输入部件：即电动机及其电气控制系统，选用市场上的手电钻之类的电动工具作为电动机。

2）减速器部件：自行设计小模数行星减速器，要求体积小、质量轻、效率高、传动比大。

3）主轴套筒部件：主轴带动刀盘回转，完成坡口加工的主运动，同时，套筒在进给机构的推动下做轴向运动，完成坡口加工的辅助运动。

4）进给机构：由螺旋齿轮副和手轮组成，螺旋齿轮与套筒上的齿啮合，当手轮推动齿轮转动时使套筒产生轴向运动，完成坡口加工的进给运动。

5）夹紧机构：由静钳口和动钳口及夹紧手柄组成。为了保证工件与主轴的同轴度，对应各种不同直径的钢管，都要有一个专用的静钳口，而动钳口则只是一件。

6）机架：它是坡口机的主体，将上述各机构都安装在机架的不同位置上，就构成了一个完整的机械，所以它是坡口机的最重要的零件。

5.5　减速器部件设计

5.5.1　坡口加工的切削力计算

钢管的坡口加工也是一种金属切削加工，所以与金属切削机床的设计相似，切削力的计算是设计中的重要工作，计算所得的数据是设计中的重要依据。

由于坡口机的加工特征与车削加工相同，主运动都是圆周运动，辅助运动都是直线运动，而且刀具也相同，所以，可用车削加工计算切削力的公式，来进行坡口加工切削力的计算。坡口加工切削力的计算如图 5-2 所示。由图可知，加工时钢管静止不动，刀具既要围绕钢管的轴线做圆周运动，同时还要沿着钢管的轴线方向做进给运动。刀具的切削刃与其进给的方向所形成的导角 ϕ，要保持一个规定的数值，使 $90° - \phi \approx 30°$，这便是所加工的坡口的角度。

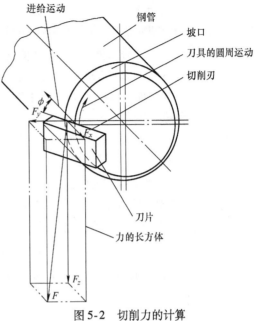

图 5-2　切削力的计算

由图 5-2 可以看到，主切削力 F_z 的方向与切削刃垂直，与刀具圆周运动的方向相反，进给力 F_x 的方向与钢管的轴线平行，与进给运动的方向相反。背向力 F_y 的方向与钢管的半径相同，但背离圆心。由图还可看到，在三个切削分力中，F_z 值最大，F_y 次之，F_x 最小。由此三个切削分力，组成一个力的长方体，其对角线即三个分力的合力 F。

根据车削加工切削力的计算公式，可列出这三个切削分力的计算公式[一]如下：

主切削力的计算公式

$$F_z = C_{F_z} a_{\mathrm{p}} f^{0.75} K_{\gamma F_z} K_{\phi F_z} K_{r F_z} K_{\Delta F_z} K_{v F_z} K_{冷 F_z} K_{料 F_z} K_{状 F_z}$$

背向力的计算公式

$$F_y = C_{F_y} a_{\mathrm{p}}^{0.9} f^{0.75} K_{\gamma F_y} K_{\phi F_y} K_{r F_y} K_{\Delta F_y} K_{v F_y} K_{冷 F_y} K_{料 F_y} K_{状 F_y}$$

进给力的计算公式

$$F_x = C_{F_x} a_{\mathrm{p}}^{1.2} f^{0.65} K_{\gamma F_x} K_{\phi F_x} K_{r F_x} K_{\Delta F_x} K_{v F_x} K_{冷 F_x} K_{料 F_x} K_{状 F_x}$$

式中　C_{F_z}——系数，在标准切削状态时 $C_{F_z} = 214$；

　　　C_{F_y}——系数，在标准切削状态时 $C_{F_y} = 123$；

　　　C_{F_x}——系数，在标准切削状态时 $C_{F_x} = 80$；

　　　a_{p}——切削深度（mm），在坡口加工中 a_{p} 等于钢管的壁厚，$a_{\mathrm{p}} = 2.75 \sim 5\mathrm{mm}$；

　　　f——进给量（mm），坡口加工取 $f = 0.2\mathrm{mm}$；

　　　$K_{\gamma F}$——刀具前角不同时的修正系数，坡口加工刀具前角 $\gamma = 0°$，则 $K_{\gamma F_z} = 1.13$，$K_{\gamma F_y} = 1.55$，$K_{\gamma F_x} = 1.63$；

　　　$K_{\phi F}$——刀具导角不同时的修正系数，坡口加工刀具的导角 $\phi = 60°$，则 $K_{\phi F_z} = 0.98$，$K_{\phi F_y} = 0.71$，$K_{\phi F_x} = 1.27$；

　　　$K_{r F}$——刀尖半径不同时的修正系数，坡口加工切削刃是一条直线，没有副切削刃，所以没有刀尖的影响，故不计此参数；

　　　$K_{\Delta F}$——刀具后隙面磨损程度不同时的修正系数，坡口加工磨损度为 0，则 $K_{\Delta F_z} = 1$，$K_{\Delta F_y} = 0.68$，$K_{\Delta F_x} = 0.63$；

——　陶乾：《金属切削原理》，高等教育出版社，1965，第 176 ~ 190 页。

K_{vF}——切削速度不同时的修正系数，坡口加工切削速度为 17.1 ~ 32.5m/min，$K_{vF} = 1$；

$K_{冷F}$——切削时使用不同的切削液的修正系数，坡口加工不用切削液，则 $K_{冷F} = 1$；

$K_{料F}$——加工材料强度不同时的修正系数，坡口加工材料强度 $\sigma_b = 30 \sim 40 kgf/mm^2$（1kgf = 9.80665N），则 $K_{料F_y} = 0.69$，$K_{料F_y} = 0.22$，$K_{料F_x} = 0.28$；

$K_{状F}$——材料加工状况不同的修正系数，管材为热轧钢管时，$K_{状F} = 1$。

将以上各值分别代入三个公式：

$F_z = 214 \times (2.75 \sim 5) \times 0.2^{0.75} \times 1.13 \times 0.98 \times 1 \times 1 \times 1 \times 0.69 \times 1 kgf$

$F_y = 123 \times (2.75 \sim 5)^{0.9} \times 0.2^{0.75} \times 1.55 \times 0.71 \times 0.68 \times 1 \times 0.22 \times 1 \times 1 kgf$

$F_x = 80 \times (2.75 \sim 5)^{1.2} \times 0.2^{0.65} \times 1.63 \times 1.27 \times 0.63 \times 1 \times 1 \times 0.28 \times 1 kgf$

按以上三个公式分别计算各规格钢管坡口加工的切削分力，并将计算值列入表 5-2。

按下式计算各规格钢管的三个切削分力的合力（kgf），并将计算值列入表 5-2。

$$F = \sqrt{F_z^2 + F_y^2 + F_x^2}$$

按下列两式分别计算各规格钢管坡口加工的主切削力矩和合力 F 的总切削力矩，并列入表 5-2。

$$M_z = \left(\frac{D-t}{2}\right)\sqrt{F_z^2 + F_y^2} + \frac{9.81}{1000}$$

$$M_\Sigma = \left(\frac{D-t}{2}\right)F \times \frac{9.81}{1000}$$

式中　M_z——钢管坡口加工的主切削力矩 M_z（N·m）；

　　　M_Σ——合力 F 的总切削力矩（N·m）；

　　　D——钢管的外径（mm）；

　　　t——钢管的壁管（mm）。

M_z 的计算数据将用于主传动系统的设计。由于进给机构是手动机构，与主传动系统无关，所以 M_z 的计算未将 F_x 值列入。

表 5-2　坡口加工的切削力和切削力矩计算值

序号	公称口径 /in	外径 D /mm	切削深度 a_p/mm	进给量 f/mm	主切削力 F_z/kgf	背向力 F_y/kgf	进给力 F_x/kgf	切削力的合力 F/kgf	主切削力矩 M_z/N·m	总切削力矩 M_Σ/N·m
1	3/4	26.8	2.75	0.2	134.5	16.7	34.6	139.9	15.99	16.5
2	3/4	26.8	3.5	0.2	171.2	21.2	46.1	178.6	19.7	20.4
3	1	33.5	3.25	0.2	158.9	19.7	42.2	165.6	23.8	24.6
4	1	33.5	4	0.2	195.6	24.2	54.2	204.4	28.5	29.6
5	1¼	42.3	3.25	0.2	158.9	19.7	42.2	165.6	30.7	31.7
6	1¼	42.3	4	0.2	195.6	24.2	54.2	204.4	37	38.4
7	1½	48	3.5	0.2	171.2	21.2	46.1	178.6	37.7	39
8	1½	48	4.25	0.2	207.8	25.7	58.3	217.3	44.9	46.6
9	2	60	3.5	0.2	171.2	21.2	46.1	178.6	47.8	49.5
10	2	60	4.5	0.2	220.1	27.3	62.4	230.4	60.4	62.7
11	2½	75.5	3.75	0.2	183.4	22.7	50.1	191.5	65	67.4
12	2½	75.5	4.5	0.2	220.1	27.3	62.4	230.4	77.2	80.2
13	80mm	80	5	0.2	244.5	30.3	70.8	256.3	90.6	94.3

5.5.2　主传动电动机的选择

坡口机设计的一项重要要求是零件的质量要轻、体积要小。电动机的选择也要符合这一要求。因此一些坡口机的设计，采用手电钻作为驱动的动力。手电钻的电动机大多是单相串励电动机。其特点是体积小、质量轻、起动转矩大、过载能力强；其缺点是机械特性软，即转速将随转矩的增大而急剧下降，但是输出功率和额定转矩是可以保证的。所以，这种设计仍然是可行的。

单相串励电动机的机械特性曲线如图 5-3 所示。由图可知，空载时以最高的速度运转，但是输出转矩很小。承受载荷之后，转速迅速下降，同时转矩也在迅速增大。当输出转矩与负载转矩平衡时，转速就不再下降，转矩也不再增大，就在这个状态下运转。图中的 n_N 为额定转速，M_N 为额定转矩。

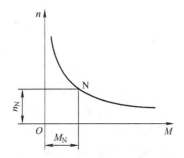

图 5-3　单相串励电动机机械特性曲线

基于以上原因，此项设计选用了法国麦太保（Metabo）的产品：SBE1000/2 型冲击电钻。参数如下：空载转速有 800r/min 和 2000r/min 两档，输入功率 1010W，输出功率 610W，负载转速有 0～800r/min 和 0～2000r/min 两档，额定转矩有 30N·m 和 13N·m 两档，质量 2.3kg。

冲击电钻是建筑业的常用工具，其机械运动以旋转为主，以冲击为辅。用于金属和非金属材料（如砖墙、瓷砖）的钻孔。作为电钻使用时，将旋钮置于"钻孔"位置，钻头可以只旋转无冲击。其电动机是双重绝缘单相串励电动机。选用此品牌是由于在同规格的产品中，它的质量最轻。

由上列参数可以看到，该电动机的额定转矩为 30N·m 和 13N·m，与表 5-2 中所列的切削力矩的计算值相差甚远。如表中所示，加工 $\phi80 \times 5mm$ 钢管时的主切削力矩为 90.6N·m，是电钻额定转矩 30N·m 的 3 倍。

那么应如何解决这个问题呢？可以降低生产效率即降低切削速度，即通过减速来增大主轴的转矩，从而满足加工要求。

5.5.3　主轴回转运动的传动系统设计

1. 主传动系统降速比的确定，以及主传动电动机额定转速的计算

坡口机主轴的回转运动是切削的主运动，主运动的主要参数是主轴的转速。前文已提出应以降低主轴的转速来提高其转矩，即应在电动机和主轴之间设置一个减速器。减速器设计，必须首先明确电动机的转速，但是前文电动机的参数并未提供电动机转速的准确数据。应如何解决这一问题呢？可按回转运动的动力学基本公式计算其额定转速，公式如下

$$P = \frac{Tn}{9550}$$

式中　P——回转运动的功率（kW）；

　　　T——回转运动的转矩（N·m）；

　　　n——回转运动的转速（r/min）。

单相串励电动机的运转也是回转运动，当然也要遵守这一公式。根据这一公式，可以推

导出计算电动机额定转速的公式，如下式所示

$$n_D = \frac{9550 P_D}{T_D}$$

式中 n_D——电动机的额定转速（r/min）；

P_D——电动机的额定功率（kW），即所选电动机的输出功率，$P_D = 610W = 0.61kW$；

T_D——电动机的额定转矩（N·m），低速档 $T_D = 30N·m$，高速档 $T_D = 13N·m$。

各值代入公式

低速档： $n_D = \frac{9550 \times 0.61}{30} r/min = 194.2 r/min$

高速档： $n_D = \frac{9550 \times 0.61}{13} r/min = 448.1 r/min$

上列的计算数据，就是电动机在低速档和高速档运行时的额定转速。此转速是电动机正常工作时的最低转速，低于此转速时的额定功率和额定转矩就不能保证。

减速器设计，首先要确定传动比的数值。此项设计是为了增大主轴的转矩，所以传动比的数值，要根据电动机的额定转矩与坡口加工时的最大切削力矩的比值来确定。后者已列于表5-2中。其中的最大值是加工 $\phi80 \times 5mm$ 钢管时的切削力矩，为 $90.6N·m$。此项加工当然要用电动机的低速档，其额定转矩为 $30N·m$。此参数与最大切削力矩的比值为 $\frac{90.6}{30} = 3.02$。根据此比值，并且留有20%的余量，取减速器的传动比 $i = 3.6$。初看，留20%的余量似乎偏大了，其实不大。为了保证电动机在运转时的工作转速不低于额定转速，减速比的数值也要留有安全系数。因为表5-2中的数据是根据书本中的公式计算的，受条件限制设计者未能进行验证。

2. 坡口机生产效率的初步计算

减速器的减速比确定得比较大，是否会影响生产效率？这需要进行生产效率核算。此项校核计算，可分为以下几个步骤进行。

（1）计算坡口加工时刀具的行程   坡口加工时，刀具在主轴带动下的轴向运动是进给运动，直接影响生产效率。刀具的行程是计算单件工时的重要参数。刀具行程计算如图5-4所示。行程的计算公式如下式所示

$$l = a + b + c$$

式中 l——刀具行程（mm）；

a——空行程，即加工前刀具与加工面间的距离（mm）取 $a = 2mm$；

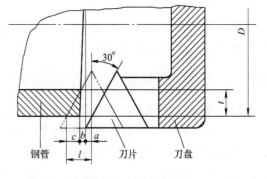

图5-4   刀具行程计算

b——加工面的轴向圆跳动偏差（mm），设此偏差按 $b = 0.03D$（管外径）计算；

c——坡口应有的宽度（mm），按 $c = t$（管子壁厚）$\times \tan30°$计算。

按上式计算的刀具行程列于表5-3中。

（2）计算坡口加工时电动机和主轴的转速   前文已介绍，单相串励电动机的机械特性软，承受载荷后转速迅速下降，同时输出转矩也迅速上升。当输出转矩与负载转矩平衡时转

速就稳定下来。所以坡口加工时电动机的转速可按下式计算

$$n_{\mathrm{D}} = \frac{9550 P_{\mathrm{D}}}{M}$$

式中　n_{D}——电动机的转速（r/min）；

　　　　P_{D}——电动机的额定功率（kW），$P_{\mathrm{D}} = 0.61 \mathrm{kW}$；

　　　　M——负载转矩（N·m），即表 5-2 中的主切削力矩。

坡口机主轴的转速可按下式计算

$$n_{\mathrm{z}} = \frac{n_{\mathrm{D}}}{i}$$

式中　n_{z}——坡口机主轴的转速（r/min）；

　　　　i——减速器的传动比，$i = 3.6$。

按上述二式计算的电动机转速和主轴转速也列于表 5-3 中。

（3）坡口加工的机动工时计算　机械加工的机动工时，即金属切削过程中进给运动所需的时间，按下式计算

$$T_0 = \frac{l}{f n_{\mathrm{z}}}$$

式中　T_0——坡口加工所需的进给运动单件工时（min/件）；

　　　　f——主轴每转的进给量（mm/r），坡口加工 $f = 0.2 \mathrm{mm/r}$；

　　　　n_{z}——主轴转速（r/min），前文的计算数据。

（4）坡口加工的生产效率计算　按下式计算

$$H = \frac{60}{T_0 + T_{\mathrm{f}}}$$

式中　H——坡口加工的生产效率（件/h）；

　　　　T_0——坡口加工的单件机动工时（min）；

　　　　T_{f}——坡口加工的单件辅助工时（min），即装夹工件和刀具复位所需工时，设 $T_{\mathrm{f}} = 1$、

　　　　　　1.5、2 三个数。

按上式计算的生产效率也列于表 5-3，由计算的数据可以看到生产效率符合要求。

表 5-3　坡口机生产效率计算表

序号	钢管规格 公称直径/in×壁厚/mm	刀具行程 /mm	电动机转速 /（r/min）	主轴转速 /（r/min）	机动工时 /min	辅助工时 /min	生产效率 /（件/h）
1	3/4 × 2.75	4.4	1392.5	386.8	0.057	1	56
2	3/4 × 3.5	4.8	1129.3	313.7	0.077	1	55
3	1 × 3.25	4.9	936.7	260.2	0.094	1	54
4	1 × 4	5.3	780.5	216.8	0.122	1	53
5	1¼ × 3.25	5.1	725.7	201.6	0.126	1.5	37
6	1¼ × 4	5.6	611.3	167	0.168	1.5	36
7	1½ × 3.5	5.5	591.3	164.2	0.167	1.5	36
8	1½ × 4.2	5.9	495.2	137.5	0.215	1.5	35
9	2 × 3.5	5.8	465.7	129.4	0.224	2	27
10	2 × 4.5	6.4	368.7	102.4	0.313	2	26
11	2½ × 3.75	6.4	342.2	95.1	0.336	2	25
12	2½ × 4.5	6.9	288.2	80.1	0.431	2	25
13	80mm × 50mm	7.3	245.6	68.2	0.54	2	24

既然生产效率符合要求，就可说明减速器的传动比 $i = 3.6$ 是可行的，减速器可按此设计。

3. 主传动系统减速器传动形式的确定

钢管坡口机是一种应用较广泛的设备，市场上品牌型号颇多。其主传动系统，即主轴的回转运动传动机构的形式有两种：一种是行星齿轮传动，另一种是蜗杆传动。

行星齿轮传动的缺点是机构较复杂，制造难度大，精度要求较高，制造成本也较高；优点是结构紧凑，体积小，质量轻，机械传动效率高（可达98%），相同动力情况下可加工更大规格的钢管。

蜗杆传动的优点是机构简单，加工难度小，成本较低；缺点是机械传动效率低（70%），零件易磨损，要求有良好的润滑。

经过比较，CPKJ – 80 型坡口机选择了以行星齿轮传动作为主传动系统减速器的传动形式。传动形式如图 5-5 所示。

图 5-5 所示的传动机构，是典型的单级 NGW 型行星齿轮传动的形式。其中的太阳轮 A 是动力的输入轮，与冲击电钻的动力接头相连，输入转矩。内齿轮 B 是固定轮，工作时不转动。行星轮 C 既与太阳轮啮合，也与内齿轮啮合。工作时其轴线围绕太阳轮的轴线转动，既有自转又有公转，类似行星运动。行星架 X 是动力的输出机构。行星架的轴线与太阳轮同轴，行星架上安装数件行星轮，工作时行星架在行星轮的推动下，绕其轴线转动，向外输出转矩。

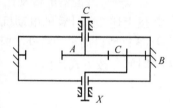

图 5-5　NGW 型行星齿轮
传动形式
A—太阳轮　B—内齿轮
C—行星轮　X—行星架

4. 确定传动链各齿轮的齿数

传动链各齿轮的齿数确定后，必须符合以下两个条件。

1）传动比必须等于原定的数值，即 $i = 3.6$。

2）为了保证齿轮能正确地啮合，NGW 型行星齿轮传动中各轮的齿数必须符合下列关系

$$z_B = z_A + 2z_C \tag{5-1}$$

式中　　z_B——固定内齿轮的齿数；

　　　　z_A——太阳轮的齿数；

　　　　z_C——行星轮的齿数。

条件 1）应该用以下代号表示

$$i_{AX}^B = 3.6 \tag{5-2}$$

这是表示 NGW 型行星齿轮传动的传动比的特殊代号。传动链的各轮都有固定的位置，字母 B 所在的位置是固定件的位置，字母 A 所在的位置是主动件的位置，字母 X 所在的位置是从动件的位置。等号右侧的数值则是传动比的数值。

行星齿轮传动的传动比的计算，多采用"转化机构法"，按此方法得出的 NGW 型传动的传动比计算公式是

$$i_{AX}^B = 1 + \frac{z_B}{z_A}$$

按此公式代入式（5-2）可得下式

$$1 + \frac{z_B}{z_A} = 3.6 \tag{5-3}$$

由式（5-1）和式（5-3）可建立联立方程

$$\left. \begin{array}{l} z_B = z_A + 2z_C \\ 1 + \dfrac{z_B}{z_A} = 3.6 \end{array} \right\}$$

解此联立方程可得

$$z_C = \frac{1.6}{2} z_A \tag{5-4}$$

设 $z_A = 20$ 齿，代入式（5-4）得

$$z_C = \frac{1.6}{2} \times 20 = 16 \tag{5-5}$$

将 z_A 值和 z_C 值代入式（5-1）得

$$z_B = 20 + 2 \times 16 = 52$$

将 z_A 值和 z_B 值代入式（5-3），校核传动比

$$1 + \frac{52}{20} = 3.6$$

符合条件 1）所规定的数值。所以，以上计算的各轮的齿数是正确的。

5. 确定行星轮的数量

行星轮的数量对决定此行星齿轮传动所能传递的转矩，有决定性的影响。一般取此数量为 $n = 3 \sim 4$ 件。本设计最初取 $n = 4$，但是在校核其齿面接触疲劳强度时，不符合强度条件，所以将行星齿轮的数量改为 $n = 6$。查相关资料，对于 NGW 型传动，当传动比 $i_{AX}^B = 2.1 \sim 3.9$ 时，可取行星轮的数量 $n = 6$。

但是行星轮数量增加后是否会产生相互干涉呢？这需要进行校核。校核图如图 5-6 所示。设齿轮模数 $m = 1\mathrm{mm}$。由图可知，两行星轮的中心距为（18 ± 0.0135）mm，齿轮的外径尺寸为 $\phi 18_{-0.10}^{-0.05}$。由此可以算出两行星轮外径的间隙，最小为 0.073mm。若再考虑到齿轮外径的径向圆跳动偏差的影响，此公差值为 0.018mm，则最小间隙为 0.055mm。所以是不会产生相互干涉的。

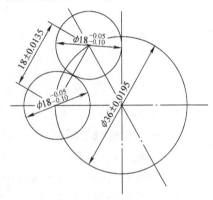

图 5-6 行星齿轮安装空间校核

6. 确定齿轮的模数

初定齿轮的模数，可按下式[注]计算

$$m = \sqrt[3]{\frac{2KM_{n1}}{z_1 \psi_m y [\sigma_w]}}$$

式中 m——齿轮模数（cm）；

K——载荷系数，一般 $K = 1.3 \sim 1.5$，当载荷平稳，安装刚度较好，转速较低时取小值，取 $K = 1.3$；

M_{n1}——小齿轮（行星轮）单齿承受的转矩（kgf·cm），$M_{n1} = \dfrac{30r_2}{r_1 n} N \cdot m$（$r_1$ 为太阳轮

⊖ 东北工学院《机械基础》编写组：《机械基础》，冶金工业出版社，1978，第 374 页。

分度圆半径，$r_1 = 10\text{mm}$，r_2 为行星轮分度圆半径，$r_2 = 8\text{mm}$，n 为行星轮数量，$n = 6$，$M_{n1} = \dfrac{30 \times 8}{10 \times 6}\text{N} \cdot \text{m} = 40.789\text{kgf} \cdot \text{cm}$；

z_1——小齿轮（行星轮）的齿数，$z_1 = 16$；

ψ_m——齿宽系数，$\psi_m = \dfrac{b}{m} = \dfrac{25}{1} = 25$；

y——齿形系数，根据齿数查图 $y = 0.25$；

$[\sigma_w]$——材料的许用弯曲应力（kgf/cm^2），材料为 40Cr 调质，表面淬火，$[\sigma_w] = 2480\text{kgf/cm}^2$。

各值代入公式

$$m = \sqrt[3]{\frac{2 \times 1.3 \times 40.789}{16 \times 25 \times 0.25 \times 2480}}\text{cm} = 0.75\text{mm}$$

取 $m = 1\text{mm}$。

7. 轮齿的弯曲疲劳强度校核

按下式校核

$$\sigma_w = \frac{2KM_n}{bd_f my} \leqslant [\sigma_w]$$

式中 K——载荷系数，取 $K = 1.3$；

M_n——轮齿承受的转矩（$\text{kgf} \cdot \text{cm}$），小齿轮（行星轮）$M_{n1} = 40.775\text{kgf} \cdot \text{cm}$，大齿轮（太阳轮）$M_{n2} = \dfrac{30\text{N} \cdot \text{m}}{6（行星轮数量）} = 5\text{N} \cdot \text{m} = 50.99\text{kgf} \cdot \text{cm}$；

b——齿宽（cm），$b = 25\text{mm} = 2.5\text{cm}$；

d_f——齿轮的分度圆直径（cm），大齿轮（太阳轮）$d_{f2} = 20\text{mm} = 2\text{cm}$，小齿轮（行星轮）$d_{f1} = 16\text{mm} = 1.6\text{cm}$；

m——模数（cm），$m = 1\text{mm} = 0.1\text{cm}$；

y——齿形系数，根据齿数查图确定，大齿轮 $z_2 = 20$，$y_2 = 0.265$，小齿轮 $z_1 = 16$，$y_1 = 0.250$；

$[\sigma_w]$——材料的许用弯曲应力（kgf/cm^2），大小齿轮材料均为 40Cr，调质、表面淬火，$[\sigma_w] = 2480\text{kgf/cm}^2$。

各数值分别代入公式，分别校核其强度：

大齿轮（太阳轮）

$$\sigma_{w2} = \frac{2 \times 1.3 \times 50.99}{2.5 \times 2 \times 0.1 \times 0.265}\text{kgf/cm}^2 = 1000.6\text{kgf/cm}^2 < 2480\text{kgf/cm}^2$$

小齿轮（行星轮）

$$\sigma_{w1} = \frac{2 \times 1.3 \times 40.775}{2.5 \times 1.6 \times 0.1 \times 0.25}\text{kgf/cm}^2 = 1060.15\text{kgf/cm}^2 < 2480\text{kgf/cm}^2$$

太阳轮和行星轮均符合强度要求。

8. 齿轮的齿面接触疲劳强度校核

按下式校核

$$\sigma_{jc} = \frac{1070}{A}\sqrt{\frac{(i+1)^3 KM_n}{bi}} \leqslant [\sigma_{jc}]$$

式中　σ_{jc}——齿轮的齿面接触疲劳强度（kgf/cm^2）；

　　A——两齿轮中心距（cm），$A=1.8$cm；

　　i——传动比，$i=\dfrac{z_2（大齿轮齿数）}{z_1（小齿轮齿数）}=\dfrac{20}{16}$；

　　K——载荷系数，$K=1.3$；

　　M_n——轮齿承受的转矩（kgf·cm），大齿轮 $M_{n2}=50.97$kgf·cm，小齿轮 $M_{n1}=40.775$kgf·cm；

　　b——齿宽（cm），$b=2.5$cm；

　　$[\sigma_{jc}]$——材料的许用接触应力（kgf/cm^2），材料为 40Cr，调质，表面淬火，$[\sigma_{jc}]=8550$kgf/cm^2。

各数值分别代入公式校核其强度。

小齿轮（行星轮）

$$\sigma_{jc1}=\frac{1070}{1.8}\times\sqrt{\frac{\left(\frac{20}{16}+1\right)^3\times1.3\times40.78}{2.5\times\frac{20}{16}}}\text{kgf/cm}^2$$

$$=8263.3\text{kgf/cm}^2<[\sigma_{jc}]$$

大齿轮（太阳轮）

$$\sigma_{jc2}=\frac{1070}{1.8}\times\sqrt{\frac{\left(\frac{20}{16}+1\right)^3\times1.3\times50.97}{2.5\times\frac{20}{16}}}\text{kgf/cm}^2$$

$$=9238.2\text{kgf/cm}^2>[\sigma_{jc}]$$

由以上计算可知，行星轮符合强度条件，太阳轮不符合强度条件。所以决定行星轮设计不改变；太阳轮改变设计，将材料改为 20Cr 渗碳淬火，然后磨齿。其许用接触应力为 $[\sigma_{jc}]=10000$kgf/cm^2，于是得

$$\sigma_{jc2}=9238.2\text{kgf/cm}^2<10000\text{kgf/cm}^2$$

即各项校核均符合强度条件。到此可以确认，前文有关传动链的基本参数的初选值是可行的。

9. 均载机构设计

行星齿轮传动之所以具有体积小、质量轻、承载能力强的优点，是因为它用了数件行星轮来分担载荷才实现的。为此，就要求各行星轮承受的载荷必须均匀。

为了实现这一要求，行星齿轮传动需设置一个特殊机构——均载机构。均载机构的工作原理是：在行星传动链中，有一个基本构件（例如太阳轮或行星轮或行星架）的径向定位不是刚性定位，而是浮动的，有微小的浮动量，工作中浮动件的轴线自动地产生位移，使各行星轮承受均匀的载荷。

均载机构的设计多种多样，有复杂的，也有简单的，其中比较简单的是浮动件采用柔性轴支承。此项设计采用的就是这个方案：以太阳轮作为浮动件，其径向无轴承或其他的刚性定位，而是以弹性联轴器与动力接头相连，传递转矩，从而可在各行星轮圆周力的作用下，自动地处在各行星轮的中央位置。其结构如图 5-7 所示。由图可知，太阳轮和动力接头各有一对钳形爪，将橡胶块夹在中间，动力接头通过橡胶块将转矩传递给太阳轮。在动力接头和

太阳轮之间没有刚性连接，图中的 M2×20（GB/T 70）螺钉，与橡胶块和太阳轮都留有 1mm 的径向间隙，不会限制太阳轮的径向浮动。橡胶块也不会限制太阳轮的浮动，因为浮动量不超过 0.1mm，这对于横截面积为 16×16mm 的橡胶块来说，不足其 1/2500，对其弹力的状态，是不会有丝毫的影响的。螺钉 M2×20（GB/T 70）在安装时不得拧死，应使橡胶块的端面留有 0.5mm 左右的间隙，以防止给太阳轮的浮动增加阻力。

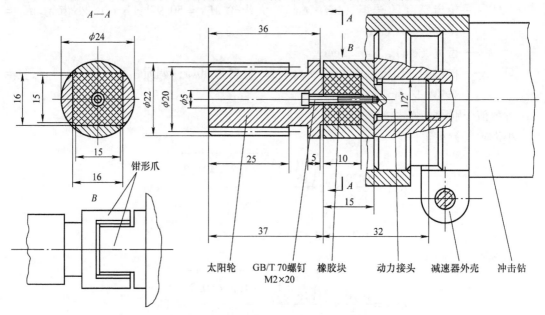

图 5-7 均载机构：弹性联轴器

太阳轮的浮动量由以下零件加工偏差构成。

1）行星架上行星轮轴孔中心线的切向位移，查零件图，此项公差为 $e_r = 0.045 × \cos75°mm = 0.0116mm$。

2）太阳轮轴线的偏心公差：0.018/2mm = 0.009mm。

3）行星轮轴线的偏心公差：0.025/2mm = 0.0125mm。

4）内齿轮分度圆的径向圆跳动公差：0.01mm。

5）行星架的行星轮安装端面的轴向圆跳动公差：0.01mm。

6）动力接头钳形口的径向圆跳动公差：0.04mm。

以上各公差值合计为 0.0982mm。前文取最大浮动量为 0.1mm，大于此计算值，是可行的。

弹性联轴器传递的转矩比较大，其尺寸却很小，所以需进行强度校核。

1）橡胶块强度校核：橡胶块受力图如图 5-8 所示。由图可知，当弹性联轴器工作时，橡胶块的两个工作面承受动力接头的钳形爪 A 作用的力矩 M；同时另外两个工作面也承受太阳轮的钳形爪 B 作用力 F 的阻力矩 M'。M = M'，但方向相反，所以橡胶块承受挤压应力。其强度可按下式校核

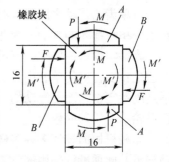

图 5-8 橡胶块受力图

$$\sigma = \frac{P}{A} < [\sigma]$$

式中　σ——橡胶块承受的压强（N/mm²）；

　　　P——橡胶块工作面承受的挤压力（N），$P = F = \dfrac{1000M}{2l}$，$M = 30\text{N} \cdot \text{m}$，$l$（力臂）$=$

　　　8mm，$P = \dfrac{30 \times 1000}{8 \times 2}\text{N} = 1875\text{N}$；

　　　A——橡胶块工作面承压面积（mm²），$A = 8 \times 10\text{mm}^2 = 80\text{mm}^2$；

　　　$[\sigma]$——橡胶块材料的扯断强度（N/mm²），材料为补强硫化天然橡胶，$[\sigma] = 25 \sim$
　　　　　35N/mm²。

各值代入公式

$$\sigma = \frac{1875}{80}\text{N/mm}^2 = 23.4\text{N/mm}^2 < [\sigma]$$

符合强度条件。

2）钳形爪强度校核：太阳轮和动力接头的钳形爪，在传递转矩时承受橡胶块的作用力 P（见图5-9）。这种受力状况相当于悬臂梁承受弯矩，其 A—A 截面是危险截面。按下式校核其弯曲强度

$$\sigma_w = \frac{M}{W} \leqslant [\sigma_w]$$

式中　σ_w——钳形爪 A–A 截面承受的弯曲应力（N/
　　　　　mm²）；

　　　M——危险截面承受的弯矩（N·mm），$M = P \times \dfrac{10}{2} = 1875 \times 5\text{N} \cdot \text{mm} = 9375\text{N} \cdot \text{mm}$；

　　　W——危险截面的抗弯截面系数（mm³），按悬臂梁计算，$W = \dfrac{15 \times 4.5^2}{6}\text{mm}^3 = 50.6\text{mm}^3$；

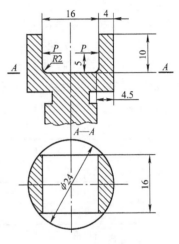

图 5-9　钳形爪受力图

　　　$[\sigma_w]$——材料的许用弯曲应力（N/mm²），动力接头材料为40Cr，调质，$[\sigma_w] =$
　　　　　245N/mm²，太阳轮材料为20Cr，渗碳淬火回火，$[\sigma_w] = 215\text{N/mm}^2$。

各值代入公式

$$\sigma_w = \frac{9375}{50.6}\text{N/mm}^2 = 185.3\text{N/mm}^2 < 215\text{N/mm}^2$$

符合强度条件。

10. 特殊的内齿轮设计

内齿轮是减速器最重要的零件，也是设计难度最大的零件，又是减速器中外形尺寸最大的零件，应如何设计？有两个方案：①按常规设计：它是一个内齿圈，内孔有齿，外径是圆柱面，在圈部沿圆周分布 $4 \times \phi4$ 轴向通孔，用于安装紧固螺钉（见图5-10），其外径为 $\phi74$mm。这是它的最小尺寸，如果再减小外径，则不能满足应有的刚度要求。它的缺点是外径太大，将使减速器的外形尺寸过大。②打破常规，将内齿轮和减速器的外壳设计为一个整体，即将内齿圈的两个端

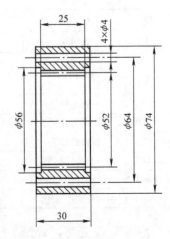

图 5-10　内齿轮的常规设计

面向两侧延伸，使其成为一个套筒形的零件，使延伸处的内孔大于齿部的尺寸，用于安装减速器的全部零件，包括冲击电钻的连接轴颈也安装于延伸的孔中。由于取消了紧固螺钉安装孔，又延伸了齿圈的宽度，从而提高了它的刚度，所以可以将减速器外壳的最大尺寸减小至64mm之内。按此方案设计的优点是：减速器结构紧凑，外形尺寸小，质量轻，而且外形流畅美观。缺点是内齿轮的加工难度大，工艺性不好。

经过比较，决定采用第②种方案，因为减小外形尺寸、减小质量，对坡口机来说是非常重要的指标。至于加工难度大，终究是可以解决的问题。

按此方案设计的套筒内齿轮的零件图，如图 5-11（见插页）所示。当然，此零件图是在减速器部件装配图的设计完成之后才绘制的。

5.5.4　减速器部件装配图设计

减速器部件装配图如图 5-12（见插页）所示，零件明细见表 5-4。由图 5-12 可知，冲击电钻的连接轴颈安装在套筒内齿轮的 ϕ43H9 孔中，并用螺钉 GB/T 70 M6×20 紧固。冲击电钻通过动力接头 302 把转矩传递到太阳轮 307，太阳轮驱动 6 个行星轮 304 转动，行星轮的运动推动行星架 306 绕着太阳轮的轴线转动。太阳轮是顺时针方向转动（从动力接头方向观察），行星轮的自转是逆时针方向转动，而其公转则是顺时针方向，所以行星架也是顺时针方向转动。由其 14d11 六棱体将增大的转矩输递到主轴部件。

表 5-4　减速器部件零件明细

代号	名称	型号规格	材料	数量	备注
301	套筒内齿轮		40Cr	1	
302	动力接头		45 钢	1	
303	行星盘		45 钢	1	
304	行星轮		40Cr	6	
305	螺盖		45 钢	1	
306	行星架		45 钢	1	
307	太阳轮		20Cr	1	
308	小短套		Q235 - A	12	
309	小长套		Q235 - A	6	
310	行星轴		45 钢	6	
311	橡胶块		补强硫化天然橡胶	1	
	冲击电钻	SBE1000/2　S - R + L　1010W　800r/min、2000r/min		1	麦太保产品
GB/T 301	单向推力球轴承	51104 20×35×10		1	
GB/T 301	单向推力球轴承	51106 30×47×11		1	
GB/T 276	深沟球轴承	618/4 4×9×2.5		24	
GB/T 70	内六角圆柱头螺钉	M2×20		1	
GB/T 895.1	孔用钢丝挡圈	10		12	
GB/T 70	内六角圆柱头螺钉	M6×20		1	

由图 5-12 还可以看到，行星架 306 和行星盘 303 都有推力轴承定位，轴承的间隙可通过旋紧螺盖 305 消除。

由 I 局部放大图可知，每个行星轮都经 4 个微型轴承安装在行星轴 310 上，可保证其转动轻快、旋转精度比较高。行星轴与行星架及行星盘的配合为 $\phi 4 \dfrac{\text{H7}}{\text{k6}}$，是一种稍有过盈的定位配合，所以由此三者就构成了一个刚性支架，可以保证行星传动中各齿轮能良好啮合。

套筒内齿轮 301 最外端的 $\phi 57 \text{H7}$ 孔，是减速器部件与机架部件连接的定位止口。连接时在法兰端面用螺钉紧固。

在装配图的右下角，还列出了该部件的技术条件，这是部件装配时应遵守的规则。在拟订部件装配工艺时，应使之与此一致。

5.6　主轴套筒部件设计

5.6.1　主轴套筒部件的功能及技术条件

主轴套筒部件的功能主要有以下两项：

1）通过主轴的旋转带动刀具围绕工件的轴线做圆周运动，从而完成对工件的切削加工，这是坡口机加工的主运动。

2）通过进给机构的推动，套筒带着主轴做轴向运动，使工件逐渐地加工到应有的尺寸，这就是坡口加工的辅助运动，称之为进给。

根据这两项功能就确定了如下的技术条件：

1）主轴承受的最大扭矩为 $30 \times 3.6 \text{N} \cdot \text{m} = 108 \text{N} \cdot \text{m}$。

2）加工时刀具的最大轴向切削行程 7.3mm，但是考虑到工件装夹的轴向位置有偏差，即钳口外露长度不一致，所以取套筒的轴向行程为 25mm。

3）工件的最大直径为 $\phi 80 \text{mm}$，最小直径为 $\phi 26.8 \text{mm}$，刀具的加工范围必须与此一致。

4）工件装夹的径向精度也有可能不够精确，轴线的位置偏差可能达到 0.5mm，所以加工过程中可能有轻微的冲击，要求主轴的轴承应有足够的刚度。

5）套筒的进给运动应有自锁功能，即当主轴承受较大的轴向反作用力时，套筒不会自行退回。

5.6.2　主轴主要尺寸的确定

此坡口机主轴转矩的输入方法比较特殊：在主轴尾端有一很深的六方孔，此孔与行星架定心轴线上的六棱柱相连接，配合为 $\dfrac{\text{H11}}{\text{d10}}$。当行星架转动时，通过六棱柱驱动主轴转动，然后通过主轴前端面上的横向键形凸台带动刀盘转动。所以主轴在全长上都承受扭矩。主轴的结构如图 5-13 所示。由图可知，主轴的危险截面在 $B—B$ 截面处，此处是空心轴，初定的内径和外径尺寸如图所示。需校核其强度，按下式校核

$$d = 17.2 \sqrt[3]{\frac{T}{[\tau]}} \frac{1}{\sqrt[3]{1 - a^4}}$$

式中　d——轴危险截面的外径（mm）；

　　　　T——轴所传递的扭矩（N·m），$T = 30 \times 3.6 \text{N} \cdot \text{m} = 108 \text{N} \cdot \text{m}$；

　　　　$[\tau]$——材料的许用扭转切应力（N/mm²），材料为 40Cr，调质，$[\tau] = 35 \sim 50 \text{N/mm}^2$，取

中间值，$[\tau]=45\mathrm{N/mm^2}$；

a——空心轴内径 d_1 与外径 d 之

比，在 $B—B$ 截面，$a=\dfrac{d_1}{d}=$

$\dfrac{17}{28}=0.607$。

各值代入公式

$$d=17.2\times\sqrt[3]{\frac{108}{45}}\times\frac{1}{\sqrt[3]{1-0.607^4}}\mathrm{mm}$$

$$=24.2\mathrm{mm}$$

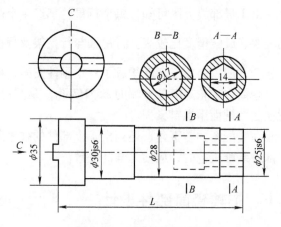

图 5-13　主轴结构示意图

以上，按扭转强度计算的危险截面的外径最小为 24.2mm，小于初定的尺寸（$\phi28\mathrm{mm}$）所以初定的尺寸符合强度条件。

$B—B$ 截面外径的尺寸确定后，根据此数据按设计常规，可不经计算确定下列各尺寸：

1）后轴承安装轴径 $D_1=25\mathrm{mm}$。

2）前轴承安装轴径 $D_2=30\mathrm{mm}$。

3）刀盘安装轴径 $D_3=35\mathrm{mm}$。

4）主轴总长度 $L\approx100\mathrm{mm}$。

上列数据中的 L 值需在部件装配图设计时最后确定。

5.6.3　轴承的选择

坡口加工也属金属切削范畴，所以坡口机主轴的支承也与金属切削机床的主轴支承相近似，要求主轴的轴承能承受一定的径向和轴向负荷，要求有较大的刚度和较高的旋转精度。

前文的切削力计算数据说明，坡口加工进给力 F_x 大于背向力 F_y。根据这一特征，此项设计主轴的前轴承选择了一对背对背安装的角接触球轴承，用来承受轴向切削力，其接触角 $\alpha=25°$。后轴承只承受径向力，轴向是浮动的，所以可选用深沟球轴承。

确定轴承的规格，首先要进行轴承的受力计算，轴承的受力如图 5-14 所示。由图可知，前轴承 A 承受的轴向力 F_A 与进给力 F_x 平衡，所以 $F_A=F_x$，其最大值为 70.8kgf（见表 5-2）$=694.3\mathrm{N}$。而前后两轴承承受的径向力，则需经计算求得。计算方法是解力的平衡方程。由图 5-14 可知，在背向力 F_y 的作用下，在前轴承 A 处产生了径向支反力 F'_A，在后轴承 B 处产

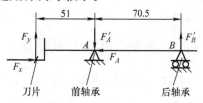

图 5-14　轴承受力

生了径向支反力 F'_B。F_y 的最大值为 30.3kgf $=297.1\mathrm{N}$。在此力的作用下主轴仍处于平衡状态，所以可建平衡方程 $\sum M_B=0$，由此得 $F_y\times(51+70.5)-F'_A\times70.5=0$

得

$$F'_A=\frac{F_y\times(51+70.5)}{70.5}=\frac{297.1\times121.5}{70.5}\mathrm{N}=512\mathrm{N}$$

由 $\sum M_A=0$ 可得

$$F_y\times51-F'_B\times70.5=0$$

得　　　　　　　　　$$F'_B = \frac{F_y \times 51}{70.5} = \frac{297.1 \times 51}{70.5}N = 215N$$

轴承承受的工作负荷确定后，轴承的型号规格可通过"额定动负荷计算"来确定。下面进行此项计算。

坡口机主轴前轴承的工作条件如下：轴向负荷最大值 $F_A = F_x = 694.3N$，径向负荷的最大值 $F'_A = 512N$，主轴转速（负荷最大时的转速）$n = 70r/min$，使用寿命 5000h，工作温度为室温，轴径 $\phi30mm$。

轴承的基本额定动负荷按下式计算

$$C = \frac{f_h f_m f_d}{f_n f_r}F < C_r$$

式中　C——基本额定动负荷计算值（N）；

　　　f_h——寿命系数，使用寿命为 5000h，$f_h = 2.15$（查表求得，下同）；

　　　f_m——力矩负荷系数，力矩负荷较小，取 $f_m = 1.5$；

　　　f_d——冲击负荷系数，有较小冲击，取 $f_d = 1.2$；

　　　f_n——速度系数，转速 $n = 70r/min$，$f_n = 0.781$；

　　　f_r——温度系数，室温，$f_r = 1$；

　　　F——当量动负荷（N），按下式计算：

　　　　　　$F = xF_r + yF_a$

式中　x——径向系数，查表 $x = 0.67$；

　　　y——轴向系数，查表 $y = 1.41$；

　　　F_r——径向负荷（N），$F_r = F'_A = 512N$；

　　　F_a——轴向负荷（N），$F_a = F_A = 694.3N$。

得　　　　　　　　　$F = 0.67 \times 512N + 1.41 \times 694.3N = 1322N$

各值代入公式

$$C = \frac{2.15 \times 1.5 \times 1.2}{0.781 \times 1} \times 1322N = 6550.8N$$

查成对安装角接触球轴承尺寸性能表，得知轴径为 $\phi30mm$，$\alpha = 25°$ 的特轻系列轴承，型号为 7006AC，其基本额定动负荷为 17800N，远大于上列的计算值，而且外形尺寸过大，为 $30mm \times 55mm \times 26mm$，所以不适用，应选用更轻型的轴承。但国产轴承已无适宜产品可用，最后选用的是日产轴承，型号为 NSK7906A5DF，外径尺寸为 $30mm \times 47mm \times 18mm$。经实用证实，效果良好，使用寿命符合要求。

主轴后轴承的选用：根据已确定的轴径 $d = 30mm$ 和安装空间所能容纳的尺寸，初步拟选用的深沟球轴承型号为 61905，其外形尺寸为 $25mm \times 42mm \times 9mm$，其基本额定动负荷 $C_r = 5650N$。需根据轴承的工作条件，校核其基本额定动负荷。轴承的工作条件为轴向负荷 $F_a = 0$，径向负荷 $F_r = F'_B = 215N$。其余条件与前轴承相同。按下式校核

$$C = \frac{f_h f_m f_d}{f_n f_r}F < C_r$$

式中，f_h、f_m、f_d、f_n、f_r 各系数的数值均与前轴承相同。按下式计算当量动负荷 F（N）的数值：

$$F = xF_r + yF_a$$

查深沟球轴承尺寸性能表，由 $F_a = 0$，得 $\dfrac{F_a}{C_0} = 0$，取 $\dfrac{F_a}{C_0}$ 的最小值 $\dfrac{F_a}{C_0} = 0.025$，由此得 $x = 1$，$y = 0$，得下式

$$F = xF_r + yF_a = 1 \times 215\text{N} + 0 \times 0 = 215\text{N}$$

将各系数及 F 值代入公式

$$C = \frac{2.15 \times 1.5 \times 1.2}{0.781 \times 1} \times 215\text{N} = 1065.4\text{N} < 5650\text{N}$$

即所选用的后轴承的基本额定动负荷符合要求，设计可行。

5.6.4　套筒设计及齿部强度校核

套筒的功能主要有以下两项：①安装主轴。为此套筒内孔的尺寸，要按主轴的前后轴承的外形尺寸来确定；②带动主轴做轴向运动，从而完成坡口加工的进给运动。为此，要在套筒的 $\phi 58\text{g7}$ 的外径上，加工出一条轴向齿条。套筒的结构示意图如图 5-15 所示。

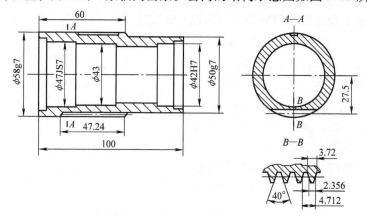

图 5-15　套筒的结构示意图

套筒的设计依然要遵循"质量轻、体积小"的要求，所以套筒的壁厚设计得比较单薄。而最薄弱之处就在此齿条部位。齿条的模数为 1.5mm，主要尺寸如图 5-15 B—B 视图所示，承受的最大轴向力为 694.3N，需校核其强度。套筒齿条受力图如图 5-16 所示。由图可知，套筒的齿条与螺旋圆柱齿轮啮合，齿轮转动时其圆周力 F 作用在齿条的节线上。设此二者只有一对齿啮合，则齿条的一个齿将承受齿轮的全部圆周力 P 的作用。齿条的节线至齿根的距离为 1.875mm，于是齿条的单齿承受弯矩危险截面在齿根处。这种受力状况与悬臂梁承受弯矩相同，所以可按下式校核其弯曲强度

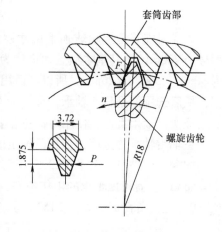

图 5-16　套筒齿条受力图

$$\sigma_w = \frac{M_w}{W} \leqslant [\sigma_w]$$

式中　σ_w——套筒齿条的单齿在危险截面产生的弯曲应力（N/mm²）；

M_w——单齿承受的最大弯矩（N·mm），$M_w = F_A h = 694.3\text{N} \times 1.875\text{mm} = 1302.2\text{N·mm}$；

W——齿条齿根截面的抗弯截面系数（mm^3），$W = \dfrac{bS^2}{6}$，b（齿宽）$= 20\text{mm}$，S（齿根处齿厚）$= 3.72\text{mm}$；

$[\sigma_w]$——材料的许用弯曲应力（N/mm^2），材料为 40Cr，调质，$[\sigma_w] = 245\text{N/mm}^2$。

各值代入公式

$$\sigma_w = \frac{6 \times 1302.2}{20 \times 3.72^2}\text{N/mm}^2 = 28.2\text{N/mm}^2 < 245\text{N/mm}^2$$

即套筒齿条的设计符合强度条件，设计可行。

5.6.5　主轴套筒部件装配图设计及改进

主轴套筒部件装配图如图 5-17 所示，其零件明细见表 5-5。

表 5-5　主轴套筒部件零件明细　　　　　　　　　　（单位：mm）

代号	名称	型号规格	材料	数量	备注
201	后螺盖		35 钢	1	
202	套筒		40Cr	1	
203	主轴		40Cr	1	
204	圆螺母		35 钢	1	
205	前螺盖		35 钢	1	
206	密封毡圈		工业用毡 δ_4	1	
207 – 1	刀盘		45 钢	1	适用管径 70~80
207 – 2	刀盘		45 钢	1	适用管径 54~63
207 – 3	刀盘		45 钢	1	适用管径 42~50
207 – 4	刀盘		45 钢	1	适用管径 27~38
GB/T 70	内六角圆柱头螺钉	M4×12		8	
GB/T 70	内六角圆柱头螺钉	M10×30		1	
GB/T 93	弹簧垫圈	10		1	
GB/T 894.1	轴用弹性挡圈	2.5		1	
NSK	向心推力球轴承	7906A5DF，30×47×9×2		1 对	$\alpha = 25°$
GB/T 276	深沟球轴承	61905，25×42×9		1	
	可转位刀片（车刀）	棱形 55°，边长 11.8	硬质合金	8	

坡口机的设计在 2018 年做了较大的改进，主轴套筒部件是改动比较大的部件，图 5-17 是改进后的设计。改进的要点是对主轴转矩的输入方式进行了很大的改动，在主轴 203 的尾端加工一个 14H11mm 的六方孔（见 D—D 视图），以此作为主轴转矩的输入端，使它与减速器的输出端——行星架的六棱柱连接，驱动主轴转动。当主轴在套筒的带动下做轴向运动时，六方孔在六棱柱上轴向滑动，保持转矩的继续输入。

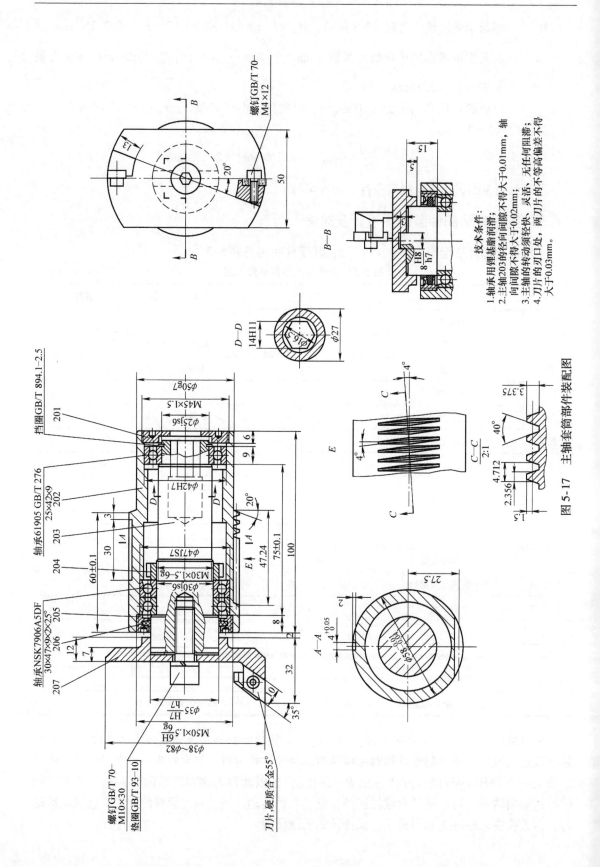

技术条件:
1. 轴承采用锂基脂润滑;
2. 主轴203的径向间隙不得大于0.01mm, 轴向间隙不得大于0.02mm;
3. 主轴的转动须轻快、灵活, 无任何阻滞;
4. 刀片的刃口处, 两刀片的不等高偏差不得大于0.03mm。

图 5-17　主轴套筒部件装配图

冲击电钻SBE 1000/2 S-R+L
1010W，800r/min、2000r/min

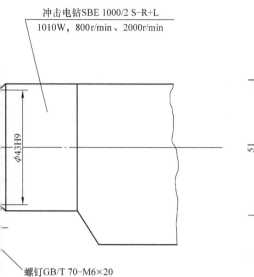

$\phi43H9$

螺钉GB/T 70-M6×20

)-M2×20

D

64

51

64

51

B

$14\frac{H10}{d11}$

B

$A—A$

技术条件：

1. 在冲击钻尚未安装时，用手驱动动力接头302，减速器运转应轻快灵活，无阻滞、无转矩不均匀现象；

2. 在太阳轮307的齿面涂红丹粉，然后开动冲击电钻，低速空载运转3min，然后拆除冲击电钻及太阳轮，从孔中检查4个行星轮是否有受力不均现象。如有此情况应查明原因加以解决；

3. 为了防止出现行星轮受力不均问题，太阳轮的定位采用了浮动方法：①太阳轮307与动力接头302的六棱体配合为$14\frac{H10}{d11}$，最大间隙为0.23mm，最小间隙为0.05mm。②此二者的轴向定位采用$\phi2×13$mm的弹性销，太阳轮的销孔为$\phi3$mm；

4. 螺盖305安装时，不要将轴承压得过紧，无轴向间隙即可。

$B—B$

4×M5 7H

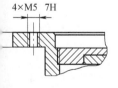

部件装配图

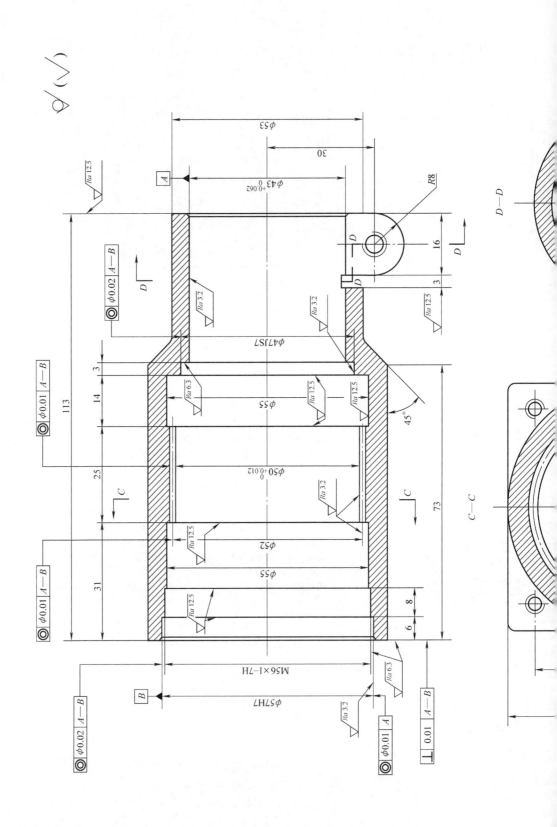

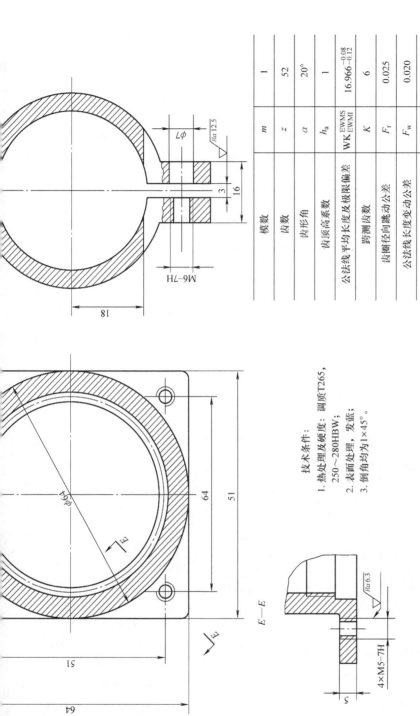

模数	m	1
齿数	z	52
齿形角	α	20°
齿顶高系数	h_a	1
公法线平均长度及极限偏差	W.K. EWMS EWMI	$16.966^{-0.08}_{-0.12}$
跨测齿数	K	6
齿圈径向跳动公差	F_r	0.025
公法线长度变动公差	F_w	0.020
齿形公差	f_f	0.008
齿距极限偏差	f_{pt}	0.01
齿向公差	f_B	0.009
精度等级		6-HK

技术条件：

1. 热处理及硬度：调质T265，250～280HBW；
2. 表面处理，发蓝；
3. 倒角均为1×45°。

图 5-11 套筒内齿轮零件图（材料 40Cr）

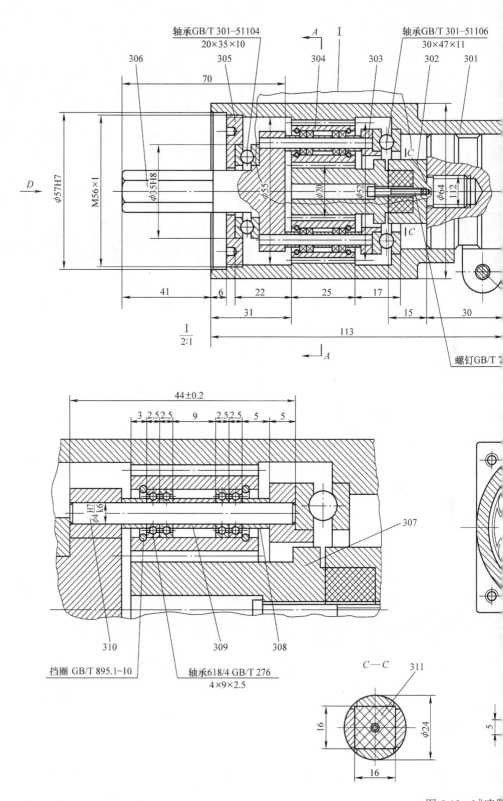

轴承GB/T 301–51104
20×35×10

轴承GB/T 301–51106
30×47×11

306　305　　304　I　303　302　301

70

ϕ57H7　M56×1　ϕ35H8　ϕ55　ϕ20　ϕ52　ϕ64　112

D

A

41　6　22　25　17　15　30

31

$\frac{I}{2:1}$

113

A

螺钉GB/T

44±0.2

3　2.5　2.5　9　2.5　2.5　5　5

ϕ4 $\frac{H7}{k6}$

307

310　309　308

挡圈 GB/T 895.1–10

轴承618/4 GB/T 276
4×9×2.5

C—C　311

16　ϕ24

16

5

图 5-12　减速器

这种设计与常规设计是不同的，是一种改进后的设计。2000 年最初设计的坡口机，其结构如图 5-18 所示。由图可以看到，减速器的行星架 114 的六棱柱与齿轮 115 连接，经惰轮 107、再经齿轮 105 驱动主轴 106 转动，106 与 105 是花键联结，主轴做轴向运动时，主轴的花键轴部位在齿轮 105 的花键孔中滑动，保持转矩的输入。这是一种常规设计，一些铣床立铣头的设计也采用的是类似的传动方式。

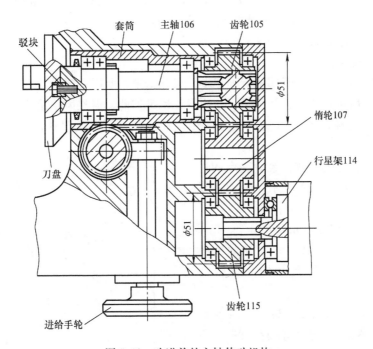

图 5-18　改进前的主轴传动机构

改进后行星架的六棱柱直接与主轴的六方孔连接（行星架没有绘出），于是使传动系统减少了三件齿轮和六件轴承，并且使主轴缩短了 40mm。由此可使坡口机的质量减小 1.4kg，并且降低了制造成本。

关于主轴套筒部件的设计，还有以下两点应加以说明：

1）刀片采用了标准的硬质合金可转位刀片，这一点与坡口机的操作者大多不会磨刀的特点非常适宜，有利于坡口机的推广应用。

2）在部件装配图中，还提出了 4 项技术要求，这是对部件装配工作的质量要求，也是保证主轴套筒正常运转的必要条件，必须落实。

5.7　机架部件设计

机架部件由以下三个部分组成：

1）进给机构，其功能是推动套筒做轴向运动，实现坡口加工的进给运动。

2）夹紧机构，其功能是按主轴的轴线定心并夹紧工件（钢管）。

3）坡口机的机架本体，其功能是安装主轴套筒部件，安装进给机构，安装夹紧机构，并与减速器连接，使坡口机成为一个完整的、轻便的手持机械。

5.7.1　进给机构设计

1. 技术条件

进给机构技术条件如下：

1）最小进给量：主轴每转最小进给量 0.1mm。

2）进给机构具有自锁功能，即套筒承受轴向外力后不会推动进给机构逆转。

3）最大进给阻力，即最大进给力 $F_x = 70.8$kgf。

4）进给手轮最大转矩 $M \leqslant 1$N·m。

2. 进给传动链设计

坡口机的进给运动，由于切削行程很小，仅几毫米，所以一般设计为手动机构。传动链一般是：手轮–齿轮减速–套筒齿条。此项设计也是如此，但是齿轮减速环节采用了螺旋齿轮副传动。因为这样设计可以实现较大的传动比，并且可以满足传动链有自锁功能这一要求。

经多次调整、修改参数，最后确定的进给传动链示意图如图5-19所示。图中各零件的参数如下：

1）进给手轮直径 $\phi63$mm。

2）螺旋齿轮轴：齿数 $z = 1$，法向模数 $m_n = 1.5$mm，螺旋方向为右旋，螺旋角 $\beta = 86°$。

3）螺旋齿轮：齿数 $z = 24$，法向模数 $m_n = 1.5$mm，螺旋方向为右旋，螺旋角 $\beta = 4°$。

4）套筒齿条：齿数 $z = 10$，法向模数 $m_n = 1.5$，螺旋方向为右旋，螺旋角 $86°$。

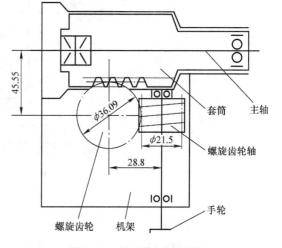

图5-19　进给传动链示意图

由上列参数可以看到，螺旋齿轮轴的螺旋角 $\beta = 86°$，即其导程角 $\lambda = 90° - 86° = 4°$ $< \theta$（摩擦角，钢–钢有润滑时，$\theta = 5.7°$），所以螺旋齿轮轴具有自锁性能。

由上面所列的参数，可求得交错轴斜齿轮副的传动比 $i = \dfrac{n_1}{n_2} = \dfrac{z_2}{z_1} = \dfrac{24}{1}$。由此可求得螺旋齿轮轴每转动1周，套筒的行程

$$S = \pi m_n \times \cos4° = 1.5\pi \times \cos4° \, \text{mm} = 4.7 \, \text{mm}$$

由此可按下式计算出当进给量为 0.1mm 时，进给手轮应转动的角度

$$\alpha = \frac{360°}{4.7} \times 0.1 = 7.66°$$

此角度不算太小，约是 $30°$ 的 $1/4$，比较易掌握。

按照图5-19所示进给传动链，并根据上列各参数，绘制进给机构结构简图如图5-20所示。图中的螺旋齿轮也是由滚动轴承支承但未绘出。

由图5-20可以直观地看到，在坡口加工时套筒承受的轴向切削力，经螺旋齿轮传递，将作用在螺旋齿轮轴的齿面上。当转动手轮时，齿面承受的正压力会产生摩擦力，并由此形

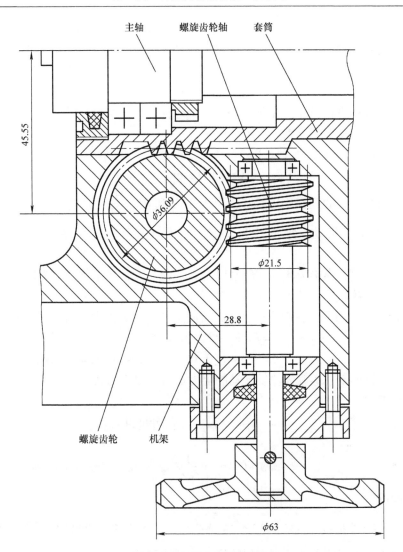

图 5-20　进给机构结构简图

成手轮转动的阻力矩。前文在技术条件中规定：进给手轮的最大
转矩 $M \leqslant 1N \cdot m$，所以需计算此阻力矩。设只有一个齿在啮合，
其受力图如图 5-21 所示。图中 F 即螺旋齿轮轴承受的轴向切削
力，也就是表 5-2 中的进给力 F_x，其最大值为 70.8kgf，由此产生
的转动时的摩擦力可按下式计算

$$F_1 = f'N = f'F_x\cos20°$$

式中　F_1——在进给力作用下螺旋齿轮轴接触齿面上产生的摩擦
　　　　　力（kgf）；

　　　f'——动摩擦系数，钢 – 钢，有润滑，$f' = 0.05 \sim 0.10$，
　　　　　取 $f' = 0.08$；

　　　N——齿面承受的正压力（kgf）；

　　　F_x——在背向力作用下，螺旋齿轮轴承受的最大轴向切削力（kgf），$F_x = 70.8$kgf。

各值代入公式

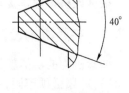

图 5-21　单齿受力图

$$F_1 = 0.08 \times 70.8 \times \cos 20° \, \text{kgf} = 5.3 \, \text{kgf}$$

同时，套筒在做轴向运动时，由套筒部件的重力产生的摩擦力 F_2，则是螺旋齿轮轴承受的第 2 个轴向力，F_2 按下式计算

$$F_2 = f'G$$

式中　F_2——套筒部件的重量产生的摩擦力（kgf）；

　　　f'——套筒的动摩擦系数，$f' = 0.08$；

　　　G——套筒部件的重力（kgf），$G = 1.72 \, \text{kgf}$。

由此得　　　　　　　　　$F_2 = 0.08 \times 1.72 \, \text{kgf} = 0.14 \, \text{kgf}$

并且，套筒与机架的配合比较紧密，为 $\phi 58 \dfrac{\text{H7}}{\text{g7}}$ 和 $\phi 50 \dfrac{\text{H7}}{\text{g7}}$，是间隙很小的滑动配合，在有润滑的情况下手可推动，推力约为 $2 \, \text{kgf}$。此力是螺旋齿轮轴承受的第 3 个轴向力：$F_3 = 2 \, \text{kgf}$。

最后，螺旋齿轮和螺旋齿轮轴在转动时也要消耗动力，但是这两个零件都是由滚动轴承支承，滚动摩擦系数很小，动力消耗可忽略不计。

在 F_2 和 F_3 的作用下，在螺旋齿轮轴的齿面上产生的摩擦力可按下式计算

$$F'_2 + F'_3 = f'(F_2 + F_3) \times \cos 20°$$
$$= 0.08 \times (0.14 + 2) \times \cos 20° \, \text{kgf} = 0.16 \, \text{kgf}$$

根据以上计算可知，螺旋齿轮轴转动的阻力矩可由以下两式求得。

当切削加工时

$$M = (F_1 + F'_2 + F'_3) \times \frac{d(分度圆直径)}{2}$$
$$= (5.3 + 0.16) \times \frac{21.5}{2} \, \text{kgf} \cdot \text{mm} = 58.7 \, \text{kgf} \cdot \text{mm} = 0.576 \, \text{N} \cdot \text{m}$$

当空行程时

$$M = (F'_2 + F'_3) \times \frac{d}{2} = 0.16 \times \frac{21.5}{2} \, \text{kgf} \cdot \text{mm} = 1.72 \, \text{kgf} \cdot \text{mm} = 0.017 \, \text{N} \cdot \text{m}$$

以上两数值均小于技术条件规定的数值，故设计可行。

初定进给手轮的直径为 63mm，校核切削时转动手轮所需的扭力，按下式校核

$$Q = \frac{M \times 1000}{\dfrac{D (手轮直径)}{2}} = \frac{0.576 \times 1000}{\dfrac{63}{2}} \, \text{N} = 18.3 \, \text{N}$$

根据人机工程学资料，人的手掌握力为 40N，大于以上计算值，故手轮的规格适用。

5.7.2　夹紧机构设计

夹紧机构的功能就是夹紧工件，即 $\phi 27 \sim \phi 80 \, \text{mm}$ 的各种规格的钢管，其技术条件如下：

1）夹紧必须牢固，在加工过程中不可因振动、冲击而松脱。

2）工件夹紧后能自动定心，即工件的轴线必须与主轴的轴线同轴，偏差不大于直径的 1%。

3）加工不同规格的钢管时，更换夹紧零件应简单方便。

4）工件装夹方便。

5）加工时观察方便。

6）夹紧机构力求体积小、质量轻。

在上述条件中，自动定心是最重要的条件。为了实现这一条件，并且结构简单，将夹紧机构设计为钳形机构，分为动钳口和静钳口两部分。静钳口的作用是实现工件的自动定心，为此按照工件不同的外径尺寸，将静钳口分为 7 个规格，每一个规格只用于一种外径钢管的加工。而动钳口只有一件，用螺杆推动它径向移动，从而将工件夹紧。夹紧机构的结构见图 5-23，为节省篇幅不另行绘图。

夹紧力的数值按下式计算，其计算图如图 5-22 所示。

$$W' = \frac{KM}{Df}\sin\frac{\alpha}{2}$$

式中　W'——工件加工所需的夹紧力（kgf）；

K——安全系数，$K=1.5\sim3$，取 $K=2$；

M——切削力矩（kgf·mm），$M = \frac{D（管外径）F}{2}$，F 为切削力的合力（kgf），见表 5-2；

D——管外径（mm），$D=27$mm 和 80mm，仅计算这两个规格；

f——工件与钳口的摩擦系数，$f=0.16$；

α——动钳口夹角（°），$\alpha=120°$。

最小夹紧力

$$D=27\text{mm},\ F=139.9\text{kgf}$$

$$W'_{min} = \frac{2\times\frac{27}{2}\times139.9}{27\times0.16}\times\sin\frac{120°}{2}\text{kgf} = 757.2\text{kgf}$$

最大夹紧力

$$D=80\text{mm},\ F=256.3\text{kgf}$$

$$W'_{max} = \frac{2\times\frac{80}{2}\times256.3}{80\times0.16}\times\sin\frac{120°}{2}\text{kgf} = 1387.3\text{kgf}$$

作用在手柄上的作用力可按下式计算

$$F_{手} = \frac{W'\frac{d}{2}}{\frac{112}{2}}$$

式中　$F_{手}$——作用在手柄上的作用力（kgf）；

d——螺杆 105 的螺纹中径（mm），$d=12.7$mm。

最小夹紧作用力

$$F_{min} = \frac{757.2\times\frac{12.7}{2}}{\frac{112}{2}}\text{kgf} = 85.9\text{kgf}$$

最大夹紧作用力

$$F_{max} = \frac{1387.3\times\frac{12.7}{2}}{\frac{112}{2}}\text{kgf} = 157.3\text{kgf}$$

需要说明，上述的计算值是作用在两个手柄上的作用力之和，每个手柄上的作用力只是其 1/2。

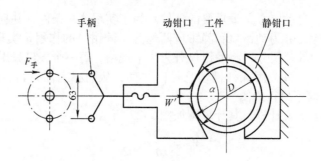

图 5-22　夹紧力计算图

5.7.3　机架部件装配图设计及机架体设计

在完成了主轴套筒的设计，及进给机构和夹紧机构的设计之后，机架体的结构设计也就有了依据，并且机架部件装配图的设计也就水到渠成了。机架部件装配图如图 5-23 所示，机架部件零件明细见表 5-6。

表 5-6　机架部零件明细　　　　　　　　　　　（单位：mm）

代号	名称	型号规格	材料	数量	备注
101	机架体		ZG40Cr1	1	
102-1	静钳口（1）		45 钢	1	适用管径 26.8mm
102-2	静钳口（2）		45 钢	1	适用管径 33.5mm
102-3	静钳口（3）		45 钢	1	适用管径 42.3mm
102-4	静钳口（4）		45 钢	1	适用管径 48mm
102-5	静钳口（5）		45 钢	1	适用管径 60mm
102-6	静钳口（6）		45 钢	1	适用管径 75.5mm
102-7	静钳口（7）		45 钢	1	适用管径 80mm
103	动钳口		45 钢	1	
104	导向套		45 钢	1	
105	螺杆		45 钢	1	
106	手柄		35 钢	2	
107	螺旋齿轮轴		40Cr	1	
108	毡圈密封垫		工业用毡 δ4、δ1	1	
109	垫片		橡胶石棉板	1	
110	法兰盘		35 钢	1	
111	端盖		35 钢	1	
112	螺旋齿轮		40Cr	1	
113	卡箍		45 钢	2	
GB/T 5781	六角头螺栓	M4×16		4	
GB/T 5781	六角头螺栓	M8×18		1	
GB/T 93	弹簧垫圈	8		1	
GB/T 70	内六角圆柱头螺钉	M4×14		4	
GB/T 117	圆锥销	3×20		1	
GB/T 117	圆锥销	5×25		1	
GB/T 1096	平键	6×6×18		1	
GB/T 79	紧定螺钉	M6×15		1	
GB/T 4141.11	手柄球	M5×16		2	
GB/T 4141.20	手轮	8×63		1	
GB/T 276	深沟球轴承	618/9　9×17×4		2	
GB/T 276	深沟球轴承	61804　20×32×7		2	

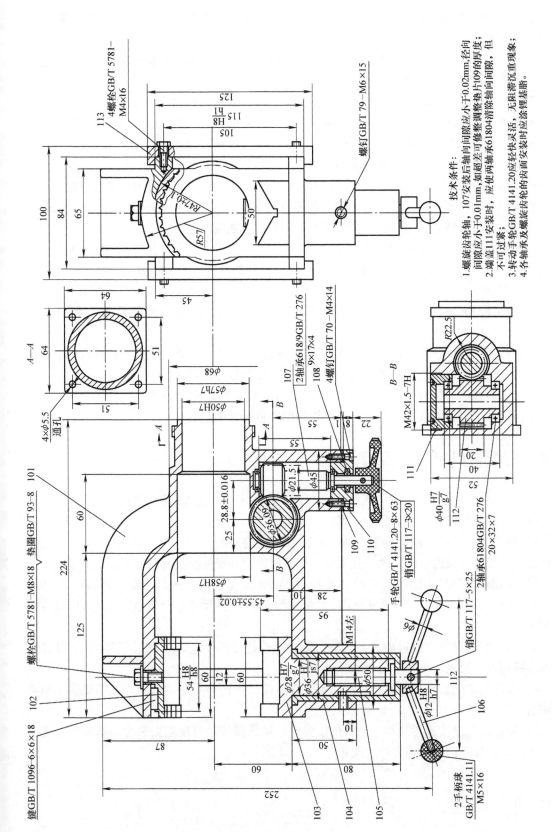

技术条件：

1. 螺旋齿轮轴、107安装后轴向间隙应小于0.02mm，径向间隙应小于0.01mm，如超差可修整调整垫片109的厚度，但不可过紧；
2. 端盖111安装时，应使两轴承61804清除轴向间隙；
3. 转动手轮GB/T 4141.20应轻快灵活，无阻滞重现象，各轴承及螺旋齿轮的齿面安装时应涂润滑脂。

图5-23　机架部件装配图

　　装配图中的 ϕ58H7 孔和 ϕ50H7 孔是用来安装主轴套筒部件的，由于它不属于本部件，所以没有绘出。

　　螺旋齿轮 112 与套筒的齿条啮合，当转动进给手轮时，经螺旋齿轮副传动，使主轴套筒部件在其安装孔做轴向运动。

　　静钳口 102 是弧形零件，由外弧面和内弧面构成。由于内弧面的半径不同，分为 7 个零件。其内外弧面是同心圆，并且内弧面的直径等于工件的外径，所以工件装夹后可以保证与主轴同轴。静钳口由键槽定位，用一件螺钉紧固，所以更换很方便。

　　动钳口 103 用于工件的夹紧，其夹紧面是 V 形面，安装面是圆柱面，安装于导向套 104 的孔中。由螺杆 105 推动，由手柄 106 操纵，可沿轴向运动，完成工件的夹紧与放松。

　　机架部件的重要改进，是增加了一种新零件：113 卡箍，用它来平衡动钳口的夹紧力。改进之前，钳口的夹紧力是靠机架体的两个钳臂的抗弯强度来平衡，所以钳臂设计得比较粗大，由此增大了机架的质量和外形尺寸。改进后钳口的夹紧力由卡箍的抗拉强度来平衡，其横截面积仅为 8mm × 12mm，十分轻巧，而且是可拆卸的零件，不会由此增加机架在制造和使用方面的难度。

　　机架部件与减速器部件的连接，由 ϕ57h7 止口定位，由法兰面的螺钉紧固（见 A—A 视图）。

　　机架体 101 的设计除上述改进之外，还有一处大的改进：由于主轴传动链的改进取消了三件传动齿轮，所以此三件齿轮在机架体上的安装位置也就取消了。

　　由于以上改进，机架体的质量由 8.3kg 降为 3.7kg，材质由 ZG40Cr1 改为 ZG310 – 570。所以不但降低了机器的成本，也为整台机器降低质量奠定了基础。

5.8　钢管坡口机总图设计

　　钢管坡口机总图如图 5-24（见插页）所示。以此图与改进前的设计图 5-18 相比较，可以直观地看到此两者有如下明显的差别。

　　1）改进后的设计，动力的输入端——冲击电钻的安装位置，向上移动了 99mm，使冲击电钻的轴线与主轴的轴线同轴。此项改进使坡口机的外形变得流畅、整齐、美观了。

　　2）机器的外形尺寸由改进前的（长）608mm × （宽）356mm × （厚）65mm，变为改进后的（长）585mm × （宽）264mm × （厚）65mm（卡箍尺寸未计算在内），其中宽度减了 92mm。

　　3）机器的总质量由改进前的 18.3kg，减轻到改进后的 11.3kg，减轻了整 7kg。使操作者不再感到难以操纵。

　　4）减速器改进后设置了均载机构，可使行星轮承受的负载更加均匀，从而提高了机器运转的可靠性。

　　5）主轴传动链改进后取消了三件传动齿轮。从机械传动原理上去思考，这项改进是非常合理的，是对原设计不当之处的改正。

第6例 调节阀研磨机设计

6.1 概述

调节阀是调节锅炉管道流量的阀门，主要应用在电力、石油、化工等行业，而且应用的数量还比较大。

调节阀的主要零件——阀座和阀芯都是不锈钢制件，在高速、高压流体的冲刷下会发生磨损，使密封面封闭不严，所以需要进行修复。修复的方法就是研磨，过去多用手工研磨。

调节阀的规格很多，但是结构基本相近。双座50mm通径调节阀的结构如图6-1（见插页）所示。由图可知，其结构可分为正向开启和反向开启两种。前者应用得比较多，其工作原理介绍如下。

此阀的密封面有两处：通径为 $\phi50.1mm$、宽度为 $60° \times 1.5mm$ 和通径为 $\phi48mm$、宽度为 $60° \times 1.5mm$ 各一处。在阀芯的 $60°$ 锥面下方，是锥度为 $1:16$ 的锥体（见视图 I）。当阀芯向上提起时，在阀芯和阀座密封面间就产生了间隙，于是流体由此通过，阀芯向上提起的行程愈大，则间隙就愈大，流量也就愈大。所以控制了调节阀的行程，也就控制了调节阀的流量。

调节阀手工研磨的方法：将需修复的调节阀整体替换下来，拆下上端盖，取出阀芯，检查磨损情况，然后根据磨损程度，在阀座和阀芯的 $60°$ 锥面上涂粒度适当的研磨剂，再装回阀芯和阀杆并安装好上端盖。然后将调节阀按阀芯轴线垂直向上的方向固定。用铰杠夹持阀杆，用双手推动铰杠沿阀杆的轴线转动，并施加适当的轴向力。正、反两个方向交替转动，而且每转动 $3 \sim 5$ 周还要将阀杆向上提起一下，使阀芯和阀座之间产生几毫米的轴向间隙，从而使研磨剂能在研磨面上产生位移，分布更加均匀。此动作称为提拉运动。

手工研磨是一种费工、费力、低效率的加工。大型阀门的修复往往要用5~6个工作日，而且劳动强度很大。因为大型阀门阀芯的质量很大，最大约10kg。试想如此大的质量压在研磨面上，在研磨剂中转动，还要向上提拉，如此操作一天，该是何等的疲劳。所以当设计者调研时，许多现场的操作者都表示了对调节阀研磨机研制的支持。

MT-100型调节阀研磨机于2000年研制成功，投放市场，并陆续获得订单。

但其设计不够完美——机器没有自动提拉功能。机器工作时，提拉运动还要靠人工完成。设计者于2018年又进行了改进设计，使机器具有了自动提拉功能，并且采用微机控制，实现了研磨时间、自动提拉、自动换向、完工时自动停车报警等自动控制。

下面介绍改进后的设计。

6.2 调节阀研磨机的结构设计及部件组成

调节阀研磨机在2000年之前设计者最初设计时，没有资料可以借鉴。其结构应该如何设计的确是个难题。于是设计者分析研究了手工研磨的技术特征，并且加以借鉴。

　　设计者想到：首先，研磨机要有一个旋转的主轴，驱动阀杆转动，以便代替手工研磨的双手。手工研磨有两项运动：一项是转动阀杆，另一项是对阀杆施加不大的轴向力。此两项运动，研磨机的主轴都必须具备。驱动主轴转动，则必须有一套机械传动机构。

　　其次，当调节阀的规格不同时，阀体的高度也不相同。手工研磨时，研磨小阀是坐着操作，研磨大阀是站着操作。为了适应这一要求，研磨机的主轴机构应该安装在可升降的机构上。

　　再次，手工研磨时要经常暂时停止研磨，取出阀芯检查研磨质量。机械研磨也要进行这种检查。但是，设计中的研磨机，其主轴正处在阀杆轴线的上方，相距很近。所以安装主轴机构的部件，应具有携带主轴机构转动一个角度的功能，以便让出空间进行这种检查。

　　上述三项调节阀研磨机应有的技术特征，与金属切削机床中的摇臂钻床相似。所以设计者认为可以仿造摇臂钻床的结构，进行调节阀研磨机的结构设计。

　　按照上述思路设计的调节阀研磨机，由以下六个部件组成：

　　（1）移动机座部件　这是机器的底座，机器的其他各部件均直接或间接地安装在此部件上。研磨的工件——调节阀也装夹在此部件上。

　　调节阀的装夹采用自定心卡盘作为夹具，利用其自动定心的原理，装夹不用找正。

　　由于调节阀的安装位置遍布厂区多处，其修复的工作位置是不固定的，所以调节阀研磨机应设计成活动的机器：在底座板的下面安装 4 个脚轮，并且设置了一个把手，便于推动。

　　（2）转角立柱部件　此部件主要由套筒和立柱组成，立柱经轴承安装在套筒中，套筒则安装在移动机座部件的底座板上。立柱的功能是安装伸臂，并可使伸臂沿立柱升降。立柱可携带伸臂及伸臂上安装的主轴箱转动 60°角。

　　（3）升降伸臂部件　此部件由伸臂、套筒、夹紧机构等件焊接而成。伸臂与立柱由导向键联结，从而可保证伸臂无论升降到任何高度，当处在工作角度时，主轴的轴线都能与工件的轴线同轴。

　　（4）主轴箱部件　主轴箱部件安装在伸臂的端部，由调速电动机、减速器、主轴机构组成。主轴的功能是驱动阀芯转动，完成研磨加工。为了消除主轴与工件间可能存在的微小的同轴度偏差，主轴的转动输出机构应采用万向联轴器的结构，并且用弹簧施加研磨所需的轴向力。

　　（5）主轴提拉机构　主轴提拉运动是调节阀研磨中必须有的运动，所以主轴提拉机构是调节阀研磨机不可或缺的机构，此机构安装在伸臂下方。

　　此机构由提拉杠杆、牵引电磁铁、滑轮组、牵引索等件组成。电磁铁吸合后，经牵引索、滑轮组拉动提拉杠杆运动，从而驱动主轴做短促的轴向运动。电磁铁断电后，由主轴机构的弹簧推动主轴复位。

　　（6）电气控制系统　电气控制系统由电动机及其控制电路、微机控制器及附属电路组成，完成下列各项控制：

　　1）主轴提拉运动的自动控制。

　　2）主轴换向的自动控制。

　　3）研磨时间的自动控制。

　　4）研磨过程的自动控制和各项运动的手动控制。

　　根据上述调节阀研磨机的部件组成情况绘制的调节阀研磨机结构示意图，如图 6-2 所示。

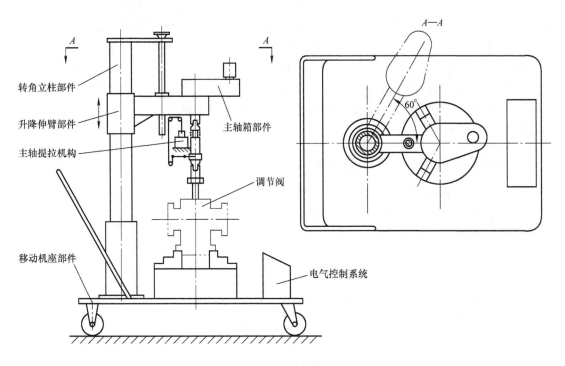

图6-2　调节阀研磨机结构示意图

6.3　调节阀研磨机主要技术参数的确定

6.3.1　确定研磨机可研磨的调节阀的规格

产品的开发，首先要考虑的就是产品的销售前景。所以确定研磨机的加工规格，当然要考虑各规格的调节阀在用户中的拥有量。经调查，通径为 15～100mm 的阀门应用得比较广泛，而通径大于 100mm 的阀门应用得比较少。据此确定研磨机的加工规格为 15～100mm。此规格调节阀的参数如下：

1）通径：15～100mm。

2）法兰距：95～310mm。

3）阀体高度：200～800mm。

6.3.2　确定伸臂升降的最大行程

伸臂升降的最大行程要满足以下两项要求：

1）阀体的高度差为 800mm－200mm＝600mm。

2）主轴施加轴向力的伸缩量为 390mm－370mm＝20mm。

此两项之和为 600mm＋20mm＝620mm，取伸臂升降的最大行程为 630mm。

6.3.3　确定调节阀修复时的研磨速度

研磨作为一种高精度、高表面质量的光整加工方法之一，应用比较多。但是，调节阀的研磨与其他零件的研磨是不同的。因为这是一种内锥孔的研磨，而且研磨面很窄，只有 1 ~ 2mm，研磨时阀芯的定心精度不好保证，并且在研磨的过程中还伴有频繁的提拉运动，这就更增加了阀芯定心的难度，所以研磨速度绝不能快。这是设计者在调研中获得的重要感悟。

调节阀的手工研磨速度经检测约为 2m/min。设计者认为，此速度可以作为机械研磨速度的下限，并决定取机械研磨速度的上限为 5m/min，是手工研磨速度的 2.5 倍。设计者认为取机械研磨速度为 2 ~ 5m/min 是比较稳妥的，有利于保证研磨质量。而这一点恰是此项设计最重要的要求。

6.3.4　确定研磨机主轴的转速范围

研磨机主轴的转速范围是根据 6.3.3 节所述机械研磨速度来确定的。主轴的低转速主要用于通径大的阀门的研磨。阀门的最大通径为 100mm，则主轴的最低转速可按下式计算

$$n_{min} = \frac{1000v_{min}}{\pi D_{max}}$$

式中　　n_{min}——主轴的最低转速（r/min）；

$\quad\quad v_{min}$——机械研磨最低的研磨速度（m/min），$v_{min} = 2m/min$；

$\quad\quad D_{max}$——调节阀的最大通径（mm），$D_{max} = 100mm$。

各值代入公式

$$n_{min} = \frac{2 \times 1000}{100\pi}r/min = 6.37r/min$$

取 $n_{min} = 5r/min$。

主轴的高转速主要用于通径小的阀门的研磨。阀门的最小通径为 15mm，则主轴的最高转速可按下式计算

$$n_{max} = \frac{1000v_{max}}{\pi D_{min}}$$

式中　　n_{max}——主轴的最高转速（r/min）；

$\quad\quad v_{max}$——机械研磨最高的研磨速度（m/min），$v_{max} = 5m/min$；

$\quad\quad D_{min}$——调节阀的最小通径（mm），$D_{min} = 15mm$。

各值代入公式

$$n_{max} = \frac{5 \times 1000}{\pi \times 15}r/min = 106.1r/min$$

取 $n_{max} = 100r/min$，于是确定调节阀研磨机主轴的转速范围为 5 ~ 100r/min。

6.3.5　确定研磨时应施加的轴向力

在调研中了解到手工研磨施加的轴向力不大于 3kgf（1kgf = 9.80665N），其中包括研磨通径为 100mm 的调节阀，通径大则力量大些，通径小则力量就小些。

根据上述调研数据，并参考相关资料，设计者确定此研磨机的设计采用如下数据：研磨时调节阀研磨面承受的正压力应为 0.5 ~ 1kgf/cm²，精研时取小值，粗研时取大值。

调节阀的密封面即研磨面是 60° 圆锥面，可根据此面承受的正压力来计算应施加的轴向力。调节阀的研磨受力图如图 6-3 所示。由图 6-3 上图可以看到，力 F_1 是阀芯作用在研磨面上的轴向力，力 F_n 则是由 F_1 形成的作用在研磨面上的正压力。此两力的关系可由图 6-3

下图中力的三角形说明

$$F_1 = \frac{F_n}{\sin 30°} = 2F_n$$

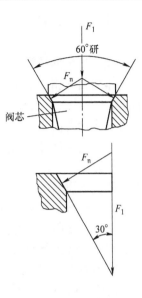

即研磨时由阀芯作用的轴向力 F_1，等于研磨面应承受的正压力 F_n 的 2 倍。

而正压力 F_n 在此项设计中已经确定：单位面积承受的正压力 q 为 $0.5 \sim 1 \text{kgf/cm}^2$，所以可得下式

$$F_n = A \, (0.5 \sim 1 \text{kgf/cm}^2)$$

式中　F_n——研磨面应承受的正压力（kgf）；

　　　A——研磨面的面积（cm^2）。

需要说明的是，图 6-3 中的力 F_1 不等于研磨时由研磨机主轴施加的轴向力 F，而是等于 F 和阀芯、阀杆、主轴、主轴下端伸缩件重力 G 之和。因为研磨时这些重力也作用在研磨面上，即 $F_1 = F + G$。

还要说明，反向开启的阀门在研磨时应反向装夹（锥面朝上），所以上式仍然适用。

图 6-3　调节阀研磨受力图

由上式可求得研磨时由研磨和主轴（即弹簧）施加的轴向力 F 的数值。

设计者在调研时，也曾收集过手工研磨时用双手施加的轴向力的数据，其数值一般为 $2 \sim 3 \text{kgf}$。此数值与按上面所列各公式计算的 P 值是吻合的。

6.3.6　研磨力及最大研磨力矩的计算

研磨力及研磨力矩是研磨机设计所需的重要参数，但是在设计时未能收集到相关的资料，并且又没有条件进行实验测定。

设计者认为，可以参考内孔珩磨圆周力的计算公式，来建立调节阀研磨力的计算公式。因为内孔珩磨与调节阀的研磨都是圆周内表面的加工，而且都属于高精度、高表面质量的光整加工。内孔珩磨圆周力的计算公式如下

$$F_{OK} = \rho_{OK} S q^{\ominus} \tag{6-1}$$

式中　F_{OK}——内孔珩磨圆周力；

　　　ρ_{OK}——关于材料的计算系数，加工材料为钢，$\rho_{OK} = 0.2 \sim 0.3$；

　　　S——磨条的工作面积；

　　　q——磨条对零件表面的单位面积压力。

将此公式与计算滑动摩擦力的"静滑动定律"相比较，就会看到两者是相同的。此定律如下式所示

$$F_{max} = fN \tag{6-2}$$

式中　F_{max}——最大静滑动摩擦力；

　　　f——滑动摩擦系数；

　　　N——承受正压力的物体在接触面上产生的法向反力，此反力等于接触面承受的正压力。

㊀　《金属机械加工工艺人员手册》修订组：《金属机械加工工艺人员手册》，上海科学技术出版社，1965，第 972 页。

设计者认为，式（6-1）中的 ρ_{OK} 相当于式（6-2）中的摩擦系数 f，并且式（6-1）中的 S_q 相当于式（6-2）中的 N。所以，这两个公式相同。由此，设计者认为，计算珩磨圆周力的公式，是根据计算滑动摩擦力的公式建立的；并且认为，珩磨加工和研磨加工也都属于两个物体表面的相互摩擦，只是珩磨和研磨的目的是为了去掉摩擦面上微量的金属。其实"滑动摩擦"也是伴有微量金属被去掉的，称之为"磨损"。

所以设计者认为，研磨加工的摩擦力——研磨的阻力，就是研磨力。因而可用滑动摩擦力的计算公式来计算研磨力。根据以上推论，研磨力的计算公式可表示如下

$$F_y = f_y N_y$$

式中　F_y——研磨的阻力，即研磨力（kgf）；

　　　f_y——研磨加工的摩擦系数；

　　　N_y——作用在研磨面上的正压力（kgf），即图 6-3 中的 F_n 值，可按前文的公式计算。

利用此公式进行研磨力的计算，关键的问题是应如何确定 f_y 值。由于没有条件进行测定，只能参考已知的性质接近的物体的摩擦系数 f 来进行估计。参考的数据如下：①钢 – 钢，无润滑，$f = 0.15$；②钢 – 磨条，加煤油，$f = 0.2 \sim 0.3$；③钢 – 石棉制动带，无润滑，$f = 0.35 \sim 0.46$。参考以上数据，确定 $f_y = 0.25 \sim 0.35$。精研磨时用细粒度研磨剂，f_y 取小值，粗研时用粗粒度研磨剂，f_y 取大值。须说明一点，此数据只是用于此研磨机的设计。

按上列公式计算最大研磨力。研磨机可加工的最大规格调节阀的通径为 $\phi100mm$，密封面宽度为 2mm，双座。其研磨力按下式计算

$$F_{ymax} = f_y D \pi t q n$$

式中　F_{ymax}——研磨机的最大研磨力（kgf）；

　　　f_y——研磨加工的摩擦系数，粗研取 $f_y = 0.35$；

　　　D——研磨面直径（cm），$D = 10cm$；

　　　t——密封面宽度（cm），$t = 0.2cm$；

　　　q——研磨面承受的单位面积的正压力（kgf/cm^2），$q = 0.5 \sim 1kgf/cm^2$，粗研，取 $q = 1kgf/cm^2$；

　　　n——阀座数，$n = 2$。

各值代入公式

$$F_{ymax} = 0.35 \times 10\pi \times 0.2 \times 1 \times 2kgf = 4.4kgf$$

最大研磨力矩按下式计算

$$M_{ymax} = \frac{1}{2} D F_{ymax}$$

式中　D——研磨面直径（cm），$D = 10cm = 0.1m$。

各值代入公式

$$M_{ymax} = \frac{1}{2} \times 0.1 \times 4.4kgf \cdot m = 0.22kgf \cdot m = 2.16N \cdot m$$

6.3.7　调节阀研磨机的最大功率消耗计算

调节阀研磨机加工的最大功率消耗，当然要发生在最大通径双座阀门以最高的研磨速度的加工中。其研磨力矩上节已计算。此加工的功率消耗可按下式计算

$$P_{ymax} = \frac{M_{ymax} n_{ymax}}{9550}$$

式中　P_{ymax}——调节阀研磨机加工的功率消耗（kW）；

　　　M_{ymax}——最大研磨力矩（N·m），$M_{ymax} = 2.16$N·m；

　　　n_{ymax}——通径为 ϕ100mm、双座调节阀研磨时的最高转速（r/min），设其研磨速度为

前文规定的最高值，最高转速计算如下：$n_{ymax} = \dfrac{1000v_{ymax}}{D\pi} = \dfrac{5 \times 1000}{100\pi}$r/min =

15.9r/min。

各值代入公式

$$P_{ymax} = \frac{2.16 \times 15.9}{9550}kW = 0.0036kW = 3.6W$$

由此可知，调节阀修复研磨消耗的功率是很小的。

但是，这是由于修复所采用的切削用量（施加的正压力和研磨速度）很小所致。如果修复中更换新件，采用大的切削用量，功率会增大。

6.4　机器的部件设计

6.4.1　主轴箱部件设计

1. 主轴箱部件的组成

主轴箱部件由以下三部分组成。

（1）调速电动机　由于研磨机主轴的转速范围很宽，为了简化机械传动链的设计，决定不采用机械变速，而采用变速电动机驱动。在小功率传动中，采用单项串励电动机的比较多，特别是手持电动工具的设计，普遍采用这种电动机。调节阀研磨机的设计，也采用了这种电动机。

单项串励电动机的特点是转速高、体积小、质量轻、过载能力强。其最大的优点是可用简单的方法实现宽范围的调速。其缺点是效率低，约为60%。

试想，一台小小的电动机，既能驱动机器转动，又能输出十余种不同的转速，可替代一台复杂的变速器，这是多么重要的优点。它可以简化机器的设计，降低机器的成本，减轻机器的质量。

（2）减速器　由于主轴的转速比较低，为 5~100r/min，而电动机的转速比较高，所以要在传动链中设置一台减速器。但是此减速器不能选用市场上出售的标准产品。因为与减速器连接的电动机不是标准的电动机，而是手持电动工具——冲击电钻。在此工具上没有设置用于安装的基准面，只有用于手握的手柄，所以减速器需自行设计。

（3）主轴机构　主轴机构由主轴、轴承座、传动轴、卡头等组成。传动轴具有万向联轴器的结构，并且可以伸缩，由弹簧对研磨面施加轴向力。卡头用来卡紧阀杆，驱动阀芯转动进行研磨加工。

主轴机构的设计必须满足以下技术条件：

1）传递转矩时不得对阀杆施加径向力。

2）施加的轴向力可以调整。

3）其结构能满足"提拉运动"的要求。

2. 电动机的选择

（1）确定电动机的调速范围　前文已经确定了主轴的转速范围为 5~100r/min，转速比

为 1:20。所以电动机的调速范围也必须为 1:20。这是比较宽的要求，一般的交流变频调速只能达到 1:10。大多数单项串励电动机的调速范围也小于此数值。

（2）确定电动机的输出功率　电动机的输出功率按下式计算

$$P_{ch} \geq P_{ymax} \frac{1}{\eta} K$$

式中　P_{ch}——电动机的输出功率（W）；

　　　P_{ymax}——研磨加工的最大功率（W），前文已经计算，$P_{ymax} = 3.6W$；

　　　　η——传动机构的机械传动效率，按下列数值计算：η_1 为减速器传动效率，设 $\eta_1 = 0.8$；η_2 为主轴轴承传动效率，$\eta_2 = 0.99^2$；η_3 为万向联轴器传动效率，$\eta_3 = 0.96^3$；η_4 为卡头的传动效率，$\eta_4 = 0.96$；η_5 为阀杆阀芯连接传动效率，$\eta_5 = 0.9^2$，$\eta = 0.8 \times 0.99^2 \times 0.96^3 \times 0.96 \times 0.9^2 = 0.54$；

　　　　K——计算不准确系数，由于研磨力的计算公式未经验证，P_{ymax} 值可能不够准确，取 $K = 1.6$。

将各值代入公式

$$P_{ch} \geq 3.6 \times \frac{1}{0.54} \times 1.6W = 10.7W$$

（3）电动机的最后选定　经比较调节阀研磨机的电动机选定为德国麦太保牌冲击电钻，型号为 SBE1000/2S – R + L。其参数如下：

输入功率：1000W，输出功率：610W。

转速：分为低速与高速两档（r/min），低速有 100、200、300、400、500、650、800；高速有 300、450、700、1000、1200、1600、2000。

转矩：低速 30N·m，高速 13N·m。

由上述参数可以看到，此选择不妥之处是其功率过大。但仍决定选用，其理由如下：

1）其转速范围为 100～2000r/min，共 14 个级别，正符合研磨机加工通径为 15～100mm 的调节阀的多种研磨速度的要求。其转速比 1/20 符合要求。

2）其钻轴的连接方式为正、反螺纹联接，能适应研磨加工中频繁变换转动方向的要求。而其他型号的同类产品多为锥柄连接，在频繁的换向运转冲击下容易松动。

3）绝缘性能好，为双重绝缘。

4）电动机的外形尺寸和质量（2.3kg）适合研磨机的设计要求。

5）具有防无线电干扰功能，符合国家标准中关于电动工具防止无线电干扰的规定。

3. 减速器设计要点

1）为了容易加工，减速器应采用圆柱齿轮传动。

2）由于主轴是立轴，减速器的各轴也应设计成立轴，即轴线均处于垂直方向。

3）由于是立轴，各齿轮不能采用油浴润滑，只能采用涂润滑脂润滑。

4）为了方便涂抹润滑脂，减速器上盖的设计应方便开启。

5）由于生产批量小，减速器箱体应采用钢板制造，而不宜采用铸铁件。

6）传动比 $i = \frac{20}{1} = \frac{43 \times 62 \times 51}{20 \times 20 \times 17}$。

4. 主轴箱部件装配图设计

主轴箱部件装配图如图 6-4（见插页）所示，其零件明细见表 6-1，外购件、标准件明

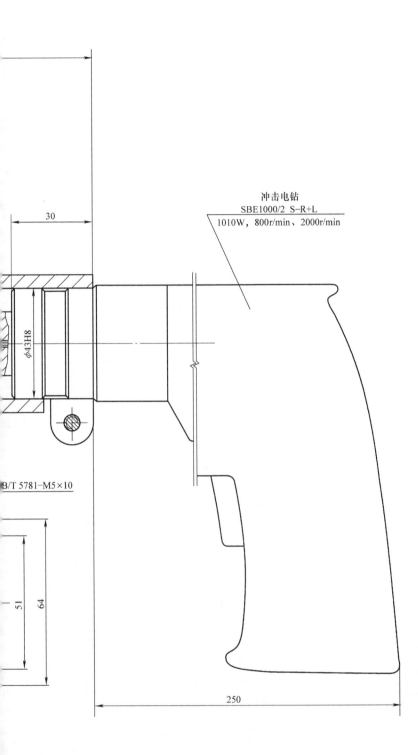

冲击电钻
SBE1000/2 S-R+L
1010W，800r/min、2000r/min

30

$\phi43H8$

B/T 5781-M5×10

51

64

250

技术条件：

进给机构的转动应轻快灵活，用于驱动时应无阻滞、沉重的感觉；
装配时或检修时应加适量的润滑脂，润滑脂可选锂基润滑脂。
应小于85dB(A声级)；
的关键技术条件是各行星轮受力均匀，为此在装配前必须按零件
相关件的加工精工，淘汰不合格零件；
间隙不得大于0.01mm,轴向间隙不得大于0.02mm；
形成的套筒轴向窜动量不得大于0.1mm。

上压盖

上端盖

盘根

垫片

衬套

阀体

上阀座

阀芯

下阀座

衬套

盘根

下端盖

下压盖

118.

$\phi 48$

阀芯
开启力

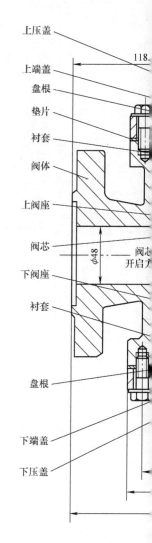

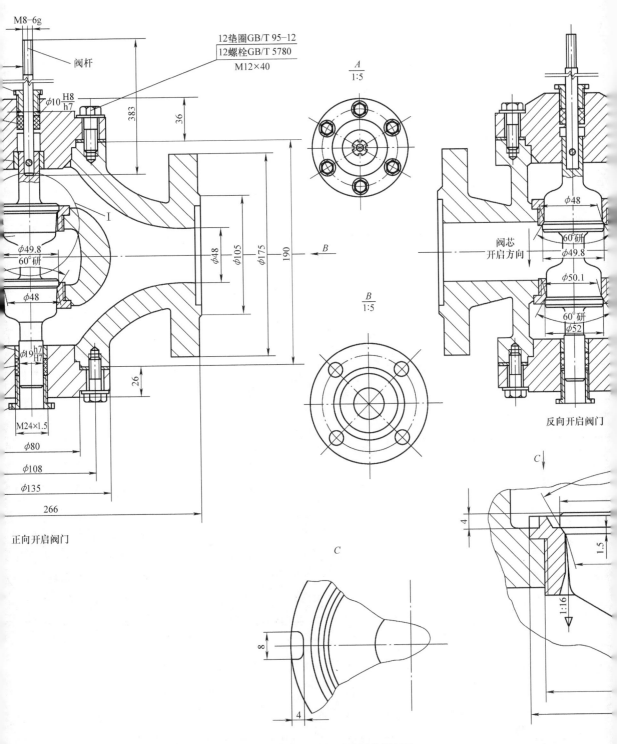

图 6-1 双座 50mm 通径调节阀结构

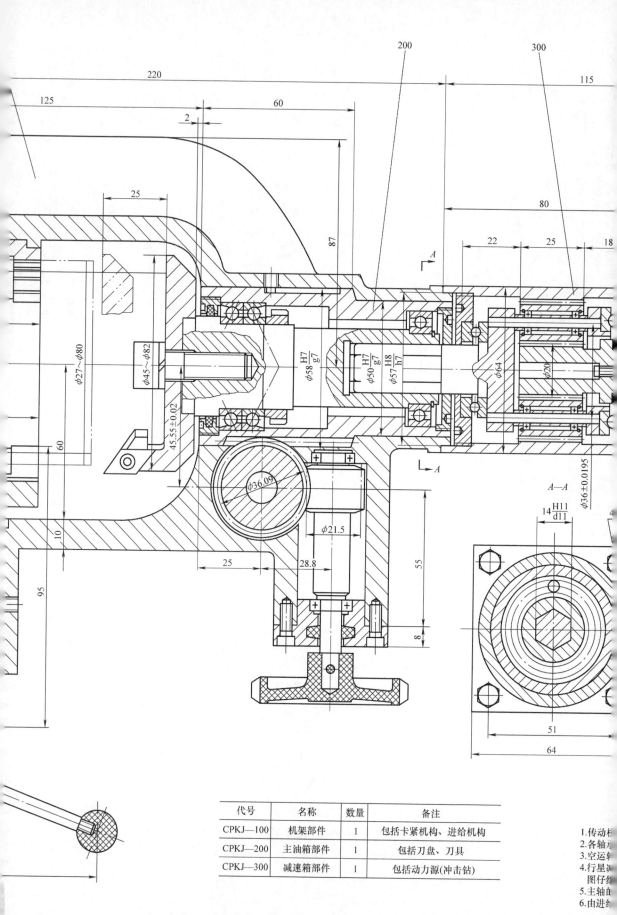

代号	名称	数量	备注
CPKJ—100	机架部件	1	包括卡紧机构、进给机构
CPKJ—200	主油箱部件	1	包括刀盘、刀具
CPKJ—300	减速箱部件	1	包括动力源(冲击钻)

图 5-24　CPKJ 型行星传动钢管坡口机总图

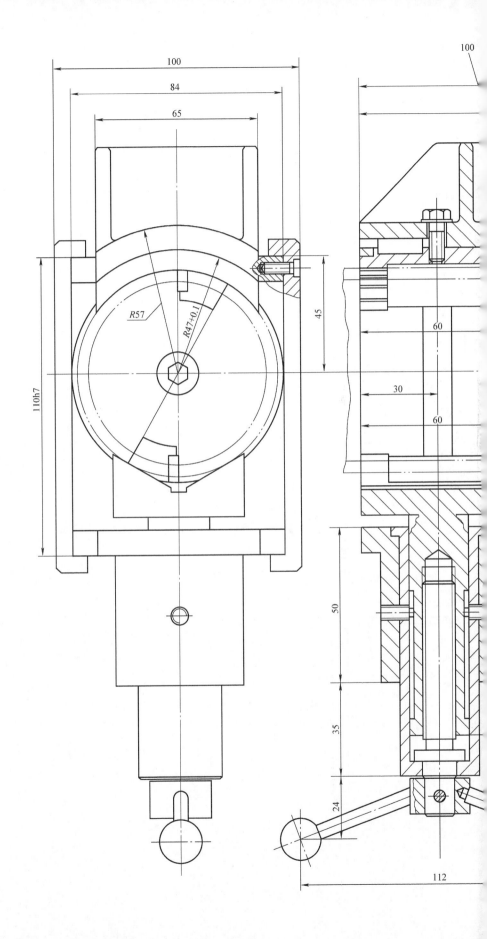

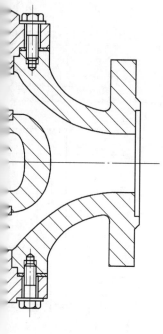

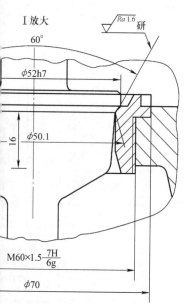

Ⅰ放大

$\sqrt{Ra\ 1.6}$ 研

60°

$\phi 52h7$

$\phi 50.1$

16

M60×1.5$\frac{7H}{6g}$

$\phi 70$

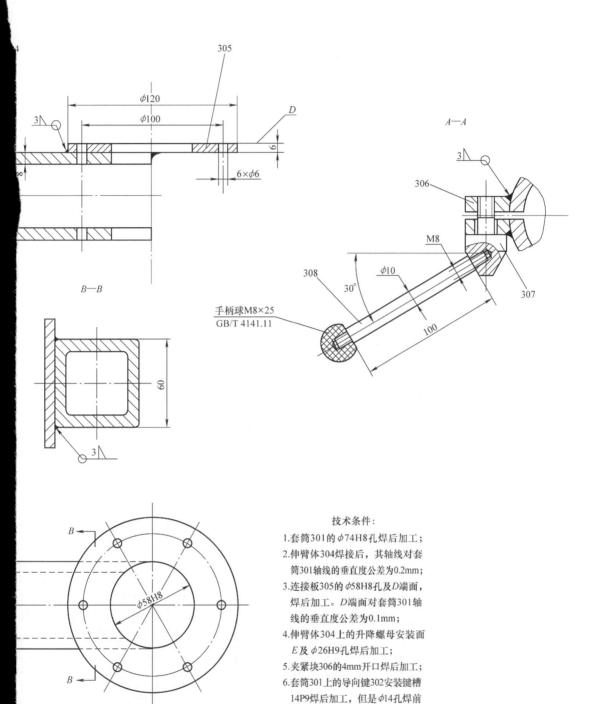

305

φ120

φ100

D

3

6

6×φ6

8

A—A

306

3

M8

φ10

308

30°

307

100

手柄球M8×25
GB/T 4141.11

B—B

60

3

B

φ58H8

B

技术条件：

1.套筒301的φ74H8孔焊后加工；

2.伸臂体304焊接后，其轴线对套
筒301轴线的垂直度公差为0.2mm；

3.连接板305的φ58H8孔及D端面，
焊后加工。D端面对套筒301轴
线的垂直度公差为0.1mm；

4.伸臂体304上的升降螺母安装面
E及φ26H9孔焊后加工；

5.夹紧块306的4mm开口焊后加工；

6.套筒301上的导向键302安装键槽
14P9焊后加工，但是φ14孔焊前
加工。

伸臂部件装配图

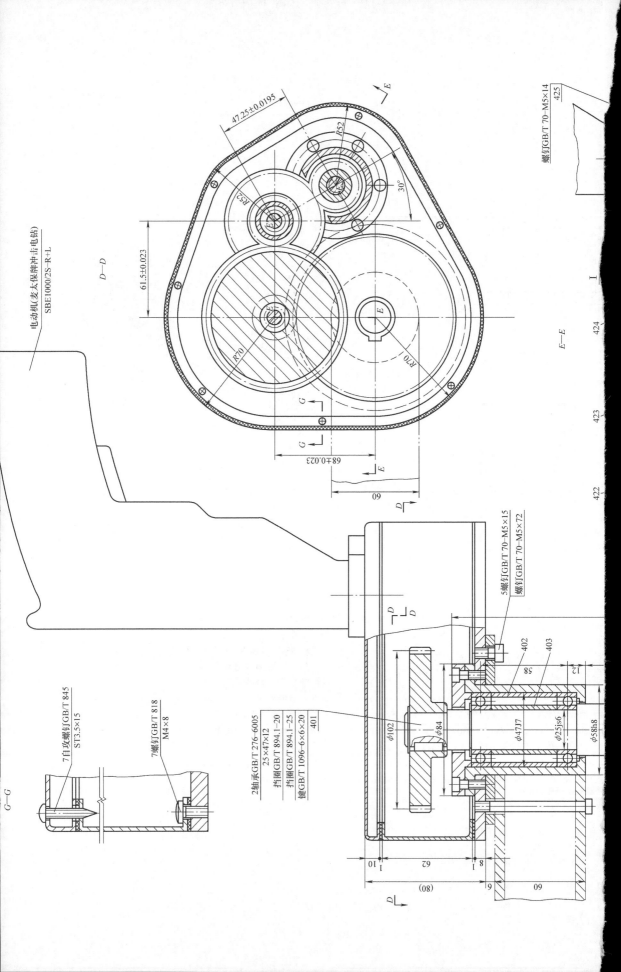

电动机 (麦太保牌冲击电钻)
SBE1000/2S—R+L

47.25±0.0195

R52

R52

30°

61.5±0.023

D—D

R70

R70

E—E

68±0.023

60

E

G—G

7自攻螺钉GB/T 845
ST3.5×15

7螺钉GB/T 818
M4×8

2轴承GB/T 276—6005
25×47×12
挡圈GB/T 894.1—20
挡圈GB/T 894.1—25
键GB/T 1096—6×6×20
401

φ102
φ84
φ47j7
φ25js6
φ58h8

5螺钉GB/T 70—M5×15
螺钉GB/T 70—M5×72

402
403

58
12

10
62
8
6
60
(80)

螺钉GB/T 70—M5×14
425

424

423

422

I

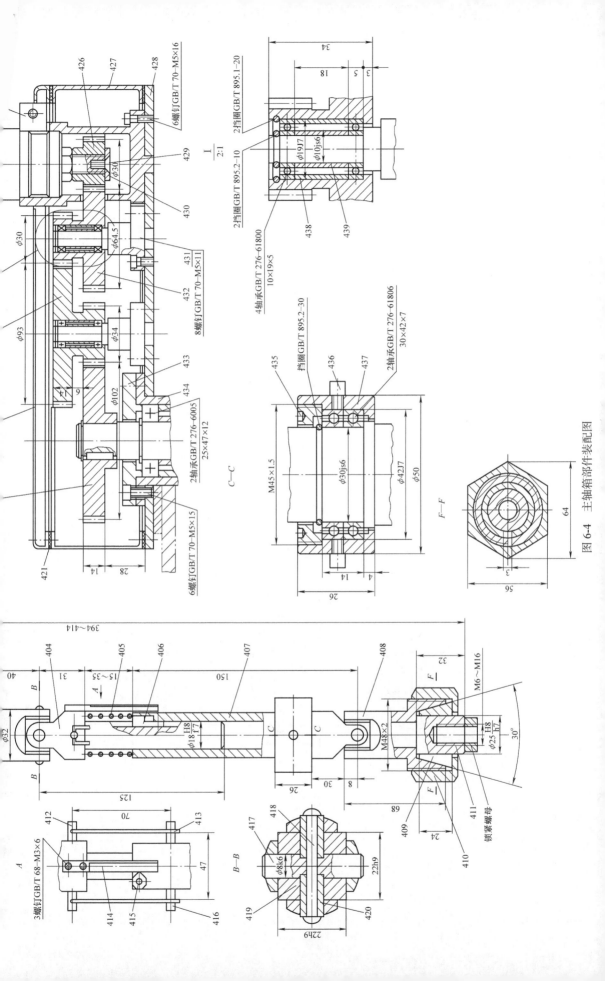

图 6-4 主轴箱部件装配图

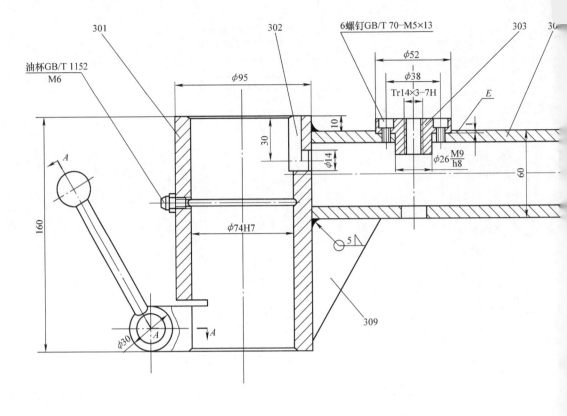

油杯GB/T 1152
M6

301

302

6螺钉GB/T 70—M5×13

303

30

φ95

φ52

φ38

Tr14×3—7H

E

10

30

φ14

φ26 $\frac{M9}{h8}$

60

160

φ74H7

5

309

$\phi 30$

A

A

A

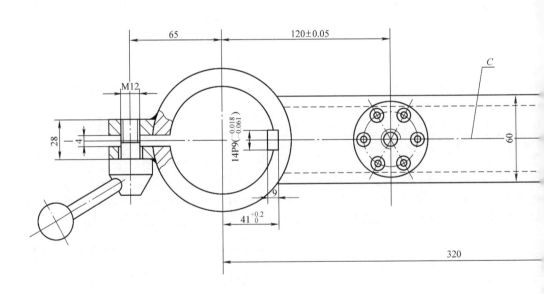

65

120±0.05

C

M12

28

4

14P9($^{-0.018}_{-0.061}$)

9

60

41$^{+0.2}_{0}$

320

图 6-7　升降

细见表 6-2。

表 6-1　主轴箱部件零件明细　　　　　　　　　　　　（单位：mm）

代号	名称	型号规格	材料	数量	备注
401	主轴		40Cr	1	
402	大外隔套		Q235A	1	
403	大内隔套		Q235A	1	
404	万向轴		40Cr	1	
405	压簧		碳素弹簧钢丝	1	
406	滑键		45 钢	1	
407	万向套管		40Cr	1	
408	万向卡头		40Cr	1	
409	卡紧锥套		40Cr	1	
410	卡紧螺母		40Cr	1	
411	卡紧接头		40Cr	6	M6 ~ M16 各 1 件
412	直销		35 钢	1	
413	挡箍		碳素弹簧钢丝	2	
414	标尺		Q235A 板	1	$\delta = 2.5$
415	指针		Q235A 板	1	$\delta = 2.5$
416	螺柱		35 钢	2	
417	塞销		40Cr	2	
418	铆销		20 钢	2	
419	十字块		40Cr	2	
420	小套		40Cr	4	
421	密封垫		白色橡胶板	2	$\delta = 1$
422	大齿轮	$m = 2$, $z = 51$	45 钢	1	
423	减速器上盖		Q235A 板	1	$\delta = 1.5$
424	大双联齿轮	$m = 15$, $z = 62$, $m = 2$, $z = 17$	45 钢	1	
425	电动机座		20 钢	1	焊接件
426	电动机齿轮	$m = 1.5$, $z = 20$	45 钢	1	
427	减速器箱体		Q235A 板	1	$\delta = 1.5$
428	减速器底板		Q235A 板	1	$\delta = 10$
429	沉头螺钉	M6 – LH	35 钢	1	
430	大垫圈		35 钢	1	
431	中间轴		45 钢	2	
432	小双联齿轮	$m = 1.5$, $z = 43$, $z = 20$	45 钢	1	
433	轴承盖		Q235A	1	

（续）

代号	名称	型号规格	材料	数量	备注
434	轴承座		Q235A	1	
435	螺盖		35 钢	1	
436	提拉柱		45 钢	2	
437	提拉套		45 钢	2	
438	小外隔套		Q235A	2	
439	小内隔套		Q235A	2	

表6-2　主轴箱部件外购件、标准件明细　　　　　（单位：mm）

代号	名称	型号规格	数量	备注
	电动机（冲击电钻）	麦太保 SBE1000/2S – R + L 输入功率：1000W 输出功率：610W 转矩：30/13N·m 转速：100~2000r/min	1	双重绝缘
GB/T 276	深沟球轴承	61800，10×19×5	4	
GB/T 276	深沟球轴承	61806，30×42×7	2	
GB/T 276	深沟球轴承	6005，25×47×12	2	
GB/T 68	螺钉	M3×6	3	
GB/T 70	螺钉	M5×11	8	
GB/T 70	螺钉	M5×14	1	
GB/T 70	螺钉	M5×15	11	
GB/T 70	螺钉	M5×16	6	
GB/T 70	螺钉	M5×72	1	
GB/T 818	螺钉	M4×8	7	
GB/T 845	自攻螺钉	ST3.5×15	7	
GB/T 894.1	挡圈	20	1	
GB/T 894.1	挡圈	25	1	
GB/T 895.1	挡圈	20	2	
GB/T 895.2	挡圈	10	2	
GB/T 895.2	挡圈	30	1	
GB/T 1096	平键	6×6×20	1	

　　由图可以看到，减速器的设计与常规设计有所不同，箱体的结构比较简单，齿轮424和432都是通过轴承安装在固定的轴上，各轴都是悬臂轴：一端固定、安装在减速器底板428的各孔中，各轴的位置精度由底板的加工精度来保证，这是比较容易实现的。减速器底板简图如图6-5所示。由图可知，此零件最高的尺寸精度是4个轴孔的中心距，其公差值为±0.02mm左右。此公差在普通机床上可通过精确地测量工作台的位移来实现。这样设计，就把一个复杂的减速器箱体的加工变成了一件平板件的简单加工，降低了加工难度，也就降

低了加工的成本。

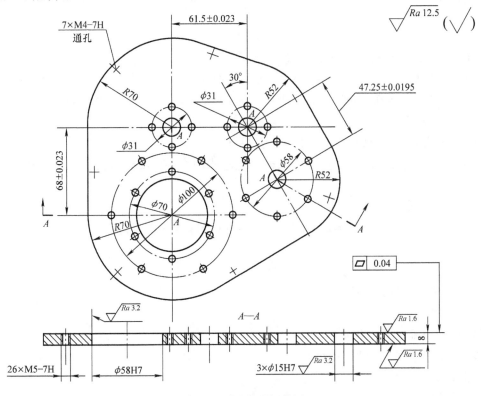

图 6-5　减速器底板简图

主轴的安装结构也比较简单，由于主轴 401 的旋转精度与研磨精度无关，所以就采用了两件普通级的深沟球轴承支承。

为了弥补主轴轴线与调节阀阀芯轴线的同轴度偏差，在零件 401 和 404 及 407 和 408 的连接中，采用了万向联轴器的结构。由此可保证在研磨的加工中，工件不会承受由主轴的传动带来的径向力。

为了实现对研磨面施加轴向力，在零件 404 和 407 的连接处设置了压簧 405。其作用力的方向是垂直向下的，作用力的大小是可调整的。调整方法：通过升降螺杆（属立柱部件）调整伸臂的高低位置，当卡头将阀杆卡紧后，主轴下端的高度是固定不变的，当主轴的上端随伸臂升降时，压簧 405 就改变了工作高度，从而改变了弹簧力的大小。弹簧的工作高度可由标尺 414 读出（见图 6-4A 视图），弹簧的调整量最大为 20mm。

为了实现主轴的提拉运动，在件 407 的下端设置了提拉套 437。在 407 与 437 之间采用轴承连接（见图 6-4C—C 视图）。提拉运动由提拉杠杆（属主轴提拉机构）通过提拉柱 436 和提拉套 437 控制。

在主轴机构的最下端是卡紧机构，用于卡紧阀杆从而传递转矩，由万向卡头 408 等件组成。当用扳手旋紧卡紧螺母 410 时，卡紧锥套 409 被推向小端，由于孔径的收缩，将卡紧接头 411 卡紧。411 与阀杆为螺纹联接，并用螺母锁紧，所以在主轴正、反向换向转动时也不会松动。卡紧接头共 6 件，螺纹规格为 M6～M16。

5. 压簧 405 的设计

(1) 确定压簧 405 的工作负荷　前文在"6.3.5"一节中已经列出了关于研磨时施加轴

向力的计算公式，由此可以推导出主轴（即是弹簧）应施加的轴向力的计算公式，此公式如下

$$P = 2Aq - G$$

式中　P——研磨时由弹簧施加的轴向力（kgf）；

　　　A——研磨面的面积，即调节阀密封面的面积（cm^2），最小阀门 $A = 15\pi \times 1\text{mm}^2 = 47\text{mm}^2 = 0.47\text{cm}^2$，最大阀门 $A = 100\pi \times 2 \times 2\text{mm}^2 = 1256.6\text{mm}^2 = 12.566\text{cm}^2$（双座）；

　　　q——研磨面单位面积承受的正压力（kgf/cm^2），$q = 0.5 \sim 1\text{kgf/cm}^2$；

　　　G——阀芯和阀杆的重力之和（kgf）。最小阀门 $G \approx 0.5\text{kgf}$，最大阀门 $G \approx 9.4\text{kgf}$（双座）。

将各值代入公式

$$P_{\min} = 2 \times 0.47 \times 0.5\text{kgf} - 0.5\text{kgf} = -0.03\text{kgf}$$

取 $P_{\min} = 0$。

$$P_{\max} = 2 \times 12.566 \times 1\text{kgf} - 9.4\text{kgf} = 15.7\text{kgf}$$

（2）压簧 405 参数计算

初始参数：

最小工作负荷：$P_1 = 0\text{kgf}$。

最大工作负荷：$P_n = 15.7\text{kgf}$。

自由高度：35mm。

负荷种类：Ⅲ类。

计算参数：

弹簧材料：碳素弹簧钢丝，Ⅰ组。抗拉强度 $R_m = 190\text{kgf/mm}^2$，许用切应力 $[\tau]_{\text{Ⅲ}} = 0.5R_m = 0.5 \times 190\text{kgf/mm}^2 = 95\text{kgf/mm}^2$，剪切弹性模量 $G = 8150\text{kgf/mm}^2$。

钢丝直径：$d = \phi 2.3\text{mm}$。

弹簧中径：$D_2 = \phi 21\text{mm}$。

弹簧指数：$C = \dfrac{D_2}{d} = \dfrac{21}{2.3} = 9.13$。

曲度系数：$K = \dfrac{4C-1}{4C-4} + \dfrac{0.615}{C} = \dfrac{4 \times 9.13 - 1}{4 \times 9.13 - 4} + \dfrac{0.615}{9.13} = 1.16$。

检验最大工作负荷，按下式校验

$$P_n = \frac{\pi d^3}{8KD_2}[\tau]_{\text{Ⅲ}} \geq 15.7\text{kgf}$$

$$= \frac{\pi \times 2.3^3}{8 \times 1.16 \times 21} \times 95\text{kgf} = 18.6\text{kgf} > 15.7\text{kgf}$$

符合校验条件。

有效圈数：取 $n = 4$。

端部形式：端部不并紧，磨平 1/4 圈。

总圈数：$n_1 = n + 0.5 = 4 + 0.5 = 4.5$。

节距：$t \approx \dfrac{D_2}{3} \sim \dfrac{D_2}{2} = \dfrac{21}{3} \sim \dfrac{21}{2}\text{mm}$，取 $t = 8.8\text{mm}$。

自由高度：$H_0 = nt = 4 \times 8.8\text{mm} = 35.2\text{mm}$。

单圈刚度：$P'_d = \dfrac{d^4 G}{8D_2^3} = \dfrac{2.3^4 \times 8150}{8 \times 21^3}\text{kgf/mm} = 3.08\text{kgf/mm}$。

弹簧刚度：$P' = \dfrac{P'_d}{n} = \dfrac{3.08}{4}\text{kgf/mm} = 0.77\text{kgf/mm}$。

最小工作负荷下的变形：$F_1 = 0\text{mm}$。

最小工作负荷下的高度：$H_1 = H_0 - F_1 = 35.2\text{mm} - 0\text{mm} = 35.2\text{mm}$。

最大工作负荷下的变形：$F_n = \dfrac{P_n}{P'} = \dfrac{15.7}{0.77}\text{mm} = 20.4\text{mm}$。

最大工作负荷下的高度：$H_n = H_0 - F_n = 35.2\text{mm} - 20.4\text{mm} = 14.8\text{mm}$。

极限工作负荷：$P_j = \dfrac{\pi d^3}{8KD_2}\tau_j$，$\tau_j = 1.12\ [\tau]_{\text{III}} = 1.12 \times 95\text{kgf/mm}^2 = 106.4\text{kgf/mm}^2$，

$$P_j = \dfrac{\pi \times 2.3^3}{8 \times 1.16 \times 21} \times 106.4\text{kgf} = 20.87\text{kgf}。$$

极限工作负荷下的变形：$F_j = \dfrac{P_j}{P'} = \dfrac{20.87}{0.77}\text{mm} = 27.1\text{mm}$。

极限工作负荷下的高度：$H_j = H_0 - F_j = 35.2\text{mm} - 27.1\text{mm} = 8.1\text{mm}$。

在此极限工作负荷下，弹簧已被压实。但极限工作负荷不在弹簧的实际工作范围内，对实际工作无影响，所以以上的设计可行。

展开长度：$L = n_1 \sqrt{(\pi D_2)^2 + t^2} = 4.5 \times \sqrt{(21\pi)^2 + 8.8^2}\text{mm} = 299.5\text{mm}$。

根据上面所列各项参数，绘制压簧 405 的工作简图，如图 6-6 所示。

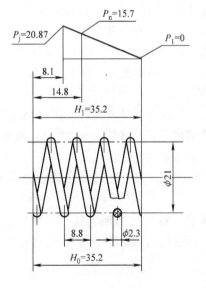

技术条件：
1. 总圈数：4.5；
2. 有效圈数：4；
3. 旋向：右旋；
4. 展开长度：299.5mm；
5. 硬度：45HRC；
6. 表面处理：发蓝。

图 6-6　压簧 405 的工作简图

6.4.2　升降伸臂部件设计

升降伸臂部件装配图如图 6-7（见插页）所示，其零件明细见表 6-3。

表 6-3　　升降伸臂部件零件明细　　　　　　　　　　　　（单位：mm）

代号	名称	型号规格	材料	数量	备注
301	伸臂套筒		20 号无缝管 $\phi 95 \times 12$	1	
302	导向键		45 钢	1	
303	升降螺母		ZCuSn5P65Zn5	1	
304	伸臂体		20 号方管 $60 \times 60 \times 8$	1	
305	连接板		Q235A 板	1	
306	夹紧块		Q235A 板	1	焊后铣开
307	夹紧螺栓		35 钢	1	
308	手柄		35 钢	1	
309	筋板		Q235A 板，$\delta = 6$	1	
GB/T 70	内六角螺钉	$M5 \times 13$		6	
GB/T 4141.11	手柄球	$M8 \times 25$		1	
GB/T 1152	油杯	M6		1	

　　这是一个简单的部件，几乎整个部件就是一个钢材焊接件。按其结构和受力情况，此件本应设计成铸铁件，但是由于生产批量小，为了降低成本，而将其设计成钢材焊接件。

　　此部件的功能，就是携带主轴箱部件沿立柱的外径升降，以便完成高低不同的各种规格调节阀的研磨修复。

　　伸臂的升降，由升降丝杠（属转角立柱部件）绕升降螺母 303 驱动。伸臂的升降运动，只是用于伸臂高低位置的调整，与研磨加工无直接关系，所以将升降运动设计成手动运动。由于伸臂部件和主轴箱部件的质量比较小，手动升降并无困难。

　　伸臂升降的最大行程为 600mm，在此行程中伸臂体 304 的轴线 C（见俯视图）应始终保持在同一个垂直面内（公差为 0.1mm），否则安装在伸臂上的主轴箱部件的主轴的位置度公差 0.15mm，就不能在全行程上得到保证。

　　此项精度要求是关系到研磨机加工质量的重要技术条件，所以必须保证。为此，设计时将导向键 302 的键宽和套筒 301 的键槽宽度选择为 14P9（$^{-0.018}_{-0.061}$），两者都是同样的尺寸公差，装配时应使其形成无间隙式或有微量过盈的配合。

　　套筒 301 设置有锁紧机构，研磨时可通过手柄 308 转动夹紧螺栓 307，使套筒与立柱抱紧，以便保证机器运转稳定。

　　套筒还设有润滑机构，在套筒上装有一件压注油杯（JB/T 7940.1 - M6），可用油枪注油，经套筒内孔上的油槽对立柱的滑动面进行润滑。

6.4.3　转角立柱部件设计

　　转角立柱部件装配图如图 6-8（见插页）所示，其零件明细见表 6-4。

1. 转角立柱部件的功能

转角立柱部件的功能主要有以下两项。

表6-4 转角立柱部件零件明细 （单位：mm）

代号	名称	型号规格	材料	数量	备注
201	上托板		Q235A 板	1	
202	升降丝杠		45 钢	1	
203	立柱		45 钢无缝管	1	76×19
204	隔套		无缝管 102×7	1	
205	套筒			1	焊接件
205-1	夹紧环		Q235A 板	1	
205-2	套筒体		Q235A 管 ϕ121×25	1	
205-3	兰盘		Q235A 板	1	
206	夹紧螺栓		35 钢	1	
207	长手柄		35 钢	1	
208	短手柄		35 钢	1	
209	螺环		35 钢	1	
210	圆螺母		35 钢	1	
GB/T 297	圆锥滚子轴承	32914, 70×100×20		2	
GB/T 301	推力球轴承	51101, 12×26×9		2	
GB/T 4141.22	手轮	B12×100		1	
GB/T 4141.4	手柄	M6×32		1	
GB/T 4141.11	手柄球	M8×25		2	
GB/T 70	内六角螺钉	M8×28		6	
GB/T 70	内六角螺钉	M10×30		6	
GB/T 825	吊环螺钉	M12		1	
GB/T 812	小圆螺母	M12×1.25		1	
GB/T 1096	普通平键	4×4×14		1	
GB/T 65	螺钉	M3×8		1	

1）在立柱的外径 ϕ74f6 上安装伸臂，并以此为导轨，通过升降丝杠 202 驱动伸臂做升降运动。由于研磨加工时，对研磨面施加的轴向力也需由伸臂的升降来调节，所以将伸臂的升降设计为手动操纵是非常适宜的。由于伸臂、主轴箱等件的质量不大，总质量约 25kg，

所以手动操纵是没有困难的。

2）立柱可携带伸臂部件、主轴箱部件、主轴提拉部件转动 60°角，于是使主轴箱部件有了两处空间位置：一处是工作位置，在此位置主轴的轴线与被研磨的调节阀阀芯的轴线重合，由主轴驱动阀芯转动，进行研磨加工；另一处是预备位置，伸臂和主轴箱等部件随立柱转动 60°角，转移到旁侧空间处，其意义是让出工作位置的空间，以便进行阀门的装卸或研磨质量的检查。

2. 转角立柱部件的设计要点

（1）立柱必须有足够的高度　由于研磨机所加工的阀门规格范围很宽，大小阀门的高度尺寸差别很大，为 600mm，所以伸臂的升降行程也必然很大。又由于主轴机构、装夹机构均需占用很大的高度，所以设计所确定的高度尺寸也必然很大，约为 1.5m 左右。高度尺寸较大，为了保证立柱应有足够的刚度，其直径也要随之增大，约为 70～80mm。

（2）立柱必须有足够的抗弯强度　在立柱上以悬臂梁的形式安装着伸臂、主轴机构、减速箱、主轴提拉机构等零部件。在这些机构的重力及电磁铁（属提拉机构）牵引力的作用下，立柱承受着一定的弯矩。所以立柱必须有足够的抗弯强度。

（3）立柱必须有较高的加工精度和装配精度　立柱部件是研磨机的关键部件，立柱的加工和装配精度由以下两项决定：

1）主轴轴线的位置度公差为 0.10mm，在伸臂的全部升降行程上必须予以保证。

2）立柱的 60°转角，在工作位置的定位精度为 0.04mm。

以上两项技术条件，初看似乎并不严格，但是为了实现此两项技术条件，对立柱必须进行高精度的精密加工，其精度要求是：

1）ϕ74f6 外径的直线度公差为 0.015mm。

2）ϕ74f6 外径与轴承安装直径 ϕ70j6 的同轴度公差为 0.02mm。

3）键槽 14P9 的对称度公差为 0.012mm，直线度公差为 0.02mm。

4）ϕ74f6 和 ϕ70j6 外径的表面粗糙度为 $Ra1.6\mu m$。

5）伸臂部件的导向键 302 的宽度尺寸 1410，要分别按立柱键槽和伸臂键槽配作，使之与伸臂键槽有微量过盈，与立柱键槽有 0.01mm 间隙。

6）立柱的支承轴承在安装时要进行精确的调整，要施加不大的预紧力，使其既要转动轻快，又要有一定的刚度。调整后还要将圆螺母 210 用螺钉 GB/T 65 - M3×8（见图 6-8 Ⅱ放大图）紧固，以防松动。

上述各项公差值的公差等级约为 4～5 级，而一般机械多为 7～8 级。所以上列的要求是非常高的。

3. 立柱的受力分析及弯曲强度校核

在立柱上以悬臂的形式安装着伸臂等各机构，为了直观地展示各机构作用力的位置而绘制了立柱受力轴测图，如图 6-9 所示。图中各力的参数见表 6-5。

这些力是一组指向相同的空间平行力系，它们的作用线不在同一个垂直面内。

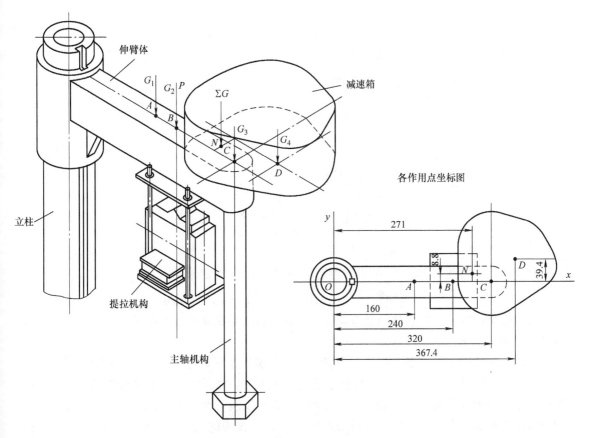

图 6-9　立柱受力轴测图及坐标图

为了便于计算，根据理论力学"力的作用点沿它的作用线移动，不改变力对刚体的作用"的论点，在图 6-9 中将各力的作用点沿其作用线移动到同一个水平面——伸臂体的上表面所在的水平面，并以立柱在此水平面上的轴心 O 为坐标原点建立坐标系 xOy。各力作用点的坐标位置，如图 6-9 中的作用点坐标图所示，作用点的坐标值见表 6-5。

表 6-5　立柱承受的作用力参数

作用力名称	作用力代号	作用力数值 /kgf	作用点代号	作用点横坐标 x/mm	作用点纵坐标 y/mm
伸臂体的重力	G_1	3.4	A	160	0
提拉机构重力	G_2	9.15	B	240	0
电磁铁牵引力	P	10	B	240	0
主轴机构重力	G_3	4.5	C	320	0
减速器重力	G_4	7.8	D	367.4	39.4
合力	ΣG	34.85	N	271	8.8

各力在立柱上形成的弯矩之和，应等于各力的合力在立柱上形成的弯矩。所以应计算此合力及其坐标值。合力可按下式计算

$$\Sigma G = G_1 + G_2 + G_3 + G_4 + P$$
$$= (3.4 + 9.15 + 4.5 + 7.8 + 10) \ \text{kgf} = 34.85 \text{kgf}$$

合力作用点 N 的坐标，可按下式计算

$$N_x = \frac{G_1 A_x + G_2 B_x + G_3 C_x + G_4 D_x + P B_x}{G_1 + G_2 + G_3 + G_4 + P}$$

$$= \frac{3.4 \times 160 + 9.15 \times 240 + 4.5 \times 320 + 7.8 \times 367.4 + 10 \times 240}{34.85} \text{mm}$$

$$= 271 \text{mm}$$

$$N_y = \frac{G_1 A_y + G_2 B_y + G_3 C_y + G_4 D_y + P B_y}{G_1 + G_2 + G_3 + G_4 + P}$$

$$= \frac{3.4 \times 0 + 9.15 \times 0 + 4.5 \times 0 + 7.8 \times 39.4 + 10 \times 0}{34.85} \text{mm}$$

$$= 8.8 \text{mm}$$

根据 N_x 和 N_y 可计算出合力的作用线至立柱轴线的垂直距离 L

$$L = \sqrt{N_x^2 + N_y^2} = \sqrt{271^2 + 8.8^2} \text{mm} = 271.14 \text{mm}$$

经过以上计算，就把立柱的受力问题由空间平行力系简化成了平面平行力系，就为后面的计算打通了道路。

由图 6-8 可以看到，在立柱的下端安装着两个圆锥滚子轴承，这是立柱的两个支承点。在合力 ΣG 的作用下，在这两个支点处会产生约束反力。由图可知，两轴承的安装方向是相反的，上轴承的锥面朝上，下轴承的锥面朝下。这样安装就使合力 ΣG 所作用的垂直向下的力全部由上轴承承受。立柱的受力图如图 6-10 所示。图中的上轴承有两个约束反力：R_{Ax} 和 R_{Ay}。R_{Ax} 是水平方向的约束反力，是对 ΣG 水平分力的反作用力，由于 ΣG 处在立柱的右侧，其水平分力是指向立柱的右方，所以 R_{Ax} 必然是由立柱的轴线起始指向立柱的左方。R_{Ay} 是垂直方向的约束反力，其指向当然与 ΣG 的方向相反，由 A 点指向上方。在下轴承处，只有水平方向的约束反力 R_{Bx}，其方向当然是从立柱的轴线指向右方。

为了求解各约束反力的数值需建坐标系：以立柱的下轴承安装中心 O 点为坐标原点，建坐标系 xOy，并给出各力的坐标位置，力的坐标图如图 6-11 所示。

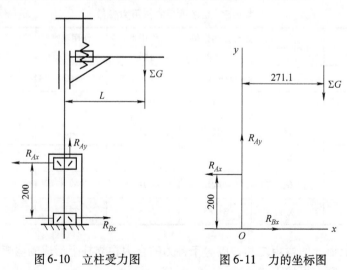

图 6-10　立柱受力图　　　　　　图 6-11　力的坐标图

在合力 $\sum G$ 的作用下，立柱仍处于平衡状态，所以可得如下三个平衡方程：

1）各力在 x 轴上的投影之和等于零

$$\sum F_x = 0, \text{即} (-R_{Ax}) + R_{Bx} = 0 \tag{6-3}$$

2）各力在 y 轴上的投影之和等于零

$$\sum F_y = 0, \text{即} R_{Ay} - \sum G = 0 \tag{6-4}$$

3）各力对坐标原点 O 的力矩和等于零

$$\sum M_O = 0, \text{即} 200 R_{Ax} - 271.1 \sum G = 0 \tag{6-5}$$

由式（6-5）得

$$200 R_{Ax} = 271.1 \sum G = 34.85 \times 271.1 \text{kgf} \cdot \text{mm}$$

得

$$R_{Ax} = \frac{34.85 \times 271.1}{200} \text{kgf} = 47.24 \text{kgf}$$

由式（6-3）得

$$R_{Bx} = R_{Ax} = 47.24 \text{kgf}$$

由式（6-4）得

$$R_{Ay} = \sum G = 34.85 \text{kgf}$$

在合力 $\sum G$ 的作用下，立柱上的自伸臂所在位置以下都承受着弯矩。那么何处是危险截面呢？上轴承的安装轴颈是危险截面。因为此处的外径是 $\phi 70\text{mm}$，而从此往上外径都是 $\phi 74\text{mm}$。须校核危险截面的弯曲强度。按下式计算

$$\sigma_w = \frac{M}{W_z} \le [\sigma_w]$$

式中　σ_w——危险截面的弯曲应力（kgf/cm^2）；

　　　M——危险截面承受的弯矩（$\text{kgf} \cdot \text{cm}$）$M = \sum GL = 34.85 \times 271.1 \text{kgf} \cdot \text{mm} = 9447.8 \text{kgf} \cdot \text{mm} = 944.78 \text{kgf} \cdot \text{cm}$；

　　　W_z——危险截面的抗弯截面系数（cm^3），危险截面的形状和尺寸如图 6-12 所示，$W_z = \dfrac{\pi(D^4 - d^4)}{32D} = \dfrac{\pi(7^4 - 5^4)}{32 \times 7} \text{cm}^3 = 24.9 \text{cm}^3$；

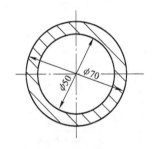

图 6-12　危险截面

$[\sigma_w]$——材料的许用弯曲应力（kgf/cm^2），$[\sigma_w] = 800 \text{kgf/cm}^2$。

各值代入公式

$$\sigma_w = \frac{944.78}{24.9} \text{kgf/cm}^2 = 37.9 \text{kgf/cm}^2 < [\sigma_w]$$

符合强度条件。

6.4.4　主轴提拉机构设计

1. 主轴提拉运动的意义

主轴提拉机构是一项创新的设计。主轴在加工的过程中，在每回转 3~5 周时还要沿轴线向上做几毫米的轴向运动，这在其他机械加工中是不常见的。

需要说明的是，在调节阀研磨加工的过程中，主轴的提拉运动是不可或缺的。没有提拉运动，就会在研磨面上产生一个圈又一个圈的深沟，人们称之为研损。这是此研磨机设计者

亲身经历的事实。

那么，在研磨中加上提拉运动，就能防止出现上述缺陷（这一点已经被手工提拉所证实），其原理何在呢？其原理是当主轴提拉时，阀座和阀芯的研磨面脱离了接触，同时主轴仍在转动，于是研磨剂就产生了位移，变更了运动轨迹，而且这种变更又是很频繁的，每转动 3～5 周就变动一次，所以研磨剂的运动轨迹就发生了变化：由单纯的圆周运动，变成圆周运动和径向运动的合成运动。于是每个研磨剂颗粒的研磨痕迹，就不再是一个个的圈圈。其实，任何研磨加工中研磨剂的运动轨迹都不是单存一种运动，而是两种或是更多种运动合成的结果。

2. 主轴提拉运动对主轴机构设计的要求

主轴提拉运动是主轴下端的伸缩运动，所以对主轴的结构设计必然有特殊要求，要求如下：

1）主轴的下端应具有可伸缩的功能。由图 6-4 可以看到，万向轴 404 的 $\phi18f7$ 轴颈安装在万向套管 407 的 $\phi18H8$ 的长孔之中，并且用滑键 406 联结，所以既可传递转矩又可伸缩。

2）提拉机构的功能，只是对主轴施加由下向上的作用力，从而经主轴将阀芯从研磨位置提拉起来，使研磨面产生间隙。而阀芯的复位，则是依靠主轴上安装的压簧 405 来实现。并且还包括将提拉机构的电磁铁的衔铁拉起 3～5mm，为此要克服衔铁的重力和传动的阻力，此负荷约为 2～3kgf。所以，压簧 405 的最小工作负荷就不再是"0"了。

3. 提拉机构设计

主轴提拉机构装配图如图 6-13（见插页）所示，其零件明细见表 6-6。

表 6-6　主轴提拉机构零件明细　　　　　（单位：mm）

代号	名称	型号规格	材料	数量	备注
501	衔铁牵引索		钢丝绳 1×19	1	$\phi2$
502	调节架		Q235A 板，$\delta=2$	1	焊接件
503	杠杆牵引索		钢丝绳 1×19	1	$\phi2$
504	下滑轮支架		Q235A 板，$\delta=2$	1	焊接件
505	提拉杠杆		30 钢	1	焊接件
506	双头螺栓		35 钢	4	
507	顶板		Q235A 板，$\delta=2$	1	
508	小轴		35 钢	1	
509	底板		Q235A 板，$\delta=2$	1	焊接件
510	上滑轮支架		Q235A 板，$\delta=2$	2	焊接件
511	滑轮轴套		聚四氟乙烯	4	
512	滑轮		Q235A	4	
513	滑轮轴		35 钢	4	
514	杠杆轴		35 钢	4	
515	杠杆轴套		聚四氟乙烯	1	
516	杠杆支架		Q235A 板，$\delta=2$	1	
517	调节螺栓		35 钢	1	

（续）

代号	名称	型号规格	材料	数量	备注
	牵引电磁铁	MQ3 – 98 额定吸力 98N，线圈电压 220V		1	
GB/T 5781	六角螺栓	M5 × 12		14	
GB/T 41	六角螺母	M6		21	
GB/T 41	六角螺母	M5		7	
GB/T 95	垫圈	6		26	
GB/T 95	垫圈	5		20	
GB/T 894.1	挡圈	6		5	
GB/T 91	开口销	2 × 10		1	

提拉机构由以下几部分组成：

（1）牵引电磁铁及其支架　牵引电磁铁是提拉运动的动力源，主轴下端缩回，继而拉动阀杆阀芯上升，都是依靠电磁铁的牵引力来实现的。

电磁铁安装在支架中，支架由顶板 507、底板 509、双头螺栓 506 等件组成。支架的顶板 507 则安装在伸臂的下平面上，用螺栓 GB/T 5781 – M5 × 12 紧固。

在电磁铁支架的底板 509 的下表面，安装着杠杆支架 516（见 E—E 视图）。由于研磨机主轴下端的高度尺寸，有 200mm 的调节量，所以提拉柱 436 的高度，也将随之变动。又由于当电磁铁不吸合时，提拉杠杆 505 的轴线应保持在水平状态。所以电磁铁支架应具有调节功能——调节顶板 507 至底板 509 之间的距离，调节量为 20mm。

（2）提拉杠杆机构　提拉杠杆机构，由提拉杠杆 505 和杠杆支架 516、杠杆轴 514 等件组成。其功能就是在电磁铁的牵引下，操纵主轴下端向上缩回 3 ~5mm。杠杆右端是一个拨叉，与主轴上的提拉柱 436 联结，施加提拉作用力。

提拉杠杆的臂长比为 1:2，电磁铁的牵引力为 10kgf，拨叉的提拉力为 26kgf（含衔铁重力）。

（3）牵引索及滑轮架　电磁铁的牵引力是通过牵引索及滑轮组才作用到提拉杠杆上的。牵引索有两条：衔铁牵引索 501 由两件上滑轮支架 510 定位，杠杆牵引索 503 由下滑轮支架 504 定位。上滑轮支架安装在伸臂的下平面上，下滑轮支架安装在底板 509 的侧面。牵引索必须始终处于张紧状态，不得松弛。此项要求可通过螺栓 517 的调节来实现，并且衔铁的行程也是通过调整此螺栓的旋入长度来实现的。

4. 提拉机构的工作过程及提拉力矩校核

提拉机构的工作可分为以下两个过程：

1）当电磁铁不吸合时，提拉杠杆 505 的轴线应处水平状态，在此状态下进行研磨加工。此时，主轴下端向外伸出，阀芯压在阀座上。接触面间的压力 F_1（见图 6-3）可按前文的公式计算。

2）当电磁铁吸合时，衔铁落下，经牵引索拉动杠杆逆时针转动，使研磨面间产生 3 ~5mm 间隙，主轴仍继续转动，研磨加工暂时停止。待主轴空转 1.5 周后，电磁铁再次断电，于是又恢复了研磨加工。在全部的研磨过程中都按如下规律运转：研磨 3 ~5 周 – 暂停研磨－主轴空转 1.5 周。

当研磨最大阀门时，研磨面承受的轴向力为最大值。此时，电磁铁的提拉力矩能否满足提拉要求需进行校核。按下式进行校核计算

$$(P + G_1)L_1 > F_1 L_2$$

式中　P——电磁铁的牵引力（kgf），$P = 10$kgf；

　　　G_1——衔铁的重力（kgf），$G_1 = 3$kgf；

　　　L_1——提拉杠杆 505 左臂长度（mm），$L_1 = 94$mm；

　　　L_2——提拉杠杆 505 右臂长度（mm），$L_2 = 47$mm；

　　　F_1——研磨时研磨面承受的轴向力（kgf），$F_1 = 2Aq$，A（研磨面面积）$= 0.2 \times 10\pi \times 2cm^2 = 12.56$cm^2，$q$（单位面积的正压力）$= (0.5 \sim 1)$kgf/cm^2，取 $q = 1$kgf/cm^2，得 $F_1 = 2 \times 12.56 \times 1$kgf $= 25.1$kgf。

各值代入公式

$$(10 + 3) \times 94\text{kgf} = 1222\text{kgf} > 25.1 \times 47\text{kgf} = 1179.7\text{kgf}$$

即电磁铁的提拉力矩大于研磨时的最大负载力矩，所以设计可行。

5. 研磨加工前提拉机构的调整

1）工件的装夹：以阀门的下端盖（见图 6-1）为装夹基准面，将阀门在移动机座的自定心卡盘上卡紧。注意，阀座轴线的垂直度公差为 0.1mm。

2）将伸臂转动到工作位置，注意，应准确定位，然后将立柱锁紧（见图 6-8C—C 视图）。

3）升降臂伸臂，使主轴的卡头能卡入阀杆头部 10mm 处，然后卡紧。

4）检查主轴轴线对阀杆轴线的同轴度，公差为 0.15mm。

5）转动升降丝杠 202，调节压簧 405 的工作高度，对研磨面施加轴向力，其数值按前文公式计算。压簧的工作高度由标尺 414 读出，然后将伸臂锁紧。

6）通过调整双头螺栓 506 紧固在顶板 507 上的螺母，调整电磁铁支架的高度，使提拉杠杆 505 的轴线处于水平位置。

7）调节螺栓 517 的旋入长度，将牵引索 501 和 503 拉紧，并使电磁铁的衔铁高于吸合位置 3 ～ 5mm（通径大取大值，通径小取小值），然后用螺母 GB/T 41 - M5 将螺杆锁紧。

8）用手向下按动衔铁，检查各机构的动作是否灵活，阀杆的复位是否到位。

6.4.5　移动机座部件设计

移动机座部件装配图如图 6-14（见插页）所示，其零件明细见表 6-7。

由图 6-14 可知，这是一个简单部件，其结构类似一辆手推车。机座板 101 由普通钢板制成，把手 102 由钢管弯成。此二者采用焊接连接，并且用斜撑 104 支承。在机座板下平面的四角处，安装四件脚轮，其前轮系活络脚轮，用于拐弯。所以，研磨机是一台可以移动的机器，用人力推动它到达管路分布的各个生产区，去完成调节阀的修复工作。

在机座板上，安装着一件自定心卡盘，用于装夹工件，即调节阀。利用自定心卡盘的自动定心功能，能使工件的阀芯轴线与研磨机主轴的轴线自动重合，不需找正。

表 6-7　移动机座部件零件明细　　　　　　　　　（单位：mm）

代号	名称	型号规格	材料	数量	备注
101	机座板		Q235A 板	1	$\sigma 18$
102	把手		电焊钢管	1	$\phi 20 \times 2$
103	卡盘座		HT105	1	
104	斜撑		电焊钢管	2	$\phi 20 \times 2$
	自定心卡盘	KZ320，外径 320		1	
GB/T 5781	六角头螺栓	M10×35		12	
GB/T 5781	六角头螺栓	M10×46		4	
GB/T 70	内六角螺钉	M16×30		4	
GB/T 95	垫圈	10		16	
	平板式脚轮	ZP80 WSZ160 - 65，最大负荷 500N		2	
	平板式脚轮	WP80 WSZ160 - 65，最大负荷 500N		2	活络

1. 脚轮受力分析计算

调节阀研磨机属于小型机械，机器的总质量约 200kg。此质量全部由 4 个脚轮支承，虽然每件脚轮可承受 50kg 负荷，但是各脚轮承受的负荷并不均匀，所以需要计算每个脚轮所承受负荷的数值。计算过程如下。

首先绘制移动机座受力示意图，如图 6-15 所示。建立坐标系 $Oxyz$，以右侧后轮中心为坐标原点 O，以两个后轮的轴线为 x 轴，以右侧后轮和右侧前轮的中心连线为 y 轴，以 O 点作垂线为 z 轴。在坐标系中标出各外力 $G_1 \sim G_4$ 的作用线及各脚轮的支反力 $N_1 \sim N_4$ 的作用线。并且将各力的作用点沿其作用线移动到坐标轴 Ox 和 Oy 所在的平面 xOy。外力 $G_1 \sim G_4$ 的数值及坐标值见表 6-8。

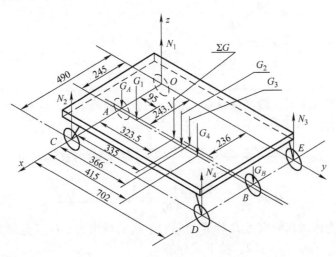

图 6-15　移动机座受力示意图

表 6-8　机座的外力及其坐标

外力名称	代号	外力数值/kgf	x 坐标/mm	y 坐标/mm
主柱、伸臂套筒的重力	G_1	29.3	$x_1 = 245$	$y_1 = 95$
机座板的重力	G_2	55	$x_2 = 245$	$y_2 = 335$
伸臂体、提拉机构、减速器、主轴机构的重力	G_3	35	$x_3 = 236$	$y_3 = 366$
自定心卡盘、卡盘座的重力	G_4	50	$x_4 = 245$	$y_4 = 415$

表 6-8 中的外力都是重力，其指向都是垂直向下的，所以这是一组空间平行力系，其合力可按下式计算

$$\sum G = G_1 + G_2 + G_3 + G_4 = (29.3 + 55 + 35 + 50) \text{kgf} = 169.3 \text{kgf}$$

合力的坐标可按下列两式计算

$$
\begin{aligned}
x_{\sum G} &= \frac{G_1 x_1 + G_2 x_2 + G_3 x_3 + G_4 x_4}{G_1 + G_2 + G_3 + G_4} \\
&= \frac{29.3 \times 245 + 55 \times 245 + 35 \times 236 + 50 \times 245}{29.3 + 55 + 35 + 50} \text{mm} \\
&= 243.14 \text{mm}
\end{aligned}
$$

$$
\begin{aligned}
y_{\sum G} &= \frac{G_1 y_1 + G_2 y_2 + G_3 y_3 + G_4 y_4}{G_1 + G_2 + G_3 + G_4} \\
&= \frac{29.3 \times 95 + 55 \times 335 + 35 \times 366 + 50 \times 415}{29.3 + 55 + 35 + 50} \text{mm} \\
&= 323.5 \text{mm}
\end{aligned}
$$

在图 6-15 中标出合力 $\sum G$ 的位置，然后将它分解为作用在给定点 A 和 B 的与它平行的两个力。A 点的坐标为 $x_A = 243.14 \text{mm}$，$y_A = 0$。B 点的坐标为 $x_B = 243.14 \text{mm}$，$y_B = 702 \text{mm}$。由于 A、B 两点与 $\sum G$ 的作用点的 x 轴坐标都是 243.14mm，所以此三个点是在平行于 OY 轴的一条直线上。因此，$\sum G$ 可按下式分解

$$
\begin{aligned}
G_A &= \frac{(y_B - y_{\sum G}) \sum G}{y_B} = \frac{(702 - 323.5) \times 169.3}{702} \text{kgf} \\
&= 91.3 \text{kgf}
\end{aligned}
$$

$$G_B = \frac{y_{\sum G} \sum G}{y_B} = \frac{323.5 \times 169.3}{702} \text{kgf} = 78 \text{kgf}$$

再将力 G_A 分解为作用在给定点 O 和 C 的与它平行的两个力。O 点为坐标原点，故 $x_0 = 0$，$y_0 = 0$，C 点坐标为 $x_C = 490$，$y_C = 0$。按下式分解

$$G_O = \frac{(x_C - x_A) G_A}{x_C} = \frac{(490 - 243.14) \times 91.3}{490} \text{kgf} = 46 \text{kgf}$$

$$G_C = \frac{x_A G_A}{x_C} = \frac{243.14 \times 91.3}{490} \text{kgf} = 45.3 \text{kgf}$$

将力 G_B 分解为作用在给定点 D 和 E 的与它平行的两个力。D 点坐标为 $x_D = 490$，$y_D = 702$，E 点坐标为 $x_E = 0$，$y_E = 702$，按下式分解

$$G_D = \frac{x_B G_B}{x_D} = \frac{243.14 \times 78}{490} \text{kgf} = 38.7 \text{kgf}$$

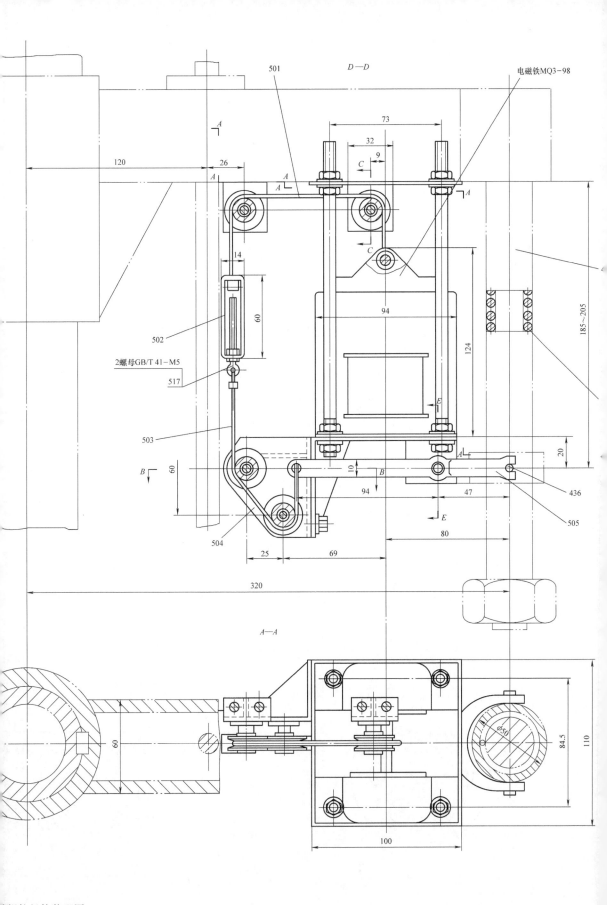

电磁铁MQ3-98

D—D

501

A—A

钩提拉机构装配图

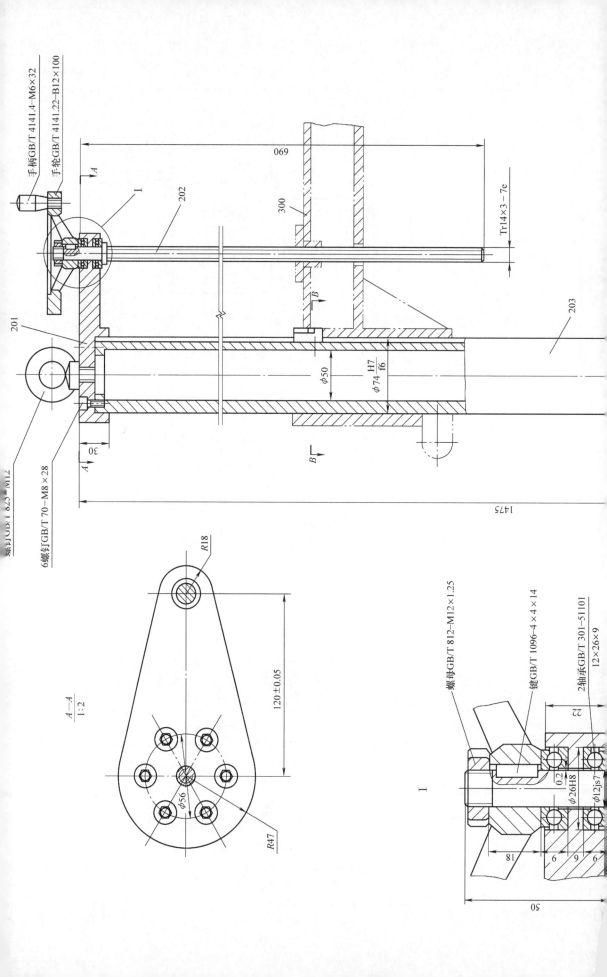

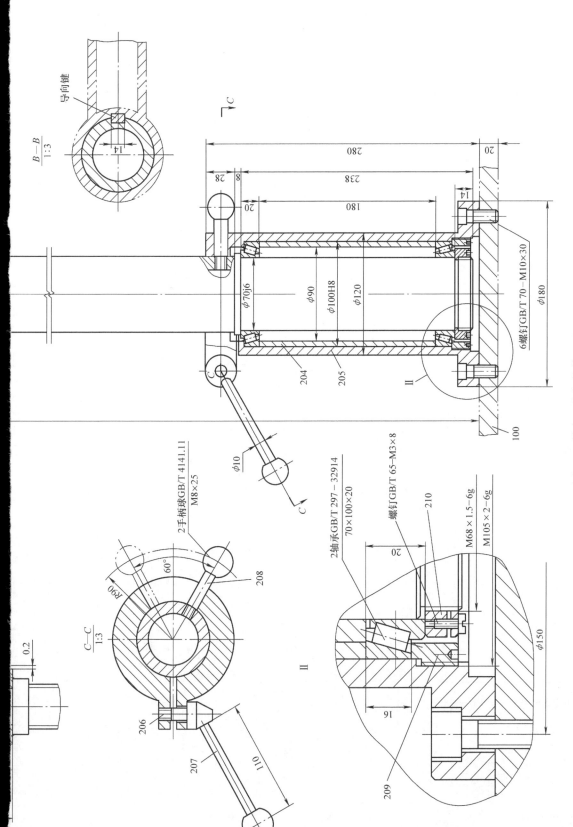

图 6-8 转角立柱部件装配图

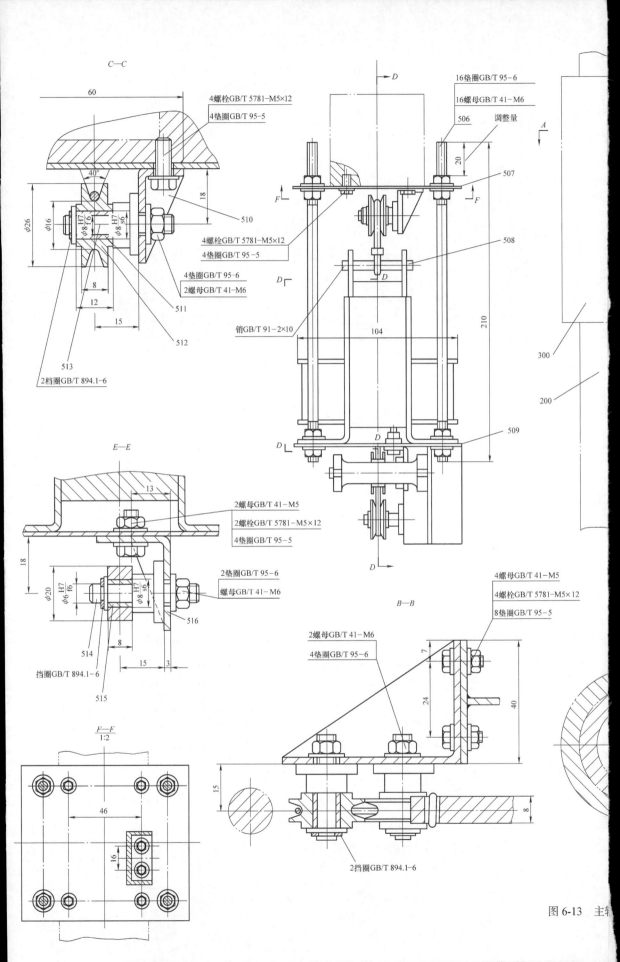

C—C

60

4螺栓GB/T 5781-M5×12
4垫圈GB/T 95-5

40°

18

$\phi 26$
$\phi 16$
$\phi 8\frac{H7}{f6}$
$\phi 8\frac{H7}{s6}$

510

4螺栓GB/T 5781-M5×12
4垫圈GB/T 95-5

8
12
15

4垫圈GB/T 95-6
2螺母GB/T 41-M6

511

512

513

2档圈GB/T 894.1-6

16垫圈GB/T 95-6
16螺母GB/T 41-M6

506   调整量

20

507

508

D

销GB/T 91-2×10

104

210

509

E—E

13

2螺母GB/T 41-M5
2螺栓GB/T 5781-M5×12
4垫圈GB/T 95-5

18

$\phi 20$
$\phi 6\frac{H7}{f6}$
$\phi 8\frac{H7}{s6}$

2垫圈GB/T 95-6
螺母GB/T 41-M6

516

8
15   3

514

挡圈GB/T 894.1-6

515

B—B

4螺母GB/T 41-M5
4螺栓GB/T 5781-M5×12
8垫圈GB/T 95-5

2螺母GB/T 41-M6
4垫圈GB/T 95-6

7

24

40

15

8

2挡圈GB/T 894.1-6

300

200

F—F
1:2

46

16

图 6-13   主轴

2螺母GB/T 41-M5
2螺栓GB/T 5781-M5×12
4垫圈GB/T 95-5

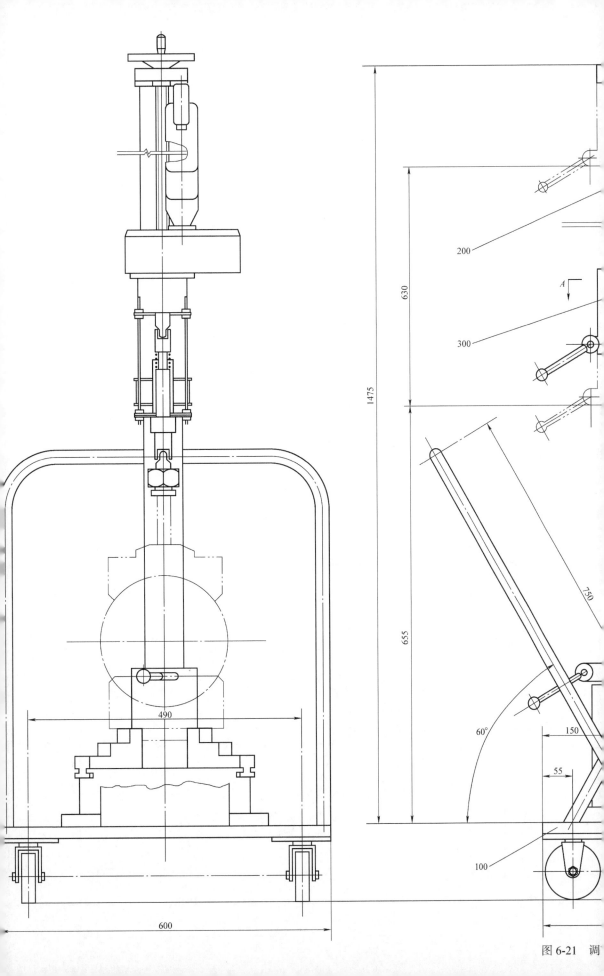

图 6-21 调

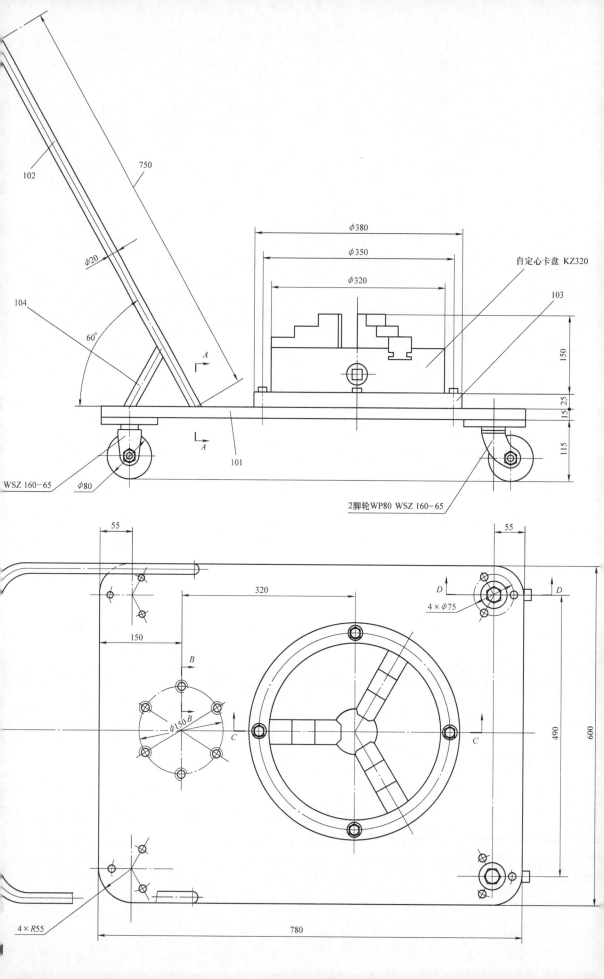

102

750

ϕ20

104

60°

ϕ380

ϕ350

ϕ320

自定心卡盘 KZ320

103

150

15 25

115

A

A

101

WSZ 160−65

ϕ80

2脚轮WP80 WSZ 160−65

55

55

320

150

D

D

4×ϕ75

B

B

ϕ150

C

C

490

600

4×R55

780

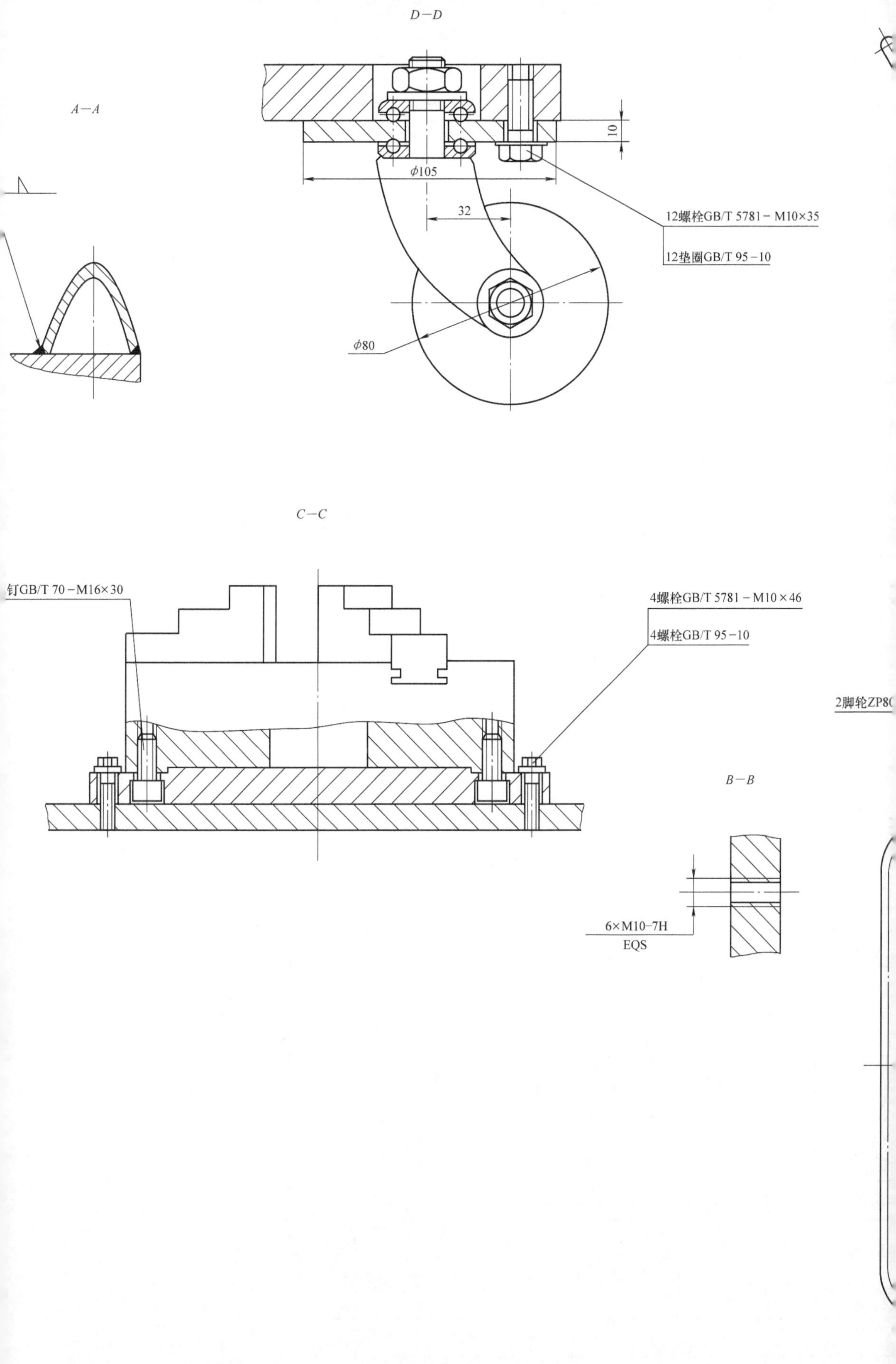

D—D

A—A

10

$\phi105$

32

12螺栓GB/T 5781－M10×35

12垫圈GB/T 95－10

$\phi80$

C—C

钉GB/T 70－M16×30

4螺栓GB/T 5781－M10×46

4螺栓GB/T 95－10

2脚轮ZP80

B—B

6×M10－7H
EQS

图 6-14　移动机座部件装配图

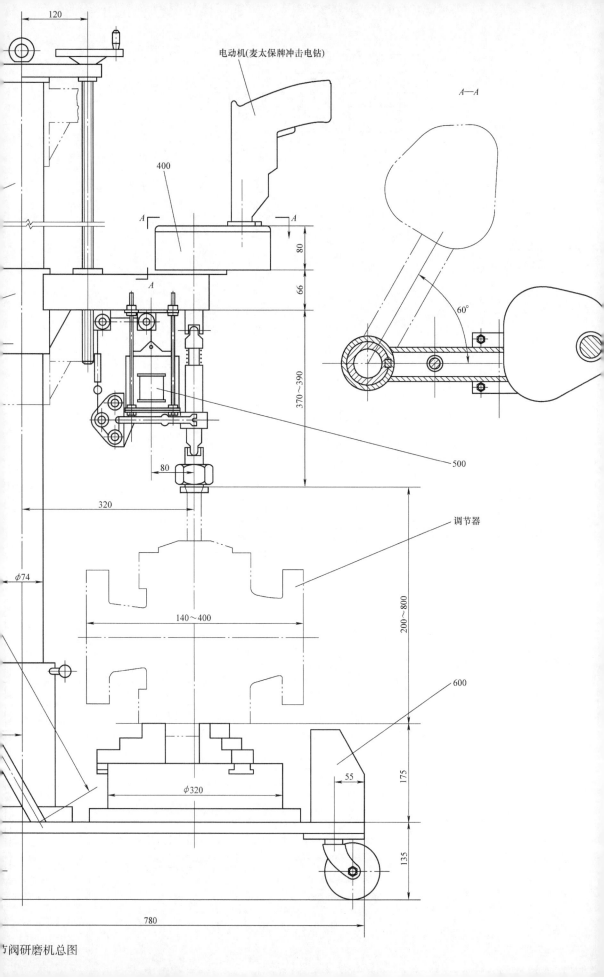

电动机(麦太保牌冲击电钻)

400

A—A

A

A

A

80

66

370~390

500

调节器

320

80

φ74

200~800

140~400

600

175

55

φ320

135

780

节阀研磨机总图

$$G_E = \frac{(x_D - x_B)G_B}{x_D} = \frac{(490 - 243.14) \times 78}{490} \text{kgf} = 39.3 \text{kgf}$$

校核 $\sum G$ 分解的正确性

$$G_O + G_C + G_D + G_E = (46 + 45.3 + 38.7 + 39.3) \text{kgf} = 169.3 \text{kgf}$$

$\sum G = 169.3 \text{kgf}$，而且各力的数值与其作用点至 $\sum G$ 作用点的距离成反比，故分解是正确的。

N_1、N_2、N_3、N_4 分别是 G_O、G_C、G_E、G_D 的反作用力，故 $N_1 = G_O = 46 \text{kgf}$，$N_2 = G_C = 45.3 \text{kgf}$，$N_3 = G_E = 39.3 \text{kgf}$，$N_4 = G_D = 38.7 \text{kgf}$，即各脚轮承受的载荷均小于其可承受的负荷的最大值，所以设计可行。

2. 移动机座部件的技术条件

由于研磨机的各个部件都是直接或间接地安装在移动机座部件上，所以此部件应满足以下技术条件。

1）机座板 101 上表面的平面度公差为 0.05mm。检测方法：将机座板平放，检查面朝上，以 1m 长检验平尺及塞尺（塞片）为检测工具。在检测面上按米字型依次放置平尺，用塞尺测量平尺与检测面的间隙。

2）自定心卡盘安装后，其上端面对机座板上表面的平行度公差为 0.05mm，检测方法及量具如图 6-16 所示。

3）自定心卡盘的定心精度公差为 0.05mm，检测示意图如图 6-17 所示。检测程序如下：①用自定心卡盘将检验心轴卡紧；②在心轴的测量面上定位两个百分表，位置在 a、b 两处，记下表的读数；③放松卡爪，间隙为 3mm，百分表的位置保持不动；④再次卡紧检验心轴，并记录百分表读数；⑤再次放松卡紧，间隙为 3mm；⑥第三次卡紧检验心轴，记录百分表读数。分别计算 a、b 两个百分表在三次卡紧时的读数差，均不得大于 0.05mm。

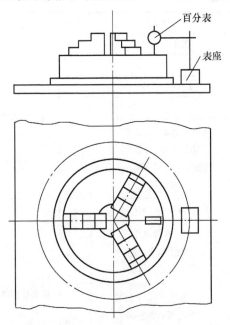

图 6-16　自定心卡盘上端面对机座板上表面
　　　　　平行度的检测

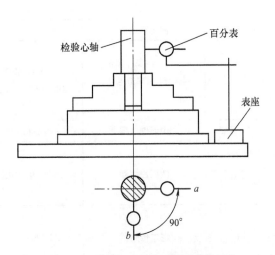

图 6-17　自定心卡盘定心精度的检测

6.4.6　电气控制系统设计

调节阀研磨机的主运动是主轴的回转运动，所以此机器电气控制系统的设计，就是围绕主轴的各项运动进行的。

关于电动机的选型，前文在主轴箱部件设计中，已经确定选用德国麦太保牌 SBE1000/2S－R＋L 型冲击电钻为电动机，用来驱动主轴的回转运动。此电动机为单项串励电动机，具有电子调速功能。其参数如下：转速 100～2000r/min，分两档，共 14 级；输入功率 1000W，输出功率 610W。

设计者认为，应充分利用该电动机拥有的功能，以便简化机器的机械设计。所以决定该电动机的控制系统，包括扳机开关、速度控制系统、电子抗干扰系统、速度选择开关等按原设计使用，不加改动。但是电动机的换向控制，原设计为手动控制，需要改动为微机控制。为此需将电动机的转子绕组和定子绕组的连线引至电动机外，纳入研磨机的电气控制系统。

调节阀研磨机的电气控制原理图如图 6-18 所示。其电气元件见表 6-9。其控制原理如下。

1. 电源电路

由于调节阀研磨机是一部移动的机器，电源的位置是不固定的，因而采用了单项三爪插头 XP，可与各工作地点的 220V 电源连接。工作时注意，插座必须妥善接地。

2. 保护电路

电源连接后，第一个元件就是单项断路器 QF。它的作用是短路保护和过载保护。当发生上述故障时，常闭触点 FA 可瞬时断开，切断电源电路。

表 6-9　电气元件明细

代号	名称	型号	规格	数量	备注
XP	单项三爪插头		220V　　3A	1	
QF	单项断路器	DZ30	220V　　3A	1	
HL	指示灯	NXDJ	220V　　3mA	1	
K1～K5	固态继电器			5	属 400 部件
YMS	电动机（冲击电钻）	麦太保 SBE 1000/2S－R＋L	输入功率：1000W 输出功率：610W 转速：100～2000r/min 2 档 14 级	1	
KA1、KA2	中间继电器	JZ17	220V　　3A	2	
A	微机控制器	8031 单片机	包括电源电路 开关量输入电路 开关量输出电路		属 500 部件
SR	霍尔传感器	HCH－01	电源电压：4.5～16V 输出电压：0.5～4V 外形尺寸：$\phi 12 \times 20$	1	
HA	电铃		220V	1	
YA	牵引电磁铁磁钢片		8mm×4mm	4	

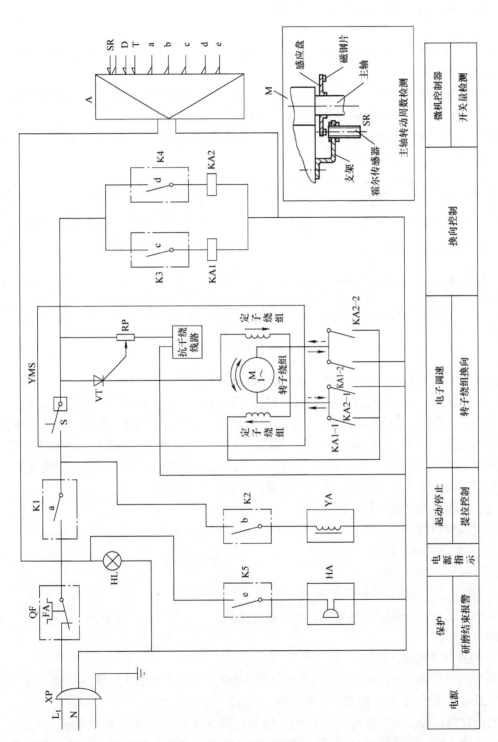

图6-18　调节阀研磨机电气控制原理图

3. 电源指示电路

当单项插头 XP 与插座连接后，指示灯 HL 即亮，表示机器已经接受电源。但是除微机控制器 A 之外，主电路和控制电路并未通电。

4. 微机控制系统

为了提高研磨机的自动化程度，特别是为了实现主轴的自动提拉控制，在电气控制中采用了微机控制。

微机控制器的硬件组成是：以 8031 单片机为核心，配以微机电源，以及开关量输入输出电路。显示操作板是微机控制器的重要组成部分，此板也是微机控制器的面板，如图 6-19 所示。由图可知，显示操作板共分 6 个栏目，其中数码管 6 个，按键 20 个（均为触摸按键），指示灯 6 个，数字键 10 个。

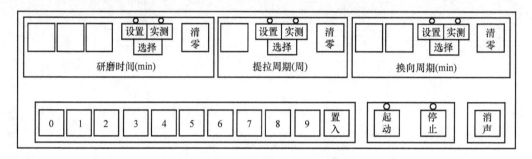

图 6-19   微机控制器显示操作板

关于"清零"键、"选择"键、数字键的功能介绍如下：

"清零"键——按此键后它左面的数码管全部显示为"0"，从而可设置新的数值。

"选择"键——这是双功能键，按第一下时其上方左侧的"设置"灯亮，可以为数码管设置新的数值。按第二下时其上方右侧"实测"灯亮，数码管显示的是运行中的实测数值。

数字键共 10 个数值，供各项自动控制项目设置新的数值时使用，当数值设置完后需按一下数字键右端的"置入"键，方可将设置的数值置入控制器。

微机控制器的功能为如下各项：

1）研磨时间控制；

2）主轴提拉运动控制；

3）电动机换向控制；

4）机器运转的起动或停止控制。

微机控制器的外围控制系统，包括固态继电器、霍尔传感器、中间继电器、牵引电磁铁、蜂鸣器等。

5. 研磨时间的自动控制

调节阀修复的时间，由于规格的不同及磨损程度不同，差别很大。手工研磨，最快约半小时，最长可达 5~6 个工作日。机器研磨，也与此相近。

自动控制，需确定研磨时间的范围，应如何确定呢？设计者根据我国企业的作息规律——连续工作时间最长为 4h 确定：研磨时间的最大设定值为 240min。如果时间不够，可进行多次设置。最短设定时间为 2min。

研磨时间的自动控制，首先需将需要的研磨时间设置在微机的显示操作板上。其操作方法如下：在"研磨时间"栏中，有 3 位数码管。一个"清零"键，一个"选择"键。首先用"清零"键将数码管上前次研磨时设置的数值清除掉。然后按"选择"键，使"设置"灯亮，再按照确定的研磨时间（以 min 为单位）按动数字键的相应数字，于是"研磨时间"栏的数码管就会显示相同的数字。最后需按数字键右端的"置入"键，才可将研磨时间置入控制器。

需要说明的是，在操作中，如果设置的数字大于 240min，则数码管显示的数字也是"240"，如果设置数字小于 2min，则数码管显示的也是"2"。

在机器运行时，如果想查看已经研磨了多少时间，可连续按 2 次"选择"键，使"实测"灯亮，此时数码管显示的数字就是已经研磨了的时间。

在机器运行中，如果需要临时停车，进行研磨质量的检查，则研磨时间的统计也暂停，待重新运转时再继续统计。

当研磨时达到设定值，经控制器控制，固态继电器 K1（见图 6-18）断电（相当于触点 a 断开），使电动机 YMS 失电，机器停止运转。由控制器控制，固态继电器 K5 导通（相当于触点 e 闭合），使电铃鸣响，发出研磨结束的通知。

6. 主轴提拉运动自动控制

前文在 6.4.4 节中已经明确了提拉运动的规律：主轴每转动 3~5 周（即调节阀研磨 3~5 周）时，主轴就向上提拉一次，使主轴空转 1.5 周。所以提拉运动的周期不是以时间为单位，而是以主轴转动的周数为单位。所以电气控制系统，必须对主轴的圆周转动的数值进行精确的测量，其误差不得大于 0.5 周。

此测量机构如图 6-20 所示。其中感应盘是两个半圆盘，用螺栓紧固为一个整圆。其 ϕ32N8 孔与主轴的 ϕ32h7 轴颈为过盈配合，所以可与主轴抱紧。由于在感应盘的端面上要粘结磁钢片，所以需用不导磁的材料制造，其材料为 ZL101。磁钢片共 4 片，应均匀分布在同一个圆周上。霍尔传感器安装在支架上，其轴线必须与磁钢片所在的圆周对正，间隙为 4mm。霍尔传感器的输入输出线路与控制器连接。其工作原理是：当每块磁钢片从霍尔传感器的轴线前通过时，霍尔传感器会产生一个脉冲信号，输入控制器，从而使控制器记录下主轴传动的周数，并且按设定的数值进行提拉运动控制。

主轴提拉运动的自动控制只控制两个参数：研磨的周数和空转的周数，研磨的周数为 3~5 周，需设置。空转的周数为 1.5 周，是常数，早已置入控制器，不需操作者设置。研磨周数的设置，操作过程如下：①按"提拉周期"栏的"清零"键，将上次设置的数值清除掉，数码管显示为 0；②根据调节阀的规格确定研磨的周数，3~5 周，通径大的选大值，通径小的选小值；③按"选择"键使"设置"灯亮；④根据确定的研磨周数按数字键，使数码管显示所设置的数字；⑤按"置入"键。需说明的是，设置的数值只能是 3~5，其他数值无效。

提拉运动的控制过程如下：在机器运行中，当研磨的周数达到设定值时，由控制器控制固态继电器 K2 导通（相当于触点 b 闭合），见图 6-18。牵引电磁铁线圈 YA 得电吸合，衔铁拉动提拉杠杆将主轴下端提拉起来，使主轴空转 1.5 周，然后由控制器控制，K2 解除导通（相当于触点 b 断开），电磁铁线圈失电，主轴下端在弹簧推动下复位，恢复研磨。在设定的研磨时间内，上述的提拉运动一直在连续不断地进行。

7. 电动机换向的自动控制

调节阀的修复研磨还有一项技术要求，就是主轴的回转要正、反两个方向交替运行。为

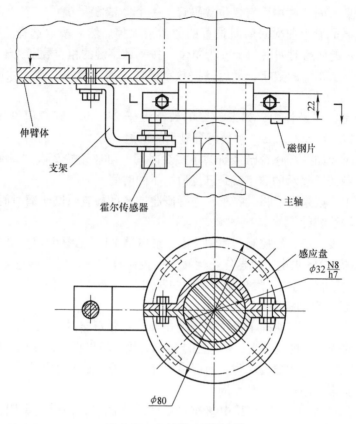

图 6-20　主轴转速测量机构

此，要求电气控制系统有电动机自动换向的控制。此电动机是单项串励电动机，其定子绕组和转子绕组是串联连接，如果定子绕组电流的方向保持不变，但是改变了转子绕组电流的方向，则电动机转动的方向就会改变。调节阀研磨机的电气设计，就是按照此原理设计了电动机的自动换向控制电路。

此电路如图 6-18 所示，由图可知，电动机的定子绕组和转子绕组相连接的电路被引到了电动机外，与 4 个常开触点 KA1－1、KA2－1、KA1－2、KA2－2 连接。此 4 个触点属于两个中间继电器 KA1 和 KA2。而此两个中间继电器又由控制器 A 经两个固态继电器 K3 和 K4 分别控制。在控制器 A 的控制下，当 K3 导通时（相当于触点 c 闭合），中间继电器 KA1 得电吸合，其触点 KA1－1 和 KA1－2 闭合，则由定子绕组输出的电流按实线箭头的方向运行，经触点 KA1－1 进入转子绕组，然后经触点 KA1－2 与 N 线连接，电动机正向运转。

在控制器的控制下，当固态继电器 K4 导通时（相当于触点 d 闭合），则中间继电器 KA2 的线圈得电吸合，其两个常开触点 KA2－1 和 KA2－2 闭合，则定子绕组的电流方向没有改变，仍按实线箭头的方向运行，但是由于触点 KA1－1 已经断开，电流只能经触点 KA2－2 进入转子绕组，再经触点 KA2－1 与 N 线连接，即按虚线箭头在转子绕组运行，改变了运行方向，所以也就改变了电动机的运转方向。

电动机换向的自动控制，也需要在显示操作板上将换向的时间置入控制器。其操作程序如下：①在"换向周期"栏按"清零"键，将上次研磨设置的数值清除掉，使数码管显示为 0；②按"选择"键，使"设置"灯亮；③根据确定的换向时间按数字键，换向时间以分钟（min）为单位，数码管有两个，可以设置两位数值；④按"置入"键，将设定的时间置入控制器；⑤如果在机器运行中要了解此次换向已运转了多少分钟，可按两次"选择"键，使"实测"灯亮，则数码管显示的就是换向后运转的时间。

8. 机器运转的起动与停止控制

此项控制也是通过控制器实现的，在显示操作板上，设有"起动"和"停止"按键，当按"起动"键后，由控制器控制，固态继电器 K1 导通（相当于触点 a 闭合），电动机得电运转（扳机开关 S 此前已闭合），同时"起动"指示灯亮。

当按"停止"键时，经控制器控制，固态继电器 K1 解除导通（相当于触点 a 断开），电动机失电停止运转，同时"起动"指示灯灭，"停止"指示灯亮。

机器的起动和停止由控制器控制，有一个优点：当控制系统的各个环节发生故障时，可自动停止运转。

9. 消声控制

在显示操作键盘的右下角有一个"消声"按键，其功能是当设置的研磨时间到，电铃鸣响时，可及时通过控制器断开电铃的电路。

在此项设计中，之所以选用了电铃而没有选用蜂鸣器，是因为研磨机的工作地点有时会移动到管路所在露天场所，此处报警需要较大的音量。

6.5　调节阀研磨机总图设计

调节阀研磨机的总图如图 6-21（见插页）所示，图中各代号所示的部件名称见表6-10。

表 6-10　调节阀研磨机部件

代号	名称	备注
100	移动机座部件	包括工件装夹机构
200	转角立柱部件	包括升降螺杆
300	升降伸臂部件	
400	主轴箱部件	包括主轴机构、减速器、电动机
500	主轴提拉机构	包括牵引电磁铁
600	电气控制系统	包括强电、弱电控制

6.5.1　机器的主要技术参数

1）可研磨的调节阀规格：

通径：DN15～DN100mm。

法兰距：140～400mm。

阀体高：200～800mm。

法兰外径：95～310mm。

2）伸臂升降的最大行程：630mm。

3）立柱回转的最大角度：60°。

4）主轴的转速（r/min）：

高速档：15、22.5、30、50、60、80、100。

低速档：5、10、15、20、25、32.5、40。

5）主轴的最大转矩：

低速档：40N·m。

高速档：170N·m。

6）机器的外形尺寸：

长 × 宽 × 高 = 980mm × 600mm × 1675mm

7）机器质量：180kg。

6.5.2　机器的几何精度要求及检测方法

1）立柱对机座板上面的垂直度公差：0.10mm。

检测方法：用千斤顶支承机座板的下面，用框式水平仪测量，将机座板上面调至水平（a、b 两个方向），然后用水平仪测量立柱 ϕ74f6 外径在 a、b 两个方向的垂直度（在 820mm 范围内测量）。垂直度检测示意图如图 6-22 所示。

2）立柱回转 60°后伸臂在工作位置的定位精度公差：0.04mm。

检测方法：伸臂处在工作位置，在距立柱轴线 320mm 处设置百分表，然后立柱带动伸臂回转 60°，往返 3 次。在工作位置立柱卡紧后记录百分表的读数，3 次的读数差不得大于公差值。定位精度检测示意图（俯视图）如图 6-23 所示。

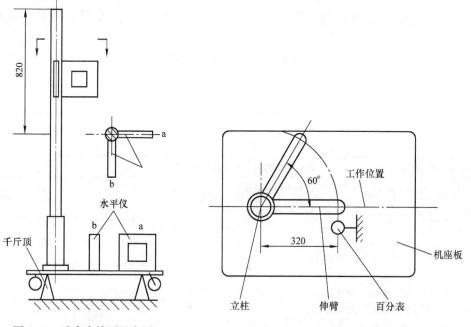

图 6-22　垂直度检测示意图　　　　　图 6-23　定位精度检测示意图

3）自定心卡盘的定心位置对主轴轴线的同轴度公差：0.15mm。

检测方法：伸臂处在工作位置，立柱处卡紧状态，将伸臂下降至 655mm 处，在主轴的上端，万向联轴器之上固定表架。在自定心卡盘上卡紧检验心轴，调整表架，使百分表触头触在检验心轴的外径上。转动主轴，使表架带动百分表检验心轴轴线转动，百分表的读数差不得大于公差值。同轴度检测示意图如图 6-24 所示。

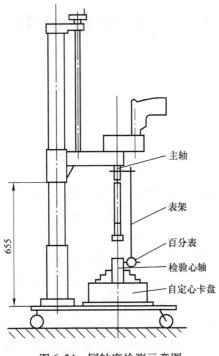

655

主轴

表架

百分表

检验心轴

自定心卡盘

图 6-24　同轴度检测示意图

第7例 巨型螺母预紧机设计

7.1 概述

螺母预紧机是一种不常见的机器，翻遍机械产品目录，找不到此类产品。但这也是一种很实用的机器。

螺母是任何一部机械都不可缺少的零件。在应用中，螺纹联接绝大多数都是要预紧的。螺母的预紧，大多数都是以人力用扳手去完成。对预紧力矩有严格要求的机构，可用力矩扳手去预紧。这些都是机械装配中最常见的操作。

但是，这个方法不能用在特大螺母并且对预紧力矩有严格要求的机构的装配工作中，因为人力有限，而且也难以准确控制。比如柱式液压机的立柱螺母，其预紧力矩约为数万牛米甚至更大，而且要求准确控制，这是很难用人力实现的。

据资料介绍，柱式液压机立柱螺母的预紧安装有两种方法：①用液压加载器；②安装前立柱预热，使之伸长，安装后冷却时自然预紧。经实践证实，这两种方法都不太理想：前者实施的机构繁杂，且不够准确；后者立柱的直径会因加热而膨胀，使配合间隙减小，安装困难。

那么，柱式液压机螺母的预紧应如何解决呢？正确的办法是，应设计制造一台螺母预紧机，专门用于液压机立柱螺母的预紧安装。作为液压机的生产厂，自制一台专用设备也是应该的。

下面介绍这台专用的螺母预紧机的设计。

7.2 机器应有的性能

液压机用立柱螺母预紧机的设计，收集不到任何可参考的资料，所以设计是从零开始。首先要明确对机器性能的要求，即明确机器功能。这是很明确的，此预紧机用于 YTC 系列索扣液压机装配时立柱螺母的预紧，要求预紧力矩能够准确控制。即在立柱螺母装配时，在拧紧的最后阶段（此前的拧入过程是用人工拧入）用此预紧机将螺母按设定的预紧力矩紧死，且预紧力矩必须准确。

要求的具体条件如下：

1）应用预紧机的液压机是系列产品，共 4 个规格，要求的预紧力矩参数如下（$1\text{kgf} = 9.80665\text{N}$）：

YTC3000 型：预紧力矩 2776kgf·m。

YTC5000 型：预紧力矩 6000kgf·m。

YTC10000 型：预紧力矩 15072kgf·m。

YTC12000 型：预紧力矩 19445kgf·m。

2）根据以上数据，确定预紧机的"公称预紧力矩"分为以下 4 个档次：
3000kgf・m、6000kgf・m、15000kgf・m、20000kgf・m。

3）不同规格 YTC 系列液压机的外形尺寸各不相同，需预紧的螺母的尺寸也各不相同（液压机简图见图 7-1），要求此预紧机对各尺寸螺母均能适用。

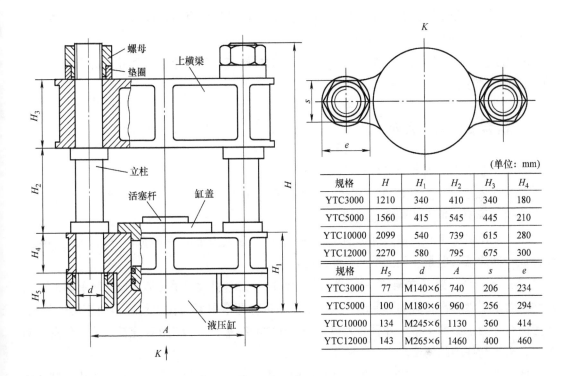

（单位：mm）

规格	H	H_1	H_2	H_3	H_4
YTC3000	1210	340	410	340	180
YTC5000	1560	415	545	445	210
YTC10000	2099	540	739	615	280
YTC12000	2270	580	795	675	300

规格	H_5	d	A	s	e
YTC3000	77	M140×6	740	206	234
YTC5000	100	M180×6	960	256	294
YTC10000	134	M245×6	1130	360	414
YTC12000	143	M265×6	1460	400	460

图 7-1　液压机简图

4）各规格的液压机构有 4 个立柱螺母，分别安装在不同的位置，需分别预紧。预紧时预紧机的位置是固定不动的（因为预紧机用地脚螺栓固定），需变更液压机的位置，使之处在预紧所需的位置上。但是有以下要求：液压机处在同一个位置时，预紧机能够对同一个立柱的上下螺母分别进行预紧。然后液压机在原地回转 180°，对另一立柱上的螺母进行预紧。

5）牵引钢丝绳的运动速度为 10mm/s 左右。

6）预紧力矩偏差为 ±0.5%。

7.3　拟定设计方案

这台预紧机应如何设计的确是个难题。按照普通螺母用力矩扳手进行预紧的方法，设计者拟订了这台预紧机的设计方案，方案如下：

1）按照螺母的尺寸设计一组用于拧紧螺母的大扳手，对螺母施加预紧力矩。

2）用卷筒来卷绕牵引钢丝绳——牵引索，拉动大扳手转动。

3）用电动机 - 减速器驱动卷筒转动。

4）在大扳手与牵引索之间设置一件拉力传感器，用来测量施加于大扳手的拉力。

5）用电气控制系统来设置、显示、控制预紧力矩。

6）牵引索的运行路线，由立架上的滑轮和地面上的支架滑轮设置。

7）卷筒安装在立架上，减速器和立架安装在同一个底板上，这样可以缩短机械传动路线。

8）立架和地面支架处在相对的两个位置上，从而可实现牵引索可向相差180°的两个方向运行，以便分别预紧上、下螺母。

9）为了保证大扳手能平稳转动，在大扳手的外端应设计一个支承滚轮，并设置上、下两个托板，使滚轮能在水平的托板上滚动。

7.4　机器的部件组成

螺母预紧机由下列4个部件组成：

（1）大扳手部件　此部件是直接对液压机螺母施加预紧力矩的机构，由扳手头、扳手柄、滚轮支承架、拉力传感器等组成。

由于液压机有4种规格，螺母的尺寸各不相同，预紧力矩也各不相同，所以大扳手也要设计成4种规格。但是它们的结构是相同的。

（2）滑轮牵引架（立架部件）　此部件的作用是为牵引大扳手转动，设置牵引索的运行路线。对牵引索的设置有如下要求：牵引索的始端，即牵引索与拉力传感器相连的这一段，其走向必须与水平面平行，并且与大扳手的手柄中心线垂直。为此在确定液压机的位置和高度时，需进行仔细的调整。

此部件由2个机构组成：首先是立架机构，由立架、滑轮架、上托板等件组成，其功能是为预紧上螺母设置牵引索的运行路线；其次是地面支架机构，包括滑轮及牵引支架及下托板，其功能是为预紧下螺母设置牵引索的运行路线。但是此路线最后还是要返回到立架上，因为卷筒安装在立架上。

（3）卷筒部件　卷筒部件的功能就是卷绕牵引索。在液压机螺母预紧时，通过卷筒的转动经牵引索对螺母施加预紧力矩。此部件由卷筒、支架、离合器、传动机构组成。

（4）减速器部件　此部件的功能是降低传动系统的转速，并输出转矩。通过减速器，将电动机的运转速度降低到1r/min左右，以便满足牵引索极低的运行速度的要求。同时，通过减速来提高输出转矩，以便满足预紧螺母对转矩的要求。

如上所述，此减速器的特征是输出转速极低和输出转矩较高，而且功率消耗也很小，为1kW左右。这样的减速器，是否可从市场上标准的减速器产品中找到呢？结果是设计者未能找到适宜的产品，所以只能自行设计。

减速器的种类很多，应按哪种类型设计呢？经过对各类型减速器的分析比较，最后还是决定按圆柱齿轮减速器来进行设计。这类减速器的优点是制造成本低、难度小、效率高。

7.5 大扳手部件设计

7.5.1 确定大扳手的长度

扳手的长度是扳手的重要参数，因为它对螺母的预紧力矩有重要的影响。所以，扳手的长度都是根据螺母的螺纹公称直径 d 来确定，一般其长度 $L = (12 \sim 15)d$。

但是这个系数用在此项设计上不合适，因为立柱螺母的螺纹公称直径太大，如果按此系数计算，扳手的长度会太长。所以应选取比较小的系数，取 $L = (7 \sim 8)d$。并且还要对计算的结果进行圆整，使它是 500mm 的整数倍，以便于预紧力的计算。按此确定的大扳手长度见表 7-1。

表 7-1 大扳手长度

液压机型号	大扳手长度/mm
YTC3000	1000
YTC5000	1500
YTC10000	2000
YTC12000	2000

7.5.2 确定大扳手扳手口的形状

扳手口的形状应用最多的是钳形口。它像螃蟹的大钳子，夹持螺母的六方面。其次为梅花形口，俗称梅花扳子。它在扳手头部的内圆周上制成 12 个内棱角，可使螺母的六方棱角与它同时啮合，所以它可以传递更大的转矩。它的另一个优点是：最小错位角为 30°，是钳形口的 $\frac{1}{2}$，这有利于扳手位置的调整，使扳手柄的中心线便于与牵引钢丝绳垂直。所以确定大扳手的扳手口为梅花形。

7.5.3 确定大扳手的结构

确定大扳手由扳手头与扳手柄两部分组成，并且两者连接的位置是可调整的，以便保证在工作时扳手柄的中心线与牵引索的走向垂直。这一点是非常重要的，因为根据力矩的定义，这两者必须垂直，否则施加的预紧力矩是不准确的。在螺母预紧时，其六方的方向是不确定的，大于 30° 的偏差可由扳手口钳位调整；而小于 30° 的偏差则可由扳手头与扳手柄相对错位来调整。

分体结构的扳手，在设计时必须妥善地解决两者的连接、调整、定位等问题。

7.5.4 大扳手部件图设计

大扳手部件图如图 7-2（见插页）所示，其零件明细见表 7-2。

由于进行螺母预紧的液压机的立柱螺母的外形尺寸和预紧力矩各不相同，大扳手的设计分为 4 个规格，其尺寸分别用表格注明。应各制 1 件，各扳手的结构是相同的。

由图 7-2 可知，大扳手主要由扳手头 101 和扳手柄 102 组成。两者的结合面是 R_1 弧面，由 101 的 T 形槽和 102 的凸台定位，用 T 形槽螺栓 107 紧固（见 II 局部放大图）。

在扳手头 101 的 R_1 弧面和扳手柄 102 底座的两侧，各安装 1 件定位块 109（见主视图及 F—F 视图）。此定位块也是由 T 形槽定位，用 T 形槽螺栓紧固。它的作用是：在扳手柄调整位置时，用定位块上的方头紧定螺钉推动它左右移动，从而使扳手柄的中心线与牵引钢丝绳的交角为 β。

表 7-2　大扳手部件零件明细　　　　　（单位：mm）

代号	名称	型号规格	材料	数量	备注
101	扳手头		ZG310 – 570	各1件	共4件
102	扳手柄		ZG310 – 570	各1件	共4件
103	滚轮		尼龙66	各2件	共4件
104	滚轮支架		Q235A	各2件	共4件
105	传感器支架		Q235A	各2件	共4件
106	牵引接头		Q235A	各2件	共4件
107	T形槽螺栓		35钢	各7件	共28件
108	滚轮轴		45钢	各2件	共4件
109	定位块		Q235A	各2件	共8件
GB/T 78	内六角锥端紧定螺钉	M8×15		4	
GB/T 85	方头长圆柱端紧定螺钉	M8×60		4	
GB/T 85	方头长圆柱端紧定螺钉	M10×75		4	
GB/T 85	方头长圆柱端紧定螺钉	M12×90		4	
GB/T 85	方头长圆柱端紧定螺钉	M16×90		4	
GB/T 41	六角螺母	M14		7	
GB/T 41	六角螺母	M18		7	
GB/T 41	六角螺母	M22		7	
GB/T 6171	六角螺母	M24×2		7	
GB/T 6181	六角开槽薄螺母	M12		4	
GB/T 95	垫圈	14		7	
GB/T 95	垫圈	18		7	
GB/T 95	垫圈	22		7	
GB/T 95	垫圈	24		7	
GB/T 91	开口销	4×25		4	
GB/T 91	开口销	5×30		4	
GB/T 882	销轴	B22×58		1	
GB/T 882	销轴	B22×60		1	
GB/T 882	销轴	B22×64		1	
GB/T 882	销轴	B22×66		1	
GB/T 894.1	轴用弹性挡圈	22		2	
GB/T 894.1	轴用弹性挡圈	28		2	
CT15 – 6	测力传感器	5000kg, 10000kg		各2件	

液压机立柱螺母安装时，螺母预紧的程度如下：先用人工将螺母拧在立柱的螺纹上，并尽力拧紧，以消除螺纹间隙，然后再用大扳手自动预紧。定位大扳手时，首先应使大扳手的

中心线相对牵引钢丝绳走向的垂直度偏差小于 30°。然后调整滚轮托板的高度，使大扳手的中心线处于水平状态。再后，略微拧松大扳手的 T 形槽螺栓 107 的紧固螺母，并根据偏差的方向，用相应的定位块推动扳手柄，使其在扳手头上的位置产生移动，从而使扳手柄的中心线与牵引钢丝绳走向的夹角 $\beta = 90° - \sigma$（见主视图），σ 为立柱螺母的预紧转角（图中未能示出，其数值后文计算），然后紧固 T 形槽螺栓，开动预紧机，通过牵引钢丝绳拉动大扳手转动。随着大扳手的转动，β 角逐渐增大。钢丝绳的牵引力，也就是液压机立柱螺母的预紧力，通过测力传感器检测，由预紧机的电气系统控制。当此数值达到设定值时，预紧机停止运转。此时，大扳手的中心线也正好转动了 σ，于是使 $\beta = 90°$。

以上所述，也就是此预紧机的工作原理。

液压机的立柱螺母分为上、下两个安装位置。预紧安装在上部的螺母时，滚轮支架 104 及滚轮 103 的安装方向如 $B—B$ 视图的实线所示；当预紧安装在下部的螺母时，需将滚轮支架 104 的 d_1 轴从孔中抽出，反向安装，使滚轮 103 处在右侧，如图 $B—B$ 中的双点画线所示，以便用托板支承滚轮。并且，应在扳手头 101 的 90° 锥孔（见 I 放大图）中放置一只钢球，用千斤顶支承其质量。

7.5.5　扳手柄预紧转角及牵引索预紧行程计算

液压机的立柱螺母，在预紧的过程中，大扳手需转动多大的角度？牵引索需走多长的行程？这个问题在预紧机设计时，是必然要考虑的。

要解答这个问题，首先须对在预紧时立柱螺母的受力状况进行分析。液压机的立柱螺母及垫圈的结构及尺寸，如图 7-3 所示。由图可知，此螺母及垫圈的设计与标准的设计是不同的，为了减轻螺纹受力的不均匀性，螺母设计成台阶形，垫圈的支承面也比较小。这种情况对螺母的受力数值还是有所影响的，但不大。

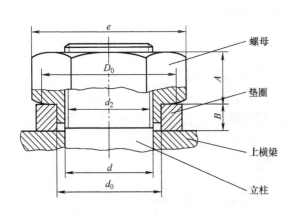

（单位：mm）

液压机型号	YTC3000	YTC5000	YTC10000	YTC12000
螺纹规格	M140×6	M180×6	M245×6	M265×6
d(立柱直径)	ϕ140h7	ϕ180h7	ϕ245h7	ϕ265h7
e	234	294	416	460
D_0	206	256	362	400
d_2(螺纹中径)	ϕ136.1	ϕ176.1	ϕ241.1	ϕ261.1
d_0	ϕ161	ϕ203	ϕ280	ϕ306
A	77	100	134	143
B	40	52	68	74

图 7-3　液压机立柱螺母及垫圈的结构

下面分析在预紧过程中螺母的受力情况：在螺母预紧的过程中，要克服两种阻力矩，首先是螺母与立柱的联接螺纹产生的摩擦力矩 M_P。此力矩随着预紧力矩的不断增大，使螺纹的接触应力不断增大，从而使摩擦力矩不断增大。当螺母的预紧力矩达到设定值停止增大时，螺纹的摩擦力矩达到最大值。此摩擦力矩可按下式计算

$$M_P = Q \tan(\lambda + \rho) \frac{d_2}{2}$$

式中　M_P——螺母预紧时在螺纹中产生的摩擦力矩（kgf·mm）；

　　　Q——在螺母预紧时产生的轴向力（kgf）；

　　　λ——螺纹升角（°），$\tan\lambda = \dfrac{S（导程）}{\pi d_2（螺纹中径）}$；

　　　ρ——摩擦角（°），$\rho = \arctan f$；

　　　f——螺纹材料摩擦系数，钢 - 钢 $f = 0.11$；

　　　d_2——螺纹中径（mm）。

　　螺母预紧时的另一个阻力矩是螺母与其支承面间的摩擦力矩 M_T。此力矩也随螺母预紧力矩的增大而增大，当预紧力矩达到设定值停止增大时，M_T 为最大值。此摩擦力矩可按下式计算（设螺母对支承面的压力是均匀的）

$$M_T = \frac{1}{3} Q f_1 \frac{D_0^3 - d_0^3}{D_0^2 - d_0^2}$$

式中　M_T——螺母预紧时，螺母的底面与其支承面间的摩擦力矩（kgf·mm）；

　　　Q——螺母预紧时产生的轴向力（kgf）；

　　　f_1——摩擦面间的摩擦系数，钢 - 钢 $f_1 = 0.11$；

　　　D_0——螺母端面外径（见图7-3），也等于六角螺母方对方的尺寸（mm）；

　　　d_0——垫圈内径（见图7-3）（mm）。

　　按上述原理可得螺母预紧力矩的计算式如下

$$M_{yu} = M_P + M_T = Q\tan(\lambda + \rho)\frac{d_2}{2} + \frac{1}{3}Qf_1\frac{D_0^3 - d_0^3}{D_0^2 - d_0^2}$$

$$= Q\left[\tan(\lambda + \rho)\frac{d_2}{2} + \frac{f_1}{3}\frac{D_0^3 - d_0^3}{D_0^2 - d_0^2}\right]$$

　　由此可得螺母预紧时产生的轴向力 Q 的计算公式如下

$$Q = \frac{M_{yu}}{\tan(\lambda + \rho)\dfrac{d_2}{2} + \dfrac{f_1}{3}\dfrac{D_0^3 - d_0^3}{D_0^2 - d_0^2}}$$

式中　M_{yu}——立柱螺母预紧力矩，其参数见7.2节（kgf·mm）。

　　按上式求得螺母预紧时产生的轴向力之后，即可根据胡克定律计算出立柱在受力部位产生的微量伸长。胡克定律如下式所示

$$\Delta L = \frac{NL}{EA}$$

式中　ΔL——立柱受力部位在预紧力矩的作用下产生的伸长量（mm）；

　　　N——在预紧力矩产生的轴向力 Q 的作用下，立柱受力的横截面上产生的内力的合力（kgf）。此合力与轴向力 Q 大小相等，方向相反，即 $N = Q$；

　　　L——螺母预紧时立柱上的受力范围（mm）；

　　　E——材料的弹性模量（kgf/mm²），材料为钢，$E = 2.1 \times 10^6 \text{kgf/cm}^2 = 2.1 \times 10^4 \text{kgf/mm}^2$；

　　　A——立柱受力部位的横截面积（mm²），$A = \dfrac{\pi D^2}{4}$；

　　　D——立柱受力部位直径（mm）。

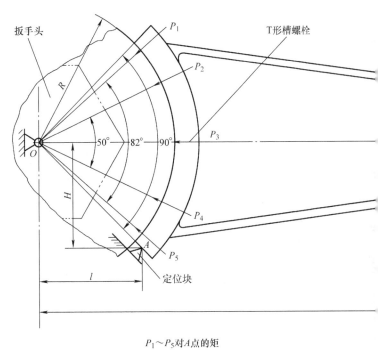

P₁～P₅对A点的矩

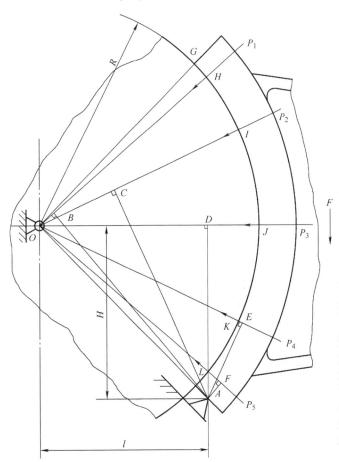

图 7-4　大

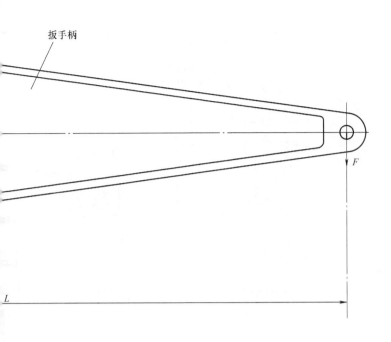

扳手柄

F

L

大扳手主要尺寸及参数

扳手代号	L	R	l	H	OA	F(牵引力)/kgf	预紧力矩/kgf·m
YJ3000-100	1000	185	143	143	201.5	3000	3000
YJ6000-100	1500	226	175	175	247	4000	6000
YJ15000-100	2000	307	234	234	331	7500	15000
YJ20000-100	2000	335	255	255	360	10000	20000

T形槽螺栓参数

扳手代号	型号	规格	性能等级	数量	单件紧固力/kgf	保证载荷/kgf
YJ3000-100	GB/T 37	M14	8.8	5	5439.34	6799.18
YJ6000-100	GB/T 37	M18	8.8	5	9378.18	11722.73
YJ15000-100	GB/T 37	M22	8.8	5	14842	18552.5
YJ20000-100	GB/T 37	M24×2	8.8	5	18756.37	23445.46

注: 1. 上表保证载荷引自GB/T 3098.1。
   2. 单件紧固力数值为保证载荷的80%。

扳手受力图

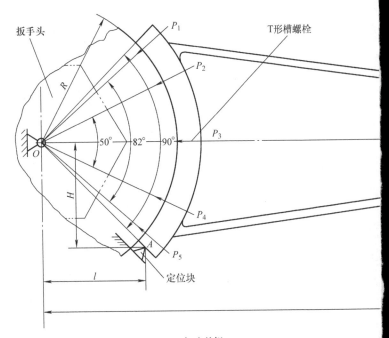

P₁~P₅对A点的矩

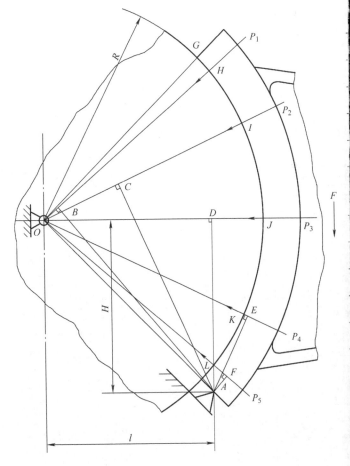

图 7-4　大

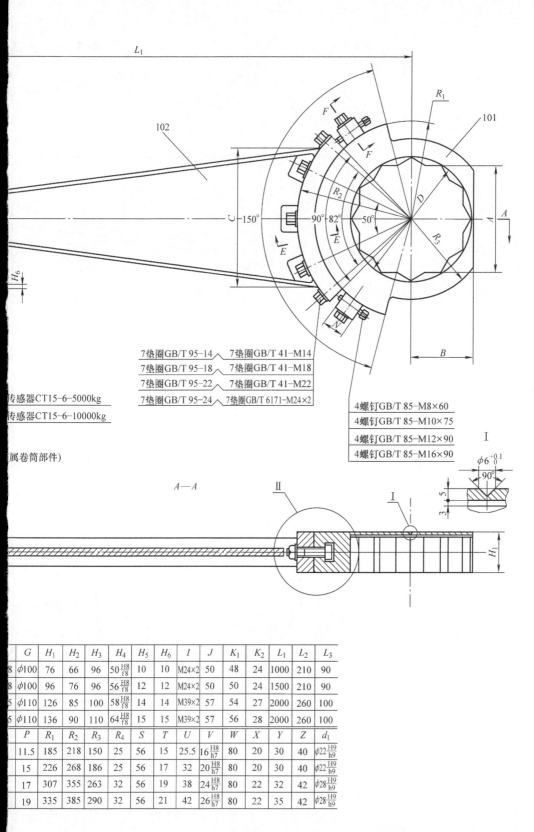

7垫圈GB/T 95—14 ∧ 7垫圈GB/T 41—M14
7垫圈GB/T 95—18 ∧ 7垫圈GB/T 41—M18
7垫圈GB/T 95—22 ∧ 7垫圈GB/T 41—M22
7垫圈GB/T 95—24 ∧ 7垫圈GB/T 6171—M24×2

传感器CT15—6—5000kg
传感器CT15—6—10000kg

属卷筒部件)

4螺钉GB/T 85—M8×60
4螺钉GB/T 85—M10×75
4螺钉GB/T 85—M12×90
4螺钉GB/T 85—M16×90

$\phi 6^{+0.1}_{\ 0}$
90°

	G	H_1	H_2	H_3	H_4	H_5	H_6	I	J	K_1	K_2	L_1	L_2	L_3
8	$\phi 100$	76	66	96	$50\frac{H8}{f8}$	10	10	M24×2	50	48	24	1000	210	90
8	$\phi 100$	96	76	96	$56\frac{H8}{f8}$	12	12	M24×2	50	50	24	1500	210	90
5	$\phi 110$	126	85	100	$58\frac{H8}{f8}$	14	14	M39×2	57	54	27	2000	260	100
5	$\phi 110$	136	90	110	$64\frac{H8}{f8}$	15	15	M39×2	57	56	28	2000	260	100

P	R_1	R_2	R_3	R_4	S	T	U	V	W	X	Y	Z	d_1
11.5	185	218	150	25	56	15	25.5	$16\frac{H8}{h7}$	80	20	30	40	$\phi 22\frac{H9}{h9}$
15	226	268	186	25	56	17	32	$20\frac{H8}{h7}$	80	20	30	40	$\phi 22\frac{H9}{h9}$
17	307	355	263	32	56	19	38	$24\frac{H8}{h7}$	80	22	32	42	$\phi 28\frac{H9}{h9}$
19	335	385	290	32	56	21	42	$26\frac{H8}{h7}$	80	22	35	42	$\phi 28\frac{H9}{h9}$

扳手部件图

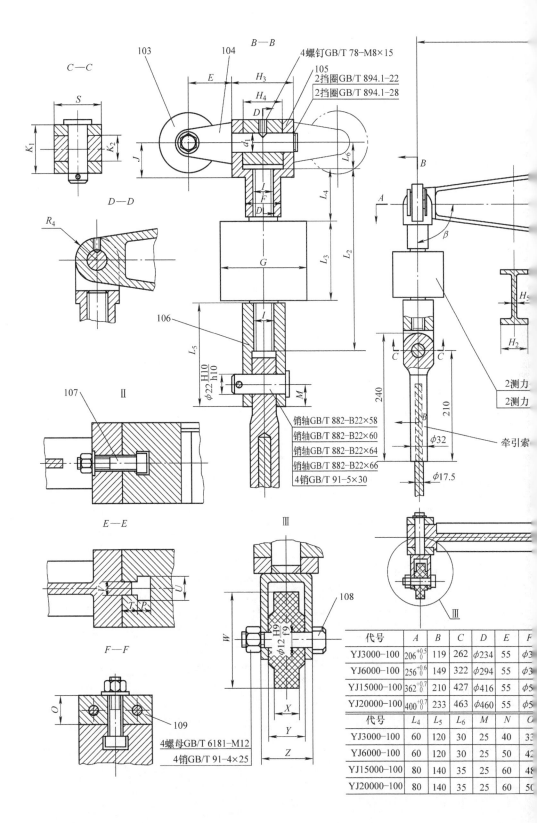

图 7-2 大

代号	A	B	C	D	E	F
YJ3000-100	$206^{+0.5}_{0}$	119	262	$\phi234$	55	$\phi3$
YJ6000-100	$256^{+0.6}_{0}$	149	322	$\phi294$	55	$\phi3$
YJ15000-100	$362^{+0.7}_{0}$	210	427	$\phi416$	55	$\phi5$
YJ20000-100	$400^{+0.7}_{0}$	233	463	$\phi460$	55	$\phi5$

代号	L_4	L_5	L_6	M	N	O
YJ3000-100	60	120	30	25	40	33
YJ6000-100	60	120	30	25	50	42
YJ15000-100	80	140	35	25	60	48
YJ20000-100	80	140	35	25	60	50

C—C
D—D
B—B

103
104
105
106
107
108
109

4螺钉GB/T 78-M8×15
2挡圈GB/T 894.1-22
2挡圈GB/T 894.1-28

销轴GB/T 882-B22×58
销轴GB/T 882-B22×60
销轴GB/T 882-B22×64
销轴GB/T 882-B22×66
4销GB/T 91-5×30

4螺母GB/T 6181-M12
4销GB/T 91-4×25

2测力
2测力
牵引索

$\phi22\dfrac{H10}{h10}$
$\phi12\dfrac{H9}{f9}$
$\phi32$
$\phi17.5$
240
210

Ⅱ
Ⅲ
E—E
F—F

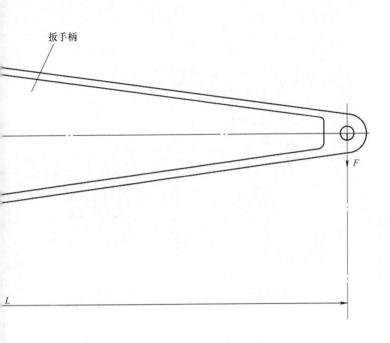

扳手柄

L

F

大扳手主要尺寸及参数

扳手代号	L	R	l	H	OA	F(牵引力)/kgf	预紧力矩/kgf·m
YJ3000-100	1000	185	143	143	201.5	3000	3000
YJ6000-100	1500	226	175	175	247	4000	6000
YJ15000-100	2000	307	234	234	331	7500	15000
YJ20000-100	2000	335	255	255	360	10000	20000

T形槽螺栓参数

扳手代号	型号	规格	性能等级	数量	单件紧固力/kgf	保证载荷/kgf
YJ3000-100	GB/T 37	M14	8.8	5	5439.34	6799.18
YJ6000-100	GB/T 37	M18	8.8	5	9378.18	11722.73
YJ15000-100	GB/T 37	M22	8.8	5	14842	18552.5
YJ20000-100	GB/T 37	M24×2	8.8	5	18756.37	23445.46

注：1. 上表保证载荷引自GB/T 3098.1。
　　2. 单件紧固力数值为保证载荷的80%。

扳手受力图

按上式计算的立柱伸长量 ΔL 是由螺母的预紧过程形成的，所以螺母的预紧转角可由此伸长量求出。螺母的预紧转角可按下式计算

$$\Delta \alpha = \frac{\Delta L}{\dfrac{S}{360°}} = \Delta L \times \frac{360°}{S}$$

式中　$\Delta \alpha$——为了施加预紧力矩，螺母应有的预紧转角（°）；

　　　ΔL——在预紧力矩作用下，立柱受力区域的伸长量（mm）；

　　　S——螺纹导程（mm）。

螺母的预紧转角，也就是大扳手在预紧过程中转过的角度。根据此转角，可求出牵引索的行程，可按下式计算

$$l = \Delta \alpha \frac{\pi R}{180°}$$

式中　l——螺母预紧过程中牵引索的行程（mm）；

　　　$\Delta \alpha$——螺母预紧过程中螺母的转角（°）；

　　　R——预紧力臂的长度（mm），即图 7-4 中大扳手的臂长 L。

下面，按以上各公式计算 YTC3000 ~ YTC12000 各型号液压机立柱螺母的预紧转角及牵引索的行程。

1）YTC3000 型液压机立柱螺母预紧转角及牵引索行程计算。

已知：预紧力矩 $M_{yu} = 3000\text{kgf} \cdot \text{m}$，螺纹规格 M140 × 6，螺纹中径 $d_2 = 136.1\text{mm}$，立柱受力截面直径 $D = 140\text{mm}$，螺母预紧时立柱的受力范围：上螺母预紧时 $L_1 = 340\text{mm}$，下螺母预紧时 $L_2 = 180\text{mm}$，螺母端面外径 $D_0 = 206\text{mm}$，垫圈内径 $d_0 = 161\text{mm}$（扳手臂长 $L = 1000\text{mm}$）。

计算 λ 值

$$\lambda = \arctan \frac{S}{\pi d_2} = \arctan \frac{6}{136.1\pi} = 0.8°$$

计算立柱承受的轴向力 Q

$$Q = \frac{3000 \times 1000}{\tan(0.8° + 6.3°) \times \dfrac{136.1}{2} + \dfrac{0.11}{3} \times \dfrac{206^3 - 161^3}{206^2 - 161^2}} \text{kgf} = 161125.7\text{kgf}$$

计算立柱在轴向拉力 Q 作用下的伸长量

$$\Delta L_1 = \frac{161125.7 \times 340}{2.1 \times 10^4 \times \dfrac{140^2 \pi}{4}} \text{mm} = 0.1695\text{mm}（上部）$$

$$\Delta L_2 = \frac{161125.7 \times 180}{2.1 \times 10^4 \times \dfrac{140^2 \pi}{4}} \text{mm} = 0.09\text{mm}（下部）$$

计算螺母预紧转角 $\Delta \alpha$

$$\Delta \alpha_1 = 0.1695 \times \frac{360°}{6} = 10.17°（上螺母）$$

$$\Delta \alpha_2 = 0.09 \times \frac{360°}{6} = 5.4°（下螺母）$$

计算牵引索行程 l

$$l_1 = 10.17° \times \frac{1000\pi}{180°}\text{mm} = 177.5\text{mm}（上部牵引）$$

$$l_2 = 5.4° \times \frac{1000\pi}{180°}\text{mm} = 94.2\text{mm}（下部牵引）$$

2）YTC5000 型液压机立柱螺母预紧转角及牵引索行程计算。

已知：预紧力矩 $M_{yu} = 6000\text{kgf} \cdot \text{m}$，螺纹规格 M180×6，螺纹中径 $d_2 = 176.1\text{mm}$，立柱受力截面直径 $D = 180\text{mm}$，螺母预紧时立柱的受力范围：上螺母预紧时 $L_1 = 445\text{mm}$，下螺母预紧时 $L_2 = 210\text{mm}$，螺母端面外径 $D_0 = 256\text{mm}$，垫圈内径 $d_0 = 203\text{mm}$，扳手臂长 $L = 1500\text{mm}$。

计算 λ 值

$$\lambda = \arctan\frac{6}{176.1\pi} = 0.62°$$

计算立柱承受的轴向力 Q

$$Q = \frac{6000 \times 1000}{\tan(0.62° + 6.3°) \times \frac{176.1}{2} + \frac{0.11}{3} \times \frac{256^3 - 203^3}{256^2 - 203^2}}\text{kgf} = 256794.3\text{kgf}$$

计算立柱在轴向力 Q 作用下的伸长量

$$\Delta L_1 = \frac{256794.3 \times 445}{2.1 \times 10^4 \times \frac{180^2\pi}{4}}\text{mm} = 0.214\text{mm}（上部）$$

$$\Delta L_2 = \frac{256794.3 \times 210}{2.1 \times 10^4 \times \frac{180^2\pi}{4}}\text{mm} = 0.101\text{mm}（下部）$$

计算螺母预紧转角 $\Delta\alpha$

$$\Delta\alpha_1 = 0.214 \times \frac{360°}{6} = 12.84°（上螺母）$$

$$\Delta\alpha_2 = 0.101 \times \frac{360°}{6} = 6.06°（下螺母）$$

计算牵引索行程 l

$$l_1 = 12.84° \times \frac{1500\pi}{180°}\text{mm} = 336.15\text{mm}$$

$$l_2 = 6.06° \times \frac{1500\pi}{180°}\text{mm} = 158.65\text{mm}$$

3）YTC10000 型液压机立柱螺母预紧转角及牵引索行程计算。

已知：预紧力矩 $M_{yu} = 15000\text{kgf} \cdot \text{m}$，螺纹规格 M245×6，螺纹中径 $d_2 = 241.1\text{mm}$、立柱受力截面直径 $D = 245\text{mm}$、螺母预紧时立柱的受力范围：上螺母预紧时 $L_1 = 615\text{mm}$，下螺母预紧时 $L_2 = 280\text{mm}$，螺母端面外径 $D_0 = 362\text{mm}$，垫圈内径 $d_0 = 280\text{mm}$，扳手臂长 $L = 2000\text{mm}$。

计算 λ 值

$$\lambda = \arctan\frac{6}{241.1\pi} = 0.45°$$

计算立柱承受的轴向力 Q

$$Q = \frac{15000 \times 1000}{\tan (0.45° + 16.3°) \times \frac{241.1}{2} + \frac{0.11}{3} \times \frac{362^3 - 280^3}{362^2 - 280^2}} \text{kgf} = 468471.26 \text{kgf}$$

计算立柱在轴向力 Q 的作用下的伸长量 ΔL

$$\Delta L_1 = \frac{468471.26 \times 615}{2.1 \times 10^4 \times \frac{245^2 \pi}{4}} \text{mm} = 0.291 \text{mm（上部）}$$

$$\Delta L_2 = \frac{468471.26 \times 280}{2.1 \times 10^4 \times \frac{245^2 \pi}{4}} \text{mm} = 0.132 \text{mm（下部）}$$

计算螺母预紧转角 $\Delta \alpha$

$$\Delta \alpha_1 = 0.291 \times \frac{360°}{6} = 17.46° \text{（上螺母）}$$

$$\Delta \alpha_2 = 0.132 \times \frac{360°}{6} = 7.92° \text{（下螺母）}$$

计算牵引索行程 l

$$l_1 = 17.46° \times \frac{2000\pi}{180°} \text{mm} = 609.47 \text{mm}$$

$$l_2 = 7.92° \times \frac{2000\pi}{180°} \text{mm} = 276.46 \text{mm}$$

4）YTC12000 型液压机立柱螺母预紧转角及牵引索行程计算。

已知：预紧力矩 $M_{yu} = 20000 \text{kgf} \cdot \text{m}$，螺纹规格 M265×6、螺纹中径 $d_2 = 261.1 \text{mm}$，立柱受力截面直径 $D = 265 \text{mm}$，螺母预紧时立柱的受力范围：上螺母预紧时 $L_1 = 675 \text{mm}$，下螺母预紧时 $L_2 = 300 \text{mm}$，螺母端面外径 $D_0 = 400 \text{mm}$、垫圈内径 $d_0 = 306 \text{mm}$、扳手臂长 $L = 2000 \text{mm}$。

计算 λ 值

$$\lambda = \arctan \frac{6}{261.1\pi} = 0.42°$$

计算立柱承受的轴向力 Q

$$Q = \frac{20000 \times 1000}{\tan (0.42° + 6.3°) \times \frac{261.1}{2} + \frac{0.11}{3} \times \frac{400^3 - 306^3}{400^2 - 306^2}} \text{kgf} = 572868.5 \text{kgf}$$

计算立柱在轴向力 Q 的作用下的伸长量 ΔL

$$\Delta L_1 = \frac{572868.5 \times 675}{2.1 \times 10^4 \times \frac{265^2 \pi}{4}} \text{mm} = 0.334 \text{mm（上部）}$$

$$\Delta L_2 = \frac{572868.5 \times 300}{2.1 \times 10^4 \times \frac{265^2 \pi}{4}} \text{mm} = 0.148 \text{mm（下部）}$$

计算螺母预紧转角 $\Delta \alpha$

$$\Delta \alpha_1 = 0.334 \times \frac{360°}{6} = 20.04° \text{（上螺母）}$$

$$\Delta \alpha_2 = 0.148 \times \frac{360°}{6} = 8.88° \text{（下螺母）}$$

计算牵引索行程 l

$$l_1 = 20.04° \times \frac{2000\pi}{180°} \text{mm} = 699.53 \text{mm}$$

$$l_2 = 8.88° \times \frac{2000\pi}{180°} \text{mm} = 309.97 \text{mm}$$

7.5.6　扳手柄的紧固螺栓紧固力矩校核

既然大扳手是分体结构，则扳手头与扳手柄两者的紧固螺栓 107 就成了非常重要的零件。其紧固力是否足够？其强度是否足够？当在扳手柄的端部施加巨大的牵引力时，它是否会损坏？在两者的结合面处是否会错位（表面滑动）？这些问题，设计时必须搞清楚。

首先要分析：在用手柄对立柱螺母施加预紧力矩时，在扳手头与扳手柄的结合面处是否会产生错位？这是不可能的。原因有两个：①在扳手柄 102 底座的两侧，各有一个定位块 109，定位块上的紧定螺钉紧紧地顶着扳手柄底座的两侧，可以防止它滑动；②预紧力矩虽然很大，但是由于力臂很长，为 1 ~ 2m，作用到扳手柄上的是力矩，而不是沿结合面的推力。所以扳手只能转动而不能滑动。

其次，要确定在巨大预紧力矩的作用下，紧固用的 T 形槽螺栓 107 是否会损坏？也就是需进行强度校核。为此首先需绘制大扳手的受力图。大扳手受力图如图 7-4（见插页）所示。

由此图可知，此机构的约束有两处，一处是扳手头的回转中心 O 点，也就是液压机立柱螺母的回转中心。在螺母预紧时，螺母可以 O 点为中心回转一定的角度。所以此约束可视为固定铰链支座。此机构的另一个约束是图中的 A 点，也就是安装在扳手头上的定位块的紧定螺钉的支点。在立柱螺母预紧的过程中，定位块随扳手头一同绕 O 点转动，但此约束可限制扳手柄在转动时超位。

此机构的主动力也是有两种：一种是在立柱螺母预紧时，作用在扳手端部的牵引力 F，另一种是安装在扳手柄底座上的 T 形槽螺栓的紧固力 $P_1 \sim P_5$，共 5 个。在此 5 个紧固力的作用下，扳手头与扳手柄紧固成一体。

但是，此机构与一般的固定铰链有很大的区别，其区别是：铰链 O 不仅仅是在大扳手转动时起确定回转中心的定心作用，同时随立柱螺母的转角逐渐加大，在立柱螺纹中产生的阻力矩也逐渐增大，阻止大扳手转动。为了保持扳手柄的匀速转动，预紧机的控制系统也必须逐渐增大牵引力 F，当预紧力矩 FL 达到设定值时，预紧机停止施加牵引力。

根据以上分析，可以得出确定 T 形槽螺栓的紧固力矩的合理数值的规则，此规则是：①T 形槽螺栓的紧固力 $P_1 \sim P_5$ 必须小于 GB/T 3098.1 所规定的保证载荷；②各螺栓的紧固力 $P_1 \sim P_5$ 对约束 A 点的力矩之和，必须大于立柱螺母预紧力矩的规定值，此规定值见图 7-4 中参数表。

按上述规则的第①条，取紧固力 $P_1 \sim P_5$ 等于 GB/T 3098.1 所规定的保证载荷的 80%。保证载荷及螺栓紧固力的数值，见图 7-4 中参数表。

于是紧固螺栓的强度就不成为问题了。需进行校核的是：按上述规则的第二条校核 $P_1 \sim P_5$ 对 A 点的力矩是否符合要求。下面校核各规格的大扳手的 T 形槽螺栓的紧固力，对 A 点的力矩之和，是否大于各型号液压机的立柱螺母的预紧力矩。

1）校核 YJ3000 – 100 大扳手 $P_1 \sim P_5$ 对 A 点的力矩。

已知：螺纹规格 M14，螺栓紧固力 $P_1 \sim P_5 = 5439.34 \text{kgf}$，两约束点距离 $OA = 201.5 \text{mm}$，立柱螺母预紧力矩 $3000 \text{kgf} \cdot \text{m}$（公称数据）。

在图 7-4 中，$P_1 \sim P_5$ 及 O、A、F 各点均在同一平面内，所以属平面力系。在平面力系中，力对平面内某一点的矩，等于该点到力的作用线的垂直距离与力的乘积。根据此定义，求 $P_1 \sim P_5$ 各力对 A 点的距，过程如下：

在图 7-4 的局部放大图中，作 $P_1 \sim P_5$ 的力的作用线。因为各力都是指向 O 的，所以力的作用线为 OH、OI、OJ、OK、OL。然后由 A 点作 $OH \sim OL$ 的垂线 $AB \sim AF$。由图可知，$OA \perp OG$、$AB \perp OH$，所以 $\angle OAB = \angle GOH = 4°$（由主视图得 $\angle GOH = \dfrac{90° - 82°}{2} = 4°$）。同理可得下列各等式

$$\angle OAC = \angle GOI = \frac{90° - 50°}{2} = 20°$$

$$\angle OAD = \angle GOJ = \frac{90°}{2} = 45°$$

$$\angle OAE = \angle GOK = 45° + 25° = 70°$$

$$\angle OAF = \angle GOL = 90° - 4° = 86°$$

根据前述关于矩的定义，可求得 T 形槽螺栓的紧固力 $P_1 \sim P_5$ 对 A 点的力矩，如下列各式所示

$M_{P1} = P_1 AB = P_1 OA \cos \angle OAB = 5439.34 \times 201.5 \times \cos 4° \text{kgf} \cdot \text{mm} = 1093357.1 \text{kgf} \cdot \text{mm}$

$M_{P2} = P_2 AC = P_2 OA \cos \angle OAC = 5439.34 \times 201.5 \times \cos 20° \text{kgf} \cdot \text{mm} = 1029928.5 \text{kgf} \cdot \text{mm}$

$M_{P3} = P_3 AD = P_3 OA \cos \angle OAD = 5439.34 \times 201.5 \times \cos 45° \text{kgf} \cdot \text{mm} = 775008.1 \text{kgf} \cdot \text{mm}$

$M_{P4} = P_4 AE = P_4 OA \cos \angle OAE = 5439.34 \times 201.5 \times \cos 70° \text{kgf} \cdot \text{mm} = 374863.3 \text{kgf} \cdot \text{mm}$

$M_{P5} = P_5 AF = P_5 OA \cos \angle OAF = 5439.34 \times 201.5 \times \cos 86° \text{kgf} \cdot \text{mm} = 76454.98 \text{kgf} \cdot \text{mm}$

各力矩之和

$$\sum M_P = (1093357.1 + 1029928.5 + 775008.1 + 374863.3 + 76454.98) \text{kgf} \cdot \text{mm}$$
$$= 3349611.98 \text{kgf} \cdot \text{mm} = 3349.612 \text{kgf} \cdot \text{m} \geqslant 3000 \text{kgf} \cdot \text{m}$$

通过以上计算可知，各螺栓的紧固力 $P_1 \sim P_5$ 对 A 点的矩之和，大于立柱螺母的预紧力矩，符合前述的规则，即设计可行。

2）校核 YJ6000 − 100 大扳手 $P_1 \sim P_5$ 对 A 点的矩。

已知：螺纹规格 M18，螺栓紧固力 $P_1 \sim P_5 = 9378.18 \text{kgf}$，两约束点距离 $OA = 247 \text{mm}$，立柱螺母预紧力矩 $6000 \text{kgf} \cdot \text{m}$。

计算 $P_1 \sim P_5$ 各力对 A 点的矩，虽然各规格的大扳手外形尺寸不同，但 T 形槽螺栓的安装位置是相同的，所以前文计算各力对 A 点的矩的公式仍然是适用的。各力对 A 点的矩计算如下

$M_{P1} = P_1 OA \cos \angle OAB = 9378.18 \times 247 \times \cos 4° \text{kgf} \cdot \text{mm} = 2310767.8 \text{kgf} \cdot \text{mm}$

$M_{P2} = P_2 OA \cos \angle OAC = 9378.18 \times 247 \times \cos 20° \text{kgf} \cdot \text{mm} = 2176713.8 \text{kgf} \cdot \text{mm}$

$M_{P3} = P_3 OA \cos \angle OAD = 9378.18 \times 247 \times \cos 45° \text{kgf} \cdot \text{mm} = 1637949.5 \text{kgf} \cdot \text{mm}$

$M_{P4} = P_4 OA \cos \angle OAE = 9378.18 \times 247 \times \cos 70° \text{kgf} \cdot \text{mm} = 792259 \text{kgf} \cdot \text{mm}$

$M_{P5} = P_5 OA \cos \angle OAF = 9378.18 \times 247 \times \cos 86° \text{kgf} \cdot \text{mm} = 161584.6 \text{kgf} \cdot \text{mm}$

计算各力矩之和

$$\sum M_P = (2310767.8 + 2176713.8 + 1637949.5 + 792259 + 161584.6)\,\text{kgf} \cdot \text{mm}$$
$$= 7079274.7\,\text{kgf} \cdot \text{mm} = 7079.27\,\text{kgf} \cdot \text{m} > 6000\,\text{kgf} \cdot \text{m}$$

符合规则，设计可行。

3）校核 YJ15000 - 100 大扳手 $P_1 \sim P_5$ 对 A 点的力矩。

已知：螺纹规格 M22，螺栓紧固力 $P_1 \sim P_5 = 14842\text{kgf}$，$OA = 331\text{mm}$，立柱螺母预紧力矩 15000kgf·m。

计算 $P_1 \sim P_5$ 各力对 A 点的力矩

$$M_{P1} = P_1 OA\cos\angle OAB = 14842 \times 331 \times \cos4°\text{kgf} \cdot \text{mm} = 4900734.9\text{kgf} \cdot \text{mm}$$

$$M_{P2} = P_2 OA\cos\angle OAC = 14842 \times 331 \times \cos20°\text{kgf} \cdot \text{mm} = 4616429.8\text{kgf} \cdot \text{mm}$$

$$M_{P3} = P_3 OA\cos\angle OAD = 14842 \times 331 \times \cos45°\text{kgf} \cdot \text{mm} = 3473804.9\text{kgf} \cdot \text{mm}$$

$$M_{P4} = P_4 OA\cos\angle OAE = 14842 \times 331 \times \cos70°\text{kgf} \cdot \text{mm} = 1680243\text{kgf} \cdot \text{mm}$$

$$M_{P5} = P_5 OA\cos\angle OAF = 14842 \times 331 \times \cos86°\text{kgf} \cdot \text{mm} = 342692.8\text{kgf} \cdot \text{mm}$$

计算各力矩之和

$$\sum M_P = (4900734.9 + 4616429.8 + 3473804.9 + 1680243 + 342692.8)\,\text{kgf} \cdot \text{mm}$$
$$= 15013905.4\,\text{kgf} \cdot \text{mm} = 15013.9\,\text{kgf} \cdot \text{m} > 15000\,\text{kgf} \cdot \text{m}$$

符合规则，设计可行。

4）校核 YJ20000 - 100 大扳手 $P_1 \sim P_5$ 对 A 点的力矩。

已知：螺纹规格 M24×2，螺栓紧固力 $P_1 \sim P_5 = 18756.4\text{kgf}$，$OA = 360\text{mm}$，立柱螺母预紧力矩 20000kgf·m。

计算 $P_1 \sim P_5$ 各力对 A 点的力矩

$$M_{P1} = P_1 OA\cos\angle OAB = 18756.4 \times 360 \times \cos4°\text{kgf} \cdot \text{mm} = 6735855.7\text{kgf} \cdot \text{mm}$$

$$M_{P2} = P_2 OA\cos\angle OAC = 18756.4 \times 360 \times \cos20°\text{kgf} \cdot \text{mm} = 6345090.2\text{kgf} \cdot \text{mm}$$

$$M_{P3} = P_3 OA\cos\angle OAD = 18756.4 \times 360 \times \cos45°\text{kgf} \cdot \text{mm} = 4774600\text{kgf} \cdot \text{mm}$$

$$M_{P4} = P_4 OA\cos\angle OAE = 18756.4 \times 360 \times \cos70°\text{kgf} \cdot \text{mm} = 2309424\text{kgf} \cdot \text{mm}$$

$$M_{P5} = P_5 OA\cos\angle OAF = 18756.4 \times 360 \times \cos86°\text{kgf} \cdot \text{mm} = 471017\text{kgf} \cdot \text{mm}$$

计算各力矩之和

$$\sum M_P = (6735855.7 + 6345090.2 + 4774600 + 2309424 + 471017)\,\text{kgf} \cdot \text{mm}$$
$$= 20635986.9\,\text{kgf} \cdot \text{mm} = 20636\,\text{kgf} \cdot \text{m} > 20000\,\text{kgf} \cdot \text{m}$$

符合规则，设计可行。

7.5.7　扳手柄弯曲强度校核

扳手柄 102 由长长的手柄和弧形底座构成。柄部的横截面是工字形，适宜传递较大的转矩。其根部与 R_2（见图 7-2）相交处的弧形截面，在工作时会承受最大的弯矩。由于在此处的筋板上又开了三个方孔（用于安装螺母），减弱了强度，所以此处是手柄的危险截面，应校核其弯曲强度。

但是此危险截面是个弧面，需计算其展开长度。为此首先需计算弧面所对的夹角 α，计算图如图 7-5 所示。图中数据表中的 α 和 l 两格数据，通过计算得出，计算公式如下。

弧面对应的半角 α（°）按下式计算

代号	R_2/mm	C/mm	α/(°)	l/mm	D/mm
YJ3000-100	218	262	36.936	281	48
YJ6000-100	268	322	36.923	345.4	60
YJ15000-100	355	427	36.971	458.1	74
YJ20000-100	385	463	36.963	496.7	80

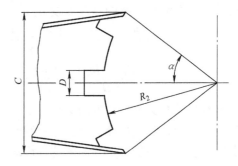

图 7-5 弧面展开长计算图

$$\alpha = \arcsin \frac{C}{2R_2}$$

弧面展开长度 l （mm） 按下式计算

$$l = 2\alpha \frac{R_2\pi}{180°}$$

各规格大扳手危险截面展开图如图 7-6 所示。

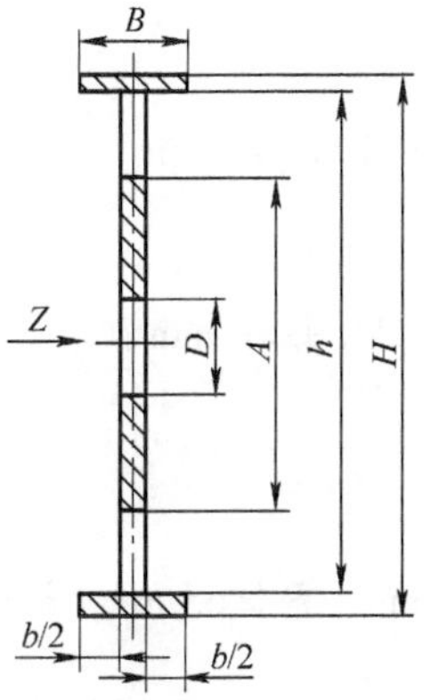

（单位：mm）

代号	尺寸					
	H	h	A	D	B	b
YJ3000-100	281	261	165	48	50	40
YJ6000-100	345	321	201	60	65	53
YJ15000-100	458	430	282	74	85	71
YJ20000-100	497	467	307	80	90	75

图 7-6 大扳手危险截面展开图

扳手柄的弯曲强度条件如下

$$\sigma_{\text{wmax}} = \frac{M_w}{W_z} \leqslant [\sigma_w]$$

式中 σ_{wmax}——危险截面的最大弯曲应力 （kgf/mm²）；

   M_w——危险截面承受弯矩 （kgf·mm），$M_w = F(L_1 - R_2)$，F 为立柱螺母预紧的牵引力 （见图 7-4 参数表）（kgf），L_1 为大扳手长度 （见图 7-2 参数表）（mm），R_2 为危险截面圆弧半径 （mm），见图 7-5；

   W_z——危险截面对中性轴 z 的抗弯截面系数 （mm³）；

   $[\sigma_w]$——材料的许用弯曲应力 （kgf/mm²），材料为 ZG310 - 570，正火、回火，$[\sigma_w] = [\sigma_{+1}]$ （许用静应力） $= 215\text{N/mm}^2 = 21.9\text{kgf/mm}^2$。

危险截面的形状是工字形，但是开了三个方孔之后就变化了，不能用典型的公式来计算其抗弯截面系数。三个方孔是开在立筋上，所以抗弯截面系数的变化也应发生在立筋上。根

据这一思路，抗弯截面系数的计算可按下式进行

$$W_z = \frac{BH^3 - bh^3}{6H} - \frac{(B-b)h^2}{6} + \frac{(B-b)A^2}{6} - \frac{(B-b)D^2}{6}$$

$$= \frac{BH^3 - bh^3}{6H} - \frac{B-b}{6}(h^2 - A^2 + D^2)$$

式中各代号的意义及尺寸如图 7-6 所示。

分析上式可知，公式的前半部分是典型的工字形截面的抗弯截面系数计算公式，公式的后半部分则是变化了的长方形立筋的抗弯截面系数的计算公式。

按上式计算各规格扳手柄危险截面的抗弯截面系数，计算其承受的弯矩、并校核弯曲强度。

1）YJ3000 - 100 扳手柄。

已知：$H = 281$mm，$h = 261$mm，$A = 165$mm，$D = 48$mm，$B = 50$mm，$b = 40$mm，$L_1 = 1000$mm，$F = 3000$kgf，$R_2 = 218$mm。

计算危险截面的抗弯截面系数

$$W_z = \frac{50 \times 281^3 - 40 \times 261^3}{6 \times 281}\text{mm}^3 - \frac{50-40}{6} \times (261^2 - 165^2 + 48^2)\text{mm}^3$$

$$= 164191.46\text{mm}^3$$

计算危险截面承受的弯矩

$$M_w = 3000 \times (1000 - 218)\text{kgf} \cdot \text{mm} = 2346000\text{kgf} \cdot \text{mm}$$

校核弯曲强度

$$\sigma_w = \frac{2346000\text{kgf} \cdot \text{mm}}{164191.46\text{mm}^3} = 14.29\text{kgf/mm}^2 < 21.9\text{kgf/mm}^2$$

符合强度条件。

2）YJ6000 - 100 扳手柄。

已知：$H = 345$mm，$h = 321$mm，$A = 201$mm，$D = 60$mm，$B = 65$mm，$b = 53$mm，$L_1 = 1500$mm，$R_2 = 268$，$F = 400$kgf。

计算危险截面的抗弯截面系数

$$W_z = \frac{65 \times 345^3 - 53 \times 321^3}{6 \times 345}\text{mm}^3 - \frac{65-53}{6} \times (321^2 - 201^2 + 60^2)\text{mm}^3$$

$$= 310079.95\text{mm}^3$$

计算危险截面承受的弯矩

$$M_w = 4000 \times (1500 - 268)\text{kgf} \cdot \text{mm} = 4928000\text{kgf} \cdot \text{mm}$$

校核弯曲强度

$$\sigma_w = \frac{4928000\text{kgf} \cdot \text{mm}}{310079.95\text{mm}^3} = 15.89\text{kgf/mm}^2 < 21.9\text{kgf/mm}^2$$

符合强度条件。

3）YJ15000 - 100 扳手柄。

已知：$H = 458$mm，$h = 430$mm，$A = 282$mm，$D = 74$mm，$B = 85$mm，$b = 71$mm，$L_1 = 2000$mm、$R_2 = 355$mm，$F = 7500$kgf。

计算危险截面的抗弯截面系数

$$W_z = \frac{85 \times 458^3 - 71 \times 430^3}{6 \times 458} \text{mm}^3 - \frac{85 - 71}{6} \times (430^2 - 282^2 + 74^2) \text{mm}^3$$
$$= 658781.84 \text{mm}^3$$

计算危险截面承受的弯矩
$$M_w = 7500 \times (2000 - 355) \text{kgf} \cdot \text{mm} = 12337500 \text{kgf} \cdot \text{mm}$$

校核弯曲强度
$$\sigma_w = \frac{12337500 \text{kgf} \cdot \text{mm}}{658781.84 \text{mm}^3} = 18.73 \text{kgf/mm}^2 < 21.9 \text{kgf/mm}^2$$

符合强度条件。

4）YJ20000 - 100 扳手柄。

已知：$H = 497\text{mm}$，$h = 467\text{mm}$，$A = 307\text{mm}$，$D = 80\text{mm}$，$B = 90\text{mm}$，$b = 75\text{mm}$，$L_1 = 2000\text{mm}$，$R_2 = 385\text{mm}$，$F = 10000\text{kgf}$。

计算危险截面的抗弯截面系数
$$W_z = \frac{90 \times 497^3 - 75 \times 467^3}{6 \times 497} \text{mm}^3 - \frac{90 - 75}{6} \times (467^2 - 307^2 + 80^2) \text{mm}^3$$
$$= 817976.57 \text{mm}^3$$

计算危险截面承受的弯矩
$$M_w = 10000 \times (2000 - 385) \text{kgf} \cdot \text{mm} = 16150000 \text{kgf} \cdot \text{mm}$$

校核弯曲强度
$$\sigma_w = \frac{16150000 \text{kgf} \cdot \text{mm}}{817976.57 \text{mm}^3} = 19.74 \text{kgf/mm}^2 < 21.9 \text{kgf/mm}^2$$

符合强度条件。

7.5.8　滚轮支架 d_1 定位轴颈剪切强度校核

滚轮支架 104 的 d_1 立轴轴颈在工作中承受巨大的剪切力。因为形成立柱螺母预紧力矩的牵引力是经此轴颈才作用到扳手柄上的，其受力图如图 7-7 所示。由图可以看到，传感器支架 105 的两臂在牵引力的作用下对 d_1 轴颈施加垂直向下的拉力 F_1，同时扳手柄 102 产生的阻力矩阻止其运动，对 d_1 轴颈施加垂直向上的阻力 F_2。F_1 与 F_2 大小相等，方向相反，于是使 d_1 轴颈在 A—A 和 B—B 两截面承受了剪切力。所以应校核其剪切强度，按下式校核

$$\tau = \frac{Q}{A} \leqslant [\tau]$$

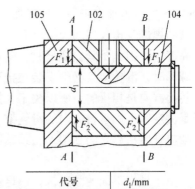

代号	d_1/mm
YJ3000-100 YJ6000-100	$\phi 22$
YJ15000-100 YJ20000-100	$\phi 25$

图 7-7　滚轮支架 d_1 立轴轴颈受力图

式中　τ——滚轮支架 d_1 轴颈危险截面的切应力（kgf/mm²）；

Q——d_1 轴颈承受的剪切力，即牵引索的牵引力（kgf）；

A——d_1 轴颈剪切面面积（mm²），$A = \pi R^2$；

$[\tau]$——材料许用切应力（kgf/mm²），材料为 Q235A，$[\tau] = [\sigma_{+1}]$（许用静应

力）×0.7 = 87.5N/mm² = 8.9kgf/mm²。

按上式校核各规格大扳手滚轮支架 d_1 轴颈剪切强度。

1）YJ3000、YJ6000。

已知：$d_1 = \phi22mm$，牵引力 $F = 4000kgf$。

代入公式

$$\tau = \frac{4000}{2 \times \left(\frac{22}{2}\right)^2 \pi} kgf/mm^2 = 5.26kgf/mm^2 < 8.9kgf/mm^2$$

符合强度条件。

2）YJ15000、YJ20000。

已知：$d_1 = \phi28mm$，牵引力 $F = 10000kgf$。

代入公式

$$\tau = \frac{10000}{2 \times \left(\frac{28}{2}\right)^2 \pi} kgf/mm^2 = 8.12kgf/mm^2 < 8.9kg/mm^2$$

符合强度条件。

7.6 立架部件设计

7.6.1 立架部件设计要点

立架部件的功能，就是在对液压机进行螺母预紧时，通过滑轮来设置用于预紧的大扳手牵引索的运行路线。液压机的立柱螺母分布在上下两个位置，上螺母的位置很高，规格最大的液压机上螺母的高度为2270mm，而下螺母的位置又很低，仅比液压机的底面高出40～60mm。这就为预紧机的设计增加了一定的难度，因为此预紧机的操作有一项技术要求：被预紧的螺母及预紧用的大扳手和牵引大扳手转动的牵引索，此三者在预紧时必须保持在同一个高度上。因此预紧上螺母时，确定牵引索高度的滑轮架必须安装在高高的立架上；而预紧下螺母时，滑轮架又必须安装在接近地面高度的支架上。并且预紧上下两个螺母时，大扳手的转动方向是相反的。所以决定大扳手转动方向的牵引索必须分别向相对的两个方向运行，于是决定牵引索运行方向的滑轮架，必须分别安装在两个相对的支架上：预紧上螺母用的滑轮架应安装在高高的立架上；预紧下螺母用的滑轮架则必须安装在与立架相对的接近地面的支架上。

由于规格不同的液压机，螺母的高度各不相同，所以滑轮架的安装高度应该是可调的。上螺母的高度差别很大，最大为1030mm，所以应在立架上设置高度不同的安装底板。下螺母的高度差别不大，仅为20mm，可采用杠杆支架进行调节。

立架及杠杆支架在工作时都要承受很大的水平方向的拉力，最大拉力可达20tf，所以此二者都要用地脚螺栓固定。

YTC系列液压机共4种规格，各规格液压机的外形尺寸差别很大，预紧时应用的大扳手的手柄长度差别也很大。这些因素就决定了预紧时液压机对立架和杠杆支架的相对位置和距离各不相同。应以立架和杠杆支架的位置为准，移动液压机，使之固定在应有的位置上。因为立架和杠杆支架是用地脚螺栓固定的，不能移动，而液压机则不用地脚螺栓固定（液压机在预紧时承受的外力是对螺母的转矩，而且液压机的自重很大，所以可不用地脚螺栓固定）。

在前文 7.3 节中规定应设置托板，使大扳手外端的滚轮 103（见图 7-2）能够在平整的水平面上滚动。为此应设置两个托板，一个安装在立架上，用于预紧上螺母；另一个固定在地面上，用于预紧下螺母。两个托板的高度应该是可调整的。

由于液压机下螺母距离地面太近，预紧时需在液压机液压缸的底面下垫上可调垫铁，垫铁高度为 110mm。

7.6.2　立架受力分析及结构设计

立架是本部件的主要零件，工作时承受巨大的负荷。其结构示意图如图 7-8 所示。由图可知，立架属锥形格构架，由两件前支柱和两件后支柱组成，并用筋条焊接。下面分析前后支柱的受力情况。

立架的受力图如图 7-9 所示。立架承受的外力只有一个，就是卷筒卷绕牵引索时克服的螺母预紧阻力 F。当牵引索匀速运动时，卷筒的卷绕力和预紧阻力平衡，相当于卷筒处于制动状态，不能转动，一个恒定的外力 F 作用于立架的顶部，但立架仍处于平衡状态。可按如此的受力状况，来计算立架的各构件所承受的作用力。力 F 的最大值为 $F_{max} = 10000 \text{kgf}$。

其计算方法，可按照理论力学的平面任意力系的平衡方程的解题方法进行计算，过程如下。

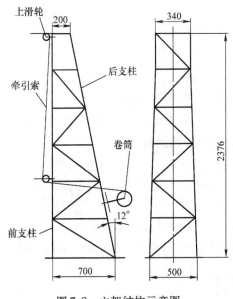

图 7-8　立架结构示意图

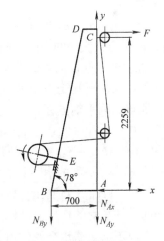

图 7-9　立架受力图

1）计算支座反力。首先建坐标系 Axy（见图 7-9），A 点为坐标原点。由于在外力 F 的作用下立架仍处于平衡状态，故可得如下平衡方程

$$\sum F_x = 0 \quad -N_{Ax} + F = 0 \tag{7-1}$$

$$\sum F_y = 0 \quad -N_{Ay} - N_{By} = 0 \tag{7-2}$$

$$\sum m_A = 0 \quad N_{By} \times 700 - F \times 2259 = 0 \tag{7-3}$$

求支座反力

由式（7-1）得

$$N_{Ax} = F = 10000 \text{kgf}$$

由式（7-3）得　$N_{By} = \dfrac{F \times 2259}{700} \text{kgf} = \dfrac{10000 \times 2259}{700} \text{kgf} = 32271.4 \text{kgf}$

由式（7-2）得

$$N_{Ay} = -N_{By} = -322 \text{kgf}, \quad |-322 \text{kgf}| > 1.4 \text{kgf}$$

N_{Ax} 为正值，说明在图 7-9 中假设的 N_{Ax} 的方向是正确的。由于 N_{Ax} 是指向 A 点的，所以 A 点承受水平方向的压缩力。

N_{Ay} 为负值，说明图中假设的 N_{Ay} 的方向错了，箭头应指向 A 点，故 A 点受垂直方向压力。

N_{By} 为正值，说明图中假设的 N_{By} 的方向是正确的，所以 B 点承受垂直方向的拉力。

2）计算立架的前支柱、后支柱、下横梁等件承受的作用力。

取 B 点为研究对象，画其受力图如图 7-10 所示。建坐标系 Bxy，B 点为坐标原点，列平衡方程

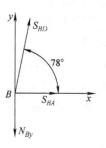

$$\sum F_x = 0 \quad S_{BD}\cos 78° + S_{BA} = 0 \tag{7-4}$$

$$\sum F_y = 0 \quad S_{BD}\sin 78° - N_{By} = 0 \tag{7-5}$$

式中　S_{BD}——后支柱承受的作用力（kgf）；

　　　S_{BA}——下横梁承受的作用力（kgf）。

由式（7-5）得

图 7-10　B 点受力图

$$S_{BD} = \frac{N_{By}}{\sin 78°} = \frac{32271.4}{\sin 78°} \text{kgf} = 32992.4 \text{kgf}$$

由式（7-4）得

$$S_{BA} = -S_{BD}\cos 78° = -32992.4 \times \cos 78° \text{kgf} = -6859.5 \text{kgf}$$

S_{BD} 为正值，说明图中假设的力的方向是正确的，即后支柱承受拉伸力。

S_{BA} 为负值，说明图中假设的力的方向错了，箭头应指向 B 点，即下横梁承受压缩力。

取 A 点为研究对象，画其受力图如图 7-11 所示。建坐标系 Axy，A 点为坐标原点，列平衡方程

$$\sum F_x = 0 \quad -N_{Ax} + S_{AB} - S_{AE}\cos 33.78° = 0 \tag{7-6}$$

$$\sum F_y = 0 \quad N_{Ay} + S_{AC} + S_{AE}\sin 33.78° = 0 \tag{7-7}$$

式中　S_{AB}——下横梁承受的作用力（kgf），$S_{AB} = S_{BA} = 6859.5 \text{kgf}$，$A$ 点受压，所以箭头指向 A 点；

　　　S_{AC}——前支柱承受的作用力（kgf）。

　　　S_{AE}——立架下部斜筋承受的作用力（kgf）。

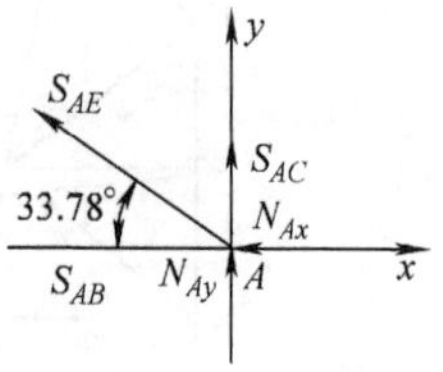

图 7-11　A 点受力图

由式（7-6）得

$$S_{AE} = \frac{S_{AB} - N_{Ax}}{\cos 33.78°} = \frac{6859.5 - 10000}{\cos 33.78°} \text{kgf} = -3778.4 \text{kgf}$$

由式（7-7）得

$$S_{AC} = -N_{Ay} - S_{AE}\sin 33.78°$$
$$= -32271.4 \text{kgf} - (-3778.4) \times \sin 33.78° \text{kgf} = -30170.6 \text{kgf}$$

由以上计算可知，力 S_{AE} 和 S_{AC} 都为负值，说明在图 7-11 中，它们假设的方向都错了，

它们的箭头都应指向 A 点，即 A 点要承受这二力的压缩力。

经过以上计算，立架的主要零件，包括前支柱、后支柱、下横梁、斜筋等件承受的工作负荷已经明确。可根据计算的数据，选择制造零件的材料。

前支柱承受压缩力，载荷为 30170.6kgf。细长零件承受压缩力，应考虑零件的稳定性。虽然支柱间焊接了许多筋条，稳定性不成问题，但是还是应该选用稳定性好的材料，因为载荷很大。选用的材料为冷弯方形空心钢管，规格为 90mm×4mm，横截面积为 13.347cm²，材质为 Q235A，许用压应力 $[\sigma]$ = 1550kgf/cm²，校核其抗压强度（前支柱为 2 件）：

$$\sigma = \frac{30170.6}{2 \times 13.347}\text{kgf/cm}^2 = 1130.2\text{kgf/cm}^2 < 1550\text{kgf/cm}^2$$

符合强度条件。

后支柱承受拉伸力，载荷为 32992.4kgf。没有稳定性的问题，选择其材料为热轧等边角钢，规格为 90mm×90mm×7mm，横截面积为 12.301cm²，材质为 Q235A，许用拉应力 $[\sigma]$ = 1550kgf/cm²，校核其抗拉强度（后支柱为 2 件）：

$$\sigma = \frac{32992.4}{2 \times 12.301}\text{kgf/cm}^2 = 1341\text{kgf/cm}^2 < 1550\text{kgf/cm}^2$$

符合强度条件。

立架的下横梁并不是型钢制造的梁，而是一块 800mm×600mm×20mm 的钢板，材质为 Q235A，在横截面 600mm×20mm 处承受压缩力，载荷为 6859.5kgf，校核其抗压强度：

$$\sigma = \frac{6859.5}{60 \times 2}\text{kgf/cm}^2 = 57.2\text{kgf/cm}^2 < 1550\text{kgf/cm}^2$$

符合强度条件。虽然强度远大于负荷，但是不能用更薄的板来更换，因为约 30tf（1tf = 9.80665×10³N）的支反力也作用在这块板上。

斜筋 AE 承受压缩力，载荷为 3778.4kgf，其材料为 50mm×50mm×5mm 热轧等边角钢，横截面积为 4.8cm²，材质为 Q235A。校核其强度

$$\sigma = \frac{3778.4}{2 \times 4.8}\text{kgf/cm}^2 = 393.6\text{kgf/cm}^2 < 1550\text{kgf/cm}^2$$

符合强度条件。

立架上还焊有其他一些加强筋和滑轮架的安装板，但其承受的外力较小，就不计算了。

7.6.3　立架的安装地脚设计

立架的设计还有一个重要问题要考虑，就是立架在其地基上应如何固定？地脚螺栓应如何布置？地脚螺栓的规格应如何确定？这些问题也要根据前文分析的力架受力状况来解决。

由前文的计算已知：两个前支座承受压缩力，N_{Ay} = 32271.4kgf。此力经两个支座（可调垫铁）直接作用在地基上，对地脚螺栓影响不大。而后支座承受拉伸力，N_{By} = 32271.4kgf。此力经立架底板作用在地脚螺栓上，然后经地脚螺栓再作用在地基上。所以地脚螺栓承受拉伸载荷。由于 N_{By} 的数值很大，所以初定后支座为 4 件，即后部地脚螺栓为 4 件，初定其规格为 M20，查 GB/T 3098.1，性能等级 6.8，M20 的保证载荷为 108000N = 11009kgf。按下式校核螺栓的强度

$$P = \frac{32271.4}{4}\text{kgf} = 8067.85\text{kgf} < 11009\text{kgf}$$

即如果用 M20、性能等级为 6.8 级的螺栓，其承受的拉力小于其保证载荷。

同时，立架在工作中还承受水平方向的拉力 $N_{Ax}=10000\text{kgf}$。并且，当预紧液压机的下螺母时，预紧的牵引力从立柱对面的接近地面的水平面上，直接作用到立柱的下滑轮上，使立架承受了水平拉力，产生了向前移动的趋势。此拉力最大为 10000kgf。以上两种水平拉力都使地脚螺栓承受剪切力。应按下式校核地脚螺栓的剪切强度

$$Q=\frac{10000}{n}\leqslant[\,Q\,]$$

式中　Q——单件螺栓承受的剪切力（kgf）；

　　　n——地脚螺栓的数量，$n=6$；

　　　$[\,Q\,]$——螺栓的许用剪力（kgf），$[\,Q\,]=11009\times0.7\text{kgf}=7706.3\text{kgf}$。

各值代入公式

$$Q=\frac{10000}{6}\text{kgf}=1666.6\text{kgf}<7706.3\text{kgf}$$

即每件螺栓承受的剪切力小于其保证的剪切载荷，所以符合强度条件。

7.6.4　滑轮设计

滑轮设计，首先要确定滑轮的公称直径，即轮槽槽底直径。对于起重滑轮，根据 GB/T 3811 滑轮的公称直径应按下式计算

$$D=dh$$

式中　D——滑轮的公称直径（mm）；

　　　d——钢丝绳直径（mm）；

　　　h——系数，根据机构的工作级别 M（即工作的重要程度）按 GB/T 3811 确定其数值。

如果按上式计算，工作级别越低则直径越小，即使采用最低的工作级别 M_1，$h=16$，则 $D=16\times17.5\text{mm}=280\text{mm}$，仍然是太大了。

设计者的设计思想是此滑轮直径应尽可能设计得小些，以便与其他零件相匹配。滑轮的直径对钢丝绳的寿命是有很大影响的，直径越小则寿命越短，因此相关标准规定了滑轮最小许用直径的计算公式，如下式所示

$$D=(e-1)d$$

式中　D——滑轮的公称直径（槽底直径）（mm）；

　　　e——系数，取决于起重装置的形式和工作类型。由于此机构不是起重装置，是牵引装置，而且牵引索的运行速度又非常低，查表时按人力驱动计，取 $e=7$；

　　　d——钢丝绳直径（mm），$d=17.5\text{mm}$。

将 e、d 值代入上式

$$D=(7-1)\times17.5\text{mm}=105\text{mm}$$

经圆整，取 $D=100\text{mm}$。

滑轮的直径是按最小许用值确定的，但其强度够吗？需进行强度校核。在滑轮设计中，小滑轮一般是不需进行强度校核的，因为它们都是实心轮。但此滑轮由于选择了最小尺寸，又是承受重载荷，所以还需进行强度校核。

应如何校核？设计者根据滑轮承受的载荷，主要是槽底承受压缩力这一特征，应用了材料力学的基本公式：零件承受压力的强度条件，公式如下式所示

$$\sigma = \frac{N}{A} \le [\sigma]$$

式中　σ——零件危险截面在承压时产生的应力（kgf/mm²）；

　　　N——危险截面承受的压力（kgf）；

　　　A——危险截面的承压面积（mm²）；

　　　$[\sigma]$——材料的许用压应力（kgf/mm²），材料为 Q235A，$[\sigma] = 15.5 \text{kgf/mm}^2$。

滑轮的受力情况如图 7-12 所示。由图可知，滑轮的槽底与牵引索的卷绕角为 90°。牵引索作用在滑轮上的力有两个：F_1 是牵引索的牵引力，最大值为 10000kgf；F_2 是液压机螺母的预紧阻力，与 F_1 相等。此二力合力 R 按下式计算

$$R = \sqrt{F_1^2 + F_2^2} = \sqrt{10000^2 + 10000^2}\,\text{kgf} = 14142.1\,\text{kgf}$$

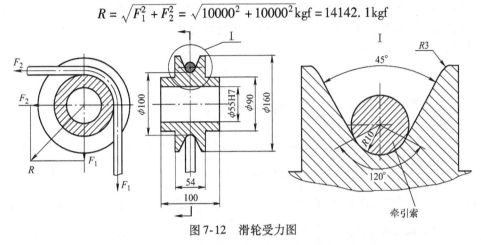

图 7-12　滑轮受力图

滑轮的承压面积，即滑轮槽底与牵引索的接触面积，等于槽底 R10 弧面与钢丝绳外径的接触弧线长度（接触角一般按 120°计）与卷绕长度的乘积。计算式如下

$$A = \frac{10\pi}{180°} \times 120° \times \frac{100\pi}{360°} \times 90°\,\text{mm}^2 = 1644.9\,\text{mm}^2$$

将 R（即 N）及 A 的计算值代入前式

$$\sigma = \frac{14142.1}{1644.9}\,\text{kgf/mm}^2 = 8.6\,\text{kgf/mm}^2 < 15.5\,\text{kgf/mm}^2$$

即滑轮强度符合强度条件。

7.6.5　滑轮轴套的选择

轴套的选择，主要是根据其承受的载荷、运行速度、精度要求、安装尺寸、润滑条件等要求来确定其类别、材质、型号、尺寸。此滑轮轴套的工作特征是重载、低速、精度要求低，但要求径向尺寸要小，因为滑轮的直径很小。要求轴套的内径为 $\phi 50\text{mm}$，外径不大于 $\phi 60\text{mm}$。根据上述条件，选定的轴套为耐磨铸铁材质，材料牌号为 MT4，许用比压 $[p]$ 为 30MPa，$d = 50\text{mm}$，$D = 60\text{mm}$。

按下式校核轴套的比压

$$p = \frac{R}{dl} < [p]$$

式中　p——轴套的比压（kgf/mm²）；

　　　R——作用在轴套上的径向负荷（kgf），$R = 14142.1\text{kgf}$；

d——轴套的内径（mm），$d = 50\text{mm}$；

l——轴套的长度（mm），$l = 100\text{mm}$；

$[p]$——轴套的许用比压（kgf/mm²），$[p] = 30\text{MPa} = 3.06\text{kgf/mm}^2$。

各值代入公式

$$p = \frac{14142.1}{50 \times 100}\text{kgf/mm}^2 = 2.83\text{kgf/mm}^2 < 3.06\text{kgf/mm}^2$$

符合强度条件。

7.6.6　上滑轮架设计

在滑轮承受巨大工作负荷的同时，滑轮架当然也要承受同样的负荷，也需进行强度校核。上滑轮架简图如图 7-13 所示。图中 ϕ50H7 孔沿力 F 方向承受压力，校核其抗压强度，按下式校核

$$\sigma = \frac{F}{A} \leqslant [\sigma]$$

式中　σ——上滑轮架轴孔的压应力（kgf/mm²）；

　　　F——轴孔承受的径向负荷，$F = 14142.1\text{kgf}$；

　　　A——轴孔承受径向负荷的面积（mm²），其宽度按力的作用线左右各35°计算，$A = \frac{50\pi}{360°} \times 70° \times 30 \times 2\text{mm}^2 = 1832.6\text{mm}^2$；

　　$[\sigma]$——材料的许用压应力（kgf/mm²），材料为HT200，壁厚30mm，抗压强度 $\sigma_{\text{by}} = 40\text{kgf/mm}^2$，$[\sigma] = \frac{40}{3} = 13.3\text{kgf/mm}^2$。

将各数值代入公式

$$\sigma = \frac{14142.1}{1832.6}\text{kgf/mm}^2 = 7.7\text{kgf/mm}^2 < 13.3\text{kgf/mm}^2$$

符合强度条件。

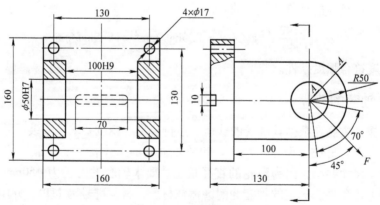

图 7-13　上滑轮架简图

同时轴孔还承受拉伸力作用，A—A 为其危险截面（见图 7-13 主视图），需校核其抗拉强度。按下式校核

$$\sigma = \frac{F}{A} \leqslant [\sigma]$$

式中　σ——上滑轮架受力时，轴孔危险截面产生的拉应力（kgf/mm²）；

F——轴孔承受径向力时，在危险截面承受的拉伸力（kgf），$F = \dfrac{14142.1}{2}$kgf = 7071.05kgf；

A——危险截面的面积（mm²），$A = 30 \times (50 - 25) \times 2$mm² = 1500mm²；

$[\sigma]$——材料的许用拉应力（kgf/mm²），材料为 HT200，壁厚 30mm，抗拉强度为 20kgf/mm²。

$$[\sigma] = \frac{20}{3}\text{kgf/mm}^2 = 6.67\text{kgf/mm}^2$$

将各数值代入公式

$$\sigma = \frac{7071.05}{1500}\text{kgf/mm}^2 = 4.71\text{kgf/mm}^2 < 6.67\text{kgf/mm}^2$$

符合强度条件。

7.6.7　上滑轮架紧固螺栓受力计算及选型

牵引索从滑轮上绕过，将牵引力作用在滑轮架上。滑轮架上紧固螺栓的作用，就是要克服此牵引力，使滑轮架能够稳定不动。所以此紧固螺栓的规格，应在分析计算滑轮架的受力状况之后才能确定。滑轮架受力分析图及受力图如图 7-14 所示。

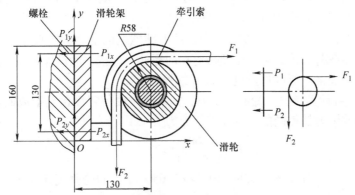

图 7-14　滑轮架受力分析图及受力图

螺栓的受力应如何计算呢？可按照理论力学关于平面力系在刚体处于静止状态的条件下，根据作用于刚体给定的已知力，求未知的支座的反作用力的方法进行。根据刚体的静止条件，建立三个平衡方程，然后求解。

上滑轮座，当紧固螺栓紧固后，在牵引力的作用下应该仍然处于静止状态，所以可以建立三个平衡方程。首先建坐标系 Oxy（见图 7-14 左图）由于滑轮架处于静止状态，即各力及力矩处于平衡状态，故可得三个平衡方程

$$\sum x = 0 \quad 得\ F_1 - P_{1x} - P_{2x} = 0 \tag{7-8}$$

$$\sum y = 0 \quad 得\ P_{1y} + P_{2y} - F_2 = 0 \tag{7-9}$$

$$\sum M_0 = 0 \quad 得\ P_{1x} \times 145 + P_{2x} \times 15 - F_1 \times (80 + 58) - F_2 \times (130 - 58) = 0 \tag{7-10}$$

式中　F_1——预紧螺母时的阻力（kgf），$F_1 = 10000$kgf；

F_2——预紧螺母时的牵引力（kgf），$F_2 = 10000$kgf；

P_{1x}——上部螺栓的紧固力（kgf），未知；

P_{1y}——上部螺栓的剪力（kgf），未知；

P_{2x}——下部螺栓的紧固力（kgf），未知；

P_{2y}——下部螺栓的剪力（kgf），未知。

上述三个平衡方程，式（7-8）表示各力在 x 轴上的投影，力 F_2、P_{1y}、P_{2y} 在 x 轴上的投影为零。式（7-9）表示各力在 y 轴上的投影，力 F_1、P_{1x}、P_{2x} 在 y 轴上的投影为零。式（7-10）表示各力对坐标原点 O 的力矩，逆时针为正值，顺时针为负值，剪力 P_{1y} 和 P_{2y} 的作用线通过 O 点，所以对 O 点的力矩为零。

由式（7-8）得

$$10000 - P_{1x} - P_{2x} = 0$$

$$P_{1x} = 10000 - P_{2x} \tag{7-11}$$

由式（7-10）得

$$145 P_{1x} + 15 P_{2x} - 10000 \times 138 - 10000 \times 72 = 0$$

$$145 P_{1x} + 15 P_{2x} = 2100000 \tag{7-12}$$

将式（7-11）代入式（7-12），得

$$(10000 - P_{2x}) \times 145 + 15 P_{2x} = 2100000$$

$$1450000 - 145 P_{2x} + 15 P_{2x} = 2100000$$

$$-130 P_{2x} = 650000$$

$$P_{2x} = -5000 \text{kgf} \tag{7-13}$$

将式（7-13）代入式（7-11），得 $P_{1x} = 10000 \text{kgf} - (-5000) \text{kgf}$

$$= 15000 \text{kgf}$$

上部螺栓为两件，每件的负荷为 7500kgf，查 GB/T 3098.1，取螺栓的规格为 M16，性能等级 8.8 级，保证载荷为 91100N = 9286kgf。

上述计算数据，P_{2x} 为负值，说明原设定的下部螺栓的受力方向反了，螺栓承受压缩负荷，即不承受拉伸载荷。按此可选用规格更小的螺栓，但按一般设计习惯，同一个零件的紧固螺栓都用同一个规格，所以这里也用 M16 螺栓。

由式（7-9）可计算螺栓承受的剪切力，如果忽略由位置度偏差造成的负荷不均，可认为各螺栓承受的剪切力是相同的。则此剪切力为

$$P = \frac{10000}{4} \text{kgf} = 2500 \text{kgf}$$

螺栓的许用剪切负荷 $[P] = 9286 \times 0.7 \text{kgf} = 6500 \text{kgf}$，符合强度条件。

7.6.8　杠杆滑轮座设计

液压机的上螺母和下螺母，在预紧时大扳手的旋转方向是相反的。从俯视的位置看，预紧上螺母时大扳手应顺时针转动，而预紧下螺母时大扳手则应逆时针转动。所以牵引大扳手转动的牵引索的运行方向也应相反。但是卷绕牵引索的是同一个卷筒，它安装在立架上，所以预紧下螺母时，必须在立架的对面设置一个牵引架，以便把牵引索的运行方向先改变过来，然后再折返回去。由于下螺母的位置接近地面，所以牵引架应直接安装在地面上。又由于各规格液压机下螺母的高度相差不大，仅为 20mm，所以可将牵引支架设计为杠杆机构。在杠杆的左端安装滑轮，使牵引索改变方向，在杠杆的右端安装活节螺栓，以便调整滑轮的高度。以上就是杠杆式牵引架的设计思路。杠杆式牵引架机构简图如图 7-15 所示。

由图可知，调节活节螺栓上、下螺母的位置，即可调节杠杆滑轮轴线的高度，并且根据液压机的规格，按图中数据表的数据选择不同直径的滑轮，按表中 φ_1 或 φ_2 的数据调节杠杆的倾角，就可使牵引索的始端与大扳手的轴线等高，又可使牵引索的末端在通过立架上的下滑轮时，保持水平状态。

此机构上的各零件都承受巨大的拉力，最大值为 20000kgf，所以需进行强度校核。

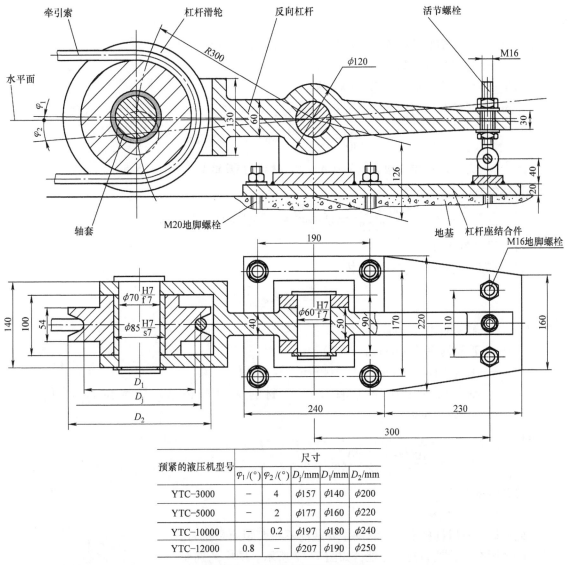

图 7-15　杠杆式牵引架机构简图

1）杠杆滑轮强度校核。

以公称直径为 190mm 的滑轮为例进行校核。其受力计算图如图 7-16 所示。由图可知，在工作时滑轮卷绕的角度为 180°，在接触面上承受压缩力，其强度按下式校核

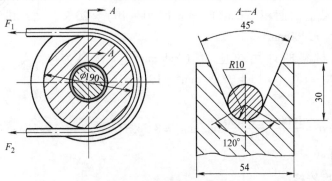

图 7-16　滑轮受力计算图

$$\sigma = \frac{F_1 + F_2}{A} \leqslant [\sigma]$$

式中　σ——滑轮槽底接触面承受的压应力（kgf/mm²）；

　　　F_1——螺母的预紧阻力（kgf），$F_1 = 10000$kgf；

　　　F_2——牵引力（kgf），$F_2 = 10000$kgf；

　　　A——滑轮与牵引索的接触面积（mm²）。

$$A = \frac{10\pi \times 120°}{180°} \times \frac{190\pi}{2}\text{mm}^2 = 6250.75\text{mm}^2;$$

　　$[\sigma]$——材料的许用压应力（kgf/mm²），材料为 Q235A，$[\sigma] = 15.5$kgf/mm²

各值代入公式

$$\sigma = \frac{10000 + 10000}{6250.75}\text{kgf/mm}^2 = 3.2\text{kgf/mm}^2 < 15.5\text{kgf/mm}^2$$

符合强度条件。

2）轴套强度校核，按下式校核

$$p = \frac{F_1 + F_2}{dl} < [p]$$

式中　p——轴套的比压（kgf/mm²）；

　　　d——轴套的内径（mm），$d = 70$mm；

　　　l——轴套的长度（mm），$l = 100$mm；

　　$[p]$——轴套的许用比压（kgf/mm²），材料为耐磨铸铁，牌号为 MT4，$[p] = 3.06$kgf/mm²。

各值代入公式

$$p = \frac{10000 + 10000}{70 \times 100}\text{kgf/mm}^2 = 2.86\text{kgf/mm}^2 < 3.06\text{kgf/mm}^2$$

符合强度条件。

3）杠杆强度校核。

此杠杆与一般杠杆不同，它的主要载荷不是弯矩而是拉力。其危险截面在滑轮轴的安装孔处，如图 7-17 所示。图中的剖面线所示的平面为危险平面。按下式校核其强度

$$\sigma = \frac{F_1 + F_2}{A} \leqslant [\sigma]$$

式中　σ——危险截面承受的拉应力（kgf/mm²）；

　　　A——危险截面的面积（mm²），$A = (130 - 70) \times 20 \times 2\text{mm}^2 = 2400\text{mm}^2$；

　　$[\sigma]$——杠杆材料的许用拉应力（kgf/mm²），材料为 QT400-15，$[\sigma] = 100$N/mm² $= 10.2$kgf/mm²。

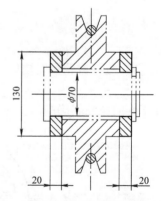

图 7-17　杠杆危险截面图

各值代入公式

$$\sigma = \frac{10000 + 10000}{2400}\text{kgf/mm}^2 = 8.3\text{kgf/mm}^2 < 10.2\text{kgf/mm}^2$$

符合强度条件。

4）杠杆轴强度校核。

由图 7-15 杠杆轴承受剪切力，应按下式校核其剪切强度

$$\tau = \frac{F_1 + F_2}{A} \leqslant [\tau]$$

式中 τ——危险截面承受的切应力（kgf/mm^2）；

A——危险截面面积（mm^2），$A = \frac{1}{4}\pi \times 60^2 \times 2\,\text{mm}^2 = 5654.8\,\text{mm}^2$；

[τ]——材料的许用切应力（kgf/mm^2），材料为 45 钢，调质，$[\tau] = [\sigma] \times 0.7 = 215 \times 0.7\,\text{N/mm}^2 = 150.5\,\text{N/mm}^2 = 15.3\,\text{kgf/mm}^2$。

各值代入公式

$$\tau = \frac{10000 + 10000}{5654.8}\,\text{kgf/mm}^2 = 3.5\,\text{kgf/mm}^2 < 15.3\,\text{kgf/mm}^2$$

符合强度条件。

5）地脚螺栓强度校核。

杠杆机构承受拉伸载荷，最后会形成杠杆座底板对地脚螺栓的剪切力，此剪切力主要由 4 件 M20 地脚螺栓承受，应按下式校核其剪切强度

$$P = \frac{F_1 + F_2}{n} \leqslant [P]$$

式中 P——每件地脚螺栓承受的剪切力（kgf）；

n——地脚螺栓的数量，$n = 4$；

[P]——地脚螺栓可承受的保证剪切载荷（kgf），$[P] = N（螺栓的保证载荷）\times 0.7 = 147000 \times 0.7\,\text{N} = 102900\,\text{N} = 10489.3\,\text{kgf}$。

各值代入公式

$$P = \frac{10000 + 10000}{4}\,\text{kgf} = 5000\,\text{kgf} < 10489.3\,\text{kgf}$$

符合强度条件。

7.6.9　立架部件图设计

立架部件图，是根据前文所述立架部件设计要点，并且是在主要零件的设计和强度计算已经完成的基础上设计绘制的。立架部件装配图如图 7-18（见插页）所示，零件明细见表 7-3。

表 7-3　立架部件零件明细　　　　　　　　　　　　（单位：mm）

代号	名称	型号规格	材料	数量	备注
201	立架结合件		方形空心钢管 90 × 4 角钢 90 × 90 × 7 Q235A 板，$\delta = 20$ 角钢 50 × 50 × 5	1	
202	上滑轮架		HT200	1	
203	中滑轮架		HT200	1	
204	下滑轮架		HT200	1	
205	上托板结合件		Q235A 板，$\delta = 3$	1	
206	上支承杆结合件		$\phi 20 \times 5$ 无缝管	2	
207	下支承杆结合件		$\phi 40 \times 5$ 无缝管	2	
208	锁紧套		45 钢	2	

（续）

代号	名称	型号规格	材料	数量	备注
209	支承杆铰座		HT200	2	
210	紧定螺钉结合件		35 钢	2	
211	调整螺母		35 钢	4	
212	膨胀螺栓		35 钢	4	
213	膨胀套		35 钢	4	
214	下托板		Q235A 板，$\delta = 3$	1	
215	活节螺栓		35 钢	1	
216	上滑轮		Q235A	3	
217	轴套（1）	$d = 50$，$D = 60$	耐磨铸铁 MT4	3	
218	滑轮轴（1）	$\phi 50$	45 钢	3	
219	托板轴		Q235A	1	
220	杠杆		QT400 - 15	1	
221 - 1	杠杆滑轮	$D_1 = \phi 140$	QT400 - 15	1	用于 YTC - 3000 预紧
221 - 2	杠杆滑轮	$D_1 = \phi 160$	QT400 - 15	1	用于 YTC - 5000 预紧
221 - 3	杠杆滑轮	$D_1 = \phi 180$	QT400 - 15	1	用于 YTC - 10000 预紧
221 - 4	杠杆滑轮	$D_1 = \phi 190$	QT400 - 15	1	用于 YTC - 12000 预紧
222	滑轮轴（2）	$\phi 70$	45 钢	1	
223	轴套（2）	$d = 70$，$D = 85$	耐磨铸铁 MT4	1	
224	杠杆轴		45 钢	1	
225	杠杆座结合件		Q235A	1	
226	铰链螺栓		Q235A	2	
GB/T 5780	六角螺栓	M16 × 62	性能等级：8.8	12	保证载荷 91100N = 9286kgf
GB/T 799	地脚螺栓	M16 × 220	性能等级：3.6	6	
GB/T 799	地脚螺栓	M20 × 300	性能等级：6.8	10	保证载荷 10800N
GB/T 41	六角螺母	M10		6	
GB/T 41	六角螺母	M16	性能等级6	19	保证载荷 110000N
GB/T 41	六角螺母	M20	性能等级6	10	保证载荷 176000N
GB/T 6172	六角薄螺母	M16	性能等级6	1	
GB/T 810	小圆螺母	M20 × 1.5		4	
GB/T 95	垫圈	10		2	
GB/T 95	垫圈	16		19	
GB/T 95	垫圈	20		10	
GB/T 5287	特大垫圈	10		4	
GB/T 894.1	轴用弹性挡圈	50		3	
GB/T 894.1	轴用弹性挡圈	60		1	
GB/T 894.1	轴用弹性挡圈	70		1	
GB/T 882	销轴	8 × 25		2	
GB/T 882	销轴	8 × 45		2	
GB/T 882	销轴	12 × 48		1	
GB/T 91	开口销	3.2 × 16		5	
GB/T 91	开口销	4 × 20		1	

　　立架部件的功能，就是在预紧液压机的螺母时，为大扳手的转动设置牵引索的运行路线。此路线有两条：①预紧上螺母时，牵引索的始端在与测力传感器连接后，向立架 201 的

方向运行，经立架上部的上滑轮架 202 的滑轮后向下运行，至立架中部的滑轮架 203 的滑轮后又改变方向穿过立架，最后卷绕在卷筒上。②预紧下螺母时，牵引索的始端在与测力传感器连接后，向立架的对面运行，在距立架 1500mm 处（见主视图）经杠杆滑轮 221 改变运行方向 180°，向立架方向运行，经安装在立架下部的下滑轮架 204 的滑轮又改变方向，向上运行，经中滑轮架 203 的滑轮后穿过立架，最后卷绕在卷筒上。在预紧上螺母时，由于不同规格液压机上螺母的高度不同，在立架的前立柱上焊接了三块底板（见右视图），可使上滑轮架 202 有 4 个不同的高度。在预紧下螺母时，由于螺母的高度差别不大，只需调整活节螺栓 215 上下螺母的位置（见 Ⅱ 放大图），并按数据表选择不同的杠杆滑轮即可。

为了保证大扳手能平稳转动，此部件还设计了上托板 205 和下托板 214。上、下托板的高度和水平度都是可以调节的。上托板的里端由铰链螺栓 226 固定，外端则由上支承杆 206 和下支承杆 207 支承。206 可在 207 孔中伸缩，以便调整上托板的水平度。调整后旋紧锁紧套 208（见 E—E 视图），可将支承杆锁紧。

下托板 214 的安装是一项特殊的设计。托板采用膨胀螺栓 212 支承。4 件膨胀螺栓各支承下托板的一个角。膨胀螺栓用 M10 螺母和特大垫圈紧固后成为 4 个支柱，支承下托板和大扳手滚轮机构的质量。调整螺母 211 是个特殊的零件，它有内、外螺纹。内螺纹 M10 拧在膨胀螺栓 212 上定位托板的高度，外螺纹 M20 × 1.5 通过圆螺母可将托板紧固。在 211 的上端是加工成六方形的外形，是扳手的卡口。调整下托板的高度时，应先将圆螺母拧松，使托板的上下两侧稍有间隙，然后用扳手转动调整螺母，使之升降达到应有的高度。当 4 个调整螺母都处在同一个高度时，再紧固圆螺母。

立架和杠杆座及下托板应固定在同一个地基上。地基的上表面应在同一个水平面上，上述各件在地基上紧固时，可不用调整垫铁。如果用调整垫铁，其高度应不超过 20mm。

7.7　卷筒部件设计

卷筒是起重及卷扬机械中常用的机构。卷筒的功能就是卷绕钢丝绳，并通过卷绕钢丝绳来拖动物料运动。在螺母预紧机的设计中，也是通过卷筒的转动来卷绕牵引索，并通过牵引索拖动大扳手转动，从而对液压机的立柱螺母施加预紧力矩。此部件的设计过程如下。

7.7.1　牵引钢丝绳的选用

所谓牵引索，就是卷绕在卷筒上的钢丝绳，在其末端再压制上一个牵引接头。

钢丝绳的选用应满足下述条件

$$\frac{F_0}{S_{max}} \geq n$$

式中　F_0——钢丝绳的最小破断拉力（kgf）；

　　　S_{max}——钢丝绳工作时承受的最大静拉力（kgf），$S_{max} = 10000kgf$；

　　　n——安全系数。

起重用钢丝绳的安全系数，按该机构的工作级别确定，最小 $n = 4$。此机构不是起重机构，所以安全系数可以选得小些，可按一般零件的安全系数选取，取 $n = 2$，则钢丝绳的最小破断拉力应大于 $2 \times 10000kgf = 20000kgf$。按此选用的钢丝绳型号为 6 × 37（1 + 6 + 12 + 18），直径为 $\phi17.5mm$，抗拉强度为 $1850N/mm^2$，钢丝破断总拉力为 $206000N = 20999kgf$。

按上式校核钢丝绳的强度

$$n = \frac{20999}{10000} = 2.1 > 2$$

即实际的安全系数大于设定值，故所选的钢丝绳强度符合要求。

7.7.2　卷筒直径的确定

卷筒的公称直径，是指卷筒外圆上卷绕钢丝绳的螺旋槽槽底的直径。此参数系列是有标准的——ZB J 80007.1—1987，设计时应向此靠拢。

卷筒的公称直径可按下式计算

$$D = hd$$

式中　D——卷筒的公称直径（mm）；

h——系数，按起重机构的工作级别确定。此预紧机不属起重机构，所以工作级别可定为最低，即 $M1$，查 GB/T 3811 得 $h = 14$。

d——钢丝绳直径（mm），$d = 17.5$mm。

各值代入公式

$$D = 14 \times 17.5\text{mm} = 245\text{mm}$$

根据卷筒公称直径的系列标准，取 $D = 250$mm。

卷筒的卷绕钢丝绳的螺旋槽，按 ZB J 80007.1—1987 确定，节距 $P_1 = 20$mm，绳槽半径 $R = 10$mm。

卷筒的外圆也有光面设计，但有螺旋槽时可增大钢丝绳与卷筒的接触面积，可延长钢丝绳的使用寿命。

7.7.3　卷筒长度的确定

按下式确定

$$L = (Z_0 + Z_1 + Z_2)t$$

式中　L——卷筒长度（mm）；

Z_0——卷筒上卷绕钢丝绳的有效圈数，即不工作时卷绕在卷筒上，工作时布置在牵引路线上的那段钢丝绳所卷绕的圈数，钢丝绳长度约 5000mm，$Z_0 = \dfrac{5000}{(D+d)\pi} = \dfrac{5000}{(250+17.5)\pi} = 5.95$，即 $Z_0 = 6$；

Z_1——钢丝绳末端固定用圈数，压板压紧用 3 圈，另加 2 圈使钢丝绳产卷；

Z_2——附加圈数，即安全圈数，防止意外用绳，一般 $Z_2 = 1.5 \sim 3$，取 $Z_2 = 3$；

t——绳槽节距（mm），$t = 20$mm。

各值代入公式

$$L = (6 + 5 + 3) \times 20\text{mm} = 280\text{mm}$$

取 $L = 300$mm。

7.7.4　确定卷筒壁厚

卷筒的壁厚，铸钢件一般取 $\sigma = d$，即等于钢丝绳直径。但此项设计不可，因为在确定钢丝绳直径时，不是按起重件的安全系数来确定的，而是选择了比较小的安全系数，所以钢丝绳直径选得比较小。

卷筒的壁厚应根据其受力状况来确定。卷筒的受力状况与其长度有关，当长度 $L \leq 3D$（直径）时，弯矩和扭力的合成应力比较小，不超过压应力的 $10\% \sim 15\%$，所以可以只计算压应力。此压应力可按下式计算

$$\sigma_y = A_1 A_2 \frac{S_{max}}{\delta t} \leq [\sigma_y]^{\ominus}$$

由此式可得卷筒壁厚的计算公式

$$\delta \geq A_1 A_2 \frac{S_{max}}{t[\sigma_y]}$$

式中 A_1——钢丝绳卷绕层数系数，单层卷绕 $A_1 = 1$；

A_2——应力减小系数，在钢丝绳卷入时对筒壁的压应力有减小的作用，一般取 $A_2 = 0.75$；

S_{max}——钢丝绳最大静拉力（kgf），$S_{max} = 10000 \text{kgf}$；

t——卷筒绳槽节距（mm），$t = 20 \text{mm}$；

δ——卷筒壁厚（mm）；

$[\sigma_y]$——材料的许用压应力（kgf/mm^2），钢件 $[\sigma_y] = \frac{\sigma_s}{2}$，材料为 ZG270 – 500，$\sigma_s = 270 \text{N/mm}^2 = 27.5 \text{kgf/mm}^2$，$[\sigma_y] = \frac{27.5}{2} \text{kgf/mm}^2 = 13.75 \text{kgf/mm}^2$；

各值代入公式

$$\delta \geq 1 \times 0.75 \times \frac{10000}{20 \times 13.75} \text{mm} = 27.3 \text{mm}$$

取 $\delta = 30 \text{mm}$，则卷筒内径为 $\phi 190 \text{mm}$。

7.7.5 确定卷筒绳槽的螺旋方向

卷筒卷绕钢丝绳的螺旋槽的螺旋方向一般为右旋。但是在此项设计中，应选为左旋。因为旋向的不同将会影响钢丝绳绕进或绕出卷筒时，钢丝绳与卷筒轴线的夹角是否符合要求。

在相关的标准中规定，当钢丝绳绕进滑轮槽时，钢丝绳的中心线与滑轮轴垂直平面的夹角应不大于 $4°$。当钢丝绳绕进卷筒的绳槽时，钢丝绳的中心线与卷筒轴线垂直平面的夹角应不大于 $3.5°$。

此机构的钢丝绳，经立架部件的下滑轮进入卷筒。卷筒的对称中心与滑轮槽的对称中心并不在同一个垂直面内，相错 15mm。所以绳槽的旋向不同将决定钢丝绳是从左端或者从右端开始绕入卷筒，因而钢丝绳开始绕入卷筒时所形成的上述夹角会有很大的不同。从下滑轮到卷筒的距离约为 1100mm，经计算，采用右旋时，在工作过程中上述夹角最大值为 $6.5°$，采用左旋时为 $4°$。

7.7.6 绘制卷筒简图

经过上述计算，卷筒的主要参数已经确定。根据这些参数可设计卷筒的结构图。

⊖ 张展：《非标准设备设计手册（第1册）》，兵器工业出版社，1994，第 26~84 页。

卷筒的结构大体上可分为以下三种：①整体铸造卷筒；②钢管焊接卷筒；③分体组合卷筒（由筒体、端盖、轴套等件组成）。其中，分体组合卷筒应用比较广泛。

此项设计选择了整体铸造卷筒，由于负荷很重，采用了铸钢件，其简图如图7-19所示。

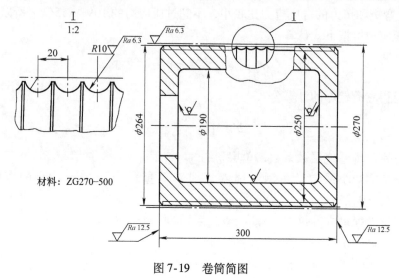

图 7-19　卷筒简图

由图7-19可知其优点是结构简单，加工容易，承载能力大，工作可靠，成本较低。

7.7.7　确定卷筒轴直径

卷筒轴是支承卷筒并带动其转动的零件。卷筒轴的受力图，如图7-20所示。由图可知，卷筒轴的两个支点，即两个轴承处虽然距卷筒端面很近，仅为42mm，但是因为钢丝绳的拉力很大，为10000kgf，所以卷筒轴既承受扭矩，也承受较大的弯矩。卷筒轴的右端是动力的输入部位，此处应按弯扭合成负荷来确定其直径。计算公式[一]如下

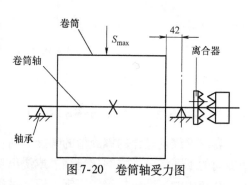

图 7-20　卷筒轴受力图

$$d = 21.68 \times \sqrt[3]{\frac{\sqrt{M^2 + (\psi T)^2}}{[\sigma_{-1}]}}$$

式中　d——轴受力部位的直径（mm）；

　　　M——轴在计算截面所承受的弯矩（N·m），$M = \frac{10000}{2} \times 9.81 \times \frac{42}{1000}$ N·m = 2060.1N·m；

　　　ψ——校正系数，当扭应力不变时，按 $\psi = 0.3$ 计算；

　　　T——轴在计算截面所承受的扭矩（N·m），$T = 10000 \times 9.81 \times \frac{250 + 17.5}{2 \times 1000}$ N·m = 13120.9N·m；

⊖　成大先、王德夫、姜勇、李长顺、韩学铨：《机械设计手册（第三版第2卷）》，化学工业出版社，1993，第6~7页。

$[\sigma_{-1}]$——许用应力（N/mm²），当弯扭合成时，按许用弯曲应力的 $[\sigma_{-1}]$ 计算，材料为 45 钢，调质，$[\sigma_{-1}]=60\text{N/mm}^2$。

各值代入公式

$$d=21.68\times\sqrt[3]{\frac{\sqrt{2060.1^2+(0.3\times13120.9)^2}}{60}}\text{mm}=91\text{mm}$$

取 $d=100\text{mm}$。

7.7.8　轴承的选择

已知条件：①轴径 $d=100\text{mm}$；②轴承类型：深沟球轴承；③最大径向负荷 $F_r=\frac{10000}{2}$ kgf $=49\text{kN}$；④轴向负荷 $F_a=0$；⑤转速 $n=1\text{r/min}$；⑥使用寿命：200h；⑦运转条件：正常、无冲击。

基本额定动负荷计算，按下式计算

$$C=\frac{f_h f_m f_d}{f_n f_T}P<C_r$$

式中　C——基本额定动负荷的计算值（N）；

f_h——寿命系数，确定使用寿命为 200h，查表，$f_h=0.737$；

f_m——力矩负荷系数，分 1.5 和 2 两档，力矩负荷较大，$f_m=2$；

f_d——冲击负荷系数，无冲击，查表，$f_d=1$；

f_n——速度系数，查表，$n=1/\text{min}$，$f_n=1.494$；

f_T——温度系数，温度 $<120℃$，$f_T=1$；

P——当量动负荷（N），$P=xF_r+yF_a$，查轴承性能表，得 $x=1$，$y=0$，则 $P=1F_r+0F_a=F_r=49\text{kN}$；

C_r——轴承尺寸性能表中所列径向基本额定动负荷（N），即按此关系式选择轴承。

各值代入公式

$$C=\frac{0.737\times2\times1}{1.494\times1}\times49\text{kN}=48.3\text{kN}$$

查深沟球轴承尺寸性能表，轴承 620，其 $C_r=49.5\text{kN}$，所以得 $C=48.3<49.5$，符合条件。

对于低速转动的轴承，还要校核其额定静负荷是否符合强度条件。按下式校核

$$C_0=S_0P_0<C_{0r}$$

式中　C_0——基本额定静负荷计算值（N）；

S_0——安全系数，对旋转精度要求较低，无冲击和振动，$S_0=0.8$；

P_0——当量静负荷（N），查表，$P_0=F_r=49\text{kN}$；

C_{0r}——径向基本额定静负荷（N），查轴承尺寸性能表，轴承 6020 的 $C_{0r}=43.8\text{kN}$。

各值代入公式

$$C_0=0.8\times49\text{kN}=39.2\text{kN}<43.8\text{kN}$$

符合条件，故轴承 6020 可用。其外形尺寸为 $100\text{mm}\times150\text{mm}\times24\text{mm}$。

7.7.9　离合器设计

卷筒机构还需设置一离合器，以便控制卷筒与其传动链的接合和脱开。卷筒上卷绕的钢

丝绳，用于牵引大扳手的长度约 6mm，其中用于预紧螺母的有效行程为 100～700mm，其余的长度则用于布置在牵引路线上。预紧螺母时，钢丝绳的运行速度是很慢的，为 10mm/s。如果工作中钢丝绳的卷入和卷出全都用这个速度运行，则效率是很低的。所以在其传动链上应设置一件离合器，以便在辅助运动中用人力拉动钢丝绳卷入和卷出。因为驱动卷筒运动的减速器的降速比很大，不可能进行逆传动，如果不脱开传动链，卷筒是不可能用人力转动的。离合器简图如图 7-21 所示。

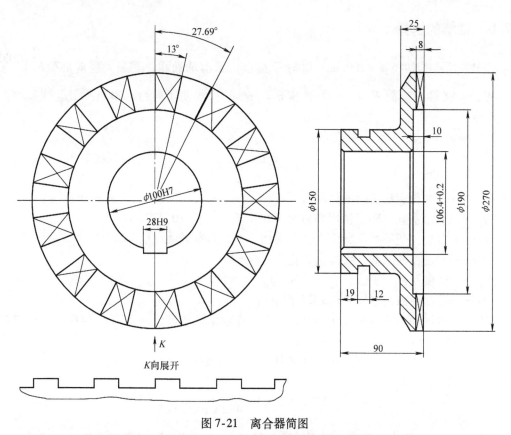

图 7-21　离合器简图

离合器牙齿工作面挤压应力按下式校核

$$\sigma_{\mathrm{j}} = \frac{2\beta T_1}{D_{\mathrm{P}} Z' A} \leqslant [\sigma_{\mathrm{j}}]$$

式中　β——工作储备系数，查表，金属切削机床 $\beta = 1.3 \sim 1.5$，取 $\beta = 1.3$；

　　　T_1——离合器传递的转矩（N·m），$T_1 = 13120800$N·m；

　　　D_{P}——牙的平均直径（mm），$D_{\mathrm{P}} = \dfrac{270 + 190}{2}$mm $= 230$mm；

　　　Z'——计算牙数，即估算实际齿面接触的牙数，$Z' = \left(\dfrac{1}{3} \sim \dfrac{1}{2}\right)Z$，$Z = 13$，取 $Z' =$

　　　　$\dfrac{1}{3}Z = \dfrac{1}{3} \times 13 = 4.3$，取 $Z' = 5$；

　　　A——每个牙的工作面积（mm²），$A = hb$，h（齿高）$= 8$mm，b（齿宽）$= \dfrac{270 - 190}{2}$mm $=$

40mm，$A = 8 \times 40 \text{mm}^2 = 320 \text{mm}^2$；

$[\sigma_j]$——许用挤压应力（N/mm^2），静止时接合，$[\sigma_j] = 88 \sim 117 \text{N/mm}^2$，取平均值 $[\sigma_j] = 102 \text{N/mm}^2$。

各值代入公式

$$\sigma_j = \frac{2 \times 1.3 \times 13120800}{230 \times 5 \times 320} \text{N/mm}^2 = 92.7 \text{N/mm}^2 < 102 \text{N/mm}^2$$

符合强度条件。

牙根部弯曲应力按下式校核

$$\sigma_w = \frac{6\beta T_1 h}{D_P Z' b l_g^2} \leqslant [\sigma_w]$$

式中　σ_w——牙根部弯曲应力（N/mm^2）；

h——齿高（mm），$h = 8 \text{mm}$；

b——齿宽（mm），$b = 40 \text{mm}$；

l_g——平均直径处的齿厚（mm），$l_g = \frac{D_P}{2}\sin\phi$，$\phi_1$（齿中心角）$= 13°$，$l_g = \frac{230}{2} \times \sin 13° \text{mm} = 25.87 \text{mm}$；

$[\sigma_w]$——齿部许用弯曲应力（N/mm^2），$[\sigma_w] = \frac{\sigma_s}{1.5}$，材料为 45 钢，淬火，$\sigma_s = 100 \text{N/mm}^2$，$[\sigma_w] = \frac{100}{1.5} \text{N/mm}^2 = 66.67 \text{N/mm}^2$。

各值代入公式

$$\sigma_w = \frac{6 \times 1.3 \times 13120800 \times 8}{230 \times 5 \times 40 \times 25.87^2} \text{N/mm}^2 = 26.59 \text{N/mm}^2 < 66.67 \text{N/mm}^2$$

符合强度条件。

7.7.10　卷筒安装位置的确定

原设计卷筒并非安装在立架上，而是和减速器安装在一个底板上，而立架则单独安装在另一个底板上。这样设计最大的弊病是牵引路线很长、很曲折，要经过几个滑轮才能到达卷筒。为了解决这个问题，对设计进行了改进：将卷筒安装在立架下部的后支柱上，而立柱则与减速器安装在同一个底板上。这样设计不但可以缩短牵引索的运行路线，减少了一些机构，而且也减少了机器的占地面积。卷筒安装位置如图 7-22 所示。

7.7.11　卷筒部件图设计

卷筒部件装配图如图 7-22（见插页）所示，卷筒部件零件明细见表 7-4。

卷筒 305 经轴承座 304，安装在底板 316 上，而底板则安装在立架的后支柱上，用螺栓和垫圈紧固。卷筒与减速器之间是链传动。为了调整两链轮的中心距，底板 316 上的螺栓孔是长圆孔。留有 14mm 的调整量。调整时先放松紧固螺栓 M20，然后拧动调整螺母 M10（见 D—D 视图），可使底板带着卷筒上下移动。

表 7-4　卷筒部件零件明细　　　　　　　　（单位：mm）

代号	名称	型号规格	材料	数量	备注
301	大链轮	$P=19.05$，$z=64$	45 钢	1	
302	离合器		45 钢	1	
303	轴承盖（1）		HT200	1	
304	轴承座		ZG270 - 500	2	
305	卷筒		ZG270 - 500	1	
306	牵引索	包括压制接头	钢丝绳 6×37（$1+6+12+18$）$\phi17.5$	1	长 12m
307	钢丝绳压板		Q235A	2	
308	轴承盖（2）		HT200	1	
309	衬套	$90 \times 95 \times 80$（L）	JH 轴衬套	1	改制
310	卷筒轴		45 钢	1	
311	拨叉轴		Q235A	1	
312	拨叉		HT200	1	
313	拨块		H62	2	
314	手柄		Q235A	1	
315	支架		HT150	2	
316	底板		Q235A	1	
317	弹簧		碳素弹簧钢丝 $\phi0.4$	1	
318	毡圈（1）		工业用毡，$\delta6$	1	
319	毡圈（2）		工业用毡，$\delta6$	2	
GB/T 65	螺钉	$M8 \times 16$		2	
GB/T 70	内六角螺钉	$M5 \times 15$		12	
GB/T 70	内六角螺钉	$M5 \times 20$		8	
GB/T 77	螺钉	$M5 \times 10$		1	
GB/T 899	双头螺柱	$M20 \times 90$		2	
GB/T 5780	六角头螺栓	$M16 \times 50$		8	
GB/T 5780	六角头螺栓	$M20 \times 42$		4	
GB/T 6170	螺母	M10		2	
GB/T 6170	螺母	M20		2	
GB/T 900	双头螺柱	$M10 \times 70$		2	
GB/T 93	弹簧垫圈	20		2	
GB/T 95	垫圈	16		8	
GB/T 95	垫圈	10		2	
GB/T 96	大垫圈	20		4	
GB/T 894.1	轴用挡圈	90		1	
GB/T 894.1	轴用挡圈	100		2	
GB/T 894.1	轴用挡圈	110		1	
GB/T 117	圆锥销	$A4 \times 35$		2	
GB/T 1096	普通平键	28×55		2	
GB/T 1097	导向平键	28×80		1	
	钢球	D_w4		1	
GB/T 4141.11	手柄球	$M8 \times 25$		1	

　　卷筒轴 310 经两个轴承座 304 安装在底上（见 *A—A* 视图），卷筒与轴采用键联结，由于转矩太大，采用了前后两个键。

　　大链轮 301 安装在卷筒轴的右端，在大链轮的孔中装有衬套 309，使卷筒轴可在孔中空转，以便在使用前调整、设置牵引钢丝绳时使卷筒能自由转动。

在大链轮的里侧，设置有牙嵌离合器 302。离合器与卷筒轴的配合为 $\phi100\dfrac{H7}{f7}$，有滑键联结，可在轴上前后移动，行程为 12mm。当离合器前移与大链轮啮合时，可将转矩传递到卷筒上，卷绕牵引索，对液压机螺母施加预紧力矩。离合器的接合和脱开，都应在大链轮处于静止状态下进行。

离合器的接合和脱开，由拨叉 312 通过拨块 313 控制，由手柄 314 人力操纵（见 *B—B* 视图）。在离合器处接合位置时，手柄有钢球定位（见 Ⅰ 放大图）。

在卷筒运转时应注意：牵引索在向卷筒上卷绕时，其偏斜角即牵引索对卷筒轴线的垂直度偏差不得大于 5.7°，否则会有出槽的危险。

7.7.12　安装卷筒后立架的强度校核

卷筒安装在立架上，也就把卷绕力作用在立架上了，使立架承受了额外的载荷。是否会影响立架的强度？这需要进行强度校核。首先要进行立架的受力分析。

1. 安装卷筒后立架的受力分析

立架的受力分析图如图 7-23 所示。立架承受的外力只有一个来源，就是在预紧液压机的螺母时，卷筒卷绕牵引索产生的卷绕力，此力作用在立架下部的前后支柱上。牵引索的运行路线，如图 7-23 中的点画线所示：牵引索绕经安装在立架顶部的上滑轮（图中未示出）然后经中滑轮改变方向，在立架的空档中穿过，随即卷绕在卷筒上。由于中滑轮和卷筒都是安装在立架上的，所以卷筒收卷时就把牵引索的牵引力作用在立架上。牵引力的最大值为 10000kgf。

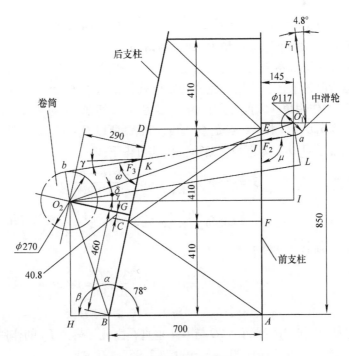

图 7-23　立架受力分析图

首先分析牵引索在绕经中滑轮时给予前支柱的作用力：此时有两个拉力 F_1 和 F_2 作用在滑轮上。力 F_1 是由上滑轮传递过来的，当牵引索绕经上滑轮时，作用在上滑轮上的牵引力与 F_1 数值相等、方向相反，两力平衡。因而 F_1 对中滑轮以下的立架部位强度无影响。

影响立架下部强度的外力是 F_2 和 F_3，F_2 作用在前支柱的外面上，使前支柱产生了向后弯曲的趋势，F_3 则作用在后支柱的外面上，使后支柱产生了向前弯曲的趋势。是否会产生弯曲变形，还需进行相关杆件的受力计算和强度校核。首先要进行如下的几何计算。

2. 计算中滑轮至卷筒的中心距

中滑轮及卷筒回转中心的位置是已知的，如图 7-23 所示。作 O_2 点和 B 点的连线，得直角三角形 O_2BG，则 α 可求，边 O_2B 可求

$$\alpha = \arctan \frac{290}{460} = 32.23°$$

$$O_2B = \sqrt{290^2 + 460^2}\,\text{mm} = 543.78\text{mm}$$

由 O_2 点引垂线，与立架底边 AB 的延长线交于 H 点，得直角三角形 O_2BH。β 可求

$$\beta = 180° - 78° - \alpha = 180° - 78° - 32.23° = 69.77°$$

由直角三角形 O_2BH 可得下式

$$BH = O_2B \times \cos\beta = 543.78 \times \cos69.77°\,\text{mm} = 188\text{mm}$$

$$O_2H = O_2B \times \sin\beta = 543.78 \times \sin69.77°\,\text{mm} = 510.24\text{mm}$$

作 O_1 和 O_2 两中心的连线，并由 O_1 点作垂线，由 O_2 点作水平线，两线交于 I 点，得直角三角形 O_1O_2I。

$$O_1I = 850 - O_2H = 850\text{mm} - 510.24\text{mm} = 339.76\text{mm}$$

$$O_2I = BH + 700 + 145 = 188\text{mm} + 700\text{mm} + 145\text{mm} = 1033\text{mm}$$

由此可求中心距 O_1O_2

$$O_1O_2 = \sqrt{O_1I^2 + O_2I^2} = \sqrt{339.76^2 + 1033^2}\,\text{mm} = 1087.44\text{mm}$$

3. 计算牵引力 F_2 的作用角 μ 和 F_3 的作用角 ω

作中滑轮和卷筒两个卷绕圆周的内公切线 ab，a 和 b 是两个切点，此内公切线 ab 当然是与牵引索的运行路线重合，所以，此公切线也就是牵引力 F_2 和 F_3 的作用线，μ 是 F_2 的作用角，ω 是 F_3 的作用角。求此二角：由 O_2 点引内公切线 ab 的平行线，与 O_1a 的延长线交于 L，得三角形 O_1O_2L。由于 a 点是 O_1 圆的切点，所以 O_1a 与 ab 线垂直，而 O_2L 线与 ab 线平行，所以三角形 O_1O_2L 为直角三角形。由此可得下式

$$\delta = \arcsin \frac{O_1L}{O_1O_2} = \arcsin \frac{O_1a + aL}{O_1O_2}$$

$$= \arcsin \frac{O_1a + O_2b}{O_1O_2} = \arcsin \frac{117 + 270}{2 \times 1087.44} = 10.25°$$

由直角三角形 O_1O_2I 可得下式

$$\delta + \gamma = \arctan \frac{O_1I}{O_2I} = \arctan \frac{339.76}{1033} = 18.2°$$

由此可得 $\qquad \gamma = 18.2° - \delta = 18.2° - 10.25° = 7.95°$

由图可知直线 ab 与 O_2L 平行，AE 与 O_2I 垂直，由此可得力 F_2 的作用角 μ

$$\mu = 90° + \gamma = 90° + 7.95° = 97.95°$$

由图可知，牵引力 F_3 的作用角 ω 可按下式计算：$\omega = 90° - 12° - \gamma = 90° - 12° - 7.95° =$

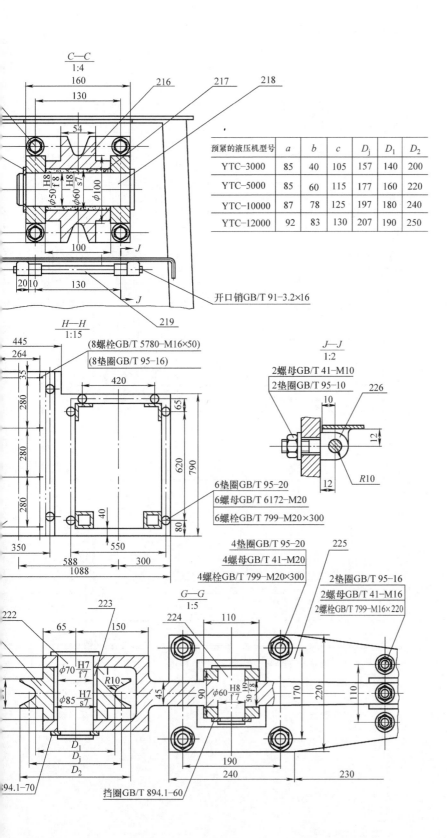

预紧的液压机型号	a	b	c	D_j	D_1	D_2
YTC-3000	85	40	105	157	140	200
YTC-5000	85	60	115	177	160	220
YTC-10000	87	78	125	197	180	240
YTC-12000	92	83	130	207	190	250

$\dfrac{C—C}{1:4}$

开口销GB/T 91–3.2×16

$\dfrac{H—H}{1:15}$

(8螺栓GB/T 5780–M16×50)
(8垫圈GB/T 95–16)

6垫圈GB/T 95–20
6螺母GB/T 6172–M20
6螺栓GB/T 799–M20×300

$\dfrac{J—J}{1:2}$

2螺母GB/T 41–M10
2垫圈GB/T 95–10

4垫圈GB/T 95–20
4螺母GB/T 41–M20
4螺栓GB/T 799–M20×300

2垫圈GB/T 95–16
2螺母GB/T 41–M16
2螺栓GB/T 799–M16×220

$\dfrac{G—G}{1:5}$

挡圈GB/T 894.1–60

894.1–70

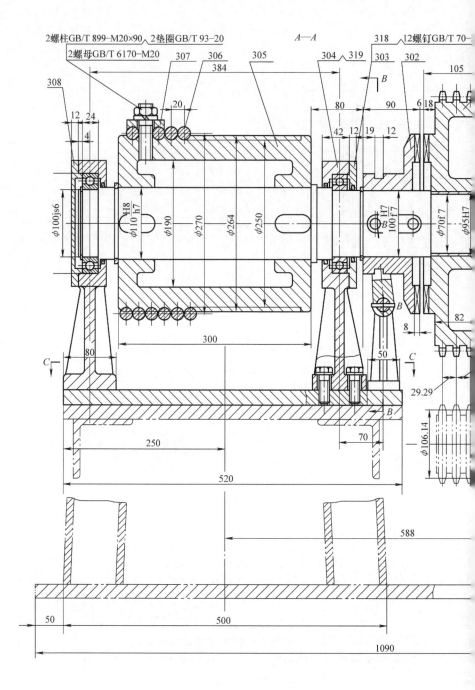

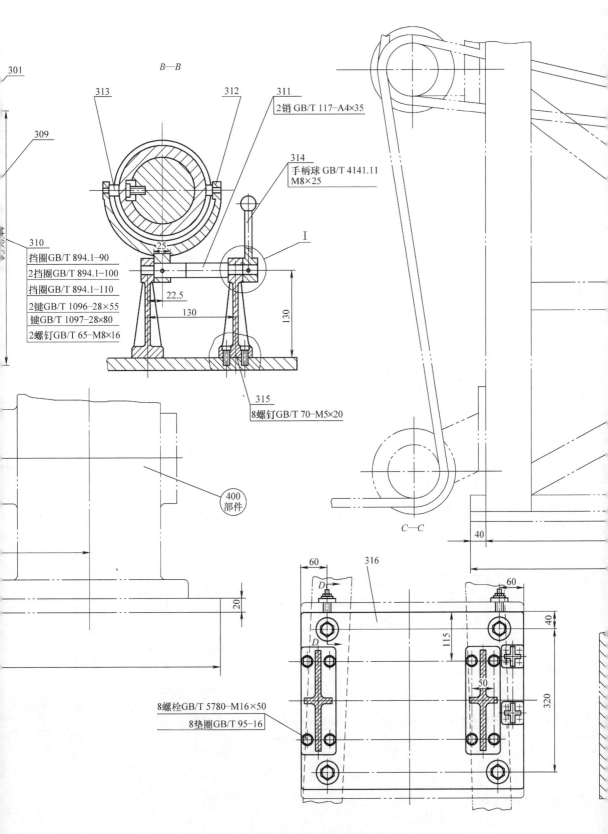

301

309

B—B

313   312   311
2销 GB/T 117-A4×35

314
手柄球 GB/T 4141.11
M8×25

I

310
挡圈GB/T 894.1-90
2挡圈GB/T 894.1-100
挡圈GB/T 894.1-110
2键GB/T 1096-28×55
键GB/T 1097-28×80
2螺钉GB/T 65-M8×16

25

22.5

130

130

315
8螺钉GB/T 70-M5×20

400
部件

20

C—C

40

60   316

D

D

115

60

40

50

320

8螺栓GB/T 5780-M16×50

8垫圈GB/T 95-16

图 7-22 卷筒部件装配图

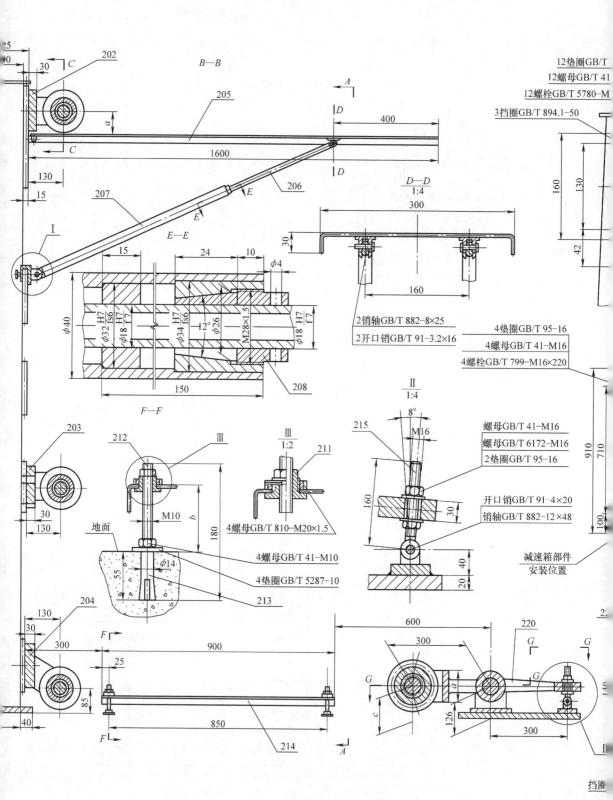

图 7-18 立架部件装配图

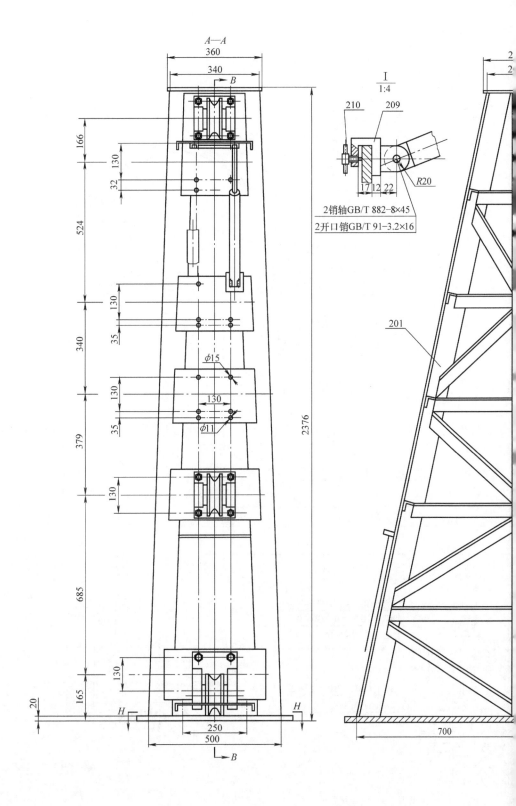

A—A

360

340

B

166

130

32

524

130

35

340

φ15

130

130

35

379

φ11

130

130

685

130

165

20

H

250

500

B

2376

I
1:4

210   209

17 12 22

R20

2销轴GB/T 882—8×45
2开口销GB/T 91—3.2×16

201

2

2

700

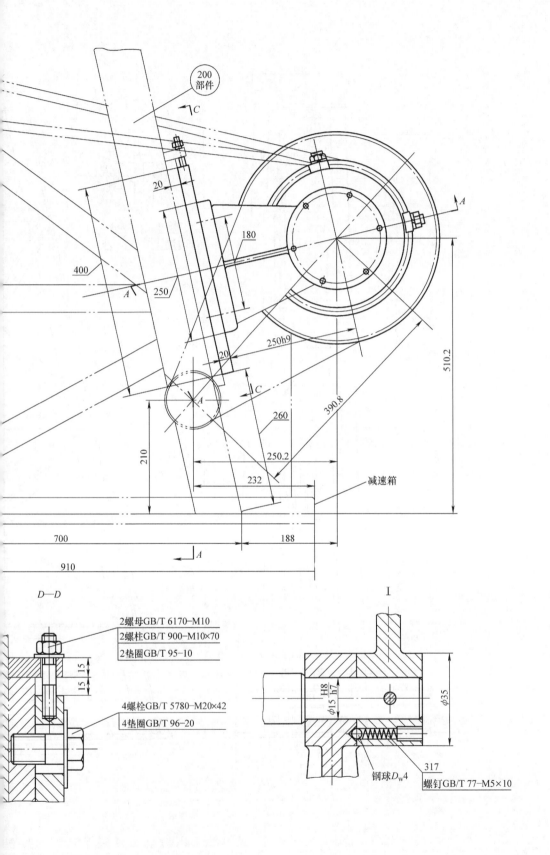

200
部件

C

20

180

400

250

A

A

250h9

20

C

260

390.8

510.2

210

250.2

232

减速箱

700

188

A

910

D—D

2螺母GB/T 6170—M10
2螺柱GB/T 900—M10×70
2垫圈GB/T 95—10

15 15
15 15

4螺栓GB/T 5780—M20×42
4垫圈GB/T 96—20

I

H8
h7

φ15

φ35

317

钢球D_w4

螺钉GB/T 77—M5×10

70.05°

4. 计算牵引力 F_2 和 F_3 作用点的位置

牵引力 F_2 和 F_3 的作用点当然是在牵引索的运行路线上，即在公切线 ab 线上。F_2 在前支柱上作用点是 J 点，需计算 EJ 的尺寸。F_3 在后支柱上的作用点是 K 点，需计算 KC 的尺寸。

力 F_2 的作用点 J 的位置 JE 的计算，如图 7-24 所示。由 ab 内公切线的切点 a 作水平线 ae，ae 与 EJ 垂直。由图可知，$\angle eaJ = 97.95° - 90° = 7.95°$。由于 O_1a 与 aJ 垂直，ae 与 EJ 垂直，所以 $\angle aO_1d = \angle eaJ = 7.95°$。由此得下式

$$fe = O_1d = O_1a \times \cos\angle aO_1d = \frac{117}{2} \times \cos7.95° \text{mm}$$

$$= 57.94\text{mm}$$

由直角三角形 aO_1d 得下式

$$ad = O_1a \times \sin\angle aO_1d = \frac{117}{2} \times \sin7.95° \text{mm} = 8.1\text{mm}$$

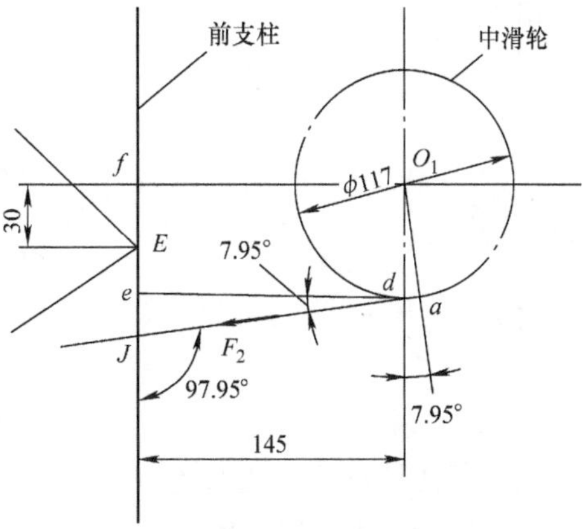

由直角三角 eaJ 可得下式

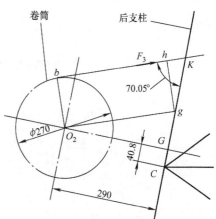

图 7-24　力 F_2 作用点计算图

$$eJ = ae \times \tan\angle eaJ = (145 + 8.1) \times \tan7.95° \text{mm} = 21.4\text{mm}$$

由图可得下式

$$EJ = fe - 30 + eJ = 57.94\text{mm} - 30\text{mm} + 21.4\text{mm} = 49.34\text{mm}$$

力 F_3 的作用点 K 的位置 KC 的计算图，如图 7-25 所示。由卷筒的圆心 O_2 作 bK 的平行线 O_2g，由 g 点作 O_2b 的平行线 gh，得直角三角形 ghK。并且边 $gh = O_2b = \frac{270}{2}\text{mm} = 135\text{mm}$。

由此得下式

$$gK = \frac{gh}{\sin70.05°} = \frac{135}{\sin70.05°}\text{mm} = 143.6\text{mm}$$

由于 O_2G 与 gK 垂直，O_2g 与 gh 垂直，所以 $\angle GO_2g = \angle Kgh = 90° - 70.05° = 19.95°$。由此可得下式

$$gG = O_2G \times \tan\angle GO_2g = 290 \times \tan19.95° \text{mm} = 105.3\text{mm}$$

由此可得下式

图 7-25　力 F_3 作用点计算图

$$KC = gK + gG + GC = 143.6\text{mm} + 105.3\text{mm} + 40.8\text{mm} = 289.7\text{mm}$$

5. 计算在牵引力的作用下前后支柱承受的弯矩

牵引力 F_2 作用在前支柱的 J 点，使其承受弯矩。取前支柱的 EF 段为研究对象，其受力情况如图 7-26 左图所示。在 E 点和 F 点有筋板支承，构成了两个支座，求支座反力。已知 $F_2 = 10000\text{kgf}$，作用角 $\mu = 97.95°$，作用点位置 $EJ = 49.34\text{mm}$，$EF = 410\text{mm}$。

画受力图如图 7-26 右图所示，建坐标系 Fxy，F 点为作标原点。列平衡方程：

由 $\sum F_x = 0$ 得

$$R_{Ex} + R_{Fx} - F_2 \times \cos 7.95° = 0 \qquad (7\text{-}14)$$

由 $\Sigma F_y = 0$ 得 $\qquad R_{Ey} - F_2 \times \sin 7.95° = 0 \qquad (7\text{-}15)$

由 $\Sigma F_F = 0$ 得 $\qquad R_{Ex} \times 410 - F_2 \times \cos 7.95° \times (410 - 49.34) = 0 \qquad (7\text{-}16)$

由式 (7-15) 得

$$R_{Ey} = F_2 \times \sin 7.95° = 10000 \times \sin 7.95° \text{kgf} = 1383.1 \text{kgf}$$

由式 (7-16) 得

$$R_{Ex} = \frac{F_2 \times \cos 7.95° \times 360.66}{410}$$
$$= \frac{10000 \times \cos 7.95° \times 360.66}{410} \text{kgf}$$
$$= 8712 \text{kgf}$$

将 R_{Ex} 值代入式 (7-14) 得

$$R_{Fx} = F_2 \cos 7.95° - 8712$$
$$= 10000 \times \cos 7.95° \text{kgf} - 8712 \text{kgf} = 1191.9 \text{kgf}$$

用截面法计算前支柱承受的弯矩：从截面 A—A 处（见图 7-26 右图）将 EF 截断分为上下两段，取上段为研究对象，画受力图如图 7-27 所示。截断后上段在支反力 R_{Ex} 的作用下，有顺时针方向转动的趋势。但是它仍处平衡状态，所以在截面上必然存在一个使上段逆时针转动的内力偶矩 M_J，使它保持平衡，此内力偶矩就等于截面承受的弯矩。根据此理论列弯矩方程：

由 $\Sigma M_J = 0$ 得：

$$R_{Ex} \times 49.34 - M_J = 0$$

由此得

$$M_J = R_{Ex} \times 49.34 = 8712 \times 49.34 \text{kgf} \cdot \text{mm} = 429850.1 \text{kgf} \cdot \text{mm}$$

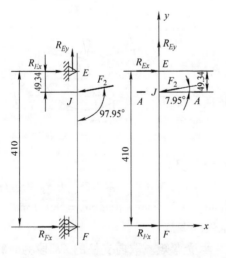 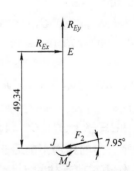

图 7-26　前支柱受力图　　　　图 7-27　前支柱上段受力图

牵引力 F_3 作用在后支柱的 K 点，使其承受弯矩。取后支柱的 CD 段为研究对象，其受力情况如图 7-28 左图所示。在 C 点和 D 点有筋板支承，构成了两个支座，求支座反力。画受力图如图 7-28 右图所示。已知力 $F_3 = 10000 \text{kgf}$，力的作用角 $\omega = 70.05°$，作用点的位置

$KC = 289.7\text{mm}$，$DC = 419.2\text{mm}$。建立坐标系 Cxy，C 点为坐标原点。

列平衡方程

$$\sum F_x = 0 \quad -R_{Dx} - R_{Cx} + F_3 \times \sin 70.05° = 0 \tag{7-17}$$

$$\sum F_y = 0 \quad -R_{Dy} + F_3 \times \cos 70.05° = 0 \tag{7-18}$$

$$\sum M_C = 0 \quad R_{Dx} \times 419.2 - F_3 \times \sin 70.05° \times 289.7 = 0 \tag{7-19}$$

由式（7-18）得

$$R_{Dy} = F_3 \times \cos 70.05° = 10000 \times \cos 70.05° \text{kgf} = 3412\text{kgf}$$

由式（7-19）得

$$R_{Dx} = \frac{F_3 \times \sin 70.05° \times 289.7}{419.2} = \frac{10000 \times \sin 70.05° \times 289.7}{419.2}\text{kgf}$$
$$= 6496.1\text{kgf}$$

由式（7-17）得

$$R_{Cx} = -R_{Dx} + F_3 \times \sin 70.05° = 10000 \times \sin 70.05° \text{kgf} - 6496.1\text{kgf} = 2903.8\text{kgf}$$

用截面法计算后支柱承受的弯矩：从截面 $B—B$ 处（见图 7-28 右图）将 CD 截断分为上下两段，取上段为研究对象，画受力图如图 7-29 所示。列弯矩方程

$$-M_K + 129.5 R_{Dx} = 0$$

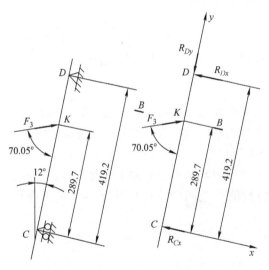
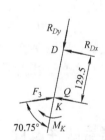

图 7-28　后支柱受力图　　　　　　图 7-29　后支柱上段受力图

得

$$M_K = R_{Dx} \times 129.5 = 6496.1 \times 129.5\text{kgf} \cdot \text{mm}$$
$$= 841244.9\text{kgf} \cdot \text{mm}$$

6. 校核前后支柱的弯曲强度

按下式校核

$$\sigma_{\text{wmax}} = \frac{M_w}{n W_z} \leqslant [\sigma_w]$$

式中　σ_{wmax}——前后支柱在危险截面承受的最大弯曲应力（kgf/mm^2）；

M_w——前后支柱承受的弯矩（$\text{kgf} \cdot \text{mm}$），前支柱承受的弯矩 $M_J = 429850.1\text{kgf} \cdot \text{mm}$，后支柱承受的弯矩 $M_K = 841244.9\text{kgf} \cdot \text{mm}$；

n——前后支柱的组成件数，$n=2$；

W_z——前后支柱的抗弯截面系数（mm^3），尚未计算；

$[\sigma_w]$——支柱材料的许用弯曲应力（kgf/mm^2），前后支柱的材料均为 Q235A，$[\sigma_w]=125N/mm^2=12.7kgf/mm^2$。

前支柱的抗弯截面系数 W_z 计算：前支柱的材料是冷弯空心方管，规格为 90（外边长度）$mm\times4$（壁厚）mm，W_z 按下式计算

$$W_z=\frac{90^4-82^4}{6\times90}mm^3=37773.75mm^3$$

各值代入公式

$$\sigma_{wmax}=\frac{429850.1}{2\times37773.75}kgf/mm^2=5.69kgf/mm^2<12.7kgf/mm^2$$

符合强度条件。

后支柱的抗弯截面系数计算：后支柱的材料为热轧等边角钢，规格为 $90mm\times90mm\times7mm$。查材料手册，得其惯性矩 $I_x=170.3cm^4$，重心距离 $z_0=2.48cm$。根据设计手册得角钢的抗弯截面系数应按下式计算

$$W_z=\frac{I_x}{z_0}=\frac{170.3}{2.48}cm^3=68.67cm^3=68670mm^3$$

各值代入公式

$$\sigma_{wmax}=\frac{841244.9}{2\times68670}kgf/mm^2=6.13kgf/mm^2<12.7kgf/mm^2$$

符合强度条件。

经过以上的长篇计算，至此方证实将卷筒安装在立架上，不会影响立架的强度。

需要说明的是，以上计算是把牵引力作为集中载荷来计算的，这与实际的受力情况是不符的。实际上牵引索与机架在 J、K 二点并无接触。牵引力是通过滑轮座和卷筒的轴承座才作用到立架上的，所以立架的受力部位应该在滑轮座和卷筒轴承座的安装处。但是这样计算笔者认为也是可以的，因为计算的受力数值是正确的。这样计算等于是将作用力进行了"等效平移"。

7.8　减速器部件设计

7.8.1　机器的输出输入功率计算及电动机选型

此机器的机械运动只有一项——在电动机驱动下，经减速器传动，由卷筒卷绕牵引钢丝绳，拉动大扳手转动，对液压机螺母施加预紧力矩。所以，机器的输出功率应从卷筒的运动中求得。

1）卷筒的转速计算。卷筒的转速应根据已确定的牵引钢丝绳的运行速度来确定。可按下式计算

$$n=\frac{60v_s}{D_r\pi}$$

式中　n——卷筒的转速（r/min）；

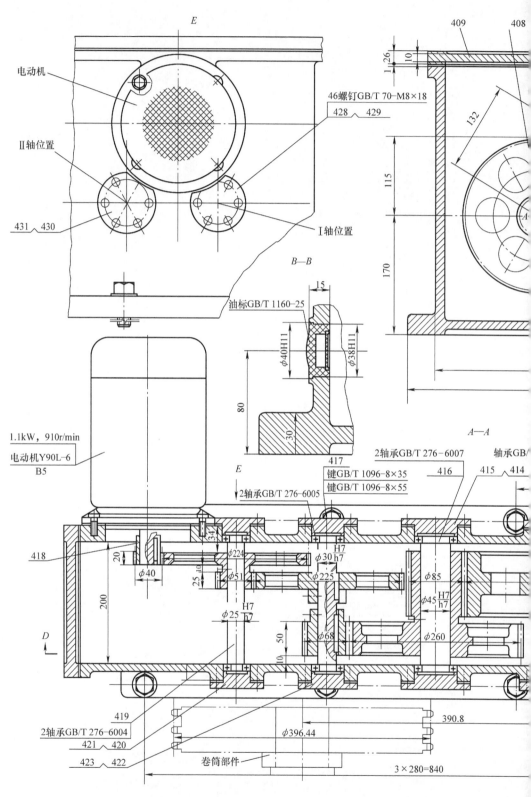

电动机

II轴位置

431 430

1.1kW，910r/min
电动机Y90L-6
B5

电动机

I轴位置

46螺钉GB/T 70-M8×18
428　429

油标GB/T 1160-25

ϕ40H11　ϕ38H11

80

30

15

B—B

417

E

2轴承GB/T 276-5005

键GB/T 1096-8×35
键GB/T 1096-8×55

2轴承GB/T 276-6007

416

H7

ϕ30 h7

ϕ224

ϕ225

ϕ51

ϕ68

H7
ϕ25 f7

200

50

10

ϕ40

25

20

418

D

419

2轴承GB/T 276-6004
421 420
423 422

卷筒部件

ϕ396.44

ϕ85

H7
ϕ45 h7

ϕ260

415 414

A—A

390.8

3×280=840

409　408

26

10

132

115

170

2轴承GB/T

轴承GB/

图 7-41

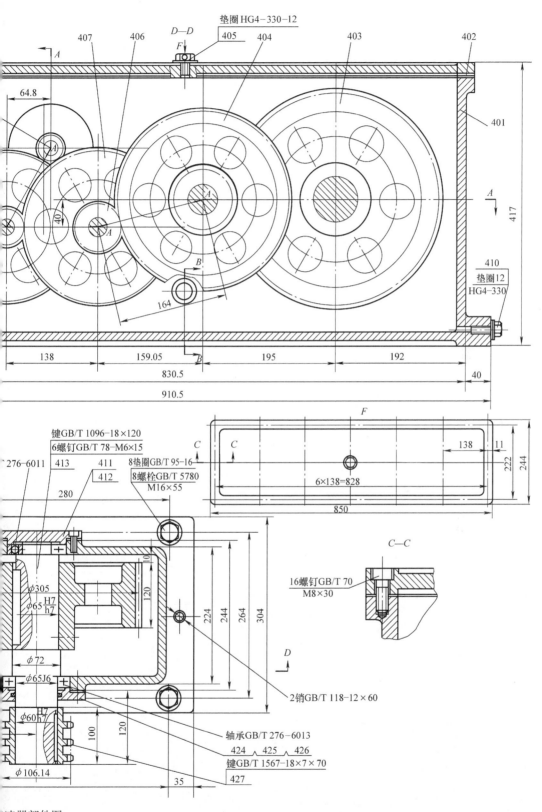

垫圈 HG4—330—12
405
407   406   D—D   404   403   402
            F
A
64.8   401
A
40   417
A   A
A
164   410
                                            垫圈12
138   159.05   B   195   192   HG4—330
            B
830.5   40
910.5

F
键GB/T 1096—18×120   138   11
6螺钉GB/T 78—M6×15
276—6011   413   411   8垫圈GB/T 95—16   222 244
        412   8螺栓GB/T 5780
280   M16×55   6×138=828
                                 850
            C   C
            10
φ305   C—C
φ65 H7   120   16螺钉GB/T 70
   h7   224   M8×30
            244
            264
            304
φ72   D
φ65J6
            2销GB/T 118—12×60
φ60 H7
   h7   100
        120   轴承GB/T 276—6013
               424 425 426
φ106.14   键GB/T 1567—18×7×70
        35 427

速器部件图

v_s——牵引钢丝绳的运行速度（mm/s），$v_s = 10$mm/s；

D_r——卷筒的卷绕直径（mm），$D_r = D$（卷筒槽底直径）$+ d$（钢丝绳直径）$=$
250mm $+ 17.5$mm $= 267.5$mm。

各值代入公式

$$n = \frac{60 \times 10}{267.5 \times \pi} \text{r/min} = 0.714 \text{r/min}$$

2）卷筒的输出转矩　按下式计算

$$M_{max} = F_{max} \frac{D_r}{2}$$

式中　M_{max}——卷筒的输出转矩（kgf·m）；

F_{max}——钢丝绳的最大牵引力（kgf），$F_{max} = 10000$kgf；

D_r——卷筒的卷绕直径（m），$D_r = 267.5$mm $= 0.2675$m。

各值代入公式

$$M_{max} = 10000 \times \frac{0.2675}{2} \text{kgf·m} = 1337.5 \text{kgf·m}$$

3）卷筒的输出功率按下式计算

$$N = \frac{M_{max} n}{975}$$

式中　N——卷筒的输出功率（kW）；

M_{max}——卷筒的最大输出转矩（kgf·m），$M_{max} = 1337.5$kgf·m；

n——卷筒的转速（r/min），$n = 0.714$r/min。

各值代入公式

$$N = \frac{1337.5 \times 0.714}{975} \text{kW} = 0.98 \text{kW}$$

4）减速器的输入功率计算及电动机选型。

设减速器为 5 级减速，每级均为 8 级精度齿轮传动，则输入功率为

$$N_r = \frac{N}{\eta^5} = \frac{0.98}{0.97^5} \text{kW} = 1.14 \text{kW}$$

式中　η——8 级齿轮的传动效率。

按上述计算的数据，初定电动机型号为 Y90L – 6，功率 $N = 1.1$kW，转速 $n = 910$r/min。

7.8.2　传动链设计

（1）计算总传动比，确定减速级数及传动比的分配　卷筒的转速初定为 0.714r/min，电动机的转速为 910r/min，则总减速比为

$$i_z = \frac{0.714}{910} = \frac{1}{1274.5}$$

此减速比是很大的，它超过了一般齿轮减速器的范围，即使是速比很大的行星减速器，也要 3 级以上减速方可。而这里仍然要采用圆柱齿轮减速，所以初步减速级为 5 级。

按下式计算平均减速比

$$i_j = \frac{1}{\sqrt[5]{1247.5}} = \frac{1}{4.16}$$

此数据说明，此传动链为 5 级减速，每级的平均减速比为 $\frac{1}{4.16}$。有了此数据，在确定各级减速比时就有了根据。但是又不能把各级的减速比都按此平均值来确定。因为随着转速的降低，转矩也会逐级增大，与此相适应，齿轮的模数也要逐级增大，因而传动链末端的大齿轮尺寸就会过大，从而就会造成减速器的外形尺寸过大。这样的设计既不合理，也会增大成本。所以此项传动链设计，在分配传动比时采取的原则是：初级传动采用比平均值略大的传动比，而末级传动则采用比平均值略小的传动比。按此原则设计的传动链如下

$$m = 2、3、4、5, p = 25.4$$

$$910 \times \frac{20 \times 17 \times 17 \times 17 \times 13}{112 \times 75 \times 65 \times 61 \times 49} \text{r/min} = 0.712 \text{r/min}$$

（2）绘制传动系统图　根据前文设计的传动链，绘制传动系统图如图 7-30 所示。

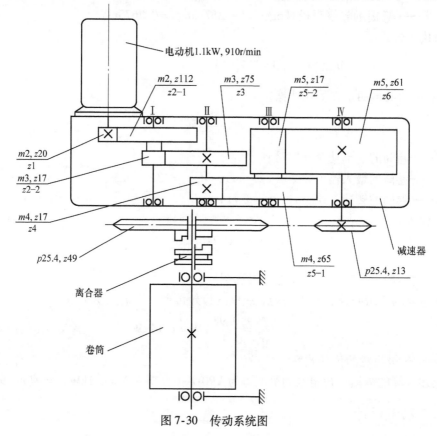

图 7-30　传动系统图

由图可知，传动链的最后一级不在减速器内，从减速器的输出轴至卷筒轴的传动是链条传动。

7.8.3　齿轮强度校核

前文的设计已经初步确定了各齿轮的齿数和模数，需校核各齿轮的轮齿弯曲强度和齿面接触强度。

（1）轮齿的弯曲疲劳强度校核　按下式校核

$$\sigma_{w} = \frac{2kM_{n}}{bdmy} \leqslant [\sigma_{w}]$$

式中　σ_w——齿部危险截面的弯曲应力（kgf/cm^2）；

　　　k——载荷系数，一般取 $k = 1.3 \sim 1.5$，当载荷平稳、轴的刚度较大、速度较低时取小值，反之取大值，取 $k = 1.3$；

　　　M_n——齿轮承受的转矩（$kgf \cdot cm$）；

　　　b——齿宽（cm），$b = m\psi_m$，ψ_m（齿宽系数）$= 8 \sim 25$，重载低速齿轮 $\psi_m = 20 \sim 25$；

　　　d——齿轮分度圆直径（cm）；

　　　m——模数（cm）；

　　　y——齿形系数，根据齿数查图确定；

　　$[\sigma_w]$——材料的许用弯曲应力（kgf/cm^2），材料为 40Cr，调质，表面淬火，$[\sigma_w] = 2480kgf/cm^2$（脉动循环应力）。

各轴转速计算：

电动机轴转速：$n = 910r/min$。

Ⅰ轴转速：$n = 910 \times \dfrac{20}{112}r/min = 162.5r/min$。

Ⅱ轴转速：$n = 910 \times \dfrac{20}{112} \times \dfrac{17}{75}r/min = 36.83r/min$。

Ⅲ轴转速：$n = 910 \times \dfrac{20}{112} \times \dfrac{17}{75} \times \dfrac{17}{65}r/min = 9.63r/min$。

Ⅳ轴转速：$n = 910 \times \dfrac{20}{112} \times \dfrac{17}{75} \times \dfrac{17}{65} \times \dfrac{17}{61}r/min = 2.68r/min$。

卷筒轴转速：$n = 910 \times \dfrac{20}{112} \times \dfrac{17}{75} \times \dfrac{17}{65} \times \dfrac{17}{61} \times \dfrac{13}{49}r/min = 0.712r/min$。

各轴转矩计算，按下式计算：

$$M_n = 97500\,\dfrac{N}{n}$$

式中　M_n——轴转矩（$kgf \cdot cm$）；

　　　N——电动机功率（kW）；

　　　n——齿轮转速（r/min）。

电动机轴转矩：$M_n = 97500 \times \dfrac{1.1}{910}kgf \cdot cm = 117.86kgf \cdot cm$

Ⅰ轴转矩：$M_n = 97500 \times \dfrac{1.1}{162.5}kgf \cdot cm = 660kgf \cdot cm$

Ⅱ轴转矩：$M_n = 97500 \times \dfrac{1.1}{36.83}kgf \cdot cm = 2912kgf \cdot cm$

Ⅲ轴转矩：$M_n = 97500 \times \dfrac{1.1}{9.63}kgf \cdot cm = 11137kgf \cdot cm$

Ⅳ轴转矩：$M_n = 97500 \times \dfrac{1.1}{2.68}kgf \cdot cm = 40018.6kgf \cdot cm$

卷筒轴转矩：$M_n = 97500 \times \dfrac{1.1}{0.712}kgf \cdot cm = 150632kgf \cdot cm$

齿部弯曲强度校核（齿轮代号见图 7-30）：

1）$z1$ 齿轮校核：已知 $z = 20$, $m = 0.2\text{cm}$, $b = 2\text{cm}$, $d = 4\text{cm}$, $y = 0.266$, $M_n = 117.86\text{kgf} \cdot \text{cm}$。

$$\sigma_w = \frac{2 \times 1.3 \times 117.86}{2 \times 4 \times 0.2 \times 0.266}\text{kgf/cm}^2 = 720\text{kgf/cm}^2 < [\sigma_w]$$

2）$z2-1$ 齿轮校核：已知 $z = 112$, $m = 0.2\text{cm}$, $b = 2\text{cm}$, $d = 22.4\text{cm}$, $y = 0.302$, $M_n = 660\text{kgf} \cdot \text{cm}$。

$$\sigma_w = \frac{2 \times 1.3 \times 660}{2 \times 22.4 \times 0.2 \times 0.302}\text{kgf/cm}^2 = 634.2\text{kgf/cm}^2 < [\sigma_w]$$

3）$z2-2$ 齿轮校核：已知 $z = 17$, $m = 0.3\text{cm}$, $b = 2.5\text{cm}$, $d = 5.1\text{cm}$, $y = 0.254$, $M_n = 660\text{kgf} \cdot \text{cm}$。

$$\sigma_w = \frac{2 \times 1.3 \times 660}{2.5 \times 5.1 \times 0.3 \times 0.254}\text{kgf/cm}^2 = 1766.2\text{kgf/cm}^2 < [\sigma_w]$$

4）$z3$ 齿轮校核：已知 $z = 75$, $m = 0.3\text{cm}$, $b = 2.5\text{cm}$, $d = 22.5\text{cm}$, $y = 0.32$, $M_n = 2912\text{kgf} \cdot \text{cm}$。

$$\sigma_w = \frac{2 \times 1.3 \times 2912}{2.5 \times 22.5 \times 0.3 \times 0.32}\text{kgf/cm}^2 = 1402\text{kgf/cm}^2 < [\sigma_w]$$

5）$z4$ 齿轮校核：已知 $z = 17$, $m = 0.4\text{cm}$, $b = 5\text{cm}$, $d = 6.8\text{cm}$, $y = 0.254$, $M_n = 2912\text{kgf} \cdot \text{cm}$。

$$\sigma_w = \frac{2 \times 1.3 \times 2912}{5 \times 6.8 \times 0.4 \times 0.254}\text{kgf/cm}^2 = 2191.8\text{kgf/cm}^2 < [\sigma_w]$$

6）$z5-1$ 齿轮校核：已知 $z = 65$, $m = 0.4\text{cm}$, $b = 5\text{cm}$, $d = 26\text{cm}$, $y = 0.3$, $M_n = 11137\text{kgf} \cdot \text{cm}$。

$$\sigma_w = \frac{2 \times 1.3 \times 11137}{5 \times 26 \times 0.4 \times 0.3}\text{kgf/cm}^2 = 1856.2\text{kgf/cm}^2 < [\sigma_w]$$

7）$z5-2$ 齿轮校核：已知 $z = 17$, $m = 0.5\text{cm}$, $b = 12\text{cm}$, $d = 8.5\text{cm}$, $y = 0.254$, $M_n = 11137\text{kgf} \cdot \text{cm}$。

$$\sigma_w = \frac{2 \times 1.3 \times 11137}{12 \times 8.5 \times 0.5 \times 0.254}\text{kgf/cm}^2 = 2235.3\text{kgf/cm}^2 < [\sigma_w]$$

8）$z6$ 齿轮校核：已知 $z = 61$, $m = 0.5\text{cm}$, $b = 12\text{cm}$, $d = 30.5\text{cm}$, $y = 0.29$, $M_n = 40018.6\text{kgf} \cdot \text{cm}$。

$$\sigma_w = \frac{2 \times 1.3 \times 40018.6}{12 \times 30.5 \times 0.5 \times 0.29}\text{kgf/cm}^2 = 1960.6\text{kgf/cm}^2 < [\sigma_w]$$

以上 8 件齿轮经齿部弯曲强度校核，全部符合强度条件。

（2）齿面接触疲劳强度校核　按下式校核

$$\sigma_{jc} = \frac{1070}{A}\sqrt{\frac{(i+1)^3 k M_{n1}}{bi}} \leqslant [\sigma_{jc}]$$

式中　σ_{jc}——齿面接触应力（kgf/cm^2）；

　　　A——啮合齿轮中心距（cm）；

　　　i——啮合齿轮传动比，$i = \dfrac{n_1}{n_2} = \dfrac{z_2}{z_1}$；

　　　k——载荷系数，$k = 1.3 \sim 1.5$，取 $k = 1.3$；

M_{n1}——小齿轮转矩（kgf·cm）；

b——齿宽（cm）；

$[\sigma_{jc}]$——齿轮材料的许用接触应力（kgf/cm²），材料为 40Cr，调质，表面淬火，$[\sigma_{jc}]=8550\text{kgf/cm}^2$。

由于啮合的一对齿轮，其表面接触应力是相同的，所以此传动链应校核 4 对齿轮。

1）$z1-z2-1$ 齿轮对校核。已知 $A=13.2\text{cm}$，$M_{n1}=117.86\text{kgf}\cdot\text{cm}$，$i=\dfrac{112}{20}$，$b=2\text{cm}$。

$$\sigma_{jc}=\frac{1070}{13.2}\times\sqrt{\frac{\left(\dfrac{112}{20}+1\right)^3\times 1.3\times 117.86}{2\times\dfrac{112}{20}}}\text{kgf/cm}^2=5083.6\text{kgf/cm}^2<[\sigma_{jc}]$$

符合强度条件。

2）$z2-2-z3$ 齿轮对校核。已知 $A=13.8\text{cm}$，$M_{n1}=660\text{kgf}\cdot\text{cm}$，$i=\dfrac{75}{17}$，$b=2.5\text{cm}$。

$$\sigma_{jc}=\frac{1070}{13.8}\times\sqrt{\frac{\left(\dfrac{75}{17}+1\right)^3\times 1.3\times 660}{2.5\times\dfrac{75}{17}}}\text{kgf/cm}^2=8609.6\text{kgf/cm}^2>[\sigma_{jc}]$$

不符合强度条件。

3）$z4-z5-1$ 齿轮对校核。已知 $A=16.4\text{cm}$，$M_{n1}=2912\text{kgf}\cdot\text{cm}$，$i=\dfrac{65}{17}$，$b=5\text{cm}$。

$$\sigma_{jc}=\frac{1070}{16.4}\times\sqrt{\frac{\left(\dfrac{65}{17}+1\right)^3\times 1.3\times 2912}{5\times\dfrac{65}{17}}}\text{kgf/cm}^2=9726.1\text{kgf/cm}^2>[\sigma_{jc}]$$

不符合强度条件。

4）$z5-2-z6$ 齿轮对校核。已知 $A=19.5\text{cm}$，$M_{n1}=11137\text{kgf}\cdot\text{cm}$，$i=\dfrac{61}{17}$，$b=12\text{cm}$。

$$\sigma_{jc}=\frac{1070}{19.5}\times\sqrt{\frac{\left(\dfrac{61}{17}+1\right)^3\times 1.3\times 11137}{12\times\dfrac{61}{17}}}\text{kgf/cm}^2=9888.8\text{kgf/cm}^2>[\sigma_{jc}]$$

不符合强度条件。

经以上齿面接触疲劳强度校核，4 对啮合齿轮中只有一级减速的啮合齿轮符合强度条件，其余 3 对齿轮均不符合强度条件。应如何解决此问题？简略的办法就是变更齿轮材料。所以决定将全部齿轮的材料均改为 20Cr，热处理为齿部渗碳、表面淬火、回火。许用接触应力 $[\sigma_{jc}]=10000\text{kgf/cm}^2$。于是各级啮合齿轮的表面接触疲劳强度就都符合强度条件了。同时还要考虑更改材料对轮齿弯曲强度的影响。20Cr 经上述热处理后，许用弯曲应力 $[\sigma_w]=2330\text{kgf/cm}^2$，所以变更材料后，各齿轮的弯曲强度仍然是符合强度条件的。

7.8.4　链条传动设计

前文设计的传动链，其最后一级是由减速器的输出轴至卷筒轴间的传动。这一级传动不在减速器内，其特征是低速重载。而且卷筒轴安装的几何精度又比较低，两轴的中心距和平行度等项精度都不能达到齿轮传动的要求，所以适宜采用链条传动。

（1）确定链条的节距和排数　链轮的齿数前文已经确定，主动轮为 13 齿，从动轮为 49 齿。但链条的节距尚未确定。链条节距的大小与传动的平稳性有关，节距越大，传动的平稳性就越差，所以应尽量选择小的节距。节距的选择一般是根据功率按功率计算线图来选择。但此项设计却不宜按此选择，因为制定此图的前提条件之一是保证链条的使用寿命为 15000h。而这台机器的利用率不高，不需要为保证如此长的寿命而选择过大的节距，并进而使链轮的尺寸过大。

那么应该怎样来确定链条的节距呢？这里是按静强度来选择的。此项链传动的特征是低速重载，最大的危险是发生静强度破坏。所以可按链条的静强度计算来确定链条的节距。

初步确定链条的规格为：节距 $p = 25.4\text{mm}$，排数为 3 排。按下式进行静强度校核

$$n = \frac{Q}{F_t} \geqslant [n]$$

式中　n——链条的安全系数；

Q——链条的极限拉伸载荷（kgf），节距 $p = 25.4\text{mm}$，3 排链，$Q = 166800\text{N} = 17003\text{kgf}$；

F_t——大链轮的有效圆周力（kgf），$F_t = \dfrac{M_{nt}（卷筒轴转矩）}{R_r（大链轮分度圆半径）} = \dfrac{150632\text{kgf} \cdot \text{cm}}{\dfrac{39.644\text{cm}}{2}} =$

7599.2kgf；

$[n]$——许用安全系数，设计手册推荐 $[n] = 3 \sim 6$，此项设计按常规确定，常温静载荷塑性材料 $[n] = 1.5 \sim 2$，取 $[n] = 2$。

各值代入公式

$$n = \frac{17003\text{kgf}}{7599.2\text{kgf}} = 2.23 > [n]$$

经静强度校核，确定的链条节距和排数符合强度条件，设计可行。

（2）链轮参数计算

1）小链轮参数计算。已知齿数 $z = 13$，滚子直径 $d_r = 15.88\text{mm}$，节距 $p = 25.4\text{mm}$，链条排数为 3 排，排距 $t_1 = 29.29\text{mm}$。

主要参数计算：

分度圆直径：$d = \dfrac{p}{\sin\dfrac{180°}{z}} = \dfrac{25.4}{\sin\dfrac{180°}{13}}\text{mm} = 106.14\text{mm}$。

齿顶圆直径：$d_a = p\left(0.54 + \cot\dfrac{180°}{z}\right) = 25.4 \times \left(0.54 + \cot\dfrac{180°}{13}\right)\text{mm} = 116.76\text{mm}$。

齿根圆直径：$d_f = d - d_r = (106.14 - 15.88)\text{mm} = 90.26\text{mm}$。

排间槽直径：$d_h = p\left(\cot\dfrac{180°}{z} - 1\right) - 0.8 = 25.4 \times \left(\cot\dfrac{180°}{13} - 1\right)\text{mm} - 0.8\text{mm} = 76.85\text{mm}$。

2）大链轮参数计算。已知 $z = 49$，其余参数同小链轮。

主要参数计算：

分度圆直径：$d = \dfrac{25.4}{\sin\dfrac{180°}{49}}\text{mm} = 396.44\text{mm}$。

齿顶圆直径：$d_a = 25.4 \times \left(0.54 + \cot \dfrac{180°}{49} \right) \text{mm} = 409.34 \text{mm}$。

齿根圆直径：$d_f = 396.44 \text{mm} - 15.88 \text{mm} = 380.56 \text{mm}$

排间槽直径：$d_h = 25.4 \times \left(\cot \dfrac{180°}{49} - 1 \right) \text{mm} - 0.8 \text{mm} = 369.4 \text{mm}$

（3）确定链轮中心距　为了减小机器的外形尺寸，两链轮的中心距当然尽量取小值。根据设计手册，当传动比小于 4 时，最小中心距按下式计算

$$a_{0\min} = 0.2 z_1 (i+1) p$$

式中　$a_{0\min}$——链轮最小中心距（mm）；

z_1——小链轮齿数，$z_1 = 13$；

i——传动比，$i = \dfrac{49}{13}$；

p——节距（mm），$p = 25.4 \text{mm}$。

各值代入公式

$$a_{0\min} = 0.2 \times 13 \times \left(\dfrac{49}{13} + 1 \right) \times 25.4 \text{mm} = 314.96 \text{mm}$$

此数值是最小中心距，根据机器的安装条件，中心距以 390mm 为宜。以此为初定中心距，计算链条应有的节数，按下式计算

$$L_D = \dfrac{z_1 + z_2}{2} + 2 a_{0D} + \dfrac{k}{a_{0D}}$$

式中　a_{0D}——以节距计的初定中心距（节），$a_{0D} = \dfrac{a_0}{p} = \dfrac{390}{25.4}$ 节 $= 15.35$ 节；

k——系数，$k = \left(\dfrac{z_2 - z_1}{2\pi} \right)^2 = \left(\dfrac{49 - 13}{2\pi} \right)^2 = 32.83$。

代入上式

$$L_D = \left(\dfrac{13 + 49}{2} + 2 \times 15.35 + \dfrac{32.83}{15.35} \right) \text{节} = 63.84 \text{节}$$

取链条节数 $L_D = 64$ 节。

根据链条节数计算中心距

$$a_0 = p (2 L_D - z_1 - z_2) k_a$$

式中　k_a——系数，根据 $\dfrac{L_D - z_1}{z_2 - z_1}$ 计算值查表来确定 k_a 的数值

$$\dfrac{L_D - z_1}{z_2 - z_1} = \dfrac{64 - 13}{49 - 13} = 1.4166$$

根据此计算值，查设计手册的指定表，得 $k_a = 0.23342$，代入公式

$$a_0 = 25.4 \times (2 \times 64 - 13 - 49) \times 0.23342 \text{mm} = 391.3 \text{mm}$$

此数值即为两链轮的中心距（不用张紧轮）。

但是此计算值是否正确呢？能否与链条的长度相吻合呢？需进行校核。中心距校核图如图 7-31 所示。此图 O_1 和 O_2 分别代表两链轮的中心，大、小两个圆则代表两个链轮的分度圆。AB 是两圆周的公切线，代表链条的直线部分。按图计算封闭的外轮廓线的长度，校核此数值是否与链条的长度相吻合，即可确定计算的中心距是否正确。计算过程如下

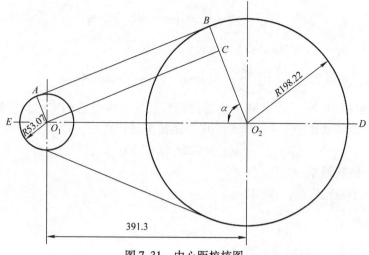

图 7-31　中心距校核图

$$\angle \alpha = \arccos \frac{O_2 C}{O_1 O_2} = \arccos \frac{198.22 - 53.07}{391.3} = 68.226°$$

$$AB = O_1 O_2 \sin\alpha = 391.3 \times \sin 68.226° \, \text{mm} = 363.383 \, \text{mm}$$

$$\widehat{AE} = \frac{53.07 \times 68.226° \pi}{180°} \, \text{mm} = 63.194 \, \text{mm}$$

$$\widehat{BD} = \frac{198.22 \times \pi}{180°} \times (180° - 68.226°) \, \text{mm} = 386.69 \, \text{mm}$$

封闭的外轮廓线长度，即链条的理论长度

$$L = (363.383 + 63.194 + 386.69) \times 2 \, \text{mm} = 1626.54 \, \text{mm}$$

链条实际长度

$$L_1 = p L_D = 25.4 \times 64 \, \text{mm} = 1625.6 \, \text{mm}$$

两者之差　　　　　$$\Delta L = L - L_1 = (1626.54 - 1625.6) \, \text{mm} = 0.94 \, \text{mm}$$

通过以上校核证实，按公式计算的中心距偏大，链条的理论长度比实际长度大 0.94mm。所以中心距的参数应加以修正，取中心距 $a_0 = 390.8 \, \text{mm}$。

7.8.5　确定减速器各传动轴直径

减速器的传动轴共有 4 件，受力情况各不相同，要分别进行分析计算。

（1）Ⅰ轴的受力分析及直径的确定　Ⅰ轴上安装的是一个双联齿轮（见图 7-32），所以Ⅰ轴不传递转矩。转矩由大齿轮输入，由小齿轮输出。但是承受由双联齿轮的径向力 F_r 形成的弯矩 M。齿轮啮合时的径向力是由圆周力形成的，其计算公式如下式所示

$$F_r = F_t \tan\alpha$$

式中　　F_r——齿轮啮合时的径向力（kgf）；

$\quad\quad F_t$——齿轮传递的切向力，即圆周力（kgf），

$$F_t = \frac{2M_m （齿轮传递的转矩 \text{kgf} \cdot \text{mm}）}{d （齿轮的分度圆直径 \text{mm}）};$$

$\quad\quad \alpha$——齿轮的压力角（°），$\alpha = 20°$。

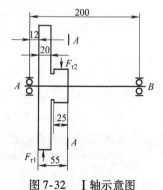

图 7-32　Ⅰ轴示意图

按上式计算齿轮承受的径向力，已知齿轮传递的转矩 $M_n = 6600\text{kgf}\cdot\text{mm}$，大轮分度圆直径 $d_1 = 224\text{mm}$，小轮分度圆直径 $d_2 = 51\text{mm}$。

$$F_{r1} = F_{t1}\tan\alpha = \frac{2\times6600}{224}\times\tan20°\text{kgf} = 21.45\text{kgf}$$

$$F_{r2} = F_{t2}\tan\alpha = \frac{2\times6600}{51}\times\tan20°\text{kgf} = 94.2\text{kgf}$$

绘 I 轴传动链示意图如图 7-33 所示，此段传动链各轴的轴线不在同一平面内，而是构成 $60.6°$ 角。所以需计算 F_{r1} 和 F_{r2} 的合力 R，按下式计算

$$R = \sqrt{F_{r1}^2 + F_{r2}^2 - 2F_{r1}F_{r2}\cos\,(180°-60.6°)}\text{kgf}$$
$$= \sqrt{21.45^2 + 94.2^2 - 2\times21.45\times94.2\times\cos\,(180°-60.6°)}\text{kgf} = 106.38\text{kgf}$$

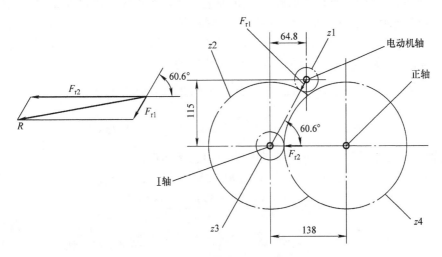

图 7-33　I 轴传动链示意图

绘制在合力 R 的作用下 I 轴的受力图，如图 7-34 所示。图中 R 作用点的位置是根据比例 $\frac{F_{r2}}{R} = 0.89$ 而确定的，$0.89\times(10+10+12.5)\text{mm} + 22\text{mm} = 50.9\text{mm}$。

求支反力，由 $\sum M_B = 0$ 得

$$R\times(200-50.9) - R_A\times200 = 0$$

由此得 $R_A = \dfrac{R\times(200-50.9)}{200} = \dfrac{106.38\times149.1}{200}\text{kgf} = 79.3\text{kgf}$

由图 7-32 可知，$A—A$ 截面是 I 轴承受弯矩最大的截面，求此截面承受的弯矩。根据材料力学关于用截面法求弯矩的一般法则：弯矩在数值上等于作用于梁截面左段或右段诸外力对此截面形心力矩的代数和。

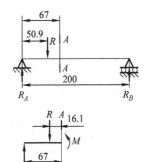

图 7-34　I 轴受力图

取 $A—A$ 截面左段为研究对象，其受力图如图 7-34 所示。根据上述求弯矩的法则，左段诸力对截面形心的矩应如下计算

$$M = R\times(67-50.9) - R_A\times67 = 106.38\times16.1\text{kgf}\cdot\text{mm} - 79.3\times67\text{kgf}\cdot\text{mm}$$
$$= -3600.4\text{kgf}\cdot\text{mm} = -35.3\text{N}\cdot\text{m}$$

计算轴径：此轴只承受弯矩，所以属心轴类，应按下式计算

$$d = 21.68 \sqrt[3]{\frac{M}{[\sigma]}}$$

式中　d——计算截面的轴径（mm）；

　　　M——轴在计算截面承受的弯矩（N·m），$M = 35.3\text{N·m}$；

　　$[\sigma]$——材料的许用弯曲应力（N/mm²），材料为 45 钢，调质，$[\sigma] = 100\text{N/mm}^2$（单向受力）。

　　各值代入公式

$$d = 21.68 \times \sqrt[3]{\frac{35.3}{100}}\text{mm} = 15.32\text{mm}$$

取 $d = 25\text{mm}$。

（2）Ⅱ轴的受力分析及直径的确定　Ⅱ轴上安装两个齿轮，以键联结。Ⅱ轴的结构示意图如图 7-35 所示。Ⅱ轴的传动链中三个传动轴的轴线近似在同一个平面内，为简化计算，视为在同一个平面内。已知Ⅱ轴传递的转矩为 2912kgf·cm，大轮的分度圆直径 $d_1 = 225\text{mm}$，小轮的分度圆直径 $d_2 = 68\text{mm}$。计算两齿轮的径向力。

$$F_{r1} = F_{t1}\tan\alpha = \frac{2 \times 2912}{22.5} \times \tan 20° \text{kgf} = 94.2\text{kgf}$$

$$F_{r2} = F_{t2}\tan\alpha = \frac{2 \times 2912}{6.8} \times \tan 20° \text{kgf} = 311.73\text{kgf}$$

绘Ⅱ轴受力图如图 7-36 所示。求支反力，由 $\sum M_A = 0$ 得

$$R_B \times 200 - F_{r2} \times (200 - 35) + F_{r1} \times 54.5 = 0$$

$$R_B = \frac{F_{r2} \times (200 - 35) - F_{r1} \times 54.5}{200}$$

$$= \frac{311.73 \times 165 - 94.2 \times 54.5}{200}\text{kgf} = 231.5\text{kgf}$$

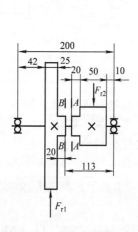

图 7-35　Ⅱ轴结构示意图

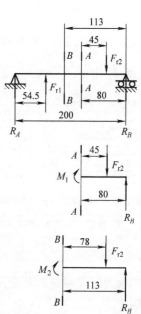

图 7-36　Ⅱ轴受力图

根据图 7-35 可知，A—A 截面和 B—B 截面是 II 轴的危险截面，用截面法求此二截面的弯矩。

取 A—A 截面右段为研究对象（见图 7-36）得

$$M_1 = R_B \times 80 - F_{r2} \times 45$$
$$= （231.5 \times 80 - 311.73 \times 45）\text{kgf} \cdot \text{mm} = 4492.15\text{kgf} \cdot \text{mm}$$

取 B—B 截面右段为研究对象（见图 7-36）得

$$M_2 = R_B \times 113 - F_{r2} \times 78 = （231.5 \times 113 - 311.73 \times 78）\text{kgf} \cdot \text{mm}$$
$$= 1844.56\text{kgf} \cdot \text{mm}$$

因 $M_1 > M_2$，所以取 M_1 值为 II 轴承受的最大弯矩。计算 II 轴直径。

$$d = 21.68 \sqrt[3]{\frac{\sqrt{M^2 + （\psi T）^2}}{[\sigma_{-1}]}}$$

式中　d——轴径（mm）；

M——轴在计算截面承受的弯矩（N·m），$M = 4492.15\text{kgf} \cdot \text{mm} = 44.06\text{N} \cdot \text{m}$；

ψ——校正系数，单向传递扭矩 $\psi = 0.3 - 0.6$，取 $\psi = 0.45$；

T——轴承受的扭矩（N·m），$T = 2912\text{kgf} \cdot \text{cm} = 285.6\text{N} \cdot \text{m}$；

$[\sigma_{-1}]$——材料的许用应力（N/mm²），材料为 45 钢，调质，单向受力，$[\sigma] = 100\text{N/mm}^2$。

各值代入公式

$$d = 21.68 \times \sqrt[3]{\frac{\sqrt{44^2 + （0.45 \times 285.6）^2}}{100}}\text{mm} = 24\text{mm}$$

由于有键槽，需增大 7%，$24 \times 1.07\text{mm} = 25.7\text{mm}$，取 $d = 30\text{mm}$。

（3）III 轴的受力分析及直径的确定　III 轴上安装的是一个双联齿轮，所以此轴不承受扭矩，只承受由齿轮的径向力形成的弯矩。已知 III 轴传递的扭矩 $T = 11137\text{kgf} \cdot \text{cm}$，大轮的分度圆直径 $d_1 = 260\text{mm}$，小轮的分度圆直径 $d_2 = 85\text{mm}$，计算齿轮的径向力。

$$F_{r1} = F_{t1}\tan\alpha = \frac{2 \times 11137}{26} \times \tan20°\text{kgf} = 311.81\text{kgf}$$

$$F_{r2} = F_{t2}\tan\alpha = \frac{2 \times 11137}{8.5} \times \tan20°\text{kgf} = 953.8\text{kgf}$$

III 轴的结构示意图如图 7-37 所示，由图可以看出，A—A 截面是 III 轴承受弯矩最大的截面，需计算此截面承受的弯矩。

绘制 III 轴的受力图如图 7-38 所示。根据受力图求支反力，由于 $\sum M_A = 0$，得下式

$$R_B \times 200 - F_{r2} \times 130 + F_{r1} \times 35 = 0$$

$$R_B = \frac{F_{r2} \times 130 - F_{r1} \times 35}{200}$$

$$= \frac{953.8 \times 130 - 311.81 \times 35}{200}\text{kgf} = 565.4\text{kgf}$$

用截面法求 A—A 截面承受的弯矩，取 A—A 截面右段为研究对象绘受力图，如图 7-38 所示，得诸力对截面形心的弯矩

$$M = R_B \times 10 = 565.4 \times 10\text{kgf} \cdot \text{mm} = 5654\text{kgf} \cdot \text{mm}$$
$$= 55.47\text{N} \cdot \text{m}$$

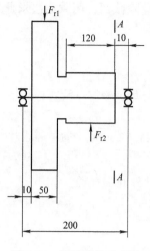

图 7-37　Ⅲ轴结构示意图

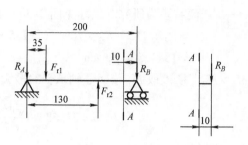

图 7-38　Ⅲ轴受力图

由于此轴不承受扭矩，所以按下式计算轴径

$$d = 21.68 \sqrt[3]{\frac{M}{[\sigma]}} = 21.68 \times \sqrt[3]{\frac{55.47}{100}} \text{mm} = 17.81 \text{mm}$$

计算轴径为 17.81mm，但不能按此数据确定轴径。因为支反力 $R_B = 565.4 \text{kgf} = 5546.6 \text{N}$，即轴承的径向负荷为 5.6kN，按此选择的轴承孔径远大于计算数据。所以确定轴径为 45mm。

（4）Ⅳ轴的受力分析及轴径的确定　Ⅳ轴是外伸轴，其右端伸出减速器，安装链轮，将转矩传递至卷筒轴。在减速器内只安装一个大齿轮。其结构示意图如图 7-39 所示。此轴既承受扭矩，又承受弯矩。按下式计算其齿轮承受的径向力 F_r，已知Ⅳ轴承受的转矩为 40018.6kgf·cm，齿轮的分度圆直径 $d = 305 \text{mm}$。

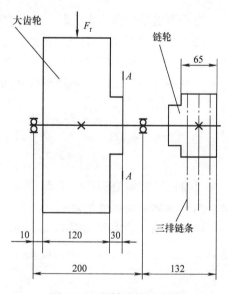

图 7-39　Ⅳ轴结构示意图

$$F_r = F_t \tan\alpha = \frac{2 \times 40018.6}{30.5} \times \tan 20° \text{kgf} = 955.12 \text{kgf}$$

链条传动只传递转矩，轴伸部分不承受弯矩。所以Ⅳ轴承受弯曲应力最大的截面在减速器内 $A—A$ 截面。

绘Ⅳ轴受力图如图 7-40 所示。根据受力图按下式计算支反力

由 $\sum M_B = 0$ 得

$$R_A \times 200 - F_r (200 - 70) = 0$$

$$R_A = \frac{F_r \times (200 - 70)}{200} = \frac{955.12 \times 130}{200} \text{kgf} = 620.8 \text{kgf}$$

用截面法求Ⅳ轴 $A—A$ 截面弯矩：取 $A—A$ 截面，左段为研究对象，作其受力图如图 7-40 所示。求诸力对截面形心的矩 M

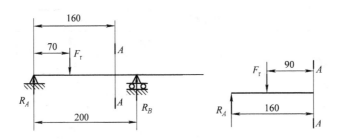

图 7-40　IV轴受力图

$$M = R_A \times 160 - F_r \times 90 = 620.8 \times 160 \mathrm{kgf \cdot mm} - 955.12 \times 90 \mathrm{kgf \cdot mm} = 13367.2 \mathrm{kgf \cdot mm}$$
$$= 131.1 \mathrm{N \cdot m}$$

计算轴径，已知IV轴传递转矩为 3925.8N·m，按下式计算

$$d = 21.68 \sqrt[3]{\frac{\sqrt{M^2 + (\psi T)^2}}{[\sigma]}} = 21.68 \times \sqrt[3]{\frac{\sqrt{131.1^2 + (0.45 \times 3925.8)^2}}{100}} \mathrm{mm}$$
$$= 56.5 \mathrm{mm}$$

由于有键槽，需增大 7%，56.5 × 1.07mm = 60.5mm，取 $d = 65$mm。轴右端安装链轮处轴径，只承受扭矩，取轴径为 ϕ60mm。

7.8.6　减速器部件图设计

减速器的部件图如图 7-41（见插页）所示，零件明细见表 7-5。

表 7-5　减速器部件零件明细　　　　　　　　　　（单位：mm）

代号	名称	型号规格	材料	数量	备注
401	减速器箱体		HT200	1	
402	箱盖垫片	$\delta 1$	橡胶石棉板	1	
403	齿轮 8	$m5$、$z61$	40Cr	1	
404	齿轮 7、6	$m5$、$z17$，$m4$、$z65$	40Cr	1	双联齿轮
405	通气螺栓		35 钢	1	
406	齿轮 5	$m4$、$z17$	40Cr	1	
407	齿轮 4	$m3$、$z75$	40Cr	1	
408	齿轮 3、2	$m3$、$z17$，$m2$、$z110$	40Cr	1	双联齿轮
409	箱盖		HT200	1	
410	六角头螺塞		35 钢	1	
411	轴承盖 1		HT150	1	
412	垫片 1	$\delta 1$	橡胶石棉板	1	
413	IV轴		45 钢	1	
414	轴承盖 2		HT150	2	
415	垫片 2	$\delta 1$	橡胶石棉板	2	

（续）

代号	名称	型号规格	材料	数量	备注
416	Ⅲ轴		45 钢	1	
417	Ⅱ轴		45 钢	1	
418	齿轮 1	$m2$、$z20$	40Cr	1	
419	Ⅰ轴		45 钢	1	
420	轴承盖 3		HT150	1	
421	垫片 3	$\delta1$	橡胶石棉板	1	
422	轴承盖 4		HT150	1	
423	垫片 4	$\delta1$	橡胶石棉板	1	
424	轴承盖 5		HT150	1	
425	垫片 5	$\delta1$	橡胶石棉板	1	
426	毛毡密封圈	$\delta5$	工业毛毡	1	
427	小链轮	$P = 19.05$，$z = 17$	40Cr	1	
428	轴承盖 6		HT150	1	
429	垫片 6	$\delta1$	橡胶石棉板	1	
430	轴承盖 7		HT150	1	
431	垫片 7		橡胶石棉板	1	
GB/T 5780	六角头螺栓	M16 × 55		8	
GB/T 70	内六角螺钉	M8 × 18		46	
GB/T 70	内六角螺钉	M8 × 30		16	
GB/T 95	垫圈	16		8	
GB/T 118	内螺纹圆锥销	12 × 60		2	
GB/T 1096	普通平键	8 × 35		1	
GB/T 1096	普通平键	8 × 55		1	
GB/T 1096	普通平键	18 × 120		1	
GB/T 1567	薄型平键	18 × 7 × 70		1	
GB/T 276	深沟球轴承	6013（65 × 100 × 18）		1	
GB/T 276	深沟球轴承	6011（55 × 90 × 18）		1	
GB/T 276	深沟球轴承	6007（35 × 62 × 14）		2	
GB/T 276	深沟球轴承	6005（25 × 47 × 12）		2	
GB/T 276	深沟球轴承	6004（20 × 42 × 12）		2	
HG4 – 330	矩形橡胶垫圈	12		2	
GB/T 1160	油标	25		1	
GB/T 78	紧定螺钉	M6 × 15		6	
Y90L – 6	电动机	1.1kW，910r/min		1	

　　此部件图是在传动系统图（见图 7-30）的基础上设计的。传动轴的排列近似一字排开。这种结构加工难度小，装配与维修很方便。为了减小减速器的长度，电动机的安装位置设计在Ⅰ轴和Ⅱ轴的上方（见 E 向视图），但并没有增大减速器的高度。体现了减速器设计应尽

量减小减速器外形尺寸这一要求。

减速器的润滑，采用飞溅式润滑。以减速器的底部为油池，使每对啮合齿轮中的大轮的下缘浸在油面下，运转时使油液在箱内飞溅，不但润滑了齿轮，也润滑了轴承。油位由油标显示（见 B—B 视图），在减速器底部的右端设有放油孔，方便减速器清洗换油。在减速器箱盖上设有通气螺栓 405，可使减速器内的气压与大气压一致。

减速器各轴承盖的密封、电动机盖盘的密封和减速器上盖的密封均采用橡胶石棉垫进行密封。外伸轴的密封，则采用毡圈密封。

7.9　螺母预紧机总图设计

螺母预紧机总图（示意图）如图 7-42（见插页）、图 7-43（见插页）所示。此图主要用来说明预紧机在应用时，即预紧液压机的螺母时，液压机与预紧机两者应有的相对位置。由于预紧机是用地脚螺栓固定的，两者的相对位置完全由移动液压机来保证。

液压机共 4 种规格，不同规格预紧时的位置是不同的。此位置见图 7-43 S 向视图及数据表。在同一个位置可预紧液压机同一个立柱上的上、下两个螺母。待两个螺母预紧完工后用起重机将液压机吊起，以液压机的垂直中心线为中心，回转 180°，在原位置预紧另一个立柱上的两个螺母。双柱液压机共计 4 个螺母。

立柱螺母安装在立柱的上下两端。预紧上螺母时，大扳手的卡口朝下，扣在上螺母上（见图 7-42 中的 Q—Q 视图），扳手柄端部的滚轮由上托板支承。牵引索经上滑轮后拉动大扳手转动，对螺母施加预紧力矩（见 M—M 视图），从俯视图上看，大扳手应顺时针转动（见图 7-43 的 S 向视图）。

预紧下螺母时，应首先将扳手柄端部的滚轮支架从安装孔中抽出，然后反向安装上。再将扳手的卡口朝上从螺母的下方向上移，套在螺母上，并且用千斤顶支承（见 Q—Q 视图），滚轮用下托板支承。牵引索先绕经杠杆滑轮（见 M—M 视图）改变方向，再从下托板的下方穿过，再绕经下滑轮和中滑轮然后卷入卷筒。预紧下螺母时，从俯视图上看，大扳手应逆时针方向转动（见图 7-43N—N 视图）。

液压机的高度与规格有关，规格不同，上螺母的高度自然不同。与此对应，在立架上为上滑轮架设置了 E、F、G、I 4 个位置（见 Q—Q 视图），预紧时应根据液压机的规格，将上滑轮架安装在相应的位置上（见总图第 1 张的说明）。

在预紧下螺母时，还要根据液压机的规格，按图 7-42 数据表中的 D 值，选择杠杆滑轮，并按表中 C 的数据调整下托板的高度。

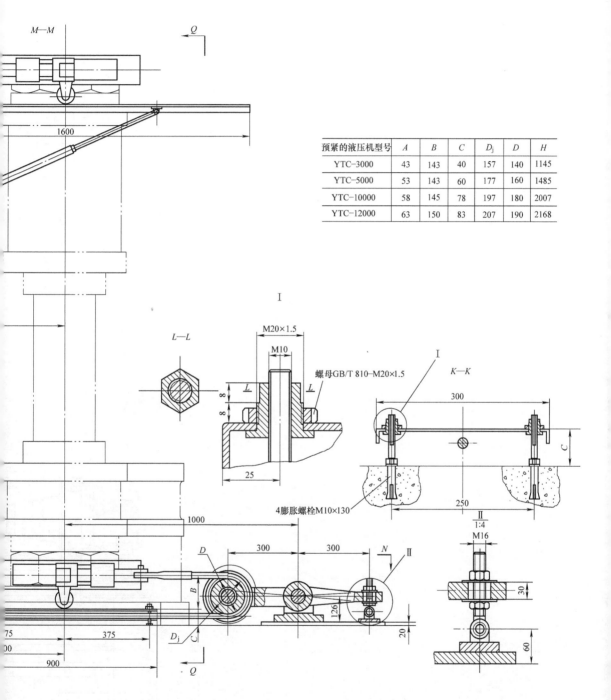

预紧的液压机型号	A	B	C	D_j	D	H
YTC-3000	43	143	40	157	140	1145
YTC-5000	53	143	60	177	160	1485
YTC-10000	58	145	78	197	180	2007
YTC-12000	63	150	83	207	190	2168

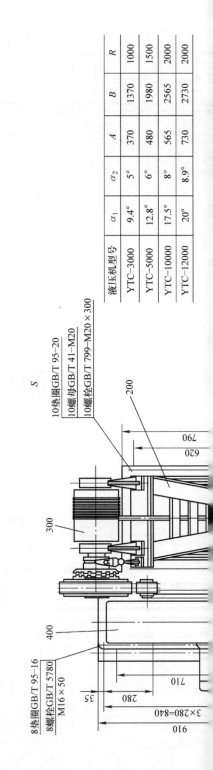

液压机型号	α_1	α_2	A	B	R
YTC-3000	9.4°	5°	370	1370	1000
YTC-5000	12.8°	6°	480	1980	1500
YTC-10000	17.5°	8°	565	2565	2000
YTC-12000	20°	8.9°	730	2730	2000

10垫圈GB/T 95–20
10螺母GB/T 41–M20
10螺栓GB/T 799–M20×300

8垫圈GB/T 95–16
8螺栓GB/T 5780
M16×50

S

200

300

400

790

620

710

280

35

3×280=840

910

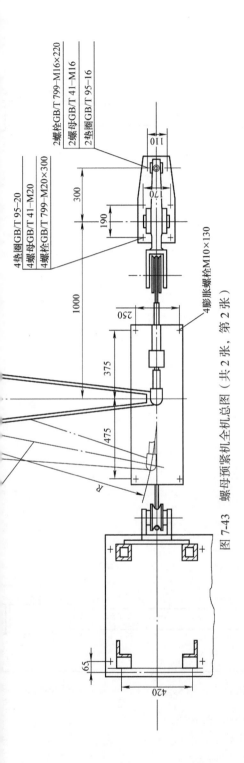

图 7-43 螺母预紧机全机总图（共 2 张，第 2 张）

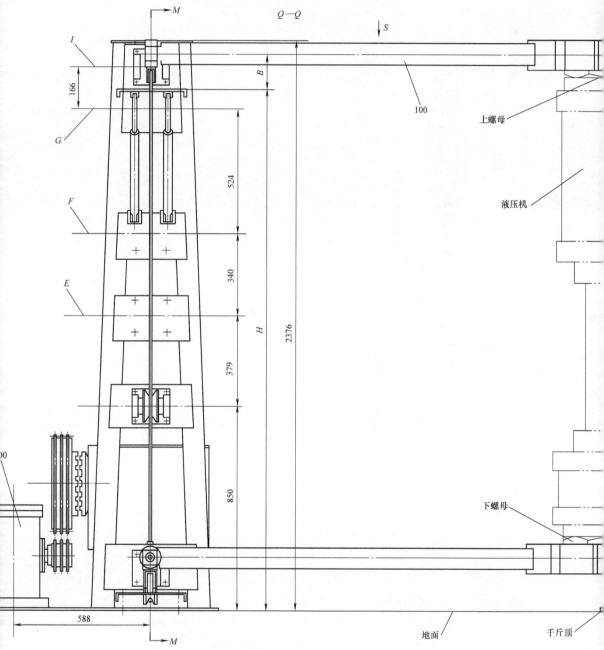

说明：图中E、F、G、I所指的点划线，分别是YTC-3000、5000、10000、12000
型液压机上螺母预紧时，上滑轮架中心线的安装位置。

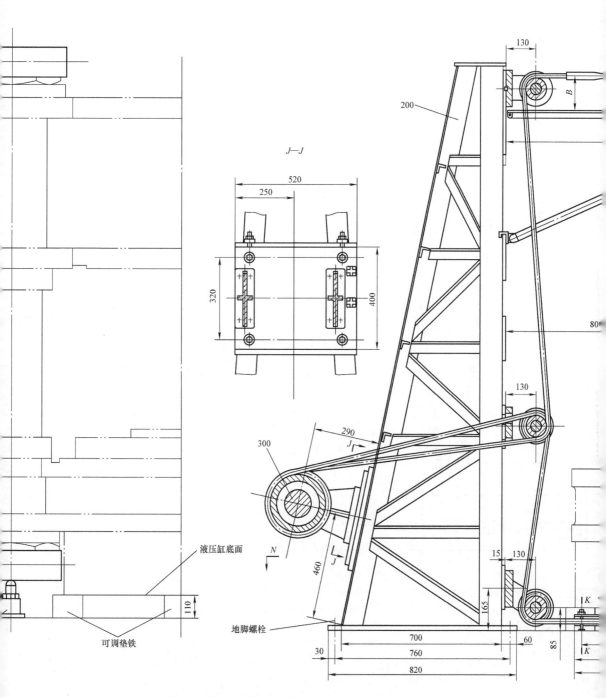

J—J

液压缸底面

可调垫铁

地脚螺栓

图 7-42 螺母预紧机全机总图（共 2 张，第 1 张）

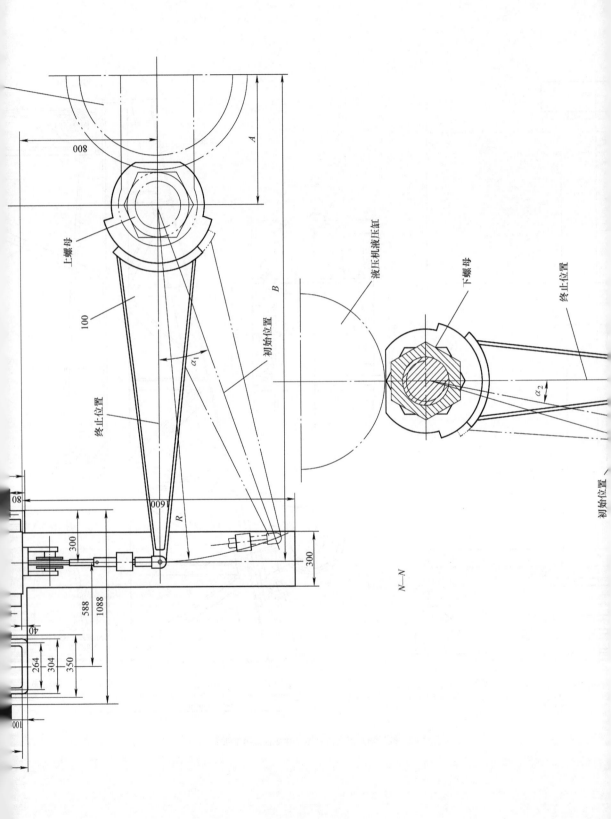

上螺母

100

初始位置

终止位置

液压机液压缸

下螺母

终止位置

初始位置

α_1

α_2

008

A

B

009

R

80

300

300

300

588

1088

264

304

350

40

100

$N-N$